U0802382

中 国 国 家 标 准 汇 编

2009 年修订-5

中国标准出版社　编

中 国 标 准 出 版 社
北　京

图书在版编目（CIP）数据

中国国家标准汇编：2009年修订.5/中国标准出版社编.—北京：中国标准出版社，2010

ISBN 978-7-5066-6044-0

Ⅰ.①中… Ⅱ.①中… Ⅲ.①国家标准-汇编-中国-2009 Ⅳ.①T-652.1

中国版本图书馆 CIP 数据核字（2010）第 170336 号

中国标准出版社出版发行
北京复兴门外三里河北街16号
邮政编码:100045
网址 www.spc.net.cn
电话:68523946 68517548
中国标准出版社秦皇岛印刷厂印刷
各地新华书店经销
*
开本 880×1230 1/16 印张 38.5 字数 1 144 千字
2010年9月第一版 2010年9月第一次印刷
*
定价 220.00 元

如有印装差错 由本社发行中心调换
版权专有 侵权必究
举报电话:(010)68533533

ISBN 978-7-5066-6044-0

出 版 说 明

1.《中国国家标准汇编》是一部大型综合性国家标准全集。自1983年起，按国家标准顺序号以精装本、平装本两种装帧形式陆续分册汇编出版。它在一定程度上反映了我国建国以来标准化事业发展的基本情况和主要成就，是各级标准化管理机构，工矿企事业单位，农林牧副渔系统，科研、设计、教学等部门必不可少的工具书。

2.《中国国家标准汇编》收入我国每年正式发布的全部国家标准，分为"制定"卷和"修订"卷两种编辑版本。

"制定"卷收入上一年度我国发布的、新制定的国家标准，顺延前年度标准编号分成若干分册，封面和书脊上注明"20××年制定"字样及分册号，分册号一直连续。各分册中的标准是按照标准编号顺序连续排列的，如有标准顺序号缺号的，除特殊情况注明外，暂为空号。

"修订"卷收入上一年度我国发布的、修订的国家标准，视篇幅分设若干分册，但与"制定"卷分册号无关联，仅在封面和书脊上注明"20××年修订-1，-2，-3，……"字样。"修订"卷各分册中的标准，仍按标准编号顺序排列(但不连续)；如有遗漏的，均在当年最后一分册中补齐。需提请读者注意的是，个别非顺延前年度标准编号的新制定的国家标准没有收入在"制定"卷中，而是收入在"修订"卷中。

读者配套购买《中国国家标准汇编》"制定"卷和"修订"卷则可收齐上一年度我国制定和修订的全部国家标准。

3. 由于读者需求的变化，自1996年起，《中国国家标准汇编》仅出版精装本。

4. 2009年我国制修订国家标准共3158项。本分册为"2009年修订-5"，收入新制修订的国家标准29项。

中国标准出版社
2010年8月

目　　录

GB/T 3358.2—2009　统计学词汇及符号　第2部分:应用统计 …………………………………… 1
GB/T 3358.3—2009　统计学词汇及符号　第3部分:实验设计 …………………………………… 81
GB/T 3359—2009　数据的统计处理和解释　统计容忍区间的确定 …………………………… 115
GB/T 3393—2009　工业用乙烯、丙烯中微量氢的测定　气相色谱法 ………………………… 155
GB/T 3394—2009　工业用乙烯、丙烯中微量一氧化碳、二氧化碳和乙炔的测定　气相色谱法 …… 163
GB/T 3411.1—2009　大坝监测仪器　孔隙水压力计　第1部分:振弦式孔隙水压力计 ………… 173
GB/T 3412.1—2009　大坝监测仪器　检测仪　第1部分:振弦式仪器检测仪 ……………………… 181
GB/T 3484—2009　企业能量平衡通则 ………………………………………………………… 189
GB/T 3505—2009　产品几何技术规范(GPS)　表面结构　轮廓法　术语、定义及表面结构参数 …………………………………………………………………………… 195
GB/T 3532—2009　日用瓷器 ………………………………………………………………… 211
GB/T 3533.1—2009　标准化经济效果评价　第1部分:原则和计算方法 ……………………… 225
GB/T 3609.2—2009　职业眼面部防护　焊接防护　第2部分:自动变光焊接滤光镜 ………… 247
GB/T 3639—2009　冷拔或冷轧精密无缝钢管 ………………………………………………… 269
GB/T 3685—2009　输送带　实验室规模的燃烧特性　要求和试验方法 …………………… 283
GB/T 3690—2009　织物芯输送带　全厚度拉伸强度、拉断伸长率和参考力伸长率　试验方法 … 291
GB/T 3710—2009　工业酚、苯酚结晶点测定方法 ……………………………………………… 301
GB/T 3780.10—2009　炭黑　第10部分:灰分的测定 ………………………………………… 306
GB/T 3784—2009　电工术语　雷达 ……………………………………………………………… 313
GB/T 3792.1—2009　文献著录　第1部分:总则 ………………………………………………… 385
GB/T 3792.3—2009　文献著录　第3部分:连续性资源 ………………………………………… 417
GB/T 3792.4—2009　文献著录　第4部分:非书资料 …………………………………………… 469
GB/T 3792.9—2009　文献著录　第9部分:电子资源 …………………………………………… 496
GB/T 3860—2009　文献主题标引规则 ………………………………………………………… 531
GB 3883.18—2009　手持式电动工具的安全　第二部分:石材切割机的专用要求 …………… 545
GB 3883.18—2009《手持式电动工具的安全　第二部分:石材切割机的专用要求》国家标准第1号修改单 ……………………………………………………………………… 557
GB/T 3917.1—2009　纺织品　织物撕破性能　第1部分:冲击摆锤法撕破强力的测定 ………… 559
GB/T 3917.2—2009　纺织品　织物撕破性能　第2部分:裤形试样(单缝)撕破强力的测定 …… 569
GB/T 3917.3—2009　纺织品　织物撕破性能　第3部分:梯形试样撕破强力的测定 …………… 581
GB/T 3917.4—2009　纺织品　织物撕破性能　第4部分:舌形试样(双缝)撕破强力的测定 …… 587
GB/T 3917.5—2009　纺织品　织物撕破性能　第5部分:翼形试样(单缝)撕破强力的测定 …… 599

ICS 03.120.30
A 41

中华人民共和国国家标准

GB/T 3358.2—2009/ISO 3534-2:2006
代替 GB/T 3358.2—1993

STANDARDS PRESS OF CHINA

统计学词汇及符号
第2部分:应用统计

Statistics—Vocabulary and symbols—
Part 2:Applied statistics

(ISO 3534-2:2006,IDT)

2009-10-15 发布　　2010-02-01 实施

中华人民共和国国家质量监督检验检疫总局
中国国家标准化管理委员会　发布

前　言

GB/T 3358《统计学词汇及符号》分为以下部分：

——第1部分：一般统计术语与用于概率的术语

——第2部分：应用统计

——第3部分：实验设计

本部分为GB/T 3358的第2部分，等同采用ISO 3534-2:2006《统计学　词汇及符号　第2部分：应用统计》。与ISO 3534-2:2006相比，订正了原文的错误，修正了原文中概念表述不够准确的部分，主要变化如下：

——将1.2.20"成对样本(duplicate sample)"的定义改为"通过相同的抽样方法或样本缩分方法，同时分别获得的两个样本或子样本中的每一个"，并增加一个注；

——将1.3.11"多阶整群抽样(multi-stage sampling)"的定义改为"最后一阶抽样采用整群抽样的多阶抽样"；

——将1.3.12"系统抽样(systematic sampling)"的定义改为"将总体中的抽样单元按一定顺序排列，在规定的范围内随机抽取一个或一组初始单元，然后按照一定规则确定其他样本单元的抽样"；

——将2.3.8"*c*图(*c* chart)"的定义改为"用一定量样本中特定类型的不合格数，评估和监察过程水平的计数控制图"，并修改了注；

——将2.3.9"*u*图(*u* chart control char)"的定义改为"用样本中特定类型的不合格的平均数，评估和监察过程水平的计数控制图"，并修改了注；

——在2.5.6"总不合格率(total fraction nonconforming)"的注中增加了由此相关的术语"不合格品率"、"不合格品百分数"、"每百单位产品不合格数"及对应的定义；

——改正了2.5.7～2.5.9中关于区间表示的错误；

——增加了1.3.5与1.3.8的注；修改了1.3.10的注1；删去了1.2.31原文中的注；

——删去了图B.23中"接收/不接收概率为0.5"的条目。

为便于使用，本部分作了下列编辑性修改：

——删去了ISO前言；

——增加了1.2.17的注2："样本既可指构成抽样单元的具体物品、散料、服务……，也可指这些抽样单元(或单位产品/个体)的某个特性值。在限定前一种含义时，样本中的每个抽样单元(或单位产品/个体)也称为'样品'"；

——为简练起见，在少数术语中，使用中括号表示其中可省略部分。例如：4.2中关于验收抽样的术语，其中"验收"一词中许多都加了中括号，表示"验收"一词可省略。

本部分代替GB/T 3358.2—1993《统计学术语　第二部分　统计质量控制术语》。与GB/T 3358.2—1993相比，主要变化如下：

——名称改为《统计学词汇及符号　第2部分：应用统计》；

——对术语条目作了较大的调整：将GB/T 3358.1—1993中第4章"观测和测试结果的一般术语"及第5章"抽样方法的一般术语"中的内容移至GB/T 3358的本部分；将散料抽样的条目专设一章；

——增加了大量的示例及注释；

——增加了定义标准中的术语所使用的方法及术语概念图(附录B)。

本部分的附录A为规范性附录，附录B为资料性附录。

本部分由全国统计方法应用标准化技术委员会提出并归口。

本部分主要起草单位：中国科学院数学与系统科学研究院、中国标准化研究院、中国人民解放军军械工程学院、苏州大学、清华大学、华东师范大学与国家统计局。

本部分主要起草人：冯士雍、陈敏、丁文兴、汪仁官、张玉柱、于振凡、孙静、濮晓龙、张勇。

本部分于1993年首次发布，本次为第一次修订。

统计学词汇及符号
第2部分:应用统计

范围

GB/T 3358 的本部分定义了应用统计术语,并用与ISO术语规范实践相一致的概念进行表述。术语条目按主题进行排列。本部分规定了术语的标准符号和缩略语,同时还提供了中英文索引。

众所周知,由于术语、定义、符号及缩略语名称和使用的不统一所造成的复杂和混乱,已经妨碍了应用统计作为改进组织效率和效益的手段的应用。

本部分的目的主要有两个:特定的目的是为所有统计方法应用标准的使用建立一个共同的词汇表;进一步的目的是加强应用统计在使用中的准确性、清晰性和一致性。为使更多潜在的读者容易理解其内容,特意将本部分的数学水平保持在一个相对较低的水平上。

GB/T 3358.1 和 GB/T 3358.2 是兼容的。但由于 GB/T 3358.1 是关于概率与统计中的基础术语,所以有必要使用比 GB/T 3358.2 稍为严格而复杂的数学语言来表达。本部分的使用者有时可能要查阅 GB/T 3358.1 中的某些术语,GB/T 3358.1 有关术语中的丰富的注释和示例为正式术语提供了通俗的解释。

1 数据产生与收集

1.1 特性参照值体系

1.1.1

特性 **characteristic**

可区分的特征。

注 1:特性可以是固有的或被赋予的。

注 2:特性可以是定性的或定量的。

注 3:有各种类别的特性,如:

——物理的(如:机械的、电的、化学的、生物学的特性);

——感官的(如:嗅觉、触觉、味觉、视觉、听觉);

——行为的(如:礼貌、诚实、正直);

——时间的(如:准时性、可靠性、可用性);

——人体功效的(如:生理的特性或有关人身安全的特性);

——功能的(如:飞机的最高速度)。

[GB/T 19000—2008]

1.1.2

质量特性 **quality characteristic**

产品(1.2.32)、**过程**(2.1.1)或体系(系统)与要求有关的固有**特性**(1.1.1)。

注 1:"固有的"就是指在某事或某物中本来就有的,尤其是那种永久的特性。

注 2:赋予产品、过程或体系的特性(如:产品的价格,产品的所有者)不是它们的质量特性。

[GB/T 19000—2008]

1.1.3

尺度 **scale**

关于**特性**(1.1.1)参照值的体系。

注 1:这里的术语"值"是广义的,包括定性信息。

注 2:在定性的意义上,尺度可由一组其间或多或少有区别关系的符号组成。

1.1.4

连续尺度　continuous scale

具有连续可能值的**尺度**(1.1.3)。

示例:**定距尺度**(1.1.8)和**比率尺度**(1.1.9)。

注1:连续尺度通过对"值"分组可以转换为**离散尺度**(1.1.5),这必然会导致一些信息的损失。通常作为这种处理结果的离散尺度是有序的。

注2:相反,尺度的最终表示可受测量体系限制的影响。这些测量限制有时也可能导致离散、有序的尺度。

1.1.5

离散尺度　discrete scale

只有一组或一系列不同值的**尺度**(1.1.3)。

1.1.6

名义尺度　nominal scale

具有无序标识类别或按约定顺序排列的**尺度**(1.1.3)。

示例:民族、颜色、车型、狗的品种、过失类型。

注:名义尺度可以通过类别来计数,但不能对它进行排序或测量。

1.1.7

有序尺度　ordinal scale

具有有序标识类别的**尺度**(1.1.3)。

注1:有序尺度和**离散尺度**(1.1.5)之间的界限有时是模糊的,如将主观意见的等级:极好、很好、一般、差、很差,改用编码"1"—"5"表示,即将有序尺度转换成离散尺度。但它们不应该被理解为普通数字,此时,"1"到"2"的距离可能与"2"到"3"或"3"到"4"的距离不同。另一方面,一些客观地按照数量大小排序的类别,如按照能量释放量从0级至8级排列的里氏强度,就能很好地作为离散尺度。

注2:有时,**名义尺度**(1.1.6)按约定顺序排序。一个例子就是血型,一般总是按ABO顺序进行表述。用单个字母表示类别也有相同的情况,按照约定,可按照字母顺序进行排序。

1.1.8

定距尺度　interval scale

具有某一规定零点及相等间隔尺度值的**连续尺度**(1.1.4)或**离散尺度**(1.1.5)。

示例:摄氏度、华氏度(见ISO 31-4)以及日期和时间的表达(见ISO 8601)。

注:对此类**尺度**(1.1.3),两个值的差不受零点改变的影响。

1.1.9

比率尺度　ratio scale

比例尺度　proportional scale

具有一个绝对零点或自然零点及相等间隔尺度值的**连续尺度**(1.1.4)。

示例:质量(参见ISO 31-3)和长度值(参见ISO 31-1)。

注:对此类**尺度**(1.1.3),两个值的比不受单位变化的影响。

1.2　数据来源

1.2.1

总体　population

所研究**个体/单位产品**(1.2.11)的全体。

注1:总体可以是真实的,有限的;或完全虚构的,无限的。

注2:从一个有限、真实的总体中持续**抽样**(1.3.1),可获得实际频率或频率**分布**(2.5.1);而从一个基于概率分布的一个虚构总体的理论模型出发,也能获得实际频率或频率**分布**(2.5.1),由此可进行预测。

注3:总体可以是一个包括未来产出的,正在进行中过程的结果。

注4:总体可由可区分的物体组成,也可由散装材料组成。

1.2.2

总体参数　population parameter

总体(1.2.1)的某些**特性**(1.1.2)值的概括性度量。

示例：总体均值 μ；总体标准差 σ。

注：总体参数通常用斜体小写希腊字母表示。

1.2.3

子总体　sub-population

总体(1.2.1)的一部分。

1.2.4

批　lot

按抽样目的，在基本相同条件下组成的**总体**(1.2.1)的一个确定部分。

注：例如，抽样目的可以是判定批的可接收性，或是估计某特定**特性**(1.1.1)的均值。

1.2.5

孤立批　isolated lot

从一个批序列中分离出来的，不属于当前序列的**批**(1.2.4)。

1.2.6

批的孤立序列　isolated sequence of lots

不构成大的序列批，或由一个连续过程产生的一组有序批。

1.2.7

单批　unique lot

在特定条件下组成的，不属于常规序列的**批**(1.2.4)。

1.2.8

试生产批　pilot lot

为了取得信息和经验，在常规生产序列前制造出来的小**批**(1.2.4)。

1.2.9

再提交批　re-submitted lot

先前曾被判定为不接收，在作进一步处理、测试、分类或再加工等后，再次提交**检验**(4.1.2)的**批**(1.2.4)。

1.2.10

子批　sub-lot

批(1.2.4)中确定的一部分。

1.2.11

单位产品　item

个体　entity

能被单独描述和考虑的一个事物。

示例：一个分立的物品、一定量的散料、一项**服务**(1.2.33)、一次活动、一个人员、一个系统，或它们的组合。

注：见**抽样单元**(1.2.14)。

1.2.12

不合格品　nonconforming item

有一项或多项**不合格**(3.1.11)的**单位产品**(1.2.11)。

1.2.13

缺陷品　defective item

有一项或多项**缺陷**(3.1.12)的**单位产品**(1.2.11)。

1.2.14

抽样单元　sampling unit

单元　unit

将**总体**(1.2.1)进行划分后的每一部分。

注1：抽样单元可以包含一个或多个**个体/单位产品**(1.2.11)，例如一盒火柴。但从一个抽样单元中只得到一个**测试结果**(3.4.1)。

注2：抽样单元可由分立的个体组成或由一定量的散料组成。

注3：散料中的抽样单元，见5.1.4。

1.2.15

不合格单元　nonconforming unit

具有一项或多项**不合格**(3.1.11)的**单元**(1.2.14)。

1.2.16

缺陷单元　defective unit

具有一项或多项**缺陷**(3.1.12)的**单元**(1.2.14)。

1.2.17

样本　sample

由一个或多个**抽样单元**(1.2.14)构成的**总体**(1.2.1)的子集。

注1：样本的抽选有许多不同的方法，随机的和非随机的。在许多领域中有时需要使用有倾向性的**抽样**(1.3.1)(如在人类遗传学领域，通过异常孩子来发现有此类遗传倾向的家庭)来收集数据，所得的也是一个样本。在**调查抽样**(1.3.18)中，经常使用与某已知变量大小成比例的概率抽选抽样单元以获得有倾向性的样本。

注2：样本既可指构成抽样单元的具体物品、散料、服务……，也可指这些抽样单元(或单位产品/个体)的某个特性值。在限定前一种含义时，样本中的每个抽样单元(或单位产品/个体)也称为“样品”。

1.2.18

样本统计量　sample statistic

样本(1.2.17)**观测值**(3.2.8)的概括性度量。

注1：样本统计量(随机变量)用斜体大写拉丁字母(如$\overline{X}$和S)表示，样本统计量的实现(观测值)用斜体小写拉丁字母(如$\bar{x}$和s)表示，而**总体参数**(1.2.2)则用斜体小写希腊字母(如μ和σ)表示。

注2：利用观测值可以得到**测试结果**(3.4.1)或**测量结果**(3.4.2)。例如，一个棍子的密度可以用它的长度、直径和质量的观测值计算得到。

1.2.19

子样本　subsample

从一个**样本**(1.2.17)中抽取的部分。

注：子样本的抽取方法既可与原样本(母样本)的抽选方法相同，也可不同。

1.2.20

成对样本　duplicate sample

通过相同的抽样方法或样本缩分方法，同时或连续获得的两个**样本**(1.2.17)或**子样本**(1.2.19)。

注：当同时分别获得多于两个**样本**(1.2.17)或**子样本**(1.2.19)时，称为重复样本(replicate sample，参见5.2.5)。

1.2.21

初级样本；一级样本　primary sample

在**多阶抽样**(1.3.10)的第一阶抽样中所抽到的**样本**(1.2.17)。

1.2.22

次级样本；二级样本　secondary sample

在**多阶抽样**(1.3.10)的第二阶抽样中，从**初级样本**(1.2.21)中所抽到的**样本**(1.2.17)。

注：可以依次推广到第k级(阶)，$k>2$。

1.2.23

末级样本　final sample

在**多阶抽样**(1.3.10)的最后一阶抽样中所抽到的**样本**(1.2.17)。

1.2.24

简单随机样本　simple random sample

通过**简单随机抽样**(1.3.4)所抽到的**样本**(1.2.17)。

1.2.25

随机样本　random sample

通过**随机抽样**(1.3.5)所抽到的**样本**(1.2.17)。

注:本定义是关于一个具体的样本,而GB/T 3358.1中定义的随机样本可仅是概念性的。

1.2.26

样本量　sample size

样本(1.2.17)中所包含的**抽样单元**(1.2.14)的数目。

注:在多阶抽样中,样本量是指最后一阶**抽样**(1.3.1)完成后,样本中**抽样单元**(1.2.14)的总数。

1.2.27

抽样框　sampling frame

关于**抽样单元**(1.2.14)的完整名录。

示例:仓库中的库存物品的目录、船上成捆羊毛货物的一份清单、一份支付账单的列表。

注:抽样框或"**抽样总体**"(1.2.1),可以与"目标总体"不同。例如,在一个特定地区,选民登记册可作为代表成年人总体的抽样框,但它不太可能完全准确。

1.2.28

群　cluster

总体(1.2.1)划分成的互不重叠、以某种方式联系起来的由**抽样单元**(1.2.14)组成的子集。

1.2.29

层　stratum

总体(1.2.1)划分成的互不重叠、所考察的**特性**(1.1.1)比**总体**(1.2.1)更为同质的**子总体**(1.2.3)。

示例:在**散料抽样**(1.2.3)中,组成层的典型方式有以下按时间、质量或空间的考虑:

——按生产周期(如15 min);

——按产量(如100 t);

——按所装载的船、车厢或集装箱。

1.2.30

分层　stratification

将**总体**(1.2.1)划分为**层**(1.2.29)。

示例:将猫或狗的总体按品种分层、将人类总体按性别和社会等级分层、将国家按地区分层。

1.2.31

机会空间　opportunity space

所考察的物料、过程、**产品**(1.2.32)或**服务**(1.2.33)中,可能有指定事件发生的**单元**(1.2.14)或单元的集合。

1.2.32

产品　product

过程(2.1.1)的结果。

注:有下述四种通用的产品类别:

——服务(如运输);

——软件(如计算机程序);

——硬件(如发动机机械零件);

——流程性物料(如润滑油)。

许多产品由不同类别的产品构成,此时产品区分取决于其主导成分。

[GB/T 19000—2008]

1.2.33

服务　service

作为供方与顾客接触中至少完成一项活动结果的**产品**(1.2.32)。

示例:服务可以包括:

——在顾客提供的有形产品(如需维修的汽车)上完成的活动;

——有形产品的交付(如在运输业中);

——无形产品的交付(如信息传递);

——为顾客提供的环境与氛围(如在宾馆和餐馆)。

1.2.34

同一测试/测量对象　identical test/measurement item

为特定目的而准备的,可认为是完全相同的**样本**(1.2.17)。

注:具体要求在有关协议中规定。

1.2.35

代表性样本　representative sample

按使**样本**(1.2.17)**观测值**(3.2.8)与**总体**(1.2.1)具有相同**分布**(2.5.1)的方式抽取的**随机样本**(1.2.25)。

示例:按各层(1.2.29)样本**单元**比例与总体层比例相等的**分层随机抽样**(1.3.7)抽取的样本,是一个代表性样本。

注1:代表性样本的定义表明,它是总体的一个缩影。

注2:在文献和通常用法中,术语"代表性样本"或"代表性抽样",至少有以下六种不同的含义:

——通常指虽未被证明,但对数据表示认可;

——无倾向性或选择性抽取;

——总体的一个映像或缩影:样本与总体具有相同的分布;

——典型的或理想的情况;

——总体的覆盖情况:样本设计反映了变异,特别是层间的变异;

——概率抽样:总体中的每个元素都有一个已知的、大于零的被抽选的概率。

由于有这些歧义,本术语宜谨慎使用。

1.3　抽样类型

1.3.1

抽样　sampling

抽取或组成**样本**(1.2.17)的行动。

1.3.2

散料抽样　bulk sampling

对**散料**(5.1.1)的**抽样**(1.3.1)。

示例:对一堆煤抽样以研究所含的灰分,对一堆烟丝抽样以测定其含水量。

1.3.3

分立抽样　discrete sampling

对分立物品的**抽样**(1.3.1)。

1.3.4

简单随机抽样　simple random sampling

从**总体**(1.2.1)中抽取 n 个**抽样单元**(1.2.14)构成**样本**(1.2.17),使 n 个抽样单元所有的可能组合都有相等被抽到概率的**抽样**(1.3.1)。

注:在**散料抽样**中(1.3.2),如果以份样为抽样单元,则份样的位置、定界和取样方法应使所有抽样单元都具有相同的被抽到概率。

1.3.5

随机抽样　random sampling

从**总体**(1.2.1)中抽取 n 个**抽样单元**(1.2.14)构成**样本**(1.2.17),使 n 个抽样单元每一可能组合都有一个特定被抽到概率的**抽样**(1.3.1)。

注:随机抽样也称概率抽样(probability sampling),特别在**调查抽样**(1.3.18)中。

1.3.6

分层抽样　stratified sampling

样本(1.2.17)抽自于总体不同的**层**(1.2.29),且每个层至少有一个抽样单元入样的**抽样**(1.3.1)。

注1:在某些场合下,要事先规定样本在各层的比例。如果是在抽样后进行**分层**(1.2.30),则事先不需规定此比例。

注2:每层中的抽样常采用**随机抽样**(1.3.5)。

1.3.7

分层简单随机抽样　stratified simple random sampling

每**层**(1.2.29)都采用**简单随机抽样**(1.3.4)的分层抽样。

注:如果从不同层抽出的**个体/单位产品**(1.2.11)的比例与层在总体中的比例相等,则称为比例分配分层简单随机抽样。

1.3.8

配额抽样　quota sampling

采用非随机的方法抽取**样本**(1.2.17)的一种**分层抽样**(1.3.6)。

1.3.9

整群抽样　cluster sampling

随机抽取**群**(1.2.28),样本由被抽中群中的所有**抽样单元**(1.2.14)组成的**抽样**(1.3.1)。

1.3.10

多阶抽样　multistage sampling

分阶段抽选**样本**(1.2.17),每个阶段的**抽样单元**(1.2.14)都从上一阶段被抽中的抽样单元中抽取的**抽样**(1.3.1)。

注1:多阶抽样不同于多相抽样(multi-phase sampling);(新增加的)多阶抽样也不同于多元抽样(multiple sampling),多元抽样是同时按不同准则进行的抽样。

注2:在多阶抽样中,不同阶段可以采用不同的抽样方法,比如可用**简单随机抽样**(1.3.4)抽取**初级样本**(1.2.21),而通过**系统抽样**(1.3.12)抽取**末级样本**(1.2.23)。

1.3.11

多阶整群抽样　multistage cluster sampling

最后一阶抽样采用**整群抽样**(1.3.9)的**多阶抽样**(1.3.10)。

1.3.12

系统抽样　systematic sampling

将**总体**(1.2.1)中的**抽样单元**(1.2.14)按一定顺序排列,在规定的范围内随机抽取一个或一组初始单元,然后按照一定规则确定其他样本单元的**抽样**(1.3.1)。

注1:在**散料抽样**(1.3.2)中,系统抽样可按固定距离或固定时间间隔方式抽取**样本**。例如,间隔可基于质量的,也可基于时间的。在基于质量的情况下,每个**抽样单元**(1.2.14)或份样都有相等的质量。在基于时间的情况下,是以相同的时间间隔,从流水线或传输装置中抽取抽样单元或份样。在这种情况下,每个抽样单元或份样的质量与取样时的瞬时流量成比例。

注2:如果**批**(1.2.4)被划分为**层**(1.2.29),在每个层中,可采用在每层中的相同位置抽取份样的方法进行分层系统抽样。

注3:使用系统抽样,抽样的随机性受到限制。

1.3.13

等距抽样　periodic systematic sampling

将**总体**(1.2.1)中的 N 个**抽样单元**(1.2.14)按一定顺序排列，n 个样本单元由满足以下关系的单元编号组成：

$$h, h+k, h+2k, \cdots, h+(n-1)k$$

其中 h 和 k 是正整数，$nk<N<n(k+1)$，且 h 一般是从前 k 个整数中随机抽取的**系统抽样**(1.3.12)。

注1：等距抽样的**抽样**(1.3.1)随机性仅限于前 k 个整数(即随机起点 h)的抽选。

注2：等距样本通常用于其**特性**(1.1.1)与系统排列无关的情形。

注3：当系统排列是按生产顺序时，需要小心。如有6台编好号的机器，当样本由第6,12,18个**单位产品**(1.2.11)组成时，该样本就很有可能不能作为这些机器生产的产品的代表。

1.3.14

定位系统抽样　spot systematic sampling

一个规定样本量的**样本**(1.2.17)取自于流水线中的某一规定位置或时间，如中间位置或时间，认为对它本身或所处环境具有代表性的**系统抽样**(1.3.12)。

1.3.15

放回抽样　sampling with replacement

每个被抽取并经观测后的**抽样单元**(1.2.14)，在抽取下一个抽样单元之前将其放回**总体**(1.2.1)的**抽样**(1.3.1)。

注：在此情况，同一抽样单元可在**样本**(1.2.17)中出现多次。

1.3.16

不放回抽样　sampling without replacement

从总体中抽取的**抽样单元**(1.2.14)不再放回总体的**抽样**(1.3.1)。

1.3.17

验收抽样　acceptance sampling

基于样本结果，对**产品**(1.2.32)、物料、**服务**(1.2.33)的**批**(1.2.4)或其他分组作出接收或不接收判定的**抽样**(1.3.1)。

1.3.18

调查抽样　survey sampling

用于估计**总体**(1.2.1)的一个或多个**特性**(1.1.1)值的计数或分析研究，或估计这些特性在总体中分布的**抽样**(1.3.1)。

示例：用于过程能力分析及系统核查，以评估系统符合标准程度的抽样。

2　统计过程管理

2.1　有关过程的基本概念

2.1.1

过程　process

一组将输入转化到输出的相互关联或相互作用的活动。

注1：一个过程的输入通常是其他过程的输出。

注2：组织为了增值通常对过程进行策划并使其在受控条件下运行。

注3：对形成的产品是否合格不易或不能经济地进行验证的过程，通常称为“特殊过程”。

[GB/T 19000—2008]

2.1.2

过程管理　process management

用来指导和控制**过程**(2.1.1)的协调活动。

2.1.3

统计方法 statistical methods

收集、分析和解释带随机性波动数据的方法。

注：数据是指数字型或非数字型的事实或信息。

2.1.4

统计过程管理 statistical process management

用**统计方法**(2.1.3)进行**过程策划**(2.1.5)、**过程控制**(2.1.6)和**过程改进**(2.1.7)的**过程管理**(2.1.2)。

2.1.5

过程策划 process planning

着重于建立过程目标和要求及具体如何实现这些目标和要求的**过程管理**(2.1.2)。

2.1.6

过程控制 process control

着重于满足过程要求的**过程管理**(2.1.2)。

2.1.7

过程改进 process improvement

着重于减少**变异**(2.2.1)、提高过程的有效性和效率的**过程管理**(2.1.2)。

注1：有效性是完成策划活动的程度和达到策划结果的程度[GB/T 19000]。

注2：效率是达到的结果与使用的资源之间的关系[GB/T 19000]。

2.1.8

统计过程控制 statistical process control

SPC

着重于用统计方法减少过程**变异**(2.2.1)、增进对**过程**(2.1.1)的认识，使过程以所期望的方式运行的活动。

注1：SPC能有效地控制过程特性或者生产过程中的**特性**(1.1.1)的变异(这种特性与最终产品特性相关)和/或通过增加过程的稳定性来减少变异。前一个供方的最终产品特性可能是后续生产线上供方的过程特性。

注2：SPC最初主要应用于制造业产品，但它也同样适用于服务或贸易，如那些涉及到数据、软件、通讯和物料运输等过程。

注3：SPC包括**过程控制**(2.1.6)和**过程改进**(2.1.7)两部分。

2.1.9

控制方案 control plan

〈过程〉用于控制**过程**(2.1.1)、**产品**(1.2.32)及**服务**(1.2.33)等**特性**(1.1.1)的**变异**(2.2.1)，以使与目标值的偏离最小化的描述系统的文件。

注：文件是包含信息的一种媒介[GB/T 19000]。它可能是不同类型媒介的组合，如纸、计算机磁盘、光盘、照片或者标准**样本**(1.2.17)。

2.1.10

过程分析 process analysis

为控制和/或改进一个**过程**(2.1.1)、**产品**(1.2.32)或**服务**(1.2.33)，而对一个因果系统进行的研究。

2.2 有关变异的概念

2.2.1

变异 variation

特性(1.1.1)的各值间的差异。

注：变异通常用方差或者标准差表示。

2.2.2

过程固有变异　inherent process variation

过程(2.1.1)处在**统计受控状态**(2.2.7)时的过程**变异**(2.2.1)。

注1：当用标准差表示变异大小时，符号要加下标“w”(例如σ_w，S_w或s_w)表示固有(也见2.7.1注2)。

注2：该变异对应于“子组内变异”。

2.2.3

过程总变异　total process variation

过程(2.1.1)中由**特殊原因**(2.2.4)和**随机原因**(2.2.5)两者引起的**变异**(2.2.1)。

注1：当用标准差表示变异大小时，符号中的下标“t“(例如σ_t，S_t或s_t)表示总变异(也见2.6.1注3)。

注2：该变异对应于“组内变异”和“组间变异”的组合。

2.2.4

特殊原因　special cause

〈过程变异〉导致**过程固有变异**(2.2.2)以外的其他过程变异的原因。

注1：“特殊原因”有时也称为“可查明原因”，但二者又有差异。只有当特殊原因被明确确认时，才认为是可查明原因。

注2：特殊原因是由一些不太经常出现的特殊情形所引起的。因此，在一个受特殊原因影响的**过程**(2.1.1)里，**变异**(2.2.1)的大小是随着时间改变的，是无法预测的。

2.2.5

随机原因　random cause

一般原因　common cause

偶然原因　chance cause

〈过程变异〉导致过程(2.1.1)随时间发生固有变异(2.2.1)的原因。

注1：若过程只受随机原因的影响，则变异在统计意义上可预测。

注2：减少随机原因可使**过程改进**(2.1.7)。然而，对随机原因的识别、减弱和消除要从技术易实现性及经济角度进行成本效益分析。

2.2.6

合理子组　rational subgroup

组内变异(2.2.1)认为是只由**随机原因**(2.2.5)引起的子组。

注1：子组是取自同一**过程**(2.1.1)的一组数据，所得到的分组数据应使组内差异尽量小，组间差异尽量大。子组越大，**控制图**(2.3.1)检测各**过程水平**(2.4.13)的漂移越灵敏。理想状态下，一个子组内的每次**测量**(3.2.1)是相互独立的。

注2：获得合理子组的最常用的方法是一个子组由同一时间点产生的数据组成，来自不同时间段的数据被分在不同的子组。例如，从一台指定的机器上每隔一小时获得5个连续的测量值，然后将来自子组的**样本统计量**(1.2.18)以时间为顺序绘在控制图上，这样便于检出与时间有关的变异。

2.2.7

统计受控过程　process in a state of statistical control

稳定过程　stable process

〈常量均值〉只受**随机原因**(2.2.5)影响的**过程**(2.1.1)。

注1：任何时候稳定过程的**样本**(1.2.17)都是来自同一个**总体**(1.2.1)的**简单随机样本**(1.2.24)。

注2：稳定过程并不意味着随机变异大或小，也不是指在**规范限**(3.1.1)内还是规范限外，而是指可以用统计方法预测**变异**(2.2.1)大小。

注3：提高稳定过程的**过程能力**(2.7.1)通常可以通过减少或消除某些随机原因的影响和(或)调整均值使其更接近于目标值。

注4：在有些过程中，由于某些原因，比如工具的磨损，特性的均值可能会发生漂移或标准差可能变大，这样一个过程的均值或者标准差的逐步变化趋势可认为是由系统原因而不是随机原因引起的。此时，样本就不能认为是来自同一总体的简单随机样本了。

2.2.8

失控准则　out-of-control criteria

用来识别**特殊原因**(2.2.4)是否存在的一组判定准则。

注：判别准则包括落在**控制限**(2.4.2)之外的点，还包括链、趋势、循环、周期、中心线或控制限附近点的聚集，落在控制限内的非正常散布(大或小的散布)，以及子组内数值间的关系。

2.2.9

平均链长　average run length

ARL

〈控制图〉**控制图**(2.3.1)上从开始直到判定有**特殊原因**(2.2.4)所用的**样本**(1.2.17)个数的均值。

注1：若不存在特殊原因，ARL的理想值是无穷大。此时永远不会采取任何行动，可行的方法是使ARL尽可能大。

注2：反之，当存在特殊原因时，ARL的理想值是1。此时，当抽取下一个样本时就可以做出判定。

注3：因此，ARL值的选取是上述相冲突要求的折中。

注4：当特殊原因不存在但却采取了行动，将导致控制过度。

注5：当特殊变异存在但却没有采取适当的行动，将导致控制不足。

2.3　控制图

2.3.1

控制图　control chart

为监测**过程**(2.1.1)、控制和减少过程变异(2.2.1)，将**样本统计量**(1.2.18)值序列以特定顺序描点绘出的图。

注1：特定顺序通常指按时间顺序或样本获得顺序。

注2：控制图用于监测关于最终产品或者服务的**特性**(1.1.1)时最有效。

2.3.2

常规控制图　Shewhart control chart

主要用来从图形上判定**变异**(2.2.1)源于**随机原因**(2.2.5)还是**特殊原因**(2.2.4)，采用**常规控制限**(2.4.5)的**控制图**(2.3.1)。

2.3.3

验收控制图　acceptance control chart

主要用来判定描点是否能期望在**容差**(3.1.6)之内的**控制图**(2.3.1)。

2.3.4

过程调整控制图　process adjust control chart

利用**过程**(2.1.1)的预测模型，在没有调整的情况下估计未来趋势，或确定调整量使系统偏差在可接收范围内的**控制图**(2.3.1)。

2.3.5

累积和控制图　cumulative sum control chart

CUSUM图

将相继样本统计量的值与参照值的偏差累加进行描点，以检测所描点的统计量的均值水平漂移的**控制图**(2.3.1)。

注1：每个点的纵坐标是前一个点的纵坐标和当前点与参照值、目标值或控制值的偏差的代数和。

注2：当参照值与总平均值相等时，能最好地判别均值水平的变化。

注3：该控制图可用于控制、诊断及预测。

注4：用累积和控制图进行控制时，可以用一个模板(比如，V型模板)叠加在控制图上作出图形解释：当累积和曲线达到V型模板的边界或与之相交时即发出报警信号。

2.3.6

计量控制图　variables control chart

描点所用统计量是**连续尺度**(1.1.4)的**常规控制图**(2.3.2)。

2.3.7

计数控制图　attribute control chart

描点所用统计量是可数的或分类变量的**常规控制图**(2.3.2)。

2.3.8

***c* 图　*c* chart**

计点控制图　count control chart

用一定量样本中特定类型的**不合格**(3.1.11)数，评估和监察**过程水平**(2.4.13)的**计数控制图**(2.3.7)。

注：计数的是某一特殊类型的事件总数，如缺席的人数、高销售量数等。在质量领域，通常是固定样本量的样本或固定量物料中的不合格数，如 100 m^2 织物中的瑕疵数，100 张发票中的错误数。

2.3.9

***u* 图　*u* chart**

单位计点控制图　count per unit control chart

用样本中特定类型的**不合格**(3.1.11)的平均数，评估和监察**过程水平**(2.4.13)的**计数控制图**(2.3.7)。

注：计数的是某一特殊类型的事件的平均数。在质量领域，通常是样本中平均不合格数，如平均每平方米织物中的瑕疵数，平均每张发票中的差错数。

2.3.10

***np* 图　*np* chart**

计件控制图　number of categorized units control chart

用固定**样本量**(1.2.26)的样本中属于指定类别的**单元**(1.2.14)数，评估和监察**过程水平**(2.4.13)的**计数控制图**(2.3.7)。

注：在质量领域，通常按**不合格品**(1.2.12)进行分类，此时称为不合格品数控制图。

2.3.11

***p* 图　*p* chart**

计件比率控制图　proportion or percent categorized control chart

用一定量**样本**(1.2.17)中属于某指定类别的**单元**(1.2.14)的比例或百分比，评估和监察**过程水平**(2.4.13)的**计数控制图**(2.3.7)。

注 1：在质量领域，通常按**不合格品**(1.2.12)进行分类，此时称为不合格品率控制图。

注 2：*p* 图特别适用于**样本量**(1.2.26)变化的情形。

注 3：可用比例或百分比进行描图。

2.3.12

$\overline{X}$ 控制图　*X* bar control chart

均值控制图　average control chart

用子组均值评估和监察**过程水平**(2.4.13)的**计量控制图**(2.3.6)。

2.3.13

中位数控制图　median control chart

用子组中位数评估和监察**过程水平**(2.4.13)的**计量控制图**(2.3.6)。

2.3.14

移动平均控制图　moving average control chart

用每 *n* 个相继观测值的算术平均评估和监察**过程水平**(2.4.13)的**控制图**(2.3.1)。

注 1：当每个子组只有一个观测值时这种控制图尤其有用。如过程特性(1.1.1)为温度、压力、时间等。

注 2：以当前观测值替换最近的 $n+1$ 个观测值中最早出现的那个值。

注 3：这种控制图的一个缺点是未对 *n* 个相继观测值进行加权。

2.3.15

***X* 控制图　*X* control chart**

单值控制图　individual control chart

用**样本**(1.2.17)中的单个观测值评估和监察**过程水平**(2.4.13)的**计量控制图**(2.3.6)。

注1：单值控制图一般和移动极差控制图(通常取 $n=2$)配对使用。

注2：单值控制图不能利用取平均的方法来减少**随机变异**(2.2.1)，也不能利用中心极限定理。

2.3.16

EWMA 控制图　EWMA chart

指数加权移动平均控制图　exponentially weighted moving average control chart

用指数滑动加权平均评估和监测**过程水平**(2.4.13)的**计量控制图**(2.3.1)。

2.3.17

趋势控制图　trend control chart

用子组均值对过程水平的期望值的偏离评估和监察**过程水平**(2.4.13)的**控制图**(2.3.1)。

注1：可以用经验方法或回归的方法确定趋势。

注2：将观测值(3.2.8)按时间顺序作图，在消除了**随机变异**(2.2.1)和周期影响后，趋势控制图表示了过程水平的变化趋势。

2.3.18

***R* 图　*R* chart**

极差控制图　range control chart

用子组极差评估和监察过程**变异**(2.2.1)的**计量控制图**(2.3.6)。

2.3.19

***s* 图　*s* chart**

标准差控制图　standard deviation control chart

以子组的标准差来评估和监察过程**变异**(2.2.1)的**计量控制图**(2.3.6)。

2.3.20

移动极差控制图　moving range control chart

用 n 个相继观测值的极差评估和监察过程**变异**(2.2.1)的**计量控制图**(2.3.6)。

注：以当前的观测值替换最近的 $n+1$ 个观测值中最早出现的那个值。

2.3.21

多变量控制图　multivariate control chart

用子组中两个或两个以上相关的变量合成一个**样本统计量**(1.2.18)得到的**控制图**(2.3.1)。

2.3.22

多维特性控制图　multiple characteristic chart

基于多于一个**特性**(1.1.1)的**计数控制图**(2.3.7)。

2.3.23

缺点控制图　demerit control chart

质量计分图　quality score chart

按察觉的显著程度对每种缺点事件(或质量计分)分配不同权重的**多维特性控制图**(2.3.22)。

2.3.24

过程调整　process adjustment

通过**前馈控制**(2.3.25)和(或)**反馈控制**(2.3.26)减少输出**特性**(1.1.1)与目标值的偏差的行动。

注：进行实时监控以确定过程(2.2.1)和过程调整系统是否处于**统计受控状态**(2.2.7)。

2.3.25

前馈控制　feed-forward control

根据对输入变量的波动的**测量**(3.2.1)对其他**控制变量**(2.3.27)所作的适当补偿性调整。

2.3.26

反馈控制　feedback control

根据输出**特性**(1.1.1)与目标值的偏差或输出特性本身的错误信号而对**控制变量**(2.3.27)所作的适当补偿性调整。

2.3.27

控制变量　control variable

过程(2.1.1)中作为报警信号的用来改变过程输出的函数中的变量。

2.3.28

自相关　autocorrelation

按时间顺序得到的一观测值序列之间的内部相关。

2.4　控制图构成

2.4.1

中心线　centre line

控制图(2.3.1)中表示**样本统计量**(1.2.18)预期目标值或历史均值的直线。

注：中心线有以下两种形式：

a) "标准给定"中心线，即中心线的值是预先给定的；

b) "标准未给定"中心线，即中心线的值是历史数据均值。

2.4.2

控制限　control limits

控制图(2.3.1)中用以判定**过程**(2.1.1)稳定性的直线。

注1：在**控制图**(2.3.1)上用控制线表示控制限。

注2：在**常规控制图**(2.3.2)中，控制限提供了只因**随机原因**(2.2.5)引起的统计量偏离**中心线**(2.4.1)的边界。

注3：除**验收控制图**(2.3.3)外，控制限都是基于实际测量数据，而不是基于**规范限**(3.1.3)的。

注4：除将落在控制限之外的点看作"失控"外，失控准则也将落在控制限之内的链、趋势、循环、周期等异常情况也视为失控。

2.4.3

警戒限　warning limits

当**过程**(2.1.1)处于**统计受控**(2.2.7)时，所考察的统计量以相当高的概率落入其间的控制限(2.4.2)。

注1：在**控制图**(2.3.1)上用警戒线表示警戒限。

注2：当观测值落在警戒限之外，但在**行动限**(2.4.4)之内时，需要依据预设准则加强监管。

2.4.4

行动限　action limits

当**过程**(2.1.1)处于**统计受控**(2.2.7)时，所考察的统计量以非常高的概率落入其间的**控制限**(2.4.2)。

注1：在**控制图**(2.3.1)上用行动线表示行动限。

注2：当观测值落在行动限之外时，必须采取适当的**纠正措施**(3.1.15)。

2.4.5

常规控制限　Shewhart control limits

由过去经验和经济原因出发得到的两条距**中心线**(2.4.1)$\pm z$倍标准差，用来判定**过程**(2.1.1)是否处于**统计受控**(2.2.7)的**控制限**(2.4.2)。

注：常规控制限是由休哈特(Shewhart)提出的，建立在正态分布之上的最常用的控制限。通常对**行动限**(2.4.4)，$z=3$；对**警戒限**(2.4.3)，$z=2$。

2.4.6

概率控制限　probabilistic control limits

当**过程**(2.1.1)处于**统计受控**(2.2.7)时，所考察的统计量以一个预先设定的非常高的概率落入其间的与**中心线**(2.4.1)一起定义的**控制限**(2.4.2)。

注：要确定概率控制限，必须先确定统计量所服从的**分布**(2.5.1)。

2.4.7

验收控制限　acceptance control limits

ACL

验收控制图(2.3.3)中根据一些特殊需要，只要子组变异在统计受控下仅由**随机原因**(2.2.5)引起，则允许**过程水平**(2.4.13)在其间变动的**控制限**(2.4.2)。

2.4.8

上控制限　upper control limit

UCL

表示上侧控制界限的**控制限**(2.4.2)。

2.4.9

下控制限　lower control limit

LCL

表示下侧控制界限的**控制限**(2.4.2)。

2.4.10

不定域　indifference zone

位于**可接收过程水平**(2.4.14)和**可拒收过程水平**(2.4.15)之间的**过程水平**(2.4.13)。

2.4.11

可接收过程域　zone of acceptable process

由可接收**过程**(2.1.1)的**过程水平**(2.4.13)组成的位于**中心线**(2.4.1)两侧的区域。

2.4.12

可拒收过程域　zone of rejectable process

由可拒收**过程**(2.1.1)的**过程水平**(2.4.13)组成的位于**可拒收过程水平**(2.4.15)及之外的区域。

2.4.13

过程水平　process level

在给定时间点上用来描图的**样本统计量**(1.2.18)的均值。

2.4.14

可接收过程水平　acceptable process level

APL

组成**可接收过程域**(2.4.11)的外边界的**过程水平**(2.4.13)。

2.4.15

可拒收过程水平　rejectable process level

RPL

组成**可拒收过程域**(2.4.12)的内边界的**过程水平**(2.4.13)。

2.5　有关过程性能和过程能力的基本术语

2.5.1

分布　distribution

〈特性〉关于**特性**(1.1.1)概率行为的信息。

注 1：特性的分布能够被表现出来，例如：给特性值排序，以计数图或直方图的形式绘出测量结果。这样的表示能够给出除了数据采集时的次序以外的特性的所有数值信息。

注 2：特性的分布依赖于当时的基本条件。因此，如果要得到关于特性分布有意义的信息，应当明确数据是在何种情况下被采集的。

注 3：在预测或估计过程能力、过程性能指数或不合格(不合格品)率之前，知道**分布类**(2.5.2)非常重要(比如，是正态分布还是对数正态分布)。

2.5.2

分布类　class of distributions

其成员有共同特征的特定**分布**(2.5.1)族，分布族可通过该特征完全确定。

示例 1：呈钟状对称的、包含均值和标准差的两参数正态分布。

示例 2：包含位置、形状以及**尺度**(1.1.3)的三参数威布尔分布。

示例 3：单峰连续分布。

2.5.3

分布模型　distribution model

特定的**分布**(2.5.1)或**分布类**(2.5.2)。

示例 1：某产品**特性**(1.1.1)——螺钉直径的分布模型是均值为 15 mm、标准差为 0.05 mm 的正态分布。这是一个完全确定的模型。

示例 2：示例 1 中螺钉直径的分布模型也可以是没有确定具体参数的正态分布类，其中模型是正态分布类。

2.5.4

上不合格率　upper fraction nonconforming

p_U

根据**分布**(2.5.1)，**特性**(1.1.1)大于**上规范限**(3.1.4)U 的比率。

示例：对于均值为 μ、标准差为 σ 的正态分布，

$$p_U = 1 - \Phi\left(\frac{U-\mu}{\sigma}\right) = \Phi\left(\frac{\mu-U}{\sigma}\right)$$

式中：

p_U——上不合格(不合格品)率；

Φ——标准正态分布的分布函数(见 GB/T 3358.1)；

U——上规范限。

注 1：标准正态分布表(或统计软件包中的函数)很容易找到，此类表以偏离过程均值的标准差倍数的方式，给出了过程输出超出某特定数值，如**规范限**(3.1.3)的比率。标准正态分布表见 GB/T 4086.1。

注 2：上述公式用的是参数的理论值，实际中，参数常用它们的估计值代替。

2.5.5

下不合格率　lower fraction nonconforming

p_L

根据**分布**(2.5.1)，**特性**(1.1.1)小于**下规范限**(3.1.5)L 的比率。

示例：对于均值为 μ、标准差为 σ 的正态分布，

$$p_L = \Phi\left(\frac{L-\mu}{\sigma}\right)$$

式中：

p_L——下不合格(不合格品)率；

Φ——标准正态分布的分布函数；

L——下规范限。

注 1：标准正态分布表(或统计软件包中的函数)很容易找到，此类表以偏离过程均值的标准差倍数的方式，给出了过程输出超出某特定数值，如**规范限**(3.1.3)的比率。标准正态分布表见 GB/T 4086.1。

注 2：上述公式用的是参数的理论值，实际中，参数常用它们的估计值代替。

2.5.6

总不合格率　total fraction nonconforming

p_t

上不合格率(2.5.4)与下不合格率(2.5.5)之和。

示例：对于均值为 μ、标准差为 σ 的正态分布，

$$p_t = \Phi\left(\frac{\mu - U}{\sigma}\right) + \Phi\left(\frac{L - \mu}{\sigma}\right)$$

式中：

p_t——总不合格率；

Φ——标准正态分布的分布函数；

L——下规范限；

U——上规范限。

注 1：标准正态分布表(或统计软件包中的函数)很容易找到，此类表以偏离过程均值的标准差倍数的方式，给出了过程输出超出某特定数值，如**规范限**(3.1.3)的比率。标准正态分布表见 GB/T 4086.1。

注 2：上述公式用的是参数的理论值，实际中，参数常用它们的估计值代替。

注 3：本术语与(2.5.4)及(2.5.5)都是针对理论分布的，在实际问题中，不合格率通常是指在批或样本范围内的，与此相关的术语及定义有：

a)：**不合格品率**(fraction nonconforming item)

批或样本中不合格品数目除以其中**单位产品**(1.2.11)总数；

b)：**不合格品百分数**(percent nonconforming item)

不合格品率的 100 倍；

c)：**每百单位产品不合格数**(nonconforming per hundred items)

一定数量产品中全部的**不合格**(3.1.11)总数与产品总数之比的 100 倍。

2.5.7

参照区间　reference interval

以分布的 0.135%分位数 $X_{0.001\,35}$ 与 99.865%分位数 $X_{0.998\,65}$ 为端点的区间。

注 1：区间可以表示为($X_{0.001\,35}$，$X_{0.998\,65}$)，其长度为 $X_{0.998\,65} - X_{0.001\,35}$。

注 2：本术语专用于**过程性能指数**(2.6.2)和**过程能力指数**(2.7.2)的标准化定义。

注 3：对于正态**分布**(2.5.1)，参照区间的长度为 6σ，或由样本估计的 $6s$。

注 4：对于非正态分布，参照区间的长度可以利用 ISO/TR 127831 的方法，由适当的概率纸(比如对数正态)或是样本峰度以及样本偏度等来估计。

注 5：分位数(如百分位数)将一个分布进行了等比率的分割。GB/T 3358.1 给出了分位数的定义。

2.5.8

下参照区间　lower reference interval

以分布的 0.135%分位数 $X_{0.001\,35}$ 与 50%分位数 $X_{0.50}$ 为端点的区间。

注 1：区间可以表示为($X_{0.001\,35}$，$X_{0.50}$)，其长度为 $X_{0.50} - X_{0.001\,35}$。

注 2：本术语专用于**过程性能指数**(2.6.2)和**过程能力指数**(2.7.2)的标准化定义。

注 3：对于正态**分布**(2.5.1)，参照区间的长度为 3σ，或由样本估计的 $3s$。

注 4：对于非正态分布，分布的 50%分位数(即中位数)与 0.135%分位数 $X_{0.001\,35}$，可以利用 ISO/TR 127831 的方法，由适当的概率纸(比如对数正态)或是样本峰度以及样本偏度等来估计。

2.5.9

上参照区间　upper reference interval

以分布的 50%分位数 $X_{0.50}$ 与 99.865%分位数 $X_{0.998\,65}$ 为端点的区间。

注 1：区间可以表示为($X_{0.50}$，$X_{0.998\,65}$)，其长度为 $X_{0.998\,65} - X_{0.50}$。

注 2：本术语专用于**过程性能指数**(2.6.2)和**过程能力指数**(2.7.2)的标准化定义。

注 3：对于正态**分布**(2.5.1)，参照区间的长度为 3σ，或由样本估计的 $3s$。

STANDARDS PRESS OF CHINA

注 4：对于非正态分布，分布的 50%分位数（即中位数）与 99.865%分位数 $X_{0.99865}$，可以利用 ISO/TR 127831 的方法，由适当的概率纸（比如对数正态）或是样本峰度以及样本偏度等来估计。

2.6 过程性能〈测量数据〉

2.6.1

过程性能 process performance

〈测量〉对未被证明处于**统计受控过程**（2.2.7）的**过程**（2.1.1）**特性**（1.1.1）的输出的统计度量。

注 1：输出的**分布**（2.5.1）需要判定其**分布类**（2.5.2）并估计参数。

注 2：因为可能包含**特殊原因**（2.2.4）引起的的变异分量，其值又不可预测，故在使用此度量时应特别谨慎。

注 3：若正态分布的标准差 S_t 仅由一个样本量为 N 的**样本**（1.2.17）来估计，则过程标准差可表示为：

$$S_t = \sqrt{\frac{1}{N-1}\sum(X_i - \overline{X}_t)^2}$$

式中：$\overline{X}_t = \frac{1}{N}\sum X_i$

S_t 同时考虑了由**随机（一般）原因**（2.2.5）与可能存在的特殊原因共同引起的**变异**（2.2.1）。此处的标准差 S_t 是一个描述性统计量，用来代替 σ_t。样本量为 N 的样本可以由 k 个子组构成，每个子组的样本量为 n。

注 4：对于正态分布，过程性能可根据下述表达式估计：

$$过程性能 = \overline{X}_t \pm z \cdot S_t$$

其中“z”的取值取决于指定的百万分数（ppm）。通常“z”取值为 3、4 或 5。如果过程性能与规定要求一致，当 z 取值为 3 时，表示每一百万次中预计有 2 700 次不符合**规范**（3.1.1）。类似的，z 为 4 时，表示每一百万次中预计有 64 次不符合规范；z 为 5 时，表示每一百万次中预计有 0.6 次不符合规范。

注 5：对于非正态分布，过程性能可利用适当的概率纸或数据拟合的分布参数加以评估。过程性能的表达式如下：

$$过程性能 = \overline{X}_t {}^{+a}_{-b}$$

记号“${}^{+a}_{-b}$”用于上、下规范限与特性的标称值或偏好值不对称时的情形；在对称情形用符号“±”表示（见 GB/T 8170《数值修约规则与极限数值的表示和判定》）。由此，表示特性大小的维度性能，就能通过位置和散度这两个量与特定要求进行直接比较。

2.6.2

过程性能指数 process performance index

P_p

描述**过程性能**（2.6.1）相对于**容差**（3.1.6）的指数。

注 1：过程性能指数常表示为容差对**参照区间**（2.5.7）长度的比值：

$$P_p = \frac{U - L}{X_{0.99865} - X_{0.00135}}$$

注 2：正态**分布**（2.5.1）参照区间的长度等于 $6S_t$（见 2.6.1 的注 3）。

注 3：非正态分布情形，参照区间的长度可利用 ISO/TR 12783 中描述的方法进行估计。

2.6.3

下过程性能指数 lower process performance index

P_{pkL}

描述**过程性能**（2.6.1）相对于**下规范限** L（3.1.5）的指数。

注 1：下过程性能指数常表示为分布的 50%分位数 $X_{0.50}$ 与**下规范限**（3.1.5）的差值对**下参照区间**（2.5.8）长度的比值：

$$P_{pkL} = \frac{X_{0.50} - L}{X_{0.50} - X_{0.00135}}$$

注 2：对于正态分布，下参照区间的长度等于 $3S_t$（见 2.6.1 的注 3），$X_{0.50}$ 既是中位数，又是均值。

注 3：对于非正态分布，下参照区间的长度可利用 ISO/TR 12783 中描述的方法进行估计，$X_{0.50}$ 为中位数。

2.6.4

上过程性能指数 upper process performance index

P_{pkU}

描述**过程性能**(2.6.1)相对于**上规范限 U**(3.1.4)的指数。

注 1：上过程性能指数常表示为上规范限与分布的 50%分位数 $X_{0.50}$ 的差值对**上参照区间**(2.5.9)长度的比值：

$$P_{pkU} = \frac{U - X_{0.50}}{X_{0.99865} - X_{0.50}}$$

注 2：对于正态分布，上参照区间的长度等于 $3s_t$(见 2.6.1 的注 3)，$X_{0.50}$ 既是中位数，又是均值。

注 3：对于非正态分布，上参照区间的长度可利用 ISO/TR 12783 中描述的方法进行估计，$X_{0.50}$ 为中位数。

2.6.5

最小过程性能指数　minimum process performance index

P_{pk}

上过程性能指数(2.6.4)与**下过程性能指数**(2.6.3)中的较小值。

2.6.6

过程性能比　process performance ratio

过程性能指数(2.6.2)的倒数。

注：过程性能比常以百分数的形式表示。

2.7　过程能力〈测量数据〉

2.7.1

过程能力　process capability

〈估计值〉对已被证明处于**统计受控状态**(2.2.7)的**过程**(2.1.1)**特性**(1.1.1)的输出的统计度量，它描述了过程特性满足要求的能力。

注 1：输出的**分布**(2.5.1)需要判定其**分布类**(2.5.2)并估计参数。

注 2：对于正态分布，过程总标准差 σ_t 能用 S_t 进行估计(见 2.6.1 的注 3)

此外在某些特定情况下，表示子组内变异的标准差 S_w，可以代替 S_t 作为 σ_t 的估计量。

$$S_w \approx \frac{\bar{R}}{d_2} \text{或} \frac{\sum S_i}{mc_4} \text{或} \sqrt{\frac{\sum S_i^2}{m}}$$

式中：

$\bar{R}$——由 m 个子组极差计算得到的平均极差；

S_i——第 i 个子组的样本标准差；

m——样本量皆为 n 的子组的组数；

d_2、c_4——基于子组样本量 n 的常数(见 GB/T 4091)。

处于统计受控状态的过程，估计量 S_t 和 S_w 的取值趋于相等。因此，通过两者的比较可以反映过程的稳定性。对均值不为设定常数的失控过程以及均值系统变化的过程(见 2.2.7 的注 4)，S_w 可能会显著地低估过程标准差。

因此在使用 S_w 时，应非常谨慎。有时，更倾向于使用估计量 S_t，因为它更易于统计处理(比如置信限的计算)。

注 3：对于正态分布，过程能力可根据下述表达式估计：

$$\text{过程能力} = \bar{\bar{X}} \pm z \cdot S_t$$

式中：

$\bar{\bar{X}} = \frac{1}{m}\sum \bar{X}_i$；

$\bar{X}_i$——第 i 个子组的均值。

注意 $\bar{\bar{X}}$ 恒等于 $\bar{X}_t$(见 2.6.1 的注 3)。

“z”的取值取决于指定的百万分数(ppm)。通常“z”取值为 3、4 或 5。如果过程性能与规定要求一致，当 z 取值为 3 时，表示每一百万次中预计有 2 700 次不符合**规范**(3.1.1)。类似地，z 为 4 时，表示每一百万次中预计有 64 次不符合规范；z 为 5 时，表示每一百万次中预计有 0.6 次不符合规范。

注 4：对于非正态分布，过程能力可利用适当的概率纸或数据拟合的分布参数加以评估。过程能力的表达式如下：

$$\text{过程能力} = \bar{\bar{X}}^{+a}_{-b}$$

记号“$^{+a}_{-b}$”用于上、下规范限与特性的标称值或偏好值不对称时的情形；在对称情形用符号“±”表示(见

GB/T 8170《数值修约规则与极限数值的表示和判定》。由此，表示特性大小的维度性能，就能通过位置和散度这两个量与特定要求进行直接比较。

注 5：使用 $S_w=\frac{\overline{R}}{d_2}$时，应注意：

——当子组样本量增加时，估计量有效性降低；

——对单值的分布非常敏感；

——与使用 S_t 相比，估计置信限的难度加大。

2.7.2

过程能力指数　process capability index

C_p

描述**过程能力**(2.7.1)相对于**容差**(3.1.6)的指数。

注 1：对处于**统计受控**(2.2.7)的过程，过程能力指数常表示为容差对**参照区间**(2.5.7)长度的比值：

$$C_p=\frac{U-L}{X_{0.998\,65}-X_{0.001\,35}}$$

注 2：对于正态分布，参照区间的长度等于 6S(见 2.7.1 的注)；

注 3：对于非正态分布，参照区间可利用 ISO/TR 12783 中描述的方法进行估计。

2.7.3

下过程能力指数　lower process capability index

C_{pkL}

描述**过程能力**(2.7.1)相对于**下控制限**(3.1.5)的指数。

注 1：对处于**统计受控状态**(2.2.7)的过程，下过程能力指数常表示为分布的 50%分位数 $X_{0.50}$与下规范限的差值对**下参照区间**(2.5.8)长度的比值：

$$C_{pkL}=\frac{X_{0.50}-L}{X_{0.50}-X_{0.001\,35}}$$

注 2：对于正态分布，下参照区间长度等于 3S(见 2.7.1 的注)，$X_{0.50}$既是中位数，又是均值。

注 3：对于非正态分布，下参照区间可利用 ISO/TR 12783 中描述的方法进行估计，$X_{0.50}$为中位数。

2.7.4

上过程能力指数　upper process capability index

C_{pkU}

描述**过程能力**(2.7.1)相对于**上规范限** U(3.1.4)的指数。

注 1：上过程能力指数常表示为上规范限与分布的 50%分位数 $X_{0.50}$的差值对**上参照区间**(2.5.9)长度的比值：

$$C_{pkU}=\frac{U-X_{0.50}}{X_{0.998\,65}-X_{0.50}}$$

注 2：对于正态分布，上参照区间的长度等于 3S(见 2.7.1 的注)，$X_{0.50}$既是中位数，又是均值。

注 3：对于非正态分布，上参照区间的长度可利用 ISO/TR 12783 中描述的方法进行估计，$X_{0.50}$为中位数。

2.7.5

最小过程能力指数　minimum process capability index

C_{pk}

上过程能力指数(2.7.4)与**下过程能力指数**(2.7.3)中的较小值。

2.7.6

过程能力比　process capability ratio

过程能力指数(2.7.2)的倒数。

注：过程能力比常以百分数的形式表示。

2.7.7

过程变异指数　process variation index

Q_k

描述相对于**目标值**(3.1.2)的**变异**(2.2.1)度量。

注 1：如果目标值 T 不等于 0，则过程变异指数为：

$$Q_k = \frac{100\sqrt{S_t^2 + (\overline{\overline{X}} - T)^2}}{T} \quad (\%)$$

注 2：不论是过程偏离目标，还是过程变异增加，过程变异指数的值均会增加。指数越接近 0，过程越靠近目标。

注 3：当希望达到目标值，但无法得到容差来估计其相对能力时，过程变异指数十分有用。此类情况还包括非生产过程的统计过程控制以及经设计实验的响应。

3 规范、值与测试结果

3.1 有关规范的概念

3.1.1

规范 **specification**

阐明要求的文件。

[GB/T 19000—2008]

注 1：文件可以是包含信息的任意载体，例如：纸张、计算机磁盘、光盘或标准样本。

注 2：使用此术语需加适当修饰限定，例如：产品规范和过程规范、测试规范和性能规范。

注 3：在**验收抽样**(1.3.17)中，**批**(1.2.4)满足批验收准则就可能被接收，但样本或批中的某些单位产品(1.2.11)可能不满足产品规范。

注 4：只要有可能，规范中的要求应按照**单元**(1.2.14)及其极限值用数量来表述。若不能用数量来表述时，需要给出一个适用于检验和判定的可操作的准则。该准则可采用参照样本、标准样本或图样的形式。该准则可说明什么是优先的、最低可接收的和不可接收的，或者说明不可接收的不合格类型和(或)程度。

3.1.2

目标值 **target value**

标称值 **nominal value**

T

规范中阐明的**特性**(1.1.1)的优先值或参照值。

3.1.3

规范限 **specification limit**

为**特性**(1.1.1)规定的极限值。

3.1.4

上规范限 **upper specification limit**

U

定义上限值的**规范限**(3.1.3)。

3.1.5

下规范限 **lower specification limit**

L

定义下限值的**规范限**(3.1.3)。

3.1.6

容差；公差 **specified tolerance**

上规范限(3.1.4)与**下规范限**(3.1.5)的差。

3.1.7

单侧规范限 **single specification limit**

判定准则仅适用于一个极限值的**规范限**(3.1.3)。

STANDARDS PRESS OF CHINA

3.1.8

联合双侧规范限　combined double specification limit

判定准则同时适用于上、下极限值的**规范限**(3.1.3)。

3.1.9

分立双侧规范限　separate double specification limit

判定准则分别单独适用于上、下极限值的**规范限**(3.1.3)。

3.1.10

复合双侧规范限　complex double specification limit

同时具有两套判定准则的**规范限**(3.1.3),一套适用于两个极限值,另一套单独适用于某个极限值。

3.1.11

不合格　nonconformity

未满足要求。

[GB/T 19000—2008]

注:见**缺陷**(3.1.12)中的注。

3.1.12

缺陷　defect

未满足与预期或规定用途有关的要求。

注1:区分缺陷与**不合格**(3.1.11)的概念是重要的,这是因为其中有法律内涵,特别是与产品责任问题有关。因此,术语“缺陷”应慎用。

注2:顾客希望的预期用途可能受供方提供的信息内容的影响,如操作或维护说明。

[GB/T 19000—2008]

3.1.13

缺点　imperfection

质量**特性**(1.1.1)对其优先水平或状态的偏离,顾客对这种偏离能否接受,取决于其对需求和期望的解释。

注1:实际工作中,每一质量特性都达到完美是不现实的。缺点的识别,对定量质量特性使用**容差**(3.1.6)概念;对定性质量特性值使用分类,如“优先”、“最小可接收”。

注2:缺点只是一般概念,每种缺点类型通常用特定的名字标识(如轻微刮痕或瑕疵)。

3.1.14

预防措施　preventive action

为消除潜在**不合格**(3.1.11)或其他潜在不期望情况的原因所采取的措施。

注1:一个潜在不合格可以有若干个原因。

注2:采取预防措施是为了防止发生,而采取**纠正措施**(3.1.15)是为了防止再发生。

[GB/T 19000—2008]

3.1.15

纠正措施　corrective action

为消除已发现的**不合格**(3.1.11)或其他不期望情况的原因所采取的措施。

注1:一个不合格可以有若干个原因。

注2:采取纠正措施是为了防止再发生,而采取**预防措施**(3.1.14)是为了防止发生。

注3:**纠正**(3.1.16)和纠正措施是有区别的。

[GB/T 19000—2008]

3.1.16

纠正　correction

为消除已发现的**不合格**(3.1.11)所采取的措施。

注1：纠正可连同**纠正措施**(3.1.15)一起实施。

注2：返工或降级可作为纠正的示例。

[GB/T 19000—2008]

3.2 特性与量的确定

3.2.1

测量 measurement

以确定量值为目的的一组操作。

[VIM:1993,2.1]

注1：本定义中的量可以是一个"基本量"，如质量、长度、时间；也可以是一个"导出量"，如速度(长度除以时间)。

注2：测量限于对量值的确定，而**测试**(3.2.3)有更广泛的含义，系指**特性**(1.1.1)的确定。特性的确定既可以用测量程序也可以用量化、分类或检测是否具有某特征等其他方法。

3.2.2

被测量 measurand

作为**测量**(3.2.1)对象的特定量。

[VIM:1993,2.6]

3.2.3

测试 test

〈技术上的〉按照规定的程序，为对某给定**产品**(1.2.32)、**过程**(2.1.1)或**服务**(1.2.33)确定一个或多个特性所进行的技术操作。

注1：测量限于对量值的确定，而**测试**(3.2.3)有更广泛的含义，系指**特性**(1.1.1)的确定。特性的确定既可以用测量程序也可以用量化、分类或检测是否具有某特征等其他方法。

注2：术语"量"的解释见3.2.1的注1。

3.2.4

测试特性 test characteristic

作为**测试**(3.2.3)对象的**特性**(1.1.1)。

3.2.5

真值 true value

在一定条件下完善刻画一个量或定量**特性**(1.1.1)所定义的值。

注1：量或定量特性的真值是一个理论上的概念，通常无法确切获得。

注2：术语"量"的解释见3.2.1的注1。

3.2.6

约定真值 conventional true value

对于给定的目的，赋予一个量或定量特性的可用于替代其**真值**(3.2.5)的值。

示例：在某个组织内的参照标准中指定的值可作为一个量或定量特性的约定真值。

注1：通常，对于给定的目的，由于约定真值和真值充分接近，故认为约定真值和真值的差可忽略。

注2：术语"量"的解释见3.2.1的注1。

3.2.7

接受参照值 accepted reference value

用作比较的经协商同意的标准值。

注：接受参照值来自于：

a) 基于科学原理的理论值或确定值；

b) 基于一些国家或国际组织的实验工作的指定值或认证值；

c) 基于科学或工程组织赞助下合作实验工作中的同意值或认证值；

d) 当a)b)c)不能获得时，则用期望值，即指定测量集合的均值。

3.2.8

观测值　observed value

所获得的量或**特性**(1.1.1)的值。

注1：术语"量"的解释见3.2.1的注1。

注2：观测值可通过组合获得**测试结果**(3.4.1)或**测量结果**(3.4.2)，例如，一根棒的密度可通过长度、直径与质量的观测值获得。

注3：统计文献中，观测(observation)是观测值的同义词。

3.3 测试与测量方法的相关特性

3.3.1

准确度　accuracy

测试结果(3.4.1)或**测量结果**(3.4.2)与**真值**(3.2.5)间的一致程度。

注1：在实际中，真值用**接受参照值**(3.2.7)代替。

注2：术语"准确度"，当用于一组测试或测量结果时，由随机误差分量和系统误差分量即偏倚分量组成。

注3：准确度是**正确度**(3.3.3)和**精密度**(3.3.4)的组合。

3.3.2

偏倚　bias

测试结果(3.4.1)或**测量结果**(3.4.2)的期望与**真值**(3.2.5)之差。

注1：相对于随机误差，偏倚是总的系统误差。偏倚可由一个或多个系统误差分量组成。距真值的系统偏差愈大，偏倚值就愈大。

注2：测量仪器的偏倚用一定次数重复测量读数误差的平均值来估计。读数误差是测量仪器的读数与输入量真值的差。

注3：在实际中，真值用**接受参照值**(3.2.7)代替。

3.3.3

正确度　trueness

测试结果(3.4.1)或**测量结果**(3.4.2)期望与**真值**(3.2.5)的一致程度。

注1：正确度的度量通常用**偏倚**(3.3.2)表示。

注2：正确度有时被称为"均值的准确度"，但不推荐这种用法。

注3：在实际中，真值用**接受参照值**(3.2.7)代替。

3.3.4

精密度　precision

在规定条件下，所获得的**独立测试/测量结果**(3.4.3)间的一致程度。

注1：精密度仅依赖于随机误差的分布，与真值或规定值无关。

注2：精密度的度量通常以表示"不精密"的术语来表达，其值用**测试结果**(3.4.1)或**测量结果**(3.4.2)的标准差来表示。标准差越大，精密度越低。

注3：精密度的定量度量严格依赖于所规定的条件，**重复性条件**(3.3.6)和**再现性条件**(3.3.11)为其中两种极端情况。

3.3.5

重复性　repeatability

重复性条件(3.3.6)下的**精密度**(3.3.4)。

注：重复性可以用结果的离散**特性**(1.1.1)来定量表示。

3.3.6

重复性条件　repeatability conditions

为获得**独立测试/测量结果**(3.4.3)，由同一操作员按相同的方法、使用相同的测试或测量设施、在短时间间隔内对**同一测试/测量对象**(1.2.34)进行测试/测量的观测条件。

注：重复性条件包括：

——相同的测量程序或测试方法；

——同一操作员；

——在同一条件下使用的同一测量或测试设施；

——同一地点；

——在短时间间隔内的重复。

3.3.7

重复性标准差　repeatability standard deviation

重复性条件下获得的**测试结果**(3.4.1)或**测量结果**(3.4.2)的标准差。

注1：重复性标准差是重复性条件下所得测试或测量结果分布离散程度的一种度量。

注2：类似地可以定义"重复性方差"和"重复性变异系数"，作为重复性条件下所得测试或测量结果分布离散程度的度量。

3.3.8

重复性临界差　repeatability critical difference

一个数值，在重复性条件下，两个**测试结果**(3.4.1)或**测量结果**(3.4.2)的最终值的绝对差以一定的概率小于或等于此数。

示例：最终值的例子包括结果序列的均值或中位数，而序列本身可能仅含一个结果。

3.3.9

重复性限　repeatability limit

r

指定概率为95%的**重复性临界差**(3.3.8)。

3.3.10

再现性　reproducibility

再现性条件(3.3.6)下的**精密度**(3.3.4)。

注1：再现性可以用结果的离散**特性**(1.1.1)来定量表示。

注2：结果通常理解为已修正的结果。

3.3.11

再现性条件　reproducibility conditions

由不同的操作员按相同的方法，使用不同的测试或测量设施，对**同一测试/测量对象**(1.2.34)进行观测以获得**独立测试/测量结果**(3.4.3)的观测条件。

3.3.12

再现性标准差　reproducibility standard deviation

再现性条件下获得的**测试结果**(3.4.1)或**测量结果**(3.4.2)的标准差。

注1：再现性标准差是在再现性条件下所得测试或测量结果分布离散程度的一种度量。

注2：类似地可以定义"再现性方差"和"再现性变异系数"，作为再现性条件下所得测试或测量结果分布离散程度的度量。

3.3.13

再现性临界差　reproducibility critical difference

一个数值，在再现性条件下，两个**测试结果**(3.4.1)或**测量结果**(3.4.2)的最终值的绝对差以一定的概率小于或等于此数。

示例：最终值的例子包括结果序列的均值或中位数，而序列本身可能仅含一个结果。

3.3.14

再现性限　reproducibility limit

R

指定概率为95%的**再现性临界差**(3.3.13)。

STANDARDS PRESS OF CHINA

3.3.15

中间精密度 intermediate precision

中间精密度条件(3.3.16)下的精密度(3.3.4)。

3.3.16

中间精密度条件 intermediate precision conditions

在某些不同的基本观测条件下,按相同的测试方法,对**同一测试/测量对象**(1.2.34)获得**独立测试/测量结果**(3.4.3)的观测条件。

注1:四个基本的观测条件分别是:时间、校准、操作员和设施。

注2:试验室是测试设施的例子,而计量实验室测量设施的例子。

3.3.17

中间精密度标准差 intermediate precision standard deviation

中间精密度条件下获得的**测试结果**(3.4.1)或**测量结果**(3.4.2)的标准差。

3.3.18

中间精密度临界差 intermediate precision critical difference

一个数值,在中间精密度条件下,两个**测试结果**(3.4.1)或**测量结果**(3.4.2)的最终值的绝对差以一定的概率小于或等于此数。

3.3.19

中间精密度限 intermediate precision limit

指定概率为95%的**中间精密度临界差**(3.3.18)。

3.4 测试与测量结果的特性

3.4.1

测试结果 test result

按规定的测试方法所获得的**特性**(1.1.1)值。

注1:测试方法宜指明观测是一个还是多个,报告的测试结果是观测值的平均数还是它的其他函数(例如中位数或标准差)。它可以要求按适用的标准进行修正,如气体体积按标准温度和压力进行的修正。因此一个测试结果可以是通过几个观测值计算的结果。在最简单情形,测试结果即为观测值本身。

注2:测试方法在ISO/IEC导则2中定义为"完成某项测试的规定技术程序"。

3.4.2

测量结果 measurement result

按规定的测量程序所获得的量值。

注1:测量程序在VIM中定义为"对特定测量所用的,根据给定的方法具体叙述的一组操作"。测量程序通常足够详细,以使操作者在进行测量时不再需要补充资料。

注2:关于量的术语的解释,见3.2.1中的注1。

3.4.3

独立测试/测量结果 independent test/measurement result

在互不影响的方式下获得的**测试结果**(3.4.1)或**测量结果**(3.4.2)。

3.4.4

结果的误差 error of result

测试结果(3.4.1)或**测量结果**(3.4.2)与**真值**(3.2.5)的差。

注1:在实际中,真值用**接受参照值**(3.2.7)代替。

注2:误差是随机误差与系统误差之和。

注3:术语"量"的解释见3.2.1的注1。

3.4.5

不确定度 **uncertainty**

表征值的分散性,与**测试结果**(3.4.1)或**测量结果**(3.4.2)相联系的参数,这种分散可合理归因于接受**测量**(3.2.1)或**测试**(3.2.3)**特性**(1.1.1)的特定量。

注1:该定义与VIM是一致的,但在措词上稍有差异,以适合GB/T 3358本部分中的概念并包含特性的测试。

注2:参数在GB/T 3358.1中有定义。例如,参数可以是标准差或者标准差的某个倍数。

注3:测量或测试的不确定度通常由许多分量构成,其中某些分量可基于一系列测量结果的统计分布,用标准差的形式估计。其余分量可基于经验的或其他信息的假定概率分布,也用标准差形式估计。

注4:不确定度的分量均对离散有贡献,包括那些由系统效应引起的,如修正值和参照标准有关的分量。

注5:不确定度不同于根据测量结果或测试结果以涵盖期望为表征的范围估计,后者估计的是**精密度**(3.3.4)的度量而非**准确度**(3.3.1)的度量,且仅在没有定义真值时使用。当用期望替代真值时,采用表达式"不确定度的随机分量"。

3.4.6

结果的随机误差 **random error of result**

结果的误差(3.4.4)的分量,表现为在对同一**特性**(1.1.1)或量的多次**测试结果**(3.4.1)或**测量结果**(3.4.2)中,结果以不可预测的形式变化。

注:随机误差不可能被修正。

3.4.7

结果的系统误差 **systematic error of result**

结果的误差(3.4.4)的分量,表现为在对同一**特性**(1.1.1)或量的多次**测试结果**(3.4.1)或**测量结果**(3.4.2)中,结果保持常量或以一种可预测的形式变化。

注:系统误差及其发生原因可以已知,也可以未知。

3.4.8

扩展不确定度 **expanded uncertainty**

确定可望包含合理赋予**被测量**(3.2.2)分布的大部分的一个**测量结果**(3.2.1)区间的量。

[GUM:1995,2.35]

3.5 检出能力

3.5.1

〈检出能力〉**系统** **system**

组成**过程**(2.1.1)并与之相关的所有因素。

3.5.2

系统特性 **system characteristic**

〈检出能力〉用于区别**系统**(3.5.1)的特征。

3.5.3

状态 **state**

〈检出能力〉特定条件。

3.5.4

实际状态 **actual state**

〈检出能力〉观测到的**系统**(3.5.1)**状态**(3.5.3)。

3.5.5

基本状态 **basic state**

〈检出能力〉用作评估**系统**(3.5.1)**实际状态**(3.5.4)基础的特定**状态**(3.5.3)。

3.5.6

参照状态 **reference state**

〈检出能力〉就**状态变量**(3.5.7)而言,与**基本状态**(3.5.5)的偏离已知的**系统**(3.5.1)状态。

3.5.7

状态变量 state variable

〈检出能力〉描述**系统**(3.5.1)**状态**(3.5.3)的定量**特性**(1.1.1)。

示例:混和物中某一物质的浓度或量。

3.5.8

净状态变量 net state variable

〈检出能力〉**实际状态**(3.5.4)与**基本状态**(3.5.5)的**状态变量**(3.5.7)之差。

3.5.9

净状态变量的临界值 critical value of the net state variable

〈检出能力〉净状态变量的某个值,对于给定的误差概率,观测结果超过该临界值即判定观测**系统**(3.5.1)不在**基本状态**(3.5.5)。

3.5.10

净状态变量的最小可检出值 minimum detectable value of the net state variable

〈检出能力〉**实际状态**(3.5.4)下**净状态变量**(3.5.8)的**真值**(3.2.5),由此真值可以1减误差概率的概率,得出**系统**(3.5.1)不在其**基本状态**(3.5.5)的结论。

3.5.11

测量序列 measurement series

〈检出能力〉其结果基于同一校准的所有测量。

3.5.12

校准函数 calibration function

〈检出能力〉**响应变量**(3.5.14)的期望值与**净状态变量**(3.5.8)值之间的函数关系。

3.5.13

校准 calibration

〈检出能力〉在规定条件下,用**参照状态**(3.5.6)下获得的**响应变量**(3.5.14)的观测来估计**校准函数**(3.5.12)的所有操作的集合。

3.5.14

响应变量 response variable

表示一个实验处理观测结果的变量。

3.5.15

响应变量的临界值 critical value of the response variable

〈检出能力〉**响应变量**(3.5.14)的某个值,对给定误差概率,观测结果超过该值即可判定观测**系统**(3.5.1)不在**基本状态**(3.5.5)。

4 检验与验收抽样

注:本章中的术语"接收(accept)"、"验收(acceptance)"、"可接收(acceptable)"和"接收性(acceptability)"有特别的含义。它们仅与特定验收抽样协议所规定的准则有关。例如,被验收抽样判为接收的批,并不意味着该产品符合产品规范。验收抽样判为不接收的批,也不意味着相关方不能将产品交付到下一阶段。

4.1 检验类型

4.1.1

合格评定 conformity evaluation

对**单位产品/个体**(1.2.11)满足规定要求程度的系统检查。

4.1.2

检验 inspection

通过观察和判定,适当时结合**测量**(3.2.1)、试验或量测的**合格评定**(4.1.1)。

4.1.3

计数检验 inspection by attributes

对所考虑的产品集合内每个**单位产品**(1.2.11)上的一个或多个特定**特征**(1.1.1)的出现次数进行记录、对有多少个单位产品具有或不具有特征进行记数,或有多少个上述事件出现在产品、产品集合或**机会空间**(1.2.31)的单位产品上进行记数的检验。

注:当所实施的检验仅记录单位产品/个体是否为不合格品时,称为**不合格品**(1.2.12)检验。当所进行的检验是对每个**单元**(1.2.14)上的不合格计数时,称为**不合格**(3.1.11)数检验。

4.1.4

计量检验 inspection by variables

通过测量**单位产品**(1.2.11)的**特性**(1.1.1)值进行的**检验**(4.1.2)。

4.1.5

100%检验 100% inspection

对所考虑的产品集合内每个单位产品(1.2.11)被选定的**特性**(1.1.1)都进行的**检验**(4.1.2)。

4.1.6

抽样检验 sampling inspection

从所考虑的产品集合中抽取若干**单位产品**(1.2.11)进行的**检验**(4.1.2)。

4.1.7

筛选检验 screening inspection

将检验中发现的全部或部分不合格的**单位产品**(1.2.11)进行剔除的100%**检验**(4.1.5)。

注:筛选检验可仅针对特定的一类**不合格**(3.1.11)。

4.1.8

验收抽样检验 acceptance sampling inspection

用**抽样检验**(4.1.6)判定是否接收的**验收检验**(4.1.17)。

4.1.9

剔换检验 rectifying inspection

对**验收抽样检验**(4.1.8)中被拒绝的**批**(1.2.4)中所有或指定数量的**单位产品**(1.2.11),以及其他一定数量的被拒绝的单位产品进行**检验**(4.1.2),以剔除或替换其中的**不合格品**(1.2.12)。

4.1.10

正常检验 normal inspection

在GB/T 2828和GB/T 6378中,没有理由认为**过程**(2.1.1)**质量水平**(4.6.16)与规定的质量水平不同时,所采用的**检验**(4.1.2)。

4.1.11

放宽检验 reduced inspection

在GB/T 2828和GB/T 6378中,当预定**批**(1.2.4)数的**正常检验**(4.1.10)结果表明**过程**(2.1.1)**质量水平**(4.6.16)优于规定的质量水平时,所转移到的比正常检验严格度低的**检验**(4.1.2)。

4.1.12

加严检验 tightened inspection

在GB/T 2828和GB/T 6378中,当预定**批**(1.2.4)数的**正常检验**(4.1.10)结果表明**过程**(2.1.1)**质量水平**(4.6.16)劣于规定的质量水平时,所转移到的比正常检验严格度高的**检验**(4.1.2)。

4.1.13

过程检验 process inspection

在**过程**(2.1.1)的适当阶段,对过程参数或相应产品**特性**(1.1.1)进行的**检验**(4.1.2)。

4.1.14

孤立批检验　isolated lot inspection

对**单批**(1.2.7),或对从生产或汇集的**序列批**(1.2.4)中分离出来的个别批进行的**检验**(4.1.2)。

4.1.15

逐批检验　lot-by-lot inspection

对**系列批**(1.2.4)中每一**提交批**(1.2.32)都进行**检验**(4.1.2)。

4.1.16

初次检验　original inspection

对先前未检验的**批**(1.2.4)或其他数量的产品进行的**检验**(4.1.2)。

注：初次检验有别于对先前已经判为不接收,而通过进一步挑选、返工等再提交的批所进行的检验。

4.1.17

验收检验　acceptance inspection

确定**批**(1.2.4)或其他一定数量的产品是否可接收的**检验**(4.1.2)。

4.1.18

间接检验　indirect inspection

对供方的检验体系及其提供的检验结果进行检查和验证的**验收检验**(4.1.17)。

注：此种检验避免了对实际**产品**(1.2.32)进行直接**检验**(4.1.2)。

4.2　验收抽样检验的类型

4.2.1

验证[验收]抽样检验　verification [acceptance] sampling inspection

用于确定生产方的抽样程序是否与其声称的[验收]**抽样检验系统**(4.3.1)一致的**抽样检验**(4.1.6)。

注：此种检验常称为对生产方抽样程序的审核。

4.2.2

一次[验收]抽样检验　single [acceptance] sampling inspection

按照确定的规则,基于预定样本量抽取的单个**样本**(1.2.17)所得的检验结果即可做出判定的[**验收]抽样检验**(4.1.8)。

4.2.3

二次[验收]抽样检验 double [acceptance] sampling inspection

至多抽取两个**样本**(1.2.17)的**多次[验收]抽样检验**(4.2.4)。

注：此检验须根据确定的规则做出判定。

4.2.4

多次[验收]抽样检验　multiple [acceptance] sampling inspection

在每检验一个**样本**(1.2.17)后,基于确定的判定准则,做出接收该**批**(1.2.4),或不接收该批,或需从批中抽取另一个样本的[**验收]抽样检验**(4.1.8)。

注：对多次抽样方案,在抽取到规定的最大样本次数后,必须做出“接收”或“不接收”的判定。

4.2.5

跳批[验收]抽样检验　skip-lot [acceptance] sampling inspection

当最近的具有规定数目的批的抽样结果满足规定的准则时,连续批系列中的某些**批**(1.2.4)不经**检验**(4.1.2)即可接收的[**验收]抽样检验**(4.1.8)。

4.2.6

链式[验收]抽样检验　chain [acceptance] sampling inspection

是否接收当前**批**(1.2.4)取决于该批和其前面紧邻的规定数目的相继批抽样检验结果的[**验收]抽样检验**(4.1.8)。

4.2.7

序贯[验收]抽样检验 **sequential [acceptance] sampling inspection**

在检验每一单位产品后，根据累积的样本信息及确定的规则，决定接收该**批**(1.2.4)、不接收该批或需接着**检验**(4.1.2)该批中另一个单位产品的**[验收]抽样检验**(4.1.8)。

注：所检验的单位产品的总数预先并不固定，但常商定一个最大样本量。在检验最后一个样本产品后，必须作出接收或不接收批的判定。

4.2.8

连续[验收]抽样检验 **continuous [acceptance] sampling inspection**

用于产品连续流的[验收]抽样检验(4.1.8)。该检验按照规定的数量逐个检验单位产品(1.2.11)，并依据所观测到的过程输出质量，交替地使用**100%检验**(4.1.5)和抽样检验(4.1.6)，对产品做出接收与否的判定。

4.2.9

单水平连续[验收]抽样检验 **single-level continuous [acceptance] sampling inspection**

对连续生产的**单位产品**(1.2.11)，根据观测到的过程输出质量，交替地使用具有一个固定抽样比的**抽样检验**(4.1.6)和 **100%检验**(4.1.5)的一种**连续[验收]抽样检验**(4.2.8)。

4.2.10

多水平连续[验收]抽样检验 **multi-level continuous [acceptance] sampling inspection**

对连续生产的**单位产品**(1.2.11)，根据观测到的过程输出质量，交替地使用具有两个或多个固定抽样比的**抽样检验**(4.1.6)和 **100%检验**(4.1.5)的一种**连续[验收]抽样检验**(4.2.8)。

4.2.11

计量[验收]抽样检验 **[acceptance] sampling inspection by variables**

根据来自**批**(1.2.4)的**样本**(1.2.17)中的各**单位产品**(1.2.11)的规定**质量特性**(1.1.2)测量值，从统计上判定**过程**(2.1.1)可接收性的**[验收]抽样检验**(4.1.8)。

注：假定取自可接收过程的批是可接收的。

4.2.12

计数[验收]抽样检验 **[acceptance] sampling inspection by attributes**

根据观测到的样本中各**单位产品**(1.2.11)是否具有一个或多个规定的**质量特征**(1.1.1)，从统计上判定**批**(1.2.4)或**过程**(2.1.1)可接收性的**[验收]抽样检验**(4.1.8)。

4.3 验收抽样检验系统

4.3.1

[验收]抽样系统 **[acceptance] sampling system**

[验收]抽样方案(4.3.3)、**[验收]抽样计划**(4.3.2)及用于选择适当的抽样方案或抽样计划的准则的组合。

4.3.2

[验收]抽样计划 **[acceptance] sampling scheme**

[验收]抽样方案(4.3.3)与从一个抽样方案转为另一个抽样方案的**转移规则**(4.3.4)的组合。

4.3.3

[验收]抽样方案 **[acceptance] sampling plan**

由所使用的**样本量**(1.2.26)及相应的**批**(1.2.4)接收准则组成的方案。

4.3.4

转移规则 **switching rule**

在**[验收]抽样计划**(4.3.2)中，基于已表明的质量历史，从一个**[验收]抽样方案**(4.3.3)转为另一个**抽样严格度**(4.3.6)更高(或更低)的**[验收]抽样方案**(4.3.3)的规则。

注：正常检验、加严检验、放宽检验和暂停检验是不同**抽样严格度**(4.3.6)的检验。

4.3.5

检验水平 **inspection level**

预先设定的，反映**样本量**(1.2.26)和批量关系的与[**验收**]**抽样计划**(4.3.2)**检验**(4.1.2)量有关的指数。

注1：如果经验表明较低和(或)较高鉴别力的**操作特性曲线**(4.5.1)是适宜的，则可选择相应的较低和(或)较高的检验水平。

注2：该术语不应与**抽样严格度**(4.3.6)相混淆。抽样严格度与自动运作的**转移规则**(4.3.4)有关。

4.3.6

抽样严格度 **severity of sampling**

在一个[验收]抽样计划(4.3.2)内，表示所提交的**产品**(1.2.32)或**服务**(1.2.33)的质量变优或变劣，从正常[**验收**]**抽样方案**(4.3.3)转为放宽或加严[验收]抽样方案的鉴别力的程度。

注：该术语不应和与**转移规则**(4.3.4)无关的**检验水平**(4.3.5)相混淆。

4.3.7

[验收]抽样程序 **[acceptance] sampling procedure**

与特定[**验收**]**抽样方案**(4.3.3)使用相关的操作要求和规则。

注：此程序包括为获得**批**(1.2.4)的**特性**(1.1.1)，预先确定的从批中抽取和制备**样本**(1.2.17)的方法。

4.3.8

截尾检验 **curtailed inspection**

包含当所收集的数据足以做出判定时即停止**检验**(4.1.2)的规则的[**验收**]**抽样程序**(4.3.7)。

4.3.9

σ 法 **sigma method**

使用过程标准差假定值的**计量**[**验收**]**抽样检验**(4.2.11)。

4.3.10

***s* 法** ***s* method**

使用样本标准差的**计量**[**验收**]**抽样检验**(4.2.11)。

4.3.11

***R* 法** ***R* method**

使用**样本**(1.2.17)子组结果的平均极差的**计量**[**验收**]**抽样检验**(4.2.11)。

4.4 接收准则

4.4.1

拒收数 **rejection number**

Re

〈验收抽样〉**计数**[**验收**]**抽样检验**(4.2.12)方案中给定的，不接收该**批**(1.2.4)所要求的**样本**(1.2.17)中**不合格**(3.1.11)或**不合格品**(1.2.12)的最小数目。

4.4.2

接收数 **acceptance number**

Ac

〈验收抽样〉**计数**[**验收**]**抽样**(4.2.12)方案中给定的，接收该**批**(1.2.4)所允许的**样本**(1.2.17)中**不合格**(3.1.11)或**不合格品**(1.2.12)的最大数目。

4.4.3

许可数 **clearance number**

i

〈验收抽样〉在**连续抽样检验**(4.2.8)中，采取减少**检验**(4.1.2)量的行动前，在100%**检验**(4.1.5)

阶段所要求的，必须连续检验合格的**单位产品**（1.2.11）数目。

4.4.4

接收常数　acceptability constant

k

〈验收抽样〉计量[**验收**]**抽样方案**（4.3.3）中，依赖于规定的**接收质量限**（4.6.15）和**样本量**（1.2.25）的用在**批**（1.2.4）接收准则中的常数。

注：其他的接收常数还有 p^* 和 M，其中 p^* 是过程不合格（不合格品）率的可接受的最大估计值，$M=100p^*$。

4.4.5

接收值　acceptance value

A

〈验收抽样〉在计量[**验收**]**抽样方案**（4.3.3）中，样本均值满足**接收常数**（4.4.4）的限定值。

4.4.6

最大平均极差　maximum average range

MAR

在过程变异未知的**联合双侧规范限**（3.1.8）计量[**验收**]**抽样方案**（4.3.3）中，接收批所允许的最大的样本平均极差。

4.4.7

最大样本标准差　maximum sample standard deviation

MSSD

当过程变异标准差未知时，对给定的样本量字码和接收质量限（4.6.15），能够满足双侧规范限接收准则的最大的样本标准差。

注：MSSD 依赖于双侧规范限（联合的、分立的还是复合）和检验的严格度（即正常、加严或放宽）。

4.4.8

最大过程标准差　maximum process standard deviation

MPSD

当过程标准差已知时，对给定的样本量字码和**接收质量限**（4.6.15），在所有检验严格度（即正常、加严或放宽）下，能满足双侧规范限接收准则的最大的过程标准差。

注：MPSD 依赖于双侧规范限是联合的、分立的还是复合的，但与检验的严格度无关。

4.4.9

质量统计量　quality statistic

Q

〈验收抽样〉用于评定**批**（1.2.4）的可接收性的**规范限**（3.1.3）、样本均值和样本（或过程）标准差的函数。

注：对于**单侧规范限**（3.1.7），批的可接收性通过比较质量统计量 Q 与**接收常数** k（4.4.4）来判定。

4.4.10

上质量统计量　upper quality statistic

Q_U

〈验收抽样〉**上规范限**（3.1.4）、样本均值和样本（或过程）标准差的函数。

注：对于**单侧上规范限**（3.1.4），**批**（1.2.4）的可接收性通过比较上质量统计量 Q_U 与**接收常数** k（4.4.4）来判定。

4.4.11

下质量统计量　lower quality statistic

Q_L

〈验收抽样〉**下规范限**（3.1.5）、样本均值和样本（或过程）标准差的函数。

STANDARDS PRESS OF CHINA

注：对于单侧下规范限(3.1.4)，批(1.2.4)的接收性通过比较下质量统计量 Q_L 与接收常数 k(4.4.4)来判定。

4.5 操作特性曲线(OC 曲线)类型

4.5.1

操作特性曲线 operating characteristic curve

OC 曲线 OC curve

对给定的[验收]抽样方案(4.3.3)，表示产品(1.2.32)的接收概率与其质量水平之间关系的曲线。

4.5.2

孤立批操作特性曲线 isolated lot operating characteristic curve

A 型曲线 type A curve

用于孤立或单批的操作特性曲线(4.5.1)，其中的质量水平(4.6.16)与批(1.2.4)有关。

4.5.3

连续流操作特性曲线 continuous flow operating characteristic curve

C 型曲线 type C curve

用于连续抽样检验(4.2.8)的操作特性曲线(4.5.1)，其中的质量水平(4.6.16)与过程(2.1.1)有关。

4.5.4

批序列操作特性曲线 lot sequence operating characteristic curve

B 型曲线 type B curve

用于给定来源的连续系列批(1.2.4)的操作特性曲线(4.5.1)，其中的质量水平(4.6.16)与过程(2.1.1)有关。

4.5.5

不合格数操作特性曲线 nonconformities operating characteristic curve

基于泊松分布的 B 型 OC 曲线(4.5.4)。

4.5.6

不合格品操作特性曲线 nonconforming unit operating characteristic curve

基于二项分布的 B 型 OC 曲线(4.5.4)。

4.6 有关操作特性的术语

4.6.1

接收概率 probability of acceptance

P_a

当使用一个给定的[验收]抽样方案(4.3.3)时，具有特定质量水平(4.6.16)的批(1.2.4)或过程(2.1.1)被接收的概率。

4.6.2

使用方风险 consumer's risk

CR

β

〈验收抽样〉当质量水平为不满意值时，但被[验收]抽样方案(4.3.3)接收的概率。

注：质量水平可与不合格(不合格品)率有关，且与 LQL(4.6.14)比较是不满意的。

4.6.3

不接收概率 probability of non-acceptance

当使用一个给定的[验收]抽样方案(4.3.3)时，具有特定质量水平(4.6.16)的批(1.2.4)或过程(2.1.1)不被接收的概率。

4.6.4

生产方风险　producer's risk

PR

α

〈验收抽样〉当**质量水平**(4.6.16)为可接收时,但不被[**验收**]**抽样方案**(4.3.3)接收的概率。

注1:质量水平可与不合格(不合格品)率有关,并且和AQL(4.6.15)比较起来是可接收的。

注2:为解释生产方风险需已知所涉及的质量水平。

4.6.5

使用方风险点　consumer's risk point

CRP

〈验收抽样〉**操作特性曲线**(4.5.1)上,对应于预定的**低接收概率**(4.6.1)的点。

注1:该低接收概率称为"**使用方风险**"(4.6.2),由CRP确定的相应的批质量称为"使用方风险质量"(CRQ)(4.6.9)。

注2:要求规定操作特性曲线的类型。

4.6.6

控制点　point of control

无区别点　indifference point

〈验收抽样〉**操作特性曲线**(4.5.1)上,对应于**接收概率**(4.6.1)与**不接收概率**(4.6.3)均等于0.5的点。

4.6.7

生产方风险点　producer's risk point

PRP

〈验收抽样〉**操作特性曲线**(4.5.1)上,对应于预定的高**接收概率**(4.6.1)的点。

注:对生产方风险点的解释需要对所规定**质量水平**(4.6.16)的了解。

4.6.8

操作特性曲线的斜率　slop of operating characteristic curve

操作特性曲线(4.5.1)上,连接**生产方风险点**(4.6.7)和**使用方风险点**(4.6.5)直线的斜率。

注:该直线越接近于垂直,[验收]抽样方案的鉴别力越高。

4.6.9

使用方风险质量　consumer's risk quality

CRQ

Q_{CR}

〈验收抽样〉对于[**验收**]**抽样方案**(4.3.3),与规定的**使用方风险**(4.6.2)相对应的**批**(1.2.4)或**过程**(2.1.1)的**质量水平**(4.6.16)。

注:使用方风险一般规定为10%。

4.6.10

生产方风险质量　producer's risk quality

PRQ

Q_{PR}

〈验收抽样〉对于[**验收**]**抽样方案**(4.3.3),与规定的**生产方风险**(4.6.4)相对应的**批**(1.2.4)或**过程**(2.1.1)的**质量水平**(4.6.16)。

注1:必须规定操作特性曲线的类型。

注2:生产方风险一般规定为5%。

4.6.11

无区别质量水平 indifference quality level

IQL

〈验收抽样〉当考虑连续系列**批**(1.2.4)时，与[**验收**]**抽样检验方案**(4.3.3)的**接收概率**(4.6.1)为0.5相对应的**质量水平**(4.6.16)。

4.6.12

鉴别比 discrimination ratio

〈验收抽样〉**使用方风险质量**(4.6.9)与**生产方风险质量**(4.6.10)之比。

4.6.13

极限质量 limiting quality

LQ

〈验收抽样〉在对孤立**批**(1.2.4)进行[**验收**]**抽样检验**(4.1.8)时，应将其限制在低**接收概率**(4.6.1)的**质量水平**(4.6.16)。

4.6.14

极限质量水平 limiting quality level

LQL

〈验收抽样〉在对一系列连续**批**(1.2.4)进行[**验收**]**抽样检验**(4.1.8)时，应将其限制在低**接收概率**(4.6.1)的不满意的过程平均**质量水平**(4.6.16)。

4.6.15

接收质量限 acceptance quality limit

AQL

〈验收抽样〉可容忍的最差**质量水平**(4.6.16)。

注1：本概念仅适用于诸如GB/T 2828.1和GB/T 6378带有转移规则和暂停规则的[**验收**]**抽样计划**(4.3.2)。

注2：虽然具有与接收质量限一样差的某些个别**批**(1.2.4)，能以相当高的概率接收，但是，指定接收质量限并非暗示它是所需要的质量水平。

注3：在有些标准(如GB/T 2828.1)中出现的带有转移规则和暂停规则的[验收]抽样检验计划，其设计目的是激励供方具有比接收质量限一致好的过程平均。若供方做不到，则从**正常检验**(4.1.10)转移到**加严检验**(4.1.12)的概率很高。一旦执行加严检验，除非采取改善过程的行动，则根据转移规则有很大的可能暂停抽样检验。

注4：不再推荐将缩略语AQL用于表示"可接收质量水平(acceptable quality level)"。

4.6.16

质量水平 quality level

〈验收抽样〉用**不合格品**(1.2.15)率或**不合格**(3.1.11)率表示的质量状况。

4.6.17

无区别域 indifference zone

〈验收抽样〉介于**接收质量限**(4.6.15)与**极限质量水平**(4.6.14)之间的**质量水平**(4.6.16)区域。

4.7 检出质量与平均检验量

4.7.1

平均检出质量 average outgoing quality

AOQ

〈验收抽样〉对于给定的产品质量，检出**产品**(1.2.32)的预期平均**质量水平**(4.6.16)。

注1：除非另有规定，平均检出质量是用所有接收**批**(1.2.4)的产品加上通过100%检验将所有不接收批中的**不合格品**(1.2.12)用**合格品**(1.2.11)替换来计算的。

注2：这些术语和定义，仅用于如下情况：在对不接收批进行100%检验的情况下，被剔除的不合格品能用合格品(1.2.14)替代。

注3：平均检出质量的一个常用近似值是“给定的过程质量乘以接收概率”。该公式对接收数为0的方案是精确的，但对其他情况估计值偏高。

4.7.2

平均检出质量上限　average outgoing quality limit

AOQL

〈验收抽样〉对给定的[**验收**]**抽样方案**(4.3.3)，且规定剔换不接收**批**(1.2.4)中的所有**不合格品**(1.2.12)(除非规范另有规定)情形下，对产品所有可能的**质量水平**(4.6.16)，**平均检出质量**(4.7.1)的最大值。

4.7.3

平均样本量　average sample size

ASSI

〈验收抽样〉为作出接收或不接收判定，而使用给定的[**验收**]**抽样方案**(4.3.3)时，**批**(1.2.4)**检验样本**(1.2.17)中**单位产品**(1.2.14)的平均个数。

注：ASSI依赖于提交批的实际质量水平(4.6.16)。

4.7.4

平均检验总数　average total inspected

ATI

〈验收抽样〉每批(1.2.4)要**检验**的**单位产品**(1.2.11)的平均个数，其中包括对不接收批进行100%**检验**(4.1.5)的单位产品。

注：本术语适用于对不接收批进行100%检验的程序。

4.7.5

平均检验量　average amount of inspection

〈验收抽样〉对给定的**抽样计划**(4.3.2)，为能对某一批**质量水平**(4.6.16)做出判定，预计每**批**(1.2.4)平均要检验的**单位产品**(1.2.11)个数。

注：与**ASSI**(4.7.3)不同，平均检验量与**转移规则**(4.3.4)有关。由于它不包括对不接收批中所有单位产品的检验，故也与**ATI**(4.7.4)不同。

5　散料抽样

5.1　有关散料的概念

5.1.1

散料　bulk materials

其组成部分在宏观水平上难以区分的材料。

5.1.2

批　lot

〈散料〉所考察的**散料**(5.1.1)**总体**(1.2.1)中，用以对特定**特性**(1.1.1)进行测定的确定部分。

注：在商业上，散料一般只涉及一个批，在此情形，批即为总体。

5.1.3

子批　sub-lot

〈散料〉**散料**(5.1.1)**批**(5.1.2)中确定的一部分。

5.1.4

抽样单元　sampling unit

〈散料〉将所考察的**散料**(5.1.1)**总体**(1.2.1)经划分后，在**抽样**(1.3.1)时可进行等概率抽取的每一部分。

注1：在**散料抽样**(1.3.2)中，抽样单元的划分要使每个抽样单元被抽中的概率相等，而样本(1.2.17)由被抽中的所

有抽样单元组成。

注 2：当对散料抽样是以抽取**份样**(5.2.7)的形式进行时，抽样单元称为初级(一级)份样。

5.1.5

标称最大粒度　nominal top size

〈散料〉当**样本**(1.2.17)不能通过筛孔的比例不超过 5%时，以测试筛子的孔径尺寸表示的颗粒大小。

[ISO 565]

5.1.6

标称最小粒度　nominal bottom size

〈散料〉当**样本**(1.2.17)能通过筛孔的比例不超过 5%时，以测试筛子的孔径尺寸表示的颗粒大小。

[ISO 565]

5.2　有关散料抽样的术语

5.2.1

抽样　sampling

抽取或组成**样本**(1.2.17)的行为。

5.2.2

常规抽样　routine sampling

〈散料〉为确定**批**(5.1.2)**质量特性**(1.1.1)的平均值而按指定标准中的规定程序进行的抽样。

注：有时术语"例行抽样"可作为其代用词。

5.2.3

实验抽样　experimental sampling

〈散料〉为考察抽样方差和(或)抽样**偏倚**(3.3.2)来源，应用特定实验设计的非常规**抽样**(5.2.1)。

5.2.4

交叉抽样　interpenetrating sampling

〈散料〉为考察**批**(5.1.2)内或**子批**(5.1.3)内方差，从几个批或子批中抽得若干个**集样**(5.3.4)的**重复抽样**(5.2.5)。

注 1：从几个批或子批中进行**重复抽样**(5.2.5)的具体方法如下：从第 i 批(子批)中依次抽取若干初级(一级)**份样**(5.2.7)(如 A_i, B_i, C_i, …)，将它们分别装入不同的容器组成**集样**(5.3.4)。

注 2：大多数交叉抽样方案中，采用成对抽样(5.2.6)组成集样，即从第 i 批(子批)中，抽得(A_i, B_i)。

5.2.5

重复抽样　replicate sampling

〈散料〉为组成多个**集样**(5.3.4)，同时或相继抽取多个**份样**(5.2.7)的**实验抽样**(5.2.3)。

5.2.6

成对抽样　duplicate sampling

〈散料〉为组成两个**集样**(5.3.4)，同时或相继抽取一对**份样**(5.2.7)的**重复抽样**(5.2.5)。

注：成对抽样是重复抽样的特殊情形。

5.2.7

份样　increment

〈散料〉用抽样装置一次抽取的一定量的**散料**(5.1.1)。

注 1：份样的采集位置、定界及抽取应使散料**批**(5.1.2)中的所有部分被抽到的概率都相等。

注 2：**抽样**(5.2.1)常通过若干相继阶段来完成。此时有必要区分在第一阶段从批中抽取的初级(一级)份样与第二阶段从初级份样中抽取的次级(二级)份样，依次类推。第二阶段及以后各阶段抽样称为**样本缩分**(5.3.8)。

5.2.8

人工抽样　manual sampling

〈散料〉使用人力进行的**份样**(5.2.7)采集。

5.2.9

机械抽样　mechanical sampling

〈散料〉借助机械手段进行的**份样**(5.2.7)采集。

5.2.10

切割　cut

〈散料〉在**机械抽样**(5.2.9)中,在传送带上使用样本切割器的一次截取。

5.2.11

质量变异　quality variation

〈散料〉通过对**批**(5.1.2)或**子批**(5.1.3)的**交叉抽样**(5.2.4)所得样本间的方差进行估计或根据对不同时间间隔抽得**份样**(5.2.7)差异的变异图分析估计方差,所确定的初级份样**质量特性**(1.1.2)的标准差。

5.3　散料样本制备

注:在散料抽样中,当强调实际物料时,"样本"也常称为"样品"。

5.3.1

样本制备　sample preparation

〈散料〉将**样本**(1.2.17)转化为**试样**(5.3.11)的一组必要操作。

示例:样本的粉碎、混合及缩分。

注:对颗粒材料,样本缩分的每一操作都是下一样本制备阶段的开始,因此样本制备的阶段数等于缩分的步骤数。

5.3.2

常规样本制备　routine sample preparation

〈散料〉为确定**批**(5.1.2)**质量特性**(1.1.2)平均值,而按指定标准中规定程序进行的**样本制备**(5.3.1)。

5.3.3

非常规样本制备　non-routine sample preparation

〈散料〉为**实验抽样**(5.2.3)而进行的**样本制备**(5.3.1)。

5.3.4

集样　composite sample

〈散料〉从**批**(5.1.2)中按**实验抽样**(5.2.3)抽取的两个或以上**份样**(5.2.7)的集合。

5.3.5

大样　gross sample

〈散料〉用**常规抽样**(5.2.2)程序取自**批**(5.1.2)或**子批**(5.1.3)的所有**份样**(5.2.7)的集合。

5.3.6

样本干燥　sample drying

〈散料〉将**样本**(1.2.17)进行适度烘干,使其含水量接近于进一步测试或样本制备要求的一种**样本制备**(5.3.1)操作。

5.3.7

样本破碎　sample reduction

〈散料〉用碾压、磨研或粉碎等方法以减小粒度的一种**样本制备**(5.3.1)操作。

5.3.8

样本缩分　sample division

〈散料〉通过不断搅拌、分割、四分法等手段将**散料**(5.1.1)**样本**(1.2.17)分成若干子样本,保留其中一个或几个子样本的**样本制备**(5.3.1)操作。

5.3.9

定比缩分　fixed ratio division

〈散料〉所保留的子样本为原**样本**(1.2.17)的一个固定比例的**样本缩分**(5.3.8)。

5.3.10

定量缩分　fixed mass division

〈散料〉无论原**样本**(1.2.17)质量多少，固定所保留的子样本质量的**样本缩分**(5.3.8)。

5.3.11

试样　test sample

〈散料〉制备所得的可用于一次或数次**测试**(3.2.3)或分析的**样本**(1.2.17)。

5.3.12

测试份量　test portion

〈散料〉用于一次测试或分析的**试样**(5.3.11)部分。

5.3.13

辅助大样　sub-lot sample

〈散料〉为特定目的，按**常规抽样**(5.2.2)程序，以质量多少为基准，在**批**(5.1.2)或**子批**(5.1.3)中系统抽取几个相继的初级(一级)**份样**(5.2.7)的集合。

注：例如，特定目的是测定水分。

5.4　有关程序的术语

5.4.1

抽样系统　sampling system

〈散料〉用于抽取**份样**(5.2.7)或**样本制备**(5.3.1)的操作机制或机械装置。

5.4.2

抽样计划　sampling scheme

〈散料〉为实现**抽样**(5.2.1)目的的**抽样方案**(5.4.3)的组合。

注：抽样目的包括常规抽样、核查精密度及考察质量变异。

5.4.3

抽样方案　sampling plan

〈散料〉所采用的**抽样**(5.2.1)方式，包括个体或**份样**(5.2.7)的抽取、**样本**(1.2.17)的组成及**测量**(3.2.1)/**测试**(3.2.3)等**规范**(3.1.1)。

注：抽样方案可规定具体抽样方法，如系统抽样或二阶抽样。抽样操作规范包括规定在一批中抽取的份样数、组成的集样(或大样)数、每个集样形成的试样数以及对每个试样的测量/测试次数。

5.4.4

抽样程序　sampling procedure

〈散料〉抽取**份样**(5.2.7)和组成**样本**(1.2.17)的操作要求和(或)指南。

5.4.5

样本制备程序　sample preparation procedure

〈散料〉进行**样本缩分**(5.3.8)等方法与准则的操作要求和(或)指南。

附 录 A
（规范性附录）
符号与缩略语

A.1 总则

对于 GB/T 3358 的本部分中的许多符号和缩略语，本部分要求其与普遍的用法相区别。这是因为本标准要求：

——缩略语（黑体大写或小写的情形与普通字体同样适用）不应在符号或公式中使用；

——缩略语中不使用下标；

——符号由单个字母组成；

——符号在不同场合使用时用下标加以区别。

因此 GB/T 3358 的本部分通常使用的缩略语和符号在形式上可以不一致。

不允许在公式中使用缩略语的首要原因是它们易被误解为不同符号间的乘积（例如，将上控制限所惯常使用的缩略语 UCL 误认为符号 U,C,L 三者间的乘积）。因此有必要对这些经常使用的缩略语规定符号，以便在公式中使用。所以在一般情况下，上控制限仍可用缩略语 UCL 表示，但是在公式中应使用例如 U_{CL} 这样的符号。

A.2 符号

符 号	中文术语	术语编号
A	接收值	4.4.5
α	生产方风险	4.6.4
β	使用方风险	4.6.2
C_p	过程能力指数	2.7.2
C_{pk}	最小过程能力指数	2.7.5
C_{pkL}	下过程能力指数	2.7.3
C_{pkU}	上过程能力指数	2.7.4
i	许可数	4.4.3
k	接收常数	4.4.4
L	下规范限	3.1.5
L_{CL}	下控制限	2.4.9
m	子组数	2.7.1
μ	总体均值	2.35,1.2.2
n,N	样本量	
P_a	接收概率	4.6.1
Φ	标准正态分布的分布函数	2.5.4
p_L	下不合格（不合格品）率	2.5.5
P_p	过程性能指数	2.6.2

STANDARDS PRESS OF CHINA

表（续）

符　号	中文术语	术语编号
P_{pkL}	下过程性能指数	2.6.3
P_{pkU}	上过程性能指数	2.6.4
p_t	总不合格(不合格品)率	2.5.6
p_U	上不合格(不合格品)率	2.5.4
Q	质量统计量	4.4.9
Q_{CR}	使用方风险质量	4.6.9
Q_k	过程变异指数	2.7.7
Q_L	下质量统计量	4.4.11
Q_{PR}	生产方风险质量	4.6.10
Q_U	上质量统计量	4.4.10
R	极差(SPC 和验收抽样)	
r	重复性限(计量)	3.3.9
R	再现性限(计量)	3.3.14
$\bar{R}$	平均极差(SPC 和验收抽样)	
S	样本标准差	1.2.18
s	样本标准差的实现值	1.2.18
σ	总体标准差	
T	目标值	3.1.2
U	上规范限	3.1.4
U_{CL}	上控制限	2.4.8
X	单个观测值	
$X_{0.135\%}$	0.135%分位数	2.5.7
$X_{50\%}$	50%分位数,中位数	2.5.8
$X_{99.865\%}$	99.865%分位数	2.5.7
$\bar{X}$	样本均值	1.2.18,2.7.1
$\bar{x}$	均值的实现值	
$\bar{\bar{X}}$	总平均	2.7.1

A.3　缩略语

缩略语	术　语
Ac	接收数
APL	可接收过程水平
ACL	验收控制限
AQL	接收质量限
AOQL	平均检出质量上限

表（续）

缩略语	术　语
AOQ	平均检出质量
ARL	平均链长
APL	可接收过程水平
ASSI	平均样本量
ATI	平均检验总数
CR	使用方风险
CRP	使用方风险点
CRQ	使用方风险质量
CUSUM	累积和
EWMA	指数加权移动平均
IQL	无区别质量水平
LQ	极限质量
LQL	极限质量水平
LCL	下控制限
MAR	最大平均极差
MPSD	最大过程标准差
MSSD	最大样本标准差
OC	操作特性
PR	生产方风险
PRP	生产方风险点
PRQ	生产方风险质量
Re	拒收数
RPL	可拒收过程水平
SPC	统计过程控制
UCL	上控制限

附 录 B
（资料性附录）
定义标准中的术语所使用的方法

B.1 引言

GB/T 3358 系列标准应用的普遍性要求使用合乎逻辑并协调一致的术语，以使应用统计标准的所有潜在用户易于理解。

概念之间不是互相独立的，分析应用统计领域内各概念之间关系并将其列入概念体系是形成合乎逻辑且协调一致的术语集的前提。GB/T 3358 的本部分所定义的术语使用了这种分析方法。由于在编制过程中概念图起到资料性的作用，因此从参考意义上是有帮助的，所以在 B.4 至 B.28 中列出了这些概念图。

B.2 术语的内容和替代规则

一个概念构成语言（包括在同一种语言中的差异，如：美国英语和英国英语）之间转化的一个单元。对每一种语言，应选用该语言中最恰当而简明的方法表述概念，而不应选用逐字对应的翻译方法。

只通过描述那些识别概念所必需的本质特性来形成定义。如果有关概念的信息虽然重要，但不是本质的，则只在定义后加上一个或几个注。

当某个术语由它的定义所替代时，在语句变化很小的情况下，原文的意思不应有变化。这种替代为检查某个定义的准确性提供了一种简单的方法。然而，对于复杂定义（包含若干个术语）中的术语替代最好一次替换一个，至多两个定义。替换所有的术语在句法结构上是难以实现的，而且无益于意义的表达。

B.3 概念关系及其图示

B.3.1 总则

在术语学中概念之间的关系建立在某类特性的分层结构上。因此，一个概念的最简单表述由命名其种类和表述其与上一层次或同层次其他概念不同的特性所构成。

本附录中表明了概念关系的三种主要形式：种属关系（B.3.2）、从属关系（B.3.3）和关联关系（B.3.4）。

B.3.2 属种关系

在层次结构中，下层概念继承了上层概念的所有特性，并包含有将其区别于上层和同层次概念的特性的表述，如：春、夏、秋、冬与季节的关系。通过一个没有箭头的扇形或树形图描述属种关系（如图 B.1）。

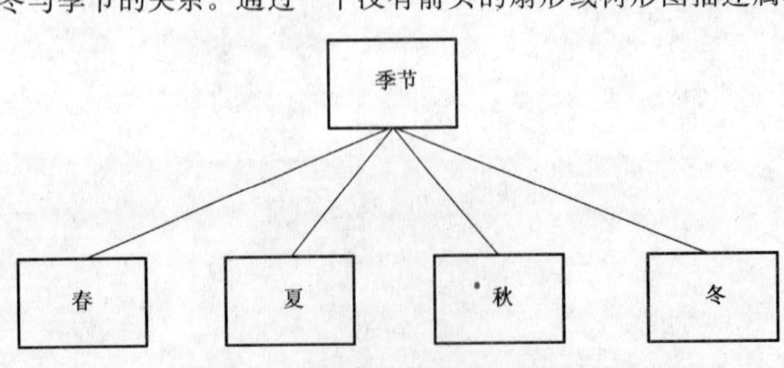

图 B.1 属种关系的图形表示

B.3.3 从属关系

在层次结构中，下层概念形成了上层概念的组成部分，如：春、夏、秋、冬可被定义为年的一部分。比较而言，定义晴天(夏天可能出现的一个特性)为年的一部分是不合适的。通过一个没有箭头的耙形图描绘从属关系(如图 B.2)。单一的部分由一条线表示，多个的部分由双线表示。

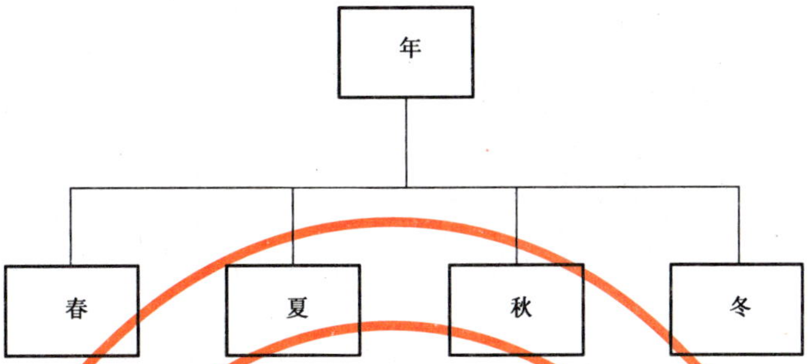

图 B.2 从属关系的图形表示

B.3.4 关联关系

在某一概念体系中，关联关系不能像属种关系和从属关系那样简单的表述，但是它有助于识别概念体系中的一个概念与另一个概念之间关系的性质。如：原因和结果、活动和场所、行动和结果、工具和功能、材料和产品。通过一条两端带有箭头的线描绘关联关系(如图 B.3)。但对于系列事件例外，此时用单侧箭头表示事件流的方向。

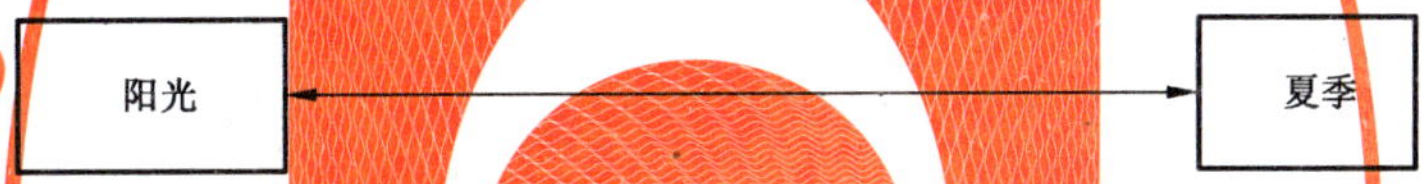

图 B.3 关联关系的图形表示

B.4 概念图

图 B.4 到图 B.28 给出的概念图是 GB/T 3358 的本部分术语分组的基础。

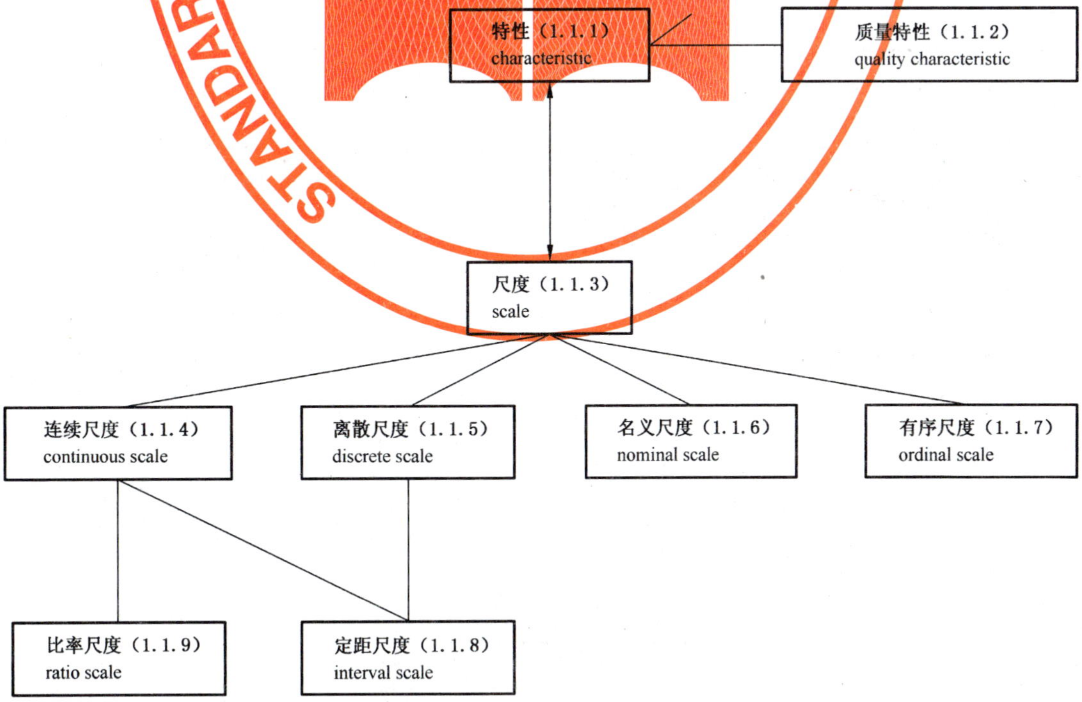

图 B.4 概念图：特性的参照值体系

STANDARDS PRESS OF CHINA

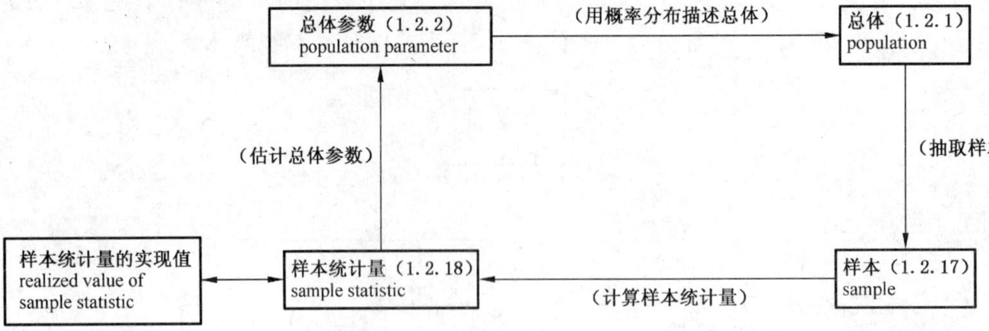

注 1：总体参数用斜体小写希腊字母表示。

注 2：样本统计量用斜体大写拉丁字母表示。

注 3：样本统计量的实现值用斜体小写拉丁字母表示。

图 B.5 概念图：统计过程管理

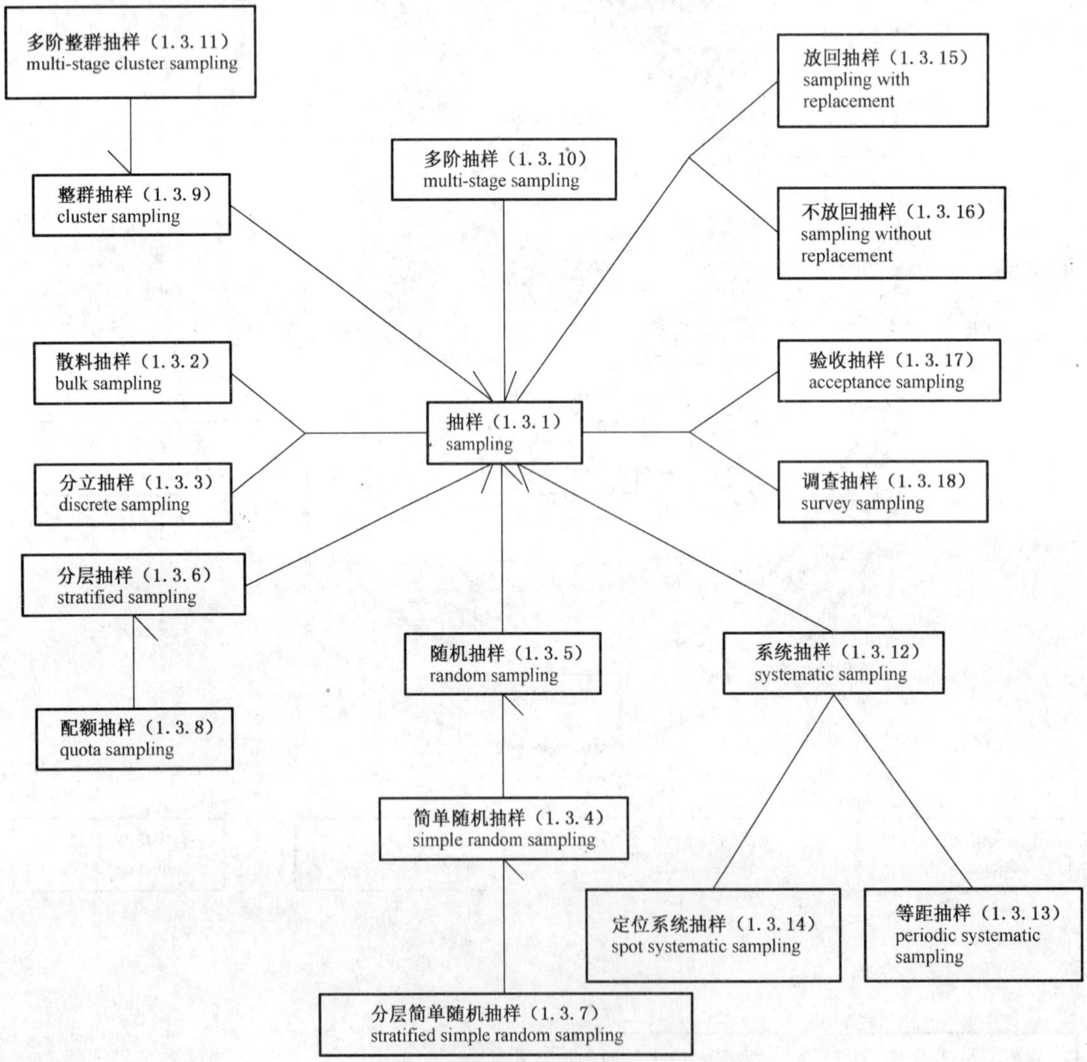

图 B.6 概念图：抽样类型

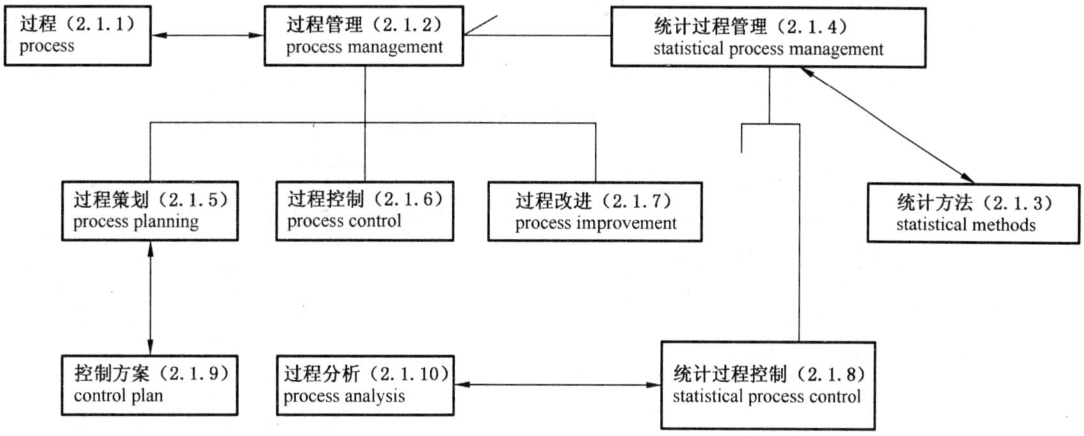

图 B.7　概念图:有关过程的基本概念

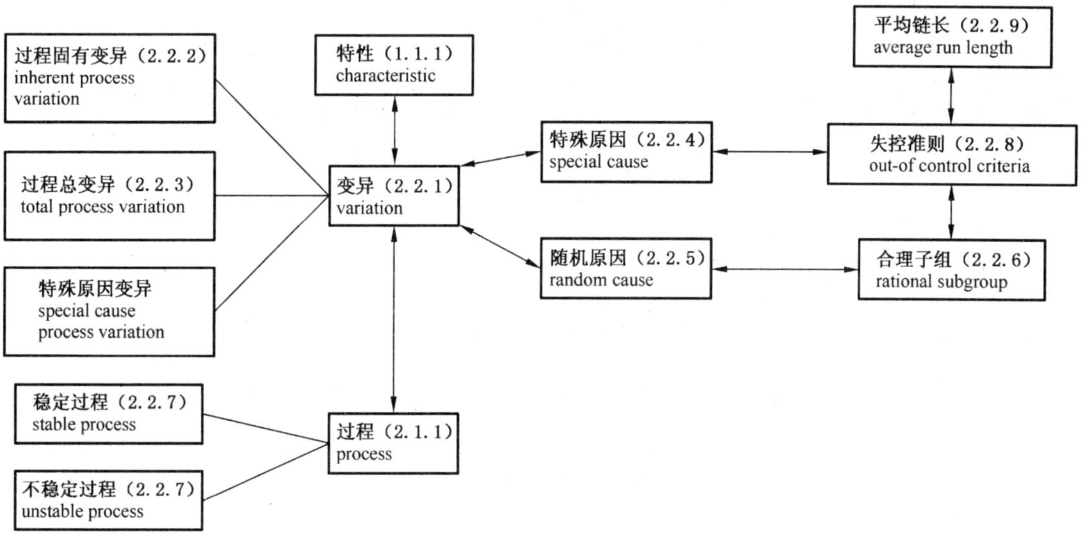

图 B.8　概念图:有关变异的基本概念

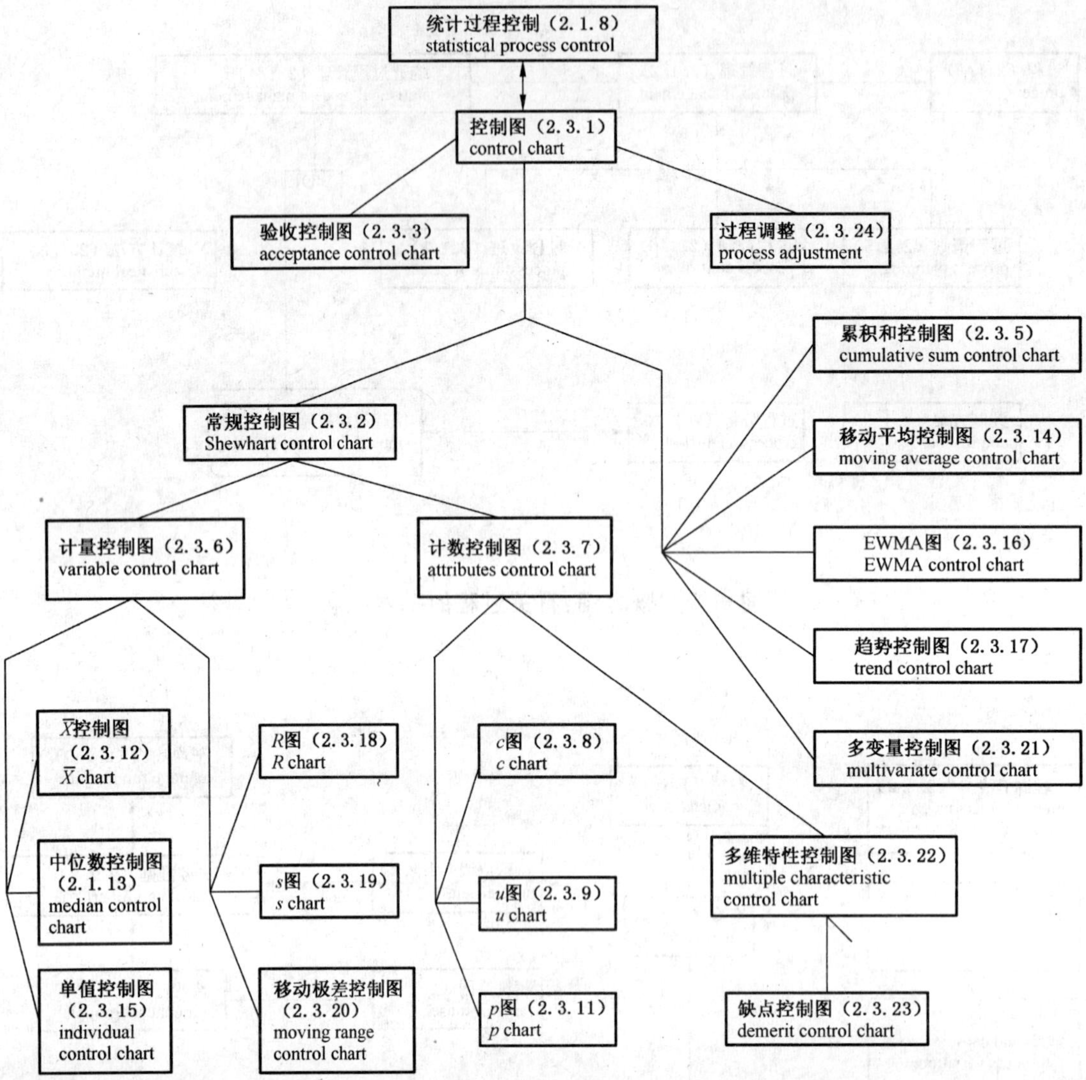
统计过程控制（2.1.8）
statistical process control
控制图（2.3.1）
control chart
验收控制图（2.3.3）
acceptance control chart
过程调整（2.3.24）
process adjustment
累积和控制图（2.3.5）
cumulative sum control chart
常规控制图（2.3.2）
Shewhart control chart
移动平均控制图（2.3.14）
moving average control chart
计量控制图（2.3.6）
variable control chart
计数控制图（2.3.7）
attributes control chart
EWMA图（2.3.16）
EWMA control chart
趋势控制图（2.3.17）
trend control chart
$\overline{X}$控制图
（2.3.12）
$\overline{X}$ chart
R图（2.3.18）
R chart
c图（2.3.8）
c chart
多变量控制图（2.3.21）
multivariate control chart
多维特性控制图（2.3.22）
multiple characteristic
control chart
中位数控制图
（2.1.13）
median control
chart
s图（2.3.19）
s chart
u图（2.3.9）
u chart
单值控制图
（2.3.15）
individual
control chart
移动极差控制图
（2.3.20）
moving range
control chart
p图（2.3.11）
p chart
缺点控制图（2.3.23）
demerit control chart

图 B.9 概念图:控制图

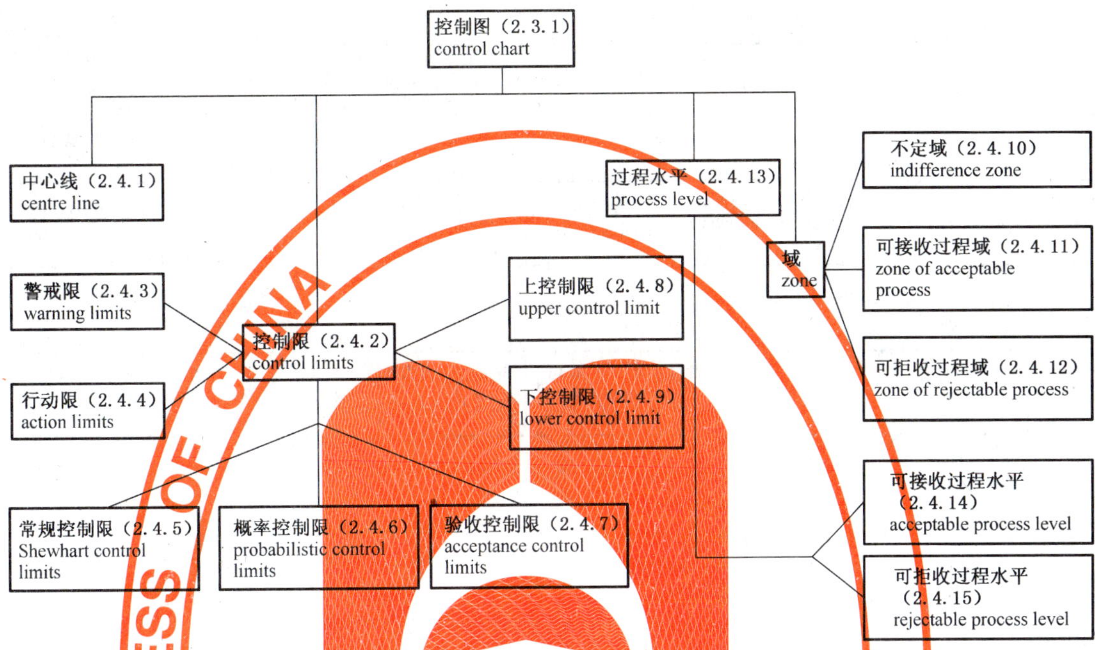

图 B.10　概念图：控制图的构成

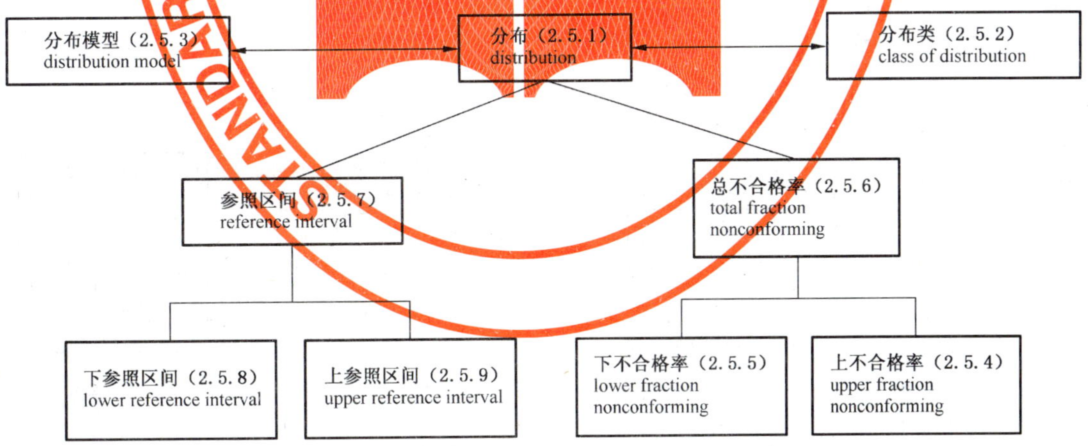

图 B.11　概念图：有关过程性能和过程能力基本术语

STANDARDS PRESS OF CHINA

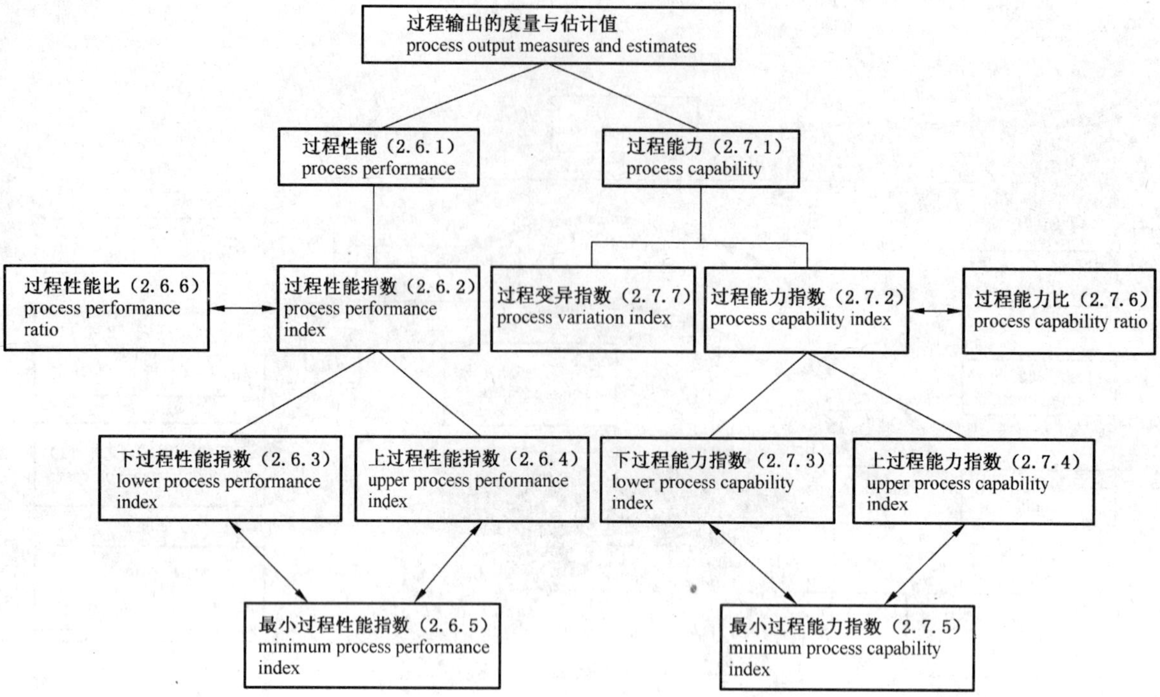

图 B.12　概念图：过程能力和过程性能〈测量数据〉

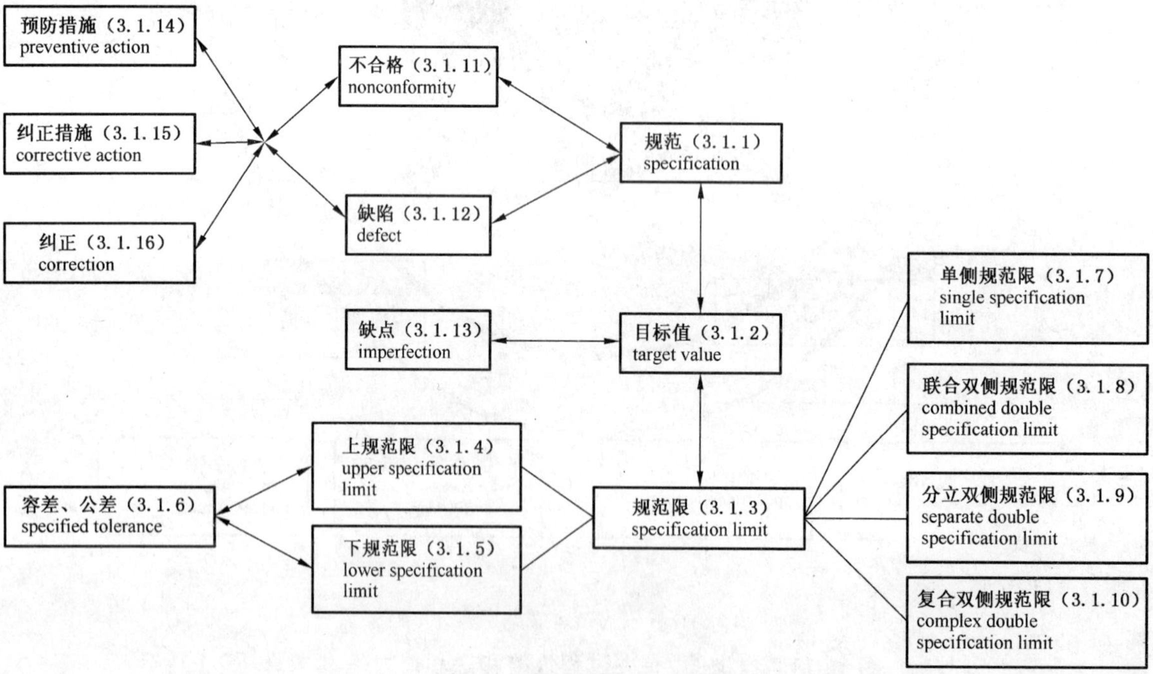

图 B.13　概念图：有关规范的概念

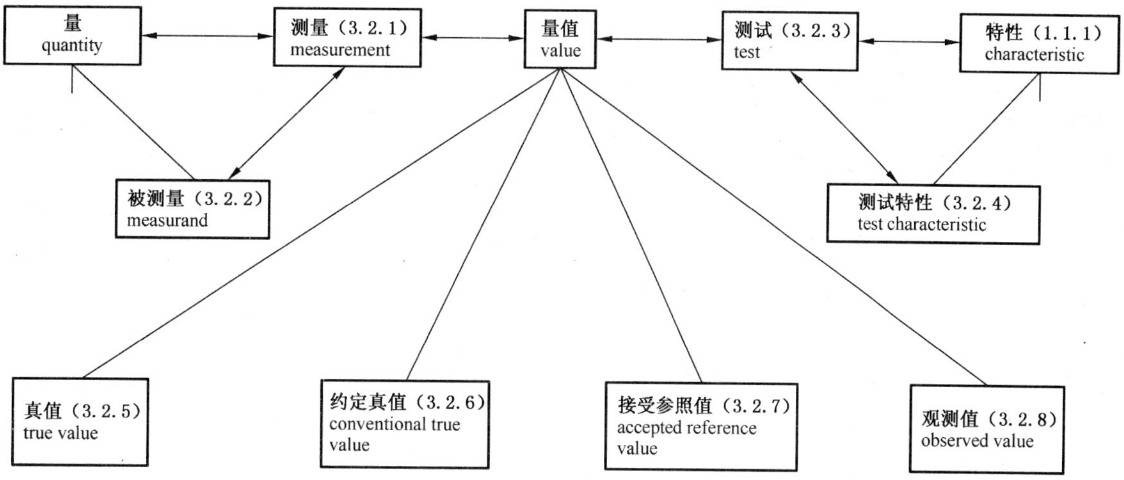

图 B.14 概念图：特性与量的确定

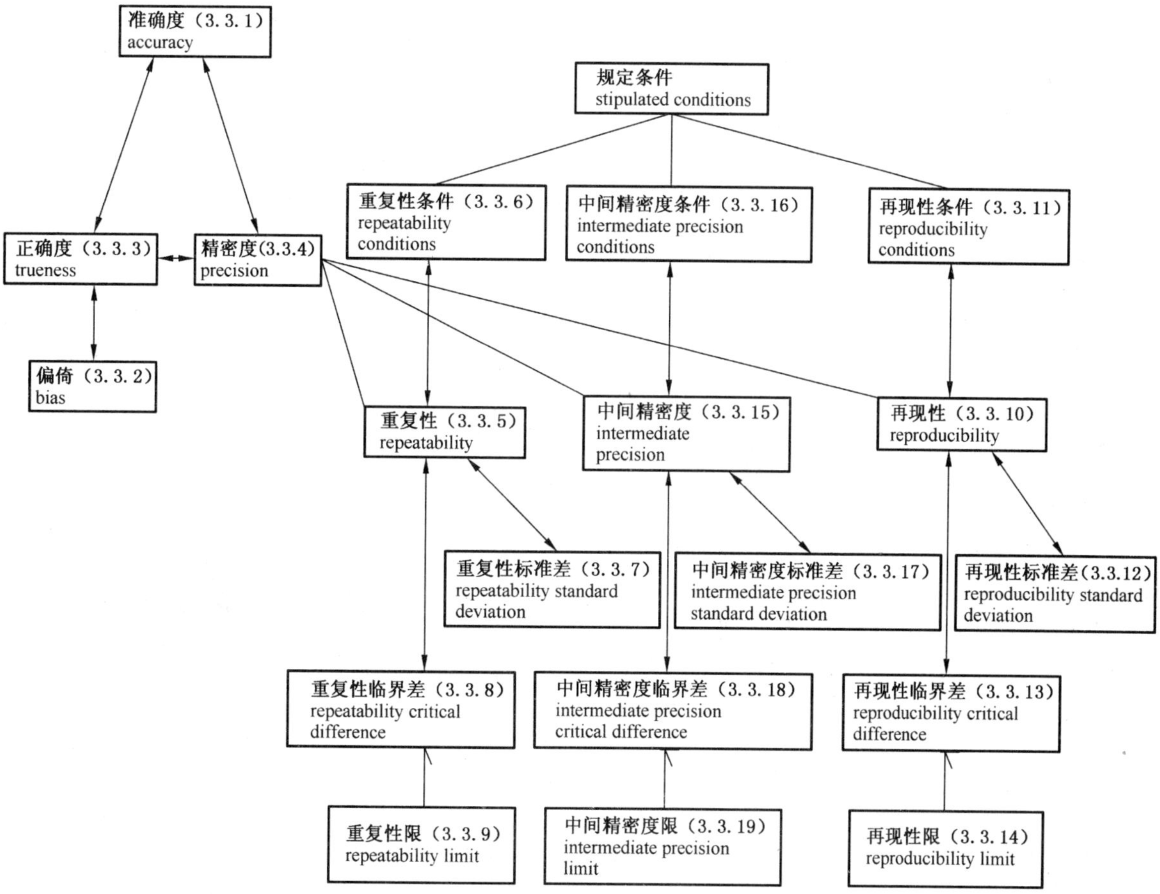

图 B.15 概念图：测试与测量方法的特性

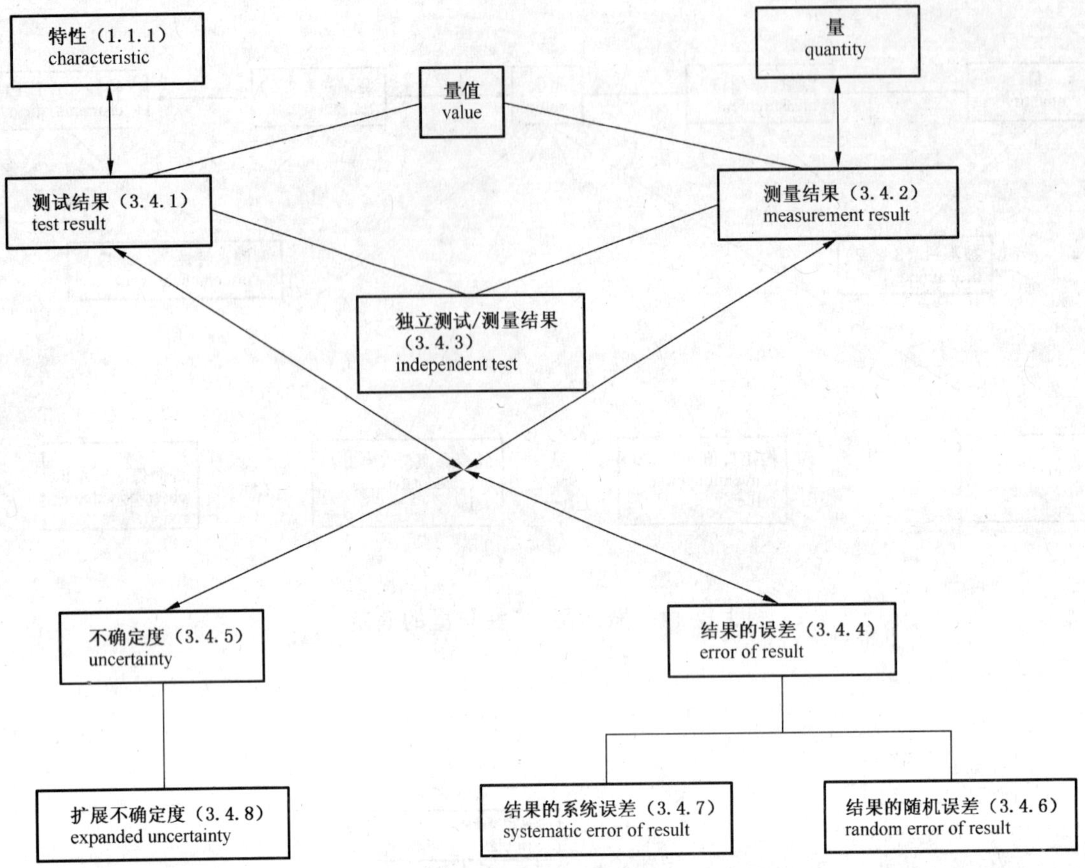

图 B.16 概念图：测试与测量结果的特性

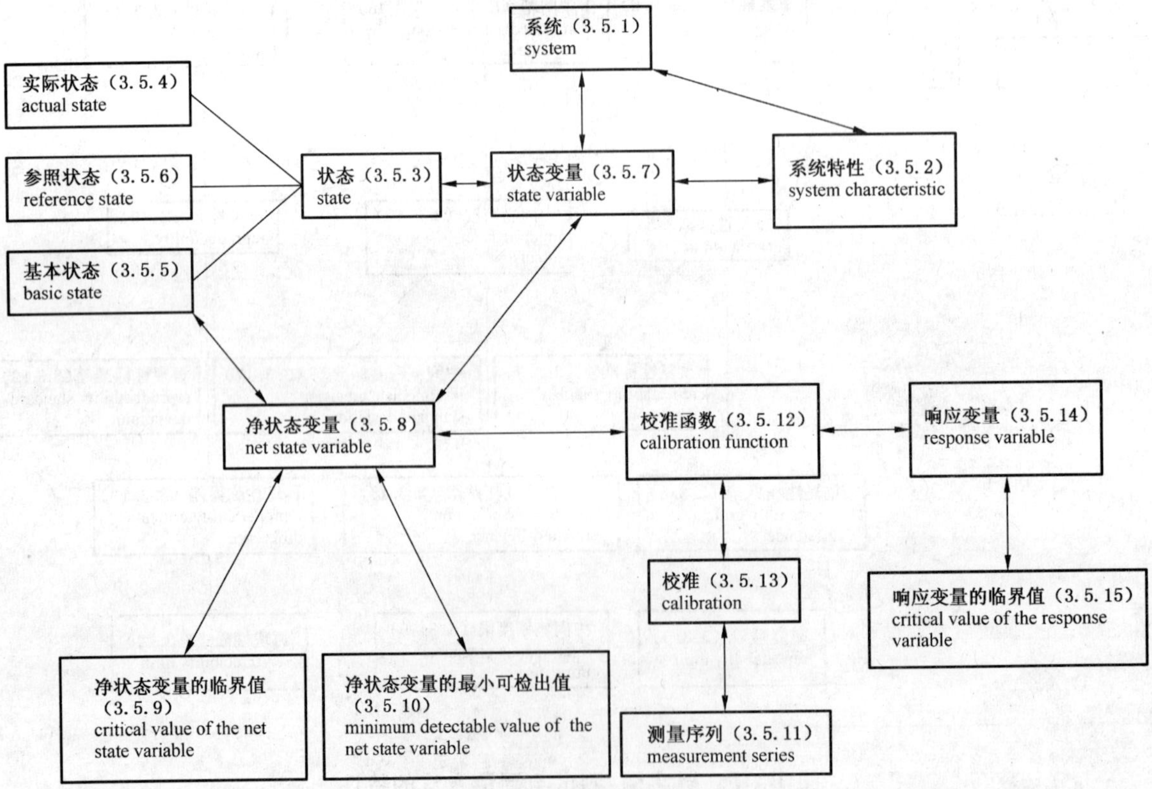

图 B.17 概念图：检出能力

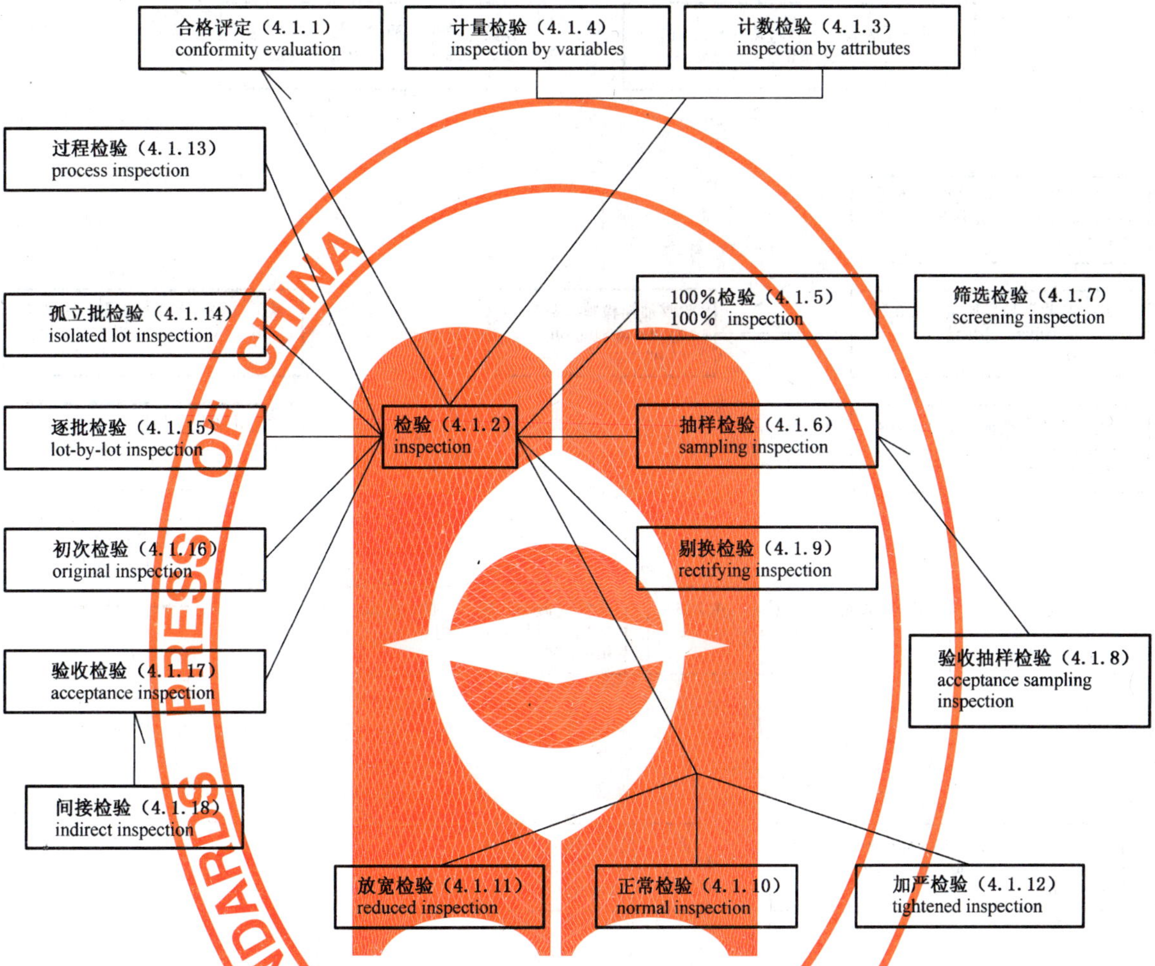

图 B.18　概念图：检验类型

STANDARDS PRESS OF CHINA

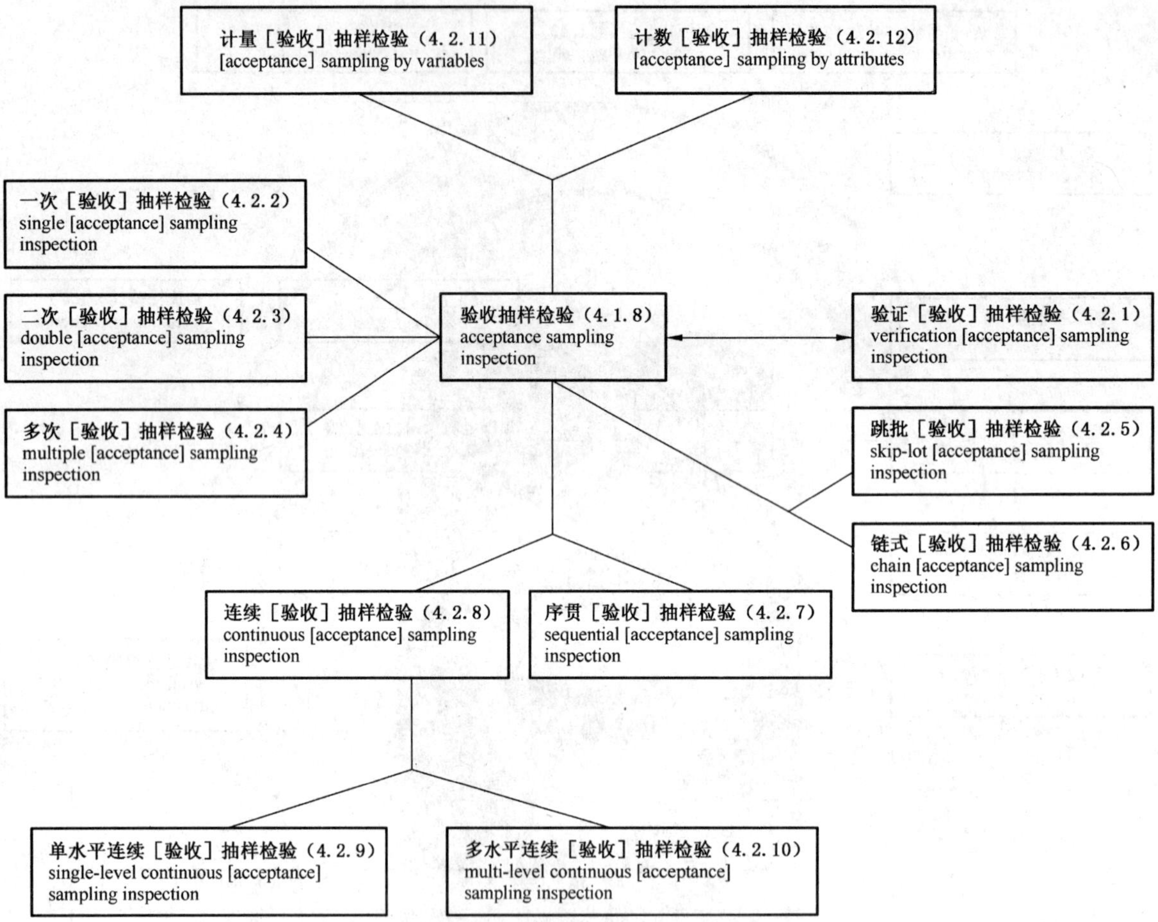

图 B.19　概念图：验收抽样检验的类型

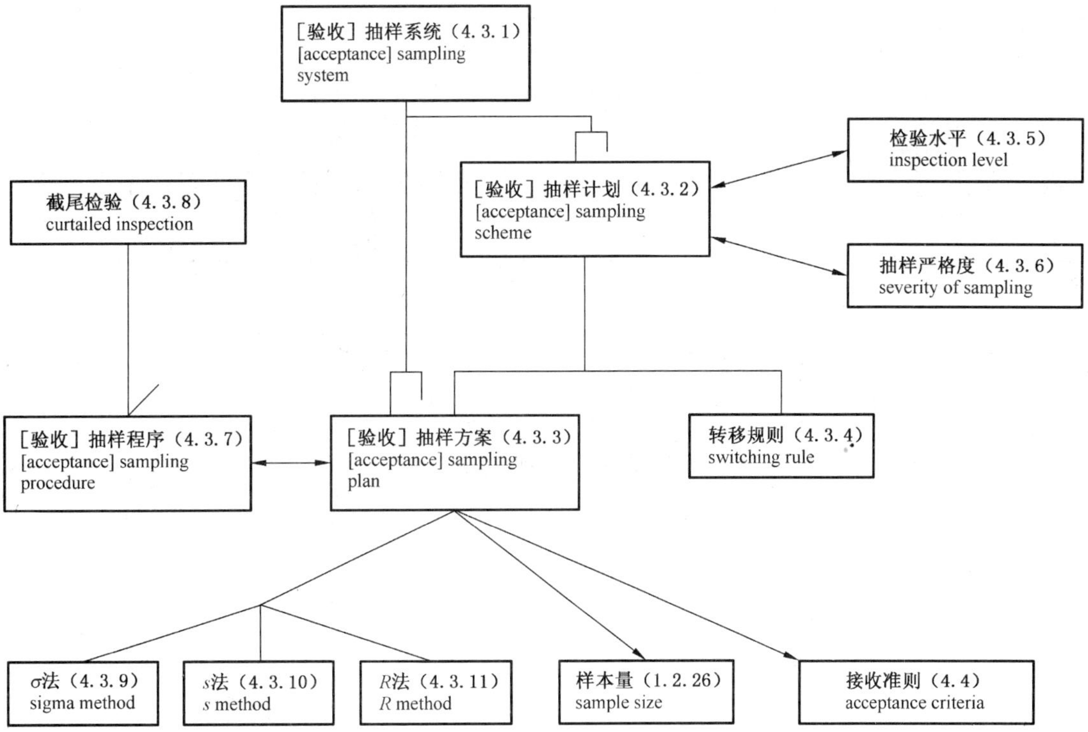

图 B.20 概念图:验收抽样检验系统

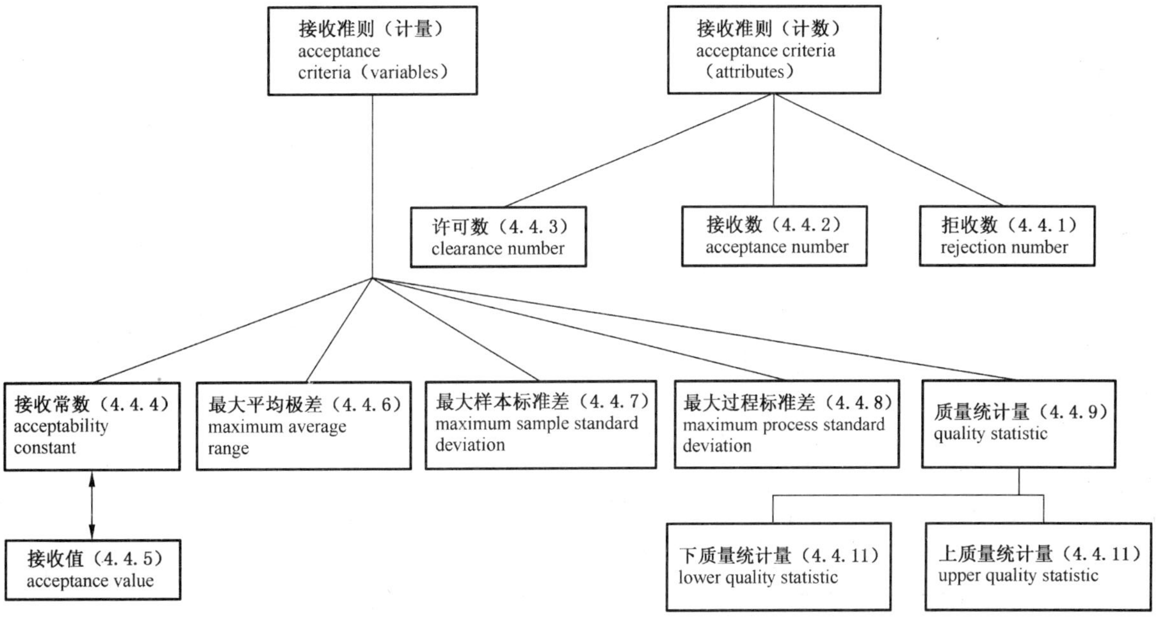

图 B.21 概念图:接收准则

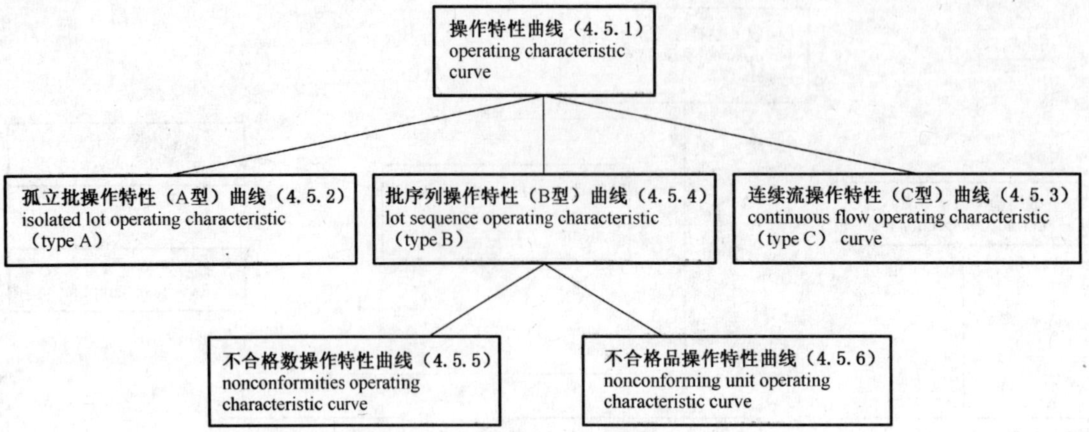

图 B.22　概念图:操作特性曲线(OC 曲线)类型

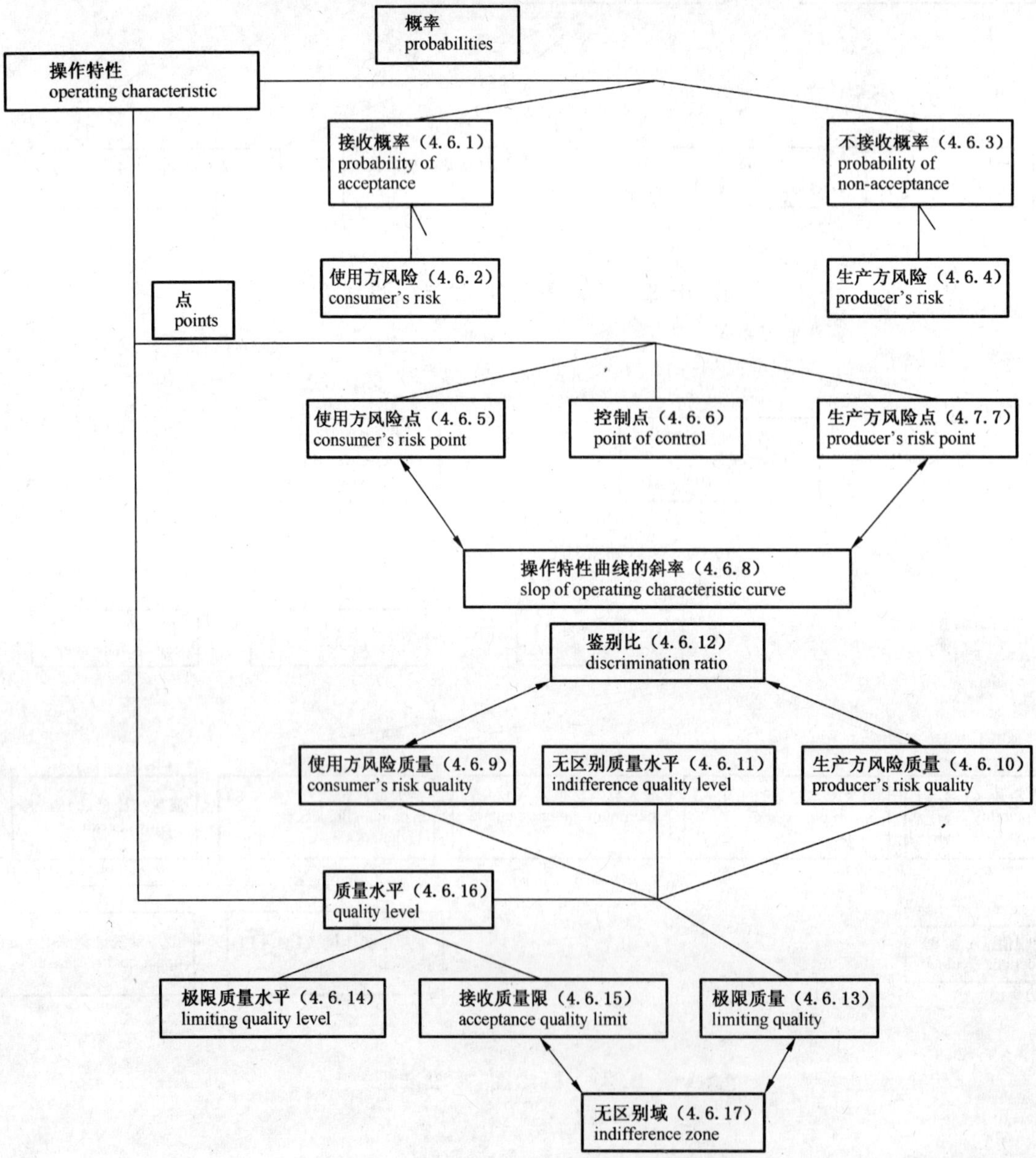

图 B.23　概念图:有关操作特性的术语

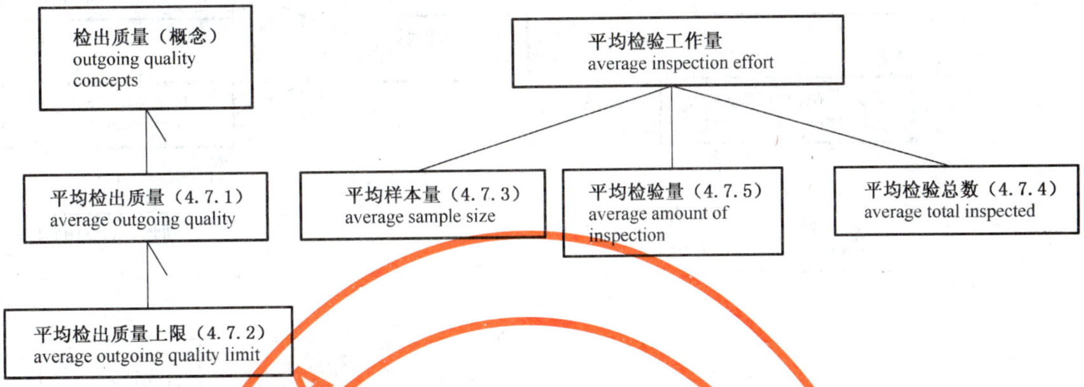

图 B.24　概念图：检出质量与平均检验量

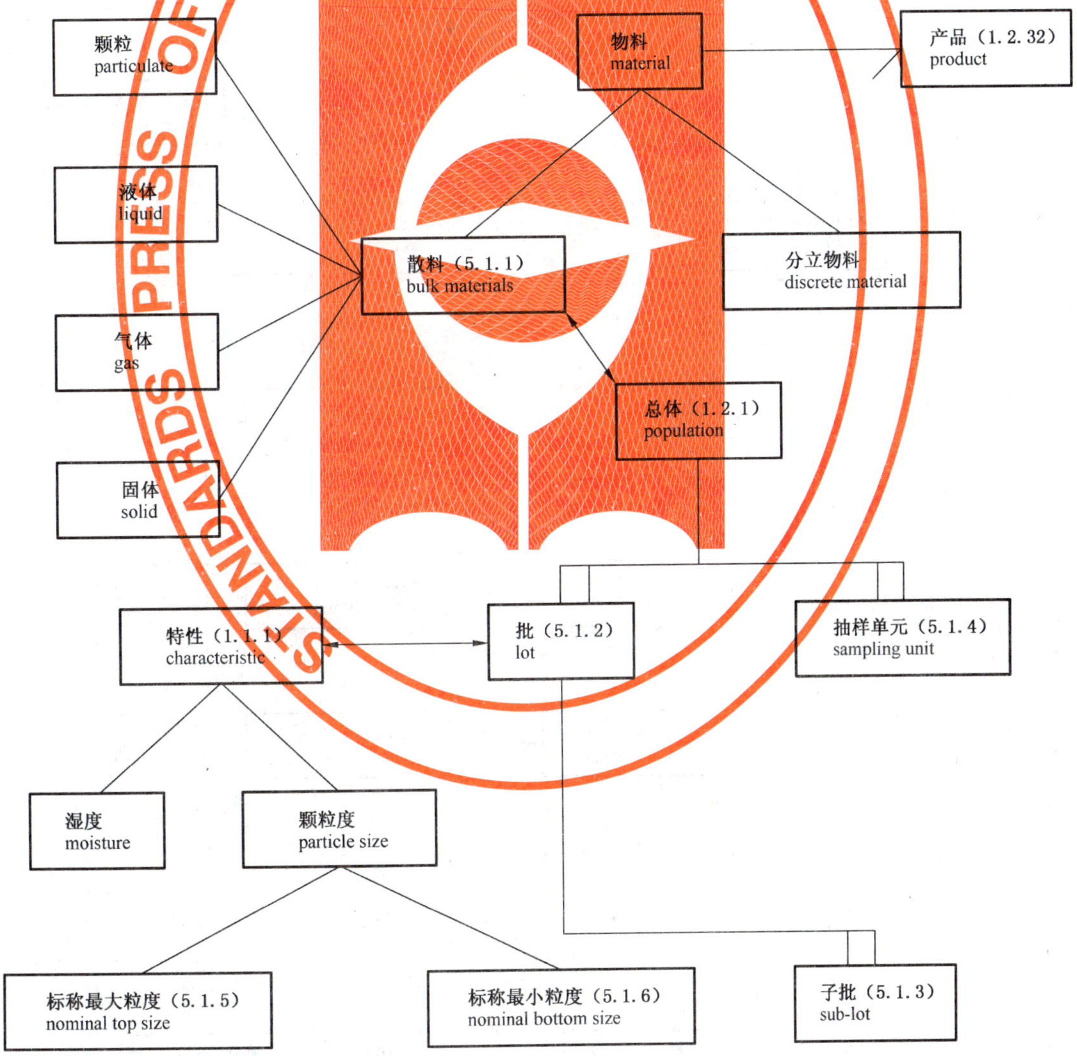

STANDARDS PRESS OF CHINA

图 B.25　概念图：有关散料的术语

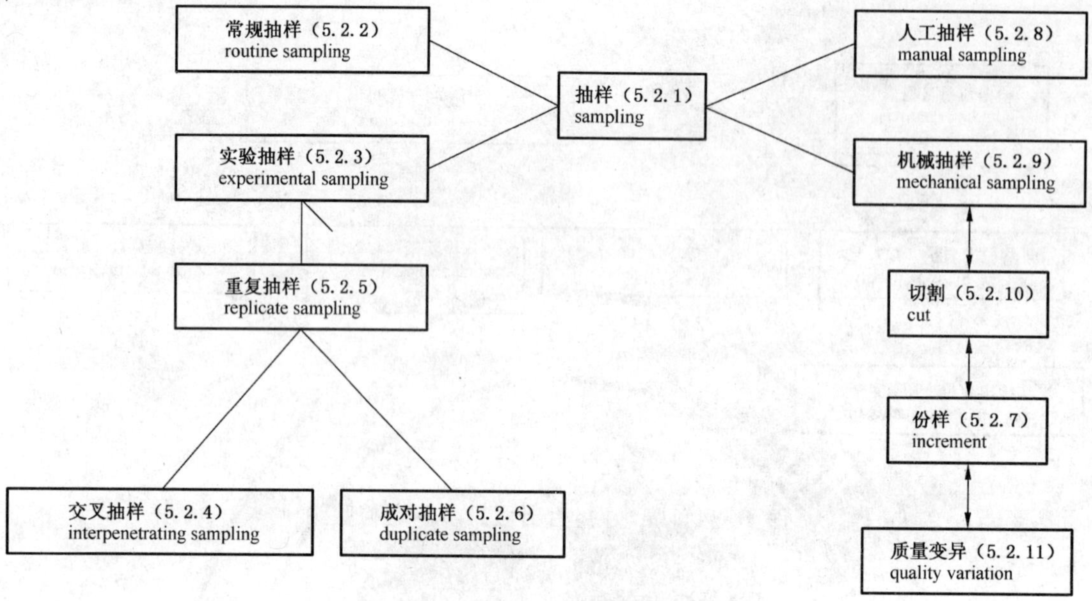

图 B.26　概念图：散料抽样

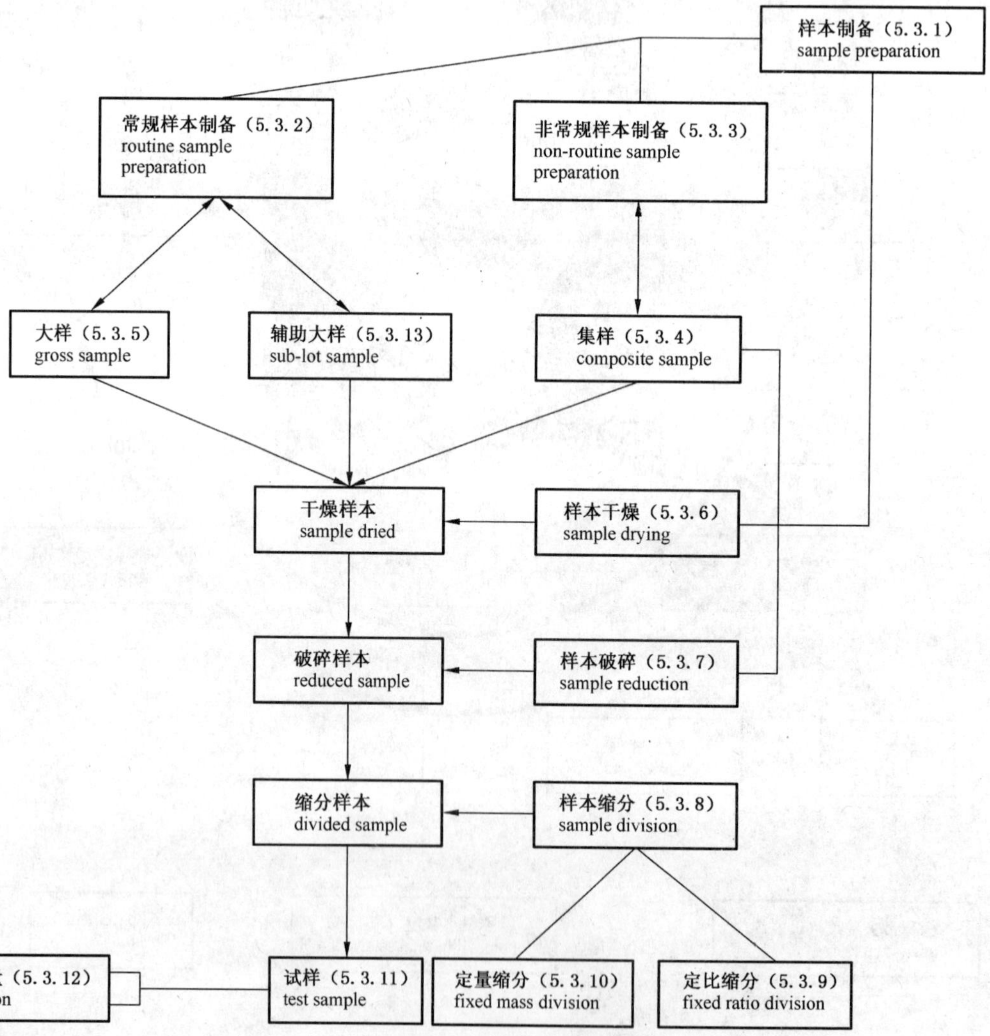

图 B.27　概念图：散料样本制备

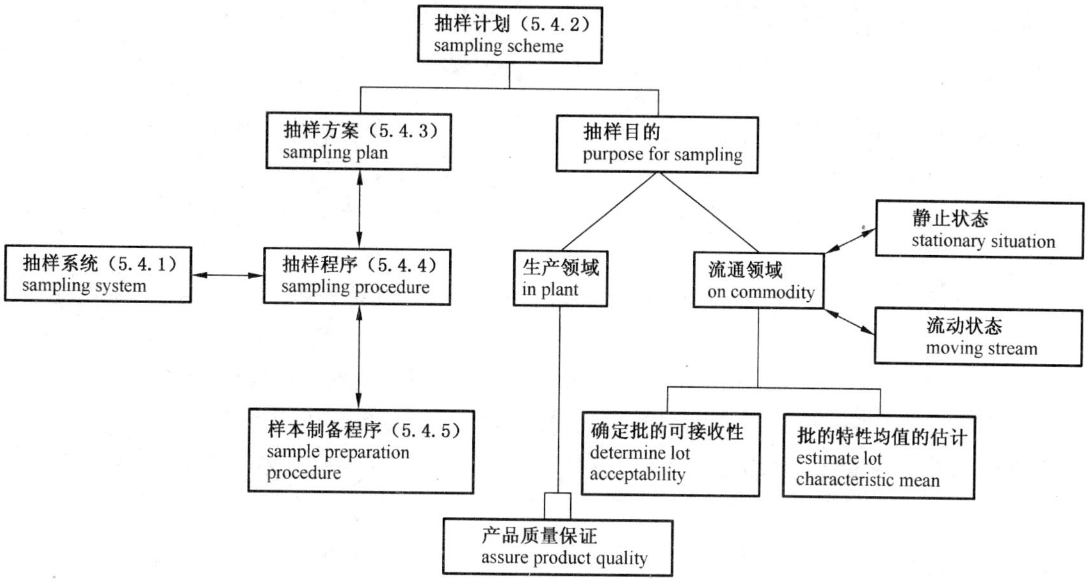

图 B.28　概念图：与程序相关的术语

参 考 文 献

[1] ISO 565:2001 Test sieves—Metal wire cloth, perforated metal plate and electroformed sheet—Nominal sizes of openings

[2] GB/T 2828.1—2003 计数抽样检验程序 第1部分:按接收质量限(AQL)检索的逐批检验抽样计划

[3] GB/T 2828.2—2008 计数抽样检验程序 第2部分:按极限质量(LQ)检索的孤立批检验抽样方案

[4] GB/T 2828.3—2008 计数抽样检验程序 第3部分:跳批抽样程序

[5] GB/T 2828.4—2008 计数抽样检验程序 第4部分:声称质量水平的评定程序

[6] ISO 2859-5:2005 计数抽样检验程序 第5部分:按接收质量限(AQL)检索的逐批检验序贯抽样方案体系

[7] ISO 2859-10:2006 计数抽样检验程序 第10部分:计数抽样系统概要

[8] GB/T 3358.1—2009 统计学词汇及符号 第1部分:一般统计术语与用于概率的术语

[9] GB/T 6378.1—2008 计量抽样检验程序 第1部分:按接收质量限(AQL)检索的对单一质量特性和单个AQL的逐批检验的一次抽样方案

[10] ISO 3951-2:2006 Sampling procedures for inspection by variables—Part 2: General specification for single sampling plans indexed by acceptance quality limit(AQL) for lot-by-lot inspection of independent quality characteristics

[11] ISO 3951-3:2007 Sampling procedures for inspection by variables—Part 3: Double sampling schemes indexed by acceptance quality limit(AQL) for lot-by-lot inspection

[12] ISO 3951-5:2005 Sampling procedures for inspection by variables—Part 5: Sequential sampling plans indexed by acceptance quality limit(AQL) for inspection by variables(known standard deviation)

[13] GB/T 6379.1—2004 测量方法与结果的准确度(正确度与精密度) 第1部分:总则与定义

[14] GB/T 3358.3—2009 统计学词汇及符号 第3部分:实验设计

[15] GB/T 4091—2001 常规控制图

[16] ISO 8601, Data elements and interchange formats—Information interchange—Representation of dates and times

[17] GB/T 19000—2008 质量管理体系 基础和术语

[18] ISO/IEC Guide 51 Safety aspects—Guidelines for their inclusion in standards

[19] ISO/IEC Guide 2 Standardization and related activities—General terms

[20] ISO 704 Terminology work—Principles and methods

[21] ISO 10241 International terminology standards—Preparation and layout

[22] ISO/TR 12783 Process capability and performance measures

[23] VIM:1993 国际通用计量学基本术语,BIPM,IEC,IFCC,ISO,OIML,IUPAC,IUPAP

[24] GB/T 6379.2—2004 测量方法与结果的准确度(正确度与精密度) 第2部分:确定标准测量方法重复性和再现性的基本方法

[25] ISO 5725-3:1994 测量方法与结果的准确度(正确度与精密度) 第3部分:标准测量方法精密度的中间度量

[26] GB/T 6379.4—2006 测量方法与结果的准确度(正确度与精密度) 第4部分:确定标准

测量方法正确度的基本方法
[27] GB/T 6379.5—2006 测量方法与结果的准确度(正确度与精密度) 第5部分:确定标准测量方法精密度的可替代方法
[28] GB/T 6379.6—2009 测量方法与结果的准确度(正确度与精密度) 第6部分:准确度值的实际应用

索　引

汉语拼音索引

B

被测量…… 3.2.2
比率尺度…… 1.1.9
变异…… 2.2.1
标称值…… 3.1.2
标称最大粒度…… 5.1.5
标称最小粒度…… 5.1.6
标准差控制图 …… 2.3.19
不定域 …… 2.4.10
不放回抽样 …… 1.3.16
不合格 …… 3.1.11
不合格单元 …… 1.2.15
不合格品 …… 1.2.12
不合格品操作特性曲线…… 4.5.6
不合格数操作特性曲线…… 4.5.5
不接收概率…… 4.6.3
不确定度…… 3.4.5

C

参照区间…… 2.5.7
参照状态…… 3.5.6
操作特性曲线…… 4.5.1
操作特性曲线的斜率…… 4.6.8
测量…… 3.2.1
测量结果…… 3.4.2
测量序列 …… 3.5.11
测试…… 3.2.3
测试份量 …… 5.3.12
测试结果…… 3.4.1
测试特性…… 3.2.4
层 …… 1.2.29
产品 …… 1.2.32
常规抽样…… 5.2.2
常规控制图…… 2.3.2
常规控制限…… 2.4.5
常规样本制备…… 5.3.2
成对抽样…… 5.2.6
成对样本 …… 1.2.20
尺度…… 1.1.3
抽样…… 1.3.1,5.2.1
抽样程序…… 5.4.4
抽样单元 …… 1.2.14,5.1.4
抽样方案…… 5.4.3
抽样计划…… 5.4.2
抽样检验…… 4.1.6
抽样框 …… 1.2.27
抽样系统…… 5.4.1
抽样严格度…… 4.3.6
初次检验 …… 4.1.16
初级样本 …… 1.2.21
次级样本 …… 1.2.22

D

大样…… 5.3.5
代表性样本 …… 1.2.35
单侧规范限…… 3.1.7
单批…… 1.2.7
单水平连续[验收]抽样检验…… 4.2.9
单位产品 …… 1.2.11
单位计点控制图…… 2.3.9
单元 …… 1.2.14
单值控制图 …… 2.3.15
等距抽样 …… 1.3.13
调查抽样 …… 1.3.18
定比缩分…… 5.3.9
定距尺度…… 1.1.8
定量缩分 …… 5.3.10
定位系统抽样 …… 1.3.14
独立测试测量结果…… 3.4.3
多变量控制图 …… 2.3.21
多次[验收]抽样检验…… 4.2.4
多阶抽样 …… 1.3.10
多阶整群抽样 …… 1.3.11
多水平连续[验收]抽样检验 …… 4.2.10
多维特性控制图 …… 2.3.22

E

二次[验收]抽样检验…………………………… 4.2.3
二级样本 ……………………………………… 1.2.22

F

反馈控制 ……………………………………… 2.3.26
放回抽样 ……………………………………… 1.3.15
放宽检验 ……………………………………… 4.1.11
非常规样本制备……………………………… 5.3.3
分布…………………………………………… 2.5.1
分布类………………………………………… 2.5.2
分布模型……………………………………… 2.5.3
分层 ………………………………………… 1.2.30
分层抽样……………………………………… 1.3.6
分层简单随机抽样…………………………… 1.3.7
分立抽样……………………………………… 1.3.3
分立双侧规范限……………………………… 3.1.9
份样…………………………………………… 5.2.7
服务 ………………………………………… 1.2.33
辅助大样 ……………………………………… 5.3.13
复合双侧规范限 ……………………………… 3.1.10

G

概率控制限…………………………………… 2.4.6
公差…………………………………………… 3.1.6
孤立批………………………………………… 1.2.5
孤立批操作特性曲线………………………… 4.5.2
孤立批检验 …………………………………… 4.1.14
观测值………………………………………… 3.2.8
规范…………………………………………… 3.1.1
规范限………………………………………… 3.1.3
过程…………………………………………… 2.1.1
过程变异指数………………………………… 2.7.7
过程策划……………………………………… 2.1.5
过程调整 ……………………………………… 2.3.24
过程调整控制图……………………………… 2.3.4
过程分析 ……………………………………… 2.1.10
过程改进……………………………………… 2.1.7
过程固有变异………………………………… 2.2.2
过程管理……………………………………… 2.1.2
过程检验 ……………………………………… 4.1.13
过程控制……………………………………… 2.1.6
过程能力……………………………………… 2.7.1
过程能力比…………………………………… 2.7.6
过程能力指数………………………………… 2.7.2
过程水平 ……………………………………… 2.4.13
过程性能……………………………………… 2.6.1
过程性能比…………………………………… 2.6.6
过程性能指数………………………………… 2.6.2
过程总变异…………………………………… 2.2.3

H

合格评定……………………………………… 4.1.1
合理子组……………………………………… 2.2.6

J

机会空间 ……………………………………… 1.2.31
机械抽样……………………………………… 5.2.9
基本状态……………………………………… 3.5.5
极差控制图 …………………………………… 2.3.18
极限质量 ……………………………………… 4.6.13
极限质量水平 ………………………………… 4.6.14
集样…………………………………………… 5.3.4
计点控制图…………………………………… 2.3.8
计件比率控制图 ……………………………… 2.3.11
计件控制图 …………………………………… 2.3.10
计量检验……………………………………… 4.1.4
计量控制图…………………………………… 2.3.6
计量[验收]抽样检验 ………………………… 4.2.11
计数检验……………………………………… 4.1.3
计数控制图…………………………………… 2.3.7
计数[验收]抽样检验 ………………………… 4.2.12
加严检验 ……………………………………… 4.1.12
间接检验 ……………………………………… 4.1.18
检验…………………………………………… 4.1.2
检验水平……………………………………… 4.3.5
简单随机抽样………………………………… 1.3.4
简单随机样本 ………………………………… 1.2.24
鉴别比 ………………………………………… 4.6.12
交叉抽样……………………………………… 5.2.4
接收常数……………………………………… 4.4.4
接收概率……………………………………… 4.6.1
接收数………………………………………… 4.4.2
接收值………………………………………… 4.4.5
接受参照值…………………………………… 3.2.7

结果的随机误差…………………………… 3.4.6
结果的误差………………………………… 3.4.4
结果的系统误差…………………………… 3.4.7
截尾检验…………………………………… 4.3.8
精密度……………………………………… 3.3.4
警戒限……………………………………… 2.4.3
净状态变量………………………………… 3.5.8
净状态变量的临界值……………………… 3.5.9
净状态变量的最小可检出值 …………… 3.5.10
纠正 ……………………………………… 3.1.16
纠正措施 ………………………………… 3.1.15
拒收数……………………………………… 4.4.1
均值控制图 ……………………………… 2.3.12

K

可接收过程水平 ………………………… 2.4.14
可接收过程域 …………………………… 2.4.11
可接收质量限 …………………………… 4.6.15
可拒收过程水平 ………………………… 2.4.15
可拒收过程域 …………………………… 2.4.12
控制变量 ………………………………… 2.3.27
控制点……………………………………… 4.6.6
控制方案…………………………………… 2.1.9
控制图……………………………………… 2.3.1
控制限……………………………………… 2.4.2
扩展不确定度……………………………… 3.4.8

L

累积和控制图……………………………… 2.3.5
累积和图…………………………………… 2.3.5
离散尺度…………………………………… 1.1.5
连续尺度…………………………………… 1.1.4
连续流操作特性曲线……………………… 4.5.3
连续[验收]抽样检验……………………… 4.2.8
联合双侧规范限…………………………… 3.1.8
链式[验收]抽样检验……………………… 4.2.6

M

名义尺度…………………………………… 1.1.6
末级样本 ………………………………… 1.2.23
目标值……………………………………… 3.1.2

O

偶然原因…………………………………… 2.2.5

P

配额抽样…………………………………… 1.3.8
批……………………………………… 1.2.4,5.1.2
批的孤立序列……………………………… 1.2.6
批序列操作特性曲线……………………… 4.5.4
偏倚………………………………………… 3.3.2
平均检出质量……………………………… 4.7.1
平均检出质量上限………………………… 4.7.2
平均检验量………………………………… 4.7.5
平均检验总数……………………………… 4.7.4
平均链长…………………………………… 3.2.9
平均样本量………………………………… 4.7.3

Q

前馈控制 ………………………………… 2.3.25
切割 ……………………………………… 5.2.10
趋势控制图 ……………………………… 2.3.17
缺点 ……………………………………… 3.1.13
缺点控制图 ……………………………… 2.3.23
缺陷 ……………………………………… 3.1.12
缺陷单元 ………………………………… 1.2.16
缺陷品 …………………………………… 1.2.13
群 ………………………………………… 1.2.28

R

人工抽样…………………………………… 5.2.8
容差………………………………………… 3.1.6

S

散料………………………………………… 5.1.1
散料抽样…………………………………… 1.3.2
筛选检验…………………………………… 4.1.7
上不合格率………………………………… 2.5.4
上参照区间………………………………… 2.5.9
上规范限…………………………………… 3.1.4
上过程能力指数…………………………… 2.7.4
上过程性能指数…………………………… 2.6.4
上控制限…………………………………… 2.4.8
上质量统计量 …………………………… 4.4.10
生产方风险………………………………… 4.6.4
生产方风险点……………………………… 4.6.7
生产方风险质量 ………………………… 4.6.10

失控准则…………………………………… 3.2.8
实际状态…………………………………… 3.5.4
实验抽样…………………………………… 5.2.3
使用方风险………………………………… 4.6.2
使用方风险点……………………………… 4.6.5
使用方风险质量…………………………… 4.6.9
试生产批…………………………………… 1.2.8
试样 ……………………………………… 5.3.11
随机抽样…………………………………… 1.3.5
随机样本 ………………………………… 1.2.25
随机原因…………………………………… 2.2.5

T

特殊原因…………………………………… 2.2.4
特性………………………………………… 1.1.1
剔换检验…………………………………… 4.1.9
跳批[验收]抽样检验……………………… 4.2.5
同一测试/测量对象……………………… 1.2.34
统计方法…………………………………… 2.1.3
统计过程管理……………………………… 2.1.4
统计过程控制……………………………… 2.1.8
统计受控过程……………………………… 2.2.7

W

稳定过程…………………………………… 2.2.7
无区别点…………………………………… 4.6.6
无区别域 ………………………………… 4.6.17
无区别质量水平 ………………………… 4.6.11

X

系统………………………………………… 3.5.1
系统抽样 ………………………………… 1.3.12
系统特性…………………………………… 3.5.2
下不合格率………………………………… 2.5.5
下参照区间………………………………… 2.5.8
下规范限…………………………………… 3.1.5
下过程能力指数…………………………… 2.7.3
下过程性能指数…………………………… 2.6.3
下控制限…………………………………… 2.4.9
下质量统计量 …………………………… 4.4.11
响应变量 ………………………………… 3.5.14
响应变量的临界值 ……………………… 3.5.15
校准 ……………………………………… 3.5.13
校准函数 ………………………………… 3.5.12
行动限……………………………………… 2.4.4
许可数……………………………………… 4.4.3
序贯[验收]抽样检验……………………… 4.2.7

Y

[验收]抽样程序…………………………… 4.3.7
[验收]抽样方案…………………………… 4.3.3
[验收]抽样计划…………………………… 4.3.2
[验收]抽样检验…………………………… 4.1.8
[验收]抽样系统…………………………… 4.3.1
验收抽样 ………………………………… 1.3.17
验收检验 ………………………………… 4.1.17
验收控制图………………………………… 2.3.3
验收控制限………………………………… 2.4.7
验证[验收]抽样检验……………………… 4.2.1
样本 ……………………………………… 1.2.17
样本干燥…………………………………… 5.3.6
样本量 …………………………………… 1.2.26
样本破碎…………………………………… 5.3.7
样本缩分…………………………………… 5.3.8
样本统计量 ……………………………… 1.2.18
样本制备…………………………………… 5.3.1
样本制备程序……………………………… 5.4.5
一般原因…………………………………… 2.2.5
一次[验收]抽样检验……………………… 4.2.2
一级样本 ………………………………… 1.2.21
移动极差控制图…………………………… 2.3.20
移动平均控制图 ………………………… 2.3.14
有序尺度…………………………………… 1.1.7
预防措施 ………………………………… 3.1.14
约定真值…………………………………… 3.2.6

Z

再提交批…………………………………… 1.2.9
再现性 …………………………………… 3.3.10
再现性标准差 …………………………… 3.3.12
再现性临界差 …………………………… 3.3.13
再现性条件 ……………………………… 3.3.11
再现性限 ………………………………… 3.3.14
真值………………………………………… 3.2.5
整群抽样…………………………………… 1.3.9
正常检验 ………………………………… 4.1.10

STANDARDS PRESS OF CHINA

正确度…………………………………… 3.3.3
指数加权移动平均控制图 ……………… 2.3.16
质量变异 ………………………………… 5.2.11
质量计分图 ……………………………… 2.3.23
质量水平 ………………………………… 4.6.16
质量特性………………………………… 1.1.2
质量统计量……………………………… 4.4.9
中间精密度 ……………………………… 3.3.15
中间精密度标准差 ……………………… 3.3.17
中间精密度临界差 ……………………… 3.3.18
中间精密度条件 ………………………… 3.3.16
中间精密度限 …………………………… 3.3.19
中位数控制图 …………………………… 2.3.13
中心线…………………………………… 2.4.1
重复抽样………………………………… 5.2.5
重复性…………………………………… 3.3.5
重复性标准差…………………………… 3.3.7
重复性临界差…………………………… 3.3.8
重复性条件……………………………… 3.3.6
重复性限………………………………… 3.3.9
逐批检验 ……………………………… 4.1.15
转移规则………………………………… 4.3.4
状态……………………………………… 3.5.3
状态变量………………………………… 3.5.7
准确度…………………………………… 3.3.1
子批 ……………………………… 1.2.10,5.1.3
子样本 …………………………………… 1.2.19
子总体…………………………………… 1.2.3
自相关 ………………………………… 2.3.28
总不合格率……………………………… 2.5.6
总体……………………………………… 1.2.1
总体参数………………………………… 1.2.2
最大过程标准差………………………… 4.4.8
最大平均极差…………………………… 4.4.6
最大样本标准差………………………… 4.4.7
最小过程能力指数……………………… 2.7.5
最小过程性能指数……………………… 2.6.5

100%检验 ……………………………… 4.1.5
A 型曲线………………………………… 4.5.2
B 型曲线………………………………… 4.5.4
C 型曲线………………………………… 4.5.3
c 图 …………………………………… 2.3.8
EWMA 图 ……………………………… 2.3.16
np 图 …………………………………… 2.3.10
OC 曲线 ………………………………… 4.5.1
p 图 …………………………………… 2.3.11
R 法 …………………………………… 4.3.11
R 图 …………………………………… 2.3.18
s 法 …………………………………… 4.3.10
s 图 …………………………………… 2.3.19
u 图…………………………………… 2.3.9
$\bar{X}$ 控制图 ………………………… 2.3.12
X 控制图 ……………………………… 2.3.15
σ 法 ………………………………… 4.3.9

英文对应词索引

A

acceptability constant …… 4.4.4
acceptable process level …… 2.4.14
acceptance control chart …… 2.3.3
acceptance control limits …… 2.4.7
acceptance inspection …… 4.1.17
acceptance number …… 4.4.2
acceptance quality limit …… 4.6.15
acceptance sampling …… 1.3.17
acceptance sampling plan …… 4.3.3
acceptance sampling procedure …… 4.3.7
acceptance sampling scheme …… 4.3.2
acceptance sampling system …… 4.3.1
acceptance sampling inspection …… 4.1.8
acceptance value …… 4.4.5
acceptance sampling by attributes …… 4.2.12
acceptance sampling by variables …… 4.2.11
accepted reference value …… 3.2.7
accuracy …… 3.3.1
action limits …… 2.4.4
actual state …… 3.5.4
attributes control chart …… 2.3.7
autocorrelation …… 2.3.28
average amount of inspection …… 4.7.5
average control chart …… 2.3.12
average outgoing quality …… 4.7.1
average outgoing quality limit …… 4.7.2
average run length …… 3.2.9
average sample size …… 4.7.3
average total inspected …… 4.7.4

B

basic state …… 3.5.5
bias …… 3.3.2
bulk materials …… 5.1.1
bulk sampling …… 1.3.2

C

c chart …… 2.3.8

calibration …… 3.5.13
calibration function …… 3.5.12
centre line …… 2.4.1
chain acceptance sampling inspection …… 4.2.6
chance cause …… 2.2.5
characteristic …… 1.1.1
class of distribution …… 2.5.2
clearance number …… 4.4.3
cluster …… 1.2.28
cluster sampling …… 1.3.9
combined double specification limit …… 3.1.8
common cause …… 2.2.5
complex double specification limit …… 3.1.10
composite sample …… 5.3.4
conformity evaluation …… 4.1.1
consumer's risk …… 4.6.2
consumer's risk point …… 4.6.5
consumer's risk quality …… 4.6.9
continuous flow operating characteristic curve …… 4.5.3
continuous scale …… 1.1.4
continuous acceptance sampling inspection …… 4.2.8
control chart …… 2.3.1
control limits …… 2.4.2
control plan …… 2.1.9
control variable …… 2.3.27
conventional true value …… 3.2.6
correction …… 3.1.16
corrective action …… 3.1.15
count control chart …… 2.3.8
count per unit control chart …… 2.3.9
critical value of the net state variable …… 3.5.9
critical value of the response variable …… 3.5.15
cumulative sum control chart …… 2.3.5
curtailed inspection …… 4.3.8
CUSUM chart …… 2.3.5
cut …… 5.2.10

D

defect …… 3.1.12
defective item …… 1.2.13
defective unit …… 1.2.16
demerit control chart …… 2.3.23
discrete sampling …… 1.3.3

discrete scale …… 1.1.5
discrimination ratio …… 4.6.12
distribution …… 2.5.1
distribution model …… 2.5.3
double acceptance sampling inspection …… 4.2.3
duplicate sample …… 1.2.20
duplicate sampling …… 5.2.6

E

error of result …… 3.4.4
EWMA chart …… 2.3.16
expanded uncertainty …… 3.4.8
experimental sampling …… 5.2.3
exponentially weighted moving average control chart …… 2.3.16

F

feedback control …… 2.3.26
feed-forward control …… 2.3.25
final sample …… 1.2.23
fixed mass division …… 5.3.10
fixed ratio division …… 5.3.9

G

gross sample …… 5.3.5

I

identical test/measurement item …… 1.2.34
imperfection …… 3.1.13
increment …… 5.2.7
independent test/measurement result …… 3.4.3
indifference point …… 4.6.6
indifference quality level …… 4.6.11
indifference zone …… 2.4.10,4.6.17
indirect inspection …… 4.1.18
individual control chart …… 2.3.15
inherent process variation …… 2.2.2
inspection …… 4.1.2
inspection by attributes …… 4.1.3
inspection by variables …… 4.1.4
inspection level …… 4.3.5
intermediate precision …… 3.3.15
intermediate precision conditions …… 3.3.16
intermediate precision critical difference …… 3.3.18

STANDARDS PRESS OF CHINA

intermediate precision limit …… 3.3.19
intermediate precision standard deviation …… 3.3.17
interpenetrating sampling …… 5.2.4
interval scale …… 1.1.8
isolated lot …… 1.2.5
isolated lot inspection …… 4.1.14
isolated lot operating characteristic curve …… 4.5.2
isolated sequence of lots …… 1.2.6
item …… 1.2.11

L

limiting quality …… 4.6.13
limiting quality level …… 4.6.14
lot …… 1.2.4,5.1.2
lot-by-lot inspection …… 4.1.15
lot sequence operating characteristic curve …… 4.5.4
lower control limit …… 2.4.9
lower fraction nonconforming …… 2.5.5
lower process capability index …… 2.7.3
lower process performance index …… 2.6.3
lower quality statistic …… 4.4.11
lower reference interval …… 2.5.8
lower specification limit …… 3.1.5

M

manual sampling …… 5.2.8
maximum average range …… 4.4.6
maximum process standard deviation …… 4.4.8
maximum sample standard deviation …… 4.4.7
measurand …… 3.2.2
measurement …… 3.2.1
measurement result …… 3.4.2
measurement series …… 3.5.11
mechanical sampling …… 5.2.9
median control chart …… 2.3.13
minimum detectable value of the net state variable …… 3.5.10
minimum process capability index …… 2.7.5
minimum process performance index …… 2.6.5
moving average control chart …… 2.3.14
moving range control chart …… 2.3.20
multi-level continuous [acceptance] sampling inspection …… 4.2.10
multiple characteristic chart …… 2.3.22
multiple [acceptance] sampling inspection …… 4.2.4

multistage cluster sampling ······ 1.3.11
multi-stage sampling ······ 1.3.10
multivariate control chart ······ 2.3.21

N

net state variable ······ 3.5.8
nominal bottom size ······ 5.1.6
nominal scale ······ 1.1.6
nominal top size ······ 5.1.5
nominal value ······ 3.1.2
non-routine sample preparation ······ 5.3.3
nonconforming item ······ 1.2.12
nonconforming unit ······ 1.2.15
nonconforming unit operating characteristic curve ······ 4.5.6
nonconformities operating characteristic curve ······ 4.5.5
nonconformity ······ 3.1.11
normal inspection ······ 4.1.10
np chart ······ 2.3.10
number of categorized units control chart ······ 2.3.10

O

observed value ······ 3.2.8
operating characteristic curve ······ 4.5.1
opportunity space ······ 1.2.31
ordinal scale ······ 1.1.7
original inspection ······ 4.1.16
out-of-control criteria ······ 2.2.8

P

p chart ······ 2.3.11
periodic systematic sampling ······ 1.3.13
pilot lot ······ 1.2.8
point of control ······ 4.6.6
population ······ 1.2.1
population parameter ······ 1.2.2
precision ······ 3.3.4
preventive action ······ 3.1.14
primary sample ······ 1.2.21
probabilistic control limits ······ 2.4.6
probability of acceptance ······ 4.6.1
probability of non-acceptance ······ 4.6.3
process ······ 2.1.1
process adjust control chart ······ 2.3.4

process adjustment …… 2.3.24
process analysis …… 2.1.10
process capability …… 2.7.1
process capability index …… 2.7.2
process capability ratio …… 2.7.6
process control …… 2.1.6
process improvement …… 2.1.7
process in a state of statistical control …… 2.2.7
process inspection …… 4.1.13
process level …… 2.4.13
process management …… 2.1.2
process performance …… 2.6.1
process performance index …… 2.6.2
process performance ratio …… 2.6.6
process planning …… 2.1.5
process variation index …… 2.7.7
producer's risk …… 4.6.4
producer's risk point …… 4.6.7
producer's risk quality …… 4.6.10
product …… 1.2.32
proportion or percent categorized control chart …… 2.3.11

Q

quality characteristic …… 1.1.2
quality level …… 4.6.16
quality score chart …… 2.3.23
quality statistic …… 4.4.9
quality variation …… 5.2.11
quota sampling …… 1.3.8

R

R chart …… 2.3.18
R method …… 4.3.11
random cause …… 2.2.5
random error of result …… 3.4.6
random sample …… 1.2.25
random sampling …… 1.3.5
range control chart …… 2.3.18
ratio scale …… 1.1.9
rational subgroup …… 2.2.6
rectifying inspection …… 4.1.9
reduced inspection …… 4.1.11
reference interval …… 2.5.7

reference state ········ 3.5.6
rejectable process level ········ 2.4.15
rejection number ········ 4.4.1
repeatability ········ 3.3.5
repeatability conditions ········ 3.3.6
repeatability critical difference ········ 3.3.8
repeatability limit ········ 3.3.9
repeatability standard deviation ········ 3.3.7
replicate sampling ········ 5.2.5
representative sample ········ 1.2.35
reproducibility ········ 3.3.10
reproducibility conditions ········ 3.3.11
reproducibility critical difference ········ 3.3.13
reproducibility limit ········ 3.3.14
reproducibility standard deviation ········ 3.3.12
response variable ········ 3.5.14
resubmitted lot ········ 1.2.9
routine sample preparation ········ 5.3.2
routine sampling ········ 5.2.2

S

s chart ········ 2.3.19
s method ········ 4.3.10
sample ········ 1.2.17
sample division ········ 5.3.8
sample drying ········ 5.3.6
sample preparation ········ 5.3.1
sample preparation procedure ········ 5.4.5
sample reduction ········ 5.3.7
sample size ········ 1.2.26
sample statistic ········ 1.2.18
sampling ········ 1.3.1,5.2.1
sampling frame ········ 1.2.27
sampling inspection ········ 4.1.6
sampling plan ········ 5.4.3
sampling procedure ········ 5.4.4
sampling scheme ········ 5.4.2
sampling system ········ 5.4.1
sampling unit ········ 1.2.14,5.1.4
sampling with replacement ········ 1.3.15
sampling without replacement ········ 1.3.16
scale ········ 1.1.3
screening inspection ········ 4.1.7

STANDARDS PRESS OF CHINA

secondary sample 1.2.22
separate double specification limit 3.1.9
sequential [acceptance] sampling inspection 4.2.7
service 1.2.33
severity of sampling 4.3.6
Shewhart control chart 2.3.2
Shewhart control limits 2.4.5
sigma method 4.3.9
simple random sample 1.2.24
simple random sampling 1.3.4
single specification limit 3.1.7
single [acceptance] sampling inspection 4.2.2
single-level continuous [acceptance] sampling inspection 4.2.9
skip-lot [acceptance] sampling inspection 4.2.5
slop of operating characteristic curve 4.6.8
special cause 2.2.4
specification 3.1.1
specification limit 3.1.3
specified tolerance 3.1.6
spot systematic sampling 1.3.14
stable process 2.2.7
standard deviation control chart 2.3.19
state 3.5.3
state variable 3.5.7
statistical methods 2.1.3
statistical process control 2.1.8
statistical process management 2.1.4
stratification 1.2.30
stratified sampling 1.3.6
stratified simple random sampling 1.3.7
stratum 1.2.29
sub-lot 1.2.10,5.1.3
sub-lot sample 5.3.13
sub-population 1.2.3
sub-sample 1.2.19
survey sampling 1.3.18
switching rule 4.3.4
system 3.5.1
system characteristic 3.5.2
systematic error of result 3.4.7
systematic sampling 1.3.12

T

target value ······ 3. 1. 2
test ······ 3. 2. 3
test characteristic ······ 3. 2. 4
test portion ······ 5. 3. 12
test result ······ 3. 4. 1
test sample ······ 5. 3. 11
tightened inspection ······ 4. 1. 12
total fraction nonconforming ······ 2. 5. 6
total process variation ······ 2. 2. 3
trend control chart ······ 2. 3. 17
true value ······ 3. 2. 5
trueness ······ 3. 3. 3
type A curve ······ 4. 5. 2
type B curve ······ 4. 5. 4
type C curve ······ 4. 5. 3

U

u chart ······ 2. 3. 9
uncertainty ······ 3. 4. 5
unique lot ······ 1. 2. 7
unit ······ 1. 2. 14
upper control limit ······ 2. 4. 8
upper fraction nonconforming ······ 2. 5. 4
upper process capability index ······ 2. 7. 4
upper process performance index ······ 2. 6. 4
upper quality statistic ······ 4. 4. 10
upper reference interval ······ 2. 5. 9
upper specification limit ······ 3. 1. 4

V

variable control chart ······ 2. 3. 6
variation ······ 2. 2. 1
verification [acceptance] sampling inspection ······ 4. 2. 1

W

warning limits ······ 2. 4. 3

X

$\bar{X}$ chart ······ 2. 3. 12
X control chart ······ 2. 3. 15

Z

zone of acceptable process ········ 2.4.11
zone of rejectable process ········ 2.4.12

100% inspection ········ 4.1.5

ICS 03.120.30
A 41

中华人民共和国国家标准

GB/T 3358.3—2009/ISO 3534-3:1999
代替 GB/T 3358.3—1993

统计学词汇及符号 第3部分:实验设计

Statistics—Vocabulary and symbols—
Part 3:Design of experiments

(ISO 3534-3:1999,IDT)

STANDARDS PRESS OF CHINA

2009-10-15 发布　　　　2010-02-01 实施

中华人民共和国国家质量监督检验检疫总局
中国国家标准化管理委员会　发布

前　言

GB/T 3358《统计学词汇及符号》分为以下部分：

——第 1 部分：一般统计术语与用于概率的术语

——第 2 部分：应用统计

——第 3 部分：实验设计

本部分为 GB/T 3358 的第 3 部分，等同采用 ISO 3534-3:1999《统计学　词汇及符号　第 3 部分：实验设计》。

GB/T 3358 的本部分与 ISO 3534-3:1999 相比，订正了原文的错误，修正了原文中概念表述不够准确的部分，主要变化如下：

——将 1.10"处理(treatment)"的定义改为"每个因子的特定水平或不同因子水平的组合"；

——将 1.27"重复(replication)"的定义改为"对给定的处理实施多于一次的实验"，并删去了注；

——在 1.21"残差(residual)"的定义中在"(响应变量的)预测值"前增加"基于假定模型的"一词，以与 1.22"剩余误差 (residual error)"的定义相对应；

——在 2.1.2.1"2^k 析因实验"中增加了关于用"1"，"2"分别替代"＋""－"，表示因子两个水平的注；

——将 2.3"区组设计(block design)"的定义改为"将全部实验单元分成若干个区组的实验设计"等。

与 ISO 3534-3:1999 相比，本部分作了必要的编辑性的修改，例如：

——为与第 1 部分和第 2 部分相一致，在术语定义中增加了其他术语(包括条目编号)的引用；

——对 ISO 3534-3:1999 引用 ISO 3534-1:1993 与 ISO 3534-2:1993 的条目，按等同采用ISO 3534-1:2006 与 ISO 3534-2:2006 的 GB/T 3358.1—2009 与 GB/T 3358.2—2009 的相应内容，作适当的更改。

本部分代替 GB/T 3358.3—1993《统计学术语　第三部分　试验设计术语》，与 GB/T 3358.3—1993 相比，主要变化如下：

——名称改为《统计学词汇及符号　第 3 部分：实验设计》；

——在全文中用"实验"替代"试验"，作为相应英文词"experiment"的优先选用词，但将"试验"一词保留为"实验"的同义词；

——调整了术语条目设置；

——增加了大量的示例及注释。

本部分由全国统计方法应用标准化技术委员会提出并归口。

本部分主要起草单位：中国科学院数学与系统科学研究院、北京大学、中国标准化研究院、苏州大学。

本部分主要起草人：冯士雍、陈敏、石坚、艾明要、丁文兴、汪仁官、于振凡。

本部分于 1993 年首次发布，本次为第一次修订。

引　言

实验设计实质上即是对实验的策划，以便有效和经济地得到正确和相关的结论。选择具体的实验方案依赖于所涉及问题的类型、结论的普遍性程度，以及可利用的资源（实验材料、人员与时间）。一个经过恰当设计和实施的实验，常导致相对简明的统计分析和对结果的解释。

近年来，实验设计的应用得到蓬勃发展，主要是由于认识到实验设计对于提高产品和服务的质量非常重要。虽然统计质量控制、管理目标（menegement resolve）、检验和其他质量工具也有此功能，实验设计代表了一种在复杂的、变化的和交互的环境中进行选择的方法。在历史上，实验设计在农业领域得到发展与繁荣，医学领域也经历了悠久历史的精心实验设计。目前，工业环境中目睹了实验设计带来的可观效益，因为实验设计便于开展工作（界面友好的软件），改进了培训，得到有影响力的倡导推广，也积累了许多成功的案例。

析因实验（见 2.1）为实验者提供了研究所关心的多因子之间相互关系的方法。这些类型的实验，远比简单的一次仅分析一个因子的实验更为有效。析因实验特别适用于确定在其他因子取不同水平时有不同响应的因子。通常，分析质量的"突破"来自研究交互作用（见 1.17）所揭示的内在联系。如果考虑的因子数量比较多，析因实验可能要占用过多资源而难以实施。不过，部分析因设计（见 2.1.1）提供了一种可能的折衷办法。实际上，如果最初的目标是找出哪些因素需要进一步研究，筛选设计（见 2.2）就比较可行。

在计划一个实验中，有必要对由于实验条件或实验单元处理的配置造成的偏倚进行控制。随机化（见 1.29）和分区组（见 1.28）之类的技术即是用来最小化讨厌的、外来的因素的影响。具体分区组技术包括随机化区组设计（见 2.3.1）、拉丁方设计（见 2.3.2）、平衡不完全区组设计（见 2.3.4.1）等。

实验设计是一个渐进的过程，以不断完善为目标，响应曲面设计（见 2.4）扮演了举足轻重的角色。通过对关键因子的不同水平的考察，响应曲面设计方法巧妙地解释了最优点附近的曲线效应。

混料设计（2.5）处理各因子在整体中比例的情况，例如合金中的成分。嵌套设计（见 2.6）尤其适用于多个实验室间进行的实验。

如果实验完全按方案实施，对实验数据的分析方法将是直接的。图方法（见 3.1）对揭示大体结论尤为有效。根据模型进行参数估计（见 1.1 及其后）常使用回归分析（见 3.3）。回归分析方法也可用来处理缺失数据，识别离群值，以及其他问题所带来的困难。

优良的实验设计应该：

a)　结合在因子及其水平的选择、描述假定条件等方面的先验知识和经验；

b)　以最少的精力处理相关信息；

c)　实验前能确保该实验的设计可以实现实验的目标及所需的精度；

d)　体现调查的连续性；

e)　明确实验处理的安排及其次序，以避免实验过程中的误解。

统计学词汇及符号
第3部分：实验设计

范围

GB/T 3358 的本部分规定了实验设计领域和起草其他标准中常用的术语。

1 一般术语

1.1

模型 model

关于**响应变量**(1.2)与**预测变量**(1.3)关系及其附带假定的描述。

注1：模型由三个部分组成：第一部分是建模的**响应**(1.2)，第二部分是包含**预测变量**(1.3)的模型的确定性或系统性的部分，第三部分是模型的随机部分或随机误差，其描述可以十分详细。例如，误差项可以结合成**散度效应**(1.14)，使响应值的变异随着响应值的增大而增加。

示例1：一个零件的寿命与它所处的环境条件有关。

示例2：一个典型模型：

$$y_{ij} = \mu + \alpha_i + \beta_j + \varepsilon_{ij}$$

其中 y_{ij} 是在因子 A 的 i 水平和因子 B 的 j 水平时的响应，μ 是响应的总平均，α_i 是因子 A 在 i 水平时的附加效应，β_j 是因子 B 在 j 水平时的附加效应，ε_{ij} 是误差项。

模型的响应部分仅是 y_{ij}；模型的预测部分是 $\mu+\alpha_i+\beta_j$，由一项响应的总平均和两项因子效应组成；模型的随机或误差部分是 ε_{ij}，它表示产生该响应的过程的固有变异。

示例3：一个常用模型：

$$y_{ijk} = \alpha_i + \beta_j + \tau_{ij} + \varepsilon_{ijk}$$

其中 y_{ijk} 是第 k 次重复(1.27)的响应，α_i 是由因子1造成的调整，β_j 是由因子2造成的调整，τ_{ij} 是由两因子的交互效应(1.16)所造成的调整，ε_{ijk} 是误差项。

此处的典型模型中不包含总平均项，所以用术语"调整"代替示例2中的"附加效应"；此外，采用 y_{ijk}(ε_{ijk})而不是 y_{ij}(ε_{ij})，表明可能存在的重复。

示例4：另一个典型模型：

$$y_i = e^{\beta_0+\beta_1 x_i+\beta_2 x_i^2} + \varepsilon_i$$

其中 y_i 是对应于 x_i 的响应，$e^{\beta_0+\beta_1 x_i+\beta_2 x_i^2}$ 表示对应于 x_i 的平均响应，ε_i 是误差项。

注2：模型的上述描述不仅适用于带有可加误差的经典线性模型，也适用于误差可以用各种分布描述的广义线性模型，这些分布包括二项分布、泊松分布、指数分布、伽玛分布和正态分布。

1.2

响应变量 response variable

表示实验结果的变量。

注1：同义词是"输出变量"。

注2：不推荐把术语"因变量"也作为一个同义词，避免可能与"自变量"混淆(见 GB/T 3358.1—2009 的 1.11)。

注3：从每一个**实验单元**(1.9)记录多个响应时，响应变量可为向量。

1.3

预测变量 predictor variable

可用来解释实验结果的变量。

注1：常用同义词有："输入变量"、"描述变量"和"解释变量"。

注2：在一个经设计的实验中，预测变量的可控程度表明了它在其中所起的潜在作用。预测变量可以是可控的(固定的)、可修正的(仅在短期内或在花费昂贵代价后可控的)或不可控的(随机的)。

STANDARDS PRESS OF CHINA

注 3：预测变量可以包含一个随机元素，也可以是没有随机误差的可观测或设置的一些定性组。

注 4：不推荐把术语“自变量”作为一个同义词，避免可能与“因变量”混淆（见 GB/T 3358.1—2009，1.11）。

1.4

设计区域　design region

设计空间　design space

预测变量（1.3）容许值的集合。

1.5

因子　factor

为评估对**响应变量**（1.2）的效应而在实验中需变化的**预测变量**（1.3）。

注 1：因子对实验的结果可能提供一种可解释的原因。

注 2：与“**预测变量**（1.3）”的使用更为一般相比，此处“因子”的使用则有特定含义。

注 3：因子可与“**区组**（1.11）”的建立有关。

1.6

水平　level

因子（1.5）可能的设置、取值或安排。

注 1：同义词是预测变量的取值。

注 2：术语“水平”形式上与定量特性有关，但它也用来描述定性特征的状态或设置。

示例：表示催化剂的水平可能是“有”或“没有”；表示加热处理的有序尺度温度的四个水平可能是：100 ℃、120 ℃、140 ℃和 160 ℃；表示实验室的名义尺度变量可能为对应于不同设备的三种水平：A，B 和 C。

注 3：在因子不同水平观测的响应提供了实验水平范围内决定因子效应的信息。如果没有模型关系假定的可靠根据，在水平范围以外作外推通常是不合适的。在水平范围以内的插值可能依赖于水平个数和水平间距。内插通常认为是合理的，尽管在不连续或多峰的情况下会造成实验范围内的突然变化。水平的选取可能仅限于某些特定的固定值（已知或未知），也可以在研究范围内随机选择。

1.7

实验误差　experimental error

实验**响应变量**（1.2）在实施中，除**因子**（1.5）、**区组**（1.11）或其他可归属原因外，不能解释的变异。

注 1：实验误差是实验的普遍特征。当实验重复时，尽管非常精细地控制了实验材料、环境条件和实验操作，每次实验结果仍会变化。因此实验误差是普遍存在的。实验误差给从实验结果得出的结论带来了一定程度的不确定性，从而在下结论时应予以考虑。

注 2：将比本术语较为广泛的概念用于某单个响应变量时，术语“**残差**（1.21）”、“**残余误差**（1.22）”和“**纯误差**（1.23）”提供了更为精细的描述。

注 3：与实验误差有关的的术语有“重复性标准差”（GB/T 3358.2—2009，3.3.7）和“再现性标准差”（GB/T 3358.2—2009，3.3.12）。如果实验的实际设计符合重复性条件（GB/T 3358.2—2009，3.3.6）或再现性条件（GB/T 3358.2—2009，3.3.11），这些术语可直接用于实验设计中。

1.8

方差分量　variance component

描述**因子**（1.5）效应或**实验误差**（1.7）的随机变量的方差。

注 1：考虑模型

$$y_{ij} = \mu + \tau_i + \varepsilon_{ij}$$

其中 τ_i 是从可能取值的无限集合中随机选择的一个水平（的效应），τ_i 和 ε_{ij} 的分布独立，τ_i 和 ε_{ij} 都是随机变量。一旦从可能水平的无限集合中作出了随机选择，就根据 τ_i 的实现继续进行分析。鉴于这种概率结构，考虑以下方差等式是合理的：$Var(y_{ij})=Var(\tau_i)+Var(\varepsilon_{ij})$。右端也可表示成 $\sigma_\tau^2+\sigma_\varepsilon^2$，其中 σ_τ^2 和 σ_ε^2 是 y_{ij} 的方差分量。

1.9

实验单元　experimental unit

接收一个特定**处理**（1.10）、随后产生**响应变量**（1.2）值的个体。

注：一个实验单元对应于一次实验。

1.10

处理 treatment

每个**因子**(1.5)的特定**水平**(1.6)或不同因子水平的组合。

1.11

区组 block

比**实验单元**(1.9)的全体更具齐性的实验单元的集合(见1.28)。

注1:术语"区组"来源于农业实验。作实验的田地被分为若干块每块有相同条件的小区域,如有相同或相似的风的位向、地下水状况及可耕层的深度等。其他情况下,区组可根据原材料的批、操作员、一天内考察的单元数等来确定。

注2:通常,识别出区组的存在会影响**处理**(1.10)安排到实验单元的方式。

1.12

单因子实验 one-factor experiment

只考察一个**因子**(1.5)对**响应变量**(1.2)的效应(如有的话)的实验。

示例:考虑模型:

$$y = \mu_i + \varepsilon$$

其中y是响应变量,μ_i是在因子的i水平时的平均响应,ε是一个包涵所有其他效应和变异来源的随机变量。该模型将响应变量y与效应μ_i(依赖于因子水平)和误差项ε联系起来。μ_i中的变化反映了因子对响应变量的影响(此时平均响应值是因子水平的函数)。

该模型的另一种表示形式是:

$$y = \mu + \alpha_i + \varepsilon$$

其中y是响应变量,μ是总平均响应,α_i是因子的i水平所造成的附加效应,ε是一个包涵所有其他效应和变异来源的随机变量。

1.13

主效应 main effect

单个**因子**(1.5)对**响应变量**(1.2)均值的影响。

注:对于两**水平**(1.6)因子,主效应描述了从一个水平到另一个水平时响应的变化。如果水平设置为-1(低水平)和$+1$(高水平),那么因子的主效应可估计成因子水平为$+1$时的平均响应减去因子水平为-1时的平均响应。考虑模型:

$$y = \mu + \beta X + \varepsilon$$

其中y,μ和ε与1.12中定义一致,X是前述的$+1$或-1,β表示因子X的调整。注意β的估计是因子X**主效应**(1.13)的一半。如果$\beta=0$,那么X不影响响应变量的均值(不管X的水平是$+1$或-1都一样),从而X的主效应为0。

1.14

散度效应 dispersion effect

单个**因子**(1.5)对**响应变量**(1.2)方差的影响。

注:认识到对平均响应没有太大影响,但可能对响应的变异有显著效应的因子是很重要的。在此情形,使响应变异较小、数值比较一致的因子的某个特定**水平**(1.6)正是最想要的。当然对响应变量的均值和方差都有影响的因子也是可能的。

1.15

两因子实验 two-factor experiment

同时考察两个不同**因子**(1.5)对**响应变量**(1.2)的可能效应的实验。

注:如果两个因子的作用互不影响,术语"**主效应**(1.13)"仍可适用。即每个因子的主效应是它对响应变量均值的贡献。

1.16

***k* 因子实验 *k*-factor experiment**

同时考察$k(k\geqslant 2)$个不同**因子**(1.5)对**响应变量**(1.2)的可能效应的实验。

注:同义词是"多因子实验"。

1.17

交互效应　interaction

一个**因子**(1.5)对**响应变量**(1.2)的影响依赖于其他一个或多个因子的效应。

注 1：交互效应表明一个因子对响应的主效应依赖于另一个因子水平而表现出来的不一致性。下面图形表示了这些现象。

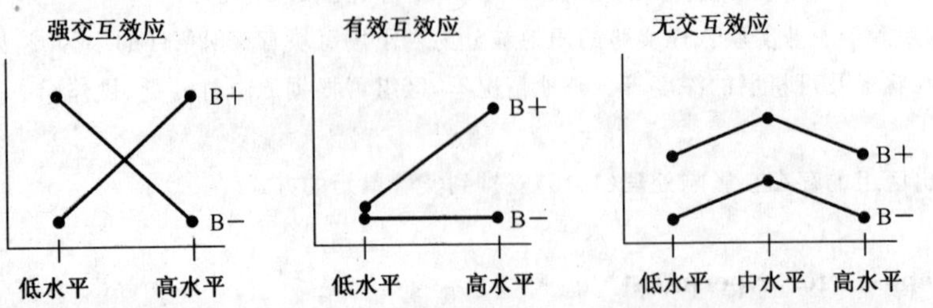

注 2：最常见的情况是考虑仅包含两个因子的交互效应，这种交互效应更准确地称为两向交互效应或一阶交互效应。也可考虑三个因子如 A，B 和 C 中，可能存在 A，B 的一阶交互效应依赖于因子 C 的水平的情况，这称为二阶交互效应。类似地，可以考虑三阶、四阶或更高阶的交互效应。

注 3：1.1 中示例 3 提供了包含两个因子和它们的两向或一阶交互效应 τ_{ij} 实验的典型模型表示。

1.18

混杂　confounding

有意将两个或多个效应(**主效应**(1.13)或**交互效应**(1.16))相混合，使其不可区分。

注：混杂是一项重要的技术，比如在一些实验设计中，它可有效地利用指定的**区组**(1.11)。为应用这种技术，在设计时应有意将那些没有兴趣的效应（主效应或交互效应）与区组效应混杂，而同时避免与其他较重要的效应混杂。利用混杂技术可以减少“**实验方案**(1.30)”的实验次数。然而，混杂有时是因为实验过程中对设计的无意识改变或对设计的不完善造成的，从而程度不等地降低了实验的效率。

1.19

别名　alias

〈统计学〉由实验本质造成的与其他**主效应**(1.13)或**交互效应**(1.16)完全**混杂**(1.18)的效应(主效应或交互效应)。

1.20

曲性　curvature

对**响应变量**(1.2)与**预测变量**(1.3)之间直线关系的偏离。

注 1：曲性只对于定量预测变量有意义，而对于分类的(名义的)或定性的(有序的)预测变量没有意义。检测曲性要求因子有多于两个水平。有些情况下，在中心点(因子最高水平和最低水平之间的中间点)处进行**重复**(1.27)可以检测和评估曲性。另一种观测曲性的方法是，将因子水平的范围作必要的扩展。

注 2：对 1.12 示例中给出的模型，曲性容易通过下述形式建模：

$$Y=\mu+\beta X+\gamma X^2+\varepsilon$$

如果 γ 不为 0，则有证据表明模型偏离了简单线性关系。

1.21

残差　residual

响应变量(1.2)的观测值与相应的基于假定**模型**(1.1)的预测值之差。

注 1：响应变量的预测值所基于模型的参数要由数据来估计。

注 2：残差是**剩余误差**(1.22)的观测值。

示例 1：在 1.1 示例 2 的模型中，$y_{ij}-\hat{\mu}-\hat{\alpha}_i-\hat{\beta}_j$ 是对应于因子 A 的水平 i、因子 B 的水平 j 的实验单元的残差。

示例 2：$y_{ijk}-\hat{\alpha}_i-\hat{\beta}_j-\hat{\tau}_{ij}$ 是对应于 1.1 示例 3 中模型的残差。

示例 3：$y_i-e^{\hat{\beta}_0+\hat{\beta}_1x_i+\hat{\beta}_2x_i^2}$ 是对应于 1.1 示例 4 中模型的残差。

1.22

剩余误差　residual error

表示**响应变量**(1.2)的结果与相应的基于假定**模型**(1.1)的预测响应值之差的随机变量。

注1：在本定义中，术语“预测响应值”可理解为利用假定模型、从实验数据导出的经验模型确定的估计响应值。

示例：如果 $\hat{\mu}$ 和 $\hat{\beta}$ 分别是1.13注中 μ 和 β 的估计量，则 $y-\hat{\mu}-\hat{\beta}x$ 是在预测变量取值 x 时，给定 y 的观测值的剩余误差。

注2：剩余误差包含实验误差和模型没有考虑的可查明变异来源。

注3：实验中，剩余误差的方差通常采用从总平方和中减去假定模型所包含项的平方和，再除以相应自由度之差，即“残差方差”来估计(见3.3中示例1及其注和3.4中的示例)。

1.23

纯误差　pure error

反映一固定**处理**(1.10)组合上的**重复**(1.27)观测之变异的随机变量。

注1：若仅在设计的中心点有重复，则响应在中心点的样本方差即是纯误差方差的一个估计。如果在多个处理组合上都有重复，则将这些处理组合上的估计合在一起即可得到纯误差方差的一个总估计。

示例：回到1.1中示例3，对固定的(i,j)，纯误差方差的一个估计为 $\frac{1}{n_{ij}-1}\sum_{k=1}^{n_{ij}}(y_{ijk}-\bar{y}_{ij})^2$，其中 $\bar{y}_{ij}=\frac{1}{n_{ij}-1}\sum_{k=1}^{n_{ij}}y_{ijk}$；若在每一个$(i,j)$组合都有重复，纯误差方差的一个合并估计为：$\frac{1}{N-IJ}\sum_{i,j,k}(y_{ijk}-\bar{y}_{ij})^2$，其中 $i=1,\cdots,I;j=1,\cdots,J;k=1,\cdots,n_{ij}$。

注2：纯误差在实际应用中，有两种不同的表示：一是指数学模型的总体方差 σ^2；二是指“样本”或“经验”纯误差，它和估计的**剩余误差**(1.22)方差(残差方差)一起是检验模型拟合不足的基础。在1.1关于模型列举的示例中，只有带有重复的示例3才容易直接估计纯误差。从数学的观点看，纯误差可构建为示例2中的 $Var(\varepsilon_{ij})$、示例3中的 $Var(\varepsilon_{ijk})$ 和示例4中的 $Var(\varepsilon_i)$。

1.24

对照　contrast

〈统计学〉系数不全为0，而系数和为0的响应值的线性函数。

注：对观测值 $y_1,y_2,\cdots,y_n$，线性函数 $a_1y_1+a_2y_2+\cdots+a_ny_n$ 是一个对照，当且仅当 $a_1+a_2+\cdots+a_n=0$，且所有的 a_i 不全为0。

示例1：一个三水平因子的实验结果为 y_1，y_2 和 y_3。在许多可能问题中，问题1关注实验在水平1和水平3上的响应之差(暂时忽略中间水平)。回答此问题的对照系数可取为(−1,0,+1)，它只需要 y_1 和 y_3 的值。如果因子水平是等间隔的，问题2关注是否有迹象表明响应变化模式具有(二次的)**曲性**(1.20)，而不是一个简单的线性关系。此时需将 y_1 和 y_3 的平均值与 y_2 比较。(如果没有曲性，y_2 会靠近连接 y_1 和 y_3 的直线，即近似地等于它们的平均值。)

响应	y_1	y_2	y_3
问题1的对照系数	−1	0	+1
对照1	$-y_1$		$+y_3$
问题2的对照系数	−1/2	+1	−1/2
对照2	$-y_1/2$	$+y_2$	$-y_3/2$

本例说明了对连续变量的一种回归型研究方法。通常使用整数作为对照系数比使用分数更加方便，因而本例中，对照2的系数可采用(−1,+2,−1)。

示例2：这个处理因子离散水平的示例提出了与示例1不同的两个问题。假定有三个供方：A_1，A_2，A_3，其中 A_1 采用一种新的制造技术，而 A_2 和 A_3 采用常规技术。问题1：采用新技术的供方 A_1 确实与采用常规技术的 A_2 和 A_3 不同吗？此时要对照的是 y_1 与 y_2 和 y_3 的平均值。问题2：采用常规技术的两个供方有什么不同吗？此时要对照 y_2 与 y_3。尽管结果的解释方式不同，但对照系数的模式与前一个示例中的相似。

响应	y_1	y_2	y_3
问题1的对照系数	−2	+1	+1
对照1	$-2y_1$	$+y_2$	$+y_3$
问题2的对照系数	0	−1	+1
对照2		$-y_2$	$+y_3$

1.25

正交对照　orthogonal contrast

对应系数乘积之和等于0的两个或一组**对照**(1.24)。

示例1：

	y_1	y_2	y_3
a_{i1}对照1	−1	0	+1
a_{i2}对照2	0	−1	+1
$a_{i1}a_{i2}$	0	0	+1

$\sum a_{i1}a_{i2}=1$，因此对照1与对照2不正交。

示例2：

	y_1	y_2	y_3
a_{i1}对照1	−1	0	+1
a_{i2}对照2	−1	+2	−1
$a_{i1}a_{i2}$	+1	0	−1

$\sum a_{i1}a_{i2}=0$，因此对照1与对照2为正交对照。

1.26

正交表　orthogonal array

任何一对**因子**(1.5)的所有可能因子**水平**(1.6)对出现的次数都相等的**处理**(1.10)的组合。

注：与正交表有关的"强度"概念将与"**筛选设计**(2.2)"有关，筛选设计也是正交表的一种应用。一个强度 d 的设计是任何 d 个因子的完全析因设计。强度1意味着每个因子的水平出现相同次数(有时称作平衡因子)。本术语定义的正交表的强度等于2，也可以定义强度大于2的正交表。

1.27

重复　replication

对给定的**处理**(1.10)实施多于一次的实验。

注：有时只做一次实验也说成一次重复。

1.28

分区组　blocking

实验单元(1.9)在相对齐性**区组**(1.11)内的一种安排，每个区组内的**实验误差**(1.7)可望小于将处理随机安排在数目相近的实验单元时的实验误差(见1.11，2.3)。

注1：如果在实验中，除需要研究的已作为因子(主因子)之外，还有另外一些可查明原因的效应会对实验产生影响，且这些因素在全部实验中很难甚至不可能做到对所有实验单元都保持不变。此时就应该采用分区组的技术。区组的选择应尽可能地使同区组内这些可查明原因的效应最小，从而得到一个比较齐性的实验子空间。分析实验结果时也必须考虑区组的效应。

注2：一个区组若可容纳全部处理，则称为"完全区组"；而只能容纳全部处理中的一部分的区组称为"不完全区组"。当将处理成对安排时，"对"就是区组。

1.29

随机化　randomization

将**处理**(1.10)安排到**实验单元**(1.9)，并使每个实验单元有同等机会被安排某特定处理的过程。

注：随机化的目的在于尽可能避免实验中没有明确考虑的因素所造成的偏倚。随机化也可缩小由于不同时间或空间对实验结果的潜在影响。

1.30

实验方案　experimental plan

将**处理**(1.10)安排每个**实验单元**(1.9)，同时确定其实施时间次序的过程。

1.31

经设计的实验　designed experiment

为满足特定目标所选择的**实验方案**(1.30)。

注：设计实验的目的是使实验以最有效且经济的方法获得相关结论。为实验选择一个合适的设计基于诸多考虑，比如问题种类、所得结论的一般性程度、能以高概率(功效)检出的效应的大小、实验单元的齐性和实验的实施费用等。一个好的经设计的实验通常会导致相对简单的统计分析和对结果的解释。

1.32

调优操作　evolutionary operation

EVOP

在正常生产过程中实施的对生产设施及生产条件的序列实验。

注：调优操作的主要目的是为了获得改善过程及其产品的知识，以最小的费用，采用因子水平相对较小的偏移(在生产容许条件内)来设计实验。调优操作实验的因子变动范围通常极小，以避免生产不合格的产品，且需要大量的**重复**(1.27)以减小随机变异的影响。

1.33

完全随机化设计　completely randomized design

将**处理**(1.10)随机地安排到所有**实验单元**(1.9)的设计。

注：完全随机化设计仅适用于可以认为所有实验单元是齐性的，没有系统差异的情形。

1.34

顶点　cube point

因子(1.5)**水平**(1.6)形如向量($a_1, a_2, \cdots, a_k$)的实验点，其中 $a_i=+1$ 或 -1。

注：这些点正是二水平完全或部分析因设计(参见 2.1)中点的类型。在中心复合设计中，顶点数多达 2^k 个(见 2.4 中示例 1)。

1.35

星点　star point

因子(1.5)**水平**(1.6)形如向量($a_1, a_2, \cdots, a_k$)的实验点，其中仅有一个 a_i 等于非零的 $+\alpha$ 或 $-\alpha$，其余皆为 0。

注：所有星点仅有一个等于 $+\alpha$ 或 $-\alpha$ 的非零分量。在典型的中心复合设计中，一般设置 $2k$ 个星点(见 2.4 中示例 1)。

1.36

中心点　center point

因子(1.5)**水平**(1.6)形如向量($a_1, a_2, \cdots, a_k$)的实验点，其中所有 a_i 皆为 0。

注：中心点的因子水平设置向量具有形式(0,0,…,0)，对应于编码变量设计的中心点。中心点的重复次数 n_0，根据响应曲面设计的不同目的选定。在中心点重复有时是为估计所研究过程的纯误差。

1.37

可旋转性　rotatability

从拟合**模型**(1.1)预测的响应在与中心点等距离的点上都有相同方差的设计特征。

2　实验安排术语

2.1

完全析因实验　full factorial experiment

析因实验　factorial experiment

包含有两个或多个**因子**(1.5)，每个因子考虑两个或多个**水平**(1.6)所有可能**处理**(1.10)的实验。

注 1：从完全析因实验中可估计所有交互效应(1.16)和主效应(1.13)。

注 2：析因实验通常从符号上表示为每个因子水平数的乘积。例如，基于三水平的因子 A、二水平的因子 B 和四水平的因子 C 的实验记为 3×2×4 析因实验。其乘积表示处理数。

注3：当析因实验中所有因子有相同的水平数时，通常记为水平数的因子数的 k 次幂。如有两个因子，每个因子有三个水平的实验记为 3^2 析因实验($k=2$)，它需要9个用于安排不同处理的实验单元。

注4：完全析因设计有时也称为交叉设计。

2.1.1

部分析因实验　fractional factorial experiment

由**完全析因实验**(2.1)的一个子集组成的实验。

注：术语"部分析因实验"中的"部分"通常是处理(1.10)组合数的一个简单比例。如：1/2，1/4 等。

2.1.2

二水平实验　two-level experiment

所有**因子**(1.5)都为两个**水平**(1.6)的实验。

2.1.2.1

2^k 析因实验　2^k factorial experiment

有 k 个**因子**(1.5)且每个因子都为两个**水平**(1.6)的析因实验。

示例：以下 2^4 析因实验适宜考察4个因子：压力、温度、催化剂和操作员对过程产出的效应。A表示压力(水平取为低或高)，B表示温度(水平取为低或高)，C表示催化剂(水平取为有或没有)，D对应于操作员(水平取为两个操作员中的某一个)。

实验单元	处理	A	B	C	D
1	(1)	−	−	−	−
2	a	+	−	−	−
3	b	−	+	−	−
4	ab	+	+	−	−
5	c	−	−	+	−
6	ac	+	−	+	−
7	bc	−	+	+	−
8	abc	+	+	+	−
9	d	−	−	−	+
10	ad	+	−	−	+
11	bd	−	+	−	+
12	abd	+	+	−	+
13	cd	−	−	+	+
14	acd	+	−	+	+
15	bcd	−	+	+	+
16	abcd	+	+	+	+

一个 2^4 实验由上表所列的16个不同的处理组成。符号"−"和"+"表示每个因子两个水平。通常用"−"号表示因子的低水平，"+"号表示高水平。当然这种规定是任意的。

上述表中的排列次序称作"标准叶茨(Yates)次序"，在分析阶段很有用。实验中实施这些处理的实际次序应经"**随机化**(1.29)"。因子A的"−""+"号交替排列(−，+，−，+，…)；因子B是2个"−"号和2个"+"号交替排列；因子C是4个"−"号和4个"+"号交替排列；最后因子D是1至8**实验单元**(1.9)为"−"号，9至16单元为"+"号。在GB/T 3358的本部分的其后部分中，"−"也记为"−1"，"+"也记为"+1"。

上表第2列表示了处理的缩写记号。小写字母出现表示对应的大写因子的水平设置在高水平；字母不出现意味着对应因子设置在低水平。所有因子都设置在低水平的情形记为"(1)"。

一个完全析因实验能对所有**主效应**(1.13)和**交互效应**(1.16)进行估计。如对 2^4 析因实验,有 4 个主效应(A,B,C,D)、6 个两因子(一阶)交互效应(AB,AC,AD,BC,BD,CD)、4 个三因子(二阶)交互效应(ABC,ABD,ACD,BCD)和 1 个四因子(三阶)交互效应(ABCD)。

每个效应(例如,A 的主效应、A 和 B 的交互效应,甚至 A、B、C 和 D 的四因子交互效应)都可用对照系数来估计。这将在 3.3 中讨论。

注:在实际应用中,也可用"1"与"2"分别代替示例表中的"—"(或"—1")与"+"(或"+1"),它们分别表示二水平实验中因子的两个水平。这样 A_1、A_2 分别表示因子 A 取水平 1 与水平 2;B_1、B_2 分别表示因子 B 取水平 1 与水平 2,……。用这种表示方法,示例中的表有以下形式:

实验单元	处理	A	B	C	D
1	$A_1B_1C_1D_1$	1	1	1	1
2	$A_2B_1C_1D_1$	2	1	1	1
3	$A_1B_2C_1D_1$	1	2	1	1
4	$A_2B_2C_1D_1$	2	2	1	1
5	$A_1B_1C_2D_1$	1	1	2	1
6	$A_2B_1C_2D_1$	2	1	2	1
7	$A_1B_2C_2D_1$	1	2	2	1
8	$A_2B_2C_2D_1$	2	2	2	1
9	$A_1B_1C_1D_2$	1	1	1	2
10	$A_2B_1C_1D_2$	2	1	1	2
11	$A_1B_2C_1D_2$	1	2	1	2
12	$A_2B_2C_1D_2$	2	2	1	2
13	$A_1B_1C_2D_2$	1	1	2	2
14	$A_2B_1C_2D_2$	2	1	2	2
15	$A_1B_2C_2D_2$	1	2	2	2
16	$A_2B_2C_2D_2$	2	2	2	2

这种表示方法的优点是对处理的表示更为直观,而且容易推广到三个或三个以上水平的情形;缺点是当由两列生成另一列时的运算规则的定义不如用符号"—"和"+"方便(见 2.1.2.2 的注)。

2.1.2.2

2^{k-p} 部分析因实验　2^{k-p} fractional factorial experiment

从 2^k **完全析因实验**(2.1)中精心选择的包含全部实验的 2^{-p} 的实验。

注 1:因子数很大时,2^k 析因实验需要的处理(1.10)数非常大,实际中不可行。通过精心选择,从部分析因实验中也可获得与从完全析因实验中几乎等量的信息。特别注意,在作选择时应使认为实际上重要的主效应和交互效应仅与那些可忽略的交互效应相混杂。

注 2:当 $p=1$ 时,相应的部分析因实验是"1/2 析因实验";当 $p=2$ 时,相应的部分析因实验是"1/4 析因实验",等。

注 3:构造 2^{k-p} 部分析因实验可通过将 k 个因子分成两个组来实现。第一组有 $k-p$ 个因子,第二组有 p 个因子。第一组中的 $k-p$ 个因子分配到有 2^{k-p} 个实验单元的完全析因实验,2^{k-p} 也是设计的实验单元数。对于每个实验单元,第二组中每个因子的水平由第一组因子水平定义。用第一组因子定义第二组因子的 p 个等式称作**"生成关系"**,因为由它可生成设计。由 p 个生成关系可导出 $2^{k-p}-1$ 个**"定义关系"**,它们确定了设计的性质。

示例:考虑有 6 个因子和 16 个处理的实验,建议使用一个 2^{6-2} 部分析因设计。先设计一个 4 个因子(A,B,C 和 D)的完全析因实验,另两个因子 E 和 F 可用 A,B,C 和 D 的水平设置。生成关系的一种可能形式是:E=ABC,F=BCD。(注意,由此构造方法产生的 4 个字母链或字符串 ABCE 和 BCDF 称作"字"。例如,ABC 是一个 3 字母链的字,ACDEG 是一个 5 字母链的字,等等。)用+1,—1 记因子的水平,A,B 和 C 的水平决定了 E 的对应水平(通过乘积 ABC);而 B,C 和 D 的水平决定了 F 的水平(通过乘积 BCD)。例如,对于实验单元 1,A 至 D 已经显示在 2.1.2.1 中示例的表中,E 和 F 也设置在低水平。主效应 E 与三因子交互效应 ABC 别名,主效应 F 与三因子交互效应 BCD 别名。完整的别名与混杂结构可由定义关系 I=ABCE=BCDF=ADEF 导出。其中 I 是全由"+"(或+1)构成的列。

STANDARDS PRESS OF CHINA

2.1.3

设计分辨度 design resolution

定义关系中最短字母链的长度。

注 1：设计分辨度提供了特定设计中别名程度的一种描述，通常用罗马数字来表示。在实际中，三种最常见的分辨度是Ⅲ，Ⅳ和Ⅴ。

对于“分辨度为Ⅲ”的设计，最短的字母链（“Ⅰ”除外）是 3，这意味着设计的主效应不与其他主效应别名，但至少有一个主效应与一个两因子交互效应别名。对于“分辨度Ⅳ”设计，主效应不与其他主效应或任何两因子交互效应别名，但至少有一个两因子交互效应与另一个两因子交互效应别名。对于“分辨度为Ⅴ”的设计，主效应和两因子交互效应不与其他任何主效应或任何交互效应别名。

注 2：分辨度越高，可清晰估计的效应（主效应或交互效应）就越多。如果存在两个包含相同因子和实验单元（1.9）数的可选设计，应该选择分辨度较高的设计。幸运的是，对于实际感兴趣的大多数的 k 和 p，已给出了最合适的定义关系（例如，参见参考文献[5] 410 页）。

示例：续 2.1.2.2 中的示例。这个 2^{6-2} 部分析因设计的分辨度可由其定义关系得到。准确地说，设计分辨度是定义关系中最短的字或字母链（除“I”之外）的长度。利用运算规则：IA＝AI＝A，IB＝BI＝B，I＝A^2＝ B^2＝C^2，…，生成关系 E＝ABC 等价于 EE＝ABCE，它也等价于 I＝ABCE。类似地，由 F＝BCD，可导出 I＝BCDF。再考虑“广义交互效应”ABCE×BCDF＝ADEF 便可得到所有定义关系。于是，定义关系是 I＝ABCE＝BCDF＝ADEF。最短的字母链（除 I 之外）的长度为 4，因此设计分辨度是Ⅳ。

注 3：设计生成元通常称为 Box-Hunter 生成元，尽管这一概念可以追溯到更早的工作。

2.2

筛选设计 screening design

从全部**因子**（1.5）中识别并选出其中的一部分，以作为后续研究的实验。

注 1：这样的设计通常重点只研究主效应（1.13）。如果考虑交互效应会造成分析复杂化，且可能需要增加实验次数。

示例 1：2.1.2.2 中的 2^{k-p} 部分析因设计（特别是 p 较大的设计）可看作筛选设计。

示例 2：Plackett 和 Burman[4] 给出了一类处理数是 4 的整数倍的二水平筛选设计。当所研究的主效应数接近容许的处理个数时（无重复（1.27）），通常可选用这些设计。例如，下面给出的 12 个处理的 Plackett-Burman 设计可用来筛选多达 11 个因子的主效应。对于这个设计，如果存在两因子（一阶）交互效应，如 A 与 B 的交互效应 AB，则会影响对因子 C，D，…，K 的主效应估计。

处理	A	B	C	D	E	F	G	H	I	J	K
1	+	−	+	−	−	−	+	+	+	−	+
2	+	+	−	+	−	−	−	+	+	+	−
3	−	+	+	−	+	−	−	−	+	+	+
4	+	−	+	+	−	+	−	−	−	+	+
5	+	+	−	+	+	−	+	−	−	−	+
6	+	+	+	−	+	+	−	+	−	+	−
7	−	+	+	+	−	+	+	−	+	−	−
8	−	−	+	+	+	−	+	+	−	+	−
9	−	−	−	+	+	+	−	+	+	−	+
10	+	−	−	−	+	+	+	−	+	+	−
11	−	+	−	−	−	+	+	+	−	+	+
12	−	−	−	−	−	−	−	−	−	−	−

注 2：许多 Plackett-Burman 设计与阿达玛（Hadamard）矩阵有关，阿达玛矩阵最初仅限于理论研究，后来才被认识到在实验设计中的用途。只要知道其中任意一列（或等价地，任意一行），整个阿达玛矩阵就完全确定。一种可行的构造方法是，令最后一行全为负号（−），其余的列元素可通过已知列向右移动一列，将列中的每个元素下移一个位置，而将第 11 行的元素移到第一行，即得到一个新列，继续这个过程直至构造出整个矩阵。下面给出了这类矩阵的一些例子。对于每种构造，只要标明第 1 列中正号（＋）的位置就够了。

n	第1列中包含(+)的行
12	1,2,4,5,6,10
20	1,2,5,6,7,8,10,12,17,18
24	1,2,3,4,5,7,9,10,13,14,17,19

注意,上述 $n=12$ 时标示的行与示例2中完全列出的设计一致。许多 Plackett-Burman 设计可以按照这种一般方法以单个列的元素为基础构造出来。但 $n=28,52,76,92$ 和100的情形构造较为困难。有关细节参见参考文献[7]。

注3:田口玄一(G. Taguchi)采用一些缩写规则普及了 Plackett-Burman 设计的应用:L_{12} 表等同于上面给出的12个处理的 Plackett-Burman 设计,L_{20} 等同于20个处理的 Plackett-Burman 设计。需要注意的是,L表给出设计矩阵元素的顺序通常不同于阿达玛矩阵元素的顺序。

注4:Plackett-Burman 设计可适用于超饱和设计(因子比实验处理多)。有关细节可参见参考文献[8]和[9]。

2.3

区组设计 block design

将全部**实验单元**(1.9)分成若干个**区组**(1.11)的实验设计。

注:如果在实验设计中忽略了实验单元之间的非齐性,由于观测变异的增加减少了从实验中得到的信息量。采用区组设计可以提高实验满足设计目标的能力。

2.3.1

随机化区组设计 randomized block design

每个**区组**(1.11)内的**处理**(1.10)通过**随机化**(1.29)安排到各**实验单元**(1.9)的**区组设计**(2.3)。

注:随机化区组设计是将实验单元分为区组,同一区组内的单元比不同区组内的单元更加齐性的一种设计。每个区组内的处理随机分配到区组内的实验单元,处理效应可不受区组效应的干扰而有效地估计。

2.3.2

拉丁方设计 Latin square design

包含三个**因子**(1.5),每个因子有 h 个**水平**(1.6)的设计,其中任何一个因子的水平与其他两个因子水平的组合在 h^2 次实验中都出现且仅出现一次。

注1:一个拉丁方设计包含三个因子,一个与处理(1.10)有关的主要因子和两个与区组效应有关的次要因子(行因子和列因子),所有因子有相同水平数 h。该设计中包含由两个区组因子划分的 h^2 个实验单元,主要因子的 h 个水平随机分配到 h^2 个实验单元中使得每行和每列包含主要因子的每个水平(处理水平)恰好一次。因此,拉丁方设计是有两个区组变量(或者外部变异来源)的随机化区组设计。这种结构的一个约束条件是主要因子和区组因子的水平数必须相同。

示例:下面给出了三个4×4拉丁方,每一个都可变成一个拉丁方设计。4个行可作为第一个区组因子的水平,4个列可作为第二个区组因子的水平,主要因子的4个处理水平是A,B,C和D。

ABCD	ABCD	ABCD
BADC	DCBA	CDAB
CDAB	BADC	DCBA
DCBA	CDAB	BADC

注2:通过"相互抵消",拉丁方设计一般可用来消除实验中不是主要关注的两个区组的效应。见"**分区组**(1.28)"。通常用方阵的行和列来表示区组。比如,行可以是天,列可以是操作员。主要因子和每个区组因子的水平数 h 必须相同。**随机化**(1.29)要求随机地分配主要因子的水平到字母,从列表中随机地选择或者按照参考文献[10]中描述的程序选择一个拉丁方,并且随机地安排区组因子的水平到方阵的行和列。[有1个2×2、12个3×3、576个4×4和161 280个5×5拉丁方,其中只有1个2×2、1个2×2、4个4×4和56个5×5"标准"拉丁方,它们的第一行和第一列以字母次序排列,通过行和列置换可以得到其他拉丁方。]

注3:一个基本的假定是,区组因子与要研究的主要因子之间不存在交互效应,它们之间也不存在交互效应。如果这个假定不成立,剩余误差就会增加,因子的主效应就会与这些交互效应混杂。如果假定成立,这类设计对于最小化实验次数是特别有用。有时在区组的位置使用其他的主要因子,这样会有三个主要因子而没有区组因

子，这等价于一个在没有交互效应假定下的**部分析因实验**(2.1.1)。一些部分析因实验的设计可以形成拉丁方，为了更充分地理解对交互效应所作的假定，更希望从部分析因实验的角度来阐述这个问题。

2.3.3

正交拉丁方设计　Graeco-Latin square design

包含四个**因子**(1.5)，每个因子有 h 个**水平**(1.6)的设计，其中任何一个因子的水平与其他三个因子水平的组合在 h^2 次实验中出现且仅出现一次。

注 1：一个正交拉丁方设计包含四个因子，有 h^2 个根据三个区组因子(例如行因子、列因子和希腊字母表示的)划分成的实验单元，每个区组因子都有 h 个水平。主要因子的 h 个水平随机分配到 h^2 个实验单元中，使得每个处理在每行和每列中恰好出现一次，而且每个处理与每一个希腊字母也恰好同时出现一次。

注 2：两个拉丁方称作正交的，如果一个方阵中的每个字母与另一个方阵中的每个字母恰好同时出现一次。两个正交的拉丁方可以结合生成一个正交拉丁方设计。

示例：下面是一个 4×4 正交拉丁方的示例：

Aα	Bβ	Cγ	Dδ
Bδ	Aγ	Dβ	Cα
Cβ	Dα	Aδ	Bγ
Dγ	Cδ	Bα	Aβ

行表示因子 1，列表示因子 2，希腊字母表示因子 3，拉丁字母表示因子 4，为主要因子。

2.3.4

不完全区组设计　incomplete block design

每个**区组**(1.11)不足以安排全部实验**处理**(1.10)的**区组设计**(2.3)。

注：事实上，一个**随机化区组设计**(2.3.1)可以解释成一个“完全”区组设计，旨在强调每个区组内有足够的实验单元来安排全部处理。

2.3.4.1

平衡不完全区组设计　balanced incomplete block design

BIBD

每个**区组**(1.11)包含主要**因子**(1.5)全部 l 个**水平**(1.6)中的 k 个水平，且每个由两个不同水平组成的水平对在全部 b 个区组中的 λ 个区组中出现的**不完全区组设计**(2.3.4)。

注 1：本术语中，“平衡”是指相同的配对数，“不完全”是指在每个区组内不能安排主要因子的全部水平，“区组”是指在**实验单元**(1.9)的齐性集合上实施实验的策略。

示例 1：考虑有 4 个处理、6 个区组、每个区组包含 2 个处理的情形。例如要研究主要因子的四个水平(T_1，T_2，T_3，T_4)，然而一天内只能考察两个水平。如果有 6 天可作实验，那么下面的方案是合适的：

天	T_1	T_2	T_3	T_4
1	*	*		
2			*	*
3	*		*	
4		*		*
5	*			*
6		*	*	

本示例中所有可能的处理对在同一区组内都出现一次。本示例的 BIB 设计的参数为：(l=4，k=2，b=6，λ=1)。

示例 2：考虑主要因子有 6 个水平、10 个区组、每个区组有 3 个水平的情形。由于此种情况下 6 个水平有 20 个可能的三元组，人们自然会怀疑实际中 20 个区组是否有必要。考虑下面的处理集合，每个三元组对应于一个区组：

(T_1, T_2, T_3)，(T_1, T_2, T_4)，(T_1, T_3, T_5)，(T_1, T_4, T_6)，(T_1, T_5, T_6)

(T_2, T_3, T_6)，(T_2, T_4, T_5)，(T_2, T_5, T_6)，(T_3, T_4, T_5)，(T_3, T_4, T_6)

其中每个水平对都恰好在两个区组中出现，这表明 10 个区组就足够。本示例的 BIB 设计的参数为：(l=6，k=3，b=10，λ=2)。

示例 3：考虑有 7 个水平、7 个区组、每个区组内有 4 个水平的 BIBD ($l=7,k=4,b=7,\lambda=2$)。

区组	主要因子的水平			
1	1	2	3	4
2	2	3	4	7
3	3	4	5	1
4	4	5	6	2
5	5	6	7	3
6	6	7	1	4
7	7	1	2	5

注 2：平衡不完全区组设计意味着，主要因子的每个水平在实验中出现相同的次数 h，且下述关系成立：

$$b \cdot k = l \cdot h, b \geqslant l, \text{且 } h(k-1) = \lambda(l-1)。$$

由于上述等式中的每个字母表示一个整数，所以很清楚只有满足上述约束的组合(l,k,b,h,λ)才可能构造平衡不完全区组设计。但满足上述三个条件的 5 个整数(l,k,b,h,λ)的 BIBD 不一定存在。

注 3：随机化(1.29)要求独立随机地安排区组和区组内的水平。

2.3.4.2

部分平衡不完全区组设计　partially balanced incomplete block design

PBIB

每个**区组**(1.11)包含主要**因子**(1.5)全部 l 个**水平**(1.6)中的 k 个水平，但不是每个水平对在全部 b 个区组中出现次数都相同的**不完全区组设计**(2.3.4)。

注 1：一个 l 个水平、b 个区组的不完全区组设计称为是具有 $m(\geqslant 2)$种结合类的 PBIB 设计，如果满足下述条件：

a) 每个区组包含 $k(<l)$个不同的水平；

b) 每个水平在 h 个区组内出现；

c) 水平之间有满足下列条件的关系：

——任何两个水平必具有 $m(\geqslant 2)$种结合关系的一种，这种结合关系是对称的(即：如果水平 α 是水平 β 的第 i 种结合，则水平 β 也是水平 α 的第 i 种结合)；

——每个水平有 n_i 个第 i 种结合，且 n_i 与选择的水平无关，$i=1,2,\cdots,m$；

——给定一对第 i 结合类的水平 α 和 β，同时是 α 的第 j 结合类和 β 的第 k 结合类的水平数是 p^i_{jk}，$i,j,k=1,2,\cdots,m$，p^i_{jk} 与第 i 结合类的水平对(α,β)无关；

d) 互为第 i 种结合的水平对在 λ_i 个区组中出现($i=1,2,\cdots,m$)，不是所有的 λ_i 都相同。

注 2：PBIB 设计的参数 $l,b,h,k,\lambda_1,\lambda_2,\cdots,\lambda_m,n_1,n_2,\cdots,n_m,p^i_{jk}\ (i,j,k=1,2,\cdots,m)$满足以下关系：

$lh=bk$

$n_1\lambda_1+n_2\lambda_2+\cdots+n_m\lambda_m=h(k-1)$

$n_1+n_2+\cdots+n_m=l-1$

$n_i p^i_{jk}=n_j p^j_{ik}=n_k p^k_{ij}$

示例：考虑下表参数为 $l=6,k=4,b=6,h=4,n_1=1,n_2=4,\lambda_1=4,\lambda_2=2$ 的 PBIB 设计：

区组	主要因子的水平			
1	1	4	2	5
2	2	5	3	6
3	3	6	1	4
4	4	1	5	2
5	5	2	6	3
6	6	3	4	1

本设计中每个水平出现 $h=4$ 次。从任意一个水平(比如，水平 1)出发，有 $n_1=1$ 个水平(比如，水平 4)与水平 1 一起出现在 $\lambda_1=4$ 个区组中；有 $n_2=4$ 个水平(水平 2，3，5，6)与水平 1 一起出现在 $\lambda_2=2$ 个区组中。无论从哪个水平出发，上述 n_1,n_2,λ_1 和 λ_2 都保持不变。

2.3.5

尧敦方 Youden square

通过删除或者添加拉丁方的行(或列)获得的,对于其中一个区组(1.11)**因子**(1.5)为**随机化区组设计**(2.3.1),而对于另一个区组因子为**平衡不完全区组设计**(2.3.4.1)的**区组设计**(2.3)。

注:尧敦方可以看作一个带有两个区组因子的设计,矩阵的行和列对应于区组因子,矩阵的元素表示主要因子的水平。例如,假定设计的列数与水平数相同,行数小于列数。每个水平在每行出现一次,生成一个关于行区组因子的随机化区组设计。然而,把注意力集中在列区组因子上就会生成一个平衡不完全区组设计。删除 4×4 拉丁方的第 4 行得到一个 3×4 尧敦方。

示例 1:

		区组因子 2 (列)			
		1	2	3	4
区组因子 1	1	A	D	C	B
(行)	2	B	A	D	C
	3	C	B	A	D
从拉丁方中删除		D	C	B	A

A, B, C 和 D 表示主要因子的四个水平。

示例 2:下面的列表是一个 4×7 尧敦方:

3	4	5	6	7	1	2
5	6	7	1	2	3	4
6	7	1	2	3	4	5
7	1	2	3	4	5	6

本例中,行组成了一个随机化区组设计,列组成了一个参数为 $l=b=7, h=k=4, \lambda=2$ 的 BIB 设计。

2.3.6

裂区设计 split-plot design

将全部**实验单元**(1.9)按所安排的主要**因子**(1.5)相同**水平**(1.6)划分为称为裂区的小组,使在每个因子水平内可以考察一个或多个额外主要因子的设计。

示例:在两组**重复**(1.27)中测试因子 A 的三个水平。在 A 的每个水平(对应于一个裂区)内,考察因子 B 的两个水平。

裂区	重复 1		重复 2	
A_1	A_1B_2	A_1B_1	A_1B_2	A_1B_1
A_2	A_2B_1	A_2B_2	A_2B_1	A_2B_2
A_3	A_3B_1	A_3B_2	A_3B_2	A_3B_1

注 1:本例中的重复对第一阶主要因子(A)起着区组作用,安排 A 的某个水平的裂区对 A 内(裂区因子内)考察的第二阶主要因子 B 起着区组作用。这样,裂区内因子 B 的**剩余误差**(1.22)应该小于整个实验的剩余误差。在裂区设计中,对裂区内和裂区间效应会得到剩余误差的不同度量。裂区设计可以进一步推广到在第二阶因子水平内引入第三阶因子的情况。裂区设计常用来研究某一个因子,该因子在一个很长系列或很大区域内不易改变,而其他因子则容易改变的情形。

注 2:裂区设计不仅普遍应用于农业,而且由此而得名,在工业实验中也常见。通常,一组因子水平需要大的**实验单元**(1.9),而另一组因子水平可以在较小的实验单元内比较。例如,与比较合金注入的不同类型的铸模所需要的合金量相比,比较预备合金的不同类型的熔炉所需要的合金量要多些。熔炉类型可看作第一阶因子的水平,铸模类型可看作第二阶(裂区内)因子的水平。另一个例子是一台大型机器,要改变其速度只能通过更换齿轮,这要耗费时间而且费用昂贵,因而希望不要频繁改变这个因子。在每种速度下生产的材料可以通过几种不同的技术热处理、在各种压力下成型、使用不同的打磨设备抛光。这些因子从一个水平滑动到另一个水平相对容易,它们组成裂区内因子(或第二阶因子),而速度变异组成裂区间因子(或第一阶因子)。

2.3.7

两向裂区设计 two-way split-plot design

裂区组设计 split-block design

第二阶**因子**(1.5)的**水平**(1.6)不是在每个**区组**(1.11)内独立地进行**随机化**(1.29)安排,而是在每次**重复**(1.27)内跨区带状安排的**裂区设计**(2.3.6)。

示例:对一个 3×4 两向裂区设计,(随机化后)合适的安排如下所示:

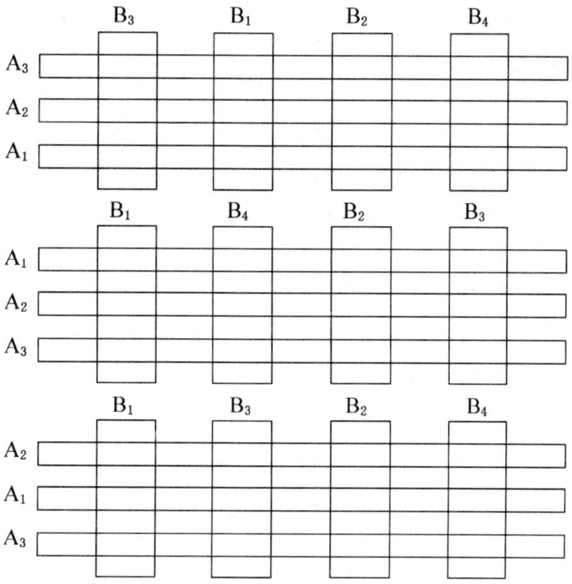

注 1:两向裂区设计会使 A 和 B 的主效应(平均效应)的估计精度降低,但能提高交互效应的估计精度。与随机化区组或普通的裂区设计相比,两向裂区设计确定的交互效应通常更准确。

注 2:在工业实验中,实际的限制有时要求必须使用两向裂区设计。例如,在纺织品工业中,因子 A 可能是不同的过氧化氯漂白过程,而因子 B 是冷却过程中不同的过氧化氢用量。

2.4

响应曲面设计 response surface design

旨在研究**响应变量**(1.2)和一组**预测变量**(1.3)之间函数关系的实验设计。

注 1:响应曲面设计的一个明显好处是通过建议对预测变量(假定是连续的)的调节,来"改进"响应。

示例 1:本例给出一个中心复合设计。它由**顶点**(1.34)、**星点**(1.35)和**中心点**(1.36)组成的一组**处理**(1.10),选择这些点以生成一个有效的(如可旋转的)设计。以下即是一个 3 个**预测变量**(1.3)的中心复合设计。

实验单位	x_1	x_2	x_3
1	−1	−1	−1
2	1	−1	−1
3	−1	1	−1
4	1	1	−1
5	−1	−1	1
6	1	−1	1
7	−1	1	1
8	1	1	1
9	0	0	0
10	0	0	0
11	−2	0	0

实验单位	x_1	x_2	x_3
12	2	0	0
13	0	−2	0
14	0	2	0
15	0	0	−2
16	0	0	2

实验单元1-8是设计的顶点，对应于一个 2^3 析因设计。预测变量的水平以其代码值给出。实验单元9和10是中心点，实验单元11～16是星点。先将前8个实验单元看作一组，然后再考虑安排其他处理。实际实施次序应随机化(1.29)。中心复合设计对这类设计单元的系列配置是很方便的。根据该设计得到的数据可拟合包含线性的(x_1，x_2，x_3)、二次的(x_1^2，x_2^2，x_3^2)和两个因子(1.5)的交互效应(x_1x_2，x_1x_3，x_2x_3)的模型。

注2：中心复合设计的一种常用变形是，对所有星点令 $\alpha=1$，此时考虑的因子水平较少，称为**面中心的中心复合设计**。由于因子水平的减少，设计牺牲了**可旋转性**(1.37)。

示例2：2^k 析因设计和平衡不完全区组设计的巧妙结合可以构造Box-Behnken设计。下面的设置组成三个变量的Box-Behnken设计。

实验单位	x_1	x_2	x_3
1	0	−1	−1
2	0	1	−1
3	0	−1	1
4	0	1	1
5	−1	0	−1
6	1	0	−1
7	−1	0	1
8	1	0	1
9	−1	−1	0
10	1	−1	0
11	−1	1	0
12	1	1	0
13	0	0	0
14	0	0	0
15	0	0	0

示例3：五边形设计是一个两因子设计，其设计点由单位圆(使用代码变量的单位)上等间距的五个点和可能重复的中心点组成。满足定义的一个五点集合是：(1,0)，(0.309,0.951)，(−0.809,0.588)，(−0.809,−0.588)，(0.309,−0.951)。注意，cos72°=0.309，sin72°=0.951，等等。

示例4：六边形设计是一个两因子设计，其设计点由单位圆(使用代码变量的单位)上等间距的六个点和可能重复的中心点组成。满足定义的一个六点集合是：(1,0)，(0.5,0.866)，(−0.5,0.866)，(−1,0)，(−0.5,−0.866)，(0.5,−0.866)。注意，cos60°=0.5，sin60°=0.866，等等。

注3：单位圆上任何规则几何图形都可作为响应曲面设计类中可旋转设计的基础。

2.5

混料设计　mixture design

在**预测变量**(1.3)之和等于固定常数的约束下构造的实验设计。

注：表示合金中不同金属比例的因子是混料设计的典型例子，其设计空间必须满足 $X_1+X_2+\cdots+X_k=1$。如果还有进一步的约束条件，比如关于选定因子的最小比例，则可得到特殊的混料设计。有关混料设计的全面阐述参见文献[11]。

2.6

嵌套设计　nested design

层次设计　hierarchical design

一个给定**因子**(1.5)的每个**水平**(1.6)仅在某其他因子的单个水平中出现的实验设计。

注 1：本设计主要用于评估嵌入因子的**方差分量**(1.8)。对于三个因子 A,B 和 C 的情形,因子 B 的每个水平仅和因子 A 的单个水平一起出现;类似地,因子 C 的每个水平仅和因子 B 的单个水平一起出现。k 因子嵌套设计有时称作 k 阶嵌套设计($k \geqslant 2$)。

示例:考虑三个不同的供方给一个公司提供了四批原材料的情形,公司随后对其纯度进行测定。

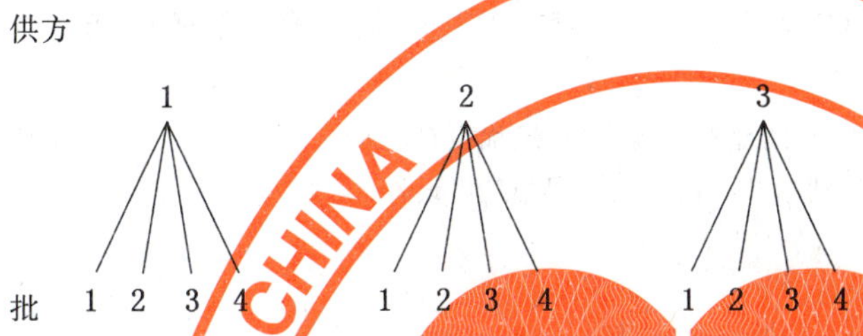

如图中所描绘的,批嵌入在每个供方中,由于来自供方 1 的批 1 不同于来自供方 2 的批 1。尽管批"标记"相同,但是因子批和供方不相交叉。当对每个供方提供不同批数的情形,也可构造一个嵌套设计或层次设计,如下面的设计:

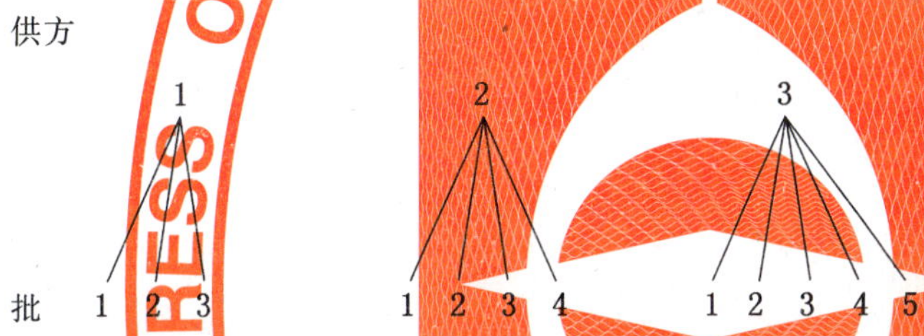

然而,如果每个供方的提供的批数相同,分析就会简单得多。

注 2:一般地,嵌套设计用于评估方差分量方面的结果,而不是评估有关响应水平或预测模型中差异的结果。

2.6.1

平衡嵌套设计　balanced nested design

完全嵌套设计　full nested design

嵌入**因子**(1.5)的**水平**(1.6)为常数的**嵌套设计**(2.6)。

示例:下图描述了一个平衡嵌套设计:

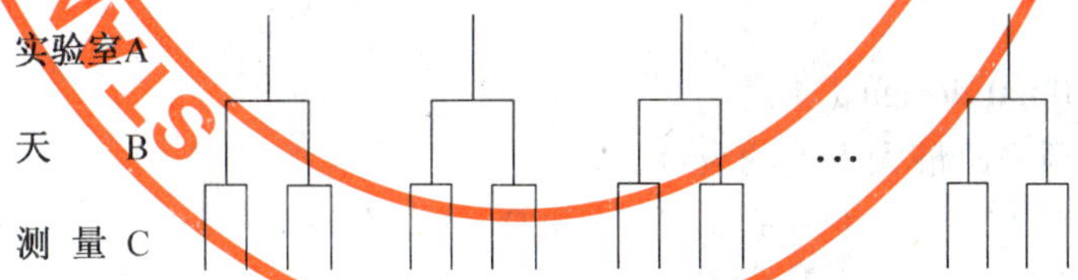

该设计是一个平衡嵌套设计,因为每个实验室花费两天(因子 B 的水平数是 2),每个实验室每一天得到两个测量结果(因子 C 的水平个数也是 2)。实验室所选定的日子可能是不同的,因为测量大概是在给定测试时限内随机选择的。

注:有时可能调整一个因子水平的定义,使之可与其他因子比较,以便获得更有意义的结果。如 B_1 分配到星期一,B_2 分配到星期五。因此,星期一得到的结果可以与星期五得到的结果比较。这样,所有实验室都有共同的水平,不像前述的情形,它们(在实验室之间)是两个无关的天(日子)分配。这个结构是一个交叉的(即一个因子的每个水平与其他因子的每个水平都相遇),而不是嵌套的分类,故可看作是一个析因实验。

2.6.2

错层嵌套设计　staggered nested design

第二个嵌入**因子**(1.5)在第一个嵌入因子的一个**水平**(1.6)内有两个水平,而在第一个嵌入因子的另一个水平内仅有一个水平的**嵌套设计**(2.6)。

示例:下图描述了一个平衡嵌套设计:

STANDARDS PRESS OF CHINA

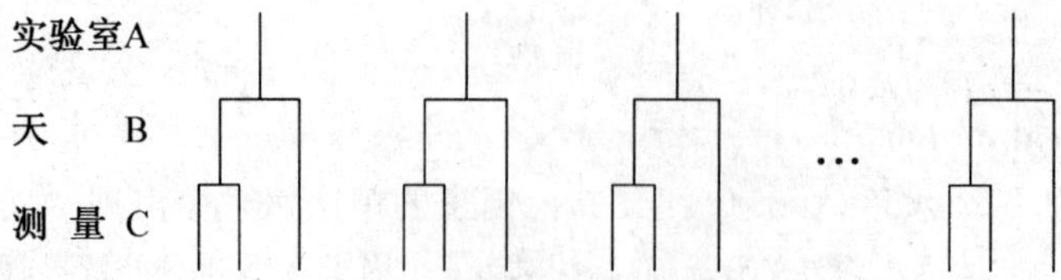

注：对于错层嵌套设计，可以用近似相同的自由度数估计每个因子效应。

2.7

最优设计　optimal design

对某个特定目标函数，通常是**设计矩阵**(2.7.1)的一个函数，通过优化来确定**因子**(1.5)**水平**(1.6)设置的实验设计。

注：注意，最优设计的基础是模型正确。如果假定模型不正确，那么最优设计可能只是理论(数学上)最优的，而实际上可能是无用的。2.7.1.1～2.7.1.3 提到的几类设计是常用的最优设计。

2.7.1

设计矩阵　design matrix

行表示单个**处理**(1.10)(根据假定**模型**(1.1)可能经过变换)的矩阵，可以由**因子**(1.5)**水平**(1.6)其他函数的导出水平(交互效应、二次项等)扩展，不过依赖于假定的模型。

注1：对给定的实验方案，可以根据假定模型设想多个设计矩阵。

注2：设计矩阵也称为模型矩阵，一般用 X 表示。X 的每行对应于一个处理。如果模型包括总平均项 μ，则 X 的第1列就全为1，其他列则表示因子或预测变量的函数。

2.7.1.1

D 最优设计　D-optimal design

最大化 $X'X$ 的行列式的设计。

注：D 最优设计准则与设计矩阵 X 对应系数的置信椭球体积有关。2.2 中的 Plackett-Burman 设计关于主效应模型是 D 最优的。

2.7.1.2

A 最优设计　A-optimal design

最大化 $X'X$ 的迹的设计。

注1：$X'X$ 的迹即是矩阵 $X'X$ 对角线上元素之和。

注2：A 最优准则结合了椭球体积和椭球球形的程度。

2.7.1.3

G 最优设计　G-optimal design

最小化设计空间上预测的最大方差的设计。

注：G 最优性不直接或明显包含 X。但数学上，可以证明 D 和 G 最优性准则是等价的，从而可以用 G 最优准则得到 D 最优设计，因为前者的优化过程较为容易。

2.8

正交设计　orthogonal design

每对**因子**(1.5)都正交的设计。

注：一对因子是正交的，如果对任意两列的每个水平组合(i,j)，满足：

$$n_{ij}=n_i n_j/N$$

其中，n_{ij} 是在这两列中水平组合(i,j)出现次数，n_i 是水平 i 在其中一列中的出现次数，n_j 是水平 j 在另一列中出现次数，N 是实验单元总数。

2.9

饱和设计　saturated design

设计矩阵的列数与**处理**(1.10)数相同的设计。

注：当参数个数多于设计中的实验单元(1.9)时，不能得到合适的估计。

3 分析方法术语

3.1

图方法　graphical method

基于实验结果的图示性描述的分析。

注：简单的图能够对**经设计的实验**(1.31)的结果提供初步而有效的评价。

3.1.1

主效应图　main effects plot

表示单个**因子**(1.5)在不同**水平**(1.6)下的平均响应图。

注1：下图是参考文献[5]10.8例子的主效应图。响应变量是转化率，预测变量分别是催化剂用量(A)、温度(B)、压力(C)和浓度(D)。每个预测变量有两个水平，其中“－”表示低水平，“＋”表示高水平。做了 2^4 析因实验。从图中可以看出，温度显然对转化起本质的作用，催化剂次之，其他两个因子的作用相当。为评判图中直线的斜率是否显著不等于零，还需进一步作分析。

注2：主效应图给出每个因子在不同水平下的平均响应，每个因子对响应所起的作用及其大小从图中可清楚地表达出来。不过交互作用的存在可能掩盖了因子的**主效应**(1.13)。

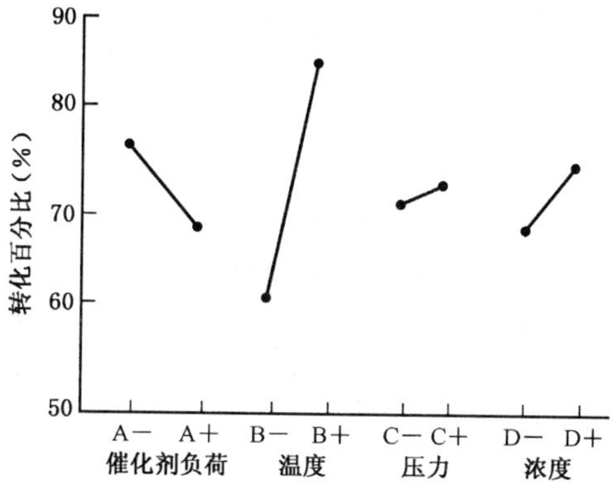

3.1.2

交互效应图　interaction plot

表示两个不同**因子**(1.5)水平下的平均响应图。

[见**交互效应**(1.17)]

注：交互效应图提供了一种检测交互效应是否存在的图示工具，若图中的线段不平行则表明存在交互效应。

3.1.3

效应分位图　quantile plot of effects

在完全或部分析因设计下，标准正态分布的分位数对应于估计效应的图

示例：下图是一个效应分位图，数据取自3.1.1中的示例。

注：对无重复的实验，此图说明可能存在支配效应(即那些远离由图中主要点所形成的“主”线的左端或右端的点)。图中右边最上面的点对应的温度效应为24。

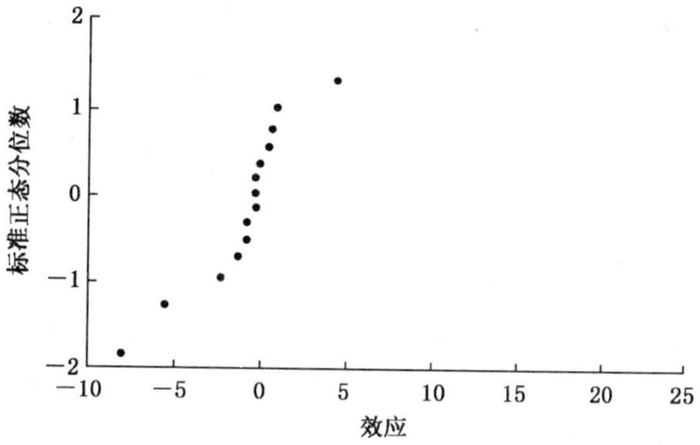

3.1.4

残差图 residual plot

残差(1.21)对应于相应的预测值或特定**因子**(1.5)**水平**(1.6)的图。

示例：续 3.1.1 中的示例，使用**模型**(1.1)为 4 个主效应加上交互效应 BD。

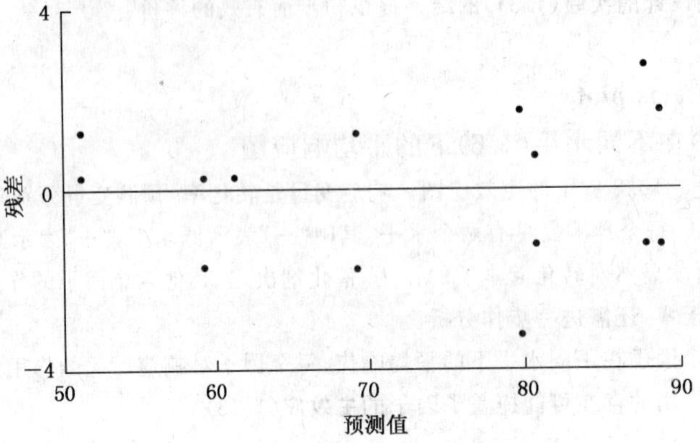

3.2

最小二乘法 method of least squares

通过最小化观测值与假定**模型**(1.1)的预测值的差值的平方和，进行参数估计的技术。

注 1：记 e 为观测值与假定模型的预测值的差值，则最小二乘法是通过最小化 $\sum e^2$，其中求和是对所有处理的。

注 2：虽然推断方法经适当调整后，也可以处理彼此相关的实验误差，但通常假定个体观测的实验误差是独立的。常用的方差分析、回归分析和协方差分析都基于最小二乘法的，它们在计算和解释上有不同的优势，源于为便于数据分组的实验安排的某种平衡。

3.3

回归分析 regression analysis

评价**响应变量**(1.2)与**预测变量**(1.3)关系**模型**(1.1)的技术。

注 1：回归分析通常包括假定模型下的进行参数估计的过程，它通过优化目标函数值来达到(例如，最小化观测响应与模型预测响应之差的平方和)。已有的统计软件为获得参数估计、估计量的标准差，以及进行模型诊断提供了方便。回归分析同样可以考虑响应的其他度量。例如，如果在有重复的析因实验设计中，对**散度效应**(1.14)感兴趣，将 S_i^2(S_i^2 是重复点的样本方差)的对数作为响应，比原响应更容易进行分析与解释。

注 2：回归分析扮演着与方差分析相似的角色，特别适用于当因子的**水平**(1.6)是连续的而且强调的显式的预测模型时。回归分析也可用于带缺失数据的**经设计的实验**(1.31)，而不象方差分析那样要求数据间的平衡。不过，不平衡会增加假设检验的序相依性(公共的元素包含在第一相关项中，而不在后面的项中)并失去平衡实验的其他优良性。对平衡实验而言，这两种方法都是最小二乘法的变形，并给出可比较的结果。

示例 1：考虑一有 3 个定量因子的 2^3 析因实验的正交设计，无重复，实验单元的假定模型为：

$$Y = \beta_0 x_0 + \beta_1 x_1 + \beta_2 x_2 + \beta_3 x_3 + e$$

其中：

$x_0 = 1$；

x_1 是因子 A 的水平；

x_2 是因子 B 的水平；

x_3 是因子 C 的水平；

e 是随机误差。

此模型可应用于具有**水平**(1.6)代码为 −1 和 +1 的 3 因子的实验。

示例 1 的回归分析表

$\left(\text{记号}: x_{ji}=X_{ji}-\bar{X}_i,\text{其中 } \bar{X}_i=\sum_{j=1}^{4} X_{ji}/4\right)$

变异来源	回归系数	平方和(SS)	自由度(DF)	均方(MS)
总和	—	$S_T=\sum Y_i^2$	8	—
常数项(X_0)	$\beta_0=\dfrac{\sum x_{0i}Y_i}{\sum x_{0i}^2}$	$Sx_0=\beta_0\sum x_{0i}Y_i$	1	Sx_0
X_1(因子 A)	$\beta_1=\dfrac{\sum x_{1i}Y_i}{\sum x_{1i}^2}$	$Sx_1=\beta_1\sum x_{1i}Y_i$	1	Sx_1
X_2(因子 B)	$\beta_2=\dfrac{\sum x_{2i}Y_i}{\sum x_{2i}^2}$	$Sx_2=\beta_2\sum x_{2i}Y_i$	1	Sx_2
X_3(因子 C)	$\beta_3=\dfrac{\sum x_{3i}Y_i}{\sum x_{3i}^2}$	$Sx_3=\beta_3\sum x_{3i}Y_i$	1	Sx_3
残差	—	$S_E=S_T-Sx_0-Sx_1-Sx_2-Sx_3$	4	$S_E/4$

注 3：若在同一区组里重复做 2^3 次实验，"总和"(第一行)的自由度为 16，"残差"的自由度为 12。"残差平方和"可分解为自由度分别是 8 和 4 的"重复"和"拟合不足"两部分。

示例 1 的回归分析表-有重复实验的附加部分

变异来源	平方和(SS)	自由度(DF)	均方(MS)	F 值	均方的期望
残差	S_E	12	$S_E/12$		
重复	$S_R=\sum_j(Y_{ij}-\bar{Y}_i)^2$	8	$S_R/8$		
拟合不足	$S_L=S_E-S_R$	4	$S_L/4$		

在适当的正态性假定下，可以通过变异来源的均方与适当的误差项的 F 统计量来检验变异来源的统计显著性。对一次重复实验的情况，应该对"回归"项相对"残差"项进行检验。对两次重复实验的情况，应该对"拟合不足"项相对于"重复(**实验误差**(1.7))"项进行检验，以确定**模型**(1.1)是否恰当。"重复"项是对实验误差的度量，它不受**模型**(1.1)不当的影响，应纳入"残差"项。

3.4

方差分析　analysis of variance

ANOVA

将**响应变量**(1.2)的总变异分解为若干有意义的分量以确定变异来源的技术。

注：方差分析可作**方差分量**(1.8)估计以及模型参数的假设检验。

方差分析表通常包含如下各列：

——变异来源；

——平方和(SS)；

——自由度(DF)；

——均方(MS)(平方和除以自由度)；

——F 统计量(行中的均方与误差均方的比值)；

——均方的期望(由模型参数确定的均方的数学期望)。

表中的行表示特定的因子效应或交互效应、区组(若实验设计中进行了分区组(1.28))效应或误差(模型或区组没有考虑残差(1.21)效应)。"总和"行通常对应于对总平均的总平方和，自由度为样本量减 1。

示例：考虑一随机化区组设计，记 Y_{ij} 为在 h 个区组中第 j 区组里因子 A 的 l 个**水平**(1.6)中第 i 水平下的观测值，($i=1,2,\cdots,l$；$j=1,2,\cdots,h$)，主因子 A 表示一个固定的处理效应；因子 B 表示一个固定的区组效应。方差分析表计算如下：

STANDARDS PRESS OF CHINA

方差分析表

变异来源	平方和(SS)	自由度(DF)	均方(MS)	F 值	均方的期望 [E(MS)]
总和	$S_T = \sum_i \sum_j (Y_{ij} - \bar{Y})^2$	$v_T = hl - 1$	—	—	—
因子 A (处理)	$S_A = h \sum_i (Y_{ij} - \bar{Y}_i)^2$	$v_A = l - 1$	$MS_A = \frac{S_A}{v_A}$	$F(v_A, v_e) = \frac{MS_A}{MS_e}$	$\sigma^2 + hK_A^2$
因子 B (区组)	$S_B = l \sum_j (Y_{ij} - \bar{Y}_j)^2$	$v_B = h - 1$	$MS_B = \frac{S_B}{v_B}$	$F(v_B, v_e) = \frac{MS_B}{MS_e}$	$\sigma^2 + lK_B^2$
误差	$S_e = \sum_{i,j} (Y_{ij} - \bar{Y}_i - \bar{Y}_j + \bar{Y})^2$	$v_e = (l-1)(h-1)$	$MS_e = \frac{S_e}{v_e}$	—	σ^2

在方差分析表中：

$$S_T = S_A + S_B + S_e$$

$$v_T = v_A + v_B + v_e$$

$F(v_1, v_2)$是自由度为 v_1, v_2 的 F 统计量。

关于观测值的模型为：

$$Y_{ij} = \mu + \alpha_i + \beta_j + e_{ij}; i = 1,2,\cdots,l; j = 1,2,\cdots,h$$

且

$$\sum \alpha_i = \sum \beta_j = 0; e_{ij} \sim N(0, \sigma^2);$$

$$K_A^2 = \frac{\sum \alpha_i{}^2}{l-1}; K_B^2 = \frac{\sum \beta_j{}^2}{h-1}$$

式中：

μ——总平均；

α_i——第 i 个处理的效应；

β_j——第 j 个区组的效应；

e_{ij}——实验误差。

在本例中，假定水平(1.6)是设定的。μ, α_i, β_j 和 σ^2 的最小二乘估计为：

$$\hat{\mu} = \bar{Y} = \sum\sum \frac{Y_{ij}}{hl}$$

$$\hat{\alpha}_i = \bar{Y}_i - \bar{Y} = \sum_j \frac{Y_{ij}}{h} - \bar{Y}$$

$$\hat{\beta}_j = \bar{Y}_j - \bar{Y} = \sum_i \frac{Y_{ij}}{l} - \bar{Y}$$

$$\hat{\sigma}^2 = \sum_i \sum_j \frac{(Y_{ij} - \bar{Y}_i - \bar{Y}_j + \bar{Y})^2}{(l-1)(h-1)} = S_e^2$$

在本例中，由于在随机化区组设计中每个单元的观测数都相等，所以公式都得到简化。

注 2：方差分析的基本假定是效应是可加的，且实验误差都是独立、正态、零均值等方差(齐性)的。方差分析技术与 F 比一起可用来检验变异来源的效应的统计显著性，且可以估计这些变异来源的方差。只在检验统计显著性和构造置信区间时才需要正态分布的假定。若要考察平均效应和交互效应，通常将它们列成二向(或 k 向)表的形式。本示例采用模型 1(**固定效应模型**(3.4.1))。

当误差正态性的假定不成立时，可以对响应变量进行变换(例如，取对数)或用非参数方法来处理。

3.4.1

固定效应方差分析　fixed effects analysis of variance

每个**因子**(1.5)的**水平**(1.6)是在因子取值范围内被预先选定情形下的**方差分析**(3.4)。

注：在固定水平(1.6)下不能计算方差分量。此模型有时称为**方差分析模型 1**。

3.4.2

随机效应方差分析　random effects analysis of variance

每个**因子**(1.5)的**水平**(1.6)都是从该因子水平的总体中随机抽取情形下的**方差分析**(3.4)。

注：在随机水平下，主要兴趣通常是获取方差分量(1.8)的估计。此模型一般称为**方差分析模型 2**。

示例：考虑一个对原料进行批处理操作的情形。当少数批原料是从所有批的总体中随机抽出时，"批"可以看作是实验里的一个随机因子。

3.4.3

混合模型方差分析 mixed model analysis of variance

一些**因子**(1.5)的**水平**(1.6)是预先选定的,其他因子的水平是从这些因子水平的总体中抽样而得的情形下的**方差分析**(3.4)。

注:方差分量(1.8)只对随机因子有意义,对效应的估计只适用于固定因子。此模型也称为方差分析模型3。

3.5

协方差分析 analysis of covariance

ANCOVA

在一个或多个伴随变量影响**响应变量**(1.2)情形,估计和检验**处理**(1.10)效应的技术。

注1:协方差分析可以看作是**回归分析**(3.3)和**方差分析**(3.4)的组合。

注2:通常在实验设计时不考虑伴随变量,而在分析时必须考虑其对结果的影响。例如,不同**实验单元**(1.9)中,每个单元的某些化学成分在量上可能有所不同,它们可以测量,但不能控制。

参 考 文 献

[1] GB/T 3358.1—2009 统计学词汇及符号 第1部分:一般统计术语与用于概率的术语.

[2] ISO 10241:1992 International terminology standards—Preparation and layout.

[3] Box G E P, Hunter W G, Hunter J S. Statistics for Experimenters. An Introduction to Design, Data Analysis, and Model Building. John Wiley & Sons, New York, 1978.

[4] Plackett R L, Burman J P. The design of optimum multifactorial experiments, Biometrika, 33, 1946, pp. 305-325.

[5] John P W M. Statistical Design and Analysis of Experiments. The Macmillan Company, New York, 1971.

[6] Lin D K J. A new class of supersaturated designs. Technometrics, 35, 1993, pp. 28-31.

[7] Wu C F J. Construction of supersaturated designs through partially aliased interactions. Biometrika, 80, (3), 1993, pp. 661-669.

[8] Fisher R A, Yates F. Statistical Tables for Biological, Agricultural, and Medical Research. Oliver and Boyd, Edinburgh, 4th edition, 1953.

[9] Cornell J A. Experiments with Mixtures. 2nd ed. John Wiley, New York, 1990.

[10] GB/T 3358.2—2009 统计学词汇及符号 第2部分:应用统计.

[11] GB/T 6379.1—2004 测量方法与结果的准确度(正确度与精密度) 第1部分:总则与定义.

[12] Box G E P, Draper N R. Empirical Model-Building and Response Surfaces. John Wiley & Sons, New York, 1987.

索　引

汉语拼音索引

B

饱和设计 …… 2.9
别名 …… 1.19
不完全区组设计 …… 2.3.4
部分析因实验 …… 2.1.1

C

残差 …… 1.21
残差图 …… 3.1.4
重复 …… 1.27
处理 …… 1.10
纯误差 …… 1.23
错层嵌套设计 …… 2.6.2

D

单因子实验 …… 1.12
等级嵌套设计 …… 2.6
调优操作 …… 1.32
顶点 …… 1.34
对照 …… 1.24

F

方差分量 …… 1.8
方差分析 …… 3.4
分区组 …… 1.28

G

固定效应方差分析 …… 3.4.1

H

回归分析 …… 3.3
混合效应方差分析 …… 3.4.3
混料设计 …… 2.5
混杂 …… 1.18

J

交互效应 …… 1.17
交互效应图 …… 3.1.2
经设计的实验 …… 1.31

K

可旋转性 …… 1.37

L

拉丁方设计 …… 2.3.2
两水平实验 …… 2.1.2
两向裂区设计 …… 2.3.7
两因子实验 …… 1.15
裂区设计 …… 2.3.6
裂区组设计 …… 2.3.7

M

模型 …… 1.1

P

平衡不完全区组设计 …… 2.3.4.1
平衡嵌套设计 …… 2.6.1

Q

嵌套设计 …… 2.6
区组 …… 1.11
区组设计 …… 2.3
曲性 …… 1.20

S

散度效应 …… 1.14
筛选设计 …… 2.2
设计分辨度 …… 2.1.3
设计矩阵 …… 2.7.1
设计空间 …… 1.4
设计区域 …… 1.4
剩余误差 …… 1.22
实验单元 …… 1.9
实验方案 …… 1.30
实验误差 …… 1.7

水平……………………………………………… 1.6
随机化 ……………………………………… 1.29
随机区组设计……………………………… 2.3.1
随机效应方差分析………………………… 3.4.2

T

图方法……………………………………………… 3.1

W

完全嵌套设计……………………………… 2.6.1
完全随机化设计 ………………………… 1.33
完全析因实验……………………………… 2.1

X

析因实验…………………………………… 2.1
响应变量…………………………………… 1.2
响应曲面设计……………………………… 2.4
效应分位图……………………………… 3.1.3
协方差分析………………………………… 3.5
星点 ……………………………………… 1.35

Y

尧敦方…………………………………… 2.3.5

因子……………………………………………… 1.5
预测变量………………………………………… 1.3

Z

正交表 ……………………………………… 1.26
正交对照 …………………………………… 1.25
正交拉丁方设计………………………… 2.3.3
正交设计…………………………………… 2.8
中心点 ……………………………………… 1.36
主效应 ……………………………………… 1.13
主效应图………………………………… 3.1.1
最小二乘法……………………………… 3.2
最优设计…………………………………… 2.7

2^{k-p}部分析因实验 ………………… 2.1.2.2
2^k 析因实验 ………………………… 2.1.2.1
A 最优设计…………………………… 2.7.1.2
D 最优设计…………………………… 2.7.1.1
G 最优设计…………………………… 2.7.1.3
k 因子实验 ……………………………… 1.16

英文对应词索引

A

alias ········ 1.19
analysis of covariance ········ 3.5
analysis of variance ········ 3.4
ANCOVA ········ 3.5
ANOVA ········ 3.4
A-optimal design ········ 2.7.1.2

B

balanced incomplete block design ········ 2.3.4.1
balanced nested design ········ 2.6.1
block ········ 1.11
block design ········ 2.3
blocking ········ 1.28

C

centre point ········ 1.36
completely randomized design ········ 1.33
confounding ········ 1.18
contrast ········ 1.24
cube point ········ 1.34
curvature ········ 1.20

D

design matrix ········ 2.7.1
design region ········ 1.4
design resolution ········ 2.1.3
design space ········ 1.4
designed experiment ········ 1.31
dispersion effect ········ 1.14
D-optimal design ········ 2.7.1.1

E

evolutionary operation ········ 1.32
experimental error ········ 1.7
experimental plan ········ 1.30
experimental unit ········ 1.9

F

factor ········ 1.5

factorial experiment ······ 2.1
fixed effects analysis of variance ······ 3.4.1
fractional factorial experiment ······ 2.1.1
full factorial experiment ······ 2.1
full nested design ······ 2.6.1

G

G-optimal design ······ 2.7.1.3
Graeco-Latin square design ······ 2.3.3
graphical method ······ 3.1

H

hierarchical design ······ 2.6

I

incomplete block design ······ 2.3.4
interaction ······ 1.17
interaction plot ······ 3.1.2

K

***k*-factor experiment** ······ 1.16

L

Latin square design ······ 2.3.2
level ······ 1.6

M

main effect ······ 1.13
main effects plot ······ 3.1.1
method of least squares ······ 3.2
mixed model analysis of variance ······ 3.4.3
mixture design ······ 2.5
model ······ 1.1

N

nested design ······ 2.6

O

one-factor experiment ······ 1.12
optimal design ······ 2.7
orthogonal array ······ 1.26

orthogonal contrast …… 1.25
orthogonal design …… 2.8

P

partial balanced incomplete block design …… 2.3.4.2
predictor variable …… 1.3
pure error …… 1.23

Q

quantile plot of effects …… 3.1.3

R

random effects analysis of variance …… 3.4.2
randomization …… 1.29
randomized block design …… 2.3.1
regression analysis …… 3.3
replication …… 1.27
residual …… 1.21
residual error …… 1.22
residual plot …… 3.1.4
response surface design …… 2.4
response variable …… 1.2
rotatability …… 1.37

S

saturated design …… 2.9
screening design …… 2.2
split-block design …… 2.3.7
split-plot design …… 2.3.6
staggered nested design …… 2.6.2
star point …… 1.35

T

treatment …… 1.10
two factor experiment …… 1.15
two-level experiment …… 2.1.2
two-way split-plot design …… 2.3.7

V

variance component …… 1.8

STANDARDS PRESS OF CHINA

Y

Youden square 2.3.5

2^k **factorial experiment** 2.1.2.1

2^{k-p} **fractional factorial experiment** 2.1.2.2

ICS 03.120.30
A 41

中华人民共和国国家标准

GB/T 3359—2009/ISO 16269-6:2005
代替 GB/T 3359—1982

数据的统计处理和解释 统计容忍区间的确定

**Statistical interpretation of data—
Determination of statistical tolerance intervals**

(ISO 16269-6:2005,Statistical interpretation of data—
Part 6:Determination of statistical tolerance intervals,IDT)

2009-10-15 发布　　　　2009-12-01 实施

中华人民共和国国家质量监督检验检疫总局
中国国家标准化管理委员会　发布

前　言

“数据的统计处理和解释”包括以下国家标准：

——GB/T 3359　数据的统计处理和解释　统计容忍区间的确定

——GB/T 3361　数据的统计处理和解释　在成对观测值情形下两个均值的比较

——GB/T 4087　数据的统计处理和解释　二项分布可靠度单侧置信下限

——GB/T 4088　数据的统计处理和解释　二项分布参数的估计与检验

——GB/T 4089　数据的统计处理和解释　泊松分布参数的估计和检验

——GB/T 4882　数据的统计处理和解释　正态性检验

——GB/T 4883　数据的统计处理和解释　正态样本离群值的判断和处理

——GB/T 4885　正态分布完全样本可靠度置信下限

——GB/T 4889　数据的统计处理和解释　正态分布均值和方差的估计与检验

——GB/T 4890　数据的统计处理和解释　正态分布均值和方差检验的功效

——GB/T 8055　数据的统计处理和解释　Γ分布(皮尔逊Ⅲ型分布)的参数估计

——GB/T 8056　数据的统计处理和解释　指数分布样本离群值的判断和处理

——GB/T 6380　数据的统计处理和解释　Ⅰ型极值分布样本离群值的判断和处理

——GB/T 10092　数据的统计处理和解释　测试结果的多重比较

——GB/T 10094　正态分布分位数与变异系数的置信限

本标准等同采用 ISO 16269-6:2005《数据的统计处理和解释　第 6 部分:统计容忍区间的确定》。

为便于使用,本标准做了下列编辑性修改:

——删除国际标准的前言和引言;

——用小数点“.”代替作为小数点的逗号“,”。

本标准代替 GB/T 3359—1982《数据的统计处理和解释　统计容忍区间的确定》。

本标准与 GB/T 3359—1982 相比主要变化如下:

——将 GB/T 3359—1982 中的强度变异系数 C_{vR} 改为 C_R;

——将 GB/T 3359—1982 中的应力变异系数 C_{vS} 改为 C_S;

——将 GB/T 3359—1982 中的强度标准值 F_{KR} 改为 F_{R,α_R};对应力标准值做了相应的修改;

——将两个可靠性系数 γ_F,γ_K 分别改为 r_μ,r_q,凸现这两个量的比值属性,以及分别对应于均值和分位点的特点;

——增加了一些注解,从而可以消除一些疑问。

本标准的附录 B、附录 C、附录 D、附录 E、附录 F 和附录 G 为规范性附录,附录 A、附录 H 和附录 I 为资料性附录。

本标准由全国统计方法应用标准化技术委员会(SAC/TC 21)提出并归口。

本标准起草单位:中国标准化研究院、北京理工大学、北京大学。

本标准主要起草人:徐兴忠、赵树然、尹玉良、谢田法、于振凡、房祥忠、丁文兴。

本标准所代替标准的历次版本发布情况为:

——GB/T 3359—1982。

数据的统计处理和解释 统计容忍区间的确定

1 范围

本标准给出了建立容忍区间的程序，该容忍区间以一定的置信水平至少包含总体中规定比例的部分。本标准考虑了单侧和双侧统计容忍区间的确定，所给出的确定方法有两种，其中参数法适用于所研究的特性服从正态分布的情形，分布自由方法适用于只知道分布是连续的情形。

2 规范性引用文件

下列文件中的条款通过本标准的引用而成为本标准的条款。凡是注日期的引用文件，其随后所有的修改单(不包括勘误的内容)或修订版均不适用于本标准，然而，鼓励根据本标准达成协议的各方研究是否可使用这些文件的最新版本。凡是不注日期的引用文件，其最新版本适用于本标准。

GB/T 3358.1 统计学词汇及符号 第1部分：一般统计术语与用于概率的术语(GB/T 3358.1—2009,ISO 3534-1:2006,IDT)

GB/T 3358.2 统计学词汇及符号 第2部分：应用统计(GB/T 3358.2—2009,ISO 3534-2:2006,IDT)

3 术语、定义和符号

3.1 术语和定义

GB/T 3358.1 和 GB/T 3358.2 确立的以及下列术语和定义适用于本标准。

3.1.1

统计容忍区间 statistical tolerance interval

由随机样本确定的、以规定的概率至少包含抽样总体规定比例的区间。

注：如此建立的区间其置信水平是多次重复使用时它至少包含抽样总体规定比例的频率。

3.1.2

统计容忍限 statistical tolerance limit

表示统计容忍区间端点的统计量。

注：统计容忍区间可以是单侧的或双侧的。单侧区间仅有一个上或下容忍限。双侧区间上下容忍限均有。

3.1.3

覆盖率 coverage

总体中单元落入统计容忍区间的比例。

注：这个概念不要与参考文献[5]中的覆盖系数相混淆。

3.1.4

正态总体 normal population

服从正态分布的总体。

3.2 符号

下列符号适用于本标准。

i	观测值的下标
$k_1(n;p;1-\alpha)$	当 σ 已知时用于确定单侧容忍区间的端点 x_L 或 x_U 的系数
$k_2(n;p;1-\alpha)$	当 σ 已知时用于确定双侧容忍区间的端点 x_L 和 x_U 的系数

STANDARDS PRESS OF CHINA

$k_3(n;p;1-\alpha)$	当 σ 未知时用于确定单侧容忍区间的端点 x_L 或 x_U 的系数
$k_4(n;p;1-\alpha)$	当 σ 未知时用于确定双侧容忍区间的端点 x_L 和 x_U 的系数
n	样本量
p	声称总体中单元落入统计容忍区间的最小比例
u_p	标准正态分布的 p 分位数
x_i	第 i 个观测值($i=1,2,\cdots,n$)
x_{max}	最大观测值:$x_{max}=\max\{x_1,x_2,\cdots,x_n\}$
x_{min}	最小观测值:$x_{min}=\min\{x_1,x_2,\cdots,x_n\}$
x_L	统计容忍区间的下限(下容忍限)
x_U	统计容忍区间的上限(上容忍限)
$\bar{x}$	样本均值,$\bar{x}=\frac{1}{n}\sum_{i=1}^{n}x_i$
s	样本标准差:$s=\sqrt{\frac{1}{n-1}\sum_{i=1}^{n}(x_i-\bar{x})^2}=\sqrt{\frac{n\sum_{i=1}^{n}x^2-(\sum_{i=1}^{n}x)^2}{n(n-1)}}$
$1-\alpha$	声称总体落入容忍区间的比例大于或等于指定水平 p 的置信水平
μ	总体均值
σ	总体标准差

4 程序

4.1 正态总体均值和方差都已知的情形

当正态分布总体的均值 μ 和方差 σ^2 均已知时,所研究特征的分布是完全确定的。包含总体比例恰好为 p 的区间是:

a) $x_L=\mu-u_p\times\sigma$ 的右侧(单侧区间)

b) $x_U=\mu+u_p\times\sigma$ 的左侧(单侧区间)

c) $x_L=\mu-u_{(1+p)/2}\times\sigma$ 和 $x_U=\mu+u_{(1+p)/2}\times\sigma$ 之间(双侧区间)

注:由于知道上述陈述恒真,它们具有 100%的置信水平。

上面的式子中,u_p 为标准正态分布的 p 分位数。u_p 的数值可从表 B.1～表 B.6 和表 C.1～表 C.6 的最后一行查到。

4.2 正态总体均值未知方差已知的情形

附录 A 中的表 A.1 和表 A.2 适用于正态总体方差已知而均值未知的情形。表 A.1 适用于单侧区间情形,而表 A.2 适用于双侧区间情形。

4.3 正态总体均值和方差都未知的情形

附录 A 中的表 A.3 和表 A.4 适用于正态总体方差和均值均未知的情形。表 A.3 适用于单侧区间情形,而表 A.4 适用于双侧区间情形。

4.4 类型未知的任意连续分布的情形

若所研究的特征是一个分布类型未知的连续变量,且这个特征的 n 个独立随机观测值组成一个样本,通过排序后的观测值可确定统计容忍区间。附录 A 的表 A.5 和表 A.6 中给出的程序,提供了在给定置信水平 $1-\alpha$ 下,样本极值 x_{min} 或 x_{max} 确定容忍区间所需的覆盖率或样本量。

注:不依赖于抽样总体分布类型的统计容忍区间称为分布自由的容忍区间。

本标准未提供适用于正态分布总体以外的其他已知类型分布总体的程序。然而,对其他连续分布,分布自由方法也可以使用。在本标准最后提供的参考文献有助于确定其他已知类型分布的容忍区间。

5 示例

5.1 数据

通过示例说明如何使用附录 A 的表 A.1～表 A.4，本例中的数据来自于 ISO 2854:1976。表 1 中数据为棉纱断裂负荷 x 的 12 个测试值。需要说明的是，本示例中测试值数 $n=12$，比 ISO 2602 推荐的要低得多。在各示例中数据和计算值的单位均为百分之一牛顿(见表 1)。

表 1 示例 1～示例 4 的数据

单位为百分之一牛顿

x	228.6	232.7	238.8	317.2	315.8	275.1	222.2	236.7	224.7	251.2	210.4	270.7

这些测试值来自于由 12 000 个线筒组成的一批产品，每 100 个线筒装成一箱，共 120 箱。从这批产品中随机地抽取 12 箱，而后从每一箱中随机抽取一个线筒。从这些线筒上离纱线的活动端大约 5 m 处剪下 50 cm 长的一段用于测试。每次测试均是在这些检验段的中间部分进行。先前的信息表明在这些条件下测量的断裂负荷实际服从正态分布是合理的。

结果如下：

样本量： $n = 12$

样本均值： $\bar{x} = 3\,024.1/12 = 252.01$

样本标准差： $s = \sqrt{\dfrac{n\sum x^2 - (\sum x)^2}{n(n-1)}} = \sqrt{\dfrac{166\,772.77}{12 \times 11}} = \sqrt{1\,263.426\,3} = 36.545$

5.2 示例 1：方差已知时的单侧统计容忍区间

假定前面获得的测试值表明来自于同一供方的不同批次的散布程度是一常数，且可用标准差 $\sigma = 33.150$ 来表示，而不同批次的均值不同。此处使用由下容忍限 x_L 给出的单侧区间，要求能够以 $1-\alpha = 0.95(95\%)$ 的置信水平确保，批中断裂负荷在 x_L 以上的产品比例至少为 0.95(95%)。

由表 B.4 查得

$$k_1(12;0.95;0.95) = 2.120$$

因而

$$x_L = \bar{x} - k_1(n;p;1-\alpha) \times \sigma = 252.01 - 2.120 \times 33.150 = 181.732$$

如果需要更大的总体比例(如 $p = 0.99$)或更高的置信水平(如 $1-\alpha = 0.99$)，则所求得的下容忍限 x_L 更小。

5.3 示例 2：方差已知时的双侧统计容忍区间

与示例 1 的条件相同，本示例使用双侧容忍限 x_L 和 x_U，要求能够以 $1-\alpha = 0.95$ 的置信水平确保这批纱的断裂负荷至少有 $p = 0.90(90\%)$ 的比例落在 x_L 和 x_U 之间。

由表 C.4 查得

$$k_2(12;0.90;0.95) = 1.889$$

因而

$$x_L = \bar{x} - k_2(n;p;1-\alpha) \times \sigma = 252.01 - 1.889 \times 33.150 = 189.390$$

$$x_U = \bar{x} + k_2(n;p;1-\alpha) \times \sigma = 252.01 + 1.889 \times 33.150 = 314.630$$

与示例 1 比较能清楚地看到，确保至少总体的 90%落在 x_L 和 x_U 之间与确保不多于总体的 5%落在每个单侧限外将得到不同的结果。

5.4 示例 3：方差未知时的单侧统计容忍区间

假定总体的标准差是未知的，它必须由样本来估计。采用与标准差已知情形(示例 1)相同的要求，即 $p = 0.95$ 和 $1-\alpha = 0.95$。下表中给出了详细计算步骤。

比例为 p 的统计容忍区间的确定： a） 下侧容忍区间 确定的值为： b） 容忍区间选定的总体比例：$p=0.95$ c） 选定的置信水平：$1-\alpha=0.95$ d） 样本量：$n=12$ 表 D.4 中的容忍系数值： $k_3(n;p;1-\alpha)=2.737$
计算： $\bar{x}=\sum x/n=252.01$ $s=\sqrt{\frac{n\sum x^2-(\sum x)^2}{n(n-1)}}=35.545$ $k_3(n;p;1-\alpha)\times s=97.2867$
结果：下侧容忍区间 以置信水平 $1-\alpha$ 包含总体的比例至少为 p 的单侧区间的下容忍限为 $x_L=\bar{x}-k_3(n;p;1-\alpha)\times s=154.723$

5.5 示例 4：方差未知时的双侧统计容忍区间

在与示例 2 相同的条件下，要求计算下容忍限 x_L 和上容忍限 x_U，使得能够以 $1-\alpha=0.95$ 的置信水平确保这批纱中断裂负荷落在 x_L 和 x_U 之间的比例至少为 $p=0.90$（90%）。

由表 E.4 查得

$$k_4(n;p;1-\alpha)=2.671$$

因而

$$x_L=\bar{x}-k_4(n;p;1-\alpha)\times s=252.01-2.671\times35.545=157.069$$

$$x_U=\bar{x}+k_4(n;p;1-\alpha)\times s=252.01+2.671\times35.545=346.951$$

需指出的是与示例 2（已知方差）相比，此处 x_L 的值较小，x_U 的值较大，这是因为用 s 替代 σ 需要较大的容忍系数以把额外的未知因素考虑在内。因不知道总体的标准差 σ 而不得不付出代价是必需的，统计容忍区间的扩大就是考虑了方差未知这一因素。如果示例 1 和示例 2 中所用的值 $\sigma=33.150$ 不能确保是正确的，则宜使用估计值 s 及相应的表 D.4 或表 E.4。

5.6 示例 5：连续分布的分布自由的统计容忍区间

对一种航空发动机的部件进行旋转应力的疲劳试验，15 件样本产品的试验结果（以耐力测量）按值的升序方式在表 2 中给出。

表 2 示例 5 的数据

x	0.200	0.330	0.450	0.490	0.780	0.920	0.950	0.970	1.040	1.710	2.220	2.275	3.650	7.000	8.800

使用诸如概率图这样的图检法检验正态性表明，部件组成的总体的正态性假定不成立（见 GB/T 4882）。因此，宜采用附录 A 中表 A.5 的方法确定统计容忍区间。

15 个样本测量值的极值是：

$$x_{min}=0.200, x_{max}=8.800$$

假定置信水平 $1-\alpha$ 为 0.95。

a） 部件总体落在 $x_{min}=0.200$ 以下的最大比例是多少？对于 $1-\alpha=0.95$，表 F.1 给出总体落在 $x_{min}=0.200$ 以上的最小比例 p 的值稍高于 0.75（75%）。因此，部件总体落在以下的最大比例 $1-p$ 的值稍低于 0.25（25%）。

b） 必须取多大的样本量才能以置信水平 0.95，确保部件总体至少以 $p=0.90$（90%）的比例落在该样本的最大值之下？对于 $1-\alpha=0.95$ 和 $p=0.90$，表 F.1 给出 $n=29$ 。

c) 在置信水平 0.95 下，部件总体落在 $x_{min}=0.200$ 和 $x_{max}=8.800$ 之间的最小比例是多少？对于 $1-\alpha=0.95$ 和 $n=15$，表 G.1 给出的 p 值稍低于 0.75(75%)。

d) 需要多大的样本量才能以置信水平 0.95，确保部件总体至少以 $p=0.90$(90%) 的比例落在该样本的最小值和最大值之间？对于 $1-\alpha=0.95$ 和 $p=0.90$，表 G.1 给出 $n=46$ 。

e) 一般地，如果正态性检验表明总体不服从正态分布，建议基于数据的相关信息，通过变换将数据化为服从正态分布的数据。例如，疲劳数据常常近似地服从对数正态分布。在这些情况下，可以将数据变换为服从正态分布的数据，即可按正态总体进行容忍区间的计算，最后再变换回原总体的容忍区间。

附录 H 给出了对任意类型分布的分布自由的统计容忍区间的构造方法。附录 I 给出了参数方法双侧统计容忍区间系数的计算。

STANDARDS PRESS OF CHINA

附 录 A
（资料性附录）
容忍区间表

表 A.1 单侧统计容忍区间(方差已知)

置信水平为 $1-\alpha$ 覆盖率为 p 的单侧统计容忍区间的确定 a) “向左的”单侧区间 b) “向右的”单侧区间 已知量： c) 方差：$\sigma^2=$ d) 标准差：$\sigma=$ 确定值： e) 为容忍区间选定的总体比例：$p=$ f) 选定的置信水平：$1-\alpha=$ g) 样本量：$n=$ 制表系数： $k_1(n;p;1-\alpha)=$ 对应于一系列 n、p 及 $1-\alpha$ 的系数值在附录 B 中给出。
计算： $\bar{x}=\sum x_i/n=$ $k_1(n;p;1-\alpha)\times\sigma=$
结果： a) “向左的”单边区间 置信水平为 $1-\alpha$ 覆盖率为 p 的单侧统计容忍区间具有上限： $x_U=\bar{x}+k_1(n;p;1-\alpha)\times\sigma=$ b) “向右的”单边区间 置信水平为 $1-\alpha$ 覆盖率为 p 的单侧统计容忍区间具有下限： $x_L=\bar{x}-k_1(n;p;1-\alpha)\times\sigma=$

表 A.2 双侧统计容忍区间(方差已知)

置信水平为 $1-\alpha$ 覆盖率为 p 的双侧统计容忍区间的确定 已知量： a) 方差：$\sigma^2=$ b) 标准差：$\sigma=$ 确定量： c) 为容忍区间选定的总体比例：$p=$ d) 选定的置信水平：$1-\alpha=$ e) 样本量：$n=$ 制表系数： $k_2(n;p;1-\alpha)=$ 附录 C 中给出了对应于 n、p 及 $1-\alpha$ 的一定范围的值。
计算： $\bar{x}=\sum x_i/n=$ $k_2(n;p;1-\alpha)\times\sigma=$
结果： 置信水平为 $1-\alpha$ 覆盖率为 p 的双侧统计容忍区间的上下限为： 下限 $x_L=\bar{x}-k_2(n;p;1-\alpha)\times\sigma=$ 上限 $x_U=\bar{x}+k_2(n;p;1-\alpha)\times\sigma=$

表 A.3 单侧统计容忍区间(方差未知)

置信水平为 $1-\alpha$ 覆盖率为 p 的单侧统计容忍区间的确定

a) "向左的"单侧区间

b) "向右的"单侧区间

确定量：

c) 为容忍区间选定的总体比例：$p=$

d) 选定的置信水平：$1-\alpha=$

e) 样本量：$n=$

制表系数：

$k_3(n;p;1-\alpha)=$

附录 D 中给出了对应于 n、p 及 $1-\alpha$ 的一定范围的值。

计算：

$\bar{x}=\sum x_i/n=$

$s=\sqrt{\dfrac{n\sum x_i^2-(\sum x_i)^2}{n(n-1)}}=$

$k_3(n;p;1-\alpha)\times s=$

结果：

a) "向左的"单侧区间

置信水平为 $1-\alpha$ 覆盖率为 p 的单侧统计容忍区间具有上限：

$x_U=\bar{x}+k_3(n;p;1-\alpha)\times s=$

b) "向右的"单侧区间

置信水平为 $1-\alpha$ 覆盖率为 p 的单侧统计容忍区间具有下限：

$x_L=\bar{x}-k_3(n;p;1-\alpha)\times s=$

表 A.4 双侧统计容忍区间(方差未知)

置信水平为 $1-\alpha$ 覆盖率为 p 的双侧统计容忍区间的确定

确定量：

a) 为容忍区间选定的总体比例：$p=$

b) 选定的置信水平：$1-\alpha=$

c) 样本量：$n=$

制表系数：

$k_4(n;p;1-\alpha)=$

附录 E 中给出了对应于 n、p 及 $1-\alpha$ 的一定范围的值。

计算：

$\bar{x}=\sum x_i/n=$

$s=\sqrt{\dfrac{n\sum x_i^2-(\sum x_i)^2}{n(n-1)}}=$

$k_4(n;p;1-\alpha)\times s=$

结果：

置信水平为 $1-\alpha$ 覆盖率为 p 的双侧统计容忍区间具有上下限：

下限 $x_L=\bar{x}-k_4(n;p;1-\alpha)\times s=$

上限 $x_U=\bar{x}+k_4(n;p;1-\alpha)\times s=$

表 A.5 任意分布的单侧统计容忍区间

置信水平为 $1-\alpha$ 覆盖率为 p 的分布自由的单侧统计容忍区间的确定 a) “向左的”单侧区间; b) “向右的”单侧区间; 确定量: c) 为容忍区间选定的总体比例:$p=$ d) 选定的置信水平:$1-\alpha=$ e) 样本量:$n=$ (p 和 n 要确定其中之一) 制表系数 ——给定 n 和 $1-\alpha$ 时的 p。 ——给定 p 和 $1-\alpha$ 时的 n。 表 F.1 中给出了对应于 n、p 及 $1-\alpha$ 的一定范围的值。
计算及结果 置信水平为 $1-\alpha$ 覆盖率为 p 的单侧统计容忍区间具有 ——下限:$x_L = x_{min} =$ ——或上限:$x_U = x_{max} =$

表 A.6 任意分布的双侧统计容忍区间

置信水平为 $1-\alpha$ 覆盖率为 p 的分布自由的双侧统计容忍区间的确定 确定量: a) 为容忍区间选定的总体比例:$p=$ b) 选定的置信水平:$1-\alpha=$ c) 样本量:$n=$ (p 和 n 要确定其中之一) 制表系数: ——给定 n 和 $1-\alpha$ 时的 p。 ——给定 p 和 $1-\alpha$ 时的 n。 附录 G.1 给出了对应于 n、p 及 $1-\alpha$ 的一定范围的值。
计算及结果 置信水平为 $1-\alpha$ 覆盖率为 p 的双侧统计容忍区间具有上下限: 下限 $x_L = x_{min} =$ 上限 $x_U = x_{max} =$

附　录　B
（规范性附录）
方差 σ 已知时单侧统计容忍限系数，$k_1(n;p;1-\alpha)$

表 B.1　置信水平 50.0%
$(1-\alpha=0.50)$

n	p					
	0.50	0.75	0.90	0.95	0.99	0.999
2	0.000	0.675	1.282	1.645	2.327	3.091
3	0.000	0.675	1.282	1.645	2.327	3.091
4	0.000	0.675	1.282	1.645	2.327	3.091
5	0.000	0.675	1.282	1.645	2.327	3.091
6	0.000	0.675	1.282	1.645	2.327	3.091
7	0.000	0.675	1.282	1.645	2.327	3.091
8	0.000	0.675	1.282	1.645	2.327	3.091
9	0.000	0.675	1.282	1.645	2.327	3.091
10	0.000	0.675	1.282	1.645	2.327	3.091
11	0.000	0.675	1.282	1.645	2.327	3.091
12	0.000	0.675	1.282	1.645	2.327	3.091
13	0.000	0.675	1.282	1.645	2.327	3.091
14	0.000	0.675	1.282	1.645	2.327	3.091
15	0.000	0.675	1.282	1.645	2.327	3.091
16	0.000	0.675	1.282	1.645	2.327	3.091
17	0.000	0.675	1.282	1.645	2.327	3.091
18	0.000	0.675	1.282	1.645	2.327	3.091
19	0.000	0.675	1.282	1.645	2.327	3.091
20	0.000	0.675	1.282	1.645	2.327	3.091
22	0.000	0.675	1.282	1.645	2.327	3.091
24	0.000	0.675	1.282	1.645	2.327	3.091
26	0.000	0.675	1.282	1.645	2.327	3.091
28	0.000	0.675	1.282	1.645	2.327	3.091
30	0.000	0.675	1.282	1.645	2.327	3.091
35	0.000	0.675	1.282	1.645	2.327	3.091
40	0.000	0.675	1.282	1.645	2.327	3.091
45	0.000	0.675	1.282	1.645	2.327	3.091
50	0.000	0.675	1.282	1.645	2.327	3.091
60	0.000	0.675	1.282	1.645	2.327	3.091
70	0.000	0.675	1.282	1.645	2.327	3.091
80	0.000	0.675	1.282	1.645	2.327	3.091
90	0.000	0.675	1.282	1.645	2.327	3.091
100	0.000	0.675	1.282	1.645	2.327	3.091
150	0.000	0.675	1.282	1.645	2.327	3.091
200	0.000	0.675	1.282	1.645	2.327	3.091
250	0.000	0.675	1.282	1.645	2.327	3.091
300	0.000	0.675	1.282	1.645	2.327	3.091
400	0.000	0.675	1.282	1.645	2.327	3.091
500	0.000	0.675	1.282	1.645	2.327	3.091
1 000	0.000	0.675	1.282	1.645	2.327	3.091
∞	0.000	0.675	1.282	1.645	2.327	3.091

STANDARDS PRESS OF CHINA

表 B.2 置信水平 75.0%

$(1-\alpha=0.75)$

n	p					
	0.50	0.75	0.90	0.95	0.99	0.999
2	0.477	1.152	1.759	2.122	2.804	3.568
3	0.390	1.064	1.671	2.035	2.716	3.480
4	0.338	1.012	1.619	1.983	2.664	3.428
5	0.302	0.977	1.584	1.947	2.628	3.392
6	0.276	0.950	1.557	1.921	2.602	3.366
7	0.255	0.930	1.537	1.900	2.582	3.346
8	0.239	0.913	1.521	1.884	2.565	3.329
9	0.225	0.900	1.507	1.870	2.552	3.316
10	0.214	0.888	1.495	1.859	2.540	3.304
11	0.204	0.878	1.485	1.849	2.530	3.294
12	0.195	0.870	1.477	1.840	2.522	3.285
13	0.188	0.862	1.469	1.832	2.514	3.278
14	0.181	0.855	1.462	1.826	2.507	3.271
15	0.175	0.849	1.456	1.820	2.501	3.265
16	0.169	0.844	1.451	1.814	2.495	3.259
17	0.164	0.839	1.446	1.809	2.490	3.254
18	0.159	0.834	1.441	1.804	2.486	3.250
19	0.155	0.830	1.437	1.800	2.482	3.245
20	0.151	0.826	1.433	1.796	2.478	3.242
22	0.144	0.819	1.426	1.789	2.471	3.235
24	0.138	0.813	1.420	1.783	2.465	3.228
26	0.133	0.807	1.414	1.778	2.459	3.223
28	0.128	0.802	1.410	1.773	2.454	3.218
30	0.124	0.798	1.405	1.768	2.450	3.214
35	0.115	0.789	1.396	1.759	2.441	3.205
40	0.107	0.782	1.389	1.752	2.433	3.197
45	0.101	0.776	1.383	1.746	2.427	3.191
50	0.096	0.770	1.377	1.741	2.422	3.186
60	0.088	0.762	1.369	1.732	2.414	3.178
70	0.081	0.756	1.363	1.726	2.407	3.171
80	0.076	0.750	1.357	1.721	2.402	3.166
90	0.072	0.746	1.353	1.716	2.398	3.162
100	0.068	0.742	1.350	1.713	2.394	3.158
150	0.056	0.730	1.337	1.700	2.382	3.146
200	0.048	0.723	1.330	1.693	2.375	3.138
250	0.043	0.718	1.325	1.688	2.370	3.133
300	0.039	0.714	1.321	1.684	2.366	3.130
400	0.034	0.709	1.316	1.679	2.361	3.124
500	0.031	0.705	1.312	1.676	2.357	3.121
1 000	0.022	0.696	1.303	1.667	2.348	3.112
∞	0.000	0.675	1.282	1.645	2.327	3.091

表 B.3 置信水平 90.0%

($1-\alpha=0.90$)

n	p					
	0.50	0.75	0.90	0.95	0.99	0.999
2	0.907	1.581	2.188	2.552	3.233	3.997
3	0.740	1.415	2.022	2.385	3.067	3.831
4	0.641	1.316	1.923	2.286	2.968	3.732
5	0.574	1.248	1.855	2.218	2.900	3.664
6	0.524	1.198	1.805	2.169	2.850	3.614
7	0.485	1.159	1.766	2.130	2.811	3.575
8	0.454	1.128	1.735	2.098	2.780	3.544
9	0.428	1.102	1.709	2.073	2.754	3.518
10	0.406	1.080	1.687	2.051	2.732	3.496
11	0.387	1.061	1.668	2.032	2.713	3.477
12	0.370	1.045	1.652	2.015	2.697	3.461
13	0.356	1.030	1.637	2.001	2.682	3.446
14	0.343	1.017	1.625	1.988	2.669	3.433
15	0.331	1.006	1.613	1.976	2.658	3.422
16	0.321	0.995	1.602	1.966	2.647	3.411
17	0.311	0.986	1.593	1.956	2.638	3.402
18	0.303	0.977	1.584	1.947	2.629	3.393
19	0.295	0.969	1.576	1.939	2.621	3.385
20	0.287	0.962	1.569	1.932	2.613	3.377
22	0.274	0.948	1.555	1.919	2.600	3.364
24	0.262	0.937	1.544	1.907	2.588	3.352
26	0.252	0.926	1.533	1.897	2.578	3.342
28	0.243	0.917	1.524	1.888	2.569	3.333
30	0.234	0.909	1.516	1.879	2.561	3.325
35	0.217	0.892	1.499	1.862	2.543	3.307
40	0.203	0.878	1.485	1.848	2.529	3.293
45	0.192	0.866	1.473	1.836	2.518	3.282
50	0.182	0.856	1.463	1.827	2.508	3.272
60	0.166	0.840	1.447	1.811	2.492	3.256
70	0.154	0.828	1.435	1.799	2.480	3.244
80	0.144	0.818	1.425	1.789	2.470	3.234
90	0.136	0.810	1.417	1.780	2.462	3.226
100	0.129	0.803	1.410	1.774	2.455	3.219
150	0.105	0.780	1.387	1.750	2.431	3.195
200	0.091	0.766	1.373	1.736	2.417	3.181
250	0.082	0.756	1.363	1.726	2.408	3.172
300	0.074	0.749	1.356	1.719	2.401	3.165
400	0.065	0.739	1.346	1.709	2.391	3.155
500	0.058	0.732	1.339	1.703	2.384	3.148
1 000	0.041	0.716	1.323	1.686	2.367	3.131
∞	0.000	0.675	1.282	1.645	2.327	3.091

表 B.4　置信水平 95.0%

$(1-\alpha=0.95)$

n	p					
	0.50	0.75	0.90	0.95	0.99	0.999
2	1.164	1.838	2.445	2.808	3.490	4.254
3	0.950	1.625	2.232	2.595	3.277	4.040
4	0.823	1.497	2.104	2.468	3.149	3.913
5	0.736	1.411	2.018	2.381	3.062	3.826
6	0.672	1.346	1.954	2.317	2.998	3.762
7	0.622	1.297	1.904	2.267	2.949	3.712
8	0.582	1.257	1.864	2.227	2.908	3.672
9	0.549	1.223	1.830	2.194	2.875	3.639
10	0.521	1.195	1.802	2.166	2.847	3.611
11	0.496	1.171	1.778	2.141	2.823	3.587
12	0.475	1.150	1.757	2.120	2.802	3.566
13	0.457	1.131	1.738	2.102	2.783	3.547
14	0.440	1.115	1.722	2.085	2.766	3.530
15	0.425	1.100	1.707	2.070	2.752	3.515
16	0.412	1.086	1.693	2.057	2.738	3.502
17	0.399	1.074	1.681	2.044	2.726	3.490
18	0.388	1.063	1.670	2.033	2.715	3.478
19	0.378	1.052	1.659	2.023	2.704	3.468
20	0.368	1.043	1.650	2.013	2.695	3.459
22	0.351	1.026	1.633	1.996	2.678	3.441
24	0.336	1.011	1.618	1.981	2.663	3.426
26	0.323	0.998	1.605	1.968	2.649	3.413
28	0.311	0.986	1.593	1.956	2.638	3.402
30	0.301	0.975	1.582	1.946	2.627	3.391
35	0.279	0.953	1.560	1.923	2.605	3.369
40	0.261	0.935	1.542	1.905	2.587	3.351
45	0.246	0.920	1.527	1.891	2.572	3.336
50	0.233	0.908	1.515	1.878	2.559	3.323
60	0.213	0.887	1.494	1.858	2.539	3.303
70	0.197	0.872	1.479	1.842	2.523	3.287
80	0.184	0.859	1.466	1.829	2.511	3.275
90	0.174	0.848	1.455	1.819	2.500	3.264
100	0.165	0.839	1.447	1.810	2.491	3.255
150	0.135	0.809	1.416	1.780	2.461	3.225
200	0.117	0.791	1.398	1.762	2.443	3.207
250	0.105	0.779	1.386	1.749	2.431	3.195
300	0.095	0.770	1.377	1.740	2.422	3.186
400	0.083	0.757	1.364	1.728	2.409	3.173
500	0.074	0.749	1.356	1.719	2.400	3.164
1 000	0.053	0.727	1.334	1.697	2.379	3.143
∞	0.000	0.675	1.282	1.645	2.327	3.091

表 B.5 置信水平 99.0%

($1-\alpha=0.99$)

n	p					
	0.50	0.75	0.90	0.95	0.99	0.999
2	1.645	2.320	2.927	3.290	3.972	4.736
3	1.344	2.018	2.625	2.988	3.670	4.434
4	1.164	1.838	2.445	2.809	3.490	4.254
5	1.041	1.715	2.322	2.686	3.367	4.131
6	0.950	1.625	2.232	2.595	3.277	4.040
7	0.880	1.554	2.161	2.525	3.206	3.970
8	0.823	1.497	2.105	2.468	3.149	3.913
9	0.776	1.450	2.058	2.421	3.102	3.866
10	0.736	1.411	2.018	2.381	3.063	3.826
11	0.702	1.376	1.983	2.347	3.028	3.792
12	0.672	1.347	1.954	2.317	2.998	3.762
13	0.646	1.320	1.927	2.291	2.972	3.736
14	0.622	1.297	1.904	2.267	2.949	3.712
15	0.601	1.276	1.883	2.246	2.928	3.691
16	0.582	1.257	1.864	2.227	2.908	3.672
17	0.565	1.239	1.846	2.210	2.891	3.655
18	0.549	1.223	1.830	2.194	2.875	3.639
19	0.534	1.209	1.816	2.179	2.861	3.624
20	0.521	1.195	1.802	2.166	2.847	3.611
22	0.496	1.171	1.778	2.141	2.823	3.587
24	0.475	1.150	1.757	2.120	2.802	3.566
26	0.457	1.131	1.738	2.102	2.783	3.547
28	0.440	1.115	1.722	2.085	2.766	3.530
30	0.425	1.100	1.707	2.070	2.752	3.515
35	0.394	1.068	1.675	2.039	2.720	3.484
40	0.368	1.043	1.650	2.013	2.695	3.459
45	0.347	1.022	1.629	1.992	2.674	3.438
50	0.329	1.004	1.611	1.974	2.656	3.420
60	0.301	0.975	1.582	1.946	2.627	3.391
70	0.279	0.953	1.560	1.923	2.605	3.369
80	0.261	0.935	1.542	1.905	2.587	3.351
90	0.246	0.920	1.527	1.891	2.572	3.336
100	0.233	0.908	1.515	1.878	2.559	3.323
150	0.190	0.865	1.472	1.835	2.517	3.281
200	0.165	0.839	1.447	1.810	2.491	3.255
250	0.148	0.822	1.429	1.792	2.474	3.238
300	0.135	0.809	1.416	1.780	2.461	3.225
400	0.117	0.791	1.398	1.762	2.443	3.207
500	0.105	0.779	1.386	1.749	2.431	3.195
1 000	0.074	0.749	1.356	1.719	2.400	3.164
∞	0.000	0.675	1.282	1.645	2.327	3.091

STANDARDS PRESS OF CHINA

表 B.6 置信水平 99.9%

(1－α＝0.999)

n	p					
	0.50	0.75	0.90	0.95	0.99	0.999
2	2.186	2.860	3.467	3.830	4.512	5.276
3	1.785	2.459	3.066	3.430	4.111	4.875
4	1.546	2.220	2.827	3.190	3.872	4.636
5	1.382	2.057	2.664	3.027	3.709	4.473
6	1.262	1.937	2.544	2.907	3.588	4.352
7	1.168	1.843	2.450	2.813	3.495	4.259
8	1.093	1.768	2.375	2.738	3.419	4.183
9	1.031	1.705	2.312	2.675	3.357	4.121
10	0.978	1.652	2.259	2.623	3.304	4.068
11	0.932	1.607	2.214	2.577	3.259	4.022
12	0.893	1.567	2.174	2.537	3.219	3.983
13	0.858	1.532	2.139	2.502	3.184	3.948
14	0.826	1.501	2.108	2.471	3.153	3.917
15	0.798	1.473	2.080	2.443	3.125	3.889
16	0.773	1.448	2.055	2.418	3.099	3.863
17	0.750	1.424	2.032	2.395	3.076	3.840
18	0.729	1.403	2.010	2.374	3.055	3.819
19	0.709	1.384	1.991	2.354	3.036	3.800
20	0.691	1.366	1.973	2.336	3.018	3.782
22	0.659	1.334	1.941	2.304	2.986	3.750
24	0.631	1.306	1.913	2.276	2.958	3.722
26	0.607	1.281	1.888	2.251	2.933	3.697
28	0.584	1.259	1.866	2.229	2.911	3.675
30	0.565	1.239	1.846	2.210	2.891	3.655
35	0.523	1.197	1.804	2.168	2.849	3.613
40	0.489	1.164	1.771	2.134	2.815	3.579
45	0.461	1.136	1.743	2.106	2.788	3.551
50	0.438	1.112	1.719	2.082	2.764	3.528
60	0.399	1.074	1.681	2.044	2.726	3.490
70	0.370	1.044	1.651	2.015	2.696	3.460
80	0.346	1.020	1.628	1.991	2.672	3.436
90	0.326	1.001	1.608	1.971	2.653	3.416
100	0.310	0.984	1.591	1.954	2.636	3.400
150	0.253	0.927	1.534	1.898	2.579	3.343
200	0.219	0.894	1.501	1.864	2.545	3.309
250	0.196	0.870	1.477	1.841	2.522	3.286
300	0.179	0.853	1.460	1.824	2.505	3.269
400	0.155	0.830	1.437	1.800	2.481	3.245
500	0.139	0.813	1.420	1.784	2.465	3.229
1 000	0.098	0.773	1.380	1.743	2.425	3.188
∞	0.000	0.675	1.282	1.645	2.327	3.091

附 录 C
（规范性附录）
方差 σ 已知时双侧统计容忍限系数，$k_2(n;p;1-\alpha)$

表 C.1 置信水平 50.0%
$(1-\alpha=0.50)$

n	p					
	0.50	0.75	0.90	0.95	0.99	0.999
2	0.755	1.282	1.823	2.164	2.822	3.575
3	0.727	1.238	1.766	2.100	2.749	3.496
4	0.714	1.216	1.737	2.067	2.710	3.451
5	0.706	1.203	1.719	2.046	2.685	3.423
6	0.701	1.195	1.707	2.033	2.668	3.403
7	0.697	1.188	1.698	2.023	2.656	3.388
8	0.694	1.184	1.692	2.015	2.646	3.377
9	0.692	1.180	1.686	2.009	2.639	3.368
10	0.690	1.177	1.682	2.004	2.633	3.361
11	0.689	1.175	1.679	2.000	2.628	3.355
12	0.688	1.173	1.676	1.997	2.624	3.350
13	0.687	1.171	1.674	1.994	2.620	3.346
14	0.686	1.170	1.672	1.992	2.617	3.342
15	0.685	1.168	1.670	1.990	2.614	3.339
16	0.685	1.167	1.669	1.988	2.612	3.336
17	0.684	1.166	1.667	1.986	2.610	3.333
18	0.684	1.165	1.666	1.985	2.608	3.331
19	0.683	1.165	1.665	1.984	2.607	3.329
20	0.683	1.164	1.664	1.983	2.605	3.327
22	0.682	1.163	1.662	1.981	2.602	3.324
24	0.681	1.162	1.661	1.979	2.600	3.321
26	0.681	1.161	1.660	1.977	2.599	3.319
28	0.680	1.160	1.659	1.976	2.597	3.317
30	0.680	1.160	1.658	1.975	2.596	3.315
35	0.679	1.158	1.656	1.973	2.593	3.312
40	0.679	1.157	1.655	1.972	2.591	3.309
45	0.678	1.157	1.654	1.970	2.589	3.307
50	0.678	1.156	1.653	1.969	2.588	3.306
60	0.678	1.155	1.652	1.968	2.586	3.303
70	0.677	1.155	1.651	1.967	2.585	3.302
80	0.677	1.154	1.650	1.966	2.584	3.300
90	0.677	1.154	1.650	1.965	2.583	3.299
100	0.677	1.153	1.649	1.965	2.582	3.298
150	0.676	1.153	1.648	1.963	2.580	3.296
200	0.676	1.152	1.647	1.963	2.579	3.295
250	0.676	1.152	1.647	1.962	2.579	3.294
300	0.676	1.152	1.647	1.962	2.578	3.294
400	0.675	1.152	1.646	1.962	2.578	3.293
500	0.675	1.151	1.646	1.961	2.578	3.293
1 000	0.675	1.151	1.646	1.961	2.577	3.292
∞	0.675	1.151	1.645	1.960	2.576	3.291

表 C.2　置信水平 75.0%

(1 − α = 0.75)

n	p					
	0.50	0.75	0.90	0.95	0.99	0.999
2	0.919	1.520	2.106	2.464	3.142	3.905
3	0.834	1.402	1.971	2.323	2.996	3.756
4	0.792	1.340	1.897	2.244	2.911	3.669
5	0.768	1.303	1.850	2.194	2.856	3.611
6	0.752	1.278	1.818	2.158	2.816	3.568
7	0.741	1.260	1.794	2.132	2.786	3.536
8	0.732	1.246	1.776	2.112	2.763	3.511
9	0.726	1.236	1.762	2.096	2.745	3.491
10	0.721	1.227	1.751	2.083	2.730	3.474
11	0.716	1.220	1.742	2.073	2.717	3.459
12	0.713	1.214	1.734	2.064	2.706	3.447
13	0.710	1.209	1.727	2.056	2.697	3.437
14	0.707	1.205	1.722	2.050	2.689	3.427
15	0.705	1.202	1.717	2.044	2.682	3.419
16	0.703	1.198	1.712	2.039	2.676	3.412
17	0.702	1.196	1.708	2.034	2.670	3.406
18	0.700	1.193	1.705	2.030	2.665	3.400
19	0.699	1.191	1.702	2.027	2.661	3.395
20	0.698	1.189	1.699	2.024	2.657	3.390
22	0.695	1.185	1.694	2.018	2.650	3.382
24	0.694	1.183	1.690	2.013	2.644	3.375
26	0.692	1.180	1.687	2.009	2.639	3.369
28	0.691	1.178	1.684	2.006	2.635	3.364
30	0.690	1.176	1.681	2.003	2.631	3.359
35	0.688	1.173	1.676	1.997	2.623	3.350
40	0.686	1.170	1.672	1.992	2.618	3.343
45	0.685	1.168	1.669	1.989	2.613	3.337
50	0.684	1.166	1.667	1.986	2.610	3.333
60	0.682	1.164	1.663	1.982	2.604	3.326
70	0.681	1.162	1.661	1.979	2.600	3.321
80	0.681	1.160	1.659	1.977	2.597	3.318
90	0.680	1.159	1.657	1.975	2.595	3.315
100	0.679	1.158	1.656	1.973	2.593	3.312
150	0.678	1.156	1.653	1.969	2.588	3.305
200	0.677	1.155	1.651	1.967	2.585	3.302
250	0.677	1.154	1.650	1.966	2.583	3.300
300	0.676	1.153	1.649	1.965	2.582	3.298
400	0.676	1.153	1.648	1.964	2.581	3.296
500	0.676	1.152	1.648	1.963	2.580	3.295
1 000	0.675	1.152	1.646	1.962	2.578	3.293
∞	0.675	1.151	1.645	1.960	2.576	3.291

表 C.3 置信水平 90.0%

(1 − α = 0.90)

n	p					
	0.50	0.75	0.90	0.95	0.99	0.999
2	1.187	1.842	2.446	2.809	3.490	4.254
3	1.013	1.640	2.236	2.597	3.277	4.040
4	0.924	1.527	2.114	2.473	3.151	3.913
5	0.872	1.456	2.034	2.390	3.065	3.827
6	0.837	1.407	1.977	2.330	3.003	3.764
7	0.813	1.371	1.935	2.285	2.955	3.715
8	0.795	1.344	1.902	2.250	2.917	3.675
9	0.781	1.323	1.875	2.222	2.886	3.643
10	0.770	1.306	1.854	2.198	2.861	3.616
11	0.761	1.292	1.836	2.179	2.839	3.593
12	0.754	1.281	1.821	2.162	2.821	3.573
13	0.748	1.271	1.809	2.148	2.804	3.556
14	0.742	1.262	1.797	2.136	2.790	3.541
15	0.738	1.255	1.788	2.125	2.778	3.527
16	0.734	1.248	1.779	2.115	2.767	3.515
17	0.730	1.243	1.772	2.107	2.757	3.504
18	0.727	1.237	1.765	2.099	2.748	3.494
19	0.724	1.233	1.759	2.092	2.740	3.485
20	0.722	1.229	1.753	2.086	2.733	3.477
22	0.717	1.222	1.744	2.075	2.720	3.463
24	0.714	1.216	1.736	2.066	2.709	3.450
26	0.711	1.211	1.729	2.058	2.699	3.439
28	0.708	1.207	1.723	2.052	2.691	3.430
30	0.706	1.203	1.718	2.046	2.684	3.422
35	0.701	1.195	1.708	2.034	2.670	3.405
40	0.698	1.190	1.700	2.025	2.659	3.392
45	0.695	1.185	1.694	2.018	2.650	3.382
50	0.693	1.182	1.689	2.012	2.643	3.373
60	0.690	1.177	1.682	2.004	2.632	3.360
70	0.688	1.173	1.677	1.998	2.625	3.351
80	0.686	1.170	1.673	1.993	2.619	3.344
90	0.685	1.168	1.670	1.990	2.614	3.338
100	0.684	1.166	1.667	1.987	2.610	3.334
150	0.681	1.161	1.660	1.978	2.599	3.320
200	0.680	1.159	1.656	1.974	2.594	3.313
250	0.679	1.157	1.654	1.971	2.590	3.309
300	0.678	1.156	1.653	1.969	2.588	3.306
400	0.677	1.155	1.651	1.967	2.585	3.302
500	0.677	1.154	1.650	1.966	2.583	3.300
1 000	0.676	1.152	1.648	1.963	2.580	3.295
∞	0.675	1.151	1.645	1.960	2.576	3.291

表 C.4 置信水平 95.0%

($1-\alpha=0.95$)

n	p					
	0.50	0.75	0.90	0.95	0.99	0.999
2	1.393	2.062	2.668	3.031	3.713	4.477
3	1.160	1.812	2.415	2.777	3.459	4.222
4	1.036	1.668	2.265	2.627	3.307	4.071
5	0.960	1.574	2.165	2.525	3.204	3.967
6	0.910	1.509	2.093	2.451	3.129	3.891
7	0.875	1.460	2.039	2.395	3.070	3.832
8	0.849	1.423	1.996	2.350	3.024	3.785
9	0.828	1.394	1.961	2.313	2.985	3.746
10	0.812	1.370	1.933	2.283	2.953	3.713
11	0.799	1.351	1.909	2.258	2.926	3.685
12	0.788	1.334	1.889	2.236	2.903	3.660
13	0.779	1.320	1.872	2.218	2.882	3.639
14	0.772	1.308	1.857	2.201	2.864	3.620
15	0.765	1.298	1.844	2.187	2.848	3.603
16	0.759	1.289	1.832	2.174	2.834	3.588
17	0.754	1.281	1.822	2.163	2.821	3.574
18	0.749	1.274	1.812	2.152	2.809	3.561
19	0.745	1.267	1.804	2.143	2.799	3.550
20	0.742	1.261	1.797	2.135	2.789	3.540
22	0.736	1.251	1.783	2.120	2.772	3.521
24	0.730	1.243	1.772	2.108	2.758	3.505
26	0.726	1.236	1.763	2.097	2.745	3.491
28	0.722	1.230	1.755	2.088	2.735	3.479
30	0.719	1.225	1.748	2.080	2.725	3.469
35	0.713	1.214	1.733	2.063	2.706	3.446
40	0.708	1.206	1.723	2.051	2.691	3.429
45	0.704	1.200	1.714	2.041	2.679	3.416
50	0.701	1.195	1.708	2.033	2.669	3.404
60	0.697	1.188	1.697	2.022	2.655	3.387
70	0.694	1.182	1.690	2.013	2.644	3.374
80	0.691	1.178	1.684	2.007	2.636	3.365
90	0.689	1.175	1.680	2.002	2.629	3.357
100	0.688	1.173	1.677	1.998	2.624	3.351
150	0.684	1.166	1.666	1.985	2.609	3.332
200	0.681	1.162	1.661	1.979	2.601	3.322
250	0.680	1.160	1.658	1.975	2.596	3.316
300	0.679	1.158	1.656	1.973	2.593	3.312
400	0.678	1.156	1.653	1.970	2.589	3.307
500	0.678	1.155	1.652	1.968	2.586	3.304
1 000	0.676	1.153	1.649	1.964	2.581	3.297
∞	0.675	1.151	1.645	1.960	2.576	3.291

表 C.5 置信水平 99.0%

(1 − α = 0.99)

n	p					
	0.50	0.75	0.90	0.95	0.99	0.999
2	1.822	2.496	3.103	3.467	4.148	4.912
3	1.491	2.163	2.769	3.133	3.814	4.578
4	1.301	1.965	2.570	2.933	3.615	4.379
5	1.177	1.831	2.435	2.798	3.479	4.243
6	1.092	1.735	2.336	2.698	3.379	4.142
7	1.031	1.662	2.259	2.621	3.301	4.064
8	0.984	1.605	2.198	2.559	3.238	4.002
9	0.948	1.558	2.148	2.508	3.186	3.950
10	0.919	1.521	2.107	2.465	3.143	3.906
11	0.896	1.489	2.071	2.429	3.105	3.868
12	0.876	1.462	2.041	2.397	3.073	3.835
13	0.860	1.439	2.015	2.370	3.044	3.806
14	0.846	1.420	1.992	2.346	3.019	3.780
15	0.834	1.402	1.971	2.324	2.997	3.757
16	0.824	1.387	1.953	2.305	2.976	3.736
17	0.815	1.374	1.937	2.288	2.958	3.718
18	0.806	1.361	1.922	2.272	2.941	3.700
19	0.799	1.351	1.909	2.258	2.926	3.685
20	0.793	1.341	1.897	2.245	2.912	3.670
22	0.782	1.324	1.876	2.222	2.887	3.644
24	0.772	1.310	1.858	2.203	2.866	3.622
26	0.765	1.297	1.843	2.186	2.847	3.602
28	0.758	1.287	1.830	2.172	2.831	3.585
30	0.752	1.278	1.818	2.159	2.817	3.569
35	0.741	1.260	1.795	2.133	2.787	3.537
40	0.732	1.246	1.777	2.113	2.764	3.512
45	0.726	1.236	1.763	2.097	2.745	3.491
50	0.721	1.227	1.751	2.084	2.730	3.474
60	0.713	1.215	1.734	2.064	2.706	3.447
70	0.707	1.205	1.722	2.050	2.689	3.428
80	0.703	1.199	1.712	2.039	2.676	3.412
90	0.700	1.193	1.705	2.031	2.666	3.400
100	0.698	1.189	1.699	2.024	2.657	3.390
150	0.690	1.176	1.681	2.003	2.631	3.359
200	0.686	1.170	1.672	1.993	2.618	3.343
250	0.684	1.166	1.667	1.986	2.610	3.333
300	0.682	1.164	1.663	1.982	2.604	3.326
400	0.681	1.160	1.659	1.977	2.597	3.318
500	0.679	1.158	1.656	1.973	2.593	3.312
1 000	0.677	1.155	1.651	1.967	2.585	3.302
∞	0.675	1.151	1.645	1.960	2.576	3.291

表 C.6 置信水平 99.9%

(1 − α = 0.999)

n	p					
	0.50	0.75	0.90	0.95	0.99	0.999
2	2.327	3.002	3.609	3.972	4.654	5.417
3	1.900	2.575	3.182	3.545	4.227	4.991
4	1.647	2.320	2.927	3.291	3.972	4.736
5	1.476	2.147	2.754	3.117	3.798	4.562
6	1.353	2.020	2.626	2.989	3.670	4.434
7	1.260	1.921	2.526	2.889	3.571	4.334
8	1.187	1.843	2.446	2.809	3.490	4.254
9	1.130	1.778	2.380	2.743	3.424	4.188
10	1.083	1.725	2.325	2.687	3.368	4.131
11	1.045	1.679	2.277	2.639	3.319	4.083
12	1.013	1.640	2.236	2.597	3.277	4.041
13	0.986	1.606	2.200	2.560	3.240	4.003
14	0.962	1.577	2.168	2.528	3.207	3.970
15	0.942	1.551	2.140	2.499	3.178	3.941
16	0.924	1.527	2.114	2.473	3.151	3.914
17	0.909	1.507	2.091	2.449	3.127	3.889
18	0.895	1.488	2.070	2.428	3.104	3.867
19	0.883	1.471	2.051	2.408	3.084	3.846
20	0.872	1.456	2.034	2.390	3.065	3.827
22	0.853	1.430	2.003	2.358	3.032	3.793
24	0.838	1.407	1.977	2.330	3.003	3.764
26	0.824	1.388	1.954	2.306	2.978	3.738
28	0.813	1.372	1.935	2.285	2.955	3.715
30	0.804	1.357	1.917	2.267	2.935	3.694
35	0.784	1.328	1.882	2.228	2.894	3.651
40	0.770	1.306	1.854	2.198	2.861	3.616
45	0.759	1.289	1.832	2.174	2.834	3.588
50	0.751	1.275	1.815	2.155	2.812	3.564
60	0.738	1.255	1.788	2.125	2.778	3.527
70	0.729	1.240	1.768	2.103	2.752	3.499
80	0.722	1.229	1.753	2.086	2.733	3.477
90	0.716	1.220	1.742	2.073	2.717	3.459
100	0.712	1.213	1.732	2.062	2.704	3.445
150	0.700	1.192	1.704	2.029	2.664	3.398
200	0.693	1.182	1.689	2.012	2.643	3.373
250	0.690	1.176	1.681	2.002	2.630	3.358
300	0.687	1.172	1.675	1.995	2.621	3.347
400	0.684	1.166	1.667	1.987	2.610	3.334
500	0.682	1.163	1.663	1.982	2.604	3.326
1 000	0.679	1.157	1.654	1.971	2.590	3.309
∞	0.675	1.151	1.645	1.960	2.576	3.291

附 录 D
（规范性附录）
方差 σ 未知时单侧统计容忍限系数，$k_3(n;p;1-\alpha)$

表 D.1 置信水平 50.0%
$(1-\alpha=0.50)$

n	p					
	0.50	0.75	0.90	0.95	0.99	0.999
2	0.000	0.888	1.785	2.339	3.376	4.527
3	0.000	0.774	1.499	1.939	2.765	3.689
4	0.000	0.739	1.419	1.830	2.601	3.465
5	0.000	0.722	1.382	1.780	2.526	3.363
6	0.000	0.712	1.361	1.751	2.483	3.304
7	0.000	0.706	1.347	1.732	2.456	3.266
8	0.000	0.701	1.337	1.719	2.436	3.240
9	0.000	0.698	1.330	1.710	2.422	3.220
10	0.000	0.695	1.325	1.702	2.411	3.205
11	0.000	0.693	1.320	1.696	2.402	3.193
12	0.000	0.692	1.317	1.691	2.395	3.184
13	0.000	0.690	1.314	1.687	2.389	3.176
14	0.000	0.689	1.311	1.684	2.384	3.169
15	0.000	0.688	1.309	1.681	2.380	3.163
16	0.000	0.687	1.307	1.679	2.376	3.158
17	0.000	0.686	1.306	1.677	2.373	3.154
18	0.000	0.686	1.304	1.675	2.370	3.150
19	0.000	0.685	1.303	1.673	2.368	3.147
20	0.000	0.685	1.302	1.672	2.366	3.144
22	0.000	0.684	1.300	1.669	2.362	3.139
24	0.000	0.683	1.298	1.667	2.359	3.134
26	0.000	0.682	1.297	1.665	2.356	3.131
28	0.000	0.682	1.296	1.664	2.354	3.128
30	0.000	0.681	1.295	1.662	2.352	3.125
35	0.000	0.680	1.293	1.660	2.348	3.120
40	0.000	0.680	1.292	1.658	2.346	3.116
45	0.000	0.679	1.290	1.657	2.343	3.113
50	0.000	0.679	1.290	1.655	2.342	3.111
60	0.000	0.678	1.288	1.654	2.339	3.108
70	0.000	0.678	1.287	1.652	2.337	3.105
80	0.000	0.677	1.287	1.652	2.336	3.103
90	0.000	0.677	1.286	1.651	2.335	3.102
100	0.000	0.677	1.286	1.650	2.334	3.101
150	0.000	0.676	1.285	1.649	2.332	3.097
200	0.000	0.676	1.284	1.648	2.330	3.096
250	0.000	0.676	1.284	1.647	2.330	3.095
300	0.000	0.676	1.283	1.647	2.329	3.094
400	0.000	0.675	1.283	1.647	2.329	3.093
500	0.000	0.675	1.283	1.646	2.328	3.093
1 000	0.000	0.675	1.282	1.646	2.328	3.092
∞	0.000	0.675	1.282	1.645	2.327	3.091

STANDARDS PRESS OF CHINA

表 D.2 置信水平 75.0%

($1-\alpha=0.75$)

n	p					
	0.50	0.75	0.90	0.95	0.99	0.999
2	0.708	2.225	3.993	5.122	7.267	9.673
3	0.472	1.465	2.502	3.152	4.396	5.806
4	0.383	1.256	2.134	2.681	3.726	4.911
5	0.332	1.152	1.962	2.464	3.422	4.508
6	0.297	1.088	1.860	2.336	3.244	4.274
7	0.272	1.044	1.791	2.251	3.127	4.119
8	0.252	1.011	1.740	2.189	3.042	4.008
9	0.236	0.985	1.702	2.142	2.978	3.925
10	0.223	0.964	1.671	2.104	2.927	3.858
11	0.212	0.947	1.646	2.074	2.886	3.805
12	0.202	0.933	1.625	2.048	2.852	3.760
13	0.193	0.920	1.607	2.026	2.823	3.722
14	0.186	0.909	1.591	2.008	2.797	3.690
15	0.179	0.900	1.578	1.991	2.776	3.662
16	0.173	0.891	1.566	1.977	2.756	3.637
17	0.168	0.884	1.555	1.964	2.739	3.615
18	0.163	0.877	1.545	1.952	2.724	3.595
19	0.158	0.870	1.536	1.942	2.710	3.577
20	0.154	0.865	1.529	1.932	2.697	3.561
22	0.147	0.854	1.514	1.916	2.675	3.533
24	0.140	0.846	1.503	1.902	2.657	3.509
26	0.135	0.838	1.492	1.889	2.641	3.488
28	0.130	0.831	1.483	1.879	2.626	3.470
30	0.125	0.825	1.475	1.869	2.614	3.454
35	0.116	0.813	1.458	1.850	2.588	3.421
40	0.108	0.803	1.445	1.834	2.568	3.396
45	0.102	0.795	1.435	1.822	2.552	3.375
50	0.097	0.789	1.426	1.811	2.539	3.358
60	0.088	0.778	1.412	1.795	2.518	3.331
70	0.082	0.770	1.401	1.783	2.502	3.311
80	0.076	0.763	1.393	1.773	2.489	3.295
90	0.072	0.758	1.386	1.765	2.479	3.282
100	0.068	0.753	1.380	1.758	2.470	3.271
150	0.056	0.738	1.361	1.736	2.442	3.235
200	0.048	0.730	1.350	1.723	2.425	3.214
250	0.043	0.724	1.342	1.714	2.414	3.200
300	0.039	0.719	1.337	1.708	2.406	3.190
400	0.034	0.713	1.329	1.699	2.395	3.176
500	0.031	0.709	1.324	1.693	2.387	3.167
1 000	0.022	0.699	1.311	1.679	2.369	3.144
∞	0.000	0.675	1.282	1.645	2.327	3.091

表 D.3 置信水平 90.0%

(1 − α = 0.90)

n	p					
	0.50	0.75	0.90	0.95	0.99	0.999
2	2.177	5.843	10.253	13.090	18.501	24.582
3	1.089	2.603	4.259	5.312	7.341	9.652
4	0.819	1.973	3.188	3.957	5.439	7.130
5	0.686	1.698	2.743	3.400	4.666	6.112
6	0.603	1.540	2.494	3.092	4.243	5.556
7	0.545	1.436	2.333	2.894	3.973	5.202
8	0.501	1.360	2.219	2.755	3.783	4.955
9	0.466	1.303	2.133	2.650	3.642	4.772
10	0.438	1.257	2.066	2.569	3.532	4.629
11	0.414	1.220	2.012	2.503	3.444	4.515
12	0.394	1.189	1.967	2.449	3.371	4.421
13	0.377	1.162	1.929	2.403	3.310	4.341
14	0.361	1.139	1.896	2.364	3.258	4.274
15	0.348	1.119	1.867	2.329	3.212	4.216
16	0.336	1.101	1.842	2.299	3.173	4.164
17	0.325	1.085	1.820	2.273	3.137	4.119
18	0.315	1.071	1.800	2.249	3.106	4.079
19	0.306	1.058	1.782	2.228	3.078	4.042
20	0.297	1.046	1.766	2.208	3.052	4.009
22	0.283	1.026	1.737	2.174	3.007	3.952
24	0.270	1.008	1.713	2.146	2.970	3.904
26	0.259	0.993	1.692	2.121	2.937	3.862
28	0.249	0.979	1.674	2.099	2.909	3.826
30	0.240	0.967	1.658	2.080	2.884	3.795
35	0.221	0.943	1.624	2.041	2.833	3.730
40	0.207	0.923	1.598	2.011	2.794	3.679
45	0.194	0.907	1.577	1.986	2.762	3.639
50	0.184	0.894	1.560	1.966	2.735	3.605
60	0.168	0.873	1.533	1.934	2.694	3.553
70	0.155	0.857	1.512	1.910	2.663	3.513
80	0.145	0.845	1.495	1.890	2.638	3.482
90	0.137	0.834	1.482	1.875	2.618	3.457
100	0.130	0.825	1.471	1.862	2.601	3.436
150	0.106	0.796	1.433	1.819	2.546	3.366
200	0.091	0.779	1.412	1.794	2.515	3.326
250	0.082	0.768	1.397	1.777	2.493	3.299
300	0.075	0.760	1.387	1.765	2.478	3.280
400	0.065	0.748	1.372	1.748	2.457	3.253
500	0.058	0.740	1.362	1.737	2.442	3.235
1 000	0.041	0.721	1.338	1.709	2.407	3.191
∞	0.000	0.675	1.282	1.645	2.327	3.091

表 D.4 置信水平 95.0%

(1－α＝0.95)

n	p					
	0.50	0.75	0.90	0.95	0.99	0.999
2	4.465	11.763	20.582	26.260	37.094	49.276
3	1.686	3.807	6.156	7.656	10.553	13.858
4	1.177	2.618	4.162	5.144	7.043	9.215
5	0.954	2.150	3.407	4.203	5.742	7.502
6	0.823	1.896	3.007	3.708	5.062	6.612
7	0.735	1.733	2.756	3.400	4.642	6.063
8	0.670	1.618	2.582	3.188	4.354	5.688
9	0.620	1.533	2.454	3.032	4.144	5.414
10	0.580	1.466	2.355	2.911	3.982	5.204
11	0.547	1.412	2.276	2.815	3.853	5.037
12	0.519	1.367	2.211	2.737	3.748	4.901
13	0.495	1.329	2.156	2.671	3.660	4.787
14	0.474	1.296	2.109	2.615	3.585	4.691
15	0.455	1.268	2.069	2.567	3.521	4.608
16	0.439	1.243	2.033	2.524	3.464	4.536
17	0.424	1.221	2.002	2.487	3.415	4.472
18	0.411	1.201	1.974	2.453	3.371	4.415
19	0.398	1.183	1.949	2.424	3.331	4.364
20	0.387	1.167	1.926	2.397	3.296	4.319
22	0.367	1.138	1.887	2.349	3.234	4.239
24	0.350	1.114	1.853	2.310	3.182	4.172
26	0.335	1.093	1.825	2.276	3.137	4.115
28	0.322	1.075	1.800	2.246	3.098	4.066
30	0.311	1.059	1.778	2.220	3.064	4.023
35	0.286	1.026	1.733	2.167	2.995	3.934
40	0.267	1.000	1.698	2.126	2.941	3.866
45	0.251	0.978	1.669	2.093	2.898	3.811
50	0.238	0.961	1.646	2.065	2.863	3.766
60	0.216	0.933	1.609	2.023	2.808	3.696
70	0.200	0.912	1.582	1.990	2.766	3.643
80	0.187	0.895	1.560	1.965	2.733	3.602
90	0.176	0.882	1.542	1.944	2.707	3.568
100	0.167	0.870	1.527	1.927	2.684	3.540
150	0.136	0.832	1.478	1.870	2.612	3.448
200	0.117	0.810	1.450	1.838	2.570	3.396
250	0.105	0.795	1.431	1.816	2.543	3.361
300	0.096	0.784	1.417	1.800	2.522	3.336
400	0.083	0.769	1.398	1.778	2.495	3.301
500	0.074	0.759	1.386	1.764	2.476	3.277
1 000	0.053	0.734	1.354	1.728	2.431	3.221
∞	0.000	0.675	1.282	1.645	2.327	3.091

表 D.5 置信水平 99.0%

(1 − α = 0.99)

n	p					
	0.50	0.75	0.90	0.95	0.99	0.999
2	22.501	58.940	103.029	131.427	185.617	246.558
3	4.021	8.729	13.996	17.371	23.896	31.348
4	2.271	4.716	7.380	9.084	12.388	16.176
5	1.676	3.455	5.362	6.579	8.940	11.650
6	1.374	2.849	4.412	5.406	7.335	9.550
7	1.188	2.491	3.860	4.728	6.412	8.346
8	1.060	2.254	3.498	4.286	5.812	7.565
9	0.966	2.084	3.241	3.973	5.389	7.015
10	0.893	1.955	3.048	3.739	5.074	6.606
11	0.834	1.853	2.898	3.557	4.830	6.289
12	0.785	1.771	2.777	3.410	4.634	6.035
13	0.744	1.703	2.677	3.290	4.473	5.827
14	0.709	1.645	2.594	3.189	4.338	5.653
15	0.678	1.596	2.522	3.103	4.223	5.505
16	0.651	1.553	2.460	3.028	4.124	5.377
17	0.627	1.515	2.406	2.963	4.037	5.266
18	0.606	1.481	2.358	2.906	3.961	5.167
19	0.586	1.451	2.315	2.854	3.893	5.080
20	0.568	1.424	2.276	2.808	3.832	5.002
22	0.537	1.377	2.210	2.729	3.727	4.867
24	0.511	1.337	2.154	2.663	3.640	4.755
26	0.488	1.303	2.107	2.607	3.566	4.661
28	0.468	1.274	2.066	2.558	3.502	4.579
30	0.450	1.248	2.030	2.516	3.447	4.508
35	0.413	1.195	1.958	2.430	3.335	4.365
40	0.384	1.154	1.902	2.365	3.249	4.255
45	0.360	1.122	1.858	2.312	3.181	4.169
50	0.341	1.095	1.821	2.269	3.125	4.098
60	0.309	1.052	1.765	2.203	3.039	3.988
70	0.285	1.020	1.722	2.153	2.974	3.906
80	0.266	0.995	1.689	2.114	2.924	3.843
90	0.250	0.975	1.662	2.083	2.884	3.791
100	0.237	0.957	1.639	2.057	2.850	3.749
150	0.193	0.901	1.566	1.972	2.741	3.611
200	0.166	0.869	1.525	1.923	2.679	3.533
250	0.149	0.847	1.497	1.891	2.638	3.481
300	0.136	0.831	1.477	1.868	2.609	3.444
400	0.117	0.809	1.449	1.836	2.568	3.393
500	0.105	0.795	1.430	1.815	2.541	3.359
1 000	0.074	0.759	1.385	1.763	2.475	3.276
∞	0.000	0.675	1.282	1.645	2.327	3.091

STANDARDS PRESS OF CHINA

表 D.6 置信水平 99.9%

$(1-\alpha=0.999)$

n	p					
	0.50	0.75	0.90	0.95	0.99	0.999
2	225.079	589.447	1 030.337	1 314.316	1 856.232	2 465.649
3	12.891	27.753	44.420	55.106	75.775	99.385
4	5.108	10.360	16.122	19.813	26.980	35.204
5	3.208	6.363	9.782	11.970	16.223	21.114
6	2.406	4.740	7.247	8.849	11.965	15.551
7	1.969	3.881	5.921	7.223	9.754	12.668
8	1.692	3.353	5.113	6.235	8.416	10.926
9	1.501	2.995	4.570	5.573	7.521	9.763
10	1.359	2.736	4.181	5.099	6.881	8.933
11	1.250	2.540	3.886	4.741	6.401	8.310
12	1.162	2.385	3.656	4.463	6.027	7.825
13	1.090	2.259	3.471	4.238	5.726	7.436
14	1.030	2.156	3.318	4.054	5.479	7.117
15	0.978	2.068	3.190	3.899	5.272	6.850
16	0.934	1.993	3.080	3.767	5.096	6.623
17	0.895	1.928	2.986	3.653	4.945	6.427
18	0.860	1.871	2.903	3.554	4.813	6.257
19	0.829	1.820	2.830	3.466	4.696	6.107
20	0.801	1.775	2.765	3.389	4.593	5.974
22	0.752	1.698	2.655	3.256	4.417	5.748
24	0.712	1.634	2.563	3.147	4.273	5.563
26	0.677	1.580	2.487	3.056	4.152	5.408
28	0.647	1.533	2.421	2.978	4.049	5.276
30	0.621	1.493	2.365	2.910	3.961	5.162
35	0.566	1.412	2.251	2.775	3.783	4.935
40	0.524	1.350	2.165	2.674	3.650	4.765
45	0.490	1.300	2.098	2.594	3.545	4.631
50	0.462	1.260	2.043	2.529	3.460	4.523
60	0.418	1.198	1.958	2.429	3.330	4.357
70	0.384	1.152	1.895	2.355	3.235	4.236
80	0.358	1.115	1.847	2.298	3.161	4.142
90	0.336	1.086	1.808	2.252	3.102	4.067
100	0.318	1.062	1.775	2.215	3.053	4.005
150	0.257	0.983	1.671	2.093	2.896	3.806
200	0.222	0.937	1.612	2.025	2.809	3.696
250	0.198	0.907	1.574	1.980	2.751	3.623
300	0.181	0.886	1.546	1.948	2.710	3.571
400	0.156	0.856	1.507	1.904	2.653	3.500
500	0.139	0.836	1.482	1.874	2.616	3.453
1 000	0.098	0.787	1.420	1.803	2.526	3.340
∞	0.000	0.675	1.282	1.645	2.327	3.091

附 录 E
（规范性附录）
方差 σ 未知时双侧统计容忍限系数，$k_4(n;p;1-\alpha)$

表 E.1 置信水平 50.0%
（$1-\alpha=0.50$）

n	p					
	0.50	0.75	0.90	0.95	0.99	0.999
2	1.243	2.057	2.870	3.376	4.348	5.457
3	0.943	1.582	2.229	2.635	3.416	4.310
4	0.853	1.441	2.040	2.416	3.144	3.979
5	0.809	1.370	1.946	2.308	3.011	3.818
6	0.782	1.328	1.889	2.243	2.930	3.721
7	0.765	1.300	1.851	2.199	2.876	3.655
8	0.752	1.279	1.823	2.168	2.837	3.608
9	0.743	1.264	1.802	2.143	2.807	3.572
10	0.735	1.252	1.786	2.124	2.783	3.544
11	0.730	1.242	1.772	2.109	2.764	3.521
12	0.725	1.234	1.761	2.096	2.749	3.502
13	0.721	1.227	1.752	2.086	2.735	3.486
14	0.717	1.222	1.744	2.077	2.724	3.472
15	0.714	1.217	1.738	2.069	2.714	3.461
16	0.712	1.212	1.732	2.062	2.706	3.450
17	0.709	1.209	1.727	2.056	2.698	3.441
18	0.707	1.205	1.722	2.051	2.691	3.433
19	0.706	1.202	1.718	2.046	2.685	3.426
20	0.704	1.200	1.714	2.042	2.680	3.419
22	0.701	1.195	1.708	2.034	2.671	3.408
24	0.699	1.191	1.703	2.028	2.663	3.399
26	0.697	1.188	1.698	2.023	2.656	3.391
28	0.696	1.186	1.694	2.018	2.651	3.384
30	0.694	1.183	1.691	2.014	2.646	3.378
35	0.691	1.179	1.685	2.007	2.636	3.366
40	0.689	1.175	1.680	2.001	2.629	3.357
45	0.688	1.172	1.676	1.997	2.623	3.350
50	0.686	1.170	1.673	1.993	2.618	3.344
60	0.684	1.167	1.668	1.988	2.612	3.335
70	0.683	1.165	1.665	1.984	2.607	3.329
80	0.682	1.163	1.662	1.981	2.603	3.324
90	0.681	1.162	1.661	1.979	2.600	3.321
100	0.681	1.160	1.659	1.977	2.598	3.318
150	0.679	1.157	1.654	1.971	2.591	3.309
200	0.678	1.156	1.652	1.969	2.587	3.305
250	0.677	1.155	1.651	1.967	2.585	3.302
300	0.677	1.154	1.650	1.966	2.583	3.300
400	0.676	1.153	1.649	1.965	2.582	3.298
500	0.676	1.153	1.648	1.964	2.581	3.296
1 000	0.676	1.152	1.647	1.962	2.578	3.294
∞	0.675	1.151	1.645	1.960	2.576	3.291

表 E.2 置信水平 75.0%

（$1-\alpha=0.75$）

n	p					
	0.50	0.75	0.90	0.95	0.99	0.999
2	2.674	4.394	6.109	7.178	9.231	11.574
3	1.492	2.487	3.489	4.117	5.326	6.710
4	1.211	2.036	2.872	3.397	4.412	5.576
5	1.083	1.829	2.590	3.069	3.996	5.060
6	1.009	1.709	2.425	2.877	3.753	4.760
7	0.961	1.630	2.316	2.750	3.592	4.561
8	0.926	1.573	2.238	2.659	3.476	4.418
9	0.900	1.530	2.179	2.590	3.389	4.309
10	0.880	1.497	2.133	2.536	3.320	4.224
11	0.864	1.469	2.095	2.492	3.264	4.155
12	0.850	1.447	2.064	2.456	3.217	4.097
13	0.839	1.428	2.038	2.425	3.178	4.049
14	0.829	1.412	2.015	2.399	3.145	4.007
15	0.821	1.398	1.996	2.376	3.116	3.971
16	0.814	1.386	1.979	2.356	3.090	3.939
17	0.807	1.375	1.964	2.338	3.067	3.910
18	0.802	1.366	1.950	2.322	3.047	3.885
19	0.797	1.357	1.938	2.308	3.029	3.862
20	0.792	1.349	1.927	2.295	3.012	3.842
22	0.784	1.336	1.908	2.273	2.983	3.806
24	0.777	1.325	1.892	2.254	2.959	3.775
26	0.771	1.315	1.879	2.238	2.938	3.749
28	0.766	1.306	1.867	2.224	2.920	3.727
30	0.762	1.299	1.857	2.211	2.904	3.707
35	0.753	1.284	1.835	2.186	2.872	3.666
40	0.747	1.273	1.819	2.167	2.847	3.634
45	0.741	1.263	1.806	2.152	2.827	3.609
50	0.737	1.256	1.795	2.139	2.810	3.588
60	0.730	1.244	1.779	2.119	2.784	3.556
70	0.725	1.236	1.766	2.105	2.765	3.532
80	0.721	1.229	1.757	2.093	2.750	3.513
90	0.718	1.223	1.749	2.084	2.738	3.497
100	0.715	1.219	1.742	2.076	2.728	3.485
150	0.706	1.204	1.722	2.051	2.696	3.443
200	0.701	1.196	1.710	2.037	2.677	3.420
250	0.698	1.191	1.702	2.028	2.665	3.405
300	0.696	1.187	1.697	2.022	2.657	3.393
400	0.693	1.181	1.689	2.012	2.645	3.378
500	0.691	1.178	1.684	2.006	2.637	3.368
1 000	0.686	1.169	1.672	1.992	2.618	3.344
∞	0.675	1.151	1.645	1.960	2.576	3.291

表 E.3　置信水平 90.0%

($1-\alpha=0.90$)

n	p					
	0.50	0.75	0.90	0.95	0.99	0.999
2	6.809	11.166	15.513	18.221	23.424	29.362
3	2.492	4.135	5.789	6.824	8.819	11.104
4	1.766	2.954	4.158	4.913	6.373	8.047
5	1.473	2.478	3.500	4.143	5.387	6.816
6	1.314	2.218	3.141	3.723	4.850	6.146
7	1.213	2.053	2.913	3.456	4.509	5.721
8	1.144	1.939	2.755	3.270	4.271	5.424
9	1.093	1.854	2.637	3.133	4.095	5.204
10	1.053	1.789	2.546	3.026	3.958	5.033
11	1.022	1.737	2.474	2.941	3.849	4.897
12	0.996	1.694	2.414	2.871	3.760	4.785
13	0.975	1.659	2.365	2.813	3.684	4.691
14	0.957	1.628	2.322	2.763	3.621	4.611
15	0.941	1.602	2.286	2.720	3.565	4.542
16	0.928	1.580	2.254	2.683	3.517	4.482
17	0.916	1.560	2.226	2.650	3.475	4.428
18	0.905	1.542	2.201	2.620	3.437	4.381
19	0.896	1.526	2.179	2.594	3.403	4.338
20	0.887	1.512	2.159	2.570	3.372	4.300
22	0.873	1.487	2.124	2.529	3.319	4.233
24	0.861	1.466	2.095	2.494	3.274	4.177
26	0.850	1.449	2.070	2.465	3.236	4.129
28	0.841	1.434	2.048	2.439	3.203	4.087
30	0.833	1.420	2.029	2.417	3.174	4.050
35	0.817	1.393	1.991	2.372	3.115	3.976
40	0.805	1.372	1.962	2.337	3.069	3.918
45	0.795	1.356	1.938	2.309	3.033	3.872
50	0.787	1.342	1.919	2.286	3.003	3.835
60	0.775	1.321	1.889	2.250	2.957	3.776
70	0.766	1.306	1.867	2.224	2.922	3.732
80	0.759	1.294	1.849	2.203	2.895	3.698
90	0.753	1.284	1.835	2.187	2.873	3.670
100	0.748	1.276	1.824	2.173	2.855	3.647
150	0.733	1.249	1.786	2.128	2.796	3.572
200	0.724	1.234	1.765	2.103	2.763	3.530
250	0.718	1.225	1.751	2.086	2.741	3.502
300	0.714	1.217	1.741	2.074	2.725	3.481
400	0.708	1.208	1.727	2.057	2.704	3.454
500	0.705	1.201	1.717	2.046	2.689	3.435
1 000	0.695	1.186	1.695	2.020	2.654	3.391
∞	0.675	1.151	1.645	1.960	2.576	3.291

STANDARDS PRESS OF CHINA

表 E.4 置信水平 95.0%

($1-\alpha=0.95$)

n	p					
	0.50	0.75	0.90	0.95	0.99	0.999
2	13.652	22.383	31.093	36.520	46.945	58.844
3	3.585	5.938	8.306	9.789	12.648	15.920
4	2.288	3.819	5.369	6.342	8.221	10.377
5	1.812	3.041	4.291	5.077	6.598	8.346
6	1.566	2.639	3.733	4.423	5.758	7.294
7	1.416	2.392	3.390	4.020	5.242	6.647
8	1.314	2.224	3.157	3.746	4.890	6.207
9	1.240	2.101	2.987	3.546	4.633	5.886
10	1.183	2.008	2.857	3.394	4.437	5.641
11	1.139	1.935	2.754	3.273	4.282	5.446
12	1.103	1.875	2.671	3.175	4.156	5.288
13	1.074	1.825	2.602	3.094	4.051	5.156
14	1.049	1.784	2.543	3.025	3.962	5.045
15	1.027	1.748	2.493	2.965	3.886	4.949
16	1.009	1.717	2.449	2.914	3.819	4.866
17	0.992	1.689	2.411	2.869	3.761	4.792
18	0.978	1.665	2.377	2.829	3.709	4.727
19	0.965	1.644	2.347	2.793	3.663	4.669
20	0.954	1.625	2.319	2.761	3.621	4.617
22	0.934	1.591	2.272	2.705	3.550	4.526
24	0.918	1.563	2.233	2.659	3.489	4.450
26	0.904	1.540	2.200	2.619	3.438	4.386
28	0.892	1.519	2.171	2.585	3.394	4.330
30	0.881	1.502	2.146	2.555	3.355	4.281
35	0.860	1.466	2.095	2.495	3.277	4.182
40	0.844	1.438	2.056	2.449	3.216	4.106
45	0.831	1.417	2.025	2.412	3.168	4.045
50	0.821	1.399	2.000	2.382	3.129	3.996
60	0.804	1.371	1.960	2.336	3.069	3.919
70	0.792	1.351	1.931	2.301	3.023	3.861
80	0.783	1.335	1.909	2.274	2.988	3.816
90	0.776	1.322	1.890	2.252	2.960	3.780
100	0.769	1.312	1.875	2.234	2.936	3.750
150	0.749	1.278	1.826	2.176	2.860	3.653
200	0.738	1.258	1.799	2.143	2.817	3.598
250	0.731	1.246	1.781	2.122	2.788	3.562
300	0.725	1.236	1.768	2.106	2.768	3.536
400	0.718	1.224	1.750	2.085	2.740	3.500
500	0.713	1.216	1.738	2.071	2.721	3.476
1 000	0.701	1.196	1.709	2.037	2.676	3.419
∞	0.675	1.151	1.645	1.960	2.576	3.291

表 E.5 置信水平 99.0%

(1 − α = 0.99)

n	p					
	0.50	0.75	0.90	0.95	0.99	0.999
2	68.316	111.996	155.569	182.721	234.878	294.410
3	8.122	13.435	18.783	22.131	28.586	35.978
4	4.029	6.707	9.417	11.118	14.406	18.178
5	2.824	4.725	6.655	7.870	10.221	12.921
6	2.270	3.812	5.384	6.374	8.292	10.498
7	1.954	3.292	4.658	5.520	7.191	9.115
8	1.751	2.956	4.189	4.968	6.480	8.220
9	1.608	2.720	3.861	4.581	5.981	7.593
10	1.503	2.546	3.617	4.295	5.611	7.128
11	1.422	2.412	3.429	4.073	5.325	6.768
12	1.358	2.304	3.279	3.896	5.096	6.481
13	1.305	2.217	3.157	3.752	4.910	6.246
14	1.262	2.144	3.054	3.631	4.754	6.050
15	1.225	2.082	2.968	3.529	4.622	5.884
16	1.193	2.029	2.893	3.441	4.508	5.740
17	1.166	1.983	2.828	3.365	4.409	5.616
18	1.142	1.943	2.771	3.297	4.322	5.506
19	1.120	1.907	2.721	3.238	4.244	5.408
20	1.101	1.875	2.676	3.184	4.175	5.321
22	1.069	1.820	2.598	3.093	4.057	5.172
24	1.042	1.775	2.534	3.017	3.959	5.048
26	1.020	1.737	2.481	2.953	3.876	4.943
28	1.000	1.704	2.434	2.899	3.805	4.853
30	0.984	1.676	2.394	2.851	3.743	4.775
35	0.950	1.620	2.314	2.756	3.619	4.618
40	0.925	1.577	2.253	2.684	3.525	4.499
45	0.905	1.543	2.205	2.627	3.451	4.405
50	0.889	1.516	2.166	2.581	3.390	4.328
60	0.864	1.474	2.107	2.510	3.297	4.211
70	0.846	1.443	2.063	2.458	3.229	4.123
80	0.832	1.419	2.029	2.417	3.176	4.056
90	0.821	1.400	2.001	2.384	3.133	4.002
100	0.812	1.384	1.979	2.358	3.098	3.957
150	0.782	1.334	1.907	2.272	2.985	3.813
200	0.766	1.305	1.866	2.224	2.922	3.732
250	0.755	1.287	1.840	2.192	2.881	3.680
300	0.747	1.273	1.821	2.169	2.851	3.642
400	0.736	1.255	1.795	2.138	2.810	3.590
500	0.729	1.243	1.778	2.118	2.783	3.555
1 000	0.712	1.214	1.736	2.069	2.719	3.473
∞	0.675	1.151	1.645	1.960	2.576	3.291

表 E.6 置信水平 99.9%

(1－α＝0.999)

n	p					
	0.50	0.75	0.90	0.95	0.99	0.999
2	683.179	1 119.993	1 555.734	1 827.252	2 348.839	2 944.180
3	25.759	42.595	59.543	70.154	90.611	114.037
4	8.780	14.598	20.487	24.185	31.330	39.528
5	5.130	8.566	12.056	14.252	18.501	23.384
6	3.706	6.210	8.760	10.366	13.479	17.059
7	2.975	4.998	7.063	8.366	10.892	13.800
8	2.535	4.269	6.043	7.163	9.336	11.839
9	2.244	3.786	5.365	6.364	8.302	10.535
10	2.037	3.442	4.883	5.795	7.565	9.607
11	1.882	3.185	4.523	5.370	7.015	8.912
12	1.762	2.985	4.243	5.039	6.587	8.373
13	1.667	2.826	4.019	4.775	6.245	7.941
14	1.589	2.696	3.836	4.559	5.965	7.588
15	1.524	2.587	3.683	4.378	5.731	7.292
16	1.469	2.495	3.554	4.226	5.532	7.042
17	1.422	2.416	3.443	4.094	5.362	6.827
18	1.381	2.348	3.346	3.980	5.213	6.639
19	1.345	2.287	3.261	3.879	5.083	6.475
20	1.313	2.234	3.186	3.790	4.968	6.329
22	1.260	2.144	3.059	3.640	4.772	6.082
24	1.216	2.070	2.955	3.517	4.612	5.879
26	1.180	2.009	2.868	3.414	4.479	5.711
28	1.149	1.957	2.795	3.327	4.366	5.568
30	1.123	1.913	2.732	3.253	4.268	5.444
35	1.071	1.825	2.607	3.104	4.075	5.199
40	1.032	1.759	2.513	2.993	3.930	5.016
45	1.002	1.708	2.440	2.907	3.817	4.873
50	0.978	1.667	2.382	2.837	3.727	4.757
60	0.941	1.604	2.293	2.732	3.588	4.582
70	0.914	1.559	2.228	2.654	3.487	4.453
80	0.894	1.524	2.178	2.595	3.410	4.355
90	0.877	1.496	2.139	2.548	3.348	4.276
100	0.864	1.473	2.106	2.510	3.298	4.212
150	0.822	1.401	2.003	2.387	3.137	4.006
200	0.799	1.361	1.947	2.319	3.048	3.893
250	0.783	1.336	1.910	2.275	2.990	3.819
300	0.773	1.317	1.883	2.244	2.949	3.767
400	0.758	1.292	1.847	2.201	2.893	3.695
500	0.748	1.276	1.824	2.173	2.856	3.648
1 000	0.725	1.236	1.768	2.106	2.768	3.535
∞	0.675	1.151	1.645	1.960	2.576	3.291

附 录 F
（规范性附录）
分布自由的单侧容忍区间

表 F.1 置信水平 $1-\alpha$ 比例 p 的样本量

$1-\alpha$	$p=0.500$	$p=0.750$	$p=0.900$	$p=0.950$	$p=0.990$	$p=0.999$
0.500	1	3	7	14	69	693
0.750	2	5	14	28	138	1 386
0.900	4	9	22	45	230	2 302
0.950	5	11	29	59	299	2 995
0.990	7	17	44	90	459	4 603
0.999	10	25	66	135	688	6 905

STANDARDS PRESS OF CHINA

附 录 G
（规范性附录）
分布自由的双侧容忍区间

表 G.1 置信水平 $1-\alpha$ 比例 p 的样本量

$1-\alpha$	$p=0.500$	$p=0.750$	$p=0.900$	$p=0.950$	$p=0.990$	$p=0.999$
0.500	3	7	17	34	168	1 679
0.750	5	10	27	53	269	2 692
0.900	7	15	38	77	388	3 889
0.950	8	18	46	93	473	4 742
0.990	11	24	64	130	662	6 636
0.999	14	33	89	181	920	9 230

附 录 H
（资料性附录）
任意类型分布的分布自由的统计容忍区间的构造

H.1 分布自由的单侧统计容忍区间

一个置信水平为 $1-\alpha$ 样本量为 n 的单侧统计容忍区间以 $x_L = x_{min}$ 作为下容忍限(或上容忍限 $x_U = x_{max}$)，其包含总体的比例至少为 p 需要如下关系式成立：

$p^n = \alpha$

显然，给定 n 和 $1-\alpha$，p 的值可由这个公式确定。同样地，给定 n 和 p，也能确定 $1-\alpha$ 的值。同理，给定 p 和 $1-\alpha$，最小样本量 n 可由如下公式计算出：

$p^n \leqslant \alpha$

对于常用的 p 和 $1-\alpha$，表 F.1 给出了分布自由的单侧统计容忍区间所需的样本量。

H.2 分布自由的双侧统计容忍区间

一个置信水平为 $1-\alpha$ 样本量为 n 的双侧统计容忍区间，以 $x_L = x_{min}$ 作为下容忍限，以 $x_U = x_{max}$ 作为上容忍限，其包含总体的比例至少为 p 需要如下关系式成立：

$np^n - (n-1)p^n = \alpha$

类似单侧区间情形，给定 n、p 和 $1-\alpha$ 之中的任意两个，第三个可由该关系式计算出。特别地，给定 p 和 $1-\alpha$，最小样本量 n 可由如下公式计算出：

$np^n - (n-1)p^n \leqslant \alpha$

对于常用的 p 和 $1-\alpha$，表 G.1 给出了分布自由的双侧统计容忍区间所需的样本量。

附　录　I
（资料性附录）
参数方法双侧统计容忍区间系数的计算

在数理统计领域，对未知均值 μ 和未知标准差 σ 的正态分布，容忍区间被称为置信水平为 $1-\alpha$ 的 p^- 容量的容忍区间。有时，用符号 β 代替符号 p 。尽管 p^- 容量容忍区间的定义简单，但其容忍系数的精确值却相当难计算，尤其是不借助于计算机。考虑形如 $[\bar{x}-k\times s,\bar{x}+k\times s]$ 的容忍区间，其中 $\bar{x}$ 和 s 分别为样本均值和样本标准差。计算置信水平 $1-\alpha$ 的 p^- 容量的容忍区间等同于计算满足下式的系数 k：

$$P_{\bar{x},s}\left[P_{\bar{x}}(\bar{x}-ks\leqslant X\leqslant \bar{x}+ks\,|\,\bar{x},s)\geqslant p\right]=P_{\bar{x},s}\left[\int_{\bar{x}-ks}^{\bar{x}+ks}f(x)\mathrm{d}x\geqslant p\right]=1-\alpha \quad \cdots\cdots(\mathrm{I}.1)$$

其中 $f(x)$ 为标准正态分布的概率密度函数，$P[\;]$ 表示方括号中事件的概率。关于 k 的方程(I.1)的解析解很难求出，因此，以往采用近似的方法来计算系数 k 。在之前的容忍区间的标准中，对于 μ 和 σ 未知的情形，双侧统计容忍区间表中的系数计算就是采用了近似方法。

现在，已经有了采用数值积分来精确计算系数的计算机程序。附录 E 中的系数是用数值积分法经迭代计算得出的，它们至少能满足常用的置信水平。

对于 μ 和 σ 均未知的正态分布，Garaj 和 Janiga[8] 给出了更多的计算双侧统计容忍区间所需系数 k 的表格。这些表格和本标准的附录 E 相对应，但 n 、p 和 $1-\alpha$ 的范围要比附录 E 中的大。

参 考 文 献

[1] ISO 2602 Statistical interpretation of test results—Estimation of the mean—Confidence interval

[2] ISO 2854 Statistical interpretation of data—Techniques of estimation and tests relating to means and variances

[3] ISO 3207 Statistical interpretation of data—Determination of a statistical tolerance interval

[4] ISO 5479 Statistical interpretation of data—Tests for departure from the normal distribution

[5] Guide to the expression of uncertainty in measurement (GUM). BIPM. IEC. IFCC. ISO. IUPAC. IUPAP. OIML. 1993. corrected and reprinted in 1995

[6] EBERHARDT. K. R.. MEE. R. W. and REEVE. C. P. Computing factors for exact two-sided tolerance limits for a normal distribution. Communications in Statistics Part B. 18. 1989. pp. 397-413

[7] FUJINO. Y. Exact two-sided tolerance limits of normal distribution. Japanese Journal of Applied Statistics. 18. 1989. pp. 29-36 (in Japanese)

[8] GARAJ. I and JANIGA. I. Two-sided tolerance limits of normal distribution for unknown mean and variability. Bratislava: Vydavateľstvo STU. 2002. p. 147

[9] HANSON. D. L. and OWEN. D. B. Distribution-free tolerance limits elimination of the requirement that cumulative distribution functions be continuous. Technometrics. 5. 1963. pp. 518-522

[10] HAHN. G. and MEEKER. W. Q. Statistical intervals: A guide for practitioners. John Wiley & Sons. 1991

[11] ODEH. R. E. and OWEN. D. B. Tables for normal tolerance limits. Sampling Plans and Screening. 1980. Marcel Dekker. Inc.. New York and Basel

[12] PATEL. J. K. Tolerance Limits—A Review. Communications in statistics—Theory and Methods. 15. 1986. pp. 2719-2762

[13] SCHEFF. H. and TUKEY. J. W. 1945. Non-parametric estimation. I. Validation of order statistics. The Annals of Mathematical Statistics. 16. pp. 187-192

[14] VANGEL. M. G. One-sided nonparametric tolerance limits. Communications in Statistics—Simulation and Computation. 23. 1994. pp. 187-192

[15] WILKS. S. S. Determination of Sample Sizes for Setting Tolerance Limits. The Annals of Mathematical Statistics. 12. 1941. pp. 91-96

STANDARDS PRESS OF CHINA

ICS 71.080.10
G 16

中华人民共和国国家标准

GB/T 3393—2009
代替 GB/T 3393—1993

工业用乙烯、丙烯中微量氢的测定 气相色谱法

Ethylene and propylene for industrial use—Determination of trace hydrogen—Gas chromatographic method

2009-10-30 发布　　2010-06-01 实施

中华人民共和国国家质量监督检验检疫总局
中国国家标准化管理委员会　发布

前　言

本标准与 ASTM D2504:1988(2004)《气相色谱法分析 C_2 和轻烃产品中不凝气的标准试验方法》(英文版)的一致性程度为非等效。

本标准代替 GB/T 3393—1993《工业用乙烯、丙烯中微量氢的测定　气相色谱法》。

本标准与 GB/T 3393—1993 相比主要变化如下:

——增加了 PoraPak Q 填充柱、PLOT/Q 毛细管柱的色谱条件及色谱图;

——修改了标样配制内容,增加了标样配制用气体的有关要求;

——增加了用于进样和反吹控制的阀路连接图;

——删除了有机载体 407 填充柱及其色谱条件;

——增加了 7.3 注对液态丙烯的气化控制进行补充说明。

本标准由中国石油化工集团公司提出。

本标准由全国化学标准化技术委员会石油化学分技术委员会(SAC/TC 63/SC 4)归口。

本标准起草单位:中国石油化工股份有限公司上海石油化工研究院。

本标准主要起草人:李薇、乔林祥。

本标准所代替标准的历次版本发布情况为:

——GB/T 3393—1982、GB/T 3393—1993。

工业用乙烯、丙烯中微量氢的测定 气相色谱法

1 范围

本标准规定了用气相色谱法测定工业用乙烯、丙烯中微量氢的含量。

本标准适用于工业用乙烯、丙烯中浓度不低于 1 mL/ m^3(填充柱)或 2 mL/m^3(毛细管柱) 氢含量的测定。

本标准并不是旨在说明与其使用有关的所有安全问题。使用者有责任采取适当的安全与健康措施,保证符合国家有关法规的规定。

2 规范性引用文件

下列文件中的条款通过本标准的引用而成为本标准的条款。凡是注日期的引用文件,其随后所有的修改单(不包括勘误的内容)或修订版均不适用于本标准,然而,鼓励根据本标准达成协议的各方研究是否可使用这些文件的最新版本。凡是不注日期的引用文件,其最新版本适用于本标准。

GB/T 3723 工业用化学产品采样安全通则(GB/T 3723—1999, idt ISO 3165:1976)

GB/T 8170 数值修约规则与极限数值的表示和判定

GB/T 13289 工业用乙烯液态和气态采样法(GB/T 13289—1991, neq ISO 7382:1986)

GB/T 13290 工业用丙烯和丁二烯液态采样法(GB/T 13290—1991, neq ISO 8563:1987)

3 方法提要

在本标准规定的条件下,气体(或液体气化后)试样通过进样装置被载气带入色谱柱。使氢气与其他组分分离,用热导检测器检测。记录氢气的峰面积,采用外标法定量。

4 试剂与材料

4.1 载气

氮气,纯度(体积分数)≥99.99%,经硅胶及 5 A 分子筛干燥,净化。

4.2 制备标样用气体

乙烯:纯度(体积分数)不小于 99.95%,氢含量不大于 1 mL/m^3。

氮气:纯度(体积分数)不小于 99.999%,氢含量不大于 1 mL/m^3。

氢气:纯度(体积分数)不小于 99.99%。

4.3 标样

氢标样可由市场购买有证标样或自行制备,底气为氮气或乙烯(4.2),底气中氢含量应不大于 1 mL/m^3,否则应予以修正。标样中氢的含量应与待测试样相近。

5 仪器

5.1 气相色谱仪

配置带有气体进样阀(定量管容积 1 mL～3 mL)、反吹系统和热导检测器(TCD)的气相色谱仪。该仪器对本标准所规定的最低测定浓度下的氢所产生的峰高应至少大于噪声的两倍。气体进样反吹系统如图 1 所示。满足本标准分离和定量效果的其他进样和反吹装置也可使用。

5.2 色谱柱

推荐的色谱柱及典型操作条件见表1，典型色谱图见图2、图3及图4，能给出同等分离和定量效果的其他色谱柱也可使用。

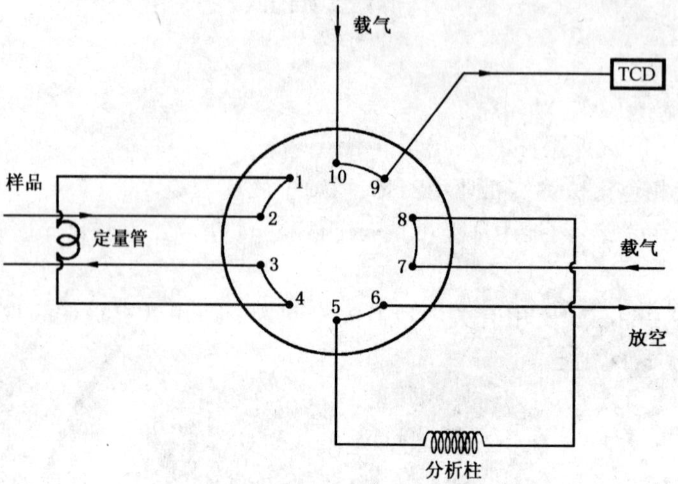

a）反吹状态

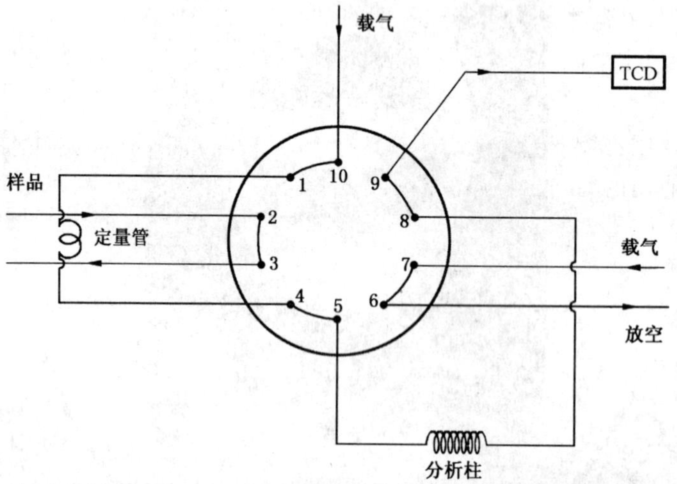

b）进样状态

图1 反吹及进样状态下的十通阀连接图

表1 推荐的色谱柱及典型操作条件

色谱柱	TDX-01	PoraPak Q	PLOT/Q
柱长/m	1	1.8	30
柱内径/mm	2	3	0.53
液膜厚度/μm	—	—	40
载气(N_2)流速/(mL/min)	20	15	6.0
柱温/℃	50	50	35
进样器温度/℃	30	30	30
检测器温度/℃	250	250	250
分流比	—	—	1∶1
进样量/mL	1～3		1

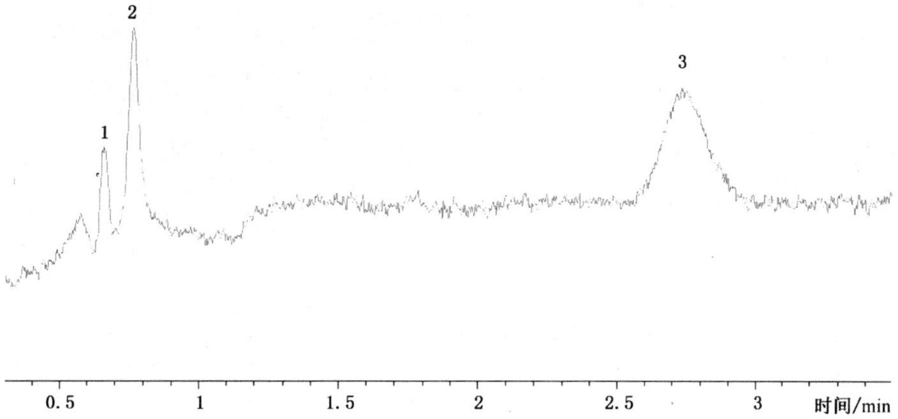

1——氢气；
2——氧气；
3——甲烷。

图 2　标样在 TDX-01 柱上的典型色谱图

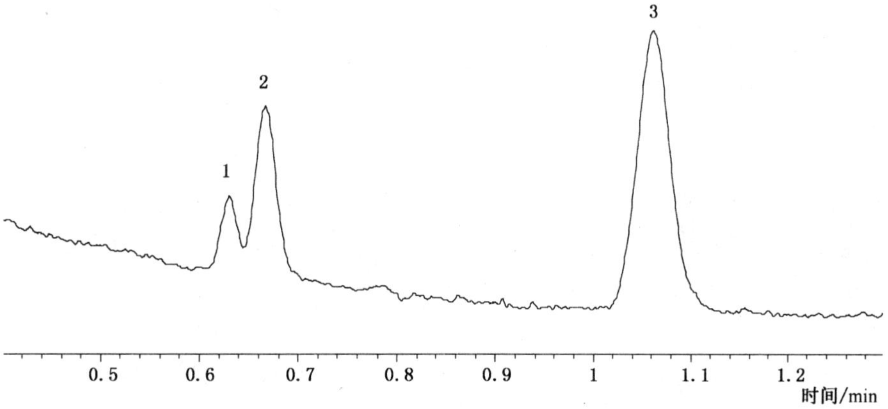

1——氢气；
2——氧气；
3——甲烷。

图 3　标样在 Porapak Q 柱上的典型色谱图

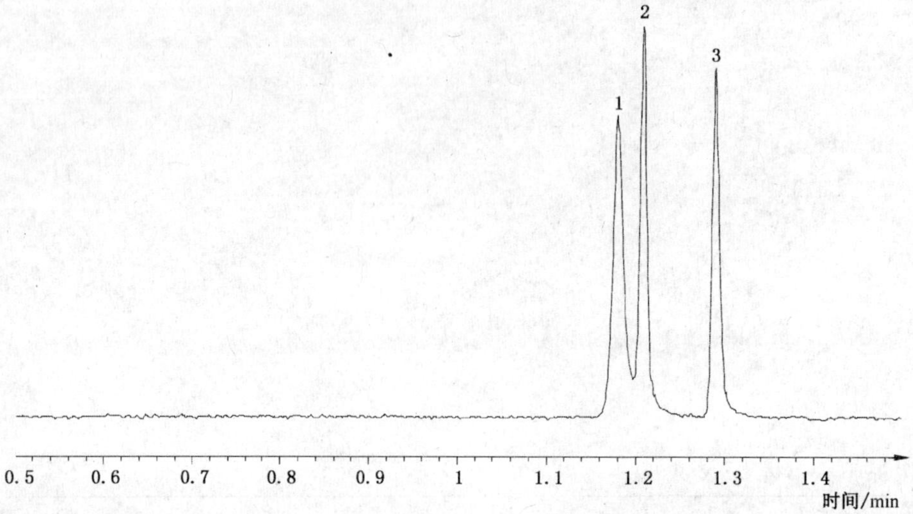

1——氢气；

2——氧气；

3——甲烷。

图 4　标样在 PLOT/Q 毛细管柱柱上的典型色谱图

5.3　记录装置

积分仪或色谱工作站。

6　采样

按 GB/T 13289、GB /T 13290 和 GB/T 3723 规定的安全与技术要求采取样品。

7　测定步骤

7.1　设定操作条件

根据仪器操作说明书，在色谱仪中安装并老化色谱柱。然后调节仪器至表 1 所示的操作条件，待仪器稳定后即可开始测定。

7.2　校正

用气体进样阀，在规定的条件下向色谱仪注入 1 mL～3 mL 标样，待甲烷流出后切换反吹阀，重复测定两次，计算氢的平均峰面积或峰高，作为定量计算的依据。两次重复测定的峰面积或峰高之差应不大于其平均值的 5%。

7.3　试样测定

取与标准气样相同体积的气体试样，用气体进样阀注入色谱仪，重复测定两次，记录并测得氢的峰面积或峰高，并与外标样进行比较。

注：液态丙烯进样时应采取措施确保液态丙烯完全气化，可采用闪蒸进样器或水浴等方式进行气化。

8　分析结果的表述

8.1　计算

乙烯、丙烯中氢含量 φ_i 以毫升每立方米（mL/m^3）计，按式(1)计算：

$$\varphi_i = \varphi_s \times \frac{A_i}{A_s} \qquad (1)$$

式中：

φ_s——标样中氢的含量，单位为毫升每立方米（mL/m^3）；

A_s——标样中氢的峰面积或峰高；

A_i——试样中氢的峰面积或峰高。

8.2 结果的表示

8.2.1 对于任一试样，分析结果的数值修约按 GB/T 8170 规定进行，并以两次重复测定结果的算术平均值表示其分析结果。

8.2.2 报告氢的含量，应精确至 1 mL/m^3。

9 精密度

9.1 重复性

在同一实验室，由同一操作者使用相同设备，按相同的测试方法，并在短时间内对同一被测对象相互独立进行测试获得的两次独立测试结果，对氢含量为 5 mL/m^3～20 mL/m^3 的试样，其绝对差值不大于其平均值的 10%，以大于其平均值 10%的情况不超过 5%为前提。

9.2 再现性

在两个不同实验室，由不同操作员，用不同仪器和设备，按相同的测试方法，对同一被测对象相互独立进行测试获得的两个测试结果，对氢含量为 5 mL/m^3～20 mL/m^3 的试样，其绝对差值不大于其平均值的 30%，以大于其平均值 30%的情况不超过 5%为前提。

10 试验报告

试验报告应包括下列内容：

a） 有关样品的全部资料，例如样品名称、批号、采样地点、采样日期、采样时间等；

b） 本标准代号；

c） 分析结果；

d） 测定中观察到的任何异常现象的细节及其说明；

e） 分析人员的姓名及分析日期等。

STANDARDS PRESS OF CHINA

ICS 71.080.10
G 16

中华人民共和国国家标准

GB/T 3394—2009
代替 GB/T 3394—1993,GB/T 3395—1993

工业用乙烯、丙烯中微量一氧化碳、二氧化碳和乙炔的测定　气相色谱法

Ethylene and propylene for industrial use—Determination of trace carbon monoxide, carbon dioxide and acetylene—Gas chromatographic method

2009-10-30 发布　　2010-06-01 实施

中华人民共和国国家质量监督检验检疫总局
中国国家标准化管理委员会　发布

前言

本标准与 ASTM D 2505:1988(2004)《气相色谱法分析高纯乙烯中的乙烯、烃类杂质和二氧化碳的标准试验方法》(英文版)的一致性程度为非等效。

本标准代替 GB/T 3394—1993《工业用乙烯、丙烯中微量一氧化碳和二氧化碳的测定　气相色谱法》和 GB/T 3395—1993《工业用乙烯中微量乙炔的测定　气相色谱法》。

本标准与 GB/T 3394—1993 和 GB/T 3395—1993 的主要差异为：

——将两个标准整合成一个标准，名称改为“工业用乙烯、丙烯中微量一氧化碳、二氧化碳和乙炔的测定　气相色谱法”；

——增加了毛细管柱的色谱分析操作条件；

——取消了乙炔分析中角鲨烷色谱柱及其操作条件；

——增加了用于进样和反吹控制的阀路连接图；

——增加了标样制备用气体的技术要求；

——增加了毛细管柱的重复性限(r)。

本标准由中国石油化工集团公司提出。

本标准由全国化学标准化技术委员会石油化学分技术委员会(SAC/TC 63/SC 4)归口。

本标准起草单位：中国石油化工股份有限公司上海石油化工研究院。

本标准主要起草人：唐琦民、张育红。

本标准所代替标准的历次版本发布情况为：

——GB/T 3394—1982、GB/T 3394—1993；

——GB/T 3395—1982、GB/T 3395—1993。

工业用乙烯、丙烯中微量一氧化碳、二氧化碳和乙炔的测定　气相色谱法

1　范围

本标准规定了测定工业用乙烯、丙烯中微量一氧化碳、二氧化碳和乙炔含量的气相色谱法。

本标准适用于乙烯、丙烯中含量不低于 1 mL/m^3 的一氧化碳、不低于 5 mL/m^3 的二氧化碳和不低于 1 mL/m^3 的乙炔的测定。

本标准并不是旨在说明与其使用有关的所有安全问题。使用者有责任采取适当的安全与健康措施，保证符合国家有关法规的规定。

2　规范性引用文件

下列文件中的条款通过本标准的引用而成为本标准的条款。凡是注明日期的引用文件，其随后所有的修改单(不包括勘误的内容)或修订版均不适用于本标准，然而，鼓励根据本标准达成协议的各方研究是否可使用这些文件的最新版本。凡是不注明日期的引用文件，其最新版本适用于本标准。

GB/T 3723　工业用化学产品采样安全通则(GB/T 3723—1999,idt ISO 3165:1976)

GB/T 8170　数值修约规则与极限数值的表示和判定

GB/T 13289　工业用乙烯液态和气态采样法(GB/T 13289—1991,neq ISO 7382:1986)

GB/T 13290　工业用丙烯和丁二烯液态采样法(GB/T 13290—1991,neq ISO 8563:1987)

3　方法提要

气体试样(或液体试样气化后)通过进样装置被载气带入填充柱或毛细管色谱柱，使一氧化碳、二氧化碳或乙炔与其他组分分离。一氧化碳、二氧化碳经催化加氢转化为甲烷。用氢火焰离子化检测器(FID)检测，记录各杂质组分的色谱峰面积，采用外标法定量。

一氧化碳、二氧化碳转化成甲烷的反应原理如下：

$$CO+3H_2 \xrightarrow[\text{Ni 催化剂}]{350\ ℃\sim400\ ℃} CH_4+H_2O$$

$$CO_2+4H_2 \xrightarrow[\text{Ni 催化剂}]{350\ ℃\sim400\ ℃} CH_4+2H_2O$$

4　试剂与材料

4.1　载气

氮气：纯度(体积分数)≥99.995%，经硅胶及 5A 分子筛干燥、净化。

氢气：纯度(体积分数)≥99.995%，经硅胶及 5A 分子筛干燥、净化。

4.2　燃烧气

氢气，纯度(体积分数)≥99.0%。

4.3　空气

经硅胶及 5A 分子筛干燥、净化。

4.4 制备标样用气体

4.4.1 乙烯：纯度(体积分数)不小于99.95%，应不含一氧化碳、二氧化碳和乙炔。

4.4.2 氮气：纯度(体积分数)不小于99.999%，应不含一氧化碳、二氧化碳和乙炔。

4.4.3 一氧化碳：纯度(体积分数)大于99%的商品一氧化碳，也可用下法制备纯一氧化碳：用甲酸和浓硫酸在水浴上加热至80 ℃脱水制得的一氧化碳经50%碱液、焦性没食子酸碱溶液，再经氯化钙和五氧化二磷进行净化、干燥。待容器中空气排尽后，即可进行收集，纯度达99%以上。

4.4.4 二氧化碳：纯度(体积分数)大于99%的商品二氧化碳，也可用下法制备纯二氧化碳：用碳酸钠与稀盐酸反应，经浓硫酸干燥后制得，纯度可达99%以上。

4.4.5 乙炔：纯度(体积分数)大于99%。可使用纯度为99%以上的商品乙炔，也可用下法制备纯乙炔：取电石数十克，装入500 mL三口烧瓶中，将适量水注入三口烧瓶上的分液漏斗内，逐滴加入三口烧瓶中。产生的乙炔需经20%(质量分数)的氢氧化钠溶液，20%(质量分数)的铬酸酐溶液净化。待容器中的空气排尽后即可进行收集。乙炔纯度可达99%以上。

4.5 标样

一氧化碳、二氧化碳或乙炔标样可由市场购买有证标样或自行制备，底气为氮气或乙烯(4.4.1)应不含一氧化碳、二氧化碳或乙炔，否则应予以修正。标样中一氧化碳、二氧化碳或乙炔的含量应与待测试样中浓度接近。

5 仪器

5.1 气相色谱仪：配置十通阀进样装置(定量管容积1 mL～3 mL)和反吹装置，分流进样系统和氢火焰离子化检测器(FID)，并能按表1或表3条件操作的任何双气路气相色谱仪。测定一氧化碳、二氧化碳还需配置镍转化炉催化加氢装置。该仪器对本标准所规定杂质的最低检测浓度所产生的峰高应至少大于噪音的两倍。仪器十通阀连接和反吹装置见图1和图2。满足本标准分离和定量效果的其他进样和反吹装置也可使用。

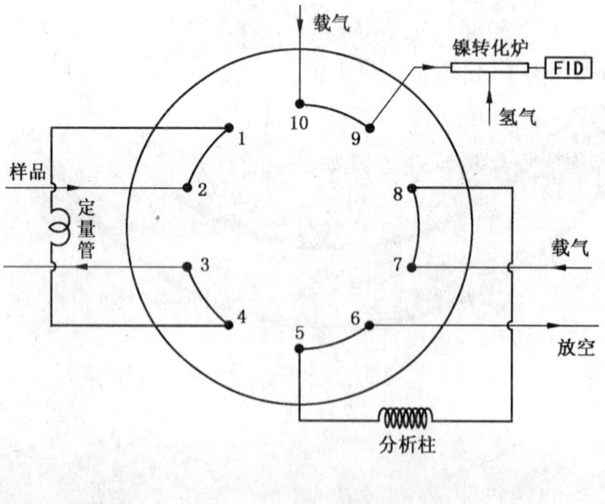

注：测定乙炔不需要连接镍转化炉。

图1 取样及反吹状态下十通阀连接图

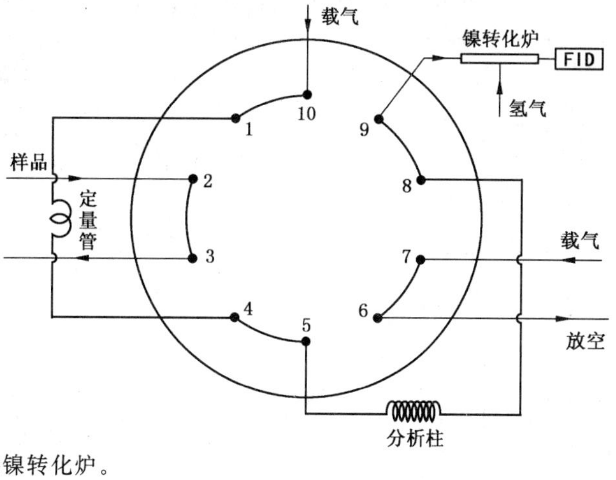

注：测定乙炔不需要连接镍转化炉。

图 2　进样状态下十通阀连接图

5.2　色谱柱：本标准推荐测定一氧化碳、二氧化碳的色谱柱及典型操作条件见表 1，典型色谱图见图 3 和图 4；本标准推荐测定乙炔的色谱柱及典型操作条件见表 3，典型色谱图见图 5 和图 6。能给出同等分离和定量效果的其他色谱柱和分析条件也可使用。

5.3　镍转化炉：镍转化炉是将一氧化碳、二氧化碳催化加氢转化为甲烷的装置，由镍催化加氢柱和加热装置组成。推荐镍催化加氢柱的操作条件见表 2（填充柱和毛细管柱操作条件相同）。

镍催化加氢柱按如下方法制备：称取 200 g 硝酸镍溶于 90 mL 蒸馏水中，加入 80 g 6201 色谱担体或其他合适的载体，煮沸（5～10）min 后，冷却，过滤，将担体放置蒸发皿中，于 105 ℃下烘干，再放置电炉上缓缓加热（应在通风橱中），直至红棕色二氧化氮赶尽。于 450 ℃并通氮气下灼烧 7 h 后，冷却，得到氧化镍催化剂。装入清洁、干燥的不锈钢柱管内，于 350 ℃～380 ℃温度下通氢气（流量约为 50 mL/min）4 h，使其还原成镍催化剂即可使用。制得的镍催化加氢柱应密封保存，防止接触空气、水后降低催化剂的活性。

注：应定期采用标样检查镍催化加氢柱的反应活性。

5.4　记录装置：电子积分仪或色谱数据处理装置。

表 1　一氧化碳、二氧化碳测定用色谱柱及典型操作条件

色谱柱	TDX-01	Carbobond
柱长/m	1	50
柱内径/mm	3	0.53
液膜厚度/μm	—	5
柱温/℃	100	50
进样器温度/℃	150	150
检测器温度/℃	250	250
进样量/mL	1～3	1～3
载气	氢气	氮气
流量/(mL/min)	50	5.0
分流比	—	5∶1
空气流量/(mL/min)	300	300
氢气流量/(mL/min)	50	50
辅助氮气及流量/(mL/min)	—	15

表 2　镍催化加氢柱操作条件

柱长/m	0.1～0.2
内径/mm	2～4
材质	不锈钢
柱温/℃	350～380
载体	6201,(0.250～0.420)mm[(60～40)目]

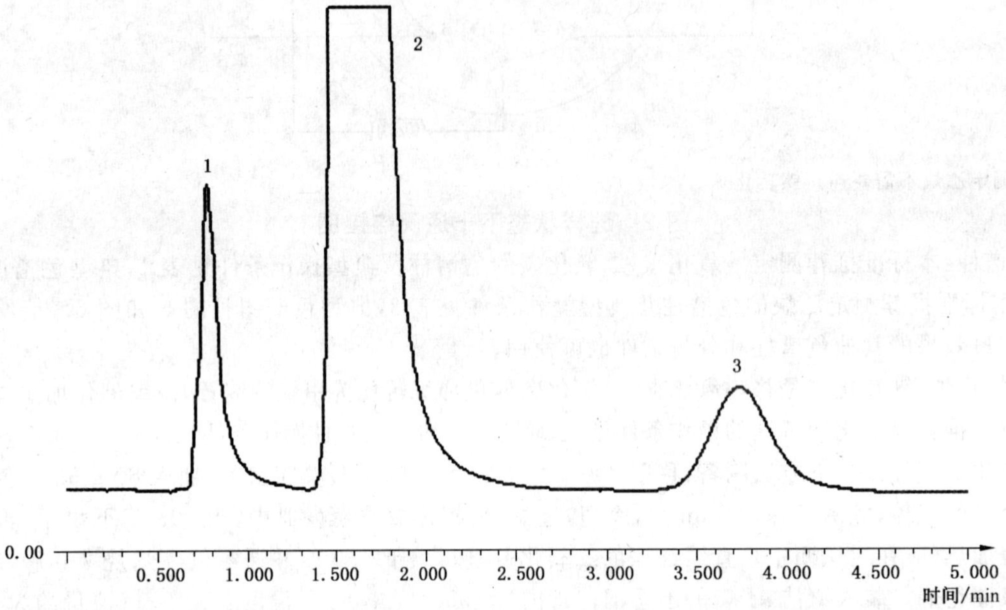

1——一氧化碳；

2——甲烷；

3——二氧化碳。

图 3　乙烯、丙烯标样在 TDX-01 填充柱上的典型色谱图

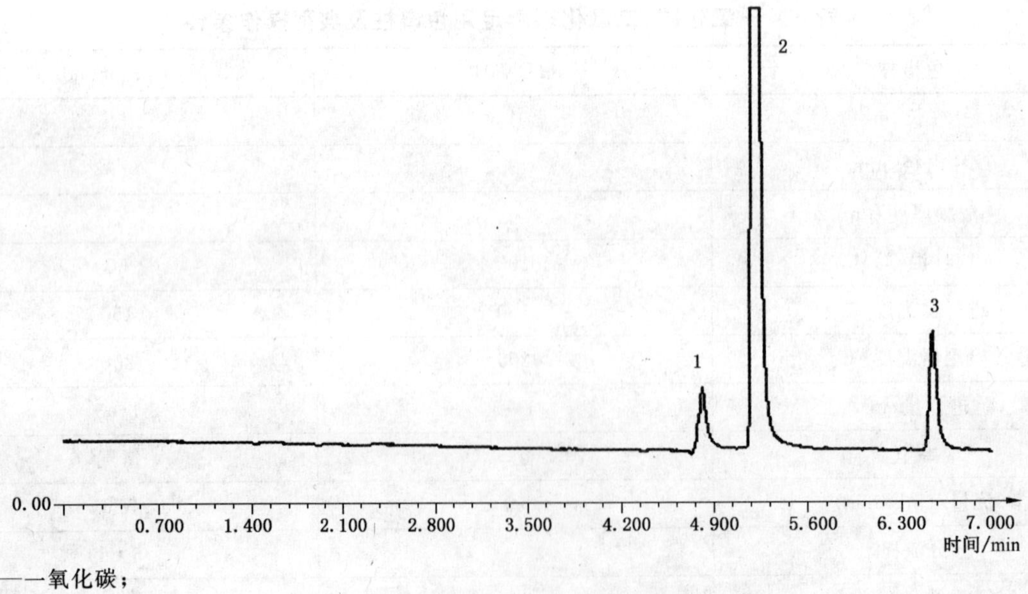

1——一氧化碳；

2——甲烷；

3——二氧化碳。

图 4　乙烯、丙烯标样在 Carbobond 毛细管柱上的典型色谱图

表 3 乙炔分析色谱柱及典型操作条件

色谱柱	TDX-01	Carbobond
柱长/m	1	50
柱内径/mm	3	0.53
液膜厚度/μm	—	5
柱温/℃	150	35
进样器温度/℃	150	150
检测器温度/℃	170	250
进样量/mL	1～3	1～3
载气	氮气	氮气
流量/(mL/min)	50	3.0
分流比	—	5∶1
空气流量/(mL/min)	300	300
氢气流量/(mL/min)	50	35
辅助氮气及流量/(mL/min)	—	15

STANDARDS PRESS OF CHINA

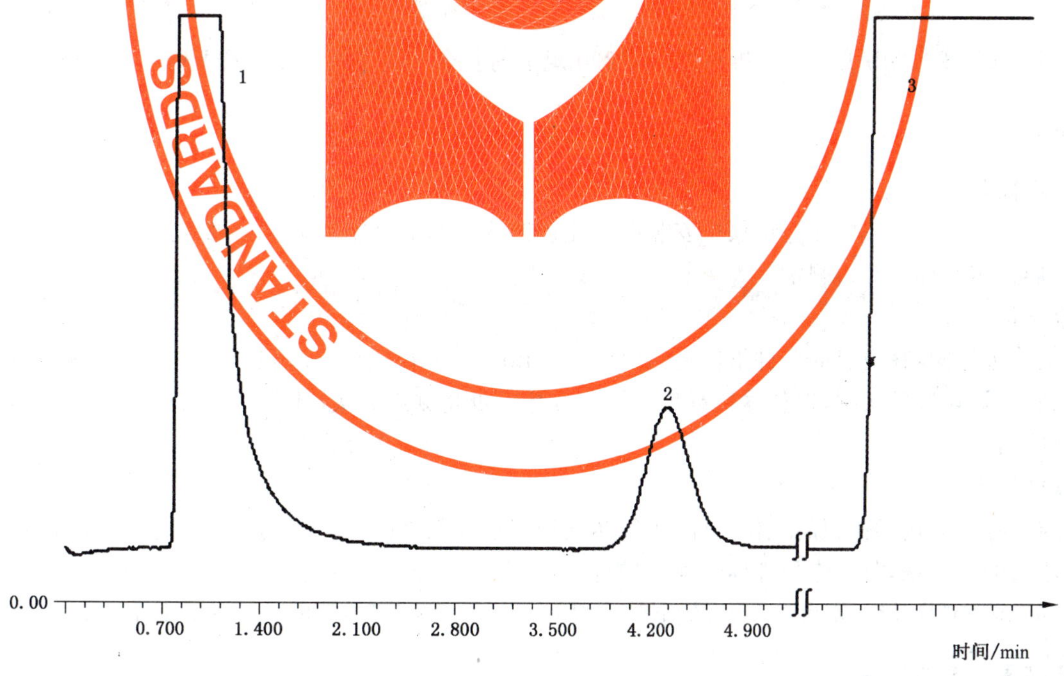

1——甲烷；
2——乙炔；
3——乙烯或丙烯。

图 5 乙烯、丙烯标样在 TDX-01 填充柱上的典型色谱图

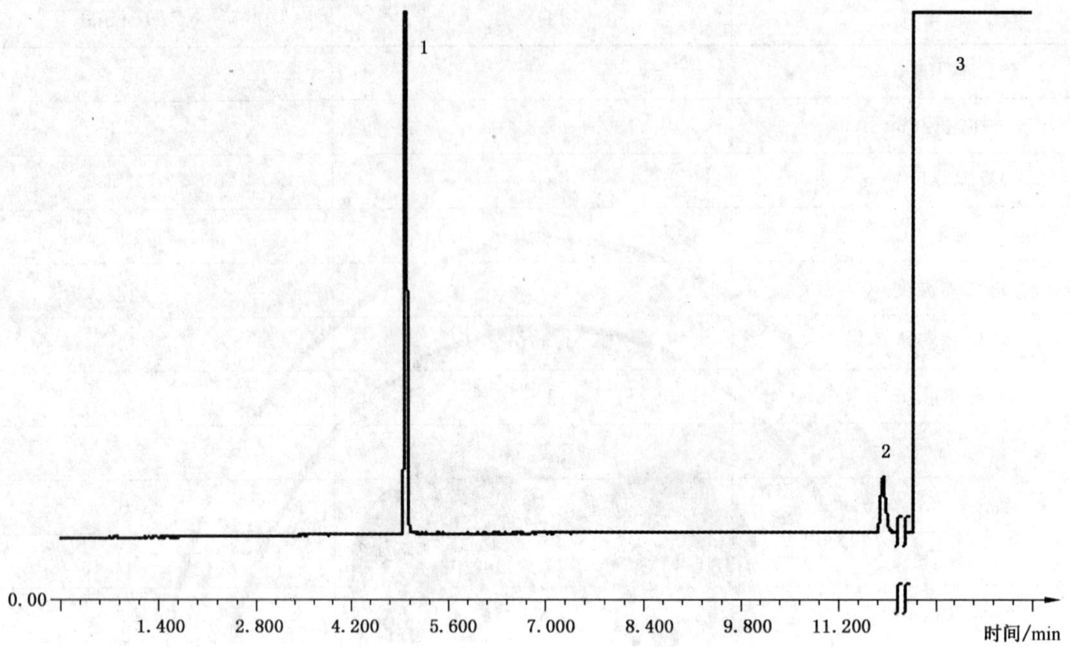

1——甲烷；

2——乙炔；

3——乙烯或丙烯。

图 6　乙烯、丙烯标样在 Carbobond 毛细管柱上的典型色谱图

6　采样

按 GB/T 3723、GB/T 13289 和 GB/T 13290 规定的安全与技术要求采取样品。

7　分析步骤

7.1　设定操作条件

根据仪器操作说明书，在色谱仪中安装并老化色谱柱。调节仪器至表 1、表 2 或表 3 所示的操作条件，待仪器稳定后即可开始测定。

7.2　校正

用气体进样阀，在规定的条件下向色谱仪注入 1 mL～3 mL 标样(4.5)进行测定，等二氧化碳或乙炔出峰完毕后，切换反吹阀，以便尽快赶出乙烯或丙烯。重复测定 2 次，计算一氧化碳、二氧化碳或乙炔的平均峰面积 A_s。

7.3　试样测定

取与标样相同进样体积的气体试样，用气体进样阀注入色谱仪，重复测定 2 次，记录一氧化碳、二氧化碳或乙炔的峰面积，与相应的外标峰面积进行比较。

注：液态丙烯进样时应采取措施确保液态丙烯完全气化，也可采用闪蒸进样器或水浴等方式进行气化。

8　分析结果的表述

8.1　计算

8.1.1　一氧化碳、二氧化碳或乙炔的含量 φ_i，以毫升每立方米计(mL/m³)，按式(1)计算：

$$\varphi_i = \varphi_s \times \frac{A_i}{A_s} \qquad (1)$$

式中：

φ_s——标样中一氧化碳、二氧化碳或乙炔的含量，单位为毫升每立方米(mL/m³)；

A_i——被测样品中一氧化碳、二氧化碳或乙炔的峰面积；

A_s——标样中一氧化碳、二氧化碳或乙炔的峰面积。

8.2 结果的表示

8.2.1 分析结果的数值按 GB/T 8170 规定进行修约，取两次重复测定结果的算术平均值表示其分析结果。

8.2.2 报告一氧化碳、二氧化碳或乙炔的含量应精确至 1 mL/m³。

9 精密度

9.1 重复性

在同一实验室，由同一操作者使用相同设备，按相同的测试方法，并在短时间内对同一被测对象相互独立进行测试获得的两次独立测试结果的绝对差值不应超过表 4 列出的重复性限(r)，以超过重复性限(r)的情况不超过 5%为前提。

表 4 重复性限(r)

杂质	浓度范围/(mL/m³)	填充柱	毛细管柱
一氧化碳	5～20	其平均值的 15%	—
	2～20	—	其平均值的 15%
二氧化碳	10～20	其平均值的 15%	—
	5～20	—	其平均值的 15%
乙炔	5～20	其平均值的 10%	—
	2～20	—	其平均值的 10%

9.2 再现性

在任意两个不同实验室，由不同操作人员，用不同仪器和设备，对同一被测对象相互独立进行测试获得的两个测试结果，对乙炔含量为(5～20)mL/m³ 的试样，其差值应不大于其平均值的 30%，以大于其平均值 30%的情况不超过 5%为前提。

10 试验报告

试验报告应包括下列内容：

a) 有关样品的全部资料，例如样品名称、批号、采样地点、采样日期、采样时间等；

b) 本标准编号；

c) 分析结果；

d) 测定中观察到的任何异常现象的细节及其说明；

e) 分析人员的姓名及分析日期等。

ICS 07.060
N 93

GB

中华人民共和国国家标准

GB/T 3411.1—2009

大坝监测仪器　孔隙水压力计
第1部分：振弦式孔隙水压力计

Instrument for dam monitoring—Pore water pressure transducer—Part 1: Vibrating wire pore water pressure transducer

STANDARDS PRESS OF CHINA

2009-05-26 发布　　　　2009-10-01 实施

中华人民共和国国家质量监督检验检疫总局
中国国家标准化管理委员会　发布

前　言

GB/T 3411《岩土工程仪器　孔隙水压力计》分为六个部分：

——第1部分：振弦式孔隙水压力计；

——第2部分：差阻式孔隙水压力计；

——第3部分：电阻应变式孔隙水压力计；

——第4部分：压阻式孔隙水压力计；

——第5部分：气压式孔隙水压力计；

——第6部分：电感调频式孔隙水压力计。

本部分为GB/T 3411的第1部分，与原GB/T 3411—1994《差动电阻式孔隙压力计》相比，本部分是标准扩展规划修订后新增加的部分。

本部分由中华人民共和国水利部提出并归口。

本部分主要起草单位：水利部水文仪器及岩土工程仪器质量检验测试中心、水利部南京水利水文自动化研究所、水利部水利信息中心。

本部分参加起草单位：全国工业产品生产许可证办公室水文仪器及岩土工程仪器审查部。

本部分主要起草人：鲍良钝、赵越、姜永富。

本部分参加起草人：袁普生。

大坝监测仪器　孔隙水压力计
第1部分：振弦式孔隙水压力计

1　范围

GB/T 3411的本部分规定了振弦式孔隙水压力计产品的定义、分类及组成、技术要求、试验方法、检验规则及标志、使用说明书、包装、运输和贮存的要求。

本部分适用于水工建筑物、地基、道路等其他建筑物内部孔隙水压力或渗透压力的变化量监测的振弦式孔隙水压力计。

2　规范性引用文件

下列文件中的条款通过GB/T 3411的本部分的引用而成为本部分的条款。凡是注日期的引用文件，其随后所有的修改单(不包括勘误的内容)或修订版均不适用于本部分，然而，鼓励根据本部分达成协议的各方研究是否可使用这些文件的最新版本。凡是不注日期的引用文件，其最新版本适用于本部分。

GB/T 191—2008　包装储运图示标志

GB/T 5080.7　设备可靠性试验　恒定失效率假设下的失效率与平均无故障时间的验证试验方案

GB/T 6388　运输包装收发货标志

GB/T 7665　传感器通用术语

GB 9969.1　工业产品使用说明书　总则

GB/T 13606—2007　岩土工程仪器　振弦式传感器通用技术条件

GB/T 15406—2007　岩土工程仪器基本参数及通用技术条件

GB/T 15464　仪器仪表包装通用技术条件

GB/T 50279　岩土工程基本术语标准

SL/T 152—1995　透水板

3　术语和定义

GB/T 50279、GB/T 7665、GB/T 13606确立的以及下列术语和定义适用于GB/T 3411的本部分。

3.1

孔隙水压力计　pore water pressure transducer

用于测量构筑物内部孔隙水压力或渗透压力的传感器。

3.2

振弦式孔隙水压力计　vibrating wire pore water pressure transducer

利用弦的固有频率变化来测量孔隙水压力或渗透压力的传感器。

3.3

迟滞　hysteresis

H

孔压计在输入量作满量程(FS)变化时，对于同一输入量，孔压计的正、反行程输出量之差，以满量程输出百分比表示。

4 产品组成及主要参数

4.1 产品组成

振弦式孔隙水压力计(以下简称为孔压计)主要由透水石(片)、承压膜、线圈、钢弦、壳体及电缆等组成。

4.2 主要参数

主要参数见表1。

表1 主要参数

<table>
<tr><td colspan="2">测量范围/
MPa</td><td>0～0.10、0～0.16、0～0.20、0～0.25、0～0.40、0～0.60、0～0.80、
0～1.00、0～1.60、0～2.50、0～4.00、0～6.00、0～8.00、0～10.00</td></tr>
<tr><td colspan="2">温度测量范围/
℃</td><td>−25～60(可选)</td></tr>
<tr><td rowspan="2">外形
尺寸</td><td>直径/
mm</td><td>18～60</td></tr>
<tr><td>长度/
mm</td><td>20～150</td></tr>
</table>

5 技术要求

5.1 工作环境条件

孔压计的工作环境应满足下列要求：

a) 能在0 ℃～40 ℃的环境温度下正常工作；

b) 能在其测量水压下正常工作。

5.2 外观

孔压计各部分应连接牢固,表面应进行防腐处理,不应有锈斑及划痕,引出的电缆、护套应无损伤。

5.3 压力性能参数

5.3.1 不重复度应不大于0.5%FS。

5.3.2 迟滞应不大于1.0%FS。

5.3.3 非直线度应不大于2.0%FS。

5.3.4 综合误差应不大于2.5%FS。

5.4 透水石

应满足SL/T 152—1995中4.3、4.4的要求。

5.5 防水密封性

孔压计在1.2倍满量程压力的水中连续工作2 h,应无渗漏。其绝缘电阻应满足5.8的要求。

5.6 温度影响

孔压计在0 ℃～+40 ℃的范围内,温度影响应不大于每摄氏度下额定频率的0.04%。

5.7 测温误差

具有测温功能的孔压计其测温误差应不大于0.5 ℃。

5.8 绝缘性能

孔压计的测量电路(芯线不接地)与密封壳体之间的绝缘电阻应不小于50 MΩ。

5.9 压力过范围限

孔压计应能承受其满量程1.2倍的压力,当压力恢复至正常测量范围后,其性能应满足5.3的要求。

5.10 稳定性

5.10.1 孔压计按满量程压力值加、卸荷 10 次,其性能应满足如下要求:

a) 其零点漂移应不大于 0.5%FS。

b) 绝缘电阻应符合 5.8 的要求。

5.10.2 孔压计静置 3 个月后,扣除大气压力及温度影响,其性能应满足如下要求:

a) 其零点漂移应不大于 0.5%FS。

b) 绝缘电阻应符合 5.8 的要求。

5.11 机械环境适应性

孔压计应能承受运输、装卸、搬运过程中可能出现的振动、跌落等情况,孔压计的外观应无损伤,构件无破裂、变形,紧固件无松动,元器件无损伤、无脱落;性能应满足 5.3 的要求。

5.12 可靠性要求

孔压计的可靠性用平均寿命(MTTF)来描述,其 MTTF 应不小于 40 000 h。

6 试验方法

6.1 试验设备

试验设备包括:

a) 压力容器及加压设备;

b) 0.25 级及以上精度等级精密压力表;

c) 振弦式读数仪;

d) 直流 100 V 绝缘电阻表;

e) 高低温湿热试验箱;

f) 恒温水浴;

g) 冰点槽;

h) 温度计;

i) 电动振动系统;

j) 跌落试验台等。

6.2 环境条件

6.2.1 参比试验大气条件如下:

a) 温度:18 ℃~22 ℃;

b) 相对湿度:60%~75%;

c) 大气压力:86 kPa~106 kPa。

6.2.2 正常试验大气条件如下:

a) 温度:15 ℃~35 ℃;

b) 相对湿度:不大于 85%;

c) 大气压力:86 kPa~106 kPa。

6.3 试验方法

6.3.1 气候环境适应性

在 5.1 规定的环境条件下,按 GB/T 15406—2007 的 7.2.1 进行试验,孔压计应工作正常,表面无锈蚀、剥落等。

6.3.2 外观

目测检验,应符合 5.2 的规定。

STANDARDS PRESS OF CHINA

6.3.3 压力性能

6.3.3.1 试验要求

试验要求如下：

a) 在试验环境下，预先放置 24 h 以上；

b) 试验前，应在测量范围上限值预压 3 次；

c) 试验时，测试点数应按满量程压力 10%～20% 分档。

6.3.3.2 试验方法

先测量孔压计零测试点的输出值。之后，逐渐增加载荷（上行），每到一测试点测读一个输出值，全量程共测得 n 个输出值。然后，再从上限值逐渐卸荷至零测试点（下行），同样测得 n 个输出值。重复上述过程，共完成三次循环。按 GB/T 13606—2007 附录 A 的计算方法进行计算，性能参数应符合 5.3 的要求。

6.3.4 透水石

按照 SL/T 152—1995 中 5.3、5.4 检验透水石，应满足 5.4 要求。

6.3.5 防水密封性

将孔压计放置在压力容器中，加压至满量程压力值 1.2 倍，保持 2 h，应符合 5.5 的要求。

6.3.6 温度影响

将孔压计放入高低温湿热试验箱中，从常温开始降至 0 ℃，保持 4 h，读取输出值，然后升温至 +40 ℃，保持 4 h，读取输出值，其温度影响应符合 5.6 的要求。

6.3.7 温度测量误差

将孔压力计分别放置在冰点槽和恒温水浴中，标准温度与传感器测量温度之间差异的最大值，应符合 5.7 的要求。

6.3.8 绝缘性能

用 100 V 的绝缘电阻表测量孔压计测量电路与密封壳体之间的绝缘电阻，应符合 5.8 的规定。

6.3.9 过范围限

将孔压计置于压力容器中施加满量程压力值 1.2 倍的压力，保持 0.5 h 后，恢复至满量程压力，按 6.3.3 的规定进行试验，结果应符合 5.9 的要求。

6.3.10 稳定性

将孔压计放置在压力容器中，按满量程压力值加、卸荷各 10 次，每次保持 30 s。然后，让其恢复自然状态 2 h，其零点漂移及绝缘性能应满足 5.10.1 要求。

孔压计在规定的稳定性试验周期内，进行 3 次或 3 次以上的零点测量。扣除环境因素的影响，其零点漂移及绝缘性能应满足 5.10.2 要求。

6.3.11 机械适应性试验

6.3.11.1 振动

在运输包装状态下，设置振动系统的扫频振动频率为 10 Hz～150 Hz～10 Hz、扫频速度为 1 倍频程/min、加速度为 $2g$，对孔压计进行 3 个周期/单轴的振动试验。试验后孔压计应满足 5.11 的要求。

6.3.11.2 自由跌落

在运输包装状态下，设置自由跌落机的跌落高度为 300 mm，将孔压计自由跌落在平滑、坚硬的混凝土面或钢质面上，共进行 3 次跌落试验。试验后孔压计应满足 5.11 的要求。

6.3.12 可靠性

可靠性试验参照 GB/T 5080.7 规定执行。

7 检验规则

7.1 检验分类

产品检验分为出厂检验和型式检验。

7.2 出厂检验

7.2.1 产品应逐台进行出厂检验，出厂检验项目为6.3.2、6.3.3、6.3.4、6.3.5、6.3.8。

7.2.2 产品经生产厂质量检测部门检验合格后，并附合格证，方可出厂。

7.3 型式检验

7.3.1 当出现下列情况之一时，应进行型式检验：

a) 新产品试制、定型鉴定或老产品转厂生产时；

b) 正式生产后，在结构、材料、工艺有较大改变、可能影响产品性能时；

c) 正式生产后，产品已连续生产三年以上时；

d) 产品停产一年以上又恢复生产时；

e) 产品出厂检验结果与上次型式检验结果有较大差异时；

f) 国家质量监督机构提出进行型式检验要求时。

7.3.2 型式检验应按产品标准规定的全部试验项目(可靠性试验除外)进行全性能检验。

7.3.3 型式检验的样品应从经出厂检验合格的产品中随机抽取，一般不少于3台，若产品总数不足3台，则应全检。

7.3.4 型式检验中有一台及以上单机产品不合格时，应加倍抽取该产品进行不合格项目复检，若仍有不合格时，则判该批产品为不合格；若全部检验合格，则除去第一批抽样不合格的产品，该批产品应判为合格。

7.3.5 经过型式检验的产品，需要更换易损件，并经出厂检验合格后方能出厂。

8 标志、使用说明书

8.1 标志

8.1.1 产品标志

在产品的显著位置应具有完整的铭牌标志，内容包括：

a) 产品型号及名称；

b) 生产单位名称及商标；

c) 生产日期及出厂编号；

d) 主要性能参数等。

8.1.2 包装标志

在产品的包装箱的适当位置，应标有显著、牢固的包装标志，内容包括：

a) 产品型号及名称；

b) 产品数量；

c) 箱体尺寸(mm)；

d) 净重或毛重(kg)；

e) 运输作业安全标志；

f) 到站(港)及收货单位；

g) 发站(港)及发货单位；

h) 国家工业产品生产许可证标志及编号。

8.1.3 包装储运图示和收发货标志

产品的包装储运图示和收发货标志，应按照GB/T 191和GB/T 6388的有关规定正确选用。

8.2 使用说明书

产品的使用说明书的内容应按 GB 9969.1 的规定。

9 包装、运输、贮存

9.1 包装

9.1.1 包装箱应牢固、美观、大方、经济实用。

9.1.2 产品包装时，周围环境及包装箱内应清洁、干燥、无有害气体、无异物。

9.1.3 产品包装后，其包装件重心应尽量靠下且居中，产品装在箱内必须予以支撑、垫平、卡紧，产品可移动的部分应移至使产品具有最小外形尺寸，并加以固定。

9.1.4 产品的防震、防潮、防尘等防护包装按 GB/T 15464 中的有关规定进行。

9.1.5 随机文件应齐全，文件清单如下：

a) 装箱单；

b) 产品出厂合格证明书；

c) 产品使用说明书；

d) 出厂前的检验测试文件；

e) 产品技术条件规定的其他文件。

9.1.6 随机文件应装入塑料袋中，并放置在包装箱内，若产品分装数箱，则随机文件应放在主件箱内。

9.2 运输

按有关包装标准及本部分的规定进行包装的产品应能适应各种运输方式。

9.3 贮存

包装好的孔压计应能适应下列环境条件及贮存要求：

a) 环境温度：−40 ℃～60 ℃；

b) 环境相对湿度：不大于 90%(40 ℃时)；

c) 贮存的孔压计附近不得有酸性、碱性及其他腐蚀性物质；

d) 在存放半年内，孔压计不应有锈蚀、长霉或其他妨碍功能的现象。

ICS 07.060
N 93

中华人民共和国国家标准

GB/T 3412.1—2009

大坝监测仪器　检测仪
第1部分：振弦式仪器检测仪

Instrument for dam monitoring—Readout unit—
Part 1: Readout unit for vibrating wire type transducer

STANDARDS PRESS OF CHINA

2009-05-26 发布　　　　2009-10-01 实施

中华人民共和国国家质量监督检验检疫总局
中国国家标准化管理委员会　发布

前　言

GB/T 3412《大坝监测仪器　检测仪》分为十二个部分：

——第1部分：振弦式仪器检测仪；

——第2部分：差阻式仪器检测仪；

——第3部分：差动电感式仪器检测仪；

——第4部分：电容式仪器检测仪；

——第5部分：电阻应变片式仪器检测仪；

——第6部分：电位器式（滑线电阻式）仪器检测仪；

——第7部分：电感调频式仪器检测仪；

——第8部分：步进式仪器检测仪；

——第9部分：压阻式仪器检测仪；

——第10部分：伺服加速度计式仪器检测仪；

——第11部分：气压式仪器检测仪；

——第12部分：差动变压器式仪器检测仪。

本标准是对GB/T 3412—1994《电阻比电桥》的扩展修订。本部分是GB/T 3412中的第1部分，原GB/T 3412—1994《电阻比电桥》的主题内容属于本系列标准的第2部分。

本部分与GB/T 21029—2007《岩土工程仪器系列型谱》、GB/T 15406—2007《岩土工程仪器基本参数及通用技术条件》和GB/T 13606—2007《岩土工程仪器　振弦式传感器通用技术条件》等标准有一定的相互衔接关系，并在技术内容上相互协调一致。

本部分由中华人民共和国水利部提出并归口。

本部分主要起草单位：水利部水文仪器及岩土工程仪器质量监督检验测试中心、水利部南京水利水文自动化研究所。

本部分参加起草单位：常州金土木工程仪器有限公司、全国工业产品生产许可证办公室水文仪器及岩土工程仪器审查部。

本部分主要起草人：陈宇、徐国龙、石明华。

本部分参加起草人：杨志余、袁普生。

大坝监测仪器　检测仪
第1部分：振弦式仪器检测仪

1　范围

GB/T 3412的本部分规定了振弦式仪器检测仪产品的术语和定义、技术要求、试验方法、检验规则、标志及使用说明书、包装、运输和贮存的要求。

本部分适用于测读各种振弦式传感器输出信号的振弦式仪器检测仪。

2　规范性引用文件

下列文件中的条款通过GB/T 3412的本部分的引用而成为本部分的条款。凡是注日期的引用文件，其随后所有的修改单(不包括勘误的内容)或修订版均不适于本部分，然而，鼓励根据本部分达成协议的各方研究是否可使用这些文件的最新版本。凡是不注日期的引用文件，其最新版本适用于本部分。

GB/T 191　包装储运图示标志

GB/T 5080.7　设备可靠性试验　恒定失效率假设下的失效率与平均无故障时间的验证试验方案

GB 9969.1　工业产品使用说明书　总则

GB/T 15406　岩土工程仪器基本参数及通用技术条件

GB/T 15464　仪器仪表包装通用技术条件

SL 268—2001　大坝安全自动监测系统设备基本技术条件

3　术语和定义

SL 268—2001确立的术语和定义适用于GB/T 3412的本部分。

4　技术要求

4.1　基本技术参数

4.1.1　测量范围

振弦式仪器检测仪(以下简称检测仪)的测量范围应满足下列规定：

a)　频率：400 Hz～6 000 Hz；

b)　温度：－20 ℃～70 ℃(带测温功能，下同)。

4.1.2　分辨力

检测仪的分辨力应满足下列规定：

a)　频率：小于或等于0.1 Hz；

b)　温度：小于或等于0.1 ℃。

4.2　工作环境

检测仪应能在下列环境范围内正常工作：

a)　温度：－10 ℃～50 ℃；

b)　相对湿度：不大于90%(40 ℃时)。

4.3　绝缘性能(仅对带充电功能的检测仪)

4.3.1　绝缘电阻

电源端子对外壳的绝缘电阻应大于50 MΩ。

4.3.2 绝缘强度

电源端子对外壳绝缘强度在 1 500 V 电压下保持 1 min，应无闪络，不击穿。

4.4 充电电源电压

充电电源电压应为交流 220 V，允许变幅±15%；频率为 50 Hz。

4.5 信号输出

检测仪宜具有 RS232 或其他通讯接口。

4.6 准确度

检测仪的准确度应满足下列规定：

a) 频率：小于或等于 0.5 Hz；

b) 温度：小于或等于 0.5 ℃。

4.7 稳定性

4.7.1 时漂：在输入频率和环境温度保持不变的条件下，连续运行 8 h，每小时测量一次，其示值应满足 4.6a)的要求。

4.7.2 温漂：在输入频率保持不变的条件下，在工作温度范围内，每变化 20 ℃时测量一次，其示值应满足 4.6a)的要求。

4.8 结构与装配要求

4.8.1 检测仪的结构应简单、紧凑，便于安装、调试、操作及维修。

4.8.2 检测仪面板及印制电路板上各器件应安装牢固，各端子接线应正确、可靠。

4.9 外观

4.9.1 检测仪的外表应美观、清洁、无污物。

4.9.2 检测仪的显示窗口应清晰、无划痕。

4.9.3 检测仪的面板和密封条应牢固、平整光滑、均匀，不应有脱落、划伤、锈蚀等缺陷。

4.10 基本功能

检测仪宜具有为传感器提供激励信号或电源、数据显示、存储、通信输出及时钟、掉电保护、功能键等功能。

4.11 抗干扰

检测仪的抗电磁干扰能力应满足 SL 268—2001 中 5.4.2.9 的要求。

4.12 机械环境适应性

在包装状态下，检测仪应能适应运输、装卸、搬运过程中可能出现的振动、跌落等意外情况。振动、跌落试验后，其各项性能及功能应正常。

4.13 可靠性

平均无故障工作时间(MTBF)不小于 10 000 h。

5 试验方法

5.1 试验要求

5.1.1 试验环境条件：

a) 温度：15 ℃～35 ℃；

b) 相对湿度：不大于 85%；

c) 大气压力：86 kPa～106 kPa。

5.1.2 测试过程中不得对被检仪器进行调整。

5.2 试验仪器设备

试验仪器设备如下：

a) 低频信号发生器；

b) 电阻箱；

c) 万用表；

d) 频率计；

e) 500 V 绝缘电阻表；

f) 耐压测试仪；

g) 电动振动系统；

h) 跌落试验台；

i) 高低温湿热试验箱；

j) 交流调压变压器。

5.3 试验方法

5.3.1 基本技术参数

利用低频信号发生器模拟传感器的频率输出，调节频率使其在 400 Hz～6 000 Hz 内变化，以频率计测值作为基准；用电阻箱模拟传感器的温度电阻，调节电阻箱在对应温度为－20 ℃～70 ℃范围内变化的电阻值。检测仪的测量范围及分辨力应符合 4.1.1、4.1.2 的要求。

5.3.2 工作环境

参照 GB/T 15406 的规定进行试验。试验后受试仪器工作应正常，表面无锈蚀、裂纹、剥落等损伤。

5.3.3 绝缘性能

用 500 V 绝缘电阻表，检测电源端子对外壳的绝缘电阻应符合 4.3.1 的要求；用耐压测试仪，检测电源端子对外壳的绝缘强度应符合 4.3.2 的要求。

5.3.4 充电电源电压

分别调节交流调压变压器电压输出，使其拉偏到最大允许偏差值，仪器的充电功能应正常。

5.3.5 准确度

按 5.3.1 中的方法，测量结果应符合 4.6 的要求。

5.3.6 稳定性

5.3.6.1 时漂

利用低频信号发生器模拟传感器的频率输出、频率计测值作为基准，在输入频率和环境温度保持不变条件下，仪器连续运行 8 h，每小时测量一次，其结果应符合 4.7.1 的要求。

5.3.6.2 温漂

在输入频率保持不变的条件下，在工作温度范围内，每变化 20 ℃测量一次，并且每个温度稳定 2 h 后进行测量，其结果应符合 4.7.2 的要求。

5.3.7 信号输出

连接好通讯线，运行采集软件，要求数据传输正确、可靠，功能正常。

5.3.8 结构及装配要求

目测手检，结果应符合 4.8 的要求。

5.3.9 外观

目测，结果应符合 4.9 的要求。

5.3.10 基本功能

目测手检，结果应符合 4.10 的要求。

5.3.11 抗干扰

按照 SL 268—2001 中 6.2.4.11 的要求进行试验，结果应满足 4.11 的要求。

5.3.12 机械环境适应性

5.3.12.1 振动试验

在运输包装状态下，设置电动振动系统的扫频振动频率为10 Hz～150 Hz～10 Hz、扫频速度为1倍频程/min、加速度为$2g$，对检测仪进行3个周期/单轴的振动试验。试验后仪器工作正常，结果应符合4.12的要求。

5.3.12.2 自由跌落试验

在运输包装状态下，设置跌落试验台的跌落高度为300 mm，将检测仪自由跌落在平滑、坚硬的混凝土面或钢质面上，共进行3次跌落试验。试验后仪器工作正常，结果应符合4.12的要求。

5.3.13 可靠性

当有试验要求时，参照GB/T 5080.7的试验方法进行试验。

6 检验规则

6.1 检验分类

产品检验分为出厂检验和型式检验。

6.2 出厂检验

6.2.1 产品应逐台进行出厂检验，出厂检验项目为4.1、4.3、4.6、4.8、4.9、4.10。

6.2.2 产品经生产厂质量检测部门检验合格，并附合格证后，方可出厂。

6.2.3 出厂检验凡有一项不合格者，若返工则应在返工后对该产品重新进行出厂检验。

6.3 型式检验

6.3.1 凡遇下列情况之一，需进行型式检验：

a) 新产品试制、定型鉴定或老产品转厂生产时；

b) 正式生产后，在结构、材料、工艺有较大改变、可能影响产品性能时；

c) 正式生产后，产品已连续生产三年以上时；

d) 产品停产一年以上又恢复生产时；

e) 产品出厂检验结果与上次型式检验结果有较大差异时；

f) 国家质量监督机构提出进行型式检验要求时。

6.3.2 型式检验应按本部分规定的全部试验项目（可靠性试验除外）进行全性能检验。

6.3.3 可靠性试验为非型式检验项目，可通过专项试验进行，也可以在仪器运行时进行统计。

6.3.4 型式检验的样品应从经出厂检验合格的产品中随机抽取，一般不少于3台，若产品总数不足3台，则应全检。

6.3.5 型式检验中有一台及以上单机产品不合格时，应加倍抽取该产品进行不合格项目复检，若仍有不合格时，则判该批产品为不合格；若全部检验合格，则除去第一批抽样不合格的产品，该批产品应判为合格。

6.3.6 经过型式检验的产品，需要更换易损件，并经出厂检验合格后方能出厂。

7 标志、使用说明书

7.1 标志

7.1.1 产品标志

在产品的显著位置应具有完整的铭牌标志，内容包括：

a) 产品型号及名称；

b) 生产单位名称及商标；

c) 生产日期及出厂编号等。

7.1.2 包装标志

在产品的包装箱的适当位置，应标有显著、牢固的包装标志，内容包括：

a） 产品型号及名称；

b） 产品数量；

c） 箱体尺寸(mm)；

d） 净重或毛重(kg)；

e） 运输作业安全标志；

f） 到站(港)及收货单位；

g） 发站(港)及发货单位；

h） 生产许可证获证产品标识和生产许可证编号。

7.1.3 包装储运标志

产品的包装储运标志应符合 GB/T 191 的规定。

7.2 使用说明书

产品的使用说明书的内容应符合 GB 9969.1 的有关规定。

8 包装、运输、贮存

8.1 包装

8.1.1 包装箱应牢固、美观、大方、经济实用。

8.1.2 产品包装时，周围环境及包装箱内应清洁、干燥、无有害气体、无异物。

8.1.3 产品包装后，其包装件重心应尽量靠下且居中，产品装在箱内必须予以支撑、垫平、卡紧。

8.1.4 附件箱、备件箱应尽量固定在主机箱内适当位置，装在箱内的附件、备件等也应采取相应的固定措施。

8.1.5 产品的防震、防潮、防尘等防护包装按 GB/T 15464 中的有关规定进行。

8.1.6 随行文件应齐全，文件清单如下：

a） 装箱单；

b） 产品出厂合格证；

c） 产品使用说明书；

d） 出厂前的检验测试文件；

e） 产品技术条件规定的其他文件。

8.1.7 随机文件应装入塑料袋中，并放置在包装箱内，若产品分装数箱，则随机文件应放在主件箱内。

8.2 运输

按有关包装标准及本标准的规定进行包装的产品应能适应各种运输方式。

8.3 贮存

8.3.1 贮存场所应通风，附近应无腐蚀性物质。

8.3.2 包装好的产品应能在下列环境条件下贮存：

a） 温度：−40 ℃～60 ℃；

b） 相对湿度：不大于 85%。

ICS 27.010
F 01

中华人民共和国国家标准

GB/T 3484—2009
代替 GB/T 3484—1993

企业能量平衡通则

The general principles for energy balance of enterprise

2009-03-11 发布　　　　2009-11-01 实施

中华人民共和国国家质量监督检验检疫总局
中国国家标准化管理委员会　发布

前　言

本标准代替 GB/T 3484—1993《企业能量平衡通则》。

本标准与 GB/T 3484—1993 相比，主要变化如下：

——增加了企业能量平衡框图和方程；

——删除了原版标准第 5 章能量平衡表的编制要求；

——修改了企业能量平衡的技术指标；

——删除了原版标准第 7 章企业有效利用能量的计算；

——简化了企业能量平衡报告的内容；

——取消了附录表格。

本标准由全国能源基础与管理标准化技术委员会能源管理分委员会提出并归口。

本标准主要起草单位：国家发展和改革委员会能源研究所、中国标准化研究院、中国西部经济发展研究中心、信息产业部节能监测中心、中国节能监察信息网。

本标准主要起草人：张管生、辛定国、陈海红、李爱仙、严海若、胡秀莲、张新、杨常建。

本标准所代替标准的历次版本发布情况为：

——GB 3484—1983、GB/T 3484—1993。

企业能量平衡通则

1 范围

本标准规定了企业能量平衡的基本原则。

本标准适用于企业和企业内部独立用能单元。其他用能单位也可参照使用。

2 规范性引用文件

下列文件中的条款通过本标准的引用而成为本标准的条款。凡是注日期的引用文件,其随后所有的修改单(不包括勘误的内容)或修订版均不适用于本标准,然而,鼓励根据本标准达成协议的各方研究是否可使用这些文件的最新版本。凡是不注日期的引用文件,其最新版本适用于本标准。

GB/T 1028 工业余热术语、分类、等级及余热资源量计算方法

GB/T 2587 用能设备能量平衡通则

GB/T 2588 设备热效率计算通则

GB/T 2589 综合能耗计算通则

GB/T 3485 评价企业合理用电技术导则

GB/T 3486 评价企业合理用热技术导则

3 术语和定义

下列术语和定义适用于本标准。

3.1

企业能量平衡 energy balance of enterprise

以企业(或企业内部的独立用能单元)为对象,对输入的全部能量与输出的全部能量在数量上的平衡关系的研究,也包括对企业能源在购入存储、加工转换、输送分配、终端使用各环节与回收利用和外供各能源流的数量关系进行的考察,定量分析企业用能情况。

4 企业能量平衡模型

4.1 企业能量平衡框图

企业能量平衡框图见图1。

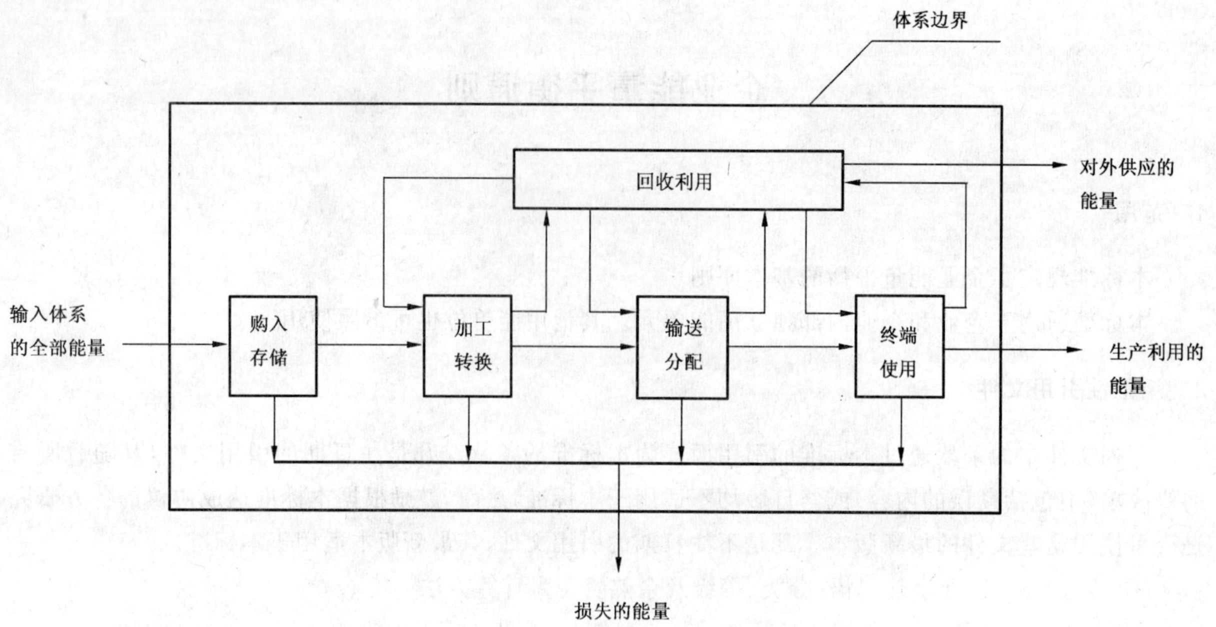

图 1　企业能量平衡框图

4.2　企业能量平衡方程

企业能量平衡方程用式(1)或式(2)表示：

$$E_r = E_c \quad \cdots\cdots(1)$$

式中：

E_r——输入体系的全部能量；

E_c——输出体系的全部能量。

$$E_r = E_{cy} + E_{cg} + E_{cs} \quad \cdots\cdots(2)$$

式中：

E_{cy}——生产利用的能量；

E_{cg}——对外供应的能量；

E_{cs}——损失的能量。

5　企业能量平衡的方法

5.1　企业能量平衡是利用统计计算与测试计算相结合，以统计计算为主的综合分析方法。

5.2　以统计期内的能源计量数据为基础进行综合统计计算。

5.3　在统计资料不足，统计数据需要校核及特殊需要时，应进行测试。测试结果应折算为统计期运行状态下的平均水平。

6　企业能量平衡的指标

6.1　能量平衡的基本指标

能量平衡的基本指标是能量平衡表所描述的能量过程的广义投入产出效率，即各种类型的单位产出能耗。对于以产出某种二次能源为目的的用能单元，也可用过程的热力学效率为综合指标。

6.2　单位能耗指标

6.2.1　产品单位产量某种实物能源消耗量

产品单位产量某种实物能源消耗量(简称单位实物能耗)按式(3)计算：

$$E_m = \frac{E_i}{M} \quad \cdots\cdots(3)$$

式中：

E_m——产品单位产量某种实物能源消耗量；

E_i——某种实物能源消耗量，单位为吨(t)，千瓦时(kW·h)，或吨标准煤(tce)等；

M——期内产出的某种产品的合格品产量。

6.2.2 单位产值(增加值)某种实物能源消耗量

单位产值(增加值)某种实物能源消耗量(简称单位产值实物能耗)按式(4)计算：

$$E_g = \frac{E_i}{G} \qquad \cdots\cdots(4)$$

式中：

E_g——单位产值(增加值)某种实物能源消耗量，单位为吨每万元(t/万元)，千瓦时每万元(kW·h/万元)，或吨标准煤每万元(tce/万元)等；

G——期内产出的产值(增加值)，单位为万元。

6.2.3 产品单位产量综合能耗

产品单位产量综合能耗(简称单位产品综合能耗)按 GB/T 2589 计算。

6.2.4 企业单位产值综合能耗

企业单位产值综合能耗(简称单位产值综合能耗)按 GB/T 2589 计算。

6.3 余能资源指标

6.3.1 余能资源量

余能资源量按 GB/T 1028 计算。余能包括余热、余压、排放的可燃气体等。

6.3.2 余能资源率

余能资源率是余能资源量与企业消耗各种能源量总和的比值。

余能资源率按式(5)计算：

$$\xi_{yu} = \frac{E_{yu}}{E_d} \times 100\% \qquad \cdots\cdots(5)$$

式中：

ξ_{yu}——余能资源率；

E_{yu}——余能资源量，单位为吨标准煤(tce)；

E_d——企业综合能源消耗量，单位为吨标准煤(tce)。

6.3.3 余能资源利用率

余能资源利用率是企业的余能资源量中已利用的程度。

余能资源利用率按式(6)计算：

$$\gamma_{yu} = \frac{E_{yt}}{E_{yu}} \times 100\% \qquad \cdots\cdots(6)$$

式中：

γ_{yu}——余能资源利用率；

E_{yt}——已利用的余能资源量，单位为吨标准煤(tce)。

7 企业能量平衡报告

企业能量平衡报告应包括下列内容：

a) 企业能源消费总量与构成；

b) 企业能量平衡表；

STANDARDS PRESS OF CHINA

c） 按 GB/T 2587、GB/T 2588 和能耗指标及工艺过程，进行用能情况分析；

d） 企业内余能资源量、余能资源率和余能资源利用情况；

e） 根据用能分析和余能利用情况，并按 GB/T 3485、GB/T 3486 指出可能的节能潜力及部位，提出节能措施方案。

ICS 01.040.17;17.040.20
J 04

中华人民共和国国家标准

GB/T 3505—2009/ISO 4287:1997
代替 GB/T 3505—2000

产品几何技术规范(GPS)
表面结构 轮廓法
术语、定义及表面结构参数

Geometrical Product Specifications (GPS)—Surface texture: Profile method—Terms, definitions and surface texture parameters

(ISO 4287:1997,IDT)

2009-03-16 发布 2009-11-01 实施

中华人民共和国国家质量监督检验检疫总局
中国国家标准化管理委员会 发布

前 言

本标准等同采用国际标准 ISO 4287:1997《产品几何技术规范(GPS) 表面结构 轮廓法 术语、定义及表面结构参数》(英文版)。

本标准代替 GB/T 3505—2000《产品几何技术规范 表面结构 轮廓法 表面结构的术语、定义及参数》。与 GB/T 3505—2000 相比,主要变化如下:

——删除了国际标准的前言和引言;

——按照 GB/T 1.1—2000 标准化工作导则 第 1 部分:标准的结构和编写规则的要求,对 GB/T 3505—2000 的编写格式进行了修改,例如标准的封面和首页等;

——对 GB/T 3505—2000 标准名称进行了修改,与新的标准体系取得一致;

——增加了 2 项规范性引用文件;

——对文中部分术语名称进行了统一性修改,将原文中的"水平位置 c"改为"截面高度 c",将"轮廓单元的平均线高度"改为"轮廓单元的平均高度"等;

——GB/T 3505—2000 的 3.2.9 条,局部斜率的计算公式 $\left(\frac{Xp}{Zp}\right)$ 改为 $\frac{\mathrm{d}z}{\mathrm{d}x}$。

本标准的附录 A 是规范性附录,附录 B、附录 C 和附录 D 是资料性附录。本标准在 GPS 体系中的位置在附录 D 中说明。

本标准由全国产品尺寸和几何技术规范标准化技术委员会(SAC/TC 240)提出并归口。

本标准起草单位:中机生产力促进中心、哈尔滨量具刃具集团有限责任公司、中国计量科学研究院、北京市计量检测科学研究院。

本标准主要起草人:王欣玲、郎岩梅、高思田、吴迅、王忠滨、陈景玉。

本标准所代替标准的历次版本发布情况为:

——GB/T 3505—1983、GB/T 3505—2000。

产品几何技术规范(GPS)
表面结构 轮廓法
术语、定义及表面结构参数

1 范围

本标准规定了用轮廓法确定表面结构(粗糙度、波纹度和原始轮廓)的术语、定义和参数。

本标准适用于技术标准和文件以及科技出版物等。

2 规范性引用文件

下列文件中的条款通过本标准的引用而成为本标准的条款。凡是注日期的引用文件,其随后所有的修改单(不包括勘误的内容)或修订版均不适用于本标准,然而,鼓励根据本标准达成协议的各方研究是否可使用这些文件的最新版本。凡是不注日期的引用文件,其最新版本适用于本标准。

GB/T 6062—2009 产品几何技术规范(GPS) 表面结构 轮廓法 接触(触针)式仪器的标称特性(ISO 3274:1996,IDT)

GB/T 10610—2009 产品几何技术规范 表面结构 轮廓法 评定表面结构的规则和方法(ISO 4288:1997,IDT)

GB/T 18777—2002 产品几何量技术规范 表面结构 轮廓法 相位修正滤波器的计量特性(eqv ISO 11562:1996)

GB/Z 20308—2006 产品几何技术规范(GPS)总体规划(ISO/TR 14638:1995,MOD)

3 术语和定义

下列术语和定义适用于本标准。

3.1 一般术语

3.1.1

轮廓滤波器 profile filter

把轮廓分成长波和短波成分的滤波器。

注:在测量粗糙度、波纹度和原始轮廓的仪器中使用三种滤波器(见图1)。它们都具有GB/T 18777规定的相同的传输特性,但截止波长不同。

3.1.1.1

λs 轮廓滤波器 λs profile filter

确定存在于表面上的粗糙度与比它更短的波的成分之间相交界限的滤波器(见图1)。

3.1.1.2

λc 轮廓滤波器 λc profile filter

确定粗糙度与波纹度成分之间相交界限的滤波器(见图1)。

3.1.1.3

λf 轮廓滤波器 λf profile filter

确定存在于表面上的波纹度与比它更长的波的成分之间相交界限的滤波器(见图1)。

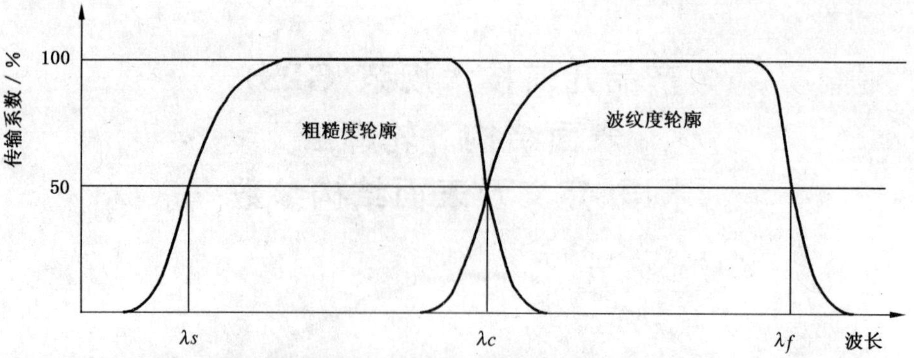

图 1 粗糙度和波纹度轮廓的传输特性

3.1.2

坐标系 coordinate system

定义表面结构参数的坐标体系。

注：通常采用一个直角坐标体系，其轴线形成一个右旋笛卡尔坐标系，X 轴与中线方向一致，Y 轴也处于实际表面中，而 Z 轴则在从材料到周围介质的外延方向上。本标准的参数和术语都是在此坐标系中定义的。

3.1.3

实际表面 real surface

物体与周围介质分离的表面。

3.1.4

表面轮廓 surface profile

一个指定平面与实际表面相交所得的轮廓（见图 2）。

注：实际上，通常采用一条名义上与实际表面平行，并在一个适当方向上的法线来选择一个平面。

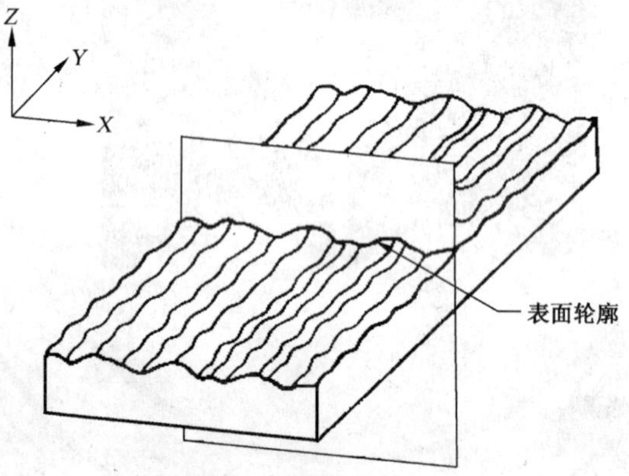

图 2 表面轮廓

3.1.5

原始轮廓 primary profile

通过 λs 轮廓滤波器后的总轮廓。

注：原始轮廓是评定原始轮廓参数的基础。

3.1.6

粗糙度轮廓 roughness profile

粗糙度轮廓是对原始轮廓采用 λc 轮廓滤波器抑制长波成分以后形成的轮廓，是经过人为修正的轮廓（见图 1）。

注 1：粗糙度轮廓的传输频带是由 λs 和 λc 轮廓滤波器来限定的（参见 GB/T 18777—2002 中 2.6 和 3.2）。

注 2：粗糙度轮廓是评定粗糙度轮廓参数的基础。

注 3：λc 和 λs 之间的关系本标准不作规定，参见 GB/T 6062—2009 中 4.4。

3.1.7

波纹度轮廓　waviness profile

波纹度轮廓是对原始轮廓连续应用 λf 和 λc 两个轮廓滤波器以后形成的轮廓。采用 λf 轮廓滤波器抑制长波成分，而采用 λc 轮廓滤波器抑制短波成分。这是经过人为修正的轮廓。

注 1：在用 λf 轮廓滤波器分离波纹度轮廓以前，应首先用最小二乘法的最佳拟合从总轮廓中提取标称的形状，并将形状成分从总轮廓中去除。对于标称形状为圆形的轮廓，建议在最小二乘的优化计算中考虑实际半径的影响，而不要采用固定的标称值。这个分离波纹度轮廓的过程定义了理想的波纹度操作算子。

注 2：波纹度轮廓的传输频带是由 λf 和 λc 轮廓滤波器来限定的(参见 GB/T 18777—2002 中 2.6 和 3.2)。

注 3：波纹度轮廓是评定波纹度轮廓参数的基础。

3.1.8

中线　Mean lines

具有几何轮廓形状并划分轮廓的基准线。

3.1.8.1

粗糙度轮廓中线　mean line for the roughness profile

用 λc 轮廓滤波器所抑制的长波轮廓成分对应的中线(参见 GB/T 18777—2002 中 3.2)。

3.1.8.2

波纹度轮廓中线　mean line for the waviness profile

用 λf 轮廓滤波器所抑制的长波轮廓成分对应的中线(参见 GB/T 18777—2002 中 3.2)。

3.1.8.3

原始轮廓中线　mean line for the primary profile

在原始轮廓上按照标称形状用最小二乘法拟合确定的中线。

3.1.9

取样长度　sampling length　*lp*、*lr*、*lw*

在 X 轴方向判别被评定轮廓不规则特征的长度。

注：评定粗糙度和波纹度轮廓的取样长度 lr 和 lw 在数值上分别与 λc 和 λf 轮廓滤波器的截止波长相等。原始轮廓的取样长度 lp 等于评定长度。

3.1.10

评定长度　evaluation length　*ln*

用于评定被评定轮廓的 X 轴方向上的长度。

注：评定长度包含一个或几个取样长度。

评定长度的缺省值参见 GB/T 10610—2009 中 4.4。GB/T 10610 未给出波纹度参数的评定长度。

3.2　几何参数术语

3.2.1

***P* 参数　*P*-parameter**

在原始轮廓上计算所得的参数。

3.2.2

***R* 参数　*R*-parameter**

在粗糙度轮廓上计算所得的参数。

3.2.3

***W* 参数　*W*-parameter**

在波纹度轮廓上计算所得的参数。

注：在第 4 章中定义的参数可从任何轮廓中算得，参数符号中的第一个大写字母表示被评定轮廓的类型。例如：Ra

是从粗糙度轮廓中算得的，而 Pt 是从原始轮廓中算得的。

3.2.4

轮廓峰 profile peak

被评定轮廓上连接轮廓与 X 轴两相邻交点的向外(从材料到周围介质)的轮廓部分。

3.2.5

轮廓谷 profile valley

被评定轮廓上连接轮廓与 X 轴两相邻交点的向内(从周围介质到材料)的轮廓部分。

3.2.6

高度和/或间距分辨力 height and/or spacing discrimination

应计入被评定轮廓的轮廓峰和轮廓谷的最小高度和最小间距。

注：轮廓峰和轮廓谷的最小高度通常用 Pz、Rz、Wz 或任一幅度参数的百分率来表示，最小间距则以取样长度的百分率表示。

3.2.7

轮廓单元 profile element

轮廓峰和相邻轮廓谷的组合(见图 3)。

注：在取样长度始端或末端的被评定轮廓的向外部分或向内部分应看作一个轮廓峰或一个轮廓谷。当在若干个连续的取样长度上确定若干个轮廓单元时，在每一个取样长度的始端或末端评定的峰和谷仅在每个取样长度的始端计入一次。

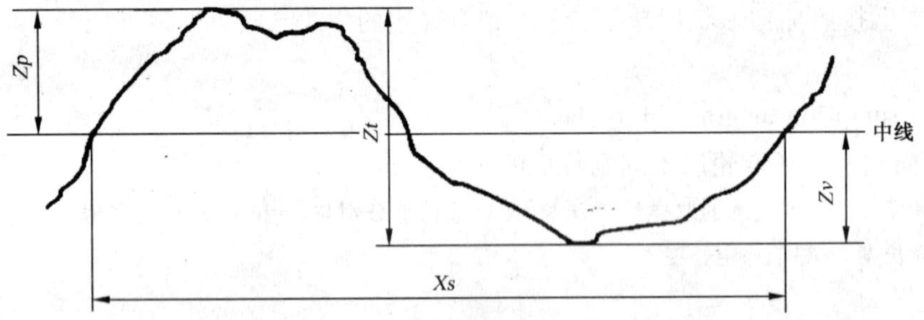

图 3 轮廓单元

3.2.8

纵坐标值 ordinate value Z(x)

被评定轮廓在任一位置距 X 轴的高度。

注：若纵坐标值位于 X 轴下方，该高度被视作负值，反之则为正值。

3.2.9

局部斜率 local slope $\frac{dZ}{dX}$

评定轮廓在某一位置 x_i 的斜率(见图 4)。

注 1：局部斜率和参数 $P\Delta q$、$R\Delta q$、$W\Delta q$ 的数值主要视坐标间距 ΔX 而定。

注 2：计算局部斜率的公式之一

$$\frac{dZ_i}{dx}=\frac{1}{60\Delta X}(Z_{i+3}-9Z_{i+2}+45Z_{i+1}-45Z_{i-1}+9Z_{i-2}-Z_{i-3})$$

计算局部斜率时，应使用 GB/T 6062—2009 中规定的采样间距和滤波器，式中 Z_i 为第 i 个轮廓点的高度，ΔX 为相邻两轮廓点之间的水平间距。

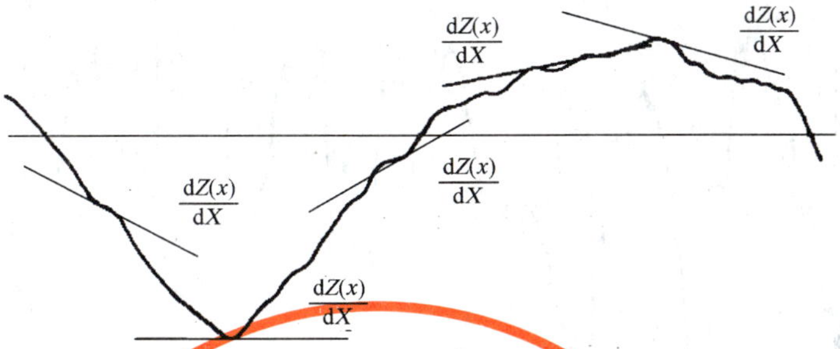

图 4 局部轮廓

3.2.10

轮廓峰高 profile peak height *Zp*

轮廓峰的最高点距 X 轴的距离(见图 3)。

3.2.11

轮廓谷深 profile valley depth *Zv*

轮廓谷的最低点距 X 轴的距离(见图 3)。

3.2.12

轮廓单元高度 profile element height *Zt*

一个轮廓单元的轮廓峰高与轮廓谷深之和(见图 3)。

3.2.13

轮廓单元宽度 profile element width *Xs*

一个轮廓单元与 X 轴相交线段的长度(见图 3)。

3.2.14

在水平截面高度 *c* 上轮廓的实体材料长度 material length of profile at the level *c* *Ml*(*c*)

在一个给定水平截面高度 c 上用一条平行于 X 轴的线与轮廓单元相截所获得的各段截线长度之和(见图 5)。

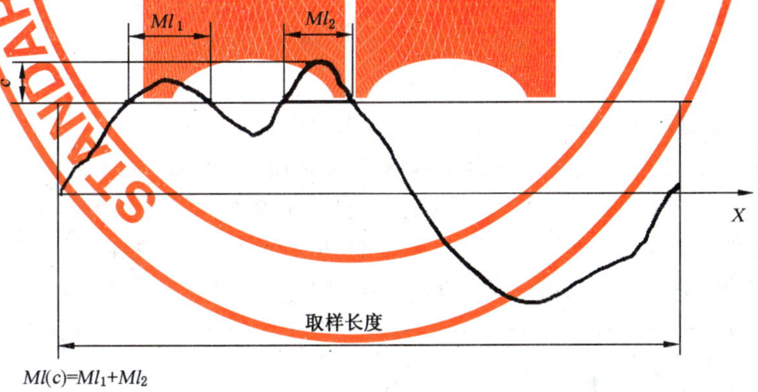

图 5 实体材料长度

4 表面轮廓参数定义

4.1 幅度参数(峰和谷)

4.1.1

最大轮廓峰高 maximum profile peak height *Pp*、*Rp*、*Wp*

在一个取样长度内,最大的轮廓峰高 Zp(见图 6)。

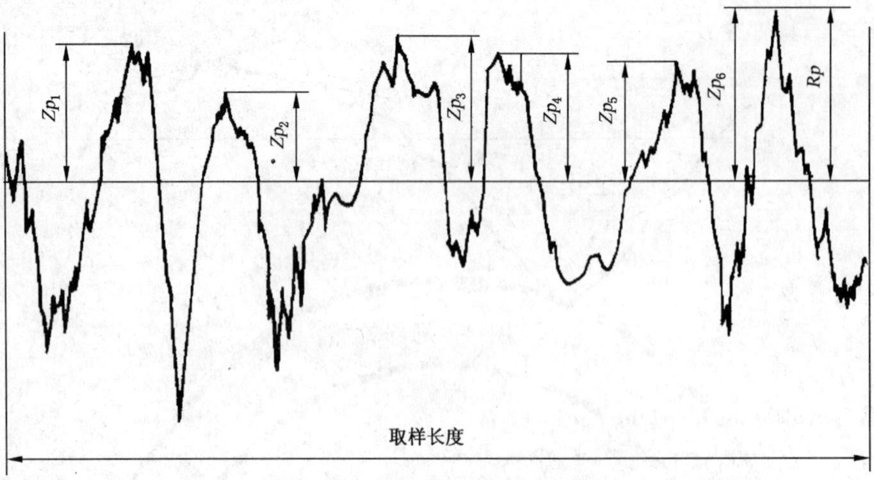

图 6　最大轮廓峰高(以粗糙度轮廓为例)

4.1.2

最大轮廓谷深　maximum profile valley depth *Pv*、*Rv*、*Wv*

在一个取样长度内最大的轮廓谷深 Zv(见图 7)。

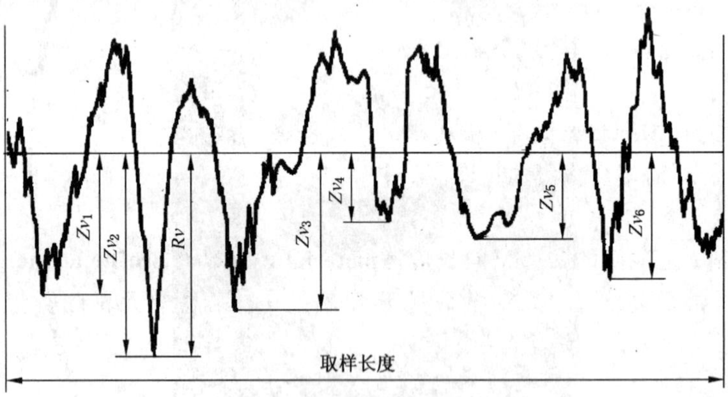

图 7　最大轮廓谷深(以粗糙度轮廓为例)

4.1.3

轮廓最大高度　maximum height of profile *Pz*、*Rz*、*Wz*

在一个取样长度内,最大轮廓峰高与最大轮廓谷深之和(见图 8)。

注:在 GB/T 3505—1983 中,R_z 符号曾用于表示"不平度的十点高度"。在使用中的一些表面粗糙度测量仪器大多测量的是本标准的旧版本规定的 R_z 参数。因此,当使用现行的技术文件和图样时必须注意这一点,因为用不同类型的仪器按不同的定义计算所得到的结果,其差别并不都是非常微小而可忽略。

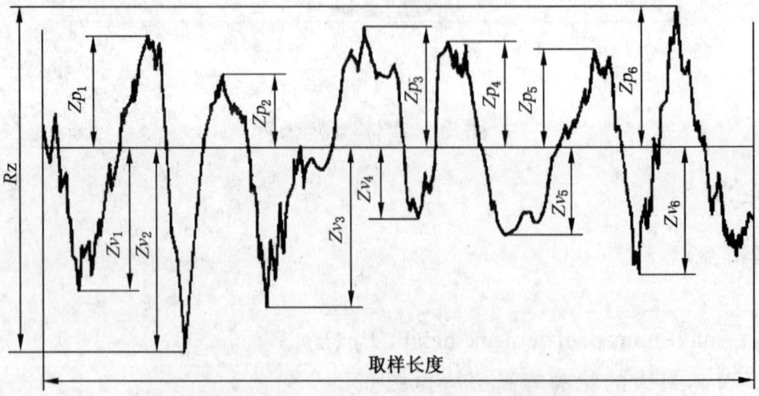

图 8　轮廓最大高度(以粗糙度轮廓为例)

4.1.4

轮廓单元的平均高度　mean height of profile elements *Pc*、*Rc*、*Wc*

在一个取样长度内轮廓单元高度 Zt 的平均值(见图 9)。

$$Pc、Rc、Wc = \frac{1}{m}\sum_{i=1}^{m} Zt_i$$

注：在计算参数 Pc、Rc、Wc 时，需要判断轮廓单元的高度和间距。若无特殊规定，缺省的高度分辨力应分别按 Pz、Rz、Wz 的 10%选取。缺省的间距分辨力应按取样长度的 1%选取。上述两个条件都应满足。

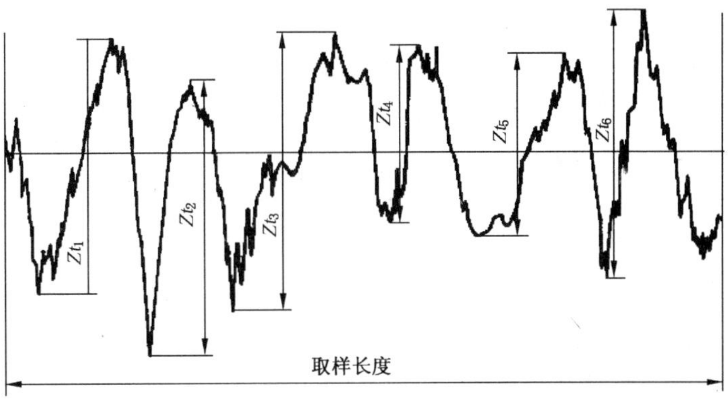

图 9　轮廓单元的高度(以粗糙度轮廓为例)

4.1.5

轮廓总高度　total height of profile *Pt*、*Rt*、*Wt*

在评定长度内最大轮廓峰高与最大轮廓谷深之和。

注 1：由于 Pt、Rt、Wt 是在评定长度上而不是在取样长度上定义的，以下关系对任何轮廓都成立：

$Pt \geqslant Pz$；$Rt \geqslant Rz$；$Wt \geqslant Wz$。

注 2：在未规定的情况下，Pz 和 Pt 是相等的，此时建议采用 Pt。

4.2　幅度参数(纵坐标平均值)

4.2.1

评定轮廓的算术平均偏差　arithmetical mean deviation of the assessed profile *Pa*、*Ra*、*Wa*

在一个取样长度内纵坐标值 $Z(x)$ 绝对值的算术平均值。

$$Pa、Ra、Wa = \frac{1}{l}\int_0^l |Z(x)|\,\mathrm{d}x$$

依据不同的情况，式中 $l=lp$，lr 或 lw。

4.2.2

评定轮廓的均方根偏差　root mean square deviation of the assessed profile *Pq*、*Rq*、*Wq*

在一个取样长度内纵坐标值 $Z(x)$ 的均方根值。

$$Pq、Rq、Wq = \sqrt{\frac{1}{l}\int_0^l Z^2(x)\,\mathrm{d}x}$$

依据不同情况，式中 $l=lp$、lr 或 lw。

4.2.3

评定轮廓的偏斜度　skewness of the assessed profile *Psk*、*Rsk*、*Wsk*

在一个取样长度内纵坐标值 $Z(x)$ 三次方的平均值分别与 Pq、Rq 或 Wq 的三次方的比值。

$$Rsk = \frac{1}{Rq^3}\left[\frac{1}{lr}\int_0^{lr} Z^3(x)\mathrm{d}x\right]$$

注 1：以上公式定义了 Rsk 用类似的方式定义 Psk 和 Wsk。

注 2：Psk、Rsk 和 Wsk 是纵坐标值概率密度函数的不对称性的测定。

注 3：这些参数受独立的峰或独立的谷的影响很大。

4.2.4

评定轮廓的陡度　kurtosis of the assessed profile *Pku*、*Rku*、*Wku*

在取样长度内纵坐标值 $Z(x)$ 四次方的平均值分别与 Pq、Rq 或 Wq 的四次方的比值。

$$Rku = \frac{1}{Rq^4}\left[\frac{1}{lr}\int_0^{lr} Z^4(x)\mathrm{d}x\right]$$

注 1：上式定义了 Rku，用类似方式定义 Pku 和 Wku。

注 2：Pku、Rku 和 Wku 是纵坐标值概率密度函数锐度的测定。

4.3　间距参数

4.3.1

轮廓单元的平均宽度　mean width of the profile elements *Psm*、*Rsm*、*Wsm*

在一个取样长度内轮廓单元宽度 Xs 的平均值(见图 10)。

$$Psm、Rsm、Wsm = \frac{1}{m}\sum_{i=1}^{m} Xs_i$$

注：在计算参数 Psm、Rsm、Wsm 时，需要判断轮廓单元的高度和间距。若无特殊规定，缺省的高度分辨力应分别按 Pz、Rz、Wz 的 10%选取。缺省的水平间距分辨力应按取样长度的 1%选取。上述两个条件都应满足。

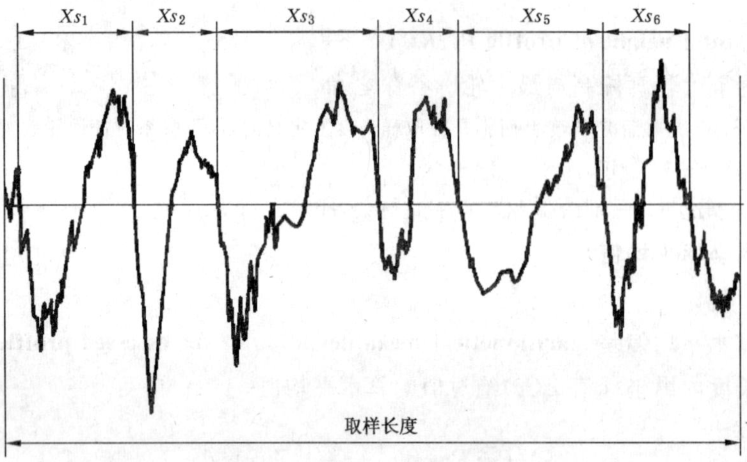

图 10　轮廓单元的宽度

4.4　混合参数

4.4.1

评定轮廓的均方根斜率　root mean square slope of the assessed profile *PΔq*、*RΔq*、*WΔq*

在取样长度内纵坐标斜率 $\mathrm{d}Z/\mathrm{d}X$ 的均方根值。

4.5　曲线和相关参数

所有曲线和相关参数均在评定长度上而不是在取样长度上定义，因为这样可提供更稳定的曲线和相关参数。

4.5.1

轮廓支承长度率　material ratio of the profile *Pmr*(*c*)、*Rmr*(*c*)、*Wmr*(*c*)

在给定水平截面高度 c 上轮廓的实体材料长度 $Ml(c)$ 与评定长度的比率。

$$Pmr(c)、Rmr(c)、Wmr(c) = \frac{Ml(c)}{ln}$$

4.5.2

轮廓支承长度率曲线　material ratio curve of the profile (Abbott Firestone curve)

表示轮廓支承率随水平截面高度 c 变化关系的曲线(见图 11)。

注：这个曲线可理解为在一个评定长度内，各个坐标值 $Z(x)$ 采样累积的分布概率函数。

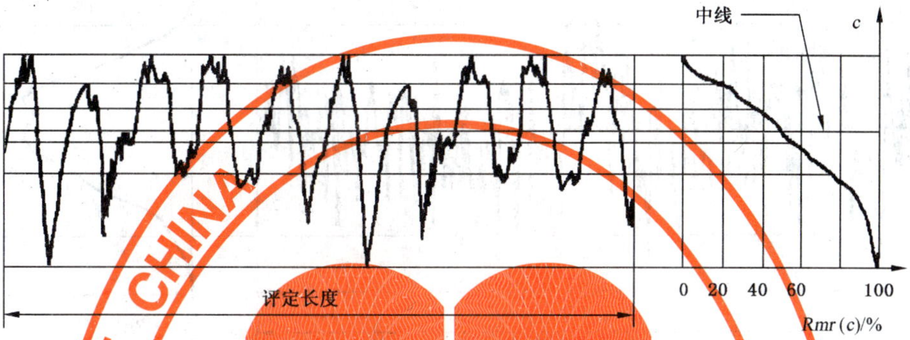

图 11　支承长度率曲线

4.5.3

轮廓水平截面高度差　profile section height difference *Pδc*、*Rδc*、*Wδc*

给定支承比率的两个水平截面之间的垂直距离。

$R\delta c = c(Rmr_1) - c(Rmr_2)$　$(Rmr_1 < Rmr_2)$

注：以上公式定义了 $R\delta c$，用类似方式定义 $P\delta c$ 和 $W\delta c$。

4.5.4

相对支承长度率　relative material ratio *Pmr*、*Rmr*、*Wmr*

在一个轮廓水平截面 $R\delta c$ 确定的，与起始零位 c_0 相关的支承长度率(见图 12)。

$Pmr、Rmr、Wmr = Pmr、Rmr、Wmr(c_1)$

式中：

$c_1 = c_0 - R\delta c$ (或 $P\delta c$ 或 $W\delta c$)

$c_0 = c(Pmr_0, Rmr_0, Wmr_0)$

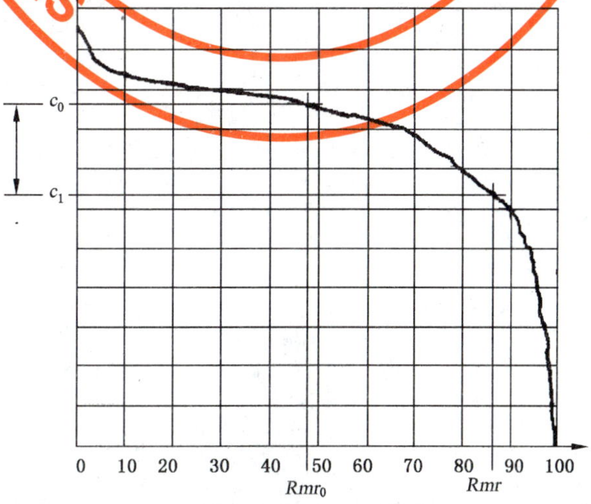

图 12　轮廓水平截面高度差

4.5.5

轮廓幅度分布曲线　profile height amplitude curve

在评定长度内纵坐标 $Z(x)$ 采样的概率密度函数(见图 13)。

注：有关轮廓幅度分布曲线的各个参数见 4.2 条。

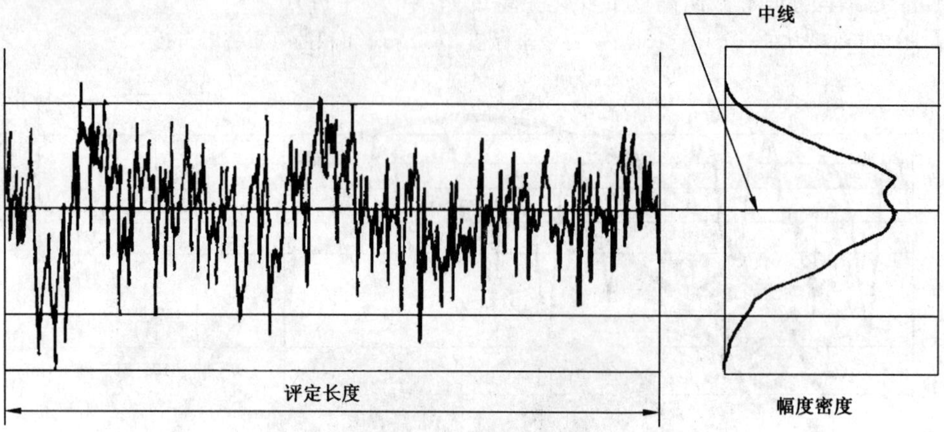

图 13　幅度分布曲线

附 录 A
（规范性附录）
计算机上字母符号的应用与正文等效

为便于计算机上字母符号的应用，推荐表 A.1 与正文等效。

表 A.1

参数	与正文等效
$P\Delta q$	Pdq
$R\Delta q$	Rdq
$W\Delta q$	Wdq
$P\delta c$	Pdc
$R\delta c$	Rdc
$W\delta c$	Wdc
λs	Ls
λc	Lc
λf	Lf

附 录 B
（资料性附录）
表面评定的流程图

表面评定的流程图，参见图 B.1 所示。

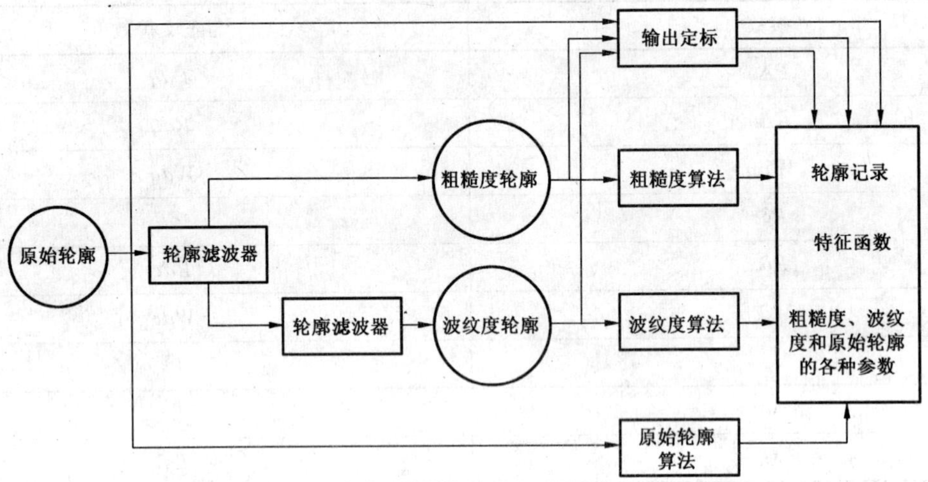

图 B.1 表面评定的流程图

附 录 C
（资料性附录）
本标准与 GB/T 3505—1983 之间基本术语与参数符号的比较

本标准与 GB/T 3505—1983 之间基本术语与参数符号的比较参见表 C.1 和表 C.2。

表 C.1 基本术语

本标准条款	本标准基本术语	1983 版本	本标准
3.1.9	取样长度	l	lp、lw、lr[a]
3.1.10	评定长度	l_n	ln
3.2.8	纵坐标值	y	$Z(x)$
3.2.9	局部斜率		$\frac{dZ}{dX}$
3.2.10	轮廓峰高	y_p	Zp
3.2.11	轮廓谷深	y_v	Zv
3.2.12	轮廓单元高度		Zt
3.2.13	轮廓单元宽度		Xs
3.2.14	在水平截面高度 c 位置上轮廓的实体材料长度	η_p	$Ml(c)$
[a] 给定的三种不同轮廓的取样长度。			

表 C.2 表面结构的参数

本标准	参数、本标准	1983 版本	本标准	在测量范围内	
				评定长度 ln	取样长度[a]
4.1.1	最大轮廓峰高	R_p	Rp[b]		√
4.1.2	最大轮廓谷深	R_m	Rv[b]		√
4.1.3	轮廓最大高度	R_y	Rz[b]		√
4.1.4	轮廓单元的平均高度	R_c	Rc[b]		√
4.1.5	轮廓总高度	—	Rt[b]	√	
4.2.1	评定轮廓的算术平均偏差	R_a	Ra[b]		√
4.2.2	评定轮廓的均方根偏差	R_q	Rq[b]		√
4.2.3	评定轮廓的偏斜度	S_k	Rsk[b]		√
4.2.4	评定轮廓的陡度	—	Rku[b]		√
4.3.1	轮廓单元的平均宽度	S_m	Rsm[b]		√
4.4.1	评定轮廓的均方根斜率	Δ_q	$R\Delta q$[b]		
4.5.1	轮廓支承长度率	—	$Rmr(c)$[b]	√	
4.5.3	轮廓水平截面高度	—	$R\delta c$[b]	√	
4.5.4	相对支承长度率	t_p	Rmr[b]	√	
—	十点高度	R_z	—		
注：√符号表示在测量范围内，现采用的评定长度和取样长度。					

[a] 表中取样长度是 lr、lw 和 lp，分别对应于 R、W 和 P 参数。$lp=ln$。

[b] 在规定的三个轮廓参数中，表中只列出了粗糙度轮廓参数。例如：三个参数分别为：Pa（原始轮廓）、Ra（粗糙度轮廓）、Wa（波纹度轮廓）。

STANDARDS PRESS OF CHINA

附 录 D
（资料性附录）
在 GPS 矩阵模型中的位置

GPS 矩阵的全部详情参见 GB/Z 20308—2006。

D.1 本标准的信息及其应用

本标准规定了用轮廓法确定表面结构(粗糙度、波纹度和原始轮廓)的术语、定义和参数。

D.2 在 GPS 矩阵模型中的位置

本标准是 GPS 通用标准，它影响 GPS 通用标准矩阵中粗糙度轮廓、波纹度和原始轮廓标准链的链环 2，如图 D.1 所述。

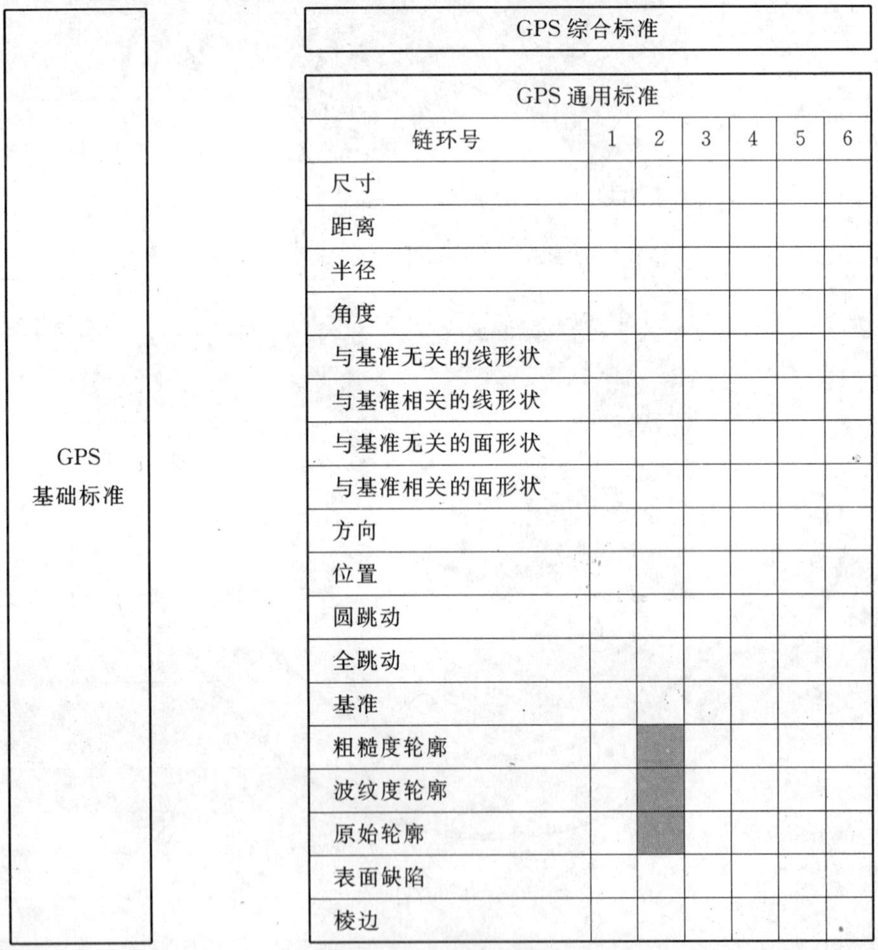

图 D.1 在 GPS 矩阵模型中的位置

D.3 相关的标准

相关的标准为图 D.1 所示标准链涉及的标准。

ICS 81.060.20
Y 24

中华人民共和国国家标准

GB/T 3532—2009
代替 GB/T 3532—1995

日 用 瓷 器

Domestic porcelain ware

2009-02-17 发布　　2009-07-01 实施

中华人民共和国国家质量监督检验检疫总局
中国国家标准化管理委员会 发布

前言

本标准代替 GB/T 3532—1995《日用瓷器》。

本标准与 GB/T 3532—1995 相比主要变化如下：

——产品分类中的杯类增加了大型和特型；

——修改了炻器类产品的吸水率技术要求；

——增加了微波炉适应性、冰箱到微波炉适应性、冰箱到烤箱适应性技术要求和试验方法；

——修改了部分外观缺陷要求；

——修改了检验规则中样品的取样方法。

本标准由中国轻工业联合会提出。

本标准由全国陶瓷标准化中心归口。

本标准主要起草单位：中国轻工业陶瓷研究所。

本标准参加起草单位：江苏高淳陶瓷股份有限公司、广西三环企业集团股份有限公司、福建冠福现代家用股份有限公司、广东四通集团有限公司、广东松发陶瓷有限公司、广东廉江红星陶瓷企业集团公司、广东雄英集团有限公司。

本标准主要起草人：程国安、张侃、孔德双、易缘、梁挺师、蔡镇城、林道藩、施永义、吴燕娇。

本标准所代替标准的历次版本发布情况为：

——GB/T 3532—1983，GB/T 3532—1995。

日 用 瓷 器

1 范围

本标准规定了日用瓷器的产品分类、技术要求、试验方法、检验规则和标志、包装、运输、贮存规则。

本标准适用于日用细瓷、普瓷、炻器类产品。

本标准不适用于另制定有国家标准或行业标准的产品。

2 规范性引用文件

下列文件中的条款通过本标准的引用而成为本标准的条款。凡是注日期的引用文件，其随后所有的修改单(不包括勘误的内容)或修订版均不适用于本标准，然而，鼓励根据本标准达成协议的各方研究是否可使用这些文件的最新版本。凡是不注日期的引用文件，其最新版本适用于本标准。

GB/T 2828.1—2003 计数抽样检验程序 第1部分：按接收质量限(AQL)检索的逐批检验抽样计划(ISO 2859-1:1999,IDT)

GB/T 2829—2002 周期检验计数抽样程序及表(适用于对过程稳定性的检验)

GB/T 3295 陶瓷制品45°镜向光泽度试验方法

GB/T 3298 日用陶瓷器抗热震性测定方法

GB/T 3299 日用陶瓷器吸水率测定方法

GB/T 3300 日用陶瓷器变形检验方法

GB/T 3301 日用陶瓷的容积、口径误差、高度误差、重量误差、缺陷尺寸的测定方法

GB/T 3302 日用陶瓷器包装、标志、运输、贮存规则

GB/T 3303 日用陶瓷器缺陷术语

GB/T 3534 日用陶瓷器铅、镉溶出量的测定方法(neq ISO 6486-1:1999,Ceramic ware,glass-ceramic ware and glass dinnerware in contact with food—Release of lead and cadmium—Part 1:Test method)

GB/T 5000 日用陶瓷名词术语

GB 12651 与食物接触的陶瓷制品铅、镉溶出量允许极限(ISO 6486-2:1999,Ceramic ware,glass-ceramic ware and glass dinnerware in contact with food—Release of lead and cadmium—Part 2:Permissible limits,NEQ)

QB/T 1503 日用陶瓷白度测定方法

3 术语和定义

GB/T 5000、GB/T 3303中确立的术语和定义适用于本标准。

4 产品分类

4.1 按产品的用途分为盘碟类、碗类、杯类、壶类及其他器物类。

4.2 按产品的器型分为扁平制品、小空心制品、大空心制品。

4.3 按产品的规格分为小型、中型、大型、特型。其规格范围见表1。

表 1

类别	型式			
	小型	中型	大型	特型
盘碟类口径/mm	＜128	128～＜228	228～350	＞350
碗类口径/mm	＜110	110～＜175	175～250	＞250
杯类口径/mm	＜60	60～＜100	100～140	＞140
壶类容量/mL	＜250	250～＜1 000	1 000～2 400	＞2 400
其他器物类	视其外形相似情况，分别按上述各类定型			

4.4　按产品的等级分为优等品、一等品、合格品。

5　技术要求

5.1　吸水率

细瓷类产品不大于0.5%，普瓷类产品不大于1.0%，炻器类产品不大于5.0%。

5.2　抗热震性

5.2.1　成套或系列产品

餐具以中型盘、碗类产品为代表件，茶、咖啡具以杯、盅类产品为代表件，180 ℃至 20 ℃热交换一次不裂。

5.2.2　非成套或系列产品

小、中型产品 180 ℃至 20 ℃热交换一次不裂；大、特型产品 160 ℃至 20 ℃热交换一次不裂。

5.3　铅、镉溶出量

铅、镉溶出量允许极限应符合 GB 12651 规定。

5.4　白瓷白度、釉面光泽度（无光釉、哑光釉产品除外）及釉面色差

5.4.1　白瓷白度应符合表 2 规定。

5.4.2　釉面光泽度应符合表 2 规定。

5.4.3　釉面色差应符合表 2 规定。

表 2

项目	等级		
	优等品	一等品	合格品
白度	≥70.0	≥60.0	≥55.0
光泽度	≥85.0		≥80.0
色差	≤1.0	≤2.0	≤3.0

5.5　微波炉适应性

产品标明微波炉适用时，按 6.6 规定的试验方法，一次循环不裂和无电弧产生。

5.6　冰箱到微波炉适应性

产品标明微波炉适用时，按 6.7 规定的试验方法，一次循环不裂和无电弧产生。

5.7　冰箱到烤箱适应性

产品标明烤箱适用时，按 6.8 规定的试验方法，一次循环不裂。

5.8　产品规格误差

5.8.1　口径误差

口径大于 200 mm 的误差允许±1.0%，口径在 60 mm～200 mm 之间的误差允许±1.5%，口径小于 60 mm 的误差允许±2.0%。

5.8.2 高度误差

高度误差允许±3.0%。

5.8.3 质量误差

质量误差允许±6.0%。

5.9 外观质量

5.9.1 产品不允许有炸釉、磕碰、裂穿和渗漏缺陷。

5.9.2 成套产品的釉色、花面色泽应基本一致。

5.9.3 产品的底沿应磨光，放在平面上应平稳。

5.9.4 有盖产品的盖与口基本吻合，壶类产品在倾斜70°时，盖子应不脱落。当盖子向一方移动时，盖子与壶口的距离不得超过3mm。壶嘴的口部不得低于壶口3 mm。

5.9.5 底部标志应正确、清晰，不得有明显歪斜与偏心。

5.9.6 产品各等级的外观缺陷应符合表3规定，并应符合下列要求：

a) 优等品每件产品不得超过2种缺陷；

b) 一等品每件产品不得超过4种缺陷；

c) 合格品每件产品不得超过6种缺陷。

表 3

序号	缺陷名称	测量单位	产品规格	优等品	一等品	合格品
1	变形[a]	高度 mm	盘碟类			
			小型	不大于0.5	不大于1.0	不大于2.5
			中型	不大于1.0	不大于2.0	不大于3.5
			大型	不大于1.5	不大于2.5	不大于4.5
			特型	不大于口径的0.7%	不大于口径的1.0%	不大于口径的2.0%
			鱼盘类			
			<200	不大于1.0	不大于1.5	不大于3.0
			200～<240	不大于2.0	不大于2.5	不大于4.5
			240～<320	不大于2.5	不大于3.0	不大于6.0
			≥320	不大于长径的1.0%	不大于长径的1.5%	不大于长径的2.0%
		口径 mm	碗类			
			小型	不大于0.5	不大于1.0	不大于2.5
			中型	不大于1.0	不大于2.0	不大于3.5
			大型	不大于1.5	不大于2.5	不大于4.5
			特型	不大于口径的0.7%	不大于口径的1.0%	不大于口径的2.0%
			杯类			
			小型	不大于0.5	不大于1.0	不大于2.0
			中型	不大于1.0	不大于1.5	不大于2.5
			大型	不大于1.5	不大于2.0	不大于3.0
			特型	不大于口径的1.5%	不大于口径的2.0%	不大于口径的2.5%
			壶类			
			<60	不大于1.0	不大于1.5	不大于2.5
			≥60	不大于1.5	不大于2.0	不大于3.0

表 3（续）

序号	缺陷名称	测量单位	产品规格	优等品	一等品	合格品
2	落渣[b]	直径 mm	小、中型	不允许	显见面不允许，非显见面不大于 0.5 限 2 个	显见面不大于 1.0 限 2 个，非显见面不大于 1.5 限 3 个
			大、特型	不允许	显见面不大于 0.5 限 2 个，非显见面不大于 1.0 限 2 个	显见面不大于 1.5 限 2 个，非显见面不大于 2.0 限 3 个
3	毛孔[c]	直径 mm	小型	不允许	不大于 0.5 限 2 个	不大于 1.0 限 4 个
			中型	不允许	不大于 0.5 限 3 个	不大于 1.0 限 6 个
			大型	显见面不允许，非显见面不大于 0.5 限 2 个	不大于 0.5 限 5 个	不大于 1.0 限 8 个
			特型	显见面不允许，非显见面不大于 0.5 限 3 个	不大于 0.5 限 7 个	不大于 1.0 限 10 个
4	斑点	直径 mm	小型	不允许	不允许	不大于 1.5 限 2 个
			中型		不允许	不大于 1.5 限 3 个
			大型		不大于 0.5 限 1 个	不大于 2.0 限 3 个
			特型		不大于 1.0 限 1 个	不大于 2.0 限 4 个
5	色脏[d]	面积 mm^2	各型	不允许	显见面不大于 3.0，非显见面不大于 10.0	显见面不大于 12.0，非显见面不大于 24.0
6	溶洞	直径 mm	小型	不允许	显见面不允许，非显见面不大于 1.0 限 1 个	不大于 2.0 限 2 个
			中型		显见面不允许，非显见面不大于 1.5 限 1 个	不大于 3.0 限 2 个
			大型		显见面不允许，非显见面不大于 2.0 限 1 个	不大于 3.0 限 3 个
			特型		显见面不允许，非显见面不大于 2.0 限 2 个	不大于 3.0 限 4 个
7	石膏脏	面积 mm^2	小型	不允许	显见面不允许，非显见面不大于 2.0	不大于 10.0
			中型		显见面不允许，非显见面不大于 3.0	不大于 20.0

表 3（续）

序号	缺陷名称	测量单位	产品规格	优等品	一等品	合格品
7	石膏脏	面积 mm^2	大型	不允许	显见面不允许，非显见面不大于 6.0	不大于 30.0
			特型		显见面不允许，非显见面不大于 12.0	不大于 40.0
8	疙瘩、坯泡[e]	直径 mm	小型	不允许	不大于 1.0 限 1 个	不大于 3.5 限 4 个
			中型		不大于 1.5 限 2 个	不大于 4.0 限 5 个
			大型		不大于 2.0 限 2 个	不大于 4.5 限 5 个
			特型		不大于 2.0 限 4 个	不大于 5.0 限 6 个
9	泥渣[f]	面积 mm^2	小型	显见面不允许，非显见面不大于 1.0	不大于 6.0	不大于 24.0
			中型	显见面不允许，非显见面不大于 2.0	不大于 9.0	不大于 36.0
			大型	显见面不允许，非显见面不大于 4.0	不大于 18.0	不大于 72.0
			特型	显见面不允许，非显见面不大于 8.0	不大于 24.0	不大于 96.0
10	釉泡[g]	直径 mm	小型	不允许	不大于 0.5 限 2 个	不大于 1.0 限 3 个
			中型		不大于 0.5 限 3 个	不大于 1.5 限 4 个
			大型		不大于 0.5 限 4 个	不大于 2.0 限 5 个
			特型		不大于 0.5 限 5 个	不大于 2.0 限 6 个
11	底沿粘渣[h]	长度 mm	各型	不允许	外沿不允许，内沿不大于底径的 15%，宽度不大于 1.0	外沿不大于底径的 30%，内沿不大于底径的 50%
12	缺釉（包括压釉、缩釉）[i]	长度 mm 面积 mm^2	各型	不允许	压釉长不大于2.0，底内沿长不大于10.0，其他缺釉不允许； 底足缩釉：小、中型面积不大于 30，大、特型面积不大于 40	压釉长不大于10.0，底内沿长不大于40.0，其他缺釉面积不大于 30.0； 底足缩釉：小、中型面积不大于 60，大、特型面积不大于 80
13	裂纹[j]	长度 mm	小型	不允许	显见面不允许，非显见面阴裂不大于 3.0	阴裂不大于 6.0
			中型		显见面不允许，非显见面阴裂不大于 4.0	阴裂不大于 8.0
			大型		显见面不允许，非显见面阴裂不大于 5.0	阴裂不大于 10.0

STANDARDS PRESS OF CHINA

表 3（续）

序号	缺陷名称	测量单位	产品规格	优等品	一等品	合格品
13	裂纹[j]	长度 mm	特型	不允许	显见面不允许，非显见面阴裂不大于 6.0	阴裂不大于 12.0
14	水泡边、刺边	直径与长度 mm	小型	不允许	水泡边不允许，刺边长不大于 6.0	不大于 1.0，长不大于 20.0
			中型		水泡边不允许，刺边长不大于 12.0	不大于 1.0，长不大于 40.0
			大型		水泡边不允许，刺边长不大于 24.0	不大于 1.0，长不大于 60.0
			特型		水泡边不允许，刺边长不大于 36.0	不大于 1.0，长不大于 80.0
15	粘疤[k]	长度 mm	各型	不允许	粘足不大于底径的 5%，深度不大于 0.5 mm	粘足不大于底径的 20%，深度不大于 1.0 mm
16	烤花粘釉[l]	面积 mm²	小型	不允许	不允许	不大于 5.0
			中型			不大于 10.0
			大型			不大于 20.0
			特型			不大于 30.0
17	缺泥[m]	面积 mm²	小型	显见面不允许，非显见面不大于 10.0	不大于 15.0（其中口沿不大于 2.0）	不大于 40.0（其中口沿不大于 5.0）
			中型	显见面不允许，非显见面不大于 15.0	不大于 20.0（其中口沿不大于 2.0）	不大于 60.0（其中口沿不大于 5.0）
			大型	显见面不允许，非显见面不大于 20.0	不大于 25.0（其中口沿不大于 3.0）	不大于 80.0（其中口沿不大于 7.0）
			特型	显见面不允许，非显见面不大于 25.0	不大于 30.0（其中口沿不大于 3.0）	不大于 100.0（其中口沿不大于 7.0）
18	画线缺陷	长度 mm	各型	断边断线不允许，断金不允许，蓝金很不明显，线边色差不匀及残缺很不明显	断口不超过 2.0（宽金边断口不允许），蓝金不明显，线边色差不匀及残缺不明显	断口不超过 4.0 限 5 处，蓝金不太严重，线边不匀及残缺不太严重
19	画面缺陷[n]	面积 mm²	各型	不大于 4.0 限 1 处	不大于 7.0 限 2 处（或不大于 10.0 限 1 处）	不大于画面的 25%
20	火刺	面积 mm²	小型	不允许	不允许	40.0
			中型			50.0
			大型			70.0

表 3（续）

序号	缺陷名称	测量单位	产品规格	优等品	一等品	合格品
20	火刺	面积 mm^2	特型	不允许	不允许	90.0
21	釉面擦伤	—	各型	不允许	不明显	不严重
22	烟熏、阴黄	—	各型	不允许	不允许	不严重
23	釉薄、桔釉	—	各型	显见面不允许，非显见面很不明显	不明显	不严重
24	嘴耳把歪、接头泥色差、彩色不正	—	各型	很不明显	不太明显	不严重
25	泥釉缕、波浪纹、滚头迹	—	各型	显见面不允许，非显见面很不明显	显见面不明显，非显见面不严重	不严重

表中缺陷折算规定：

① 除已明确规定者外，本表所规定的缺陷允许范围均指显见面，非显见面的缺陷均可按显见面规定的尺寸加大 50%，毛孔尺寸按规定不变，数量以 2 个折算 1 个。

② 凡遇直径小于规定幅度 50%的缺陷，而其数量较规定的略多时，可以 2 个折算 1 个，但所增加的绝对个数不得超过原等级规定总数的 50%（如原规定总数为单数时，可将总数加 1，变成双数再折算）。

③ 凡未限定处数和个数者均可按尺寸相加计算。

④ 一等品、合格品中凡是直径不大于 0.3 mm，长度不大于 0.5 mm，面积不大于 1 mm^2，颜色清淡的微小缺陷以及其他不明显缺陷，可不作缺陷计。

⑤ 在 10 mm^2 内不得有超过 2 个以上的缺陷。

⑥ 本标准未能包括的缺陷，可按相似缺陷处理。

a 多边变形优等品不允许，一等品、合格品需将规定的幅度减少 50%；底部凹凸不平优等品很不明显，一等品不明显，合格品不太明显。

b 一等品口沿落渣不允许，合格品口沿落渣不大于 0.5 限 1 个，其他部位落渣应铲去尖锋。

c 特型注浆产品：一等品、合格品规定的幅度不变，数量各增加 1 个，毛孔不能密集。

d 底足粘脏一等品不明显，合格品不严重。

e 坯泡应为较平滑的，手感明显的不允许。

f 适合釉下较平者，凸者按疙瘩检验。

g 开口釉泡一等品不允许，合格品口沿开口釉泡不允许。

h 粘渣应磨钝；鱼盘按底足长径计算。

i 底足缩釉宽度均不能超过 1，小、中型嘴、耳、把处压釉一等品不大于 2.0，合格品不大于 4.0。

j 一等品耳、把和壶内扎眼处等隐蔽处坯釉皆裂不大于 2.0 限 1 处；合格品坯釉皆裂（不透）小、中型不大于 3.0，大、特型不大于 5.0，耳、把和壶内扎眼处等隐蔽处坯釉皆裂不大于 2.0 限 2 处。

表 3（续）

序号	缺陷名称	测量单位	产品规格	优等品	一等品	合格品
k 其他部位粘疤不允许；鱼盘按底足长径计算；底足应磨光。 l 合格品口沿不允许。 m 优等品、一等品缺泥深不大于 0.5，合格品缺泥深不大于 1.0。 n 满花一等品、合格品各加一处；薄膜迹优等品很不明显，一等品不明显，合格品不太明显；局部淡金按画面缺陷处理；人物、飞禽走兽的头部、手、足，装饰中的文字符号优、一等品不允许残缺，合格品残缺不明显。						

6 试验方法

6.1 吸水率测定

吸水率试验方法按 GB/T 3299 执行。

6.2 抗热震性测定

抗热震性试验方法按 GB/T 3298 执行。

6.3 铅、镉溶出量测定

铅、镉溶出量试验方法按 GB/T 3534 执行。

6.4 白度、色差测定

白度、色差试验方法按 QB/T 1503 执行。

6.5 光泽度测定

光泽度试验方法按 GB/T 3295 执行。

6.6 微波炉适应性测定

6.6.1 设备

微波输出功率不小于 600 W 的微波炉一台。

6.6.2 测定

样品浸入温度为(20±3)℃的水中 1 h，取出用布将表面擦干。迅速将样品放在微波炉转盘中心进行微波加热[微波炉内的两角落分别放置 1 个装有(125±2.5)mL 水的容器，确保不会碰到转盘]，加热能量为 72 000 J，加热时间由能量除功率得出，精确到秒，加热完成后取出样品放在传热性能较差的材料上冷却至室温，检查样品是否开裂。若试验过程中出现电弧，立即终止试验，并在报告中说明试验终止的原因是产生了电弧。

6.7 冰箱到微波炉适应性测定

6.7.1 设备

6.7.1.1 微波输出功率不小于 600 W 的微波炉一台。

6.7.1.2 可控制工作区域的温差在±3 ℃之内的冷冻箱一台。

6.7.2 测定

样品浸入温度为(20±3)℃的水中 1 h，取出用布将表面擦干。将已浸水、尺寸约为样品底部平面一半的海绵[形状与样品底部一致，厚度不小于 15 mm]放置在样品上，迅速放入温度为－8 ℃的冷冻柜，待温度到达后保温 16 h，取出样品在 45 s 内放在微波炉转盘中心进行微波加热(微波炉内的两角落分别放置 1 个装有(125 ±2.5)mL 水的容器，确保不会碰到转盘]，加热能量为 72 000 J，加热时间为能量除功率得出，精确到秒，加热完成后在 45 s 内放入温度为－8 ℃的冷冻柜，待温度到达后保温 16 h，取出样品至室温，检查样品是否开裂。若试验过程中出现电弧，立即终止试验，并在报告中说明试验终止的原因是产生了电弧。

6.8 冰箱到烤箱适应性测定

6.8.1 设备

6.8.1.1 具有足够的升温速度能保证放入试样后在 15 min 内回升到测试温度，可控制工作区域的温差在±5 ℃之内的加热炉一台。

6.8.1.2 可控制工作区域的温差在±3 ℃之内的冷冻箱一台。

6.8.2 测定

样品浸入温度为(20±3)℃的水中 1 h，取出用布将表面擦干。将已浸水、尺寸约为样品底部平面一半的海绵(形状与样品底部一致，厚度不小于 15 mm)放置在样品上，迅速放入温度为－8 ℃的冷冻柜，待温度到达后保温 16 h，取出样品在 45 s 内放入温度为 200 ℃的炉内，待温度到达后保温 20 min，取出样品放在传热性能较差的材料上冷却至室温，检查样品是否开裂。

6.9 变形测定

变形试验方法按 GB/T 3300 执行。

6.10 产品规格误差、缺陷尺寸测定

产品规格误差、缺陷尺寸试验方法按 GB/T 3301 执行。

7 检验规则

7.1 检验分类

产品检验分交收检验和型式检验，采用每百单位不合格品数(计件法)检验。

7.2 交收检验

7.2.1 每件产品应经制造厂检验部门全数检验并经交收检验合格后方可出厂。

7.2.2 交收检验项目为 5.8、5.9 规定的内容。

7.2.3 交收检验按 GB/T 2828.1—2003 的各项规定执行。各检验项目的不合格分类、接收质量限、检验水平及抽样方案见表 4。正常检验一次抽样及判定按表 5 进行。

STANDARDS PRESS OF CHINA

表 4

检查项目	不合格分类	接收质量限(AQL)	检验水平(IL)	抽样方案
5.9.1	A	0.25	一般检验水平Ⅱ	一次抽样(从正常检验一次抽样开始，按转移规则进行)
5.8	B	4.0	特殊检验水平 S-3	
5.9.2			一般检验水平Ⅱ	
5.9.3				
5.9.4				
5.9.5				
5.9.6				

表 5

批量范围	一般检验水平Ⅱ						特殊检验水平 S-3		
	AQL 为 0.25			AQL 为 4.0			AQL 为 4.0		
	样本量	Ac	Re	样本量	Ac	Re	样本量	Ac	Re
2～8	50	0	1	3	0	1	3	0	1
9～15	50	0	1	3	0	1	3	0	1
16～25	50	0	1	3	0	1	3	0	1
26～50	50	0	1	13	1	2	3	0	1
51～90	50	0	1	13	1	2	3	0	1
91～150	50	0	1	20	2	3	3	0	1
151～280	50	0	1	32	3	4	13	1	2
281～500	50	0	1	50	5	6	13	1	2

表 5（续）

批量范围	一般检验水平Ⅱ						特殊检验水平 S-3		
	AQL 为 0.25			AQL 为 4.0			AQL 为 4.0		
	样本量	Ac	Re	样本量	Ac	Re	样本量	Ac	Re
501～1 200	50	0	1	80	7	8	13	1	2
1 201～3 200	200	1	2	125	10	11	13	1	2
3 201～10 000	200	1	2	200	14	15	20	2	3
10 001～35 000	315	2	3	315	21	22	20	2	3
35 001～150 000	500	3	4	315	21	22	32	3	4
150 001～500 000	800	5	6	315	21	22	32	3	4
≥500 001	1 250	7	8	315	21	22	50	5	6

7.2.4 受检产品可按单件、套具、等级、花面、器型等形成批，必要时还可细分。

7.2.5 样本的抽取按以下要求进行：

a) 单件产品按表 4 的规定从交货批中直接随机抽取样本量。

b) 成箱配套产品根据交货批产品数量对照表 4 的要求查出相应的样本量，用样本量除以每箱内的产品数，其商若是整数则以此数值为抽取的箱数；其商若含小数，则去除小数，在整数位加 1 为抽取的箱数。从交货批产品中随机抽取确定箱数的成箱配套产品，然后从抽取的箱中随机抽取该批产品的样本量(每箱中抽出的样本数应大致相等)。

c) 当交货批小于或等于样本量时，则全部抽取。

7.2.6 交收检验项目中，如有一项不合格，则判定该产品为不合格。该批产品由交货方返工后，方可再次提交检验。

7.3 型式检验

7.3.1 型式检验项目为本标准技术要求的全部内容，其中铅、镉溶出量及抗热震性每季度不少于一次，其他项目每半年不少于一次，遇有下列情况之一时亦应进行型式检验：

a) 产品原料改变时；

b) 生产工艺方法变更可能影响产品性能时；

c) 停产 6 个月以上再恢复生产时；

d) 生产工艺过程中发生意外事故时；

e) 有合同要求时。

7.3.2 型式检验的样本应从本周期制造的并经过批检查合格的某个批或若干个批中抽取。抽取样本的方法要保证所得到的样本能代表本周期的实际技术水平。

7.3.3 型式检验按 GB/T 2829—2002 的规定执行，各检验项目的不合格分类、不合格质量水平、判别水平、不合格判定数及抽样方案见表 6。有合同要求时，可由合同双方协商确定。

表 6

检验项目	不合格分类	不合格质量水平(RQL)	判别水平(DL)	抽样方案	样本量	Ac	Re
5.9.1	A	6.5	Ⅲ	一次	32	0	1
5.8、5.9.2、5.9.3、5.9.4、5.9.5、5.9.6	B	20			32	3	4

表 6（续）

检验项目	不合格分类	不合格质量水平(RQL)	判别水平(DL)	抽样方案	样本量	Ac	Re
5.3	A	15	Ⅰ	一次	6	0	1
5.5		30			3	0	1
5.6							
5.7							
5.2	B	25	Ⅰ	二次	$n_1=5$ $n_2=5$	0 1	2 2
5.1		40			$n_1=3$ $n_2=3$	0 1	2 2
5.4.1							
5.4.2							
5.4.3							

7.3.4 检验的各个项目中，如有一项不合格，则判该周期型式检验不合格。

8 标志、包装、运输和贮存

8.1 产品的标志、包装、运输和贮存按 GB/T 3302 规定执行。

8.2 除无法标识外，微波炉适用瓷、烤箱适用瓷应在每件产品底部及包装箱上标识。

8.3 成套产品包装时要求配套无差错。

ICS 01.120
A 00

中华人民共和国国家标准

GB/T 3533.1—2009
代替 GB/T 3533.1—1983,GB/T 3533.2—1984

标准化经济效果评价 第1部分:原则和计算方法

Assessing economic effect of standardization— Part 1:Principles and calculating methods

STANDARDS PRESS OF CHINA

2009-03-13 发布 2009-09-01 实施

中华人民共和国国家质量监督检验检疫总局
中国国家标准化管理委员会 发布

前　言

GB/T 3533《标准化经济效果评价》分为以下部分：

——第 1 部分：原则和计算方法；

——第 2 部分：数据资料的收集和处理方法；

——第 3 部分：确定标准制定和实施费用的方法。

本部分为 GB/T 3533 的第 1 部分。

本部分代替 GB/T 3533.1—1983《标准化经济效果的评价原则和计算方法》、GB/T 3533.2—1984《标准化经济效果的论证方法》。

本部分与 GB/T 3533.1—1983 和 GB/T 3533.2—1984 相比，主要变化如下：

——按照 GB/T 1.1—2000《标准化工作导则　第 1 部分：标准的结构和编写规则》对格式进行了修改；

——删除了 GB/T 3533.1—1983 的第 7 章“贯彻各类标准获得年节约的主要计算公式和数据资料收集”、附录 C“标准化年节约因素调查表、标准化投资统计表”、附录 D“贯彻标准获得的年节约额计算表、标准化经济效果汇总表”和附录 F“标准化经济效果的评价和计算实例”；

——删除了 GB/T 3533.1—1983 附录 A“标准化经济效果的符号、代号”中的“汉语拼音、习惯用法”；

——删除了 GB/T 3533.2—1984 的第 3 章“标准化经济效果论证的指标体系”和附录 B“标准化经济效果论证举例”。

本部分的附录 A、附录 B 和附录 C 为规范性附录，附录 D 为资料性附录。

本部分由中国标准化研究院提出并归口。

本部分起草单位：中国标准化研究院、中标认证中心、西安交通大学。

本部分主要起草人：王益谊、葛京、王金玉、逄征虎、赵朝义、陈志田、董晓媛。

本标准所代替标准的历次版本发布情况为：

——GB/T 3533.1—1983、GB/T 3533.2—1984。

标准化经济效果评价
第1部分:原则和计算方法

1 范围

GB/T 3533的本部分规定了标准化经济效果的评价原则和计算方法。

本部分适用于评价和计算实施国家标准、行业标准、地方标准和企业标准及采用国际标准和国外先进标准的经济效果。

2 规范性引用文件

下列文件中的条款通过GB/T 3533的本部分的引用而成为本部分的条款。凡是注日期的引用文件,其随后所有的修改单(不包括勘误的内容)或修订版均不适用于本部分,然而,鼓励根据本部分达成协议的各方研究是否可使用这些文件的最新版本。凡是不注日期的引用文件,其最新版本适用于本部分。

GB/T 3533.3 评价和计算标准化经济效果 数据资料的收集和处理方法

3 术语和定义

下列术语和定义适用于本部分。

3.1

标准化经济效果 economic effect of standardization

制定(含修订,下同)和实施标准所获得的有用效果与所付出的劳动耗费之比。

3.2

标准化劳动耗费 labor use of standardization

制定和实施标准所付出的活劳动与物化劳动耗费的总和,即标准化投资。

3.3

标准化有用效果 useful effect of standardization

实施标准所获得的节约,或其他有益的结果。

3.4

标准化经济效益 economic benefit of standardization

制定和实施标准所获得的有用效果与所付出的劳动耗费之差。

3.5

标准化投资回收期 period of return on investment of standardization

用实施标准所获得的年节约去偿还标准化投资所需的时间。

3.6

标准化投资收益率 rate of return on investment of standardization

实施标准所获得的年节约与投资之比。

3.7

标准化经济效果系数 coefficient of economic effect of standardization

实施标准所获得的总节约与投资之比。

3.8

基准年　benchmark year

评价标准化经济效果时，作为比较的基准年度。

3.9

评价年　valuation year

评价标准化经济效果时，与基准年进行比较的各年度。

3.10

标准有效期　validity period of standard

自标准实施之日至该标准修订或废止的时间。

4　符号

符号遵照附录A的规定。

5　评价、计算以及论证标准化经济效果的原则

5.1　评价和计算标准化经济效果的原则

评价和计算标准化经济效果应：

——充分考虑现代科学技术的发展及我国的国情；

——与我国的经济管理与经济核算制度相结合；

——全面考虑标准化经济效果发生的环节；

——着眼于生产领域和非生产领域的效果；

——依据准确可靠的数据，并避免同一效果在不同环节上的重复计算；

——集中分析效果显著的项目，注意受标准化影响而扩展的效果项目；

——通俗、实用、简便易行。

5.2　标准化经济效果的论证原则

凡列入标准化规划、计划的措施，应在经济上是合理的。

a) 各部门、单位在按标准体系确定计划项目时，除考虑标准配套和技术先进性外，应预测其经济效果，优先列入经济效益高、投资回收期短的项目。

b) 在起草国家标准、行业标准、地方标准、企业标准及采用国际标准和国外先进标准前，应做技术经济分析，估算实施标准后可能获得的经济效果。特别是制定和实施投资较多的标准，更应详细地进行技术经济论证，并将论证结果列入标准编制说明中。

c) 在编制标准草案时，对所采取的每一决策，如参数数值、选择的参数系列、试验方法、结构、包装方法等，必须通过论证检查经济上的合理性，将其作为衡量技术完善程度和可行性的重要依据。

d) 进行标准化经济效果的论证，要对标准化投资、实施标准将取得的各种节约、产品年产量、年生产成本、流动资金、固定资金及市场和价格的变化等进行预测计算。

e) 凡不能定量计算效果的标准化项目，在列入规划、计划之前，应以文字叙述或图表形式，定性地阐述实施该项目后可产生的效果。

6　评价和计算标准化经济效果的时期

6.1　提出标准化规划、计划项目时期

国家、行业、地方或企业的标准化项目在列入远景规划或年度计划前，应进行标准化经济效果的预测。

6.2 审议报批标准时期

标准草案应附有经济效果的论证，论证可以有若干个方案，如果不能进行经济效果论证时应附有必要的说明。审议标准时，应在对可能获得的标准化经济效果的各种方案进行充分讨论后，提出标准报批稿；批准标准时对报批稿中经济效果的论证应进行复核。

6.3 实施标准时期

在标准有效期内，应将评价年与基准年的数据相比较进行评价，计算实施该标准获得的实际经济效果。

7 评价和计算标准化经济效果基准的选择

初次制定的新产品和新工艺标准，用一个在结构、工艺特性和技术指标上相似产品的实际生产水平作为基准；修订许多企业生产的产品标准，用原标准达到的全行业平均的实际生产水平为基准，如只涉及一个企业时，用该企业原标准达到的实际生产水平为基准。

根据选定的基准，确定基准年度。

8 评价和计算标准化经济效果考虑的主要因素

8.1 产品标准应考虑的因素

8.1.1 研制阶段应考虑：

——减少设计的工作量；

——进行制图与描图的劳动量；

——提高设计效率和设计水平等。

8.1.2 生产阶段应考虑：

——提高产品质量和降低不合格品率，增加产品产量；

——降低劳动量，降低原料、材料、燃料、动力的消耗；

——减少材料和零部件的储备量；

——扩大生产批量，降低单位产品的企业管理费、折旧费；

——减少流动资金的占用；

——缩短生产准备时间和生产周期等。

8.1.3 流通阶段应考虑：

——提高仓库面积和容积的利用率；

——缩短运输时间；

——减少运输和仓储过程中的损失；

——减少包装和运输费用等。

8.1.4 消费阶段（包括部门消费和个人消费）应考虑：

——提高产品的可靠性；

——延长产品的使用寿命；

——减少修理费；

——降低使用过程中原料、材料、燃料、动力的消耗；

——提高产品使用效率等。

8.2 基础标准应考虑：

——提高零、部件互换性；

——提高产品可靠性和延长使用寿命；

——避免名词、术语、图形符号、代号、代码混乱；

——提高信息传递效率等。

STANDARDS PRESS OF CHINA

8.3 试验和检验方法标准应考虑：

——提高试验检验质量，减少纠纷；

——缩短试验和检验时间；

——节省试验和检验设备的费用等。

8.4 安全、卫生、环保等标准应考虑：

——提高环境质量，减少发病率及保健费用，降低事故发生率；

——综合利用废水、废气、废渣，减少原料、材料、燃料、动力的消耗等。

8.5 出口产品标准应考虑：

——增加出口产品的产量；

——提高技术水平、竞争能力和增加外汇收入等。

8.6 进口产品标准化审查应考虑：

——确保进口产品质量；

——提高互换性、通用性；

——确保安全可靠；

——便于使用维修；

——提高生产能力等。

8.7 采用国际标准和国外先进标准应考虑：

——减少制修订标准的费用，提高产品质量和国际贸易中的竞争能力；

——减少原料、材料、燃料、动力的消耗；

——节约劳动工时，提高互换性、通用性、安全性等。

9 评价和计算标准化经济效果的指标体系

9.1 标准化经济效果评价指标的计量方式

标准化经济效果的评价指标应采用货币单位或自然单位(公斤、千瓦、米、小时等)来表示，如无法进行定量计算时，可用文字或图表补充说明。

9.2 标准化经济效果评价的指标体系

9.2.1 标准化经济效益

标准化经济效益分为标准有效期内预计的总经济效益(X_Σ)和年经济效益(X_n)两种。按式(1)、式(2)计算：

$$X_\Sigma = \sum_{i=1}^{t} J_i - K \quad \cdots\cdots(1)$$

$$X_n = J - \alpha K \quad \cdots\cdots(2)$$

式中：

$\sum_{i=1}^{t} J_i$——标准有效期内预计的标准化总节约额，单位为元；

J——预计的标准化年节约额，单位为元/年；

K——预计的标准化投资，单位为元；

α——标准有效期内，标准化投资折算成一年的费用系数，单位为 1/年；$\alpha=1/t$。如标准有效期为 5 年时，每年均摊的费用为投资的 1/5，即 0.2；

t——标准有效期，单位为年。

9.2.2 标准化投资回收期

标准投资回收期按式(3)计算：

$$T_K = \frac{K}{J} \qquad \cdots\cdots\cdots\cdots(3)$$

式中：

T_K——标准投资回收期，单位为年。

投资回收期如果需要用月、日表示：

$$T_K = \frac{K}{J} \times 12$$

$$T_K = \frac{K}{J} \times 360$$

遇有不同标准化方案进行比较时，可用式(4)表示：

$$t_K = \frac{K_2 - K_1}{C_1 - C_2} \qquad \cdots\cdots\cdots\cdots(4)$$

式中：

t_K——追加投资回收期，单位为年；

K_1、K_2——分别为方案1、方案2的标准化投资，单位为元；

C_1、C_2——分别为方案1、方案2的年生产成本，单位为元/年。

9.2.3 标准化投资收益率

标准化投资收益率按式(5)计算：

$$R_K = \frac{J}{K} \qquad \cdots\cdots\cdots\cdots(5)$$

式中：

R_K——标准化投资收益率，用百分数(%)表示。

9.2.4 标准化经济效果系数

标准化经济效果系数按式(6)计算：

$$E = \frac{\sum_{i=1}^{t} J_i}{K} \qquad \cdots\cdots\cdots\cdots(6)$$

式中：

E——标准化经济效果系数，用百分数(%)表示。

9.3 标准化经济效果指标的动态计算

在标准有效期内评价总的经济效果时，对投资数额较小，效果延续时间较短的标准，可不采用动态计算。对投资数额较大，效果延续时间较长的标准，应采用动态计算。各年度的节约或投资应折算成相同年度的数额进行比较。计算公式见附录B。

10 标准化经济效果的论证方法和指标体系

10.1 标准化经济效果的论证主要采用方案比较法。

标准化经济效果的论证应根据不同的技术、经济指标(如：技术参数、质量指标、系列参数、试验方法、工艺要求、标准化投资、产品生产量、生产成本、标准化经济效益等)确定若干方案进行综合分析比较，或对标准化前、后(包括修订标准前、后)的情况进行分析比较。

根据技术经济指标的分析，可确定基准方案，将其他方案与基准方案进行对比。

在对各方案进行综合分析的基础上，最后比较标准化投资、生产成本、标准化总节约、投资回收期、追加投资回收期、标准化经济效果系数，根据节约的最大值或投资的最小值，选取最佳方案。

10.2 标准化经济效果的论证也可采用其他的经济分析的方法(如投入产出法、系统分析法等)。

10.3　标准化投资应按照 GB/T 3533.3 的规定进行计算。

10.4　标准化总节约应按附录 C 的有关公式进行计算。

10.5　对投资数额较大、效果延续时间较长的标准项目，其经济效果的论证，应按附录 B 的规定进行动态计算。

10.6　在召开标准审查会(或函审)时，标准起草单位应详细报告经济效果论证的结果，并审议其经济上的合理性。标准报批前，负责制修订该项标准的主管部门应对讨论和审议的结果进行复核，由起草单位将其论证结果填入标准化经济效果论证表，其格式参见附录 D 的内容，随标准草案报批稿一起上报。

10.7　标准化经济效果论证的指标体系

标准化经济效果论证的指标体系宜按本部分第 9 章建立。

附　录　A
（规范性附录）
标准化经济效果的符号

标准化经济效果的符号见表 A.1。

表 A.1　标准化经济效果的符号表

类　　别	指　标　名　称	符　　号
通用	总经济效益	X_{Σ}
	总和	$\sum$
	年经济效益	X_n
	经济效果系数	E
	投资回收期	T_K
	追加投资回收期	t_K
	投资	K
	总产值	Z_{Σ}
	不合格品残值	Z_{b}
	标准化费用	F
	标准化节约	J
	单位价格	D
	时间（期限）	T
	率（百分数）	R
	利率	i
	数量	Q
	成本	C
	定额	e
	面积	A
	工资	G
	次数	n
	系数	α
	电功率	W
	设备热效率	η
费用（F）	材料费	F_{c}
	动力费	F_{d}
	返修费	F_{f}
	工时费	F_{g}
	间接费	F_{j}
	设计费	F_{s}
	损失费	F_{u}
	维修费	F_{w}
	折旧费	F_{Z}
	仓储费	F_{ch}
	试验、检验费	F_{sh}
	工装费	F_{zh}

STANDARDS PRESS OF CHINA

表 A.1（续）

类别	指标名称	符号
节约(J)	安全卫生劳动保护的节约	J_a
	减少不合格品(废品)的节约	J_b
	材料费的节约	J_c
	产量增加的节约	J_Q
	动力费的节约	J_d
	提高可返修品率的节约	J_f
	工时费的节约	J_g
	流动资金占用费的节约	J_l
	间接费的节约	J_j
	延长使用寿命的节约	J_m
	设计费的节约	J_s
	品种简化的节约	J_p
	外汇的节约	J_h
	维修费的节约	J_w
	折旧费的节约	J_Z
	包装费的节约	J_z
	仓储费的节约	J_{ch}
	试验、检验费的节约	J_{sh}
	工装费的节约	J_{zh}
	农业标准化的节约	J_N
	提高一级品率的节约	J_I
单价(D)	材料单价	D_c
	动力(电力)单价	D_d
	维修单价	D_w
	下脚料(余料)单价	D_y
	底图单价	D_D
	蓝图单价	D_L
	一级品单价	D_I
时间(T)	标准有效期	t
	动力设备运行时间	T_d
	工时	T_g
	产品寿命	T_m
	设计工时	T_s
	维修期	T_w
率(R)	不合格品率	R_b
	材料利用率	R_c

表 A.1（续）

类　别	指　标　名　称	符　号
率(R)	燃料、动力的消耗比	R_d
	错检率	R_r
	返修率	R_f
	流动资金占用率	R_l
	维修复杂系数	R_w
	包装产品运输损耗率	R_z
	试验抽样率	R_{sh}
	通用件件数系数	R_T
	标准件件数系数	R_B
	一、二级品率	R_{I}、R_{II}
	投资收益率	R_K
数量(Q)	不合格品(废品)数量	Q_b
	材料量	Q_c
	动力燃料量	Q_d
	设计量	Q_s
	品种数	Q_p
	仓储量	Q_{ch}
	工装量(套)	Q_{zh}
	底图数量	Q_D
	蓝图数量	Q_L
	耕地亩数	Q_M
	农业种子数量	Q_N
成本(C)	包装容器成本	C_z
	通用件成本	C_T
	标准件成本	C_B
定额(e)	材料定额	e_c
	定额工时	e_g
其他	仓储面积	A_{ch}

注 1：标准化前的基准年，在角标中标以代号 0，评价的第 1、2、3、4 …年分别标以代号 1、2、3、4…。如 Q_{p0}、Q_{p1}，分别代表标准化前基准年和标准化后第一年的品种数。

注 2：符号、代号角标一律加在右下角，以免与数学符号混淆。

附　录　B
（规范性附录）
标准化节约与投资的动态计算公式和折算系数表

B.1　复利公式

为实施某一项目的标准化，需有一定的投资，假设这笔投资是银行贷款，随着时间的变化要支付利息，累计一次偿还的本利和用式(B.1)表示：

$$K_{\Sigma}=K(1+i)^t \qquad \text{(B.1)}$$

式中：

i——年利率；

t——时间，单位为年；

K——投资(现值)，单位为元；

K_{Σ}——年后的本利和(未来值)；

$(1+i)^t$ 为复利系数，可查表B.1。

表B.1　复利系数表

t \ i	6%	8%	10%	12%	15%	20%	25%	30%	i / t
1	1.060	1.080	1.100	1.120	1.150	1.200	1.250	1.300	1
2	1.124	1.166	1.210	1.254	1.323	1.440	1.563	1.690	2
3	1.191	1.260	1.331	1.405	1.521	1.728	1.953	2.197	3
4	1.262	1.360	1.464	1.574	1.749	2.074	2.441	2.856	4
5	1.338	1.469	1.611	1.762	2.011	2.488	3.052	3.713	5
6	1.419	1.587	1.772	1.974	2.313	2.986	3.815	4.827	6
7	1.504	1.714	1.949	2.211	2.660	3.583	4.768	6.275	7
8	1.594	1.851	2.144	2.476	3.059	4.300	5.960	8.157	8
9	1.689	1.999	2.358	2.773	3.518	5.160	7.451	10.604	9
10	1.791	2.159	2.594	3.106	4.406	6.192	9.313	13.786	10

B.2　贴现公式

贴现法是复利法的倒数，已知未来值折算成现值，用式(B.2)表示：

$$K=K_{\Sigma}\cdot\frac{1}{(1+i)^t} \qquad \text{(B.2)}$$

式中：

K——已知未来值折算的投资现值；

$\frac{1}{(1+i)^t}$——贴现系数，可查表B.2。

表 B.2 贴现系数表

t \ i	6%	8%	10%	12%	15%	20%	25%	30%	i / t
1	0.943 4	0.925 9	0.909 1	0.892 9	0.869 6	0.833 3	0.800 0	0.769 2	1
2	0.889 7	0.857 6	0.826 4	0.797 4	0.755 9	0.694 4	0.639 8	0.591 7	2
3	0.839 6	0.793 7	0.751 3	0.711 7	0.657 5	0.578 7	0.512 0	0.455 2	3
4	0.792 4	0.735 3	0.683 1	0.635 3	0.571 8	0.482 2	0.409 7	0.350 1	4
5	0.747 4	0.680 7	0.620 7	0.567 5	0.497 3	0.401 9	0.327 7	0.269 3	5
6	0.704 7	0.630 1	0.564 3	0.506 6	0.432 3	0.334 9	0.262 1	0.207 2	6
7	0.664 0	0.583 4	0.513 1	0.452 3	0.375 9	0.279 1	0.209 7	0.159 4	7
8	0.627 4	0.540 2	0.466 4	0.403 9	0.326 9	0.232 6	0.167 8	0.122 6	8
9	0.592 0	0.500 3	0.424 1	0.360 6	0.284 3	0.193 8	0.134 2	0.094 3	9
10	0.558 3	0.463 2	0.385 5	0.322 0	0.247 2	0.161 5	0.107 4	0.072 5	10

B.3 动态计算

标准化节约与投资的动态计算仅在实施标准的第二年后进行。

STANDARDS PRESS OF CHINA

附　录　C
(规范性附录)
实施各类标准获得年节约的主要计算公式

C.1 设计(工艺文件等)费用的节约

C.1.1 采用标准设计方法,设计费用的节约见式(C.1):

$$J_s = Q_{s0}T_{s0}F_{g0} - Q_{s1}T_{s1}F_{g1} \quad \cdots\cdots\cdots\cdots(\text{C.1})$$

式中:

J_s——设计费用的年节约,单位为元/年;

Q_{s0}、Q_{s1}——标准化前、后年设计(或工艺)图纸量(折合成4号图纸),单位为张/年;

T_{s0}、T_{s1}——标准化前、后设计(或工艺)图纸文件(折合成4号图纸)的工时,单位为小时/张;

F_{g0}、F_{g1}——标准化前、后设计绘图(工艺编制、描图、定额制定)工时费,单位为元/小时。

C.1.2 采用产品系列设计,减少图纸量和编制工艺文件费用的节约见式(C.2):

$$J_s = \sum_{i=1}^{n}(Q_{s0i} - Q_{s1i})T_{si}F_{gi} \quad \cdots\cdots\cdots\cdots(\text{C.2})$$

式中:

J_s——减少图纸量和编制工艺文件费用的节约,单位为元/年;

T_s——设计(或工艺)图纸文件每张图纸(折合成4号图纸)的工时,单位为小时/张;

F_g——设计绘图(工艺编制、描图、定额制定)工时费,单位为元/小时;

$i=1,2,\cdots,n$ 分别表示绘图、描图、工艺编制等项目。

C.1.3 采用标准设计后图纸和工艺文件复制费的节约见式(C.3):

$$J_s = Q_pQ_D(D_D + Q_LD_L) \quad \cdots\cdots\cdots\cdots(\text{C.3})$$

式中:

J_s——图纸文件复制费的年节约,单位为元/年;

Q_p——减少的产品、零件种数,单位为台/年、件/年;

Q_D——底图数(折合成4号图纸),单位为张/台或张/件;

Q_L——每张底图复制蓝图的张数,单位为张/张;

D_D、D_L——4号图纸的底图、蓝图的单价,单位为元/张。

C.2 材料费的节约

C.2.1 实施标准,降低原材料消耗定额或使用廉价原材料获得的节约见式(C.4):

$$J_c = Q_1(e_{c0}D_{c0} - e_{c1}D_{c1}) \quad \cdots\cdots\cdots\cdots(\text{C.4})$$

式中:

J_c——原材料费用的年节约,单位为元/年;

Q_1——标准化后产品年产量,单位为件/年;

e_{c0}、e_{c1}——标准化前、后原材料消耗定额,单位为公斤/件;

D_{c0}、D_{c1}——标准化前、后原材料单价,单位为元/公斤。

C.2.2 实施标准,提高原材料利用率的节约见式(C.5):

$$J_c = Q_{c1}(R_{c1} - R_{c0})(D_c - D_y) \quad \cdots\cdots\cdots\cdots(\text{C.5})$$

式中:

Q_{c1}——标准化后原材料年消耗量,单位为公斤/年;

R_{c0}、R_{c1}——标准化前、后原材料利用率，用百分数(%)表示；

D_c——原材料单价，单位为元/公斤；

D_y——下脚料单价，单位为元/公斤。

C.3 燃料、动力的节约

C.3.1 实施标准，耗能设备燃料、动力的节约见式(C.6)：

$$J_d = \alpha Q_d D_d (W_0 T_{d0} - W_1 T_{d1}) \quad \cdots\cdots(C.6)$$

式中：

J_d——燃料、动力的年节约，单位为元/年；

Q_d——数量，单位为台或件；

D_d——燃料、动力的单价，单位分别为元/度、元/公斤；

α——设备利用系数；

W_0、W_1——标准化前、后单台设备或产品额定功率，单位为千瓦；

T_{d0}、T_{d1}——标准化前、后设备运行或产品使用时间，单位为小时/年。

C.3.2 实施标准，提高设备热效率获得的节约见式(C.7)：

$$J_d = (\eta_1 - \eta_0) W D_d R_d T_d \quad \cdots\cdots(C.7)$$

式中：

η_0、η_1——标准化前、后设备的热效率，用百分数(%)表示；

W——耗能设备的功率，单位为千瓦或公斤/小时；

R_d——燃料或动力的单位消耗比，单位分别为公斤/度、公斤/公斤；

T_d——耗能设备运行时间，单位为小时/年。

C.3.3 实施标准，降低燃料或动力单位消耗比的节约见式(C.8)：

$$J_d = W T_d D_d (R_{d0} - R_{d1}) \quad \cdots\cdots(C.8)$$

式中：

R_{d0}、R_{d1}——标准化前、后燃料或动力的单位消耗比，单位分别为公斤/度、公斤/公斤。

C.4 产品和工艺装备制造中的节约

C.4.1 用标准件、通用件代替专用件获得的节约见式(C.9)：

$$J_{zh} = Q_1[(C_0 - C_B)(R_{B1} - R_{B0}) + (C_0 - C_T)(R_{T1} - R_{T0})] \quad \cdots\cdots(C.9)$$

式中：

J_{zh}——产品和工艺装备制造费的年节约，单位为元/年；

Q_1——工艺装备零件总数，单位为件/年；

C_0——专用件的成本，单位为元/件；

C_B——标准件的成本，单位为元/件；

C_T——通用件的成本，单位为元/件；

R_{B0}、R_{B1}——标准化前、后的标准件件数系数，用百分数(%)表示；

R_{T0}、R_{T1}——标准化前、后的通用件件数系数，用百分数(%)表示。

C.4.2 采用标准零部件减少工艺装备的节约见式(C.10)：

$$J_{zh} = Q_{zh} \overline{F}_{zh} \quad \cdots\cdots(C.10)$$

式中：

Q_{zh}——节省的工艺装备的套数，单位为套/年；

$\overline{F}_{zh}$——每套工艺装备的平均费用，单位为元/套。

C.5 实施标准提高产品质量的节约

C.5.1 延长产品使用寿命的节约见式(C.11)：

$$J_m = Q_1 T_{m1}\left(\frac{C_0}{T_{m0}} - \frac{C_1}{T_{m1}}\right) \quad \cdots\cdots\cdots\cdots\cdots\cdots(C.11)$$

式中：

J_m——延长产品使用寿命的年节约，单位为元/年；

Q_1——标准化后产品年产量，单位为件/年或台/年；

T_{m0}、T_{m1}——标准化前、后产品使用寿命，单位为小时/件或小时/台；

C_0、C_1——标准化前、后产品成本，单位为元/件或元/台。

当标准化前、后产品成本不变时，用式(C.12)表示：

$$J_m = Q_1 C\left(\frac{T_{m1}}{T_{m0}} - 1\right) \quad \cdots\cdots\cdots\cdots\cdots\cdots(C.12)$$

式中：

C——产品成本，单位为元/件或元/台。

C.5.2 减少不合格品获得的节约见式(C.13)：

$$J_b = Q_1(R_{b0} - R_{b1})(C_1 - Z_b) \quad \cdots\cdots\cdots\cdots\cdots\cdots(C.13)$$

式中：

J_b——减少不合格品的年节约，单位为元/年；

R_{b0}、R_{b1}——标准化前、后不合格品率，用百分数(%)表示；

Z_b——不合格品残值，单位为元/件或元/台。

C.5.3 提高可修复品的节约见式(C.14)：

$$J_f = Q_b(R_{f1} - R_{f0})(C_1 - F_f - Z_b) \quad \cdots\cdots\cdots\cdots\cdots\cdots(C.14)$$

式中：

J_f——提高可修复品的年节约，单位为元/年；

Q_b——年不合格品总数，单位为件/年或台/年；

R_{f0}、R_{f1}——标准化前、后可修复品率，用百分数(%)表示；

F_f——单件可修复品的返修费，单位为元/件或元/台。

C.5.4 提高一级品或等级品的节约见式(C.15)：

$$J_1 = Q_1(R_{\mathrm{I}1} - R_{\mathrm{I}0})[(D_{\mathrm{I}} - D_{\mathrm{II}}) - (C_1 - C_0)] \quad \cdots\cdots\cdots\cdots(C.15)$$

式中：

J_1——提高一级品率的年节约，单位为元/年；

$R_{\mathrm{I}0}$、$R_{\mathrm{I}1}$——标准化前、后一级品率，用百分数(%)表示；

D_{I}、D_{II}——一、二级品单价，单位为元/件或元/台。

C.6 品种规格合理简化的节约

C.6.1 产品或零部件品种数变化获得的节约见式(C.16)：

$$J_p = Q_1\left[(C_0 - F_{c0})\left(1 - \frac{1}{(Q_{p0}/Q_{p1})^{\alpha}}\right) + (F_{c0} - F_{c1})\right] \quad \cdots\cdots\cdots(C.16)$$

式中：

J_p——品种规格合理简化的年节约，单位为元/年；

Q_1——品种规格合理简化后产品年产量，单位为件/年；

C_0——品种规格合理简化前每件产品的成本，单位为元/件；

F_{c0}、F_{c1}——品种规格合理简化前、后每件产品的材料费，单位为元/件；

Q_{p0}、Q_{p1}——品种规格合理简化前、后产品品种数；

α——表征品种（产量）变化对制造成本的影响系数（根据不同产品 α 取 0.2～0.5）。

C.6.2 产品或零部件产量增加获得的节约见式(C.17)：

$$J_Q = Q_1\left[(C_0 - F_{c0})\left(1 - \frac{1}{(Q_1/Q_0)^{\alpha}}\right) + (F_{c0} - F_{c1})\right] \qquad \text{(C.17)}$$

式中：

J_Q——产量增加获得的年节约，单位为元/年；

Q_0——品种规格合理简化前产品年产量，单位为件/年；

$\frac{1}{(Q_1/Q_0)^{\alpha}}$、$\frac{1}{(Q_{p0}/Q_{p1})^{\alpha}}$——产量增加前、后或品种简化前、后每件产品制造成本的比率；

$\left(1-\frac{1}{(Q_1/Q_0)^{\alpha}}\right)$、$\left(1-\frac{1}{(Q_{p0}/Q_{p1})^{\alpha}}\right)$——产量增加前、后或品种简化前、后每件产品制造成本的节约率，也称单位产品制造成本的节约因子。

C.7 制造工时费的节约

实施标准，降低定额工时获得的节约见式(C.18)：

$$J_g = Q_1(e_{g0}F_{g0} - e_{g1}F_{g1}) \qquad \text{(C.18)}$$

式中：

J_g——制造工时费的年节约，单位为元/年；

Q_1——标准化后的年产量，单位为件/年；

e_{g0}、e_{g1}——标准化前、后的定额工时，单位为小时/件；

F_{g0}、F_{g1}——标准化前、后一小时的工时费，单位为元/小时。

C.8 折旧费的节约

标准化后增加产品产量，减少单位产品分摊的折旧费获得的节约见式(C.19)：

$$J_Z = Q_1\left(\frac{F_{Z0}}{Q_0} - \frac{F_{Z1}}{Q_1}\right) \qquad \text{(C.19)}$$

式中：

J_Z——折旧费的年节约，单位为元/年；

F_{Z0}、F_{Z1}——标准化前、后每年的折旧费，单位为元/年；

Q_0、Q_1——标准化前、后的年产量，单位为件/年。

C.9 间接费(包括车间经费和企业管理费)的节约

C.9.1 产量增加较小、间接费用未发生变化时，减少单位产品分摊的间接费获得的节约见式(C.20)：

$$J_j = Q_1\left(\frac{F_{j0}}{Q_0} - \frac{F_{j0}}{Q_1}\right) \qquad \text{(C.20)}$$

式中：

J_j——间接费用的年节约，单位为元/年；

F_{j0}——标准化前的年间接费用，单位为元/年；

Q_0、Q_1——标准化前、后的年产量，单位为件/年。

C.9.2 产量增加较大、间接费用已发生变化时，减少单位产品分摊的间接费获得的节约见式(C.21)：

$$J_j = Q_1\left(\frac{F_{j0}}{Q_0} - \frac{F_{j1}}{Q_1}\right) \quad \cdots\cdots(C.21)$$

式中：

F_{j1}——标准化后的年间接费用，单位为元/年。

C.10 流动资金占用费的节约

C.10.1 标准化后缩短生产准备和制造周期，减少零部件等的储备，减少流动资金占用费的节约见式(C.22)：

$$J_l = (R_{l0} - R_{l1}) \cdot Z_{\Sigma} \cdot i \quad \cdots\cdots(C.22)$$

式中：

J_l——支付流动资金占用费的年节约，单位为元/年；

R_{l0}、R_{l1}——标准化前、后百元产值资金率，用百分数(%)表示；

Z_{Σ}——全年工业总产值，单位为元/年，

i——利率，用百分数(%)表示。

C.10.2 标准化后缩短生产周期，加速资金周转获得的节约见式(C.23)：

$$J_l = (T_{l0} - T_{l1})\frac{Z_{\Sigma}}{360} \quad \cdots\cdots(C.23)$$

式中：

T_{l0}、T_{l1}——标准化前、后流动资金周转期，单位为天。

C.11 维修费的节约

C.11.1 实施标准获得大修费的节约见式(C.24)：

$$J_w = \frac{R_{w0} \cdot D_{w0}}{T_{w0}} - \frac{R_{w1} \cdot D_{w1}}{T_{w1}} \quad \cdots\cdots(C.24)$$

式中：

J_w——维修费的年节约，单位为元/年；

R_{w0}、R_{w1}——标准化前、后设备维修量(复杂系数)；

D_{w0}、D_{w1}——标准化前、后维修期内一个复杂系数的维修价格，单位为元/复杂系数；

T_{w0}、T_{w1}——标准化前、后设备维修期，单位为年。

C.11.2 实施标准获得大、中、小维修费的节约见式(C.25)：

$$J_w = \left(\frac{\overline{F}_{w0}}{T_{w0}} - \frac{\overline{F}_{w1}}{T_{w1}}\right) + \left(\frac{F_{w0}}{T_{w0}} - \frac{F_{w1}}{T_{w1}}\right) \quad \cdots\cdots(C.25)$$

式中：

$\overline{F}_{w0}$、$\overline{F}_{w1}$——标准化前、后在一个大修理期内中、小修理及日常维护的平均费用，单位为元/年；

F_{w0}、F_{w1}——标准化前、后在一个大修理期内的大修理费，单位为元/年。

C.12 实施试验、检验方法标准的节约

C.12.1 提高检验的准确度，减少出厂产品中的不合格品率的节约见式(C.26)：

$$J_{sh} = \alpha Q_1 (R_{b0} - R_{b1}) F_u \quad \cdots\cdots(C.26)$$

式中：

J_{sh}——实施试验、检验方法标准减少出厂产品中的不合格品率获得的年节约，单位为元/年；

α——造成损失的不合格品系数($0<\alpha<1$)；

Q_1——产品年产量，单位为件/年；

R_{b0}、R_{b1}——标准化前、后出厂产品中的不合格品率，用百分数(%)表示；

F_u——每件漏检的不合格品造成的损失费(包括给用户造成的损失),单位为元/件。

C.12.2 实施试验、检验方法标准提高检验的准确度,减少产品错检获得的节约见式(C.27):

$$J_{sh}=Q_1(R_{b0}-R_{b1})(C-Z_b) \quad\cdots\cdots(\text{C.27})$$

式中:

R_{b0}、R_{b1}——标准化前、后产品的错检率,用百分数(%)表示;

C——产品的成本,单位为元/件;

Z_b——不合格品残值,单位为元/件。

C.12.3 实施破坏性抽样检验标准,减少破坏性试验的产品的数量获得的节约见式(C.28):

$$J_{sh}=Q_{sh0}(C+F_{sh0})-Q_{sh1}(C+F_{sh1}) \quad\cdots\cdots(\text{C.28})$$

式中:

Q_{sh0}、Q_{sh1}——标准化前、后产品破坏性试验的样本数量,单位为件;

C——产品成本,单位为元/件;

F_{sh0}、F_{sh1}——标准化前、后单位产品破坏性试验费,单位为元/件。

C.13 流通过程中的节约

C.13.1 实施包装容器质量标准,增加包装容器周转次数获得的节约见式(C.29):

$$J_z=n_1Q_{z1}\left[\left(\frac{C_{z0}}{n_0}-\frac{C_{z1}}{n_1}\right)+\left(\frac{F_{w0}}{n_0}-\frac{F_{w1}}{n_1}\right)\right] \quad\cdots\cdots(\text{C.29})$$

式中:

J_z——包装费的年节约,单位为元/年;

Q_{z1}——年包装容器数量,单位为只/年;

n_0、n_1——标准化前、后包装容器周转使用次数,单位为次/年;

C_{z0}、C_{z1}——标准化前、后包装容器单件成本,单位为元/只;

F_{w0}、F_{w1}——标准化前、后包装容器单件维修费,单位为元/只。

C.13.2 实施包装标准,减少产品运输中损耗的节约见式(C.30):

$$J_z=Q_1[(R_{z0}-R_{z1})(D-Z_b)+(C_{z0}-C_{z1})] \quad\cdots\cdots(\text{C.30})$$

式中:

J_z——减少产品损耗的年节约,单位为元/年;

Q_1——标准化后年包装产品数量,单位为公斤/年或件/年;

R_{z0}、R_{z1}——标准化前、后产品损耗率,用百分数(%)表示;

D——产品的单价,单位为元/公斤或元/件;

Z_b——被损产品的残值,单位为元/公斤或元/件;

C_{z0}、C_{z1}——标准化前、后包装容器成本或按包装标准包装的成本,单位为元/件或元/公斤。

C.14 提高仓库利用率的节约

采用标准件、通用件、组合件,减少储备的品种规格,合理使用仓库储存面积或容积获得的节约见式(C.31):

$$J_{ch}=\overline{Q}_{ch1}(A_{ch0}-A_{ch1})\overline{F}_{ch} \quad\cdots\cdots(\text{C.31})$$

式中:

J_{ch}——仓库储存费的年节约,单位为元/年;

$\overline{Q}_{ch1}$——标准化后仓库年平均存放产品数量,单位为件/年;

A_{ch0}、A_{ch1}——标准化前、后单位产品占用的仓库面积,单位为平方米/件;

$\overline{F}_{ch}$——仓库单位面积保管维护的平均费用,单位为元/米。

C.15 安全卫生、劳动保护、减少职业病方面获得的节约

安全卫生、劳动保护、减少职业病方面获得的节约见式(C.32)：

$$J_a = (n_0 - n_1)\overline{G} \quad \cdots\cdots\cdots\cdots(C.32)$$

式中：

J_a——安全卫生、劳动保护的年节约，单位为元/年；

n_0、n_1——标准化前、后因职业病劳保开支的人数，单位为人/年；

$\overline{G}$——平均工资，单位为元/人。

C.16 农业标准化的节约

C.16.1 实施农产品分级标准，提高等级品的检出率获得的节约见式(C.33)：

$$J_N = Q_1(R_{I1} - R_{I0})(D_I - D_{II}) \quad \cdots\cdots\cdots\cdots(C.33)$$

式中：

J_N——实施农业标准获得的节约，单位为元/年；

Q_1——标准化后农产品产量，单位为公斤/年或担/年；

D_I、D_{II}——一、二级品的单价，单位为元/担或元/公斤；

R_{I0}、R_{I1}——标准化前、后的一级品率，用百分数(%)表示。

C.16.2 种子标准化，提高单位面积产量获得的节约见式(C.34)：

$$J_N = Q_M[(Q_I - Q_{II})D - Q(D_I - D_{II})] \quad \cdots\cdots\cdots\cdots(C.34)$$

式中：

Q_M——年耕种土地亩数，单位为亩/年；

Q_I、Q_{II}——用一级、二级种子的亩产量，单位为公斤/亩；

D——原粮收购单价，单位为元/公斤；

Q——种子数量，单位为公斤/亩；

D_I、D_{II}——一级、二级种子的价格，单位为元/公斤。

C.17 创外汇和节约外汇额的效果

C.17.1 实施标准，或采用国际标准和国外先进标准，提高了产品在国际贸易中的竞争能力，增加的外汇收入见式(C.35)：

$$J_h = Q_{h1}D_1 - Q_{h0}D_0 \quad \cdots\cdots\cdots\cdots(C.35)$$

式中：

J_h——增加的年外汇额，单位为美元/年；

Q_{h0}、Q_{h1}——标准化前、后的出口量，单位为公斤/年或件/年；

D_0、D_1——标准化前、后的单价，单位为美元/公斤或美元/件。

C.17.2 实施标准，或采用国际标准和国外先进标准，提高产品质量，减少进口，节省的外汇见式(C.36)：

$$J_h = D(Q_{h0} - Q_{h1}) \quad \cdots\cdots\cdots\cdots(C.36)$$

式中：

J_h——节省的年外汇额，单位为美元/年；

D——进口物品单价，单位为美元/公斤或美元/件；

Q_{h0}、Q_{h1}——标准化前、后的进口量，单位为公斤/年或件/年。

附 录 D
（资料性附录）
标准化经济效果论证表

标准化项目________________　　计划实施日期____年____月____日

制定单位________________　　实施单位________________

方案 指标名称	Ⅰ方案	Ⅱ方案	Ⅲ方案
预计标准化投资 K，万元			
预计年生产成本 C，万元			
预计标准化总节约 $\sum J_i$，万元			
预计总经济效益 X_{Σ}，万元			
预计年经济效益 X_n，万元/年			
标准化投资回收期 T_K，年			
追加投资回收期 t_K，年			
标准化经济效果系数 E			

文字说明：

____

结论意见：

____

填表人________负责人________填表日期____年____月____日

STANDARDS PRESS OF CHINA

ICS 13.340.10
F 79

中华人民共和国国家标准

GB/T 3609.2—2009

职业眼面部防护 焊接防护 第2部分:自动变光焊接滤光镜

Occupational eye and face protection—Welding protection—
Part 2: Automatic welding filter

2009-04-01 发布

2009-12-01 实施

中华人民共和国国家质量监督检验检疫总局
中国国家标准化管理委员会 发布

前 言

GB/T 3609《职业眼面部防护 焊接防护》分为两个部分：

——第1部分：焊接防护具；

——第2部分：自动变光焊接滤光镜。

本部分主要依据了ISO/CD 4007：2008《个体防护装备—眼面部防护—名词术语》、EN 166《个人眼保护—总体规范和使用方法》和EN 379《个人眼保护—自动变光焊接滤光镜》。

本部分的附录A为规范性附录，附录B和附录C为资料性附录。

本部分由国家安全生产监督管理总局提出。

本部分由全国个体防护装备标准化技术委员会(SAC/TC 112)归口。

本部分起草单位：北京极光安防护科技有限公司、上海市安全生产科学研究所、北京市劳动保护科学研究所和河北冀雅电子有限公司。

本部分主要起草人：邵宝仁、杨文芬、杨晓红、胡红军、唐一鸣、陈倬为、于晓路、战伟、孙晓涤、蔡绪忠、富强、寇峰、孙彦水、王晓燕。

职业眼面部防护　焊接防护
第2部分：自动变光焊接滤光镜

1　范围

GB/T 3609 的本部分规定了自动变光焊接滤光镜的结构、光学性能、非光学性能、测试方法、检验规则、包装、标识、储运。

本部分适用于安装在焊接工防护面罩上的自动变光焊接滤光镜，可预防有害强光、紫外辐射和红外辐射对眼部的伤害。

2　规范性引用文件

下列文件中的条款通过 GB/T 3609 的本部分的引用而成为本部分的条款。凡是注日期的引用文件，其随后所有的修改单(不包括勘误的内容)或修订版均不适用于本部分，然而，鼓励根据本部分达成协议的各方研究是否可使用这些文件的最新版本。凡是不注日期的引用文件，其最新版本适用于本部分。

GB/T 191　包装储运图示标志(GB/T 191—2008,ISO 780:1997,MOD)

GB/T 1185—2006　光学零件表面疵病

GB/T 3609.1　职业眼面部防护　焊接防护　第1部分：焊接防护具

GB 10810.1—2005　眼镜镜片　第1部分：单光和多焦点镜片

3　术语和定义

GB/T 3609.1 和 GB 10810.1—2005 确立的以及下列术语和定义适用于本部分。

3.1

焊接工防护面罩　welder's face shield

配有合适自动变光焊接滤光镜的面罩，在焊接作业时用以保护眼睛和面部。

3.2

自动变光焊接滤光镜　automatic welding filter

当焊接瞬间产生电弧时，可以自动将遮光标号从较低值(明态遮光号)转换成较高值(暗态遮光号)的防护滤光镜。

3.2.1

手动设定等级的自动变光焊接滤光镜　automatic welding filters with manual scale number setting

在焊接起弧瞬间，可以将等级从较低值(明态等级)自动转换到一个预先设定的较高值(暗态等级)的防护滤光镜。

3.2.2

自动设定等级的自动变光焊接滤光镜　automatic welding filters with automatic scale number setting

带有自动转换功能、能根据焊接起弧瞬间产生的弧光辐照度的强弱，自动调整暗态遮光号等级的自动变光焊接滤光镜。

3.3

遮光号　shade number

自动变光焊接滤光镜暗度的编号，由式(1)表示：

$$N = 1 + \left(\frac{7}{3}\right)\log_{10}\left(\frac{1}{\tau_v}\right) \qquad \cdots\cdots(1)$$

式中：

N——遮光号；

τ_v——可见光透射比，以下简称光透射比。

3.4

暗态遮光号　dark state shade number

焊接电弧产生后，自动变光焊接滤光镜所达到的较低光透射比值相对应的遮光号。对应的光透射比用 τ_d、τ_2 表示(见表1)。

3.5

最暗态遮光号　darkest state shade number

自动变光焊接滤光镜的暗态遮光号中光透射比最小值 τ_2 相对应的暗态遮光号(见表1)。

3.6

明态遮光号　light state shade number

焊接电弧产生之前，自动变光焊接滤光镜光透射比最大值 τ_1 相对应的的遮光号(见表1)。

表1　明、暗态遮光号示意说明

<table>
<tr><td>5</td><td>10</td><td>11</td><td>12</td><td>13</td><td>14</td></tr>
<tr><td>τ_1</td><td colspan="4">……………………τ_d……………………</td><td>τ_2</td></tr>
<tr><td>明态遮光号</td><td>最亮的暗态遮光号</td><td colspan="3">居中的暗态遮光号</td><td>最暗的暗态遮光号</td></tr>
<tr><td colspan="6">注：以一个明态遮光号为5、暗态遮光号在10和14之间的自动焊接滤光镜为例说明上述术语的含义。</td></tr>
</table>

3.7

转换时间　switching time

自动变光焊接滤光镜从明态到暗态的转换时间 t_s 由式(2)表示：

$$t_s = \frac{1}{\tau_1}\int_{t=0}^{t=t(\tau(t)=3\tau_2)} \tau(t)\,\mathrm{d}t \qquad \cdots\cdots(2)$$

式中：

t_s——转换时间，单位为毫秒(ms)；

τ_1——明态光透射比；

τ_2——被测量的暗态的光透射比；

$t=0$——开始引弧时间，单位为毫秒(ms)；

$\tau(t)$——引弧后在时间 t 时刻的可见光透射比，即光阀的"可见光透射比-时间"变化曲线；

$t=t(\tau(t)=3\tau_2)$——光透射比下降到暗态透射比 τ_2 的3倍时，对应的时间点，单位为毫秒(ms)。

3.8

参考点　reference points

a)　已安装的自动变光焊接滤光镜

当自动变光焊接滤光镜被安装在标准头型的"佩戴位置"时，眼球正视，经由左、右瞳孔并与自动变光焊接滤光镜上的水平面和垂直面交叉点相对应的点。

b)　未安装的自动变光焊接滤光镜

自动变光焊接滤光镜上水平中心线和对应左、右瞳孔的垂直中心线的交叉点。

3.9

保护片　cover plate

主要用于保护自动变光焊接滤光镜抵御热粒子、灼热液体或融化金属的飞溅以及擦伤。

注：通常是将不带色的保护片放在自动变光焊接滤光镜的后面(即在自动变光焊接滤光镜和人眼之间)。

3.10

透射比 transmittance τ

通过滤光片的出射光通量与入射光通量的比值。

3.11

约化亮度系数 reduced luminance coefficient

约化亮度系数 l^*，由式(3)表示：

$$l^* = l/\tau_v \quad \cdots\cdots(3)$$

式中：

l^*——约化亮度系数，单位为坎拉德每平方米勒克斯[cd/(m^2 · lx)]；

l——亮度系数；

τ_v——光透射比。

4 结构

由专用滤光片、液晶光阀、控制电路、保护片以及外壳等组成的组件。

5 技术要求

5.1 光学性能

5.1.1 透射比

按照 6.1 规定方法，用标准照明体 A，透射比应符合 5.1.1.1 和 5.1.1.3 的要求。

5.1.1.1 在(23±5)℃、(−5±2)℃和(55±2)℃温度条件下，明态遮光号的测量透射比均不应小于 0.001 6，所对应的明态遮光号不大于 7。

5.1.1.2 明、暗态透射比(遮光号)范围内：自动变光焊接滤光镜的最暗态遮光号，减去其在紫外波段和红外波段对应的明态遮光号的最小值，其差值不应大于 9 个遮光号。

5.1.1.3 明、暗态遮光号对应的透射比

表 2 给出了不同遮光号对应的透射比要求。

在(23±5)℃、(−5±2)℃到(55±2)℃温度条件内，不同遮光号对应的可见光透射比 τ_v(包括 τ_1、τ_d 和 τ_2)均应符合表 2 要求。

在(23±5)℃温度条件下，紫外透射比 τ_{UV}、红外透射比 τ_{IR} 也应符合表 2 要求。

注 1：在不同温度条件下测量透射比时，应注意测量设备的温度特性、恒温箱的性能等对测试结果的影响。

注 2：在(23±5)℃温度条件下，测量其他波段透射比，应符合以下要求：

a) 在 210 nm～313 nm 之间，透射比不应超过 313 nm 的允许值；

b) 在 313 nm～365 nm 之间，透射比不应超过 365 nm 的允许值；

c) 在 365 nm～380 nm 之间，透射比不应超过可见光透射比 τ_v 的最大值；

d) 在 380 nm～480 nm 之间，透射比不应超过 480 nm 的测试值。

注 3：可见光波段透射比的计算见 A.2，红外波段透射比的计算见 A 中 A.3。

表 2 遮光号与透射比的对应关系

遮光号 N	紫外波长透射比		可见光波段透射比		红外波段透射比	
	τ_{UV1} 313 nm	τ_{UV2} 365 nm	(380～780)nm		τ_{IR1} (780～1 400)nm	τ_{IR2} (1 400～2 000)nm
			τ_v 最大	τ_v 最小		
1.2	0.000 003	0.5	1.00	0.744	0.37	0.37
1.4	0.000 003	0.35	0.745	0.581	0.33	0.33
1.7	0.000 003	0.22	0.581	0.432	0.26	0.26

表 2(续)

遮光号 N	紫外波长透射比		可见光波段透射比		红外波段透射比	
	τ_{UV1} 313 nm	τ_{UV2} 365 nm	(380～780)nm		τ_{IR1} (780～1 400)nm	τ_{IR2} (1 400～2 000)nm
			τ_v 最大	τ_v 最小		
2	0.000 003	0.14	0.432	0.291	0.21	0.13
2.5	0.000 003	0.064	0.291	0.178	0.15	0.096
3	0.000 003	0.028	0.178	0.085	0.12	0.085
4	0.000 003	0.009 5	0.085	0.032	0.064	0.054
5	0.000 003	0.003 0	0.032	0.012	0.032	0.032
6	0.000 003	0.001 0	0.012	0.004 4	0.017	0.019
7	0.000 003	0.000 37	0.004 4	0.001 6	0.008 1	0.012
8	0.000 003	0.000 13	0.001 6	0.000 61	0.004 3	0.006 8
9	0.000 003	0.000 045	0.000 61	0.000 23	0.002 0	0.003 9
10	0.000 003	0.000 016	0.000 23	0.000 085	0.001 0	0.002 5
11	0.000 003	0.000 006	0.000 085	0.000 032	0.000 5	0.001 5
12	0.000 002	0.000 002	0.000 032	0.000 012	0.000 27	0.000 97
13	0.000 000 76	0.000 000 76	0.000 012	0.000 004 4	0.000 14	0.000 6
14	0.000 000 27	0.000 000 27	0.000 004 4	0.000 001 6	0.000 07	0.000 4
15	0.000 000 094	0.000 000 094	0.000 001 6	0.000 000 61	0.000 03	0.000 2
16	0.000 000 034	0.000 000 034	0.000 000 61	0.000 000 29	0.000 03	0.000 2

5.1.1.4 测量透射比的误差

测量可见光透射比的误差不应超过表 3 的要求。

表 3 测量可见光透射比的误差

透射比范围		对应相对误差/%
小于	大于	
1.00	0.178	±5
0.178	0.004 4	±10
0.004 4	0.000 23	±15
0.000 23	0.000 012	±20
0.000 012	0.000 000 23	±30

5.1.2 透射比均匀性

自动变光焊接滤光镜的透射比均匀性由 P_1、P_2 和 P_3 值表示,其中:

P_1、P_2 分别表示自动变光焊接滤光镜的左、右有效测试区域的均匀性,P_3 表示自动变光焊接滤光镜的左、右有效测试区域中参考点之间的均匀性。

按照 6.2 规定方法,在(23±5)℃温度条件下,测量明态和暗态(τ_1、τ_d 和 τ_2)的透射比均匀性的,其 P_1、P_2 和 P_3 值均应符合表 4 的中要求。

表 4 P_1、P_2 和 P_3 值

透射比		P_1、P_2 的最大值/%	P_3 的最大值/%
最大	最小		
1.00	0.179	15	20
0.179	0.004 4	20	20
0.004 4	0.000 23	30	30
0.000 23	0.000 012	40	40
0.000 012	0.000 000 23	60	60

5.1.3 透射比的角度依赖性

按照 6.3 规定方法,测量透射比的角度依赖性。

在所有遮光号下,分别测量透射比的角度依赖性系数,其最大值不应大于 19.31。

5.1.4 漫射光

按照 6.4 规定方法,测量漫射光。

在所有遮光号下,分别测量漫射光的约化亮度系数,其最大值不应大于 3.0。

5.1.5 防紫外辐射

按照 6.5 规定方法,测量防紫外辐射,应符合以下要求:

a) 透射比的相对变化量,不应超过表 5 中规定;
   如果测试样品透射比的相对变化量超过表 5 中规定,但实测透射比值仍在规定的遮光号等级范围内,则对同一测试样品进行第二次辐照。第二次辐照透射比的相对变化量不应超过表 5 中规定,而且实测透射比值应仍在规定的遮光号等级范围内;

b) 经过辐照测量的透射比,不应超过透射比规定范围值。

表 5 紫外辐射测量透射比允许相对变化量

透射比范围		允许相对变化量/%
小于	大于	
1.00	0.178	±5
0.178	0.004 4	±10
0.004 4	0.000 23	±15
0.000 23	0.000 012	±20
0.000 012	0.000 000 23	±30

5.1.6 暗态遮光号

暗态遮光号的测量分为手动设定和自动设定两种。

5.1.6.1 手动设定时,应符合以下要求:

a) 在手动设定的位置,应有暗态遮光号等级的调节范围标识或数码显示;

b) 当用($10^4 \pm 10^3$)lx 照度照射自动变光焊接滤光镜时,设定的暗态遮光号等级与实测暗态遮光号等级的差值不应大于±1;

c) 制造厂设定的暗态遮光号等级与实测暗态遮光号等级,应符合 5.1.6.1b)和 5.1.6.2c)要求;

d) 按照 5.1.6.2a)规定,制造厂设定暗态遮光号等级的照度应与实际使用的照度相符合,不同使用环境下宜选择的不同遮光号等级,参见附录 B。

5.1.6.2 自动设定时，应符合以下要求：

a) 暗态遮光号 $N(E_v)$ 要取决于照度 E_v（单位：lx），按照式(4)计算：

$$N(E_v) = 2.93 + 2.25 \times \log_{10}(E_v) \quad \cdots\cdots(4)$$

式(4)中的 E_v 是指，自动变光焊接滤光镜入射面正面照射的照度值，根据式(4)，计算出遮光号与照度的对应值，见表6。

表6 暗态遮光号与环境照度

暗态遮光号/N	8	9	10	11	12	13	14
照度 E_v/lx	180	500	1 400	3 900	10 700	30 000	83 000

b) 按照自动变光焊接滤光镜正面照射的照度，根据式(4)计算出的遮光号，与自动变光焊接滤光镜自动设定遮光号的误差值不能超过±1，对应的最暗态遮光号不能超过制造厂标识的最暗态遮光号；

c) 对于最暗态遮光号，若用式(4)中计算所用光强的两倍照度的光进行测量，所得透射比换算后的遮光号要与制造厂标识的最暗态遮光号相符合；

d) 当提供人工补偿时，允许遮光号补偿值变化范围为±1，应分别在最大和最小补偿值处测量。

5.1.7 转换时间

按照6.6规定方法，测试最暗态的转换时间，应至少符合5.1.7.1和5.1.7.2要求。

表7中数值是基于焊接产生电弧、且电弧持续时间不应少于500 ms的条件下取得的。

5.1.7.1 在(10±2)℃和(55±2)℃温度条件下，测试转换时间，不应大于表7中的数值。

5.1.7.2 在(−5±2)℃和(55±2)℃温度条件下，测试转换时间，不应大于表7中的数值。

注：在不同温度条件下，应注意转换时间测试设备的温度特性、恒温箱的性能等对测试结果的影响。

表7 不同遮光号对应的最长转换时间

暗态遮光号/N	明态遮光号/N						
	1.7	2	2.5	3	4	5	6
	转换时间/ms						
7	300	400	500	无要求	无要求	无要求	无要求
8	100	150	200	300	500	无要求	无要求
9	40	50	70	100	200	400	无要求
10	20	20	30	40	70	100	300
11	6	7	10	15	30	50	100
12	2	3	4	5	10	20	40
13	0.8	1	1.5	2	4	7	10
14	0.3	0.4	0.5	0.7	1	3	5
15	0.10	0.15	0.2	0.3	0.5	1	2
16	0.04	0.05	0.07	0.1	0.2	0.4	0.7

5.1.8 光度

按照GB 10810.1—2005中6.3规定，自动变光焊接滤光镜的球镜度、柱镜度和棱镜度应符合表8的要求。

表 8　球镜度、柱镜度和棱镜度

球镜度 $[(D_1+D_2)/2]/m^{-1}$	柱镜度 $\|D_1-D_2\|m^{-1}$	棱镜度差/(cm/m)		
		水平		垂直
		基准外	基准内	
±0.12	0.12	1.00	0.25	0.25
注：D_1 和 D_2 是两个主子午面的屈光度，主子午轴的平行度在±10°内。				

5.1.9　保护片的光学性能

保护片的透射比应均匀，其误差范围为±5%。

注：装有保护片的自动变光焊接滤光镜，其透射比应符合自动变光焊接滤光镜的光学性能要求。

5.2　非光学性能

5.2.1　最小视窗

最小视窗见图 1。

在未安装的自动变光焊接滤光镜上，确定其最小视窗的长度 a 和宽度 b。

在视窗上绘制长轴为 22.0 mm，短轴为 20.0 mm 的两个椭圆。两个椭圆的圆心距 $d=c+6$ mm。按照 3.8b)关于参考点的规定，瞳距 c 为自动变光焊接滤光镜的水平中心线与焊接工左、右眼瞳孔的垂直中心线的交叉点之间的距离。

由图 1 可知：$a=d+22$ mm，$b=20$ mm。

注：一般成年人的瞳孔距离为 64 mm。

单位为毫米

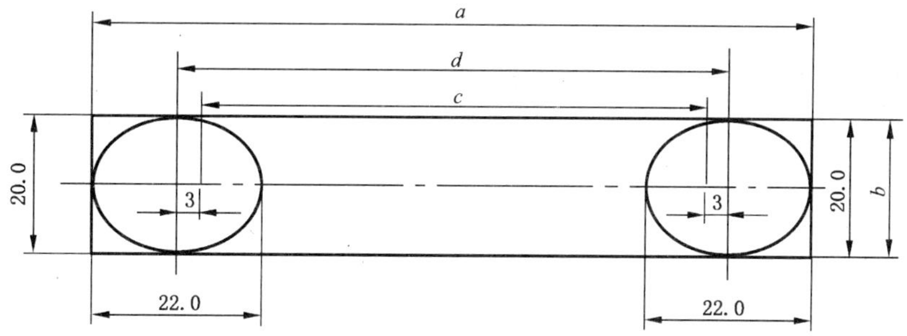

图 1　最小视窗示意图

5.2.2　表面疵病

按照 GB/T 1185—2006 中 6.1、6.2、6.3 规定方法，在视窗内测试表面疵病，应满足等级为一级的要求。

5.2.3　外壳材料

5.2.3.1　材料质量

按照目测方法，材料质量应符合以下要求：

a)　与焊接工皮肤相接触的部分不应使用造成皮肤过敏和刺激的材料；

b)　防护部分的材料应满足其功能的要求。

5.2.3.2　外观质量

按照目测、感官和游标卡尺的规定，外观质量应符合以下要求：

a)　表面光滑、无毛刺、无锐角、并无可能引起眼面部不舒适感的其他缺陷；

b)　可调零件或结构组件，应易于调节和替换。

5.2.4　装配使用的焊接工防护面罩

装配使用的焊接工防护面罩，应符合 GB/T 3609.1 中相关要求。

6 测试方法

6.1 透射比

测量透射比的设备，最小量程应为 10^{-7}。

6.1.1 紫外波段明态遮光号

将自动变光焊接滤光镜设定在最暗态遮光号处，放入测量透射比设备中，然后将光源波段设置在紫外波段(200～380)nm 时，断开驱动光源进行测量；此时测量的透射比为紫外波段的明态光透射比，并且分别将远紫外光谱、近紫外光谱对应典型波长的透射比记为 τ_{UV1}(313 nm)、τ_{UV2}(365 nm)，根据表 2 中数值，分别判定对应的遮光号，取其中的最小值作为紫外波段的明态遮光号，记为 N_{UV1}。

注：τ_{UV1}(313 nm)对应遮光号的判定：当测量值对应多个遮光号时，对应的遮光号为最大遮光号。

6.1.2 红外波段明态遮光号

按照 6.1.1 中规定，保持测试样品的位置和测量环境不变，然后将光源波段设置在红外波段(780～1 400)nm、(1 400～2 000)nm，断开驱动光源进行测量；此时测量的透射比为红外波段的明态光透射比，按照式(A.2)、式(A.3)，计算积分透射比，记为 τ_{IR1}；τ_{IR2}，根据表 2 中数值，分别判定对应的遮光号，取其中的最小值作为红外波段的明态遮光号，记为 N_{IR1}。

6.1.3 可见光波段最暗态遮光号

按照 6.1.1 中规定，保持测试样品的位置和测试环境不变，然后将波段设置在可见波段(380～780)nm 时，连通驱动光源进行测量；此时测量的透射比为可见光波段的最暗态光透射比，按照附录 A 中式(A.1)，计算积分透射比，记为 τ_v，根据表 2 中数值，判定对应的遮光号，作为可见光波段的最暗态遮光号，记为 N_2。

注：若测量透射比的设备，同时含有紫外波段、红外波段和可见光波段的光源时，也可对紫外波段和红外波段的明态光透射比同时进行测量。

6.1.4 明、暗态遮光号测量结果的计算

测试样品的明、暗态遮光号的计算测量结果，应满足式(5)要求。

$$(N_2 - MIN(N_{UV1}, N_{IR1})) \leqslant 9 \qquad \cdots\cdots(5)$$

6.2 透射比均匀性

定位自动变光焊接滤光镜的测量范围，分别以左、右参考点[3.8b)]为圆心确定圆形区域，计算圆形区域直径 d，应符合以下要求：

a) 其视窗的垂直方向大于 50 mm 时，$d=(40.0\pm0.5)$mm；

b) 其视窗的垂直方向小于 50 mm 时，$d=$(垂直方向宽度-10)mm。

用直径为 5 mm 的光束扫描有效测量区域，同时测量透射比。

注：在自动变光焊接滤光镜边界 5 mm 范围内，不用测量。

对于自动变光焊接滤光镜的左边测量区域，测量并记录透射比的最大值为 $\tau_{L\max}$，最小值为 $\tau_{L\min}$，圆心处的透射比为 τ_{LC}，通过式(8)和式(9)，计算相对差异值 Δ_{L_1}、Δ_{L_2}：

$$\Delta_{L_1} = [(\tau_{L\max} - \tau_{LC})/\tau_{LC}] \times 100 \qquad \cdots\cdots(8)$$

$$\Delta_{L_2} = [(\tau_{LC} - \tau_{L\min})/\tau_{LC}] \times 100 \qquad \cdots\cdots(9)$$

Δ_{L_1}、Δ_{L_2} 中的最大值，记录为 P_1 值。

右边有效测量区域用同样方法测量，并记录透射比的最大值为 $\tau_{R\max}$，最小值为 $\tau_{R\min}$，圆心处的透射比为 τ_{RC}；用同样方法计算 Δ_{R_1}、Δ_{R_2}，选择 Δ_{R_1}、Δ_{R_2} 中最大值，记录为 P_2 值。

用 τ_{LC}、τ_{RC} 的差值除以两者中的最大值，用百分比来表示，记录为 P_3 值。

6.3 透射比的角度依赖性

在设定遮光号状态下，先测量正入射(0°)光的透射比，再测量入射光与自动变光焊接滤光镜的法线成 15°立体角的范围内的角入射光的透射比的最大值和最小值，将正入射透射比分别与角入射透射比

的最大值、最小值相除，相除的结果进行倒数处理(如果小于 1 的，则取倒数；大于 1 的，保持原数)后，再取两者中的最大值。

6.4 漫射光

6.4.1 测量原理

当一束平行光正面照射自动变光焊接滤光镜，改变了原入射光方向的出射光，称为漫射光。

如果用 L_s 表示漫射光的强度，E 表示入射光的照度，$l=L_s/E$ 表示了漫射的特性，称为漫射光的亮度系数。显然，该亮度系数与自动变光焊接滤光镜的光透射比 τ_v 有关系，为了更直接表示漫射的特性，由式(6)定义：

$$l^* = \frac{L_s}{\tau_v E} = \frac{l}{\tau_v} \qquad \cdots\cdots(6)$$

l^* 为漫射光的约化亮度系数。

对于多数的自动变光焊接滤光镜，不同方向的漫射光相对于入射光轴是对称的，见图 2。通常测量相对自动变光焊接滤光镜入射光轴为 α 到 $\alpha+\Delta\alpha$ 角之间的漫射光强，用以表示约化亮度系数的平均水平，显然，α、$\Delta\alpha$ 取不同值时，得到的约化亮度系数是不一样的。漫射光相当于点光源发光，光强单位为 cd/m^2，保持平行方向透射光强单位为 lx，相应约化亮度系数的单位为 $cd/(m^2 \cdot lx)$。

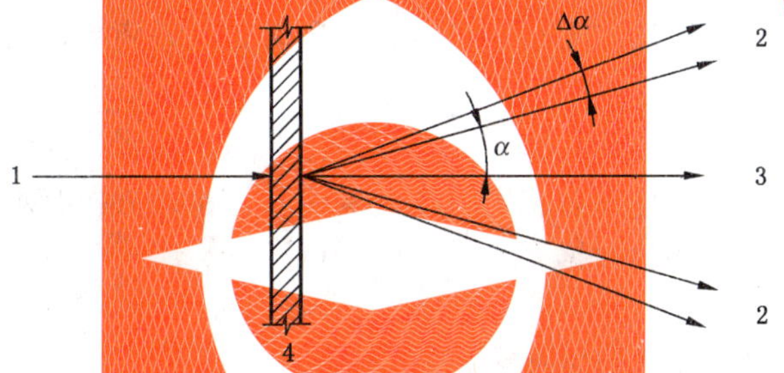

1——正面照射入射光；
2——相对自动变光焊接滤光镜入射光轴夹角为 α 到 $\alpha+\Delta\alpha$ 之间的漫射光；
3——保持入射方向的出射光；
4——自动变光焊接滤光镜测试样品。

图 2 漫射光示意图

6.4.2 测试设备

约化亮度系数的测量装置，参见附录 C。

6.4.3 测试方法

将测试样品放在 P 处，然后放上圆形光阑 B_L，进入光电探测器的光通量 Φ_{1L}，是表示通过测试样品的非漫射光，见图 2 中光线 3，然后用环形光阑 B_R 替代 B_L，进入光电探测器的光通量 Φ_{1R}，是表示所有通过测试样品和设备的漫射光，然后把测试样品放置于 P'位置上，进入光电探测器的光通量 Φ_{2R}，是表示测试装置本身产生的漫射光。差值 $\Phi_{1R}-\Phi_{2R}$，表示只通过测试样品产生的漫射光。

根据约化亮度系数的定义式(6)，可得到定量计算约化亮度系数的式(7)如下：

$$l^* = \frac{1}{\omega} \times \frac{\Phi_{1R} - \Phi_{2R}}{\Phi_{1l}} \qquad \cdots\cdots(7)$$

式中：

Φ_{1R}、Φ_{2R}——是对应于环形光阑的光通量；

Φ_{1l}——是对应于圆形光阑的光通量；

ω——是对应于环形光阑的立体角($\alpha=1.5°$和 $\alpha+\Delta\alpha=2°$之间的立体角)。

6.5 防紫外辐射

6.5.1 测试设备

使用功率在 400 W～500 W 之间的熔石英高压氙灯，宜首选 450 W 熔石英高压氙灯，其可持续点

STANDARDS PRESS OF CHINA

燃时间不应少于(50±0.2)h,灯罩在200 nm波长的光谱透射比不应小于0.30。

注1:推荐使用XBO-450 W/4或CSX-450 W/4熔石英高压氙灯;

注2:可以使用同等紫外波段亮度的紫外灯进行照射。

6.5.2 测试方法

按照6.5.1中规定,在(23±5)℃温度条件下,对新的测试样品进行测试。

用熔石英高压氙灯的辐射光线,垂直照射测试样品的外表面,其最近照射的距离为(300±10)mm,用450 W新灯照射的时间为(50±0.2)h;若不使用新灯照射,则应按照其亮度衰减的程度,适当延长照射时间。

6.6 转换时间

6.6.1 测试设备

6.6.1.1 测量透射比设备

测量透射比设备最小量程的数量级,应为10^{-7}。

6.6.1.2 驱动信号源装置

针对产品控制传感器方式,采用相应的驱动信号源,通常自动变光焊接滤光镜采用光电传感器控制,对此类产品适用于驱动光源装置,其装置启动时间应达到微秒级。

6.6.1.3 光探测器及记录装置

用于采集透射比变化的信号,采集频率应满足测量自动变光焊接滤光镜转换时间0.1 ms数量级的要求,光探测器的精度也要与之配合。

6.6.1.4 计算机辅助设备

采用计算机软件同时给“驱动信号源装置”和“光探测及记录装置”启动的指令,确保在启动驱动信号源的同时,开始记录透射比变化的数据。

6.6.2 测试条件和环境要求

为了测试结果的准确性,应符合以下要求:

a) 测试前,应保持测试样品、测试环境的温度稳定在±2 ℃范围内;

b) 手动设定遮光号的测试样品,应设定在最暗态遮光号下测试;

c) 用来测量透射比的光源的光轴应与被测试样品的法线平行,光束的发散角度应在(0±5)°范围内;

d) 通过计算机给出测量指令,驱动信号源启动,测试样品从明态转变到暗态,光传感器及记录装置记录光透射比随时间变化的数据,按照式(2)计算转换时间t_s;

e) 不同温度下的转换时间测试,应由恒温箱配合完成。

7 包装、标识、储运

7.1 包装

商品应有合适的包装,并且附有产品合格证和使用说明书等。

7.2 标识

7.2.1 包装

在产品表面不妨碍视窗的地方,应表示制造厂名或商标,在包装上应有下列标识:

a) 产品名称;

b) 规格型号;

c) 产品标准;

d) 制造厂名,厂址;

e) 生产日期等。

7.2.2 产品

组装后的自动变光焊接滤光镜的标识应完好无缺、清晰、持久,不应标识在5.2.1中的视窗内。

佩戴时，视窗外的标识不应妨碍视线。

标准编号应标识在自动变光焊接滤光镜的外壳上。

示例：

4/ 9 —13 X —5/55℃/ GB/T

- 明态遮光号——4
- 最亮的暗态遮光号——9
- 最暗的暗态遮光号——13
- 生产厂家标识——X
- 使用温度——5/55℃
- 标准编号——GB/T

注1：使用温度与转换时间的使用温度范围一致，按照5.1.7.1、5.1.7.2中规定的温度范围标识。

注2：使用温度的标识为：－5/55℃或10/55℃。

7.3 储运

产品储存和运输过程中，应满足下列条件：

a) 应保持清洁，禁止与酸、碱及其他有害物质接触；

b) 应防止雨淋、重压，要轻拿、轻放，防止破碎；

c) 包装箱运输标识应符合GB/T 191中规定。

附 录 A
（规范性附录）
遮光号的计算

A.1 遮光号的计算

遮光号，按照式(1)计算。

对于紫外、可见光、红外波段的遮光号与透射比的对应关系见表2。

A.2 可见光波段透射比 τ_v 的计算

可见光波段透射比 τ_v，按照式(A.1)计算。

$$\tau_v = 100 \times \frac{\int_{380}^{780} \tau(\lambda) V(\lambda) S_{D65}(\lambda) \mathrm{d}\lambda}{\int_{380}^{780} V(\lambda) S_{D65}(\lambda) \mathrm{d}\lambda} \% \qquad \text{(A.1)}$$

式中：

$V(\lambda)$——为人眼的光谱视觉函数，见ISO/CIE 10527:2007。

按照CIE规定，$V(\lambda)=\bar{y}(\lambda)$，对应标准色度观测者的视角为2°，$\lambda$ 对应的 $\bar{y}(\lambda)$ 系数见表A.1。

$S_{D65}(\lambda)$——为CIE标准照明体D65的光谱分布函数，见ISO/CIE 10526:2007。

对于不同色温的焊接弧光，可根据色温的适应范围，在CIE标准照明体A、D65的光谱分布函数 $S_A(\lambda)$ 与 $S_{D65}(\lambda)$ 中进行选择，使用分光光度计测量的光谱透过率 $\tau(\lambda)$，配合不同的光谱分布函数，对遮光号 N 的计算差异为0.2个遮光号。λ 对应的 $S_A(\lambda)$、$S_{D65}(\lambda)$ 系数表参见系数见表A.2。

表A.1 λ、$\bar{y}(\lambda)$ 系数表

λ/nm	$\bar{y}(\lambda)$	λ/nm	$\bar{y}(\lambda)$	λ/nm	$\bar{y}(\lambda)$	λ/nm	$\bar{y}(\lambda)$
380	0.000 0	485	0.169 3	590	0.757 0	680	0.017 0
385	0.000 1	490	0.208 0	595	0.694 9	685	0.011 9
390	0.000 1	495	0.258 6	600	0.631 0	690	0.008 2
395	0.000 2	500	0.323 0	605	0.566 8	695	0.005 7
400	0.000 4	505	0.407 3	610	0.503 0	700	0.004 1
405	0.000 6	510	0.503 0	615	0.441 2	705	0.002 9
410	0.001 2	515	0.608 2	620	0.381 0	710	0.002 1
415	0.002 2	520	0.710 0	625	0.321 0	715	0.001 5
420	0.004 0	525	0.793 2	630	0.265 0	720	0.001 0
425	0.007 3	530	0.862 0	635	0.217 0	725	0.000 7
430	0.011 6	535	0.914 9	640	0.175 0	730	0.000 5
435	0.016 8	540	0.954 0	645	0.138 2	735	0.000 4
440	0.023 0	545	0.980 3	650	0.107 0	740	0.000 2
445	0.029 8	550	0.995 0	640	0.175 0	745	0.000 2
450	0.038 0	555	1.000 0	645	0.138 2	750	0.000 1
455	0.048 0	560	0.995 0	650	0.107 0	755	0.000 1
460	0.060 0	565	0.978 6	655	0.081 6	760	0.000 1
465	0.073 9	570	0.952 0	660	0.061 0	765	0.000 0
470	0.091 0	575	0.915 4	665	0.044 6	770	0.000 0
475	0.112 6	580	0.870 0	670	0.032 0	775	0.000 0
480	0.139 0	585	0.816 3	675	0.023 2	780	0.000 0

λ对应的$S_{D65}(\lambda)$和$S_A(\lambda)$系数见表 A.2。

表 A.2　λ、$S_{D65}(\lambda)$和$S_A(\lambda)$系数表

λ/nm	$S_A(\lambda)$	$S_{D65}(\lambda)$	λ/nm	$S_A(\lambda)$	$S_{D65}(\lambda)$
380	9.80	49.98	575	110.80	96.06
385	10.90	52.31	580	114.44	92.79
390	12.09	54.65	585	118.08	92.34
395	13.35	68.70	590	121.73	88.69
400	14.71	82.75	595	125.39	89.35
405	16.15	87.12	600	129.04	90.01
410	17.65	91.49	605	132.70	89.80
415	19.29	92.46	610	136.35	89.60
420	20.99	93.43	615	139.99	88.65
425	22.79	90.06	620	143.62	87.70
430	24.67	86.68	625	147.24	85.49
435	26.64	95.77	630	150.84	83.29
440	28.70	104.87	635	154.42	83.49
445	30.85	110.94	640	157.98	83.70
450	33.09	117.01	645	161.52	81.86
440	28.70	104.87	650	165.03	80.03
445	30.85	110.94	655	168.51	80.12
450	33.09	117.01	660	171.96	80.21
455	35.41	117.41	665	175.38	81.25
460	37.81	117.81	670	178.77	82.28
465	40.30	116.34	675	182.12	80.28
470	42.87	114.86	680	185.43	78.28
475	45.52	115.39	685	188.70	74.00
480	48.24	115.92	690	191.93	69.72
485	51.04	112.37	695	195.12	70.67
490	53.91	108.81	700	198.26	71.61
495	56.85	109.08	705	201.36	72.98
500	59.86	109.35	710	204.41	74.35
505	62.93	108.58	715	207.41	67.98
510	66.06	107.80	720	210.36	61.60
515	69.25	106.30	725	213.27	65.74
520	72.50	104.79	730	216.12	69.89
525	75.79	106.24	735	218.92	72.49
530	79.13	107.69	740	221.67	75.09
535	82.52	106.05	745	224.36	69.34
540	85.95	104.41	750	227.00	63.59
545	89.41	104.23	755	229.59	55.01
550	92.91	104.05	760	232.12	46.42
555	96.44	102.02	765	234.59	56.61
560	100.00	100.00	770	237.01	66.81
565	103.58	98.17	775	239.37	65.09
570	107.18	96.33	780	241.68	63.38

STANDARDS PRESS OF CHINA

A.3 红外波段透射比 τ_{IR} 的计算

红外波段透射比 τ_{IR}，按照式(A.2)、式(A.3)计算。

$$\tau_{IR1} = \frac{1}{520}\int_{780\ \mathrm{nm}}^{1\,400\ \mathrm{nm}} \tau(\lambda)\mathrm{d}\lambda \qquad \cdots\cdots(A.2)$$

$$\tau_{IR2} = \frac{1}{700}\int_{400\ \mathrm{nm}}^{2\,000\ \mathrm{nm}} \tau(\lambda)\mathrm{d}\lambda \qquad \cdots\cdots(A.3)$$

附 录 B
（资料性附录）
不同使用环境下遮光号的选择

B.1 概述

选择电弧焊接与相关工作适用的自动变光焊接滤光镜的遮光号，应考虑以下因素：

——气焊及其相关操作过程，例如：铜焊等，按照喷嘴的流量选择遮光号；

——对电弧焊、气体切割及等离子切割，弧光的电流大小是选择遮光号的基本要素；

另外：对电弧焊接还要考虑电弧种类和焊件金属种类。

其他影响遮光号设定的参数，应根据具体情况改变遮光号的设定。例如：

——焊接工与焊点的相对位置等的关系。例如：焊接工是直接透过自动变光焊接滤光镜在较近的位置进行操作，还是采用一臂远的位置进行操作，这就可能会产生一个遮光号的变化；

——环境照明；

——人为自身因素。

由于这些原因，本部分只认定在正常环境下对有正常视力的焊接工，设定遮光号进行操作，对焊接工可以起到有效的保护。

B.2 气焊和铜焊宜选择的遮光号

表 B.1 中给出了气焊和铜焊宜选择的遮光号 N。

表 B.1 气焊和铜焊宜选择的遮光号 N

工　　作	$q \leqslant 70$	$70 < q \leqslant 200$	$200 < q \leqslant 800$	$q > 800$
气焊和铜焊	4	5	6	7

注 1：q 表示乙炔流量，单位为升每小时（L/h）。

注 2：遮光号 N 宜按照操作条件，选择相邻的大 1 号或小 1 号的遮光号。

B.3 氧气切割宜选择的遮光号

表 B.2 中给出了氧气切割宜选择的遮光号 N。

表 B.2 氧气切割宜选择的遮光号 N

工作	$900 \leqslant q \leqslant 2\,000$	$2\,000 < q \leqslant 4\,000$	$4\,000 < q \leqslant 8\,000$
氧气切割	5	6	7

注 1：q 表示氧气切割流量，单位为升每小时（L/h）。

注 2：遮光号 N 宜按照操作条件，选择相邻的大 1 号或小 1 号的遮光号。

B.4 其他电弧焊接宜选择的遮光号

表 B.3 中给出了除气焊、铜焊、氧气切割以外的其他电弧焊接宜选择的不同遮光号，横排为对应的焊机电流量，竖列为指明焊接种类。

表 B.3 中给出了通常有效的工作条件是，焊接工的眼睛到熔化金属的距离大约为 50 cm，平均环境照度大约为 100 lx。

表 B.3 电弧焊接、等离子切割宜选择的不同遮光号 *N*

<table>
<tr><th rowspan="2">操作过程</th><th colspan="21">电流/A</th></tr>
<tr><th>1.5</th><th>6</th><th>10</th><th>15</th><th>30</th><th>40</th><th>60</th><th>70</th><th>100</th><th>125</th><th>150</th><th>175</th><th>200</th><th>225</th><th>250</th><th>300</th><th>350</th><th>400</th><th>450</th><th>500</th><th>600</th></tr>
<tr><td>MMA</td><td colspan="7">8</td><td colspan="2">9</td><td>10</td><td>11</td><td colspan="4">12</td><td colspan="4">13</td><td colspan="2">14</td></tr>
<tr><td>MAG</td><td colspan="7">8</td><td colspan="2">9</td><td colspan="2">10</td><td colspan="2">11</td><td colspan="4">12</td><td colspan="3">13</td><td>14</td></tr>
<tr><td>TIG</td><td colspan="5">8</td><td colspan="2">9</td><td colspan="3">10</td><td colspan="2">11</td><td colspan="3">12</td><td colspan="2">13</td><td colspan="4"></td></tr>
<tr><td>MIG 重金属</td><td colspan="9">9</td><td colspan="2">10</td><td colspan="3">11</td><td colspan="3">12</td><td colspan="2">13</td><td>14</td><td></td></tr>
<tr><td>MIG 轻合金</td><td colspan="11">10</td><td colspan="2">11</td><td colspan="2">12</td><td colspan="3">13</td><td colspan="2">14</td><td></td></tr>
<tr><td>气体切割</td><td colspan="11">10</td><td colspan="2">11</td><td colspan="2">12</td><td colspan="2">13</td><td colspan="2">14</td><td colspan="2">15</td></tr>
<tr><td>等离子切割</td><td colspan="10">9</td><td>10</td><td colspan="2">11</td><td colspan="2">12</td><td colspan="3">13</td><td colspan="3"></td></tr>
<tr><td>微束等离子焊</td><td>4</td><td colspan="3">5</td><td colspan="2">6</td><td>7</td><td colspan="2">8</td><td>9</td><td colspan="2">10</td><td colspan="2">11</td><td colspan="3">12</td><td colspan="4"></td></tr>
<tr><td>电流</td><td>1.5</td><td>6</td><td>10</td><td>15</td><td>30</td><td>40</td><td>60</td><td>70</td><td>100</td><td>125</td><td>150</td><td>175</td><td>200</td><td>225</td><td>250</td><td>300</td><td>350</td><td>400</td><td>450</td><td>500</td><td>600</td></tr>
</table>

注 1：名词“重金属”为钢、合金钢、铜以及铜合金等。

注 2：MMA——表示手工电弧焊接(manual metal arc welding)；

MAG——表示非惰性气体保护焊接；

TIG——表示钨极惰性气体保护焊接(tungsten inert gas)；

MIG——表示惰性气体保护焊接；

气体切割——对应于使用碳极和压缩空气喷射吹开熔化的金属。

B.5 焊接工助手宜选择的遮光号

焊接工助手和焊接操作区内的其他人员同样需要得到保护，因此自动变光焊接滤光镜遮光号的选择，主要根据与焊接操作的距离来选定，当焊接工助手与电弧的距离与焊接工同等时，他们宜选择同样的遮光号。

附　录　C
（资料性附录）
漫射光约化亮度系数的测量装置

C.1　测量装置

见图 C.1。

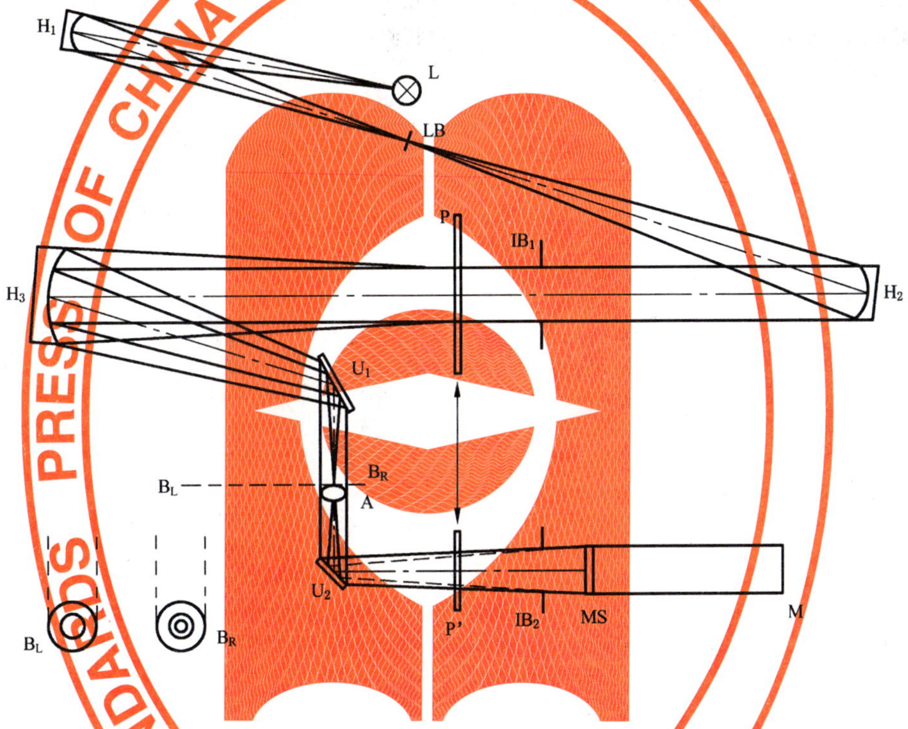

L——高压氙灯（例如：XBO 150 W，或 CSX 150 W）；

H_1——球面凹面镜，焦距 150 mm，直径 40 mm；

H_2——球面凹面镜，焦距 300 mm，直径 40 mm；

H_3——球面凹面镜，焦距 300 mm，直径 70 mm；

A——消色差透镜，焦距 200 mm，直径 30 mm；

U_1，U_2——平面镜；

B_R——环形光阑，外圈直径（21.0±0.1）mm，内圈直径（15.75±0.10）mm；

B_L——圆形光阑，通光孔径（7.5±0.1）mm；

M——可将漫射光的 V(λ) 曲线转换为光功率的光电探测器；

IB_1——调节测量区域直径的束光光阑；

IB_2——消除来自 IB_1 边缘效应的束光光阑；

LB——圆形光阑，通光孔径（1.0±0.1）mm；

MS——漫射屏幕；

P、P'——测试样品的放置位置。

图 C.1　漫射光测量装置示意图

STANDARDS PRESS OF CHINA

C.2 测量装置说明

图C.1中:在到达测试样品位置P之前,是对光源的准直束光过程,也可以用适当的准直器配合光栏IB_1实现。球面凹面镜H_3在将光阑LB的像成在光阑B_L或B_R处的平面上,通过光栏B_L、B_R分别通过平行透射光、角度为α到$\alpha+\Delta\alpha$之间的漫射光,消色差透镜A紧贴B_L或B_R光阑后面放置,使P处被测试样品的缩小像成在漫射屏MS上,同时,可变光阑IB_1的像成在IB_2上。

这个装置收集了所有通过自动变光焊接滤光镜的、与入射光轴夹角在$\alpha=1.5°$和$\alpha+\Delta\alpha=2°$之间立体角内的所有的漫射光。

注1:环形光阑圆的直径测量的不确定度不应超过0.01 mm,这样立体角ω就可以比较精确的确定,由直径的偏差导致的漫射光的约化亮度系数的测量偏差都可以通过计算得到。

注2:该方法对漫射光的约化亮度系数测量引起的测量误差小于25%。

注3:漫射光的测量应在自动变光焊接滤光镜的视窗内进行测量。

参 考 文 献

[1] BS EN 165:2005 Personal eye-protection—Vocabulary[S]. 2005.

[2] BS EN 167:2002 Personal eye-protection—Optical test methods[S]. 2002

[3] BS EN 168:2002 Personal eye-protection—Non-optical test methods[S]. 2002

[4] BS EN 169:2002 Personal eye-protection—Filters for welding and related techniques—Transmittance requirements and recommended use[S]. 2002

[5] BS EN 170:2002 Personal eye-protection—Ultraviolet filters Transmittance requirements and recommend ed use[S]. 2002

[6] BS EN 171:2002 Personal eye-protection—Infrared filters—Transmittance requirements and recommended use[S]. 2002

[7] EN 172:1995 Personal eye-protection—Sunglare filters for industrial use[S]. 1995

[8] ANSI Z87. 1:2003 Practice for Occupational and Educational Eye and Face Protection [S]. 2003

[9] ISO 8980-1:2004 Ophthalmic optics—Uncut finished spectacle lenses—Part 1:Specifications for single-vision and multifocal lenses TECHNICAL CORRIGENDUM 1 [S]. 2004

[10] ISO 8980-2:2004 Ophthalmic optics—Uncut finished spectacle lenses—Part 2:Specifications for progressive power lenses TECHNICAL CORRIGENDUM 1 [S]. 2004

[11] ISO 8980-3:2003 Ophthalmic optics—Uncut finished spectacle lenses—Part 3:Transmittance specifications and test methods [S]. 2003

[12] ISO 9211-2:1994 Optics and optical instruments—Optical coatings—Part 2:Optical properties [S]. 1994

[13] ISO/CIE 10526:2007 CIE standard illuminants for colorimetry [S]. 2007

[14] ISO /CIE 10527:2007 CIE standard colorimetric observers [S]. 2007

ICS 77.140.75
H 48

中华人民共和国国家标准

GB/T 3639—2009
代替 GB/T 3639—2000

冷拔或冷轧精密无缝钢管

Seamless cold-drawn or cold-rolled steel tubes for precision applications

2009-10-30 发布

2010-05-01 实施

中华人民共和国国家质量监督检验检疫总局
中国国家标准化管理委员会 发布

前　言

本标准修改采用 EN 10305-1:2002《精密用途钢管交货技术条件　第1部分:冷拔无缝钢管》(英文版)。

本标准根据 EN 10305-1:2002 重新起草,在附录 A 中给出了本标准章条编号与 EN 10305-1:2002 章条编号的对照一览表。

在采用 EN 10305-1:2002 时,本标准做了一些修改。有关技术性差异已编入正文中并在它们所涉及的条款的页边空白处用垂直单线标识。在附录 B 中给出了这些技术性差异及其原因的一览表以供参考。

为便于使用,对 EN 10305-1:2002 还做了下列编辑性修改:

a) "本欧洲标准"一词改为"本标准";

b) 用小数点"."代替作为小数点的",";

c) 删除 EN 10305-1:2002 标准的前言,增加了本标准前言。

本标准代替 GB/T 3639—2000《冷拔或冷轧精密无缝钢管》。本标准与 GB/T 3639—2000 相比,主要变化如下:

——修改了分类代号;

——增加了订货内容;

——修改了钢管的弯曲度;

——删除了标记示例;

——增加了钢的牌号;

——修改了钢的冶炼方法;

——删除了管坯的制造方法;

——修改了钢管的力学性能;

——增加了压扁试验;

——增加了扩口试验;

——增加了钢管漏磁探伤;

——增加了标准附录 A、附录 B、附录 C、附录 D。

本标准的附录 A、附录 B、附录 C 和附录 D 为资料性附录。

本标准由中国钢铁工业协会提出。

本标准由全国钢标准化技术委员会归口。

本标准负责起草单位:宝山钢铁股份有限公司。

本标准参加起草单位:江苏丰立精密制管有限公司、江阴市界达特异制管有限公司。

本标准主要起草人:罗玉清、张耀飞、刘彩玲、吴岳明、薛建良、陈卫池。

本标准所替代标准的历次版本发布情况为:

——GB/T 3639—1983、GB/T 3639—2000。

冷拔或冷轧精密无缝钢管

1 范围

本标准规定了冷拔或冷轧精密无缝钢管的分类、代号、尺寸、外形、重量及允许偏差、技术要求、试验方法、检验规则、包装、标志和质量证明书。

本标准适用于制造机械结构、液压设备、汽车零部件等具有特殊尺寸精度和高表面质量要求的冷拔或冷轧精密无缝钢管。

2 规范性引用文件

下列文件中的条款通过本标准的引用而成为本标准的条款。凡是注日期的引用文件，其随后所有的修改单（不包括勘误的内容）或修订版均不适用于本标准，然而，鼓励根据本标准达成协议的各方研究是否可使用这些文件的最新版本。凡是不注日期的引用文件，其最新版本适用于本标准。

GB/T 222 钢的成品化学成分允许偏差

GB/T 223.5 钢铁 酸溶硅和全硅含量的测定 还原型硅钼酸盐分光光度法(GB/T 223.5—2008,ISO 4829-1:1986,ISO 4829-2:1988,MOD)

GB/T 223.12 钢铁及合金化学分析方法 碳酸钠分离-二苯碳酰二肼光度法测定铬量

GB/T 223.23 钢铁及合金 镍含量的测定 丁二酮肟分光光度法

GB/T 223.26 钢铁及合金 钼含量的测定 硫氰酸盐分光光度法

GB/T 223.53 钢铁及合金化学分析方法 火焰原子吸收分光光度法测定铜量

GB/T 223.59 钢铁及合金 磷含量的测定 铋磷钼蓝分光光度法和锑磷钼蓝分光光度法

GB/T 223.63 钢铁及合金化学分析方法 高碘酸钠(钾)光度法测定锰量

GB/T 223.68 钢铁及合金化学分析方法 管式炉内燃烧后碘酸钾滴定法测定硫含量

GB/T 223.69 钢铁及合金 碳含量的测定 管式炉内燃烧后气体容量法

GB/T 228 金属材料 室温拉伸试验方法(GB/T 228—2002,eqv ISO 6892:1998)

GB/T 242 金属管 扩口试验方法(GB/T 242—2007,ISO 8493:1998,IDT)

GB/T 246 金属管 压扁试验方法(GB/T 246—2007,ISO 8492:1998,IDT)

GB/T 699 优质碳素钢结构钢

GB/T 1031 表面粗糙度参数及其数值

GB/T 1591 低合金高强度结构钢

GB/T 2102 钢管的验收、包装、标志和质量证明书

GB/T 4336 碳素钢和中低合金钢 火花源原子发射光谱分析方法(常规法)

GB/T 7735—2004 钢管涡流探伤检验方法(GB/T 7735—2004,ISO 9304:1989,MOD)

GB/T 12606 钢管漏磁探伤方法(GB/T 12606—1999,eqv ISO 9402:1989)

GB/T 17395 无缝钢管尺寸、外形、重量级允许偏差(GB/T 13795—2008,ISO 1127:1992、ISO 4200:1991、ISO 5252:1991,NEQ)

GB/T 20066 钢和铁 化学成分测定用试样的取样和制样方法(GB/T 20066-2006,ISO 14284:1996,IDT)

3 分类、代号

本标准的无缝钢管按交货状态分为五类，类别和代号为：

a) 冷加工/硬状态：+C；

b) 冷加工/软状态：+LC；

c) 消除应力退火状态：+SR；

d) 退火状态：+A；

e) 正火状态：+N。

4 订货内容

按本标准订购钢管的合同或订单应包括下列内容：

a) 标准编号；

b) 产品名称；

c) 钢的牌号；

d) 尺寸规格；

e) 订购数量(总重量或总长度)；

f) 交货状态；

g) 制造方法；

h) 特殊要求。

5 尺寸、外形、重量及允许偏差

5.1 尺寸

5.1.1 钢管的尺寸应符合表1的规定。

表 1 尺寸和允许偏差

单位为毫米

外径和允许偏差		壁厚																										
		0.5	0.8	1	1.2	1.5	1.8	2	2.2	2.5	2.8	3	3.5	4	4.5	5	5.5	6	7	8	9	10	12	14	16	18	20	22
		内径和允许偏差																										
4	±0.08	3±0.15	2.4±0.15	2±0.15	1.6±0.15																							
5		4±0.15	3.4±0.15	3±0.15	2.6±0.15																							
6		5±0.15	4.4±0.15	4±0.15	3.6±0.15	3±0.15	2.4±0.15	2±0.15																				
7		6±0.15	5.4±0.15	5±0.15	4.6±0.15	4±0.15	3.4±0.15	3±0.15																				
8		7±0.15	6.4±0.15	6±0.15	5.6±0.15	5±0.15	4.4±0.15	4±0.15	3.6±0.15	3±0.25																		
9		8±0.15	7.4±0.15	7±0.15	6.6±0.15	6±0.15	5.4±0.15	5±0.15	4.6±0.15	4±0.25	3.4±0.25																	
10		9±0.15	8.4±0.15	8±0.15	7.6±0.15	7±0.15	6.4±0.15	6±0.15	5.6±0.15	5±0.15	4.4±0.25	4±0.25																
12		11±0.15	10.4±0.15	10±0.15	9.6±0.15	9±0.15	8.4±0.15	8±0.15	7.6±0.15	7±0.15	6.4±0.15	6±0.25	5±0.25	4±0.25														
14		13±0.08	12.4±0.08	12±0.08	11.6±0.15	11±0.15	10.4±0.15	10±0.15	9.6±0.15	9±0.15	8.4±0.15	8±0.15	7±0.15	6±0.25	5±0.25													
15		14±0.08	13.4±0.08	13±0.08	12.6±0.08	12±0.15	11.4±0.15	11±0.15	10.6±0.15	10±0.15	9.4±0.15	9±0.15	8±0.15	7±0.15	6±0.25	5±0.25												
6		15±0.08	14.4±0.08	14±0.08	13.6±0.08	13±0.08	12.4±0.15	12±0.15	11.6±0.15	11±0.15	10.4±0.15	10±0.15	9±0.15	8±0.15	7±0.15	6±0.25	5±0.25	4±0.25										
18		17±0.08	16.4±0.08	16±0.08	15.6±0.08	15±0.08	14.4±0.08	14±0.08	13.6±0.15	13±0.15	12.4±0.15	12±0.15	11±0.15	10±0.15	9±0.15	8±0.15	7±0.25	6±0.25										
20		19±0.08	18.4±0.08	18±0.08	17.6±0.08	17±0.08	16.4±0.08	16±0.08	15.6±0.15	15±0.15	14.4±0.15	14±0.15	13±0.15	12±0.15	11±0.15	10±0.15	9±0.15	8±0.25	6±0.25									
22		21±0.08	20.4±0.08	20±0.08	19.6±0.08	19±0.08	18.4±0.08	18±0.08	17.6±0.08	17±0.15	16.4±0.15	16±0.15	15±0.15	14±0.15	13±0.15	12±0.15	11±0.15	10±0.15	8±0.25									
25		24±0.08	23.4±0.08	23±0.08	22.6±0.08	22±0.08	21.4±0.08	21±0.08	20.6±0.08	20±0.08	19.4±0.15	19±0.15	18±0.15	17±0.15	16±0.15	15±0.15	14±0.15	13±0.15	11±0.15	9±0.25								
26		25±0.08	24.4±0.08	24±0.08	23.6±0.08	23±0.08	22.4±0.08	22±0.08	21.6±0.08	21±0.08	20.4±0.15	20±0.15	19±0.15	18±0.15	17±0.15	16±0.15	15±0.15	14±0.15	12±0.15	10±0.25								
28		27±0.08	26.4±0.08	26±0.08	25.6±0.08	25±0.08	24.4±0.08	24±0.08	23.6±0.08	23±0.08	22.4±0.08	22±0.15	21±0.15	20±0.15	19±0.15	18±0.15	17±0.15	16±0.15	14±0.15	12±0.15								
30		29±0.08	28.4±0.08	28±0.08	27.6±0.08	27±0.08	26.4±0.08	26±0.08	25.6±0.08	25±0.08	24.4±0.08	24±0.15	23±0.15	22±0.15	21±0.15	20±0.15	19±0.15	18±0.15	16±0.15	14±0.15	12±0.15	10±0.25						
32	±0.15	31±0.15	30.4±0.15	30±0.15	29.6±0.15	29±0.15	28.4±0.15	28±0.15	27.6±0.15	27±0.15	26.4±0.15	26±0.15	25±0.15	24±0.15	23±0.15	22±0.15	21±0.15	20±0.15	18±0.15	16±0.15	14±0.15	12±0.25						
35		34±0.15	33.4±0.15	33±0.15	32.6±0.15	32±0.15	31.4±0.15	31±0.15	30.6±0.15	30±0.15	29.4±0.15	29±0.15	28±0.15	27±0.15	26±0.15	25±0.15	24±0.15	23±0.15	21±0.15	19±0.15	17±0.15	15±0.15						
38		37±0.15	36.4±0.15	36±0.15	35.6±0.15	35±0.15	34.4±0.15	34±0.15	33.6±0.15	33±0.15	32.4±0.15	32±0.15	31±0.15	30±0.15	29±0.15	28±0.15	27±0.15	26±0.15	24±0.15	22±0.15	20±0.15	18±0.15						
40		39±0.15	38.4±0.15	38±0.15	37.6±0.15	37±0.15	36.4±0.15	36±0.15	35.6±0.15	35±0.15	34.4±0.15	34±0.15	33±0.15	32±0.15	31±0.15	30±0.15	29±0.15	28±0.15	26±0.15	24±0.15	22±0.15	20±0.15						
42	±0.20			40±0.20	39.6±0.20	39±0.20	38.4±0.20	38±0.20	37.6±0.20	37±0.20	36.4±0.20	36±0.20	35±0.20	34±0.20	33±0.20	32±0.20	31±0.20	30±0.20	28±0.20	26±0.20	24±0.20	22±0.20						
45				43±0.20	42.6±0.20	42±0.20	41.4±0.20	41±0.20	40.6±0.20	40±0.20	39.4±0.20	39±0.20	38±0.20	37±0.20	36±0.20	35±0.20	34±0.20	33±0.20	31±0.20	29±0.20	27±0.20	25±0.20						
48				46±0.20	45.6±0.20	45±0.20	44.4±0.20	44±0.20	43.6±0.20	43±0.20	42.4±0.20	42±0.20	41±0.20	40±0.20	39±0.20	38±0.20	37±0.20	36±0.20	34±0.20	32±0.20	30±0.20	28±0.20						
50				48±0.20	47.6±0.20	47±0.20	46.4±0.20	46±0.20	45.6±0.20	45±0.20	44.4±0.20	44±0.20	43±0.20	42±0.20	41±0.20	40±0.20	39±0.20	38±0.20	36±0.20	34±0.20	32±0.20	30±0.20						
55	±0.25			53±0.25	52.6±0.25	52±0.25	51.4±0.25	51±0.25	50.6±0.25	50±0.25	49.4±0.25	49±0.25	48±0.25	47±0.25	46±0.25	45±0.25	44±0.25	43±0.25	41±0.25	39±0.25	37±0.25	35±0.25	31±0.25					
60				58±0.25	57.6±0.25	57±0.25	56.4±0.25	56±0.25	55.6±0.25	55±0.25	54.4±0.25	54±0.25	53±0.25	52±0.25	51±0.25	50±0.25	49±0.25	48±0.25	46±0.25	44±0.25	42±0.25	40±0.25	36±0.25					
65	±0.30			63±0.30	62.6±0.30	62±0.30	61.4±0.30	61±0.30	60.6±0.30	60±0.30	59.4±0.30	59±0.30	58±0.30	57±0.30	56±0.30	55±0.30	54±0.30	53±0.30	51±0.30	49±0.30	47±0.30	45±0.30	41±0.30	37±0.30				
70				68±0.30	67.6±0.30	67±0.30	66.4±0.30	66±0.30	65.6±0.30	65±0.30	64.4±0.30	64±0.30	63±0.30	62±0.30	61±0.30	60±0.30	59±0.30	58±0.30	56±0.30	54±0.30	52±0.30	50±0.30	46±0.30	42±0.30				
75	±0.35			73±0.35	72.6±0.35	72±0.35	71.4±0.35	71±0.35	70.6±0.35	70±0.35	69.4±0.35	69±0.35	68±0.35	67±0.35	66±0.35	65±0.35	64±0.35	63±0.35	61±0.35	59±0.35	57±0.35	55±0.35	51±0.35	47±0.35	43±0.35			
80				78±0.35	77.6±0.35	77±0.35	76.4±0.35	76±0.35	75.6±0.35	75±0.35	74.4±0.35	74±0.35	73±0.35	72±0.35	71±0.35	70±0.35	69±0.35	68±0.35	66±0.35	64±0.35	62±0.35	60±0.35	56±0.35	52±0.35	48±0.35			
85	±0.40					82.4±0.40	81.4±0.40	81±0.40	80.6±0.40	80±0.40	79.4±0.40	79±0.40	78±0.40	77±0.40	76±0.40	75±0.40	74±0.40	73±0.40	71±0.40	69±0.40	67±0.40	65±0.40	61±0.40	57±0.40	53±0.40			
90						87±0.40	86.4±0.40	86±0.40	85.6±0.40	85±0.40	84.4±0.40	84±0.40	83±0.40	82±0.40	81±0.40	80±0.40	79±0.40	78±0.40	76±0.40	74±0.40	72±0.40	70±0.40	66±0.40	62±0.40	58±0.40			
95	±0.45							91±0.45	90.6±0.45	90±0.45	89.4±0.45	89±0.45	88±0.45	87±0.45	86±0.45	85±0.45	84±0.45	83±0.45	81±0.45	79±0.45	77±0.45	75±0.45	71±0.45	67±0.45	63±0.45	59±0.45		
100								96±0.45	95.6±0.45	95±0.45	94.4±0.45	94±0.45	93±0.45	92±0.45	91±0.45	90±0.45	89±0.45	88±0.45	86±0.45	84±0.45	82±0.45	80±0.45	76±0.45	72±0.45	68±0.45	64±0.45		
110	±0.50							106±0.50	105.6±0.50	105±0.50	104.4±0.50	104±0.50	103±0.50	102±0.50	101±0.50	100±0.50	99±0.50	98±0.50	96±0.50	94±0.50	92±0.50	90±0.50	86±0.50	82±0.50	78±0.50	74±0.50		
120								116±0.50	115.6±0.50	115±0.50	114.4±0.50	114±0.50	113±0.50	112±0.50	111±0.50	110±0.50	109±0.50	108±0.50	106±0.50	104±0.50	102±0.50	100±0.50	96±0.50	92±0.50	88±0.50	84±0.50		
130	±0.70									125±0.70	124.4±0.70	124±0.70	123±0.70	122±0.70	121±0.70	120±0.70	119±0.70	118±0.70	116±0.70	114±0.70	112±0.70	110±0.70	106±0.70	102±0.70	98±0.70	94±0.70		
140										135±0.70	134.4±0.70	134±0.70	133±0.70	132±0.70	131±0.70	130±0.70	129±0.70	128±0.70	126±0.70	124±0.70	122±0.70	120±0.70	116±0.70	112±0.70	106±0.70	104±0.70		
150	±0.80											144±0.80	143±0.80	142±0.80	141±0.80	140±0.80	139±0.80	138±0.80	136±0.80	134±0.80	132±0.80	130±0.80	126±0.80	122±0.80	118±0.80	114±0.80	110±0.80	
160												154±0.80	153±0.80	152±0.80	151±0.80	150±0.80	149±0.80	148±0.80	146±0.80	144±0.80	142±0.80	140±0.80	136±0.80	132±0.80	128±0.80	124±0.80	120±0.80	
170	±0.90											164±0.90	163±0.90	162±0.90	161±0.90	160±0.90	159±0.90	158±0.90	156±0.90	154±0.90	152±0.90	150±0.90	146±0.90	142±0.90	138±0.90	134±0.90	130±0.90	
180													173±0.90	172±0.90	171±0.90	170±0.90	169±0.90	168±0.90	166±0.90	164±0.90	162±0.90	160±0.90	156±0.90	152±0.90	148±0.90	144±0.90	140±0.90	
190	±1.00												183±1.00	182±1.00	181±1.00	180±1.00	179±1.00	178±1.00	176±1.00	174±1.00	172±1.00	170±1.00	166±1.00	162±1.00	158±1.00	154±1.00	150±1.00	146±1.00
200													193±1.00	192±1.00	191±1.00	190±1.00	189±1.00	188±1.00	186±1.00	184±1.00	182±1.00	180±1.00	176±1.00	172±1.00	168±1.00	164±1.00	160±1.00	156±1.00

5.1.2 冷加工(+C、+LC)状态的钢管,其外径和内径允许偏差应符合表1的规定。

热处理(+SR、+A、+N)状态的钢管,其外径和内径允许偏差应符合表2的规定。

表2 热处理状态钢管外径和内径的允许偏差

单位为毫米

壁厚(*S*)/外径(*D*)	允许偏差
$S/D \geqslant 1/20$	按表1规定的值
$1/40 \leqslant S/D < 1/20$	按表1规定值的1.5倍
$S/D < 1/40$	按表1规定值的2.0倍

5.1.3 钢管通常以外径和壁厚交货。当需方要求以外径和内径或内径和壁厚交货时,应在合同中注明。

5.1.4 钢管壁厚的允许偏差为±10%或0.10 mm(取其较大者)。

5.1.5 根据需方要求,经供需双方协商,并在合同中注明,可供表1规定以外尺寸及尺寸允许偏差的钢管。

5.2 长度

5.2.1 通常长度

钢管的通常长度为2 000 mm～12 000 mm。

5.2.2 定尺和倍尺长度

根据需方要求,经供需双方协商,并在合同中注明,钢管可按定尺或倍尺长度交货。钢管的定尺和倍尺长度应在通常长度范围内,全长允许偏差应符合以下规定:

a) 长度≤5 000 mm,$^{+5}_{\ 0}$ mm;

b) 长度>5 000 mm,$^{+10}_{\ \ 0}$ mm。

倍尺长度交货的钢管,每个倍尺应按下列规定留切口余量:

a) 外径≤159 mm:5 mm～10 mm;

b) 外径>159 mm:10 mm～15 mm。

5.2.3 根据需方要求,经供需双方协商,并在合同中注明,可供应其他长度及允许偏差的钢管。

5.3 弯曲度

5.3.1 钢管弯曲度应不大于3.0 mm/m。

5.3.2 外径大于16 mm的钢管全长(*L*)弯曲度应符合以下规定:

a) $R_{eH} \leqslant 500$ MPa,≤0.15%L;

b) $R_{eH} > 500$ MPa,≤0.20%L。

5.3.3 根据需方要求,经供需双协商,并在合同中注明,钢管的每米弯曲度和全长弯曲度可采用其他规定。

5.4 端头外形

钢管两端端面应与钢管轴线垂直,切口毛刺应予清除。

5.5 不圆度和壁厚不均

5.5.1 钢管的不圆度应不大于外径公差80%。

5.5.2 根据需方要求,钢管的壁厚不均由供需双方协商。

5.6 交货重量

钢管按实际重量交货,亦可按理论重量交货。钢管的每米理论重量按GB/T 17395的规定(钢的密度为7.85 kg/dm^3)。

根据需方要求,经供需双方协商,并在合同中注明,交货钢管的实际重量与理论重量的允许偏差应符合如下规定:

a) 单根钢管:$^{+10}_{-8}$%;

b) 每批最小为10吨的钢管:±7.5%。

6 技术要求

6.1 钢的牌号和化学成分

6.1.1 钢管用10、20、35、45、Q345B钢制造，10、20、35、45钢的化学成分（熔炼分析）应符合GB/T 699的规定；Q345B的化学成分（熔炼分析）应符合GB/T 1591的规定，其中P、S含量均不大于0.030%。

6.1.2 当需方要求做成品分析时，应在合同中注明，成品钢管的化学成分允许偏差应符合GB/T 222的规定。

6.1.3 根据需方要求，经供需双方协商，可供应其他牌号的钢管。

6.2 制造方法

6.2.1 钢的冶炼方法

钢应是采用电炉、氧气转炉冶炼的镇静钢。

6.2.2 钢管的制造方法

钢管应采用冷拔或冷轧无缝方法制造。需方指定某一种方法制造钢管时，应在合同中注明。

6.3 交货状态

钢管以表3所列的一种状态交货。

表3 交货状态

交货状态	代号	说明
冷加工/硬	+C	最后冷加工之后钢管不进行热处理
冷加工/软	+LC	最后热处理之后进行适当的冷加工
冷加工后消除应力退火	+SR	最后冷加工后，钢管在控制气氛中进行去应力退火
退火	+A	最后冷加工之后，钢管在控制气氛中进行完全退火
正火	+N	最后冷加工之后，钢管在控制气氛中进行正火

6.4 力学性能

交货状态钢管的室温纵向力学性能应符合表4的规定。

表4 钢管的力学性能

牌号	交货状态[a]											
	+C[b]		+LC[b]		+SR			+A[c]		+N		
	R_m/MPa	A/%	R_m/MPa	A/%	R_m/MPa	R_{eH}/MPa	A/%	R_m/MPa	A/%	R_m/MPa	R_{eH}[d]/MPa	A/%
	不小于											
10	430	8	380	10	400	300	16	335	24	320～450	215	27
20	550	5	520	8	520	375	12	390	21	440～570	255	21
35	590	5	550	7	—	—	—	510	17	≥460	280	21
45	645	4	630	6	—	—	—	590	14	≥540	340	18
Q345B	640	4	580	7	580	450	10	450	22	490～630	355	22

a R_m 表示抗拉强度，R_{eH} 表示上屈服强度，A 表示断后伸长率。

b 受冷加工变形程度的影响，屈服强度非常接近抗拉强度，因此，推荐下列关系式计算：
——+C状态：$R_{eH} \geqslant 0.8R_m$；——+LC状态：$R_{eH} \geqslant 0.7R_m$。

c 推荐下列关系式计算：$R_{eH} \geqslant 0.5R_m$。

d 外径不大于30 mm且壁厚不大于3 mm的钢管，其最小上屈服强度可降低10 MPa。

其他牌号钢管的力学性能,由供需双方协商。

6.5 工艺性能

6.5.1 压扁试验

根据需方要求,经供需双方协商,并在合同中注明,壁厚与外径之比小于15%的+A和+N状态的10、20、Q345B钢管可作压扁试验,试样压扁后平板间距离 H(单位为毫米)按式(1)计算:

$$H=\frac{(1+\alpha)S}{\alpha+S/D} \qquad \cdots\cdots(1)$$

式中:

S——钢管的公称壁厚,单位为毫米(mm);

D——钢管的公称外径,单位为毫米(mm);

α——单位长度变形系数,10、20钢取0.09;Q345B取0.07。

压扁试验后,试样上不允许出现裂缝或裂口。

6.5.2 扩口试验

根据需方要求,经供需双方协商,并在合同中注明,外径≤150 mm且壁厚≤10 mm的+A和+N状态的10、20、Q345B钢管可作扩口试验,扩口试验的扩口率应符合表5的规定。扩口试验后,试样的扩口处不允许出现裂纹。

表5 钢管扩口试验的扩口率

牌号	扩口率/%	
	壁厚≤4 mm	壁厚>4 mm
10	20	15
20	18	12
Q345B	15	10

6.6 密实性

根据需方要求,经供需双方协商,并在合同中注明,可对热处理(+SR、+A、+N)状态的钢管作密实性检验。密实性检验按GB/T 7735—2004中验收等级A的规定进行涡流探伤,或按GB/T 12606中验收等级L4的规定进行漏磁探伤。

6.7 表面粗糙度

当需方对钢管表面有粗糙度要求时,应在合同中注明。表面粗糙度参数,按GB/T 1031规定的轮廓算术平均偏差 Ra 测定,其表面粗糙度值和测定时的取样长度值,由供需双方协商。

6.8 表面质量

钢管的内外表面应光滑,局部凹坑、擦伤和细小划道的深度应不超过0.08 mm,这些缺陷处钢管的实际壁厚应不小于壁厚偏差所允许的最小值。

钢管内外表面的其他缺陷可采用适当的方法清除,清理处钢管的实际壁厚应不小于壁厚偏差所允许的最小值。

冷加工状态交货钢管的内外表面允许有来自制造过程的磷酸盐和润滑剂附着层的存在。

热处理状态交货钢管的内外表面允许有不影响表面检查的氧化膜层,但不应有疏松氧化皮。

6.9 特殊要求

当需方有特殊要求和其他附加条件时,由供需双方协商并在合同中注明。

7 检验和试验方法

7.1 钢管的尺寸和外形应采用符合精度要求的量具逐根测量。

7.2 钢管的内外表面应在充分照明条件下逐根目视检查。

7.3 钢管其他检验项目的试验方法和取样方法应符合表6规定。

表6 钢管的检验项目、试验方法、取样方法及取样数量

序号	检验项目	试验方法	取样方法	取样数量
1	化学成分	GB/T 223 GB/T 4336	GB/T 20066	每炉取1个试样
2	拉伸试验	GB/T 228	GB/T 2975	每批在1根钢管上取1个试样
3	压扁试验	GB/T 246	GB/T 2975	每批在1根钢管上取1个试样
4	扩口试验	GB/T 242	GB/T 2975	每批在1根钢管上取1个试样
5	密实性检验	GB/T 7735 或	—	逐根
		GB/T 12606	—	逐根
6	表面粗糙度检查	GB/T 1031	GB/T 1031	每批在2根钢管上各取1个试样

8 检验规则

8.1 检查和验收

钢管的检查和验收由供方质量技术监督部门进行。

8.2 组批规则

钢管按批检查和验收。每批应由同一牌号、同一炉号、同一规格和同一热处理制度(炉次)或同一交货状态的钢管组成。每批钢管的数量应不大于500根。

8.3 复验和判定规则

钢管的复验和判定规则应符合GB/T 2102的规定。

9 包装、标志和质量证明书

钢管的包装、标志和质量证明书应符合GB/T 2102的规定。

STANDARDS PRESS OF CHINA

附 录 A
（资料性附录）
本标准章条编号与 EN 10305-1:2002 章条编号对照

表 A.1 给出了本标准章条编号与 EN 10305-1:2002 的章条编号对照一览表。

表 A.1　本标准的章条编号与 EN 10305-1:2002 的章条编号对照

本标准的章条编号	对应的 EN 10305-1:2002 的章条编号
1	1
2	2
—	3
3.1	7.2.2
4	6
5.1.2	8.5.1.2
5.1.4	8.5.1.4
5.3	8.5.3
5.4	8.5.4
6.2.1	7.1
6.2.3	7.2.1
6.3	7.2.2
6.4	8.3
6.5.1	11.2
6.5.2	11.3
6.6	11.7
6.7	8.4.1.5 和 11.5
6.8	8.4.1.1～8.4.1.4
7.3	9.3
8.2	10.1
8.3	11.8
9	12、13
附录 A	—
附录 B	—
附录 C	附录 B 表 B.1
附录 D	—

附 录 B
（资料性附录）
本标准与 EN 10305-1:2002 技术性差异及原因

表 B.1 给出了本标准与 EN 10305-1:2002 的技术性差异及其原因一览表。

表 B.1　本标准与 EN 10305:2002 的技术性差异及其原因

本标准的章条编号	技术性差异	原　因
1	删除了 EN 10305-1:2002 中范围和应用领域，增加了本标准的范围	根据我国标准的要求描述标准的范围
2	引用了采用国际标准的我国标准，而非国际标准。 增加引用了 GB/T 222、GB/T 223.5、GB/T 223.23、GB/T 223.27、GB/T 223.53、GB/T 223.59、GB/T 223.63、GB/T 223.68、GB/T 223.69、GB/T 242、GB/T 246、GB/T 699、GB/T 1031、GB/T 1591、GB/T 2102、GB/T 4336、GB/T 20066	以适合我国标准体系
3	删除了 EN 10305-1:2002 中的"术语和定义"、"记号"、"分类和名称"，增加了本标准的分类和代号	适应我国的标准编写要求
4	删除了 EN 10305-1:2002 中的"用户提供的资料"，增加了本标准的订货内容	适应我国的标准编写要求
5.2	EN 10305-1:2002 中的长度规定，按原标准要求给出长度规定	符合我国的实际情况并与原标准保持一致
5.6	增加了钢管的交货重量	适应我国的标准编写要求
6.1	未采用 EN 10305-1:2002 中的牌号和化学成分，而是采用与其化学成分的接近的国产牌号，并增加了 35、45 钢	符合我国的实际情况并与原标准保持一致
6.4	给出了与我国牌号相对应的力学性能值	符合我国的实际情况并与原标准保持一致
6.8	增加了对表面缺陷的量化指标	更具操作性

附 录 C
(资料性附录)
本标准代号与原标准代号对照

表 C.1 给出了本标准分类代号与 GB/T 3639—2000 分类代号对照一览表。

表 C.1 本标准的分类代号与 GB/T 3639—2000 分类代号对照

本标准的分类代号	GB/T 3639—2000 的分类代号
+C	BK
+LC	BKW
+SR	BKS
+A	GBK
+N	NBK

附 录 D
（资料性附录）
本标准牌号与 EN 10305-1 标准牌号对照

表 D.1 给出了本标准牌号与 EN 10305-1 标准牌号对照一览表。

表 D.1 本标准的牌号与 EN 10305-1 标准牌号对照

本标准的牌号	EN 10305-1 标准的牌号
10	E215
20	E255（EN 10305-1 附录 A）
35	C35E（EN 10305-1 附录 A）
45	C45E（EN 10305-1 附录 A）
Q345B	E355

STANDARDS PRESS OF CHINA

ICS 13.220.40;53.040.20
G 42

中华人民共和国国家标准

GB/T 3685—2009/ISO 340:2004
代替 GB/T 3685—1996

输送带 实验室规模的燃烧特性 要求和试验方法

Conveyor belts—Laboratory scale flammability characteristics—Requirements and test method

(ISO 340:2004,IDT)

2009-04-24 发布 2009-12-01 实施

中华人民共和国国家质量监督检验检疫总局
中国国家标准化管理委员会 发布

前言

本标准等同采用 ISO 340:2004《输送带——实验室规模的燃烧特性——要求和试验方法》(英文版)。

本标准代替 GB/T 3685—1996《输送带酒精喷灯燃烧性能规范和试验方法》,因为国际上的发展,原标准在技术上已过时。

本标准等同翻译 ISO 340:2004。

为便于使用,本标准作了下列编辑性修改:

a) “本国际标准”一词改为“本标准”;

b) 用小数点“.”代替作为小数点的逗号“,”;

c) 删除国际标准的前言和引言。

本标准与 GB/T 3685—1996 相比主要变化如下:

——删除了 B 法;

——增加了术语和定义(见第 3 章);

——增加了健康和安全事项(见 5.1);

——增加了试样裁取位置(见 5.3.1);

——增加了钢丝绳芯输送带试样制备(见 5.3.3);

——用煤气喷灯(本生型)代替酒精喷灯(1996 年版的 5.3;本版的 5.4.1);

——工业用丙烷气代替酒精作燃料(1996 年版的 5.5;本版的 5.4.2);

——增加了热电偶及其规定(见 5.4.6);

——删除了燃烧箱(1996 年版的 5.4);

——增加试样状态调节(见 5.6);

——增加火焰温度规定为 1 000 ℃±20 ℃(见 5.7.3);

——移开喷灯后,吹风时间由 20 s 增加到 1 min(1996 年版的 5.7.3.1;本版的 5.7.6);

——删除了附录 A(参考件)和附录 B(参考件)。

本标准由中国石油和化学工业协会提出。

本标准由全国带轮与带标准化技术委员会输送带分技术委员会(SAC/TC 428/SC 1)归口。

本标准负责起草单位:浙江三维橡胶制品有限公司、青岛科技大学、青岛中化新材料实验室。

本标准主要起草人:张国方、辛永录、刘山根、李健。

本标准所代替标准的历次版本发布情况为:

——GB/T 3685—1983、GB/T 3685—1996。

输送带 实验室规模的燃烧特性 要求和试验方法

警告:本试验方法不是用来评价任何产品的火灾危险性。试验结果有助于评价产品或材料的易燃性,但不能用于作为评价产品或材料安全性的依据。

1 范围

本标准规定一种小规模的试验方法用于评价输送带在火灾中的反应。本标准适用于织物芯输送带和钢丝绳芯输送带。

2 规范性引用文件

下列文件中的条款通过本标准的引用而成为本标准的条款。凡是注日期的引用文件,其随后所有的修改单(不包括勘误的内容)或修订版均不适用于本标准,然而,鼓励根据本标准达成协议的各方研究是否可使用这些文件的最新版本。凡是不注日期的引用文件,其最新版本适用于本标准。

ISO 8056-1 飞行器 镍铬/镍铝热电偶延伸电缆 第1部分:导线 一般要求和试验

ISO 9162:1989 石油产品 燃料(F类)液化石油气 规范

ISO 18573:2003 输送带 试验环境和状态调节时间

3 术语和定义

下列术语和定义适用于本标准。

3.1

明焰持续时间 afterflame

火源撤离后样品上火焰持续的时间。

[ISO 13943:2000 定义 1]

3.2

炽燃持续时间 afterglow

火源撤离后样品无焰燃烧的持续时间。

注:改写自 ISO 13943:2000。

3.3

火焰 flame(noun)

气化后的燃烧区域,通常发光。

[ISO 13943:2000 定义 60]

3.4

燃烧 flame(verb)

在气态下的燃烧过程,伴有发光现象。

[ISO 13943:2000,定义 60]

3.5

炽燃 glowing

因热而发光(无火焰)。

注:改写自 ISO 13943:2000。

4 要求

4.1 火焰持续时间(喷灯撤离后)

每组6个试样(见5.3)的火焰总持续时间不应大于45 s,单个试样火焰持续时间不应大于15 s(见5.7.5)。

4.2 火焰不重现性(吹风后)

试样上不应重新出现火焰(见5.7.6)。

5 试验方法

5.1 健康和安全

5.1.1 烟和火焰

高分子材料在燃烧时会产生烟和有毒气体,影响到操作人员的健康,应及时清除试验区域的烟。

5.1.2 搬运、贮存和放置液化石油气容器

所有的当地对液化石油气(LPG)搬运和贮存的安全规定也应遵守;对LPG容器的放置规定也应遵守。如果当地的安全制度要求LPG的存储温度低于试验环境温度或与试验平台有一定的距离时,需要一个足够长的管道系统,以保证燃烧试验中气体平衡所需的温度。一种便捷的方法是使气体(燃烧试验前)通过置于25 ℃水中金属管道。

5.2 原理

将从输送带上裁下的试样垂直放于火焰一定时间,撤离喷灯后记录试样的明焰持续时间和炽燃持续时间。然后,对试样吹送空气流,记录其复燃情况。

5.3 试样

5.3.1 总则

5.3.2和5.3.3中描述的试样应从距带边至少50 mm裁取。

5.3.2 织物芯输送带

5.3.2.1 有覆盖层和无覆盖层的输送带的试验

5.3.2.1.1 制取12个试样,下列每个试样的尺寸为(200 mm±5 mm)×(25 mm±1 mm):

a) 沿输送带纵向裁取3个具有覆盖层的试样。

b) 沿输送带横向裁取3个具有覆盖层的试样。

c) 沿输送带纵向裁取3个去掉覆盖层(见5.3.2.1.2)的试样。

d) 沿输送带横向裁取3个去掉覆盖层(见5.3.2.1.2)的试样。

5.3.2.1.2 除去覆盖层[见5.3.2.1.1 c)和d)]可使用剥离、刀刮和打磨的方法。使用打磨法除去覆盖层时应特别小心,以确保试样不过热或者不损伤织物芯。

5.3.2.2 有完整覆盖层的输送带的试验

如果产品规范要求具有完整覆盖层的输送带进行试验,那么试验仅需6个如5.3.2.1.1a)和b)所述试样。

5.3.2.3 用于输送带设计的无覆盖层的试验

如果产品规范要求用于设计无覆盖层的输送带进行试验,那么试验仅需6个如5.3.2.1.1c)和d)所述试样。

5.3.3 钢丝绳芯输送带

5.3.3.1 有完整覆盖层的输送带的试验

如果产品规范要求具有完整覆盖层的输送带进行试验,则沿带的纵向裁取6个试样,试样长度(200±5)mm,宽度尽可能为25 mm,依绳直径和绳间距而定。每个试样宽度至少20 mm,并且包含两根钢丝绳,在相邻绳中线处裁取。

5.3.3.2 除去覆盖层的输送带的试验

如果产品规范要求无覆盖层的输送带进行试验，那么试验仅需6个如5.3.3.1所述试样，并用如剥离、刀刮和打磨的方法除去覆盖层。

5.4 仪器

5.4.1 煤气喷灯(本生型)

喷管内径为(10±0.5)mm，如图1所示。

单位为毫米

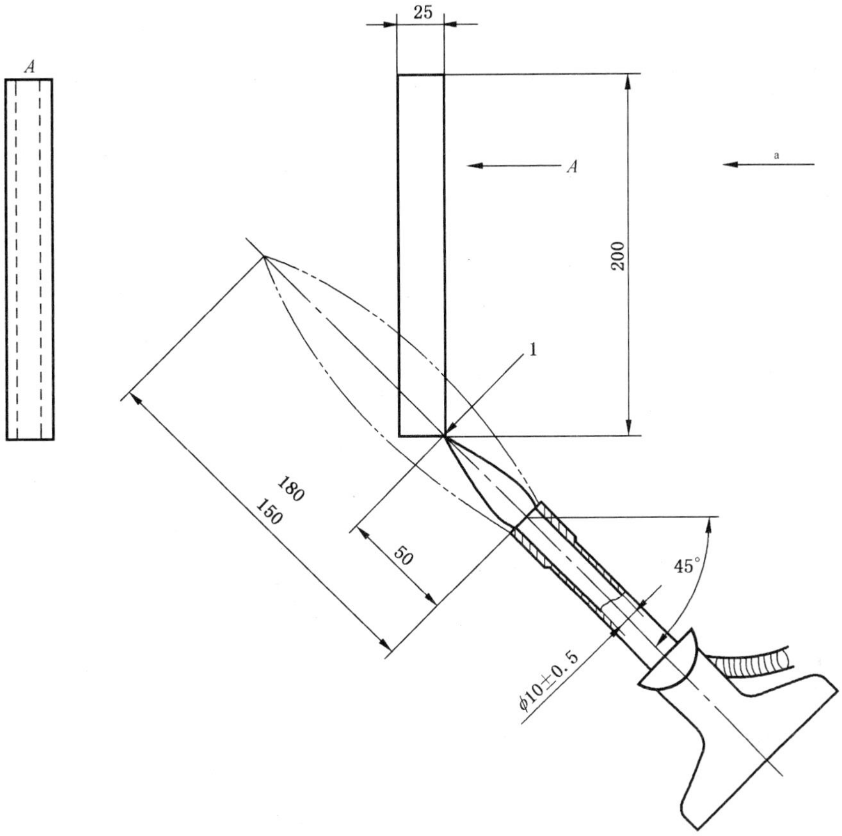

1——热电偶(见5.4.6)。

a 喷灯移走后的吹风方向。

图1 试验期间煤气喷灯和试样的放置说明图

5.4.2 工业用丙烷气

按ISO 9162:1989规定。

5.4.3 计时装置

精确到0.2 s或更高。

5.4.4 测量装置

精度达到毫米或估算到毫米且校准到恰当的精度。

5.4.5 试样支架及夹具位置

支架矩形框架高度不小于500 mm，两边至少相距75 mm，安装合适的夹具夹持试样，试样处在垂直平面上距框架至少20 mm。试验期间框架安装在合适支架上以保持两边处于垂直状态。

因为有些产品燃烧后产生腐蚀性物质，所以试验装置应由抗腐蚀性材料构成。

5.4.6 被校准过的 NiCr/NiAl 热电偶

见 ISO 8056-1 规定或同等规定。

5.4.7 吹风方式

正常的氧含量，在温度不大于 30 ℃时相对湿度不大于 80%，风速为 1.5 m/s。

5.5 试验位置

位置要求试验开始时的风速小于 0.2 m/s，并且在试验期间不会因机械设备的操作而受到影响。试验位置周围空气中的氧含量不会因试验的进行而降低。如果试验在前开门的橱中进行，则试样距橱壁至少 300 mm 安装。

5.6 试样状态调节

按 5.3 所述准备好试样后，将试样置于 ISO 18573 规定的标准环境进行状态调节。

5.7 程序

5.7.1 试验在温度为 10 ℃～30 ℃和相对湿度为 15%～80%的环境中进行，试验环境最好与状态调节具有相同的温度和相同的相对湿度，或者与使用环境条件相同(如果已知)。

5.7.2 将试样夹于 5.4.5 中的试验装置上，确保试样处于垂直状态。

5.7.3 点燃喷灯并预热 2 min，调整丙烷气流量，使火焰总高度在 150 mm～180 mm 之间，内焰高度约为 50 mm。

将热电偶(5.4.6)置于火焰温度最高处(如图 1 所示内焰锥尖上)，测量的火焰温度为 1 000 ℃±20 ℃。

如果需要，可调节喷灯火焰以确保温度保持在 1 000 ℃±20 ℃。

5.7.4 将喷灯倾斜 45°(见图 1)，并立即将火焰置于试样中心线处，喷嘴顶部距试样底部 50 mm。

5.7.5 45 s 后移走喷灯而不熄灭喷灯。如果还对其他试样进行试验，应使喷灯避开风。立即观察试样的燃烧情况和燃烧持续情况并记录明焰持续时间和炽燃持续时间。

5.7.6 移走喷灯后(60±5)s 内，向试样垂直吹风(见 5.4.7)1 min。观察并记录试样火焰的任何再现情况和持续情况。

5.8 结果表示

5.8.1 报告每个试样在 5.7.5 中的燃烧情况和燃烧持续情况以及每系列 6 个试样(其中 3 个纵向试样，3 个横向试样，见 5.3)中的每个试样总的燃烧时间。

5.8.2 报告每个试样在 5.7.6 中的燃烧情况和持续燃烧情况。

5.8.3 报告 5.8.1 和 5.8.2 中每个结果的最大值。

5.8.4 如果 5.7.5 中没有任何燃烧迹象，则报告“未燃烧”。

5.8.5 如果 5.7.6 中没有任何燃烧迹象，则报告“未复燃”。

5.8.6 报告试样是否按 5.3.2.1、5.3.2.2、5.3.2.3、5.3.3.1 或 5.3.3.2 中的规定裁取。

6 试验报告

试验报告中应包括下列内容：

a) 声明试验是按本标准进行或者任何偏离本标准的其他事项；

b) 试验日期；

c) 试验时的环境温度、相对湿度和大气压；

d) 被试验输送带的标识；

e) 试验结果按 5.8 要求。

参 考 文 献

[1] ISO/TR 10353:1992[1)] 塑料——用于国家或国际燃烧试验点火源的鉴定

[2] ISO 13943:2000 防火安全——术语

---

1) 本技术报告已撤销。

ICS 53.040.20
G 42

中华人民共和国国家标准

GB/T 3690—2009/ISO 283:2007
代替 GB/T 3690—1994

织物芯输送带 全厚度拉伸强度、拉断伸长率和参考力伸长率 试验方法

Textile conveyor belts—Full thickness tensile strength, elongation at break and elongation at the reference load—Test method

(ISO 283:2007,IDT)

2009-04-24 发布

2009-12-01 实施

中华人民共和国国家质量监督检验检疫总局
中国国家标准化管理委员会 发布

前　言

本标准等同采用ISO 283:2007《织物芯输送带——全厚度拉伸强度、拉断伸长率和参考力伸长率——试验方法》(英文版)。

本标准代替GB/T 3690—1994《织物芯输送带拉伸强度和伸长率测定方法》,因为国际上的发展,原标准在技术上已过时。

本标准等同翻译ISO 283:2007。

为便于使用,本标准作了下列编辑性修改:

a) "本国际标准"一词改为"本标准";

b) 用小数点"."代替作为小数点的逗号",";

c) 删除国际标准的前言和目次。

本标准与GB/T 3690—1994相比主要变化如下:

——增加了规范性引用文件(见第2章);

——增加了试验原理(见第4章);

——增加了伸长测定仪(见5.2);

——增加了推荐使用夹持器示意图(见图1);

——修改了B型和C型试样尺寸(1994年版的图2和图3;本版的图4和图5);

——增加了D型试样(见图6);

——状态调节时间发生了改变,状态调节及试验环境提供了环境A、B或C可供选择(1994年版的第5章;本版的6.5)。

本标准由中国石油和化学工业协会提出。

本标准由全国带轮与带标准化技术委员会输送带分技术委员会(SAC/TC 428/SC 1)归口。

本标准起草单位:青岛巨航胶带有限公司、青岛科技大学。

本标准主要起草人:赵平、辛永录、赵建军。

本标准所代替标准的历次版本发布情况为:

——GB/T 3690—1983、GB/T 3690—1994。

织物芯输送带　全厚度拉伸强度、拉断伸长率和参考力伸长率　试验方法

1　范围

本标准规定了用于测定织物芯输送带的全厚度纵向拉伸强度、参考力伸长率和拉断伸长率试验方法。本试验方法也用于测定全厚度横向拉伸强度和拉断伸长率，供产品被用户要求规定这些性能时使用。

本标准不适用于ISO 21183规定的轻型输送带。

2　规范性引用文件

下列文件中的条款通过本标准的引用而成为本标准的条款。凡是注日期的引用文件，其随后所有的修改单（不包括勘误的内容）或修订版均不适用于本标准，然而，鼓励根据本标准达成协议的各方研究是否可使用这些文件的最新版本。凡是不注日期的引用文件，其最新版本适用于本标准。

ISO 7500-1:1999　金属材料　静态单轴试验机的检定　第1部分：拉伸/压缩试验机　测力系统的检验和校准。

ISO 18573　输送带　试验环境和状态调节时间

EN 10002-2:1991　金属材料　拉伸试验　第2部分：拉伸试验机测力系统的检验

3　术语和定义

下列术语和定义适用于本标准。

3.1

拉伸强度　tensile strength

拉伸试验的最大测量力除以试样的宽度，以N/mm表示。

3.2

公称拉伸强度　nominal tensile strength

拉伸强度的最小规定值，以N/mm表示。

3.3

参考力　reference force

参考负荷　reference load

纵向公称拉伸强度的十分之一乘以以毫米为单位的试样宽度，以牛顿表示。

示例：

公称拉伸强度＝1 600 N/mm

公称拉伸强度的十分之一＝160 N/mm

25 mm宽的试样的参考力＝25 mm×160 N/mm＝4 000 N

3.4

拉断伸长率　elongation at break

最大力（负荷）的伸长率，以参考点距离增加量的百分数表示。

3.5

参考力（负荷）伸长率　elongation at the reference force (load)

纵向上参考力（负荷）伸长率，以参考点之间距离增加量的百分数表示。

4 原理

从输送带全厚度切割的试样，在规定条件下用试验机拉伸，直至试样拉断为止。

5 装置

5.1 CRE 或 CRT 型拉力试验机

符合 ISO 7500-1 或 EN 10002-2:1991 且校准为 1 级，并能以恒定速度(100±10)mm/min 连续拉伸试样。

5.2 器具

伸长测定仪至少能测量 100 mm，精度为 0.1 mm 或更好。伸长测定仪能测量试样标距的伸长，试验时能绘出曲线的伸长测定仪优先使用。

5.3 夹持器

夹持器应能防止试样在整个拉伸试验过程中发生任何滑动，推荐使用按图 1 所示具有横向锯齿形的夹持器。

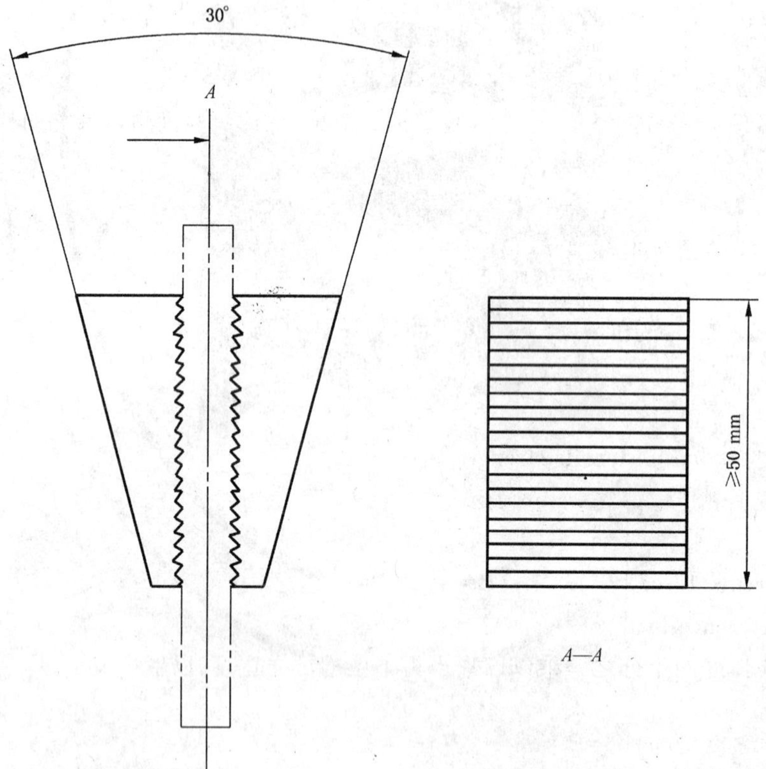

图 1 具有横向锯齿形的夹持器

5.4 裁刀或电锯

具有内壁形状如图 2 所示的裁刀适合切割如图 3、图 4 和图 5 所示的试样，该裁刀也可用于切割其他形状的试样，但其关键特征是试样的切割面与试样的表面垂直。

6 试样

6.1 形状和尺寸

试样的形状和尺寸应按图3、图4、图5或图6所示。

6.2 试样的切取方法

输送带试样应在离开带边至少50 mm且无接头的部位切取，纵向试样的纵向中心线应与带的纵向中心线平行，横向试样的横向中心线应与带纵向中心线垂直。试样的纵向边到从输送带切取的样品的任何一条边的距离均不得小于12 mm。

对D型试样，沿样品的每一纵向边选择5个点，按图6所示尺寸把这5个点连成一切割线，用电锯沿切割线在样品上切取试样(见图6)。

图6所示的D型试样应限于拉伸强度大于2 000 N/mm的输送带。

单位为毫米

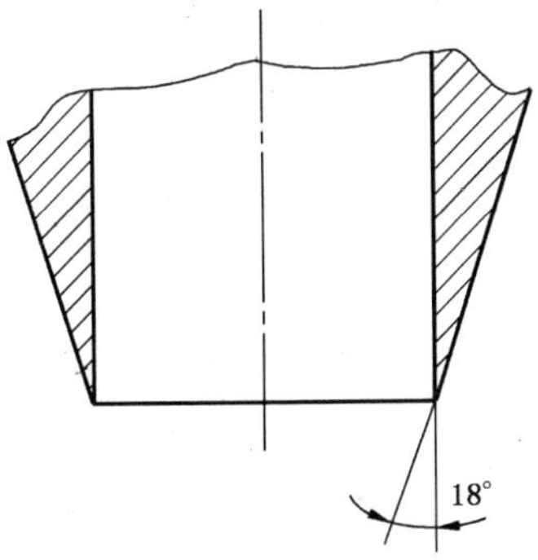

a)

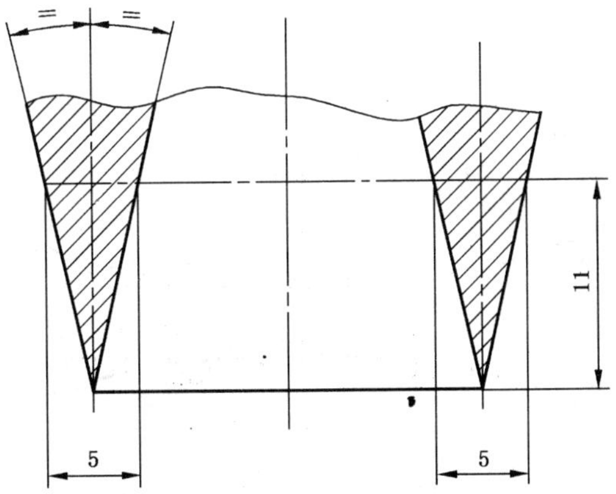

b)

图2 合适的裁刀形状

单位为毫米

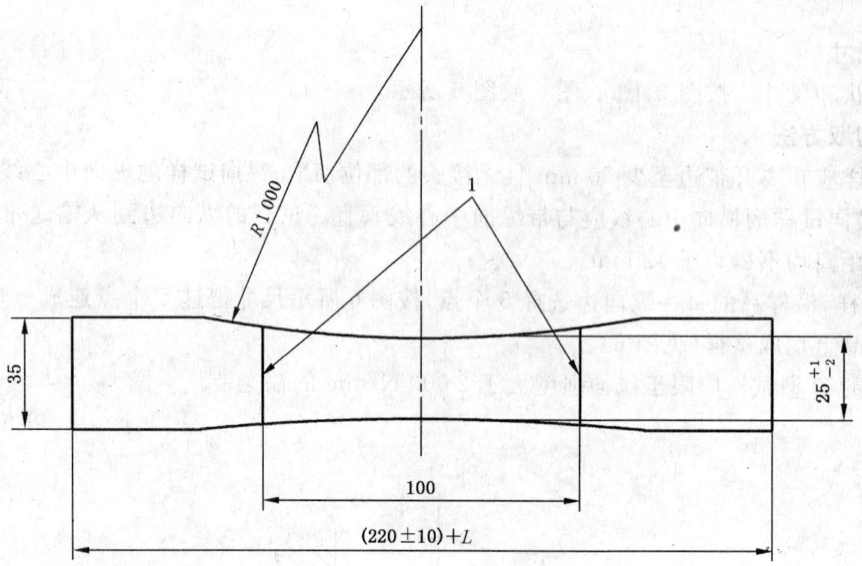

L——两个夹持器的长度；
1——标线。

图 3　A 型试样

单位为毫米

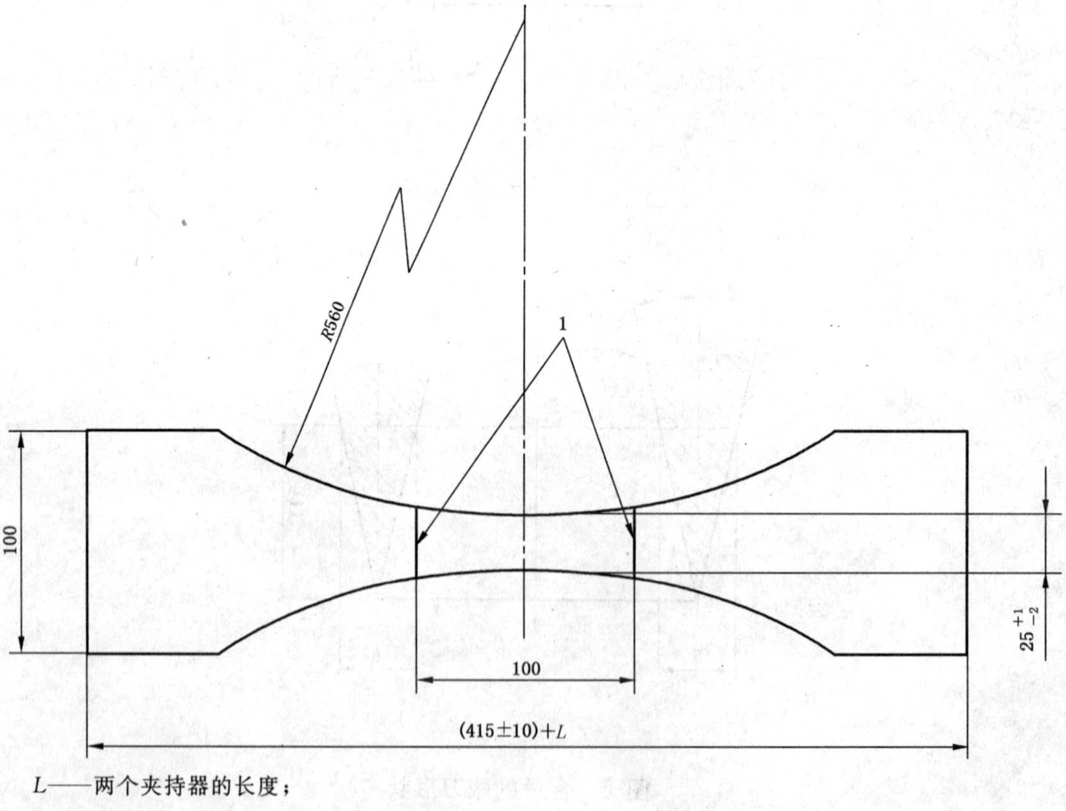

L——两个夹持器的长度；
1——标线。

图 4　B 型试样

单位为毫米

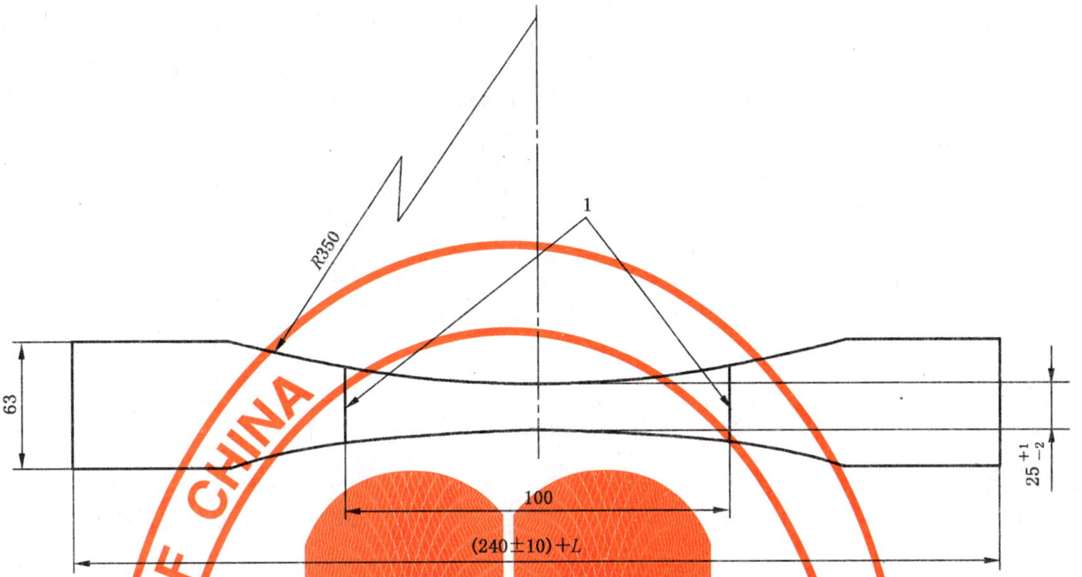

L——两个夹持器的长度；
1——标线。

图 5 C型试样

单位为毫米

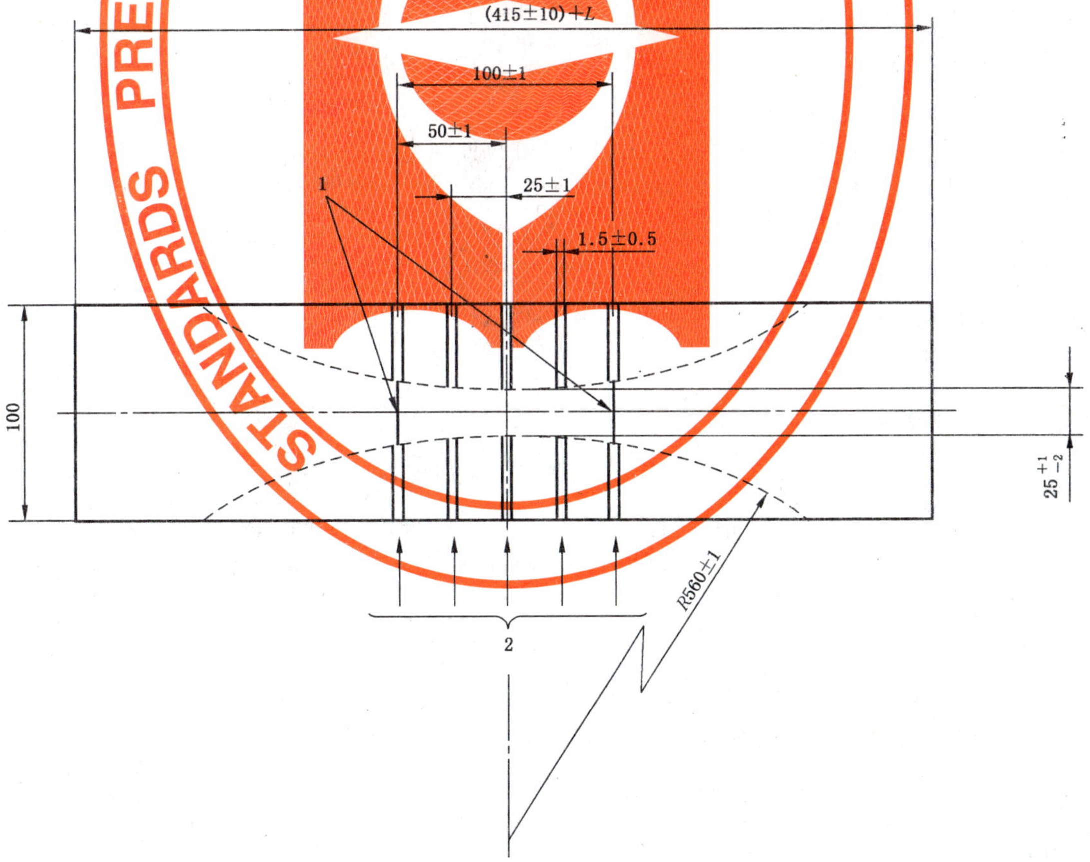

L——两个夹持器的长度；
1——标线；
2——横切经线的切割点。

图 6 D型试样

6.3 试样的制备

在试样上与试样纵向中心线垂直，与试样中心等距地划两条标线，标距为100 mm（见图3、图4、图5和图6）。

测量试样中部最窄处的宽度，即两标线间，测量用游标尺的刻度精确到0.1 mm。

注：如果裁取的试样上下宽度不一致，则取上下宽度的算术平均值作为试样中部最窄处的宽度。

如果带的覆盖层很厚或厚度差异很大，为防止试样在夹持器中滑动，容许去除或减薄覆盖层后进行试验。

对一定型式的带结构，如图3、图4、图5和图6所示的试样形状，如果带中的织物线产生异常不等的应力分布，则会引起试样在夹持器中的系统滑动，得出错误的结果。在这种情况下应使用不同形状的试样进行试验。

6.4 试样数量

应从带的纵向上切取3个试样，需要时，应从带的横向上切取3个试样。

6.5 试样的状态调节

按ISO 18573中的环境A、B或C对试样进行状态调节，状态调节时间结束后立即进行试验。

7 程序

将试样对称地夹在拉力试验机的两夹持器上，目的是使纵向中心线、夹持器中心线与拉力的作用线方向一致。如果使用伸长测定仪，将伸长测定仪的两个侧头置于试样标线上。

试验开始前夹持器内侧之间的距离应为：

a) 对于A型试样：(220±10)mm；

b) 对于B型试样和D型试样：(415±10)mm；

c) 对于C型试样：(240±10)mm。

在试验开始时预加在试样上的负荷应不超过公称拉伸强度的0.5%。

起动试验机以恒定速度(100±10)mm/min持续拉伸试样，对从带的纵向切取的试样，当拉力达到参考力（见3.3）值时，记录标距的增加量。继续试验直到拉力记录装置达到最大值，或者直到试样断裂，或者直到显而易见地发生织物断裂为止，记录该最大力和在该力时标距的增加量。

如果断裂不发生在试样的两标线间或者试验过程试样在夹持器间发生滑动，就应放弃获得的任何试验结果并重新换一个新试样试验。

8 结果的计算和表达

8.1 拉伸强度

对每个试样，用试验过程汇总记录的最大拉力（用牛顿表示）除以试验开始时试样的宽度（用毫米表示），记录该值（用牛顿每毫米表示）。计算3个纵向试样的算术平均值，如果需要，计算3个横向试样的算术平均值，记录每一情况的结果，精确到牛顿每毫米。

8.2 伸长率

8.2.1 拉断伸长率

按下式计算3个纵向试样的每一拉断伸长率的百分数：

$$\frac{100(L_2 - L_1)}{L_1}$$

式中：

L_1——初始标距（即在两标线之间的距离）；

L_2——拉断时的标距。

算出并记录3个结果的算术平均值，精确到1.0%。

8.2.2 参考力伸长率(见 3.5)

按下式计算 3 个纵向试样的每一参考力伸长率的百分数：

$$\frac{100(L_R - L_1)}{L_1}$$

式中：

L_1——初始标距；

L_R——拉伸至参考力时的标距。

算出并记录 3 个结果的算术平均值，精确到 1.0%。

9 试验报告

试验报告应包括下列内容：

a) 按本标准进行试验；

b) 被试带的标记；

c) 被试验试样的型号；

d) 状态调节时间(见 6.5)；

e) 状态调节环境 A、B 或 C；

f) 试验温度和相对湿度；

g) 注明试验是带有覆盖层还是不带有覆盖层；

h) 任何违背标准试验要求；

i) 纵向拉伸强度的算术平均值，单位为：牛顿每毫米；

j) 如果需要，横向拉伸强度的算术平均值，单位为：牛顿每毫米；

k) 3 个纵向试样参考力伸长率的百分数的算术平均值；

l) 3 个纵向试样拉断伸长率的百分数的算术平均值；

m) 试验日期。

参 考 文 献

[1] ISO 21183-1 轻型输送带 第1部分:基本性能和应用

ICS 71.080.90
G 17

中华人民共和国国家标准

GB/T 3710—2009
代替 GB/T 3710—2005

STANDARDS PRESS OF CHINA

工业酚、苯酚结晶点测定方法

Method of determination for crystallizing point of technical phenol and phenic acid

2009-07-08 发布　　　　2010-04-01 实施

中华人民共和国国家质量监督检验检疫总局
中国国家标准化管理委员会　发布

前言

本标准代替 GB/T 3710—2005《工业酚、苯酚结晶点测定方法》。

本标准与 GB/T 3710—2005 相比主要变化如下：

——“规范性引用文件”中，“GB/T 1999 焦化产品轻油类取样方法”修改为“GB/T 1999 焦化油类产品取样方法”；

——“5.3 精密温度计”中，温度范围由“10 ℃～50 ℃”改为“0 ℃～50 ℃”；

——“5.4 温度计”改为“5.4 外露补正温度计”；

——“5.5 温度计：温度范围 0 ℃～100 ℃，分刻度 1 ℃”后增加“（YB/T 2305 中的 COK26C）”。

本标准由中国钢铁工业协会提出。

本标准由全国钢标准化技术委员会归口。

本标准起草单位：宝钢集团上海梅山有限公司南京化工分公司、武汉科技大学、冶金工业信息标准研究院。

本标准主要起草人：陆辉、程亚平、赵敏伦、何选明、秦瑾、张少春、孙伟。

本标准所代替标准的历次版本发布情况为：

——GB 3710—1983、GB/T 3710—2005。

工业酚、苯酚结晶点测定方法

1 范围

本标准规定了工业酚、苯酚结晶点测定的原理、试剂、仪器、试样的采取、试验步骤、结果计算和精确度。

本标准适用于高温煤焦油中的粗酚，经分馏所制得的工业酚、苯酚结晶点的测定。

2 规范性引用文件

下列文件中的条款通过本标准的引用而成为本标准的条款。凡是注日期的引用文件，其随后所有的修改单(不包括勘误的内容)或修订版均不适用于本标准，然而鼓励根据本标准达成协议的各方研究是否可使用这些文件的最新版本。凡是不注日期的引用文件，其最新版本适用于本标准。

GB/T 1999 焦化油类产品取样方法

YB/T 2305 焦化产品试验用温度计

3 原理

工业酚、苯酚冷却时，温度逐渐下降，到一定温度时就开始有结晶体出现，由于放出结晶热，使温度稍有回升，达到最高点，并稳定片刻，然后继续下降，测量该最高点温度即为结晶点。

4 试剂

分子筛:4A，粉状，粒度≤125 μm(目数≥120 目)。使用前在 450 ℃～500 ℃的高温炉中灼烧 2 h，保存于无干燥剂的干燥器内。

5 仪器

5.1 结晶点测定仪:见图 1。

5.1.1 内管:内径 22 mm±1 mm，长 155 mm±2 mm。

5.1.2 外管:内径 40 mm±2 mm，长 145 mm±2 mm。

5.1.3 搅拌器:由直径 1 mm～2mm 不锈钢丝绕成外径为 18 mm 的三圈螺旋体，并引出一个把手。

5.2 恒温槽:1 000 mL 高型烧杯。

5.3 精密温度计:温度范围 0 ℃～50 ℃，分刻度为 0.1 ℃(YB/T 2305 中的 COK2C)。

5.4 外露补正温度计:温度范围 0 ℃～50 ℃，分刻度 1 ℃(YB/T 2305 中的 COK23C)。

5.5 温度计:温度范围 0 ℃～100 ℃，分刻度 1 ℃(YB/T 2305 中的 COK26C)。

5.6 放大镜:5 倍。

6 试样的采取

试样的采取按 GB/T 1999 规定进行。

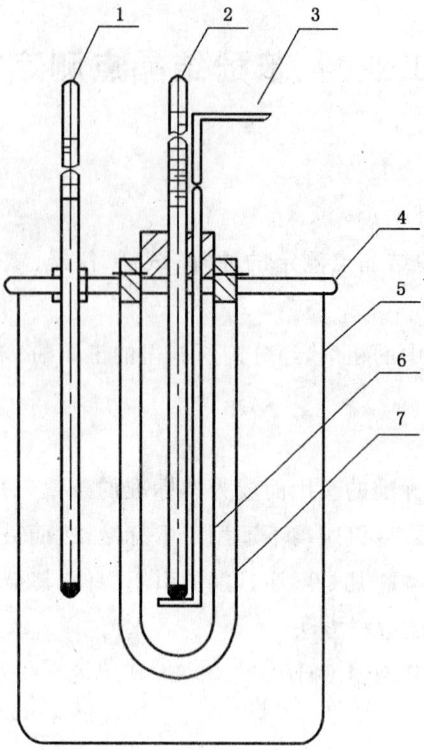

1——温度计；

2——精密温度计；

3——搅拌器；

4——盖板；

5——烧杯；

6——内管；

7——外管。

图 1　结晶点测定仪

7　试验步骤

7.1　在干燥洁净的内管中加入 60 ℃左右熔化的试样 20 mL，再加入 3 g 分子筛，用软木塞塞住内管，在保持试样熔化状态下剧烈振荡 5 min～10 min。如果试样凝固，应加热熔化。

7.2　装上搅拌器及精密温度计(5.3)，用软木塞将精密温度计固定于内管的中心，使水银球底部距内管底部约 20 mm，并在精密温度计旁附着一支温度计(5.4)。搅拌冷却，预测结晶点。

7.3　再将试管内容物加热至温度比预测结晶点高约 5 ℃，使试样熔化，但在管壁上应保留少许结晶作为晶种。控制水浴温度比预测结晶点低 5 ℃～10 ℃。缓慢搅拌试样(每分钟 10 次～15 次)，待温度逐渐下降到比预测结晶点低 0.5 ℃时，将管壁上的晶种用搅拌器擦下，用放大镜仔细观察温度变化。此时，温度开始回升，当温度达到最高点并停留 1 min 以上时，该最高点温度即为结晶点。读记此温度(读至 0.01 ℃)，同时记下精密温度计水银柱外露部分中段附近的温度。如果无温度回升或温度回升超过 1 ℃，则此次试验作废，应重新测定。

8　结果计算

观察所记的结晶点温度按下式进行校正：

$$t = t_0 + \Delta t_1 + \Delta t_2 \quad\cdots\cdots(1)$$

$$\Delta t_2 = 0.000\,16H \times (t_0 - t_B) \quad\cdots\cdots(2)$$

式中：

t——校正后的试样结晶点，单位为摄氏度(℃)；

t_0——观察所得温度，单位为摄氏度(℃)；

Δt_1——精密温度计本身的校正值，按鉴定书进行校正，单位为摄氏度(℃)；

Δt_2——精密温度计水银柱外露部分的温度校正值，单位为摄氏度(℃)；

t_B——用温度计(5.4)测定的精密温度计水银柱外露部分中段附近的温度，单位为摄氏度(℃)；

H——精密温度计软木塞上外露部分的水银柱高度，以度数的数值表示，单位为摄氏度(℃)。

9 精密度

两次测定的误差不得超过表1的允许值。

表1 精密度

产品名称	重复性 r/℃	再现性 R/℃
苯酚	0.10	0.15
工业酚	0.20	0.30

STANDARDS PRESS OF CHINA

ICS 83.040.20
G 49

中华人民共和国国家标准

GB/T 3780.10—2009
代替 GB/T 3780.10—2002

炭黑　第10部分:灰分的测定

Carbon black—Part 10:Determination of ash

(ISO 1125:1999,Rubber compounding ingredients—
Carbon black—Determination of ash,MOD)

2009-12-15 发布　　　　2010-06-01 实施

中华人民共和国国家质量监督检验检疫总局
中国国家标准化管理委员会　发布

前　言

GB/T 3780《炭黑》分为如下几个部分：

——第1部分：吸碘值试验方法；

——第2部分：吸油值的测定；

——第4部分：压缩试样吸油值的测定；

——第5部分：比表面积的测定 CTAB法；

——第6部分：着色强度的测定；

——第7部分：pH值的测定；

——第8部分：加热减量的测定；

——第10部分：灰分的测定；

——第12部分：杂质的检查；

——第14部分：硫含量的测定；

——第15部分：甲苯抽出物透光率的测定；

——第17部分：粒径的间接测定　反射率法；

——第18部分：在天然橡胶(NR)中的鉴定方法；

——第21部分：橡胶配合剂筛余物的测定　水冲洗法。

本部分是GB/T 3780的第10部分。

GB/T 3780的本部分修改采用ISO 1125:1999《橡胶配合剂　炭黑　灰分的测定》(英文版)。

本部分代替GB/T 3780.10—2002《炭黑灰分的测定》。

本部分根据ISO 1125:1999(E)重新起草。为了方便比较，在资料性附录A中列出了本部分条款和ISO 1125:1999(E)标准条款的对照一览表。

考虑到我国国情，为方便标准使用者，在采用ISO 1125:1999(E)时做了一些修改。本部分与ISO 1125:1999(E)的主要技术差异及原因如下：

——修改了标准名称；

——增加了本标准适用于乙炔炭黑和色素炭黑(本部分的第1章)；

——删除了ISO 1125:1999(E)的引用标准，同时引用了与ISO 1125:1999(E)没有对应关系的GB 3778、GB/T 7044、GB/T 3782、GB/T 8170(本部分的第2章)；

——将灰分的试验温度由(550±25)℃修改为(825±25)℃，因为提高试验温度可大大提高测试效率(本部分的4.1)；

——将瓷坩埚的规格改为以体积表示，以符合我国瓷坩埚规格的习惯表示方法(本部分的4.2)；

——增加了表1，以明确各类炭黑的称样量(本部分的表1)；

——将6.3的第5段编为注3，因为该段仅仅是为了提示标准使用者可采用其他温度测灰分(本部分的6.3的注3)；

——删除了6.4，清洗坩埚的过程既繁琐，而且对结果也会带来误差；

——修改了灰分的计算公式，删除了清洗坩埚的过程后，称量清洗并干燥坩埚的质量 m_3 已不存在(本部分的第7章)；

——增加了计算结果的表示及修约方法(本部分的第7章)；

——删除了第8章的8.1～8.4和8.6，因为其内容是表达重复性和再现性的测试程序及统计过程，放在本标准中显得多余且繁琐。

为了便于使用，本部分还做了下列编辑性修改：

——“本国际标准”一词改为“本部分”；

——用小数点“.”代替作为小数点的逗号“,”；

——删除了国际标准的前言；

——用本部分 6.1 的注代替了国际标准 6.1 的注；

——增加了资料性附录 A“本部分章条编号与 ISO 1125:1999(E)章条编号对照”。

本部分与 GB/T 3780.10—2002 相比主要变化如下：

——修改了标准名称；

——删除了“ISO 前言”；

——增加了“或其他要求的温度”测试灰分(GB/T 3780.10—2002 的 4.1，本版的 4.1)；

——将瓷坩埚的规格由“30 cm^3”改为“50 cm^3”，便于提高测试效率(GB/T 3780.10—2002 的 4.2，本版的 4.2)；

——将各类型炭黑的称样量列在表 1 中(GB/T 3780.10—2002 的 6.3 的注，本版的表 1)；

——增加了资料性附录 A“本部分章条编号与 ISO 1125:1999(E)章条编号对照”。

本部分由中国石油和化学工业协会提出。

本部分由全国橡胶与橡胶制品标准化技术委员会炭黑分技术委员会(SAC/TC 35/SC 5)归口。

本部分起草单位：中橡集团炭黑工业研究设计院、青州市博奥炭黑有限责任公司、山西宏特煤化工有限公司。

本部分主要起草人：代传银、张媛、崔鹤龄、刘健。

本部分所代替标准的历次版本发布情况为：

——GB/T 3780.10—1983、GB/T 3780.10—1992、GB/T 3780.10—2002。

炭黑 第10部分：灰分的测定

警告——使用GB/T 3780本部分的人员应有正规实验室工作的实践经验。本部分并未指出所有可能的安全问题。使用者有责任采取适当的安全和健康措施，并保证符合国家有关法规规定的条件。

1 范围

GB/T 3780的本部分规定了炭黑灰分的测定方法。

本部分适用于橡胶用炭黑、乙炔炭黑、色素炭黑。

2 规范性引用文件

下列文件中的条款通过GB/T 3780的本部分的引用而成为本部分的条款。凡是注日期的引用文件，其随后所有的修改单(不包括勘误的内容)或修订版均不适用于本部分，然而，鼓励根据本部分达成协议的各方研究是否可使用这些文件的最新版本。凡是不注日期的引用文件，其最新版本适用于本部分。

GB 3778 橡胶用炭黑

GB/T 3782 乙炔炭黑

GB/T 7044 色素炭黑

GB/T 8170 数值修约规则与极限数值的表示和判定

3 原理

准确称取干燥试样于瓷坩埚中，置于高温炉中灼烧直至所有含碳物质被氧化，将坩埚在干燥器中冷却并称量，最后计算得到灰分的含量。

4 仪器

4.1 高温炉，可控温度为(825±25)℃或其他要求的温度。

4.2 瓷坩埚，高型，50 cm^3，带盖，或其他体积的坩埚。

4.3 分析天平，精度0.1 mg。

4.4 干燥器，装有有效干燥剂。

4.5 烘箱，重力对流型，温度可控制在(125±1)℃，温度均匀性为±5 ℃。

5 采样

依炭黑类型不同，分别按GB 3778、GB/T 3782、GB/T 7044的规定采取炭黑样品。

6 步骤

6.1 将坩埚(4.2)置于(825±25)℃的高温炉(4.1)中灼烧1 h，然后把坩埚放在干燥器(4.4)中冷却，冷却至室温后称量(m_0)，精确到0.1 mg。

注：新坩埚灼烧至恒重(即两次称量之差不超过0.3 mg)。

6.2 取一份略多于表1中规定称样量的炭黑置于125 ℃的烘箱(4.5)中干燥1 h，取出移入干燥器中冷

STANDARDS PRESS OF CHINA

却至室温。

表 1　样品称样量

炭黑类别	称样量/g	适用品种
橡胶用炭黑	2.000	N100～N700 系列及其他系列
	5.000	N800、N900 系列
乙炔炭黑	1.000	—
色素炭黑	2.000	—

6.3　称取表 1 中规定称样量的试样于坩埚(6.1)中，坩埚和试样的质量为 m_1，精确到 0.1 mg。将坩埚置于(825±25)℃的高温炉中灼烧至恒重(即两次称量之差不超过 0.3 mg)。盖上坩埚盖，放入干燥器中冷却至室温，称量坩埚的质量(m_2)，精确到 0.1 mg。为了避免多次重复操作，灼烧时应充分估计试样灰化时间。

注 1：在灼烧过程中，将高温炉的炉门打开约 0.5 cm，使空气进入炉内以利于样品的燃烧。

注 2：试样在干燥器中冷却后，打开干燥器盖时应确保空气缓慢流入，以避免由于强气流导致坩埚中的灰分损失。

注 3：在协议双方同意的情况下，可以采用其他的灼烧温度。

7　结果计算

炭黑的灰分以试样灼烧后残余物的质量分数 w 计，数值以%表示，按式(1)计算：

$$w = \frac{m_2 - m_0}{m_1 - m_0} \times 100 \qquad \cdots\cdots(1)$$

式中：

m_0——称样前空坩埚的质量的数值，单位为克(g)；

m_1——灼烧前坩埚与试样的质量的数值，单位为克(g)；

m_2——灼烧后坩埚与残余物的质量的数值，单位为克(g)。

计算结果表示到小数点后两位，如有多次测量结果，取其平均值，然后根据报告的要求或 GB 3778、GB/T 3782、GB/T 7044 的规定，按 GB/T 8170 进行数值修约。

8　精密度

8.1　重复性：两次测定结果之差不大于 0.06%。

8.2　再现性：两次测定结果之差不大于 0.09%。

9　试验报告

试验报告包括下列项目：

a)　试样名称及标识；

b)　本试验依据的标准名称或编号；

c)　本试验所使用温度及坩埚的规格；

d)　试验结果(均值或中位数、测试次数)；

e)　与基本分析步骤的差异；

f)　试验中出现的异常现象；

g)　试验日期。

附 录 A
（资料性附录）
本部分章条编号与 ISO 1125:1999(E)章条编号对照

表 A.1 给出了本部分章条编号与 ISO 1125:1999(E)章条编号对照一览表。

表 A.1 本部分章条编号与 ISO 1125:1999(E)章条对照

本部分章条编号	对应的国际标准章条编号
1 的第 1 段	1 的第 1 段
1 的第 2 段	—
2	2
3	3
4	4
5	5
6.1～6.3	6.1～6.3
—	6.4
7	7
—	8.1～8.4
8	8.5
—	8.6
9	9
附录 A	—

ICS 33.200
M 50

中华人民共和国国家标准

GB/T 3784—2009
代替 GB/T 3784—1983

电工术语　雷达

Electrotechnical terminology—Radar

STANDARDS PRESS OF CHINA

2009-03-13 发布　　2009-11-01 实施

中华人民共和国国家质量监督检验检疫总局
中国国家标准化管理委员会　发布

前　言

本标准代替 GB/T 3784—1983《雷达名词术语》。

本标准与 GB/T 3784—1983 相比主要变化如下：

——标准名称改为《电工术语　雷达》；

——对雷达术语进行了分类；

——增加了雷达领域基础术语及其定义；

——增加了雷达领域的常用术语及其定义；

——增加了雷达领域的新概念和新技术常用的术语及其定义；

——修改了一些术语及其定义。

本标准由全国电工术语标准化技术委员会(SAC/TC 232)提出并归口。

本标准起草单位：中国电子技术标准化研究所、中国人民解放军空军雷达学院、中国电子科技集团公司第十四研究所、中国电子科技集团公司第三十八研究所。

本标准主要起草人：陈倩、花兴来、刁兆勇、王凡。

本标准所代替标准的历次版本发布情况为：

——GB/T 3784—1983。

电工术语 雷达

1 范围

本标准规定了雷达常用术语及其定义。

本标准适用于雷达专业领域的科研、教学等方面，是制定相关标准、编制相关技术文件的依据。

2 雷达系统

2.1 雷达分类

2.1.1 雷达

2.1.1.1

雷达 radar

利用电磁波发现目标并获取目标位置等信息的装置。

注：术语"雷达(radar)"是"无线电探测和测距 (Radio Detection and Ranging)"的缩写。

2.1.2 功能分类

2.1.2.1

搜索雷达 search radar

主要用于探测有关警戒空间目标的雷达。

2.1.2.2

监视雷达 surveillance radar

在选定区域(例如机场终点区、航路)内对所选择的目标进行连续观测的雷达。

2.1.2.3

机场监视雷达 airport-surveillance radar；ASR

用于监视机场周围飞机的一种中距离监视雷达。

2.1.2.4

机场场面监视雷达 airport surface surveillance radar；ASSR

用于观察机场地面上的飞机和车辆位置情况的地面雷达。

2.1.2.5

精密进场雷达 precision-approach radar

PAR

装设在跑道附近，观测航空器相对规定下滑线的偏离，引导航空器进近、着陆的三坐标雷达。

2.1.2.6

低空监视雷达 low altitude surveillance radar

用来探测低空目标、担负低空补盲工作的雷达。

2.1.2.7

测高雷达 height-finding radar

用来测定目标高度的监视雷达。

2.1.2.8

跟踪雷达 tracking radar

在发现目标后，能自动连续跟踪目标，并测定目标的雷达。

2.1.2.9

盲降引导雷达　blind landing-aid radar

设置在机场，能在复杂气象条件下，引导飞机安全着陆的雷达。

2.1.2.10

空中交通管制雷达　air traffic control radar

飞行管制雷达

航行管制雷达

ATC

用来监视、指挥飞机按规定航线飞行或在机场起落、为飞行管制系统提供空中飞行器信息的雷达。包括远程航路监视雷达、近程机场监视雷达和二次监视雷达等。

2.1.2.11

航海雷达　marine radar

用来保障海上航行的雷达。

2.1.2.12

导航雷达　navigation radar

对运载体进行航路引导的雷达。

2.1.2.13

海面监视雷达　sea surveillance radar

用来发现和监视海面和空中目标的雷达。

2.1.2.14

机载测距雷达　airborne ranging radar

测量载机与目标间距离的雷达。

2.1.2.15

多普勒导航雷达　Doppler navigation radar

利用多普勒效应测量飞机的地速和偏流角等，用来实时解算载机地理位置的雷达。

2.1.2.16

地形观察雷达　terrain-following radar

装在飞行器上，用来观察地球表面可建立数字地形数据库的成像雷达。

2.1.2.17

防撞雷达　anti-collision radar

用来防止碰撞、确保运载体航行安全的雷达。

2.1.2.18

地形回避雷达　terrain avoidance radar

根据载机前方不同地形产生控制指令，传送给自动驾驶仪操纵飞机避开障碍物的机载雷达。

2.1.2.19

雷达高度表　radar altimeter

用来测定飞机与地面相对高度的机载雷达。

2.1.2.20

测量雷达　measuring radar

用来精确测量目标运动参数和目标特性的雷达。

2.1.2.21

测控雷达　control-measurement radar

对合作目标进行精密测量并提供控制信息的雷达。

2.1.2.22

卫星监视雷达　satellite surveillance radar

对卫星进行监视、跟踪的雷达。

2.1.2.23

雷达目标截面积测量雷达　radar cross section measuring radar

RCS 测量雷达　RCS measuring radar

用来测量雷达目标散射截面积的雷达。

2.1.2.24

探地雷达　ground penetrating radar

用来探测地下目标(地雷、管道等)的雷达。

2.1.2.25

气象雷达　meteorological radar

用来探测大气中风、温度、压力、湿度等气象要素以及云和降水等气象目标的雷达的总称,包括测风雷达、天气雷达和测云雷达等。

2.1.2.26

测风雷达　wind-finding radar

用来探测大气中风、温度、压力、湿度等气象要素的雷达,包括高空气象探测雷达、风廓线雷达和多普勒激光测风雷达等。

2.1.2.27

高空气象探测雷达　upper-air meteorological sounding radar

利用对探空气球所携带的探空仪、回答器或探空仪、反射靶相配合,用来探测高度 30 km 以下空中不同高度层的水平风向风速以及温度、压力、湿度等气象要素的雷达。

2.1.2.28

多普勒激光气象雷达　Doppler laser meteorological radar

用来探测对流层低层大气风场,反映大气运动参数的激光雷达。

2.1.2.29

风廓线雷达　wind profiling radar

用来探测大气风场的雷达,包括边界层风廓线雷达、对流层风廓线雷达、平流层风廓线雷达和中层风廓线雷达等。

2.1.2.30

天气雷达　weather radar

用来探测大气中积雨云、雷雨等降水系统的强度、范围及其变化,云和降水粒子的平均径向速度和速度谱宽的雷达。亦称测雨雷达。包括相参天气雷达和非相参天气雷达。相参天气雷达亦称多普勒天气雷达,非相参天气雷达亦称常规天气雷达。

2.1.2.31

多普勒天气雷达　Doppler weather radar

利用多普勒效应探测大气中积雨云、雷雨等降水系统的天气雷达。它除具有提供天气目标的强度场图像外,还用来探测云和降水粒子的平均径向速度和速度谱宽,提供天气目标的速度场图像。

2.1.2.32

非相参天气雷达　incoherent weather radar

探测大气中积雨云、雷雨等降水系统的强度及其分布,提供天气目标强度场图像的天气雷达。

STANDARDS PRESS OF CHINA

2.1.2.33

测云雷达 cloud measuring radar

利用激光测量云底和云顶高度的雷达。

2.1.2.34

空间交会雷达 space rendezvous radar

用来引导航天器在空间轨道上完成交会和对接的雷达。

2.1.3 **技术体制分类**

2.1.3.1

一次雷达 primary radar

发射电磁波并接收反射的电磁波,以判断目标存在并获得目标信息的雷达。

2.1.3.2

二次雷达 secondary radar

发射信号并接收应答信号以获得合作目标信息的雷达。

2.1.3.3

无源雷达 passive radar

被动雷达

本身不发射电磁波,仅接收来自目标辐射的电磁波或其他辐射源经目标散射的电磁波并获得目标信息的雷达。

2.1.3.4

两坐标雷达 two-dimensional radar

能同时测定目标的两个坐标(距离、方位或距离、仰角)的雷达。

2.1.3.5

三坐标雷达 three-dimensional(3D) radar

能同时测定空中目标的距离、方位、仰角(或高度)的雷达。

2.1.3.6

电扫描雷达 electronical scanning radar

采用电控的方法无惯性地快速改变天线波束指向的雷达,包括频率扫描雷达、相位扫描雷达和频相扫描雷达。

2.1.3.7

机械扫描雷达 mechanical scanning radar

利用机械转动天线实现波束扫描的雷达。

2.1.3.8

频率扫描雷达 frequency-scanning radar

控制发射信号频率的变化,使天线改变阵元口径场分布来实现波束扫描的雷达。

2.1.3.9

相控阵雷达 phased array radar

控制阵列天线上各个辐射单元的馈电相位,从而使波束扫描的雷达。亦称相位扫描雷达。

2.1.3.10

多目标跟踪雷达 multi-target tracking radar

采用边扫描边跟踪技术产生的测角波束,能同时实施对多个目标跟踪的雷达。

2.1.3.11

堆积波束雷达 stacked beam radar

在仰角上用多个相邻接的窄波束堆积以覆盖所需探测空域的雷达。

2.1.3.12

V 形波束雷达　V-beam radar

有两个天线，一个产生垂直波束，一个产生倾斜 45°的波束，构成 V 形的两个波束同时沿方位轴旋转，将两路信号数据经过相应处理来确定目标位置的三坐标雷达。

2.1.3.13

脉冲雷达　pulse radar

发射射频脉冲信号的雷达。

2.1.3.14

脉冲压缩雷达　pulse compression radar

发射已调制(或编码)的宽脉冲，并将接收回波信号压缩成窄脉冲的雷达。

2.1.3.15

频率分集雷达　frequency diversity radar

能同时或相继地发射、接收和处理 $n(n\geqslant 2)$ 种不同频率的信号，对目标进行探测的雷达。

2.1.3.16

频率捷变雷达　frequency agile radar

能使每个发射脉冲的载频，以随机、脉冲组或自适应的方式在较宽的频率范围内快速变化的雷达。

2.1.3.17

动目标显示雷达　moving target indication radar

MTI 雷达

利用多普勒效应，将活动目标从固定或慢速运动的杂波背景中提取出来的雷达。

2.1.3.18

动目标检测雷达　moving target detection radar

MTD 雷达

利用多普勒滤波器组来检测运动目标，具有速度分辨力并能检测信号强度超过杂波的切向飞行目标的动目标显示雷达。

2.1.3.19

脉冲多普勒雷达　pulse Doppler radar

PDR

利用回波的多普勒效应，对回波信号进行相参杂波抑制和目标检测以获取运动目标信息的脉冲雷达。

2.1.3.20

连续波雷达　continuous wave (CW) radar

发射和(或)接收连续射频信号的雷达。

2.1.3.21

准连续波雷达　quasi-CW radar

发射脉冲宽度约为雷达重复周期一半，对载波可进行调频、调相或编码调制的雷达。

2.1.3.22

调频雷达　frequency modulated radar

发射信号频率按一定规律调制的连续波雷达。

2.1.3.23

全相参脉冲雷达　full-coherent pulse radar

雷达的全部信号(发射信号、本振信号、相位比较基准信号、定时信号等)在不同的重复周期内都与高频率稳定度的主振信号保持严格相位关系的脉冲雷达。

2.1.3.24

非相参脉冲雷达 incoherent pulse radar

在发射信号、接收本振信号、定时信号等之间都未能保持固定相位关系的脉冲雷达。

2.1.3.25

测速雷达 velocity-finding radar

利用多普勒效应,测定运动物体相对速度的雷达。

2.1.3.26

圆锥扫描雷达 conical scanning radar

利用天线波束偏离瞄准轴一个小角度,并围绕瞄准轴旋转(波束转成圆锥形)得到角误差信息,从而控制天线对目标进行角跟踪的雷达。

2.1.3.27

单脉冲雷达 monopulse radar

利用天线同时形成的多个波束从单个目标回波脉冲获得目标角信息的雷达。

2.1.3.28

比幅单脉冲雷达 amplitude comparison monopulse radar

利用和、差波束获得目标角误差信息,从而对目标进行跟踪的单脉冲雷达。

2.1.3.29

比相单脉冲雷达 phase comparison monopulse radar

利用回波到达天线的相位差来确定目标的角误差,从而对目标进行跟踪的单脉冲雷达。

2.1.3.30

单通道单脉冲雷达 one channel monopulse radar

通过各种方式使和、差通道合并成单通道,并在输出端获得圆锥扫描雷达相同的角误差信息的单脉冲雷达。

2.1.3.31

双基地雷达 bi-static radar

接收和发射设在两个分离基地上,且间距与探测目标的距离相比拟而构成的雷达。

2.1.3.32

多基地雷达 multi-static radar

采用双或多个发射基地和多个(或一个)接收基地构成的雷达。

2.1.3.33

超视距雷达 over-the-horizon radar

发射短波(或微波)信号,电磁波以天波或地波方式传播,能发现雷达视线以下目标的雷达。

2.1.3.34

天波超视距雷达 sky wave over-the-horizon radar

发射短波信号,电磁波在电离层与地面之间以反射跳跃方式传播,接收经电离层一次或多次反射的目标回波的超视距雷达。

2.1.3.35

地波超视距雷达 ground wave over-the-horizon radar

利用海洋表面对电磁波绕射传播特性,接收目标回波的超视距雷达。

2.1.3.36

微波超视距雷达 microwave over-the-horizon radar

工作在微波频段,利用大气波导传播方式,或利用对流层散射传播方式探测目标的超视距雷达。

2.1.3.37

合成孔径雷达　synthetic aperture radar

SAR

利用与目标作横向相对运动的小孔径天线,采用相参信号处理方法产生一等效的长天线效应来获取高方位分辨力的相参成像雷达。亦称综合孔径雷达,一般为机载或星载雷达。

2.1.3.38

逆合成孔径雷达　inverse synthetic aperture radar

ISAR

利用目标相对于雷达站的视角转动,运用信号处理的算法对目标进行横向成像的雷达。

2.1.3.39

聚焦型合成孔径雷达　focused SAR

利用相位校正完成成像(正侧视成像)信号处理(经相位校正后求和)以获得分辨率较高图像的合成孔径雷达。

2.1.3.40

非聚焦型合成孔径雷达　unfocused SAR

未经相位校正后求和即进行成像信号处理的合成孔径雷达。它与真实孔径雷达的方位分辨率相比,还是有大幅度改善。

2.1.3.41

侧视雷达　side looking radar

安装于航空器或卫星上,采用一个固定的侧视天线,波束指向垂直于平台运动方向的合成孔径成像雷达。

2.1.3.42

谐波雷达　harmonic radar

利用某些目标的非线性反射特性,检测回波谐波信息的雷达。

2.1.3.43

谐振雷达　resonance radar

利用目标尺寸与雷达波长相比拟时而发生的谐振效应,而增大雷达截面积的雷达。

2.1.3.44

噪声雷达　noise radar

利用噪声调制载波作为发射信号的雷达。

2.1.3.45

冲激雷达　impulse radar

发射信号为极窄(纳秒量级)的高功率无载波冲激脉冲的雷达。

2.1.3.46

宽带雷达　wideband radar

宽带雷达是百分比带宽较宽的宽带工作或宽带波形雷达。

2.1.3.47

微波全息雷达　microwave hologram radar

利用光学全息摄影原理,使目标回波与雷达内部参考波相干涉,得到有立体感的地面景物图像的微波成像雷达。

2.1.3.48

成像雷达　imaging radar

探测目标并给出目标物理形状的高分辨力雷达。

STANDARDS PRESS OF CHINA

2.1.3.49

激光雷达　laser detection and ranging

利用激光束探测目标的雷达。

2.1.4　**装载方式分类**

2.1.4.1

便携式雷达　portable radar

靠人肩扛或手提便可转移的雷达。

2.1.4.2

车载雷达　vehicle-carrying radar

装在车辆上的雷达。

2.1.4.3

机载雷达　airborne radar

装在飞机上的雷达。

2.1.4.4

船用雷达　ship-borne radar

装在船舶等水面运载体上的雷达。

2.1.4.5

天基雷达　space-borne radar

装在航天器上的雷达。亦称航天雷达，包括卫星载雷达、航天机载雷达及其他航天器雷达。

2.1.4.6

星载雷达　satellite-borne radar

装在卫星上的雷达。包括预警、遥感和交会等类型。

2.1.4.7

气球载雷达　balloon radar

装在气球上的雷达，包括系留气球载雷达和平流层气球载雷达。

2.2　**雷达性能**

2.2.1　**作用范围和工作方式**

2.2.1.1

探测范围　detection coverage

在规定条件下，雷达能够发现(检测)目标并测量目标坐标的空间范围。

2.2.1.2

雷达仪表量程　radar instrument range

雷达对目标位置测量的最大工作范围。

2.2.1.3

跟踪范围　tracking coverage

在规定条件下，雷达能够连续或者以足够的数据率稳定跟踪目标的范围。

2.2.1.4

最大作用距离　maximum detection range

雷达在规定的检测概率、规定的虚警概率、规定的目标起伏模型与数据率等条件下，对一定的目标雷达截面积进行探测的最大距离。

2.2.1.5

最小作用距离　minimum detection range

在规定条件下，雷达能发现和跟踪目标的最小距离。

2.2.1.6

跟踪距离 tracking range

在规定条件下，雷达能够保持跟踪目标精度的最大距离。

2.2.1.7

跟踪速度和加速度 tracking velocity and acceleration

雷达能够保持跟踪精度时目标的最大速度和加速度。

2.2.1.8

跟踪角速度和角加速度 angle tracking velocity and acceleration

雷达能够保持跟踪精度时目标的最大角速度和角加速度。

2.2.1.9

盲区 blind zone

雷达不能发现目标或不能满足规定发现概率的区域。

2.2.1.10

雷达波段 radar frequency band

雷达频段

雷达使用的电磁波的频率范围。用规定的名称表示，例如米波、厘米波、毫米波等波段。

2.2.1.11

雷达工作频率范围 radar operating frequency coverage

雷达工作的电磁波频率，亦称雷达发射信号的载频频率。

2.2.1.12

雷达工作带宽 radar bandwidth

雷达能正常工作的频带宽度。

2.2.1.13

雷达截面积 radar cross section

RCS

用一等效的反射面积来表征目标相对雷达方向的散射特性，此面积称为目标的雷达截面积。

2.2.1.14

系统灵敏度 system sensitivity

雷达系统对微弱信号的接收能力。通常用最小可检测信号功率表示，或用噪声功率（系数）表示。

2.2.1.15

雷达反应时间 radar response time

雷达从发现目标起到输出有效的点迹、航迹或稳定跟踪所需的最短时间。

2.2.1.16

雷达工作方式 radar operation modes

雷达为适应不同的目标、不同的干扰环境或不同的使用情况而采用的工作模式。

2.2.1.17

扫描 scanning

为搜索或角跟踪而规律性地改变波束方向的过程。

2.2.1.18

电扫描 electrical scanning

采用电控的方法快速改变天线波束指向的扫描方式。

2.2.1.19

机械扫描 mechanical scanning

利用机械转动天线实现波束的扫描方式。

2.2.1.20

扇形扫描　sector scanning

围绕任意所希望轴线在限定平面角内的扫描方式。

2.2.1.21

圆锥扫描　conical scanning

波束轴的轨迹为圆锥形的扫描方式。

2.2.1.22

扫描方式　scan mode

为覆盖规定的探测空域而采用的波束的扫描方式。

2.2.1.23

扫描范围　scan coverage

波束扫描的最大方位角范围和俯仰角范围。

2.2.1.24

目标数据率　target data rate

雷达在单位时间内获得同一目标参数的次数。

2.2.1.25

目标模型　target model

对目标反射雷达波时间特性和频率特性等的数学描述模式。

2.2.1.26

目标容量　target capacity

雷达在搜索一周时间内所能够处理的最大目标数。

2.2.1.27

发现概率　detection probability

在规定条件下，目标存在，雷达判为有目标，这一随机事件发生的概率。亦称检测概率。

2.2.1.28

虚警概率　false alarm probability

在规定条件下，目标不存在，而雷达判为有目标，这一随机事件发生的概率。

2.2.1.29

虚警时间　false alarm time

两次虚警之间的平均间隔时间。

2.2.1.30

虚警数　false alarm number

在规定的条件下，出现虚警的次数。

2.2.1.31

最小可检测信噪比　minimum detectable signal-to-noise ratio

在一定的发现概率和虚警概率下，雷达刚能发现目标时的信噪比。

2.2.1.32

信号处理能力　signal processing capability

雷达对回波信号进行处理实现检测、识别和抗干扰等目的的能力。

2.2.1.33

数据处理能力　data processing capability

雷达对目标参数进行处理实现定位、跟踪等目的的能力。

2.2.1.34

图像处理能力　image-processing capability

雷达对目标进行成像处理的能力。

2.2.1.35

目标识别能力　target identification capability

雷达对目标信息进行分析、鉴别，从而判定目标的性质、特征和威胁程度的能力。

2.2.1.36

自适应能力　adaptive capability

雷达根据环境的变化，自动采用相应工作方式的能力。

2.2.1.37

动目标改善因子　moving target improvement factor

雷达通过动目标显示处理，目标的信杂比得到改善的倍数(对规定速度范围内目标平均值)。

2.2.1.38

杂波中可见度　sub-clutter visibility;SCV

雷达在规定发现概率和虚警概率下发现目标时的杂波强度和目标强度的最大比值。

2.2.1.39

信号处理响应特性　signal processing response

雷达信号处理过程中，对所探测目标信号变化的响应特性，如速度响应等。

2.2.1.40

反射特性　reflection characteristics

反射面对反射电磁波的场强、相位的影响特性，以复反射系数表征。导电率大的反射面反射特性好。

2.2.1.41

发射信号形式　transmitter signal forms

根据检测、估值、识别及抗干扰等性能的要求而确定一种或多种的发射信号样式。

2.2.1.42

信号参数　signal parameter

发射信号的技术参数，如载频频率、峰值功率、平均功率、脉冲宽度、信号带宽、重复频率、编码特性等。

2.2.1.43

显示方式　display mode

雷达显示器按显示目标的坐标和特征参数的分类形式。

2.2.1.44

雷达监控　radar monitor and control

指对雷达全机或主要部件工作状态和性能的监测、故障检查以及开关机的控制。

2.2.1.45

连续工作时间　continuous operating time

雷达按要求能连续正常工作的时间。

2.2.1.46

故障虚警率　fault false alarm rate

在规定的时间内发生的虚警数和同一时间内的故障指示总数之比。

STANDARDS PRESS OF CHINA

2.2.2 测量性能

2.2.2.1

目标维数 target dimension's number

雷达所能测量的目标参数的数量。通常将表示目标空间位置的三维称为坐标，而速度为第四维。

2.2.2.2

测量精度 measurement accuracy

雷达测量目标时，目标坐标的测量值与其真值之差的统计值。通常用均方根误差表示。

2.2.2.3

相对测量精度 relative measurement accuracy

测量目标时，以特定参照物作为测量基准的测量精度。

2.2.2.4

跟踪精度 tracking accuracy

雷达跟踪目标时，目标坐标的测量值与真值之差的统计值，通常用均方根误差表示。

2.2.2.5

导航精度 navigation accuracy

雷达导航数据相对于真值的精确度。

2.2.2.6

雷达分辨力 radar resolution

在规定的条件下，雷达能区分邻近目标的最小间隔，包括距离分辨力、角度分辨力、速度分辨力等。

2.2.2.7

热噪声误差 thermal noise error

由于机内热噪声的存在，使雷达测量参数出现的误差。

2.2.2.8

距离误差源 sources of range error

雷达测距时产生误差的各种来源。

2.2.2.9

角误差源 sources of angular error

雷达测角时产生误差的各种来源。

2.2.2.10

天线转动与同步噪声 serve noise

伺服噪声

由天线转动控制和同步分系统引入的额外随机误差。

2.2.2.11

动态滞后误差 dynamic lag error

同步分系统处于动态时总是滞后于被跟踪值，其滞后量称为动态滞后误差，该误差为系统性误差。

2.2.2.12

角闪烁误差 angular glint error

从目标反射到雷达天线的回波视在角相对目标反射中心视线的漂移所产生的测角误差。

2.2.2.13

距离闪烁误差 range glint error

从目标反射到雷达天线的回波视在距离与对目标反射中心视线的飘移所产生的测距误差。

2.2.2.14

多路径误差　multi-path error

雷达接收天线除接收目标的直接反射波以外，还接收目标经地面的二次或多次反射波所产生的测量误差。

2.2.2.15

大气折射误差　atmospheric refraction error

电磁波在大气中传播时因折射效应所产生的距离和仰角测量误差。

2.2.2.16

标定误差　calibrated error

雷达经过实际标定后，由于仪器、条件、方法等缺陷而仍然存在的偏差。

2.2.3　抗干扰性能

2.2.3.1

抗干扰能力　counter-countermeasure capability

雷达在干扰环境中工作时，消除或抑制干扰的能力。

2.2.3.2

抗杂波干扰能力　anti-clutter interference ability

抑制由雷达周围自然环境引起的杂波干扰的能力。

2.2.3.3

捷变　agility

随机地、程控地或自适应地快速变化雷达参数的过程。

2.2.3.4

波瓣自适应　beam adaptability

雷达根据信号与干扰环境自动控制波瓣形状，以达到空间上对信号最佳接收，对干扰最大抑制。

2.2.4　询问应答性能

2.2.4.1

识别概率　identification probability

识别器正确确定目标属性的概率，等于询问概率与应答概率两者之积。

2.2.4.2

询问概率　interrogation probability

应答机(或询问应答机)能正确检测出询问机(或询问应答机)所发出的规定询问信号的概率。

2.2.4.3

应答概率　response probability

询问机(或询问应答机)能正确检测出应答机(或询问应答机)所发出的规定应答信号的概率。

2.2.4.4

识别范围　identification coverage

在规定的条件下，识别器能确定目标属性的有效范围。

2.2.4.5

询问范围　interrogation coverage

在规定应答条件下，询问机询问的有效范围。

2.2.4.6

应答范围　response coverage

在规定询问条件下，应答机应答的有效范围。

2.3 雷达技术

2.3.1 捷变技术

2.3.1.1

频率捷变 frequency agility

发射信号的载频在一定范围内以随机、脉冲组或自适应的方式在较宽的频率范围内快速变化。

2.3.1.2

瞬时带宽 instantaneous bandwidth

雷达能使不同频率分量的信号同时工作的频率范围。

2.3.1.3

变频间隔 frequency agility space

频率变化时，最靠近的两个点频的差。亦称变频分辨率。

2.3.1.4

变频时间 frequency agility time

由一个频率变换至另一个频率所需的时间。

2.3.1.5

极化捷变 polarization agility

发射(或接收)信号的极化以某种方式快速变化。

2.3.2 脉冲压缩技术

2.3.2.1

线性调频信号 linear frequency modulated signal

在脉冲宽度内频率随时间作线性变化的调频信号。

2.3.2.2

非线性调频信号 nonlinear frequency modulated signal

在脉冲宽度内频率随时间作非线性变化的调频信号。

2.3.2.3

相位编码信号 phase shift keyed signal

将信号先分成若干时宽一定的矩形码元，再使每个码元的相位按一定规律进行编码的信号。

2.3.2.4

频率编码信号 frequency shift keyed signal

将信号先分成若干时宽一定的矩形码元，再使每个码元的载频按一定规律编码的信号。

2.3.2.5

线性调频脉冲压缩 linear FM pulse compression

发射线性调频宽脉冲，接收机对其匹配滤波，处理变为窄脉冲。

2.3.2.6

非线性调频脉冲压缩 nonlinear FM pulse compression

发射非线性调频宽脉冲，接收机对其匹配滤波，处理变为窄脉冲。

2.3.2.7

相位编码脉冲压缩 phase-coded pulse compression

发射相位按一定规律离散调制的脉冲，经脉冲压缩滤波器处理变为窄脉冲。包括双相编码和多相编码脉冲压缩。

2.3.2.8

压缩脉冲主副瓣比 mainlobe to sidelobe ratio of pulse compression

脉冲压缩后，在时域波形中主瓣与旁瓣的比值。

2.3.2.9

压缩比　compression rate

压缩前后脉冲宽度之比。

2.3.2.10

数字脉压　digital pulse compression

用数字滤波器产生展宽脉冲信号并对回波信号的宽度进行压缩。数字脉压包括频域进行匹配滤波和时域进行相关卷积。

2.3.2.11

模拟脉压　analog pulse compression

用滤波器部件产生展宽信号,并对回波信号宽度进行压缩。

2.3.3　相控阵与波束形成技术

2.3.3.1

偏馈固定多波束　fixed multi-beam feeder offset

将抛物面天线的多个馈源按照直线或弧线等方式偏离焦点位置排列,对反射面形成一定的照射,从而形成覆盖所需空域范围的多个波束。

2.3.3.2

余割平方波束　cosecant squared beam

能对同一高度上不同的斜距的目标提供非均匀照射的一种在仰角方向呈余割平方关系的波束。

2.3.3.3

超余割平方波束　extra cosecant squared beam

将余割平方波束高仰角的照射强度适当提高的修正的余割平方波束。

2.3.3.4

接收多波束　receive multi-beam

雷达天线在接收状态时通过接收分系统的模拟或数字网络形成的多个接收波束。它可对一定的空域范围形成覆盖。

2.3.3.5

相控阵天线多波束　multi-beam of phased array antenna

相控阵雷达利用同一天线口径形成的多个独立的发射波束和接收波束。

2.3.3.6

数字波束形成　digital beam forming

DBF

将阵列天线接收的模拟信号变换成数字信号,通过数字波束形成网络产生所需波束指向和波束形状的波束。

2.3.3.7

波束指向　beam pointer

天线方向图中主瓣最大值所指的方向。

2.3.3.8

频率扫描天线阵　frequency scan antenna array

通过改变发射机的载波频率控制天线波束指向的阵列天线。

2.3.3.9

波束指向的频率灵敏度　frequency sensitivity of beam pointer

在频率扫描天线中,天线波束的指向受频率的控制,其移动的敏捷程度即为波束指向的频率灵

STANDARDS PRESS OF CHINA

敏度。

2.3.3.10

数字波束形成技术　digital beam forming(DBF) technology

将阵列天线各单元接收信号转换为复数数字信号,再经高速数字处理器进行加权以形成波束的技术。

2.3.4　单脉冲技术

2.3.4.1

单脉冲测角　angular measurement by mono-pulse

利用"同时波束比较"原理的一种测角技术。脉冲雷达从单次脉冲回波中提取目标角度误差信号实现角度测量。包括比幅、比相和比相一比幅单脉冲。

2.3.4.2

和波束　sum pattern

单脉冲雷达多个波束回波信号之和所对应的波束。

2.3.4.3

差波束　difference pattern

单脉冲雷达两个波束回波信号之差所对应的波束。

2.3.4.4

同时波束　simultaneous lobing

同时产生若干个波束的体制。单脉冲测角是同时波束制的典型代表。某些三坐标雷达利用高低角上同时多个波束堆积制实现测高。

2.3.4.5

比幅测角　angular measurement by amplitude comparison

采用顺序波束或同时波束体制,利用两个相邻并对称的波束信号幅度比较进行测角的方法。

2.3.5　脉冲多普勒技术

2.3.5.1

脉冲多普勒　pulse Doppler;PD

利用相参检波器等提取动目标多普勒频率的技术。

2.3.5.2

距离门　range-gate

雷达采用脉冲法测距时,在距离维上采用时间分割法规定的距离尺度。

2.3.5.3

波束锐化　beam sharpening

多普勒波束锐化

在同一个距离分辨单元中,利用被照射区不同方位上 N 个点目标回波的多普勒频率差异,经多普勒匹配滤波处理,使方位分辨力提高 N 倍的雷达成像处理技术。

2.3.5.4

速度分辨力　velocity resolution

通过全相参多普勒匹配滤波处理,能区分目标径向速度的最小间隔。

2.3.5.5

主瓣杂波　main-beam(main-lobe) clutter

由天线主瓣照射产生和接收到的杂波。

2.3.5.6

高度杂波　altitude clutter

载机正下方的地物所产生的杂波。

注：其强度可与主瓣相比拟。

2.3.5.7

副瓣杂波　side-lobe clutter

天线主瓣以外的部分照射产生和接收到的杂波(或回波)。与主瓣杂波和高度杂波相比,副瓣杂波的强度通常较小,但它占据的距离范围和频带却宽得多。

2.3.5.8

距离模糊　range ambiguity

当被测目标的距离超过雷达重复周期所对应的距离时,远距离的回波将与近距离的回波混淆,出现的距离不确定性。

2.3.5.9

距离重叠效应　range foldover effect

当出现距离模糊,空间上不同距离的目标可能具有同样的视在距离而产生重叠的情况。

2.3.5.10

速度模糊　velocity ambiguity

当被测目标的径向速度产生的多普勒频率绝对值超过脉冲多普勒雷达的重复频率的二分之一时,出现的速度不确定性。

2.3.5.11

无杂波检测区　clutter-free detection zone

在频谱图上,高脉冲重复频率雷达所具有的一段无杂波的检测区。

2.3.5.12

多脉冲重复频率测距　multiple PRF ranging

成组地轮流发射每一种 PRF 脉冲,根据同一目标的各自视在距离,然后进行解模糊数据处理测距。它是一种解距离模糊的方法。

2.3.5.13

线性调频测距　linear frequency modulation ranging

将发射脉冲和接收之间的时间延迟转换为频移,然后根据频移解算出目标的真实距离。它是解距离模糊的一种方法。

2.3.5.14

发射脉冲抑制　transmitted-pulse suppression

抑制发射泄漏脉冲,以及抑制与脉冲重复频率(PRF)有关的谐波。

2.3.5.15

主杂波抑制　main-beam clutter suppression

机载脉冲多普勒雷达对主杂波进行频率跟踪,并采用主杂波抑制滤波器来抑制主杂波。

2.3.5.16

信号谱线宽度　signal spectral line width

信号的频谱图中各频率分量所占的频域宽度。对无限长脉冲串,各根谱线为细线。

2.3.5.17

信号频谱纯度　signal spectral purity

信号频率稳定度的度量。通常以偏离载频一定频率上的相位噪声电平与主谱线功率之比的分贝数表示。

2.3.5.18

主谱线幅值 main spectral line amplitude

对有限长度脉冲重复频率相参脉冲串信号进行傅立叶分析，得到的该信号的主谱线最大值。

2.3.5.19

零多普勒频率泄漏 zero Doppler frequency spill-over

发射脉冲通过收发开关泄漏到接收机或由天线罩反射进入接收机的一部分能量，其多普勒频率为零。

2.3.6 合成孔径和逆合成孔径技术

2.3.6.1

合成孔径 synthetic aperture

见2.1.3.37。

2.3.6.2

逆合成孔径 inverse synthetic aperture

见2.1.3.38。

2.3.6.3

合成孔径长度 synthetic aperture length

点目标横过波束的最大距离。

2.3.6.4

部分聚焦处理 partial focused processing

小区域成像（斜视工作方式）信号处理是一种介于聚焦型和非聚焦型之间的一种处理方式。

2.3.6.5

运动补偿 motion compensation

为消除SAR相对于要成像的地域或物体不能作匀速直线运动的影响，对载机偏航、横滚和俯仰角变化产生的相位误差进行修正。

2.3.7 无源雷达技术

2.3.7.1

无源定位 passive location

雷达不发射电磁波，利用目标本身的辐射源以获得目标坐标参数的技术。

2.3.7.2

时差定位 time-of-arrival location

通过处理三个或更多个无源探测站采集到的同一目标（辐射源）信号到达的时间差，确定辐射源的坐标位置。

2.3.7.3

方位/仰角定位 azimuth/elevation location

用两个或多个空中平台携载的测角装置所测得的方位和仰角来确定辐射源位置。

2.3.7.4

交叉定位 cross location

用两个或更多个无源探测站的测向数据来确定辐射源位置的方法。通常用三角测量定位法，即从已知基线上两个或更多个不同位置的探测器对目标测向，利用三角关系确定目标坐标参数的方法。

2.3.7.5

多站被动定位 multi-station passive location

用两个或更多个无源探测站的测得数据来计算出辐射源的位置。

2.3.7.6

目标运动分析　target motion analysis

利用单站无源探测信息确定辐射源的位置和运动状态的过程。

2.3.7.7

直接定位　direct location

根据在某一点获得的信号来直接确定辐射源的坐标位置。

2.3.7.8

间接定位　indirect location

通过在几个点得到的辐射源位置信息来间接确定辐射源的坐标位置。

2.3.7.9

定位误差　location error

定位时辐射源位置的测量值和真实值之间的差值。一般用概率误差表示。

2.3.8　**雷达目标识别技术**

2.3.8.1

雷达目标识别技术　radar target recognition (TR) technique

根据雷达接收的目标信号对目标性质、特征进行准确分类的技术。

2.3.8.2

轨迹识别　locus recognition

通过测出目标的运动轨迹进行目标识别。

2.3.8.3

波形识别　waveform recognition

通过分析或检测目标的波形进行目标识别。

2.3.8.4

速度识别　speed recognition

通过测出运动目标的速度进行目标识别。

2.3.8.5

极化识别　polarization recognition

通过发射和接收一组不同极化的电磁波，并测出目标对极化波的极化变换特征(散射矩阵)进行目标识别。

2.3.8.6

极点识别　pole recognition

通过在频域内提取出极点的方法进行目标识别。

2.3.8.7

谐振识别　resonance recognition

通过目标回波与雷达目标数据库中代表目标固有谐振频率的唯一的模型相比较，进行目标识别。它是一种在频域内提取极点的改进方法。

2.3.8.8

多频雷达识别　multi-frequency radar recognition

通过发射一组频率不同但互相关的电磁波，提取目标回波信号的各频率段特征进行目标识别。

2.3.8.9

冲激雷达目标识别　finite impulse radar recognition

通过发射冲激信号，并利用目标回波的冲激响应进行目标识别。应用于探测地下物体(如地雷、电缆和未爆炸的炮弹等)较为有效。

STANDARDS PRESS OF CHINA

2.3.8.10

谱估计目标识别　spectrum estimates TR

通过判别目标回波信号不同的频谱进行目标识别。

2.3.8.11

成像识别　imaging recognition

探测目标并得出目标物理形状的高分辨力目标识别。

2.3.8.12

距离像识别　range profile recognition

利用高距离分辨力雷达,提取目标强散射中心在径向上的分布特征进行识别。

2.3.8.13

窜扰　fruit

多部询问机(或询问应答机)作用于单部应答机时,在询问机(或询问应答机)收到的应答信号中,窜入的异步应答信号。亦称异步应答干扰。

2.3.8.14

混扰　garble

单部询问机作用于多部应答机(或询问应答机)时,应答信号发生重叠而形成的交错干扰。亦称同步应答干扰。

2.3.9　其他相关技术

2.3.9.1

边扫描边跟踪技术　track-while-scan technology

根据雷达在扫描过程中获取的目标位置信息,通过适时信号处理使雷达完成搜索的同时,实现对单目标或多目标跟踪的技术。

3　雷达分系统

3.1　天线分系统

3.1.1

雷达天线　radar antenna

雷达中实现定向发射和接收电磁波的装置。

3.1.2

自适应波束零点控制　adaptive beam zero control

利用数字波束形成(DBF)技术根据干扰分析测得的干扰方向,自动控制接收波束在该方向形成一个凹口(零点),以抑制干扰。

3.1.3

信号处理天线系统　signal processing antenna system

有源电路与辐射单元组合在一起,对接收信号完成运算、储存、相关和时间调制等功能的天线系统。

3.1.4

天线方向图　antenna pattern

用空间坐标来表示天线辐射特性的图形。

3.1.5

主瓣　main(major)lobe

主波束

天线最大辐射方向的波瓣。

3.1.6

副瓣　side(minor) lobe

旁瓣

主瓣以外的任何方向上的波瓣。

3.1.7

相对副瓣电平　relative side lobe level

对于规定的场分量，副瓣的最大值与参考瓣最大值之比。通常参考瓣就是主瓣。

3.1.8

副瓣抑制　side lobe suppression

降低旁瓣电平的任何方法、技术或调整。

3.1.9

半功率点波瓣宽度　half-power beam width

3 dB beam width

在主波瓣最大辐射方向的主平面内，辐射功率下降至最大值一半时两点间的夹角。

3.1.10

主瓣宽度　main(major)lobe beam width

主瓣的半功率点宽度。

3.1.11

主瓣零点宽度　main(major)lobe zero beam width

主瓣功率密度下降为零(或接近于零)时两点间夹角。

3.1.12

副瓣电平　minor(side) lobe level

副瓣的最大值相对于主瓣最大值的比值。

3.1.13

背瓣电平　back lobe level

与主瓣大约成180°的副瓣峰值电平与主瓣峰值电平的比值。通常用分贝表示。

3.1.14

远区副瓣电平　side lobe level far from the main lobe

离主瓣较远的指定角范围内的副瓣电平。通常用各副瓣峰值均方根值表示。

3.1.15

天线输入阻抗　input impedance of antenna

天线输入端呈现的阻抗。它是输入端电压与输入端电流的比值。

3.1.16

天线带宽　bandwidth of antenna

天线特性变化不超过规定的限度的频带宽度。

3.1.17

天线谐振频率　resonance frequency of antenna

使天线输入阻抗的电抗分量为零的频率。

3.1.18

天线阻抗匹配　impedance match of antenna

天线的输入阻抗跟与天线相连的馈线的特性阻抗接近或相等。天线馈线的驻波比等于1时，即为阻抗匹配。

3.1.19

偏离角 squint angle

波束的最大辐射方向与基准方向之间的微小偏差角。

3.1.20

差波束分离角 separated angle of difference beam

单脉冲天线差波束最大值之间的夹角。

3.1.21

波瓣相交电平 lobe cross-over level

两个波瓣相交处的电平。

3.1.22

电轴 electrical boresight

由天线最大辐射方向确定的轴。

3.1.23

参考轴 reference boresight

为校准天线电轴而建立的天线轴。

3.1.24

电轴误差 boresight error

天线电轴对规定的参考电轴的角度偏差。

3.1.25

基准轴 reference boresight(axis)

由光轴、机械轴或电轴所确定的方向作为天线指向的基准。当“三轴”不一致时，通常用电轴方向作为天线指向基准。

3.1.26

天线平面方向图 plane pattern of an antenna

天线等值线方向图

用等电平线描绘的以方位角和俯仰角为坐标的天线方向图。

3.1.27

天线间的隔离度 isolation between antennas

天线间电磁能量耦合程度的一种度量。

3.1.28

方向性增益 directive gain

天线在最大辐射方向上的辐射功率密度与天线的总辐射功率之比的 4π 倍。

3.1.29

辐射效率 radiation efficiency

天线辐射的总功率与馈入该天线的总输入功率(净功率)之比。

3.1.30

天线的有效面积 effective area of an antenna

天线口径几何面积与天线辐射效率之积。

3.1.31

扫描角 scan angle

主瓣最大值与基准方向之间的夹角。

3.1.32

波束圆锥角　beam conical angle

天线纵轴与波束最大值方向之间的夹角。

3.1.33

扫描速率　scanning speed

在单位时间内波束扫描的角度。

3.1.34

频率灵敏度　frequency sensitivity

频率扫描天线指向角对频率的变化率。

3.1.35

去极化　depolarization

纯极化的电磁场经某介质或其他媒体后所产生的交叉极化。

3.1.36

有效辐射功率　effective radiation power

天线形成有效波瓣的辐射功率。它等于发射天线的天线增益乘以天线从发射机得到的功率。

3.1.37

激励系数　excitation coefficients

阵列天线中,各辐射元上的激励电流的相对值。

3.1.38

超方向性　superdirective

天线的方向性增益超过了同相均匀照射的相同天线所能得到的方向性增益。

3.1.39

右旋/左旋极化　right-hand/left-hand polarized

沿电波传播方向电场矢量顺时针旋转时为右旋极化,反之为左旋极化。

3.1.40

近轴副瓣　side(minor) lobe of near electrical boresight

天线电轴附近的副瓣。

3.1.41

宽角副瓣　side(minor) lobe in wide-angle

远离天线电轴的副瓣。

3.1.42

量化增益损失　quantization loss in gain

在阵列天线中,因相位和幅度量化而带来天线增益的损失。

3.1.43

量化误差　quantization error

由于相位和幅度的量化所引起的辐射波瓣图误差。

3.1.44

量化指向误差　quantization error in pointing

由于量化误差存在,致使天线电轴和基准轴产生的角偏差。

3.1.45

寄生波瓣　spurious lobe

由于某种原因而引起的较大副瓣。

STANDARDS PRESS OF CHINA

3.1.46

栅瓣 grating lobe

阵列天线中由于单元间距过大以致辐射场在多个方向上周期性地产生与主瓣幅度相仿的一种波瓣。

3.1.47

栅瓣图 grating lobe pattern

在方向余弦平面内画出表示栅瓣位置的点阵图。图中以坐标原点(代表主瓣)为中心作单位圆(代表空间)的图。

3.1.48

盲点 blind spot

扫描天线因辐射单元之间存在互耦,使中心单元严重失配,导致辐射单元在某些扫描点上不辐射功率产生的零点(天线增益为零)。

3.1.49

天线罩 radome

保护天线不受自然环境和飞机气动力的影响又不显著降低天线电磁波辐射性能而罩在天线外的构件。

3.1.50

天线罩功率反射系数 reflected power coefficient of a radome

由天线罩反射的功率与入射到天线罩的功率之比。

3.1.51

天线罩传输损耗 transmitted power loss of a radome

加上天线罩后的接收功率与未加天线罩时的接收功率之比。亦称天线罩传输功率透过率。

3.1.52

馈源 feed

天线中照射反射器或透镜的装置。

3.1.53

初级方向图 primary pattern

反射面天线或透镜天线中馈源的辐射图形。

3.1.54

次级方向图 secondary pattern

初级方向图经反射面反射后形成的空间分布图。

3.1.55

相位方向图 phase pattern

天线辐射场相位特性的空间分布图。

3.1.56

幅度方向图 amplitude pattern

天线辐射场幅度特性的空间分布图。

3.1.57

截取功率 intercepted power

由反射面或透镜截取的那部分馈源辐射功率。

3.1.58

溢出功率 spillover power

未被反射面或透镜截获的那部分馈源辐射功率。

3.2 馈线分系统

3.2.1

馈线 feeder

传送射频电磁能量的传输线。

3.2.2

衰减常数 attenuation constant

电磁波在均匀传输线单位长度上的衰减量。

3.2.3

插入损耗 insertion loss

微波无源器件插入传输系统中引起的能量损失。

3.2.4

传输损耗 transmission loss

与系统匹配的微波器件接入系统前、后，系统负载所吸收的功率之比。

3.2.5

截止波长 cut-off wavelength

在传输线中，当工作波长大于某一数值时，某一模式的电磁波就不能传播，此波长值称为该传输线中该模式的截止波长。

3.2.6

截止频率 cut-off frequency

截止波长相对应的频率。

3.2.7

功率容量 power-handling capacity

传输线所能承受的最大容许功率。

3.2.8

击穿 breakdown

传输线内通过高功率时所产生的火花放电现象。

3.2.9

击穿功率 breakdown power

产生击穿时的最低功率。

3.2.10

特性阻抗 characteristic impedance

均匀传输线上接的阻抗若不在传输线上产生反射波，该阻抗称为该传输线的特性阻抗。

3.2.11

电压反射系数 voltage reflection coefficient

传输线中任一点上的反射波与入射波复数电场强度之比。简称反射系数。

3.2.12

电压驻波比 voltage standing wave ratio

传输线上入射波和反射波叠加后形成的电压最大值与电压最小值之比。

3.2.13

阻抗匹配 impedance matching

传输线或信号源与负载连接，实现最大功率传输或最小反射的过程。

3.2.14

耦合度(过渡衰减)　degree of coupling

定向耦合器中,当各端口均匹配时,主线传输功率与副线耦合端输出功率之比。

3.2.15

方向性　directivity

定向耦合器中,副线的耦合端输出功率与反向输出功率之比。通常以分贝表示。

3.2.16

隔离度　isolation

多口微波器件中,当各端口均匹配时,某一输入端功率与隔离口输出功率之比。

3.2.17

反向损耗　reverse loss

反向隔离

在非互易器件中,当各端口均匹配时,正向传输时的输入功率与反向传输时的输出功率之比。

3.2.18

馈线气密性　gas tight for feeder

馈线充干燥空气后,经过规定时间允许气压降低量。

3.2.19

多口网络　multiport network

具有多于两个端口的微波网络。

3.2.20

定向耦合器　directional coupler

能将主线中传输的能量以一定比例耦合到副线并按一定方向传输的装置。

3.2.21

回波箱　echo-box

在雷达闭路工作中,用来模拟回波信号以检查接收机和发射机工作状况的波导谐振腔。

3.2.22

天线收发开关　duplexer

用于转换天线发射和接收状态的装置。

3.2.23

传输线转换开关　transmission line switch

能使电磁能量在两条或多条传输线中切换传输的器件。包括PIN二极管开关和铁氧体开关。

3.2.24

馈电网络　feed network

将高频信号按一定的幅度、相位分布馈送到天线各单元的微波网络。

3.2.25

和差网络　sum-difference network

将不同通道输入的同频率微波信号进行和差处理后分别输出的微波网络。

3.2.26

多波束合成网络　multi-beam forming network

将多个接收单元接收的同频率微波信号处理后,按对应的波束通道分别输出的网络。

3.2.27

移相网络　phase shift network

能在一定范围内提供一定相移的网络。

3.2.28

多模网络　multi-mode network

能同时传输主模和若干个高次模的微波网络。

3.3 发射分系统

3.3.1

单级振荡式发射机　single stage oscillator transmitter

由直接振荡产生所需的射频信号的发射机。

3.3.2

相参发射机　coherent transmitter

利用相参技术进行相位控制达到稳定频率的发射机。

3.3.3

主振放大式发射机　master oscillator power amplifier transmitter

放大链式发射机

由主控振荡器产生小功率高频信号,再经频率变换和多级放大器(放大链)放大,从而形成大功率射频信号的发射机。

3.3.4

编码发射机　coded transmitter

射频信号的某个参量(相位、频率或振幅)按一定的编码规律变化的发射机。

3.3.5

固态发射机　solid-state transmitter

功率放大器、调制器和电源等均采用固态器件组成的发射机。

3.3.6

微波频率合成　microwave frequency synthesis

通过对基准频率信号进行加、减、乘、除等方法,获得高稳定、大容量和快变化的微波频率信号。包括直接式频率合成和间接式频率合成。

3.3.7

微波功率合成　microwave power synthesis

将多个小功率微波源(或微波功率模块)的输出功率合成的技术。包括全相参微波功率合成和非相参微波功率合成两种。

3.3.8

微波功率分配　microwave power dividing

将微波信号功率一分为 N,称为功率分配,相应的无源器件称为功率分配器;将 N 路全相参信号功率合成一路的器件,称为功率合成器。

3.3.9

输出功率起伏　output power flatness

在额定工作状态下和规定工作频带内发射机输出端的功率波动。

3.3.10

射频脉冲　RF pulse

用脉冲波形进行幅度调制的射频信号。

3.3.11

射频脉冲包络　RF pulse envelope

射频脉冲经检波后得到的视频脉冲波形。其主要参数有脉冲宽度、前沿、后沿、顶降等。

STANDARDS PRESS OF CHINA

3.3.12

射频脉冲频谱　RF pulse spectrum

射频脉冲信号能量的频域分布特征。通常以主副瓣比和频谱宽度作为它的测量指标。

3.3.13

射频泄漏功率　RF leakage power

发射机射频能量在送到天线之前漏出的功率。

3.3.14

发射机谐波抑制度　transmitter harmonic suppression degree

发射信号频谱中主频与谐波幅值比。

3.3.15

发射机[带外]杂波抑制度　transmitter clutter suppression degree

发射信号频谱中主频与杂波幅值比。

3.3.16

脉冲上升时间　pulse rise time

前沿

脉冲瞬时幅度首次达到规定的下限至上限的时间间隔。一般下限和上限分别为最大脉冲幅度的10%和90%。

3.3.17

脉冲前沿抖动　jitter of pulse leading edge

射频脉冲包络前沿处的50%幅值的延时的变化值。

3.3.18

发射频谱宽度　transmitting bandwidth

工作带宽

低于主频谱线某规定值所对应的发射频谱宽度，一般为3 dB对应的频带宽度。

3.3.19

发射效率　transmitter efficiency

发射机输出射频脉冲的平均功率与消耗的电源功率的比值。

3.3.20

变频方式　frequency shift mode

非主振放大式发射机在规定的条件下改变频率的方式(手动、机电和电调等)。

3.3.21

变频范围　frequency shift range

变频发射机在规定的指标下可调频率范围。

3.3.22

变频速度　frequency shift velocity

非主振放大式发射机在规定指标下的频率变换速度。

3.3.23

控保方式　protection modes

发射机的开关机控制、工作状态指示和安全保护方式的总称。

3.3.24

发射噪声　transmitter spurious noise

发射机工作时所产生的不需要的频谱成分(如谐波、带内噪声等)。

3.3.25

频率稳定度 frequency stability

在规定时间内，发射机射频频率的变化量与规定频率的比值。

3.3.26

幅相稳定度 amplitude and phase stability

在规定时间内，发射脉冲幅度和相位的变化量与规定值的比值。

3.3.27

阻断比 obstruction rate

主振放大脉冲发射机在脉冲间歇期间，发射机输出端的射频功率与其输入功率之比。通常用分贝表示。

3.3.28

脉冲工作比 pulse duty cycle

占空比 duty ratio

脉冲雷达的发射脉冲宽度占一个重复周期的比例。

3.3.29

漏脉冲 missing pulse

由于电击穿等原因，使一个或一组(串)射频脉冲没能够输出。

3.3.30

脉冲调制器 pulse modulator

控制射频管的输出信号按脉冲方式工作的设备。

3.3.31

驻波保护电路 standing wave protection circuit

保护发射管及其传输线，不因负载驻波过大而受损坏的电路。

3.3.32

过脉冲保护电路 over pulse protection circuit

当脉冲雷达的射频脉冲数过大时，能迅速自动恢复正常值或自动切断电压的电路。

3.3.33

过脉宽保护电路 over pulse width protection circuit

当脉冲雷达射频脉宽过宽时，能迅速自动恢复正常值或自动切断电压的电路。

3.3.34

过占空比保护电路 over duty cycle protection circuit

当脉冲雷达的占空比超过规定值时，能迅速自动恢复正常值或自动切断电压的电路。

3.3.35

流量控保电路 flow control and protection circuit

当冷却液流量低于规定值时，为保护元器件能自动迅速地恢复正常流量或自动切断受保护电路供电的电路。

3.3.36

门开关 gate switch

发射机柜门上的连锁保护控制开关。

3.4 接收分系统

3.4.1

单脉冲接收机 monopulse receiver

从单个回波脉冲中，通过和差信号处理就能获得目标角度信息的接收机。

3.4.2

锁相接收机　phase-locked receiver

利用锁相环路使接收机本振频率始终跟踪信号频率变化的接收机。

3.4.3

脉冲压缩接收机　pulse compression receiver

能对脉冲压缩雷达回波信号进行变换和处理的接收机。

3.4.4

脉冲多普勒接收机　pulse-Doppler receiver

利用相参技术提取目标回波信号多普勒频移以发现和跟踪目标的接收机。

3.4.5

频率捷变接收机　frequency agile receiver

采用了频率捷变本振的接收机。

3.4.6

脉冲雷达接收机　pulse radar receiver

用来接收并处理脉冲调制信号的接收机。

3.4.7

连续波雷达接收机　continuous-wave radar receiver

用来接收并处理连续波信号的接收机。

3.4.8

调频雷达接收机　frequency modulated radar receiver

用来接收并处理频率调制信号的接收机。

3.4.9

对数接收机　logarithmic receiver

输出信号与输入信号振幅之间呈对数特性的接收机。

3.4.10

相参接收机　coherent receiver

采用了相参技术，能区分活动目标和固定目标回波信号的接收机。亦称相干接收机。

3.4.11

相关接收机　correlation receiver

利用回波信号与噪声在自相关函数、互相关函数上的区别，从干扰背景中提取信号的最佳接收机。

3.4.12

最佳接收机　optimum receiver

在噪声背景下，对弱信号实现最佳接收的接收机。亦称匹配滤波接收机。

3.4.13

频谱中心接收机　spectrum center frequency receiver

利用发射脉冲频谱中心频率与干扰脉冲频谱中心频率的不同，来抑制脉冲干扰的接收机。

3.4.14

反副瓣接收机　anti-sidelobe receiver

用以抵消雷达接收机(主路)接收到的副瓣干扰信号的接收机。

3.4.15

数字中频接收机　digit intermediate frequency(IF)receiver

在中频进行采样和模数变换的接收机。

3.4.16

接收机极限灵敏度　receiver limit sensitivity

接收机输出端信噪比为零分贝时，接收机输入端的信号功率。

3.4.17

接收机工作灵敏度　receiver opration sensitivity

实现规定功能所对应的信噪比，接收机输入端信号功率。

3.4.18

接收机饱和电平　receiver saturation level

输入信号很强时，接收机输出不再随输入信号线性增大或输出基本保持不变时接收机输入端的信号功率。

3.4.19

接收机动态范围　receiver dynamic range

接收机正常工作时的最大输入信号功率与最小可检测信号输入功率之比。

3.4.20

噪声系数　noise figure

线性网络输入端功率信噪比与输出端功率信噪比的比值。

3.4.21

噪声比　noise ratio

有源四端网络（例如晶体混频器）实际输出额定噪声功率与该网络作为无源端网络时（只考虑损耗电阻产生的噪声）的输出噪声功率之比。

3.4.22

接收机增益　receiver gain

接收机的放大量。即接收机在输入端匹配情况下输出信号与输入信号强度之比。

3.4.23

接收机恢复时间　receiver recovery time

强输入信号使接收机饱和，从强输入信号结束到接收机恢复正常工作所需的时间。

3.4.24

接收机抑制度　receiver suppression

接收机选择所需信号和抑制邻近频率干扰的能力。亦称带外抑制度。

3.4.25

相位一致性　phase equalization

接收机多个通道相位对于基准通道相位均衡的程度。

3.4.26

幅度一致性　amplitude equalization

接收机多个通道相对于基准通道幅度均衡的程度。

3.4.27

自动增益控制　automatic gain control；AGC

随着输入信号幅度的变化自动调整接收机增益的方法。

3.4.28

瞬时自动增益控制　instantaneous automatic gain control；IAGC

回波信号功率发生瞬态变化时，能快速地自动调整接收机增益，防止接收机饱和。

STANDARDS PRESS OF CHINA

3.4.29

接收机带宽 receiver bandwidth

接收机频率响应曲线上两个半功率点所对应的频率范围。

3.4.30

变频损耗 conversion frequency loss

高频信号变换成中频信号时，混频器的损耗。它等于混频器额定功率传输系数的倒数。

3.4.31

灵敏度时间增益控制 sensitivity time control

STC

为避免接收机因近距离强回波或泄通的主脉冲及杂波发生过载，自动调整接收机的近程增益。亦称近程增益控制。

3.4.32

接收机烧毁功率 receiver burned power

导致接收机输入端毁坏的最小输入功率。

3.4.33

输入耐功率 maximum input power

接收机输入端能承受雷达本机发射状态下最大的漏功率及外界最大强功率信号而不损坏器件的能力。

3.4.34

本振频率稳定度 local oscillator frequency stability

衡量本振信号频率在观测时间内变化的一种技术指标。包括长期和短期频率稳定度。

3.4.35

本振频谱纯度 local oscillator spectrum purity

本振频率稳定度的度量，通常以本振信号中偏离载频一定频率上的相位噪声与主谱线功率之比的分贝数表示。

3.4.36

线性动态范围 line-dynamic range

接收机处于线性工作区时，最大输入信号功率与最小可检测的输入信号功率(或输入噪声功率)之比。通常用分贝表示。

3.4.37

自动频率控制 automatic frequency control；AFC

将接收机本振的频率和发射信号的频率之差自动地调整在接收机的中频，以保证接收机正常工作。包括自动调整接收机本地振荡器频率和自动调整发射机的振荡器频率两种。简称自频调或自频控。

3.4.38

自频调搜索范围 AFC search range

自频调处于搜索状态时，振荡器的最高、最低频率之差。

3.4.39

自频调捕捉带宽 AFC pull in bandwidth

自频调由搜索状态转入跟踪状态时，被跟踪振荡器的频率变化范围。

3.4.40

自频调最大搜索时间 maximum search time of AFC

自频调系统使振荡器由一个极端频率变化到另一个极端频率所需要的时间。

3.4.41

自频调跟踪精度　tracking accuracy of AFC

自频调系统达到稳定跟踪后，受控振荡器的输出频率与被跟踪频率的误差。

3.4.42

镜像频率抑制　image rejection

对混频器中的镜像噪声或镜像干扰的抑制。

3.4.43

自动相位控制　automatic phase control

使被控信号的相位自动适应外来信号，与外来信号相位同步的调整过程。

3.4.44

变频　conversion

将高频振荡的载频进行变换而保持其包络不变的频率变换。

3.4.45

中频积累　intermediate frequency(IF)integration

利用中频信号的幅度和相位信息，进行信号积累。亦称相参积累或相干积累。

3.4.46

相位检波　phase detection

将输入信号相对于相位基准信号之间的相位变化转变为幅度变化的一种检波器，其输出电压幅度、极性和输入信号与基准信号之间的相位差有关。

3.4.47

峰值检波　peak detection

对视频脉冲序列进行检波，取出调制包络。

3.4.48

脉冲检波　pulse detection

从脉冲调制的射频信号中取出视频脉冲包络。

3.4.49

正交通道　quadrature channels

使一个信号形成两个正交的信号(I、Q 信号)的通道。

3.4.50

I、Q 通道幅度一致性　I、Q channel amplitude equalization

I、Q 两通道信号增益相差的程度。

3.4.51

I、Q 通道相位差　I、Q channel phase error

I、Q 两通道信号相位之差。

3.4.52

通道隔离度　channel isolation

指两个以上通道间的耦合度，通常指只在其中一个通道输入信号时，该通道与其他通道输出信号功率之比。通常以分贝表示。

3.4.53

杂波多普勒频移补偿　clutter Doppler frequency compensation

为改善因杂波飘移所产生的多普勒频移降低对消质量所采取的频率补偿措施。

3.4.54

定相带宽 phase-locked bandwidth

保持定相时，定相信号频率与相参振荡器中心频率之差。

3.4.55

定相幅度 phase-locked amplitude

保持定相时，最小定相信号的幅度。

3.4.56

对放输入动态范围 LIFA input dynamic range

对数中放保持一定对数精度时的最大输入电压与最小可检测输入电压的比值。

3.4.57

宽-限-窄电路 Dicke fix circuits

由宽带放大器-限幅器-窄带（最佳雷达信号带宽）放大器组成的电子抗干扰电路。

3.5 信号处理分系统

3.5.1

信号处理响应时间 signal processing response time

雷达信号处理中完成规定的处理过程所需的时间。

3.5.2

门限 threshold

为鉴别信号作出某种判决而设置的某一物理量。

3.5.3

最佳门限 optimum threshold

根据选定的检测准则而设定的能达到最佳检测的门限。

3.5.4

信号检测 signal detection

对雷达回波信号进行处理和识别，以判决是否有目标存在的过程。

3.5.5

恒虚警率 constant false alarm rate;CFAR

在变化的噪声、杂波和干扰中检测目标时保持输出的虚警率恒定。

3.5.6

恒虚警率检测 constant false alarm rate(CFAR)detection

当雷达回波信号背景电平发生变化时，以恒定的虚警率进行检测的过程。

3.5.7

慢门限恒虚警 slow threshold constant false alarm

噪声恒虚警处理

检测单元背景噪声电平缓慢变化的门限自动控制技术。

3.5.8

快门限恒虚警 quick threshold constant false alarm

杂波恒虚警处理

检测单元背景（杂波）电平快速变化的门限自动控制技术。

3.5.9

准最优检测 quasi-optimal detection

在雷达脉冲重复周期内，在同一距离单元的一串回波信号经幅度分层后保留了大部分有用的信息，在目标检测的过程中其信息被全部利用的检测。

3.5.10

反馈积累检测　feedback integrate detection

用单根延迟时间等于脉冲重复周期的延迟线组成反馈积累器，将每次新的回波和积累器中过去各次扫掠回波所得的积累值进行加权求和，形成新的积累值，再根据积累值判别目标是否存在的检测方法。

3.5.11

检测准则　detection criterion

在杂波和噪声背景下判定目标是否存在的准则。如最大信杂比准则、最小均方误差准则、聂曼-皮尔逊准则、序列检测准则等。

3.5.12

频率鉴别　frequency discrimination

利用目标信号和干扰信号之间多普勒频率不同来提取目标信号的鉴别方法。

3.5.13

相位鉴别　phase discrimination

利用目标信号和干扰信号之间的相位差别来提取目标信号的鉴别方法。

3.5.14

速度鉴别　velocity discrimination

利用目标和干扰之间的速度差别来提取目标信号的鉴别方法。

3.5.15

脉宽检测　pulse width detection

利用目标回波信号和干扰信号在脉冲宽度上的差别来提取目标回波信号的判决过程。

3.5.16

自动检测　automatic detection

按某种检测准则自动进行目标存在与否的判决过程。

3.5.17

双门限检测　double threshold detection

把某距离单元信号电平与规定门限比较，初步判断信号存在，再在规定观测时间内进行重复周期计数统计，超过计数门限，确认目标存在的检测过程。亦称为二进制积累检测。

3.5.18

密度检测　density detection

应用双门限检测时，如某一方位距离单元内的回波强度超过第一门限就以“1”表示，否则以“0”表示。在 N 个周期内，在同一单元之内“1”的数目如等于或大于 $M(M \leqslant N)$ 就判断为有目标，否则就判断为无目标。这种在 N 个周期内以“1”的密度大小作为准则的检测的过程，称为密度检测。

3.5.19

重合检测　coincidence detection

$M=N$ 时的密度检测。见 3.5.18。

3.5.20

宽度检测　width detection

利用目标信号与噪声(或杂波)的宽度差别来判断目标存在与否的判决过程。

3.5.21

二进制检测　binary detection

对信号进行检测时，只选择两种可能性，即有信号或没有信号的检测。亦称双择检测。

3.5.22

指向累计检测器　integration detector

天线波束指向某一位置时，对同一目标进行数字积累，以判决是否发现目标的检测器。

3.5.23

滑窗　slide-window

可移动的信号处理时间区域范围。

3.5.24

滑窗检测器　slide-window detector

在有限观察时间内(例如 N 个重复周期)判断目标存在与否，每作一次判断后，观察范围（“滑窗宽度”)顺序往后移动一个重复周期再继续判断，依次不断进行的检测器。

3.5.25

小滑窗检测器　small slide-window detector

滑窗宽度小于半功率点波束宽度内脉冲数的滑窗检测器。

3.5.26

量化秩值检测器　rank quantity detector

一种自由分布检测器。在秩值检测法中将秩值量化器所得的关于回波的 0、1 信号加到滑窗检测器，去进一步判定目标有无的检测器。

3.5.27

参量检测器　parameter detector

根据规定的杂波分布设计并对该分布具有恒虚警作用的检测器。

3.5.28

信号积累　signal integration

将周期性序列信号经过存贮迭加而使其信噪比提高的过程。

3.5.29

视频积累　video integration

对视频信号进行的积累。它只利用了信号的幅度信息，亦称非相干积累或非相参积累。

3.5.30

时间副瓣　time side lobe

在脉冲压缩处理后时域波形中除主瓣以外的波瓣。

3.5.31

无源杂波抑制　passive clutter suppressing

对由大地、海面、云、雨等引起的无源杂波干扰通过时域、频域的方法进行抑制。

3.5.32

动目标检测器　moving-target detector;MTD

利用多普勒滤波器组来检测雷达运动目标的装置。每个滤波器(除零频滤波器外)在零频处都有深的凹口，用于抑制地物杂波，且其副瓣很低，以抑制运动杂波。

3.5.33

动目标显示器　moving target indicator;MTI

利用目标与杂波因多普勒效应而在频谱上的差异，采用阻带滤波器抑制干扰频谱，提取活动目标信息的装置。

3.5.34

动目标跟踪器　moving target tracker;MTT

利用动目标和杂波在频谱上的差异,使雷达抑制杂波而达到跟踪目标的装置。

3.5.35

自适应动目标显示器　adaptive moving-target indicator;AMTI

自适应地调整检测滤波器参数,使滤波器的凹口跟踪杂波的平均多普勒频率的装置。

3.5.36

杂波图　clutter map

将雷达探测范围内按距离和方位分割成若干方位—距离单元,每个单元的杂波幅度的多次扫描的加权平均值分别加以存贮,形成以雷达为中心的杂波分布图。

3.5.37

速度杂波图　velocity clutter map

存贮内容是对应杂波单元杂波径向速度的估值所构成的杂波图。

3.5.38

剩余杂波图　residual clutter map

一种存贮内容为剩余电平的杂波图。存贮内容是对应杂波单元抑制滤波器输出的杂波剩余的平均统计值。

3.5.39

脉冲多普勒信号　pulse Doppler signal

脉冲多普勒信号是在一帧时间内从同一个固定的距离收到的回波信号。它的频谱包括噪声、杂波和一个或多个目标信号。这个谱是周期性的,其周期等于脉冲的重复频率。

3.5.40

脉冲多普勒信号处理　pulse Doppler signal processing

对脉冲多普勒信号进行的处理能在频域把目标信号和杂波分开,可以有效地滤除杂波和提取目标信号速度值的处理过程。

3.6　数据处理与图像显示分系统

3.6.1

波门录取　window extraction

录取设备根据录取的目标坐标,外推下一个天线扫掠中该目标位置,并产生一个波门,对波门所限定空域内的目标进行自动录取。

3.6.2

全空域录取　all-zone extraction

对雷达探测空域内的所有目标都能进行自动录取。

3.6.3

区域录取　zone extraction

对最关注的空域进行选通和录取目标的一种方式。

3.6.4

点迹录取能力　plot extraction capability

录取装置所能录取的最大点迹数,包括天线转动一周所能录取的最大点迹数和在一个天线波束内所能录取的最大点迹数。

3.6.5

录取精度　extraction accuracy

录取装置录取的目标数据与目标(在显示器上)真实数据的误差。包括距离、方位和高度的录取精度，常用均方根误差值表示。

3.6.6

输入点迹数　input plot

在雷达扫描周期内，数据处理计算机所能够处理的最大输入点迹数。

3.6.7

航迹容量　track capacity

天线转动一周所能处理的最大航迹批数和在同一方位不同距离上所能够录取的目标的批数。

3.6.8

数据处理器　data processor

对来自信号处理器目标信息进行处理并得出目标坐标和相关运动参数的器件或装置。

3.6.9

平滑外推　smooth extrapolation

根据无偏最小均方误差条件，预测目标航迹未来点迹的方法。

3.6.10

刷新率　refreshing rate

单位时间内输出目标航迹和参数的显示次数。

3.6.11

点迹　plot

表征目标某一时刻空间位置(距离、方位、高度)及相关特性的一组参数。

3.6.12

航迹　track

将属于同一目标点迹连成的有序点迹。

3.6.13

航迹相关　track correlation

从录取的点迹中识别属于同一目标的数据归在一起并连成航迹的过程。

3.6.14

点迹录取　plot extraction

根据检测结果，对目标参数进行估值的过程。

3.6.15

参量估计　parameter estimation

对目标回波的有限取样进行统计分析以估计目标的空间坐标及相关特性的方法。

3.6.16

一次显示　primary display

原始雷达信号或原始雷达信号经过信号处理后没有改变原始信号基本属性的显示。

3.6.17

二次显示　secondary display

经过雷达处理机处理后的、改变了雷达原始信号基本属性的显示。

3.6.18

图形显示　graphical display

信息以图形、图表、曲线、简单的文字、符号等形式表达的显示。

3.6.19

图像显示　image display

具有一定色彩和灰度等级的景像或影像的显示。

3.6.20

扇形显示　sector display

以平面极坐标方式，角度扫描范围小于360°的扇形面内的显示。

3.6.21

视频地形显示　video mapping

将地形及其数据信息叠加在雷达显示器上的显示。

3.6.22

延迟显示　delay display

时间基准的基点（扫描线起点）被延迟的显示。

3.6.23

空心显示　open-center PPI

时基起始的显示先于发射脉冲的显示。

3.6.24

距离显示器　range-amplitude indicator

A scope

用时间基线作距离量程而目标回波垂直显示于时基线之上的显示器。亦称距离-幅度显示器或简称A显。

3.6.25

距离方位显示器　range-azimuth indicator

B scope

目标回波在显示器上为亮点，该亮点的直角坐标表示目标距离（横坐标值）和方位（纵坐标值）的显示器。简称B显。

3.6.26

方位仰角显示器　azimuth-elevation indicator

C scope

屏幕上可测读目标的方位（横坐标值）与仰角（纵坐标值），且信号作亮度调制的显示器。简称C显。

3.6.27

距离仰角显示器　range-elevation indicator

E scope

屏幕上可测读目标的距离与仰角，且信号作亮度调制的显示器。简称E显。

3.6.28

距离高度显示器　range-height indicator

RHI scope

屏幕上可测读目标的距离与高度，且信号作亮度调制的显示器。简称RHI显。

3.6.29

平面位置显示器　plan-position indicator；PPI

P scope

一种以雷达（零值距离—时间基准为零）为中心的圆周扫描、显示目标具有与天线同步回波的显示器。它是辉度调制的显示器。亦称环视显示器。简称P显。

3.6.30

方位稳定平面位置显示器　azimuth stabilized PPI

无论运载平台（飞机、舰艇、车辆等）如何运动，显示器上的真北方位始终保持不变的平面位置显

STANDARDS PRESS OF CHINA

示器。

3.6.31

展宽距离显示器　stretch range indicator

R scope

将距离显示器时间基线的一段加以展宽，以精确测量目标距离的显示器。简称 R 显。

3.6.32

A/R 显示器　A/R indicator

A 显与 R 显图像组合显示在一个荧光屏上的显示器。简称 A/R 显。

3.6.33

***X-Y* 型显示器　*X-Y* scope**

通过变换技术将每个目标对应的参量变换成相应的电压量，在 *X-Y* 坐标上显示目标多种参量的显示器。

3.6.34

照相显示器　photograph indicator

一种配有快速走片的照相机。其荧光屏发光颜色与照相底灵敏度匹配，且是短余辉，以记录目标回波作事后分析用的显示器。

3.6.35

平视显示器　head-up indicator

将飞行参数和攻击瞄准目标，以及外界景物等信息综合显示在飞行员眼睛正前方的显示器。

3.6.36

下视显示器　head-down indicator

一种安装在驾驶舱前面下半部，显示飞行姿态和从雷达、红外等设备送来的目标信息的高亮度机载显示器。

3.6.37

综合显示器　synthetic indicator

将飞行参数(飞行姿态、发动机工作参数等)和其他机载设备的工作参数、导航信息、雷达信息等通过人工控制，分别或综合显示在同一个显示器上的下视显示器。

3.6.38

直角坐标显示器　rectangular coordinate indicator

指用直角坐标形式表示的两坐标平面位置显示器。

3.6.39

极坐标显示器　polar coordinate indicator

指用极坐标形式表示的两坐标平面位置显示器。如 PPI 显示器。

3.6.40

自主显示器　autonomous indicator

自带处理机且具有独立处理功能的显示器。

3.6.41

光栅扫描　raster scanning

针对显示载体为磁偏转阴极射线管。电子束在显示屏可视面内有规律地扫满全屏(一帧)，逐帧递次的一种扫描方式。

3.6.42

光栅显示　raster display

采用光栅扫描方式，依据需要显示的信号形式改变电子束流的大小在显示屏上还原图形和图像的显示方法。

3.6.43

随机扫描显示　random scanning display

扫描信号为随机变换波形的扫描。

3.6.44

地物回波图　clutter map for surface features

根据雷达站四周的地物回波在显示器上的图像而绘制的图。

3.6.45

雷达垂直探测波瓣图　graph of radar vertical detection-beam

将各仰角的探测距离，分别标在波瓣坐标纸的相应仰角上，并用曲线连接，该曲线即为地面雷达探测波瓣图。亦称垂直面探测范围图。

3.6.46

雷达平面探测范围图　pattern of radar plane detection range

将目标在同一高度的最大发现距离标在极坐标纸的相应方位上，再将不同方位、同一高度的距离连成一条闭合曲线，该曲线即为这一高度的平面探测范围。用同样方法，绘出各种高度的探测距离曲线，即为雷达平面探测范围图。

3.6.47

选通标志　strobe marker

为了醒目地指示出应予注意的显示器的一段扫描线，而在该段扫描线上产生的小亮点、短缺口或其他标志。

3.6.48

阶梯选通标志　step-strobe marker

在显示器的扫描线上以台阶形式表示的选通标志。

3.6.49

凹形选通标志　well-strobe marker

在显示器的时基线上以凹形形式表示的选通标志。

3.6.50

校正标志　calibration marker

在显示器上产生的用于校正或测距的基准标志。

3.6.51

距离标志　range marker

显示器表示单位距离的标志信号，用以测距或校正时间基准。

3.6.52

方位标志　azimuth marker

在显示器上产生的用于方位校准或方位刻度的标志。

3.6.53

时间基线　time base line

时基

显示器上用扫描信号(如锯齿波)产生的扫描线。

3.7　天线控制和同步分系统

3.7.1

天线控制　antenna control

天线扫掠的控制方式，包括手动和自动两种。

3.7.2

天线程序控制系统　antenna program control system

控制作用是预先给定的时间函数的自动控制系统。

3.7.3

天线(座)升降机构　antenna pedestal lift machine

能使天线(座)上升或下降到一定位置的传动机构。

3.7.4

天线座　antenna pedestal

支撑天线并使其保持一定姿态的装置。

3.7.5

天线锁定装置　antenna locking device

将天线固定在某一安全位置,使其不受外界运动影响的装置。

3.7.6

天线角度显示装置　antenna reading device

天线的方位角、俯仰角数据的显示装置。

3.7.7

稳定平台　stabilized platform

当雷达置于运动平台上时,为了消除运动载体的摇摆影响,保持雷达天线座平面与基准坐标系(通常为地球坐标系)相对稳定的装置。

3.7.8

正北信号　north signal

表征天线指向正北的信号。

3.7.9

自动调平　automatic leveling

地面雷达天线座采用自动调整装置使其保持水平。

3.7.10

倾角传感器　gradient sensor

把地面雷达天线座的不水平度转换为(电)可读信号,以便进行计算机或人工修正的敏感装置。

3.7.11

自动寻北　automatic searching north

雷达天线座方位指向通过陀螺装置或磁罗盘等确定其与正北的逆时针夹角。

3.7.12

天线控制范围　antenna control coverage

按不同的天线扫掠方式,手动或自动控制时天线扫掠角度的范围。

3.7.13

天线控制速度范围　antenna control velocity coverage

按不同的天线扫掠方式,手动或自动控制时的天线扫掠速度范围。

3.7.14

天线控制稳定度　antenna control stability

输入阶跃信号后,天线控制分系统经过渡过程达到稳定值的性能。通常用天线突然停转时所产生的追摆次数、追摆幅度和停稳时间来表示。

3.7.15

天线控制灵敏度　antenna control sensitivity

可驱动天线转动的最小信号电平。

3.7.16

天线调转时最大速度和加速度　maximum velocity and acceleration in rerotating of antenna

机械转动天线，从跟踪或扇扫一批目标快速调转到另一目标方向时的最大速度和加速度。

3.7.17

抗负载变化能力　anti-load change capability

在风、雨、雪以及其他外界负载作用下，引起天线控制分系统产生的角度误差和速度误差。

3.7.18

角数据传递精度　angular data transfer accuracy

天线的真实方位角(或仰角)与同步传递的方位角(或仰角)数据之间的误差值(误差角度)。

3.7.19

静态误差　static error

天线转动分系统处于平衡状态时，系统的输出量与给定值之差，称为静态误差。它取决于系统的调整状态和元件的质量指标，而与目标的动态输入无关。

3.7.20

动态误差　dynamic error

天线转动分系统输入信号随时间改变时，系统在过渡过程中输出量不能立刻准确响应输入量出现的误差。

3.7.21

扰动隔离度　disturbing isolation

表征雷达角跟踪回路内为消除雷达载体角扰动影响所采取技术设计措施的效果。

3.7.22

波束调转时间　beam rerotation time

波束从某一方向调转到规定的另一方向所需的时间。一般规定调转角为 90°或 180°。

3.7.23

同步稳定度　synchronous stability

角同步跟踪装置的稳定度。可用同步指示(如 PPI 的扫描线)的突跳、追摆和响应时间来表示。

3.7.24

同步灵敏度　synchronous sensitivity

角同步跟踪装置的最小工作信号。通常用最小可同步跟踪的误差信号电平表示。

3.8　跟踪分系统

3.8.1

角跟踪　angle tracking

对目标角度的自动跟踪。

3.8.2

距离跟踪　range tracking

对目标距离的自动跟踪。

3.8.3

速度跟踪　velocity tracking

对目标径向速度的自动跟踪。

3.8.4

角跟踪精度　angle tracking accuracy

角跟踪系统的总误差。一般包括跟踪滞后、随机噪声引起的误差值。

3.8.5

角跟踪环路时间响应特性　time response character of angular tracking loop

阶跃信号输入时角跟踪环路的响应特性。主要包括超调量、衰减振荡次数、响应速度等。

3.8.6

角跟踪环路的频率响应特性　frequency response character of angle tracking loop

角跟踪环路的频率响应曲线或称角跟踪环路的带宽。

3.8.7

辅助跟踪　aided tracking

手动或自动校正跟踪误差使跟踪装置自动调整运转速率的跟踪过程。

3.8.8

分离波门跟踪器　split-gate tracker

由前、后波门组成的距离跟踪器。当这一对波门叠加在接收目标回波脉冲上时，可测出脉冲到达的时间(距离)；当这一对波门偏离目标位置时，产生供距离跟踪用的误差信号。

3.8.9

前沿跟踪　leading-edge tracking

距离误差信号基于所接收回波的前沿距离延时的距离跟踪。

3.9　信号产生与时基分系统

3.9.1

同步信号　synchronization signal

使雷达各分系统协调工作，具有一定时序关系的脉冲列信号。

3.9.2

基准信号　datum signal

频率和相位作为基准的正弦连续波信号。

3.9.3

频率合成器　frequency synthesizer

用频率稳定度高的主振源作频率基准，通过倍频、混频、分频和锁相滤波和开关切换等处理，综合产生出不同频率，不同功率信号的器件。亦称频率综合器。

3.9.4

高稳定度频率源　high-stability frequency source

能在需要的频段内，提供单个或多个瞬时频率稳定度在 10^{-10} ms 以上(时域表征)的频率源。

3.9.5

直接式频率合成器　direct frequency synthesizer

由一个或数个高频率稳定度基准频率信号(如晶体振荡器产生的信号)经分频、倍频、混频、滤波和开关切换得到所需要的多个频率信号的频率合成器。

3.9.6

间接式频率合成器　indirect frequency synthesizer

用一个或多个高稳定基准频率信号，通过锁相环路单个或多个对压控振荡器在需要频段内进行多个需要频率点的锁定形成的频率源。包括模拟和数字锁相环频率合成器。

3.9.7

直接数字式频率合成器　direct digital frequency synthesizer；DDFS

用数字电路直接产生所需频率的合成器。这种合成器跳频速度快(纳秒量级)，频率分辨率高，频率、相位、幅度都可控，转换时相位连续并可产生任意波形。

3.9.8

脉内变频 inter pulse frequency shift

载频在发射脉冲期间变频。如脉冲压缩雷达采用脉内线性或非线性变频。

3.9.9

重频参差 PRF stagger

雷达脉冲重复频率(PRF)以特定规律参差变化。它可用来克服盲速。

3.9.10

重频抖动 PRF jitter

雷达脉冲重复频率(PRF)在一定范围内随机抖动变化，是一种电子抗干扰技术。

3.9.11

时基分解 time base resolving

形成受正弦、余弦调幅(如天线方位信号控制)的两路锯齿波的过程。

3.9.12

数字式分解 digital resolving

用数字电路将方位信号(数据)分解成方位正余弦信号，然后去调制(数据的或模拟的)扫描信号的过程。

3.9.13

正余弦编码盘 sine-cosine encording disk

输出的两路数码分别为转角的正余弦函数，以作为数字式分解的编码盘。

3.9.14

正余弦运算器 sine-cosine arithmetic unit

角增量(如天线旋转)输入，经运算输出分别为转角的正余弦数码的运算器。

3.10 监测与控制分系统

3.10.1

主控台 main control table(board)

控制与监测雷达全机主要工作状态的平台。

3.10.2

性能参数监测 parameter measuring

对雷达主要性能参数和状态的监测。

3.10.3

程控工作方式 flowchart working mode

按设定的程序控制雷达的开关机、正常工作及安全保护的工作方式。

3.10.4

状态监视 condition monitor

雷达内部提供的对其主要技术状态进行的监测和指示。

3.10.5

自动切换 automatic switch

雷达某部分故障后进行自动切换，使冗余的部分(包括冗余的分系统、分机、部件或器件)替代故障部分并正常工作。

3.10.6

导前脉冲补偿技术 leading pulse compensation technique

在雷达工作时序的特定区段，从雷达高频端馈入经过脉冲调制的射频信号，实现全雷达的自动补偿和自动检测的技术。

3.11 供电与配电分系统

3.11.1

雷达电站 radar power supply station

为雷达提供交流电源的设备。它由发动机、发电机、控制系统、装载设备等组成。

3.11.2

雷达电源 radar power supply

雷达全机的供电电源,包括直流供电电源和交流供电电源(市电或油机发电机组)。

3.11.3

逆变电源 inverse power

将直流电变换为交流电的装置。

3.11.4

电源纹波 power undulate

直流电源输出中残留的交流起伏的有效值,通常以毫伏(mV)计量。

3.11.5

输出电压稳定度 output voltage stability

直流电源输出电压波动的最小值与最大值之比。

3.11.6

电压调节率 voltage adjustment ratio

直流电源可输出的最小电压与最大电压之比,表示输出电压相对可调节的范围。

3.12 附属设备分系统

3.12.1

雷达方舱 radar shelter

装载雷达设备,提供工作条件,并可适应多种运输方式运输的薄壳结构舱体。

3.12.2

随机仪表 auxiliary instrument

为雷达配套的随同雷达装备的仪表。

3.12.3

激光测距仪 laser distance measuring instrument

利用激光测量距离的设备。

3.12.4

红外跟踪器 infra red tracker

利用红外光敏设备,对目标进行搜索跟踪并引导雷达跟踪目标的设备。

索　引

汉语拼音索引

A

凹形选通标志 …… 3.6.49

B

半功率点波瓣宽度 …… 3.1.9
背瓣电平 …… 3.1.13
被动雷达 …… 2.1.3.3
本振频率稳定度 …… 3.4.34
本振频谱纯度 …… 3.4.35
比幅测角 …… 2.3.4.5
比幅单脉冲雷达 …… 2.1.3.28
比相单脉冲雷达 …… 2.1.3.29
边扫描边跟踪技术 …… 2.3.9.1
编码发射机 …… 3.3.4
变频 …… 3.4.44
变频范围 …… 3.3.21
变频方式 …… 3.3.20
变频间隔 …… 2.3.1.3
变频时间 …… 2.3.1.4
变频速度 …… 3.3.22
变频损耗 …… 3.4.30
便携式雷达 …… 2.1.4.1
标定误差 …… 2.2.2.16
波瓣相交电平 …… 3.1.21
波瓣自适应 …… 2.2.3.4
波门录取 …… 3.6.1
波束锐化 …… 2.3.5.3
波束调转时间 …… 3.7.22
波束圆锥角 …… 3.1.32
波束指向 …… 2.3.3.7
波束指向的频率灵敏度 …… 2.3.3.9
波形识别 …… 2.3.8.3
部分聚焦处理 …… 2.3.6.4

C

参考轴 …… 3.1.23
参量估计 …… 3.6.15
参量检测器 …… 3.5.27
侧视雷达 …… 2.1.3.41
测风雷达 …… 2.1.2.26
测高雷达 …… 2.1.2.7
测控雷达 …… 2.1.2.21
测量精度 …… 2.2.2.2
测量雷达 …… 2.1.2.20
测速雷达 …… 2.1.3.25
测云雷达 …… 2.1.2.33
差波束 …… 2.3.4.3
差波束分离角 …… 3.1.20
插入损耗 …… 3.2.3
超方向性 …… 3.1.38
超视距雷达 …… 2.1.3.33
超余割平方波束 …… 2.3.3.3
车载雷达 …… 2.1.4.2
成像雷达 …… 2.1.3.48
成像识别 …… 2.3.8.11
程控工作方式 …… 3.10.3
冲激雷达 …… 2.1.3.45
冲激雷达目标识别 …… 2.3.8.9
重合检测 …… 3.5.19
重频参差 …… 3.9.9
重频抖动 …… 3.9.10
初级方向图 …… 3.1.53
传输损耗 …… 3.2.4
传输线转换开关 …… 3.2.23
船用雷达 …… 2.1.4.4
次级方向图 …… 3.1.54
窜扰 …… 2.3.8.13

D

大气折射误差 …… 2.2.2.15
单级振荡式发射机 …… 3.3.1
单脉冲测角 …… 2.3.4.1
单脉冲接收机 …… 3.4.1
单脉冲雷达 …… 2.1.3.27
单通道单脉冲雷达 …… 2.1.3.30

导航精度……………………………… 2.2.2.5
导航雷达 ……………………………… 2.1.2.12
导前脉冲补偿技术 …………………… 3.10.6
低空监视雷达………………………… 2.1.2.6
地波超视距雷达 ……………………… 2.1.3.35
地物回波图 …………………………… 3.6.44
地形观察雷达 ………………………… 2.1.2.16
地形回避雷达 ………………………… 2.1.2.18
点迹 …………………………………… 3.6.11
点迹录取 ……………………………… 3.6.14
点迹录取能力………………………… 3.6.4
电扫描 ………………………………… 2.2.1.18
电扫描雷达…………………………… 2.1.3.6
电压反射系数 ………………………… 3.2.11
电压调节率 …………………………… 3.11.6
电压驻波比 …………………………… 3.2.12
电源纹波 ……………………………… 3.11.4
电轴 …………………………………… 3.1.22
电轴误差 ……………………………… 3.1.24
定位误差……………………………… 2.3.7.9
定向耦合器 …………………………… 3.2.20
定相带宽 ……………………………… 3.4.54
定相幅度 ……………………………… 3.4.55
动目标改善因子 ……………………… 2.2.1.37
动目标跟踪器 ………………………… 3.5.34
动目标检测雷达 ……………………… 2.1.3.18
动目标检测器 ………………………… 3.5.32
动目标显示雷达 ……………………… 2.1.3.17
动目标显示器 ………………………… 3.5.33
动态误差 ……………………………… 3.7.20
动态滞后误差 ………………………… 2.2.2.11
堆积波束雷达 ………………………… 2.1.3.11
对放输入动态范围 …………………… 3.4.56
对数接收机…………………………… 3.4.9
多波束合成网络 ……………………… 3.2.26
多基地雷达 …………………………… 2.1.3.32
多口网络 ……………………………… 3.2.19
多路径误差 …………………………… 2.2.2.14
多脉冲重复频率测距 ………………… 2.3.5.12
多模网络 ……………………………… 3.2.28
多目标跟踪雷达 ……………………… 2.1.3.10
多频雷达识别………………………… 2.3.8.8
多普勒导航雷达 ……………………… 2.1.2.15
多普勒波束锐化……………………… 2.3.5.3
多普勒激光气象雷达 ………………… 2.1.2.28
多普勒天气雷达 ……………………… 2.1.2.31
多站被动定位………………………… 2.3.7.5

E

二次雷达……………………………… 2.1.3.2
二次显示 ……………………………… 3.6.17
二进制检测 …………………………… 3.5.21

F

发射机[带外]杂波抑制度 …………… 3.3.15
发射机谐波抑制度 …………………… 3.3.14
发射脉冲抑制 ………………………… 2.3.5.14
发射频谱宽度 ………………………… 3.3.18
发射效率 ……………………………… 3.3.19
发射信号形式 ………………………… 2.2.1.41
发射噪声 ……………………………… 3.3.24
发现概率 ……………………………… 2.2.1.27
反副瓣接收机 ………………………… 3.4.14
反馈积累检测 ………………………… 3.5.10
反射特性 ……………………………… 2.2.1.40
反向隔离 ……………………………… 3.2.17
反向损耗 ……………………………… 3.2.17
方位/仰角定位 ……………………… 2.3.7.3
方位标志 ……………………………… 3.6.52
方位稳定平面位置显示器 …………… 3.6.30
方位仰角显示器 ……………………… 3.6.26
方向性 ………………………………… 3.2.15
方向性增益 …………………………… 3.1.28
防撞雷达 ……………………………… 2.1.2.17
放大链式发射机……………………… 3.3.3
飞行管制雷达 ………………………… 2.1.2.10
非聚焦型合成孔径雷达 ……………… 2.1.3.40
非线性调频脉冲压缩………………… 2.3.2.6
非线性调频信号……………………… 2.3.2.2
非相参脉冲雷达 ……………………… 2.1.3.24
非相参天气雷达 ……………………… 2.1.2.32
分离波门跟踪器……………………… 3.8.8
风廓线雷达 …………………………… 2.1.2.29
峰值检波 ……………………………… 3.4.47
幅度方向图 …………………………… 3.1.56
幅度一致性 …………………………… 3.4.26

幅相稳定度 …………………………………… 3.3.26
辐射效率 ……………………………………… 3.1.29
辅助跟踪………………………………………… 3.8.7
副瓣……………………………………………… 3.1.6
副瓣电平 ……………………………………… 3.1.12
副瓣抑制………………………………………… 3.1.8
副瓣杂波……………………………………… 2.3.5.7

G

高度杂波……………………………………… 2.3.5.6
高空气象探测雷达 ………………………… 2.1.2.27
高稳定度频率源……………………………… 3.9.4
隔离度 ………………………………………… 3.2.16
跟踪范围……………………………………… 2.2.1.3
跟踪角速度和角加速度……………………… 2.2.1.8
跟踪精度……………………………………… 2.2.2.4
跟踪距离……………………………………… 2.2.1.6
跟踪雷达……………………………………… 2.1.2.8
跟踪速度和加速度…………………………… 2.2.1.7
工作带宽 ……………………………………… 3.3.18
功率容量………………………………………… 3.2.7
固态发射机……………………………………… 3.3.5
故障虚警率 ………………………………… 2.2.1.46
光栅扫描 ……………………………………… 3.6.41
光栅显示 ……………………………………… 3.6.42
轨迹识别……………………………………… 2.3.8.2
过脉冲保护电路 ……………………………… 3.3.32
过脉宽保护电路 ……………………………… 3.3.33
过占空比保护电路 …………………………… 3.3.34

H

海面监视雷达 ……………………………… 2.1.2.13
航海雷达 …………………………………… 2.1.2.11
航迹 …………………………………………… 3.6.12
航迹容量………………………………………… 3.6.7
航迹相关 ……………………………………… 3.6.13
航行管制雷达 ……………………………… 2.1.2.10
合成孔径……………………………………… 2.3.6.1
合成孔径长度………………………………… 2.3.6.3
合成孔径雷达 ……………………………… 2.1.3.37
和波束………………………………………… 2.3.4.2
和差网络 ……………………………………… 3.2.25
恒虚警率………………………………………… 3.5.5
恒虚警率检测…………………………………… 3.5.6
红外跟踪器 …………………………………… 3.12.4
滑窗 …………………………………………… 3.5.23
滑窗检测器 …………………………………… 3.5.24
回波箱 ………………………………………… 3.2.21
混扰 ………………………………………… 2.3.8.14

J

击穿……………………………………………… 3.2.8
击穿功率………………………………………… 3.2.9
机场场面监视雷达…………………………… 2.1.2.4
机场监视雷达………………………………… 2.1.2.3
机械扫描 …………………………………… 2.2.1.19
机械扫描雷达………………………………… 2.1.3.7
机载测距雷达 ……………………………… 2.1.2.14
机载雷达……………………………………… 2.1.4.3
基准信号………………………………………… 3.9.2
基准轴 ………………………………………… 3.1.25
激光测距仪 …………………………………… 3.12.3
激光雷达 …………………………………… 2.1.3.49
激励系数 ……………………………………… 3.1.37
极点识别……………………………………… 2.3.8.6
极化捷变……………………………………… 2.3.1.5
极化识别……………………………………… 2.3.8.5
极坐标显示器 ………………………………… 3.6.39
寄生波瓣 ……………………………………… 3.1.45
监视雷达……………………………………… 2.1.2.2
检测准则 ……………………………………… 3.5.11
间接定位……………………………………… 2.3.7.8
间接式频率合成器……………………………… 3.9.6
交叉定位……………………………………… 2.3.7.4
角跟踪…………………………………………… 3.8.1
角跟踪环路的频率响应特性…………………… 3.8.6
角跟踪环路时间响应特性……………………… 3.8.5
角跟踪精度……………………………………… 3.8.4
角闪烁误差 ………………………………… 2.2.2.12
角数据传递精度 ……………………………… 3.7.18
角误差源……………………………………… 2.2.2.9
校正标志 ……………………………………… 3.6.50
阶梯选通标志 ………………………………… 3.6.48
接收多波束…………………………………… 2.3.3.4
接收机饱和电平 ……………………………… 3.4.18
接收机带宽 …………………………………… 3.4.29

接收机动态范围 …………………………… 3.4.19
接收机工作灵敏度 ………………………… 3.4.17
接收机恢复时间 …………………………… 3.4.23
接收机极限灵敏度 ………………………… 3.4.16
接收机烧毁功率 …………………………… 3.4.32
接收机抑制度 ……………………………… 3.4.24
接收机增益 ………………………………… 3.4.22
捷变………………………………………… 2.2.3.3
截取功率 …………………………………… 3.1.57
截止波长…………………………………… 3.2.5
截止频率…………………………………… 3.2.6
近轴副瓣 …………………………………… 3.1.40
精密进场雷达……………………………… 2.1.2.5
静态误差 …………………………………… 3.7.19
镜像频率抑制 ……………………………… 3.4.42
距离标志 …………………………………… 3.6.51
距离重叠效应……………………………… 2.3.5.9
距离方位显示器 …………………………… 3.6.25
距离高度显示器 …………………………… 3.6.28
距离跟踪…………………………………… 3.8.2
距离门……………………………………… 2.3.5.2
距离模糊…………………………………… 2.3.5.8
距离闪烁误差 ……………………………… 2.2.2.13
距离误差源………………………………… 2.2.2.8
距离显示器 ………………………………… 3.6.24
距离像识别 ………………………………… 2.3.8.12
距离仰角显示器 …………………………… 3.6.27
聚焦型合成孔径雷达 ……………………… 2.1.3.39

K

抗负载变化能力 …………………………… 3.7.17
抗干扰能力………………………………… 2.2.3.1
抗杂波干扰能力…………………………… 2.2.3.2
空间交会雷达 ……………………………… 2.1.2.34
空心显示 …………………………………… 3.6.23
空中交通管制雷达 ………………………… 2.1.2.10
控保方式 …………………………………… 3.3.23
快门限恒虚警……………………………… 3.5.8
宽带雷达 …………………………………… 2.1.3.46
宽度检测 …………………………………… 3.5.20
宽角副瓣 …………………………………… 3.1.41
宽-限-窄电路 ……………………………… 3.4.57
馈电网络 …………………………………… 3.2.24
馈线………………………………………… 3.2.1
馈线气密性 ………………………………… 3.2.18
馈源 ………………………………………… 3.1.52

L

雷达………………………………………… 2.1.1.1
雷达波段 …………………………………… 2.2.1.10
雷达垂直探测波瓣图 ……………………… 3.6.45
雷达电源 …………………………………… 3.11.2
雷达电站 …………………………………… 3.11.1
雷达反应时间 ……………………………… 2.2.1.15
雷达方舱 …………………………………… 3.12.1
雷达分辨力………………………………… 2.2.2.6
雷达高度表 ………………………………… 2.1.2.19
雷达工作带宽 ……………………………… 2.2.1.12
雷达工作方式 ……………………………… 2.2.1.16
雷达工作频率范围 ………………………… 2.2.1.11
雷达监控 …………………………………… 2.2.1.44
雷达截面积 ………………………………… 2.2.1.13
雷达目标截面积测量雷达 ………………… 2.1.2.23
雷达目标识别技术………………………… 2.3.8.1
雷达频段…………………………………… 2.2.1.10
雷达平面探测范围图 ……………………… 3.6.46
雷达天线…………………………………… 3.1.1
雷达仪表量程……………………………… 2.2.1.2
连续波雷达 ………………………………… 2.1.3.20
连续波雷达接收机………………………… 3.4.7
连续工作时间 ……………………………… 2.2.1.45
两坐标雷达………………………………… 2.1.3.4
量化误差 …………………………………… 3.1.43
量化增益损失 ……………………………… 3.1.42
量化指向误差 ……………………………… 3.1.44
量化秩值检测器 …………………………… 3.5.26
灵敏度时间增益控制 ……………………… 3.4.31
零多普勒频率泄漏 ………………………… 2.3.5.19
流量控保电路 ……………………………… 3.3.35
漏脉冲 ……………………………………… 3.3.29
录取精度…………………………………… 3.6.5

M

脉冲多普勒………………………………… 2.3.5.1
脉冲多普勒接收机………………………… 3.4.4
脉冲多普勒雷达 …………………………… 2.1.3.19

脉冲多普勒信号 …………………………… 3.5.39
脉冲多普勒信号处理 ………………………… 3.5.40
脉冲工作比 …………………………………… 3.3.28
脉冲检波 ……………………………………… 3.4.48
脉冲雷达 …………………………………… 2.1.3.13
脉冲雷达接收机……………………………… 3.4.6
脉冲前沿抖动 ………………………………… 3.3.17
脉冲上升时间 ………………………………… 3.3.16
脉冲调制器 …………………………………… 3.3.30
脉冲压缩接收机……………………………… 3.4.3
脉冲压缩雷达 ……………………………… 2.1.3.14
脉宽检测 ……………………………………… 3.5.15
脉内变频……………………………………… 3.9.8
慢门限恒虚警………………………………… 3.5.7
盲点 …………………………………………… 3.1.48
盲降引导雷达……………………………… 2.1.2.9
盲区………………………………………… 2.2.1.9
门开关 ………………………………………… 3.3.36
门限…………………………………………… 3.5.2
密度检测 ……………………………………… 3.5.18
模拟脉压 …………………………………… 2.3.2.11
目标模型 …………………………………… 2.2.1.25
目标容量 …………………………………… 2.2.1.26
目标识别能力 ……………………………… 2.2.1.35
目标数据率 ………………………………… 2.2.1.24
目标维数…………………………………… 2.2.2.1
目标运动分析……………………………… 2.3.7.6

N

逆变电源 ……………………………………… 3.11.3
逆合成孔径………………………………… 2.3.6.2
逆合成孔径雷达 …………………………… 2.1.3.38

O

耦合度(过渡衰减) …………………………… 3.2.14

P

旁瓣…………………………………………… 3.1.6
偏馈固定多波束…………………………… 2.3.3.1
偏离角 ………………………………………… 3.1.19
频率编码信号……………………………… 2.3.2.4
频率分集雷达 ……………………………… 2.1.3.15
频率合成器…………………………………… 3.9.3
频率鉴别 ……………………………………… 3.5.12
频率捷变…………………………………… 2.3.1.1
频率捷变接收机……………………………… 3.4.5
频率捷变雷达 ……………………………… 2.1.3.16
频率灵敏度 …………………………………… 3.1.34
频率扫描雷达……………………………… 2.1.3.8
频率扫描天线阵…………………………… 2.3.3.8
频率稳定度 …………………………………… 3.3.25
频谱中心接收机 ……………………………… 3.4.13
平滑外推……………………………………… 3.6.9
平面位置显示器 ……………………………… 3.6.29
平视显示器 …………………………………… 3.6.35
谱估计目标识别 …………………………… 2.3.8.10

Q

气球载雷达………………………………… 2.1.4.7
气象雷达 …………………………………… 2.1.2.25
前沿 …………………………………………… 3.3.16
前沿跟踪……………………………………… 3.8.9
倾角传感器 …………………………………… 3.7.10
区域录取……………………………………… 3.6.3
去极化 ………………………………………… 3.1.35
全空域录取…………………………………… 3.6.2
全相参脉冲雷达 …………………………… 2.1.3.23

R

扰动隔离度 …………………………………… 3.7.21
热噪声误差………………………………… 2.2.2.7

S

三坐标雷达………………………………… 2.1.3.5
扫描 ………………………………………… 2.2.1.17
扫描范围 …………………………………… 2.2.1.23
扫描方式 …………………………………… 2.2.1.22
扫描角 ………………………………………… 3.1.31
扫描速率 ……………………………………… 3.1.33
扇形扫描 …………………………………… 2.2.1.20
扇形显示 ……………………………………… 3.6.20
射频脉冲 ……………………………………… 3.3.10
射频脉冲包络 ………………………………… 3.3.11
射频脉冲频谱 ………………………………… 3.3.12
射频泄漏功率 ………………………………… 3.3.13
剩余杂波图 …………………………………… 3.5.38

STANDARDS PRESS OF CHINA

时差定位…………………………………… 2.3.7.2
时基 ……………………………………… 3.6.53
时基分解 ………………………………… 3.9.11
时间副瓣 ………………………………… 3.5.30
时间基线 ………………………………… 3.6.53
识别范围…………………………………… 2.2.4.4
识别概率…………………………………… 2.2.4.1
视频地形显示 …………………………… 3.6.21
视频积累 ………………………………… 3.5.29
输出电压稳定度 ………………………… 3.11.5
输出功率起伏…………………………… 3.3.9
输入点迹数……………………………… 3.6.6
输入耐功率 ……………………………… 3.4.33
数据处理能力 ………………………… 2.2.1.33
数据处理器……………………………… 3.6.8
数字波束形成…………………………… 2.3.3.6
数字波束形成技术 …………………… 2.3.3.10
数字脉压 ……………………………… 2.3.2.10
数字式分解 ……………………………… 3.9.12
数字中频接收机 ………………………… 3.4.15
刷新率 …………………………………… 3.6.10
衰减常数………………………………… 3.2.2
双基地雷达 …………………………… 2.1.3.31
双门限检测 ……………………………… 3.5.17
瞬时带宽…………………………………… 2.3.1.2
瞬时自动增益控制 ……………………… 3.4.28
伺服噪声 ……………………………… 2.2.2.10
搜索雷达…………………………………… 2.1.2.1
速度分辨力………………………………… 2.3.5.4
速度跟踪………………………………… 3.8.3
速度鉴别 ………………………………… 3.5.14
速度模糊 ……………………………… 2.3.5.10
速度识别…………………………………… 2.3.8.4
速度杂波图 ……………………………… 3.5.37
随机扫描显示 …………………………… 3.6.43
随机仪表 ………………………………… 3.12.2
锁相接收机……………………………… 3.4.2

T

探测范围…………………………………… 2.2.1.1
探地雷达 ……………………………… 2.1.2.24
特性阻抗 ………………………………… 3.2.10
天波超视距雷达 ……………………… 2.1.3.34
天基雷达…………………………………… 2.1.4.5
天气雷达 ……………………………… 2.1.2.30
天线程序控制系统……………………… 3.7.2
天线带宽 ………………………………… 3.1.16
天线的有效面积 ………………………… 3.1.30
天线等值线方向图 ……………………… 3.1.26
天线方向图……………………………… 3.1.4
天线间的隔离度 ………………………… 3.1.27
天线角度显示装置……………………… 3.7.6
天线控制………………………………… 3.7.1
天线控制范围 …………………………… 3.7.12
天线控制灵敏度 ………………………… 3.7.15
天线控制速度范围 ……………………… 3.7.13
天线控制稳定度 ………………………… 3.7.14
天线平面方向图 ………………………… 3.1.26
天线收发开关 …………………………… 3.2.22
天线输入阻抗 …………………………… 3.1.15
天线锁定装置…………………………… 3.7.5
天线调转时最大速度和加速度 ………… 3.7.16
天线谐振频率 …………………………… 3.1.17
天线罩 …………………………………… 3.1.49
天线罩传输损耗 ………………………… 3.1.51
天线罩功率反射系数 …………………… 3.1.50
天线转动与同步噪声 ………………… 2.2.2.10
天线阻抗匹配 …………………………… 3.1.18
天线座…………………………………… 3.7.4
天线(座)升降机构……………………… 3.7.3
调频雷达 ……………………………… 2.1.3.22
调频雷达接收机………………………… 3.4.8
通道隔离度 ……………………………… 3.4.52
同步灵敏度 ……………………………… 3.7.24
同步稳定度 ……………………………… 3.7.23
同步信号………………………………… 3.9.1
同时波束…………………………………… 2.3.4.4
图像处理能力 ………………………… 2.2.1.34
图像显示 ………………………………… 3.6.19
图形显示 ………………………………… 3.6.18

W

微波超视距雷达 ……………………… 2.1.3.36
微波功率分配…………………………… 3.3.8
微波功率合成…………………………… 3.3.7
微波频率合成…………………………… 3.3.6

微波全息雷达 …………………………… 2.1.3.47
卫星监视雷达 …………………………… 2.1.2.22
稳定平台………………………………… 3.7.7
无源定位………………………………… 2.3.7.1
无源雷达………………………………… 2.1.3.3
无源杂波抑制 …………………………… 3.5.31
无杂波检测区 …………………………… 2.3.5.11

X

系统灵敏度 ……………………………… 2.2.1.14
下视显示器 ……………………………… 3.6.36
显示方式 ………………………………… 2.2.1.43
线性动态范围 …………………………… 3.4.36
线性调频测距 …………………………… 2.3.5.13
线性调频脉冲压缩……………………… 2.3.2.5
线性调频信号…………………………… 2.3.2.1
相参发射机……………………………… 3.3.2
相参接收机 ……………………………… 3.4.10
相对测量精度…………………………… 2.2.2.3
相对副瓣电平…………………………… 3.1.7
相关接收机 ……………………………… 3.4.11
相控阵雷达……………………………… 2.1.3.9
相控阵天线多波束……………………… 2.3.3.5
相位编码脉冲压缩……………………… 2.3.2.7
相位编码信号…………………………… 2.3.2.3
相位方向图 ……………………………… 3.1.55
相位检波 ………………………………… 3.4.46
相位鉴别 ………………………………… 3.5.13
相位一致性 ……………………………… 3.4.25
小滑窗检测器 …………………………… 3.5.25
谐波雷达 ………………………………… 2.1.3.42
谐振雷达 ………………………………… 2.1.3.43
谐振识别………………………………… 2.3.8.7
信号参数 ………………………………… 2.2.1.42
信号处理能力 …………………………… 2.2.1.32
信号处理天线系统……………………… 3.1.3
信号处理响应时间……………………… 3.5.1
信号处理响应特性 ……………………… 2.2.1.39
信号积累 ………………………………… 3.5.28
信号检测………………………………… 3.5.4
信号频谱纯度 …………………………… 2.3.5.17
信号谱线宽度 …………………………… 2.3.5.16
星载雷达………………………………… 2.1.4.6
性能参数监测 …………………………… 3.10.2
虚警概率 ………………………………… 2.2.1.28
虚警时间 ………………………………… 2.2.1.29
虚警数 …………………………………… 2.2.1.30
选通标志 ………………………………… 3.6.47
询问范围………………………………… 2.2.4.5
询问概率………………………………… 2.2.4.2

Y

压缩比…………………………………… 2.3.2.9
压缩脉冲主副瓣比……………………… 2.3.2.8
延迟显示 ………………………………… 3.6.22
一次雷达………………………………… 2.1.3.1
一次显示 ………………………………… 3.6.16
移相网络 ………………………………… 3.2.27
溢出功率 ………………………………… 3.1.58
应答范围………………………………… 2.2.4.6
应答概率………………………………… 2.2.4.3
有效辐射功率 …………………………… 3.1.36
右旋极化 ………………………………… 3.1.39
余割平方波束…………………………… 2.3.3.2
圆锥扫描 ………………………………… 2.2.1.21
圆锥扫描雷达 …………………………… 2.1.3.26
远区副瓣电平 …………………………… 3.1.14
运动补偿………………………………… 2.3.6.5

Z

杂波多普勒频移补偿 …………………… 3.4.53
杂波恒虚警处理………………………… 3.5.8
杂波图 …………………………………… 3.5.36
杂波中可见度 …………………………… 2.2.1.38
噪声比 …………………………………… 3.4.21
噪声恒虚警处理………………………… 3.5.7
噪声雷达 ………………………………… 2.1.3.44
噪声系数 ………………………………… 3.4.20
栅瓣 ……………………………………… 3.1.46
栅瓣图 …………………………………… 3.1.47
展宽距离显示器 ………………………… 3.6.31
占空比 …………………………………… 3.3.28
照相显示器 ……………………………… 3.6.34
正北信号………………………………… 3.7.8
正交通道 ………………………………… 3.4.49
正余弦编码盘 …………………………… 3.9.13

正余弦运算器 …………………………… 3.9.14
直角坐标显示器 ………………………… 3.6.38
直接定位…………………………………… 2.3.7.7
直接式频率合成器……………………… 3.9.5
直接数字式频率合成器………………… 3.9.7
指向累计检测器 ………………………… 3.5.22
中频积累 ………………………………… 3.4.45
主瓣………………………………………… 3.1.5
主瓣宽度 ………………………………… 3.1.10
主瓣零点宽度 …………………………… 3.1.11
主瓣杂波………………………………… 2.3.5.5
主波束……………………………………… 3.1.5
主控台 …………………………………… 3.10.1
主谱线幅值 …………………………… 2.3.5.18
主杂波抑制 …………………………… 2.3.5.15
主振放大式发射机……………………… 3.3.3
驻波保护电路 …………………………… 3.3.31
状态监视 ………………………………… 3.10.4
准连续波雷达 ………………………… 2.1.3.21
准最优检测………………………………… 3.5.9
自动检测 ………………………………… 3.5.16
自动频率控制 …………………………… 3.4.37
自动切换 ………………………………… 3.10.5
自动调平…………………………………… 3.7.9
自动相位控制 …………………………… 3.4.43
自动寻北 ………………………………… 3.7.11
自动增益控制 …………………………… 3.4.27
自频调捕捉带宽 ………………………… 3.4.39
自频调跟踪精度 ………………………… 3.4.41
自频调搜索范围 ………………………… 3.4.38
自频调最大搜索时间 …………………… 3.4.40
自适应波束零点控制……………………… 3.1.2
自适应动目标显示器 …………………… 3.5.35
自适应能力 …………………………… 2.2.1.36
自主显示器 ……………………………… 3.6.40
综合显示器 ……………………………… 3.6.37
阻断比 …………………………………… 3.3.27
阻抗匹配 ………………………………… 3.2.13
最大作用距离…………………………… 2.2.1.4
最佳接收机 ……………………………… 3.4.12
最佳门限…………………………………… 3.5.3
最小可检测信噪比 …………………… 2.2.1.31
最小作用距离…………………………… 2.2.1.5
左旋极化 ………………………………… 3.1.39

A/R 显示器 …………………………… 3.6.32
MTD 雷达………………………………… 2.1.3.18
MTI 雷达………………………………… 2.1.3.17
I、Q 通道幅度一致性 ……………………… 3.4.50
I、Q 通道相位差 ………………………… 3.4.51
RCS 测量雷达 ………………………… 2.1.2.23
V 形波束雷达 ………………………… 2.1.3.12
X-Y 型显示器 ……………………………… 3.6.33

英文对应词索引

A

A scope ········· 3.6.24
A/R indicator ········· 3.6.32
adaptive beam zero control ········· 3.1.2
adaptive capability ········· 2.2.1.36
adaptive moving-target indicator ········· 3.5.35
AFC ········· 3.4.37
AFC pull in bandwidth ········· 3.4.39
AFC search range ········· 3.4.38
AGC ········· 3.4.27
agility ········· 2.2.3.3
aided tracking ········· 3.8.7
air traffic control radar ········· 2.1.2.10
airborne radar ········· 2.1.4.3
airborne ranging radar ········· 2.1.2.14
airport surface surveillance radar ········· 2.1.2.4
airport-surveillance radar ········· 2.1.2.3
all-zone extraction ········· 3.6.2
altitude clutter ········· 2.3.5.6
amplitude and phase stability ········· 3.3.26
amplitude comparison monopulse radar ········· 2.1.3.28
amplitude equalization ········· 3.4.26
amplitude pattern ········· 3.1.56
AMTI ········· 3.5.35
analog pulse compression ········· 2.3.2.11
angle tracking ········· 3.8.1
angle tracking accuracy ········· 3.8.4
angle tracking velocity and acceleration ········· 2.2.1.8
angular data transfer accuracy ········· 3.7.18
angular glint error ········· 2.2.2.12
angular measurement by amplitude comparison ········· 2.3.4.5
angular measurement by mono-pulse ········· 2.3.4.1
antenna control ········· 3.7.1
antenna control coverage ········· 3.7.12
antenna control sensitivity ········· 3.7.15
antenna control stability ········· 3.7.14
antenna control velocity coverage ········· 3.7.13
antenna locking device ········· 3.7.5
antenna pattern ········· 3.1.4

STANDARDS PRESS OF CHINA

antenna pedestal …… 3.7.4
antenna pedestal lift machine …… 3.7.3
antenna program control system …… 3.7.2
antenna reading device …… 3.7.6
anti-clutter interference ability …… 2.2.3.2
anti-collision radar …… 2.1.2.17
anti-load change capability …… 3.7.17
anti-sidelobe receiver …… 3.4.14
ASR …… 2.1.2.3
ASSR …… 2.1.2.4
ATC …… 2.1.2.10
atmospheric refraction error …… 2.2.2.15
attenuation constant …… 3.2.2
automatic detection …… 3.5.16
automatic frequency control …… 3.4.37
automatic gain control …… 3.4.27
automatic leveling …… 3.7.9
automatic phase control …… 3.4.43
automatic searching north …… 3.7.11
automatic switch …… 3.10.5
autonomous indicator …… 3.6.40
auxiliary instrument …… 3.12.2
azimuth marker …… 3.6.52
azimuth stabilized PPI …… 3.6.30
azimuth/elevation location …… 2.3.7.3
azimuth-elevation indicator …… 3.6.26

B

B scope …… 3.6.25
back lobe level …… 3.1.13
balloon radar …… 2.1.4.7
bandwidth of antenna …… 3.1.16
beam adaptability …… 2.2.3.4
beam conical angle …… 3.1.32
beam pointer …… 2.3.3.7
beam rerotation time …… 3.7.22
beam sharpening …… 2.3.5.3
bi-static radar …… 2.1.3.31
binary detection …… 3.5.21
blind landing-aid radar …… 2.1.2.9
blind spot …… 3.1.48
blind zone …… 2.2.1.9
boresight error …… 3.1.24

breakdown …… 3.2.8
breakdown power …… 3.2.9

C

C scope …… 3.6.26
calibrated error …… 2.2.2.16
calibration marker …… 3.6.50
CFAR …… 3.5.5
channel isolation …… 3.4.52
characteristic impedance …… 3.2.10
cloud measuring radar …… 2.1.2.33
clutter Doppler frequency compensation …… 3.4.53
clutter map …… 3.5.36
clutter map for surface features …… 3.6.44
clutter-free detection zone …… 2.3.5.11
coded transmitter …… 3.3.4
coherent receiver …… 3.4.10
coherent transmitter …… 3.3.2
coincidence detection …… 3.5.19
compression rate …… 2.3.2.9
condition monitor …… 3.10.4
conical scanning …… 2.2.1.21
conical scanning radar …… 2.1.3.26
constant false alarm rate …… 3.5.5
constant false alarm rate (CFAR) detection …… 3.5.6
continuous operating time …… 2.2.1.45
continuous wave (CW) radar …… 2.1.3.20
continuous-wave radar receiver …… 3.4.7
control-measurement radar …… 2.1.2.21
conversion …… 3.4.44
conversion frequency loss …… 3.4.30
correlation receiver …… 3.4.11
cosecant squared beam …… 2.3.3.2
counter-countermeasure capability …… 2.2.3.1
cross location …… 2.3.7.4
cut-off frequency …… 3.2.6
cut-off wavelength …… 3.2.5

D

data processing capability …… 2.2.1.33
data processor …… 3.6.8
datum signal …… 3.9.2
DBF …… 2.3.3.6

DDFS ······ 3.9.7
degree of coupling ······ 3.2.14
delay display ······ 3.6.22
density detection ······ 3.5.18
depolarization ······ 3.1.35
detection coverage ······ 2.2.1.1
detection criterion ······ 3.5.11
detection probability ······ 2.2.1.27
Dicke fix circuits ······ 3.4.57
difference pattern ······ 2.3.4.3
digit intermediate frequency(IF)receiver ······ 3.4.15
digital beam forming ······ 2.3.3.6
digital beam forming(DBF) technology ······ 2.3.3.10
digital pulse compression ······ 2.3.2.10
digital resolving ······ 3.9.12
direct digital frequency synthesizer ······ 3.9.7
direct frequency synthesizer ······ 3.9.5
direct location ······ 2.3.7.7
directional coupler ······ 3.2.20
directive gain ······ 3.1.28
directivity ······ 3.2.15
display mode ······ 2.2.1.43
disturbing isolation ······ 3.7.21
Doppler laser meteorological radar ······ 2.1.2.28
Doppler navigation radar ······ 2.1.2.15
Doppler weather radar ······ 2.1.2.31
double threshold detection ······ 3.5.17
duplexer ······ 3.2.22
duty ratio ······ 3.3.28
dynamic error ······ 3.7.20
dynamic lag error ······ 2.2.2.11

E

E scope ······ 3.6.27
echo-box ······ 3.2.21
effective area of an antenna ······ 3.1.30
effective radiation power ······ 3.1.36
electrical boresight ······ 3.1.22
electrical scanning ······ 2.2.1.18
electronical scanning radar ······ 2.1.3.6
excitation coefficients ······ 3.1.37
extra cosecant squared beam ······ 2.3.3.3
extraction accuracy ······ 3.6.5

F

false alarm number ······ 2. 2. 1. 30
false alarm probability ······ 2. 2. 1. 28
false alarm time ······ 2. 2. 1. 29
fault false alarm rate ······ 2. 2. 1. 46
feed ······ 3. 1. 52
feed network ······ 3. 2. 24
feedback integrate detection ······ 3. 5. 10
feeder ······ 3. 2. 1
finite impulse radar recognition ······ 2. 3. 8. 9
fixed multi-beam feeder offset ······ 2. 3. 3. 1
flow control and protection circuit ······ 3. 3. 35
flowchart working mode ······ 3. 10. 3
focused SAR ······ 2. 1. 3. 39
frequency agile radar ······ 2. 1. 3. 16
frequency agile receiver ······ 3. 4. 5
frequency agility ······ 2. 3. 1. 1
frequency agility space ······ 2. 3. 1. 3
frequency agility time ······ 2. 3. 1. 4
frequency discrimination ······ 3. 5. 12
frequency diversity radar ······ 2. 1. 3. 15
frequency modulated radar ······ 2. 1. 3. 22
frequency modulated radar receiver ······ 3. 4. 8
frequency response character of angle tracking loop ······ 3. 8. 6
frequency scan antenna array ······ 2. 3. 3. 8
frequency sensitivity ······ 3. 1. 34
frequency sensitivity of beam pointer ······ 2. 3. 3. 9
frequency shift keyed signal ······ 2. 3. 2. 4
frequency shift mode ······ 3. 3. 20
frequency shift range ······ 3. 3. 21
frequency shift velocity ······ 3. 3. 22
frequency stability ······ 3. 3. 25
frequency synthesizer ······ 3. 9. 3
frequency-scanning radar ······ 2. 1. 3. 8
fruit ······ 2. 3. 8. 13
full-coherent pulse radar ······ 2. 1. 3. 23

G

garble ······ 2. 3. 8. 14
gas tight for feeder ······ 3. 2. 18
gate switch ······ 3. 3. 36
gradient sensor ······ 3. 7. 10

STANDARDS PRESS OF CHINA

graph of radar vertical detection-beam …… 3.6.45
graphical display …… 3.6.18
grating lobe …… 3.1.46
grating lobe pattern …… 3.1.47
ground penetrating radar …… 2.1.2.24
ground wave over-the-horizon radar …… 2.1.3.35

H

half-power beam width …… 3.1.9
harmonic radar …… 2.1.3.42
head-down indicator …… 3.6.36
head-up indicator …… 3.6.35
height-finding radar …… 2.1.2.7
high-stability frequency source …… 3.9.4

I

I、Q channel amplitude equalization …… 3.4.50
I、Q channel phase error …… 3.4.51
IAGC …… 3.4.28
identification coverage …… 2.2.4.4
identification probability …… 2.2.4.1
image display …… 3.6.19
image rejection …… 3.4.42
image-processing capability …… 2.2.1.34
imaging radar …… 2.1.3.48
imaging recognition …… 2.3.8.11
impedance match of antenna …… 3.1.18
impedance matching …… 3.2.13
impulse radar …… 2.1.3.45
incoherent pulse radar …… 2.1.3.24
incoherent weather radar …… 2.1.2.32
indirect frequency synthesizer …… 3.9.6
indirect location …… 2.3.7.8
infra red tracker …… 3.12.4
input impedance of antenna …… 3.1.15
input plot …… 3.6.6
insertion loss …… 3.2.3
instantaneous automatic gain control …… 3.4.28
instantaneous bandwidth …… 2.3.1.2
integration detector …… 3.5.22
inter pulse frequency shift …… 3.9.8
intercepted power …… 3.1.57
intermediate frequency(IF) integration …… 3.4.45

interrogation coverage ······ 2. 2. 4. 5
interrogation probability ······ 2. 2. 4. 2
inverse power ······ 3. 11. 3
inverse synthetic aperture ······ 2. 3. 6. 2
inverse synthetic aperture radar ······ 2. 1. 3. 38
ISAR ······ 2. 1. 3. 38
isolation ······ 3. 2. 16
isolation between antennas ······ 3. 1. 27

J

jitter of pulse leading edge ······ 3. 3. 17

L

laser detection and ranging ······ 2. 1. 3. 49
laser distance measuring instrument ······ 3. 12. 3
leading pulse compensation technique ······ 3. 10. 6
leading-edge tracking ······ 3. 8. 9
left-hand polarized ······ 3. 1. 39
LIFA input dynamic range ······ 3. 4. 56
line-dynamic range ······ 3. 4. 36
linear FM pulse compression ······ 2. 3. 2. 5
linear frequency modulated signal ······ 2. 3. 2. 1
linear frequency modulation ranging ······ 2. 3. 5. 13
lobe cross-over level ······ 3. 1. 21
local oscillator frequency stability ······ 3. 4. 34
local oscillator spectrum purity ······ 3. 4. 35
location error ······ 2. 3. 7. 9
locus recognition ······ 2. 3. 8. 2
logarithmic receiver ······ 3. 4. 9
low altitude surveillance radar ······ 2. 1. 2. 6

M

main control board ······ 3. 10. 1
main control table ······ 3. 10. 1
main lobe ······ 3. 1. 5
main lobe beam width ······ 3. 1. 10
main lobe zero beam width ······ 3. 1. 11
main spectral line amplitude ······ 2. 3. 5. 18
main-beam clutter ······ 2. 3. 5. 5
main-beam clutter suppression ······ 2. 3. 5. 15
main-lobe clutter ······ 2. 3. 5. 5
mainlobe to sidelobe ratio of pulse compression ······ 2. 3. 2. 8
major lobe ······ 3. 1. 5

major lobe beam width ······ 3. 1. 10
major lobe zero beam width ······ 3. 1. 11
marine radar ······ 2. 1. 2. 11
master oscillator power amplifier transmitter ······ 3. 3. 3
maximum detection range ······ 2. 2. 1. 4
maximum input power ······ 3. 4. 33
maximum search time of AFC ······ 3. 4. 40
maximum velocity and acceleration in rerotating of antenna ······ 3. 7. 16
measurement accuracy ······ 2. 2. 2. 2
measuring radar ······ 2. 1. 2. 20
mechanical scanning ······ 2. 2. 1. 19
mechanical scanning radar ······ 2. 1. 3. 7
meteorological radar ······ 2. 1. 2. 25
microwave frequency synthesis ······ 3. 3. 6
microwave hologram radar ······ 2. 1. 3. 47
microwave over-the-horizon radar ······ 2. 1. 3. 36
microwave power dividing ······ 3. 3. 8
microwave power synthesis ······ 3. 3. 7
minimum detectable signal-to-noise ratio ······ 2. 2. 1. 31
minimum detection range ······ 2. 2. 1. 5
minor lobe ······ 3. 1. 6
minor lobe in wide-angle ······ 3. 1. 41
minor lobe level ······ 3. 1. 12
minor lobe of near electrical boresight ······ 3. 1. 40
missing pulse ······ 3. 3. 29
monopulse radar ······ 2. 1. 3. 27
monopulse receiver ······ 3. 4. 1
motion compensation ······ 2. 3. 6. 5
moving target detection radar ······ 2. 1. 3. 18
moving target improvement factor ······ 2. 2. 1. 37
moving target indication radar ······ 2. 1. 3. 17
moving target indicator ······ 3. 5. 33
moving target tracker ······ 3. 5. 34
moving-target detector ······ 3. 5. 32
MTD ······ 3. 5. 32
MTI ······ 3. 5. 33
MTT ······ 3. 5. 34
multi-beam forming network ······ 3. 2. 26
multi-beam of phased array antenna ······ 2. 3. 3. 5
multi-frequency radar recognition ······ 2. 3. 8. 8
multi-mode network ······ 3. 2. 28
multi-path error ······ 2. 2. 2. 14
multiple PRF ranging ······ 2. 3. 5. 12

multi-static radar ······ 2.1.3.32
multi-station passive location ······ 2.3.7.5
multi-target tracking radar ······ 2.1.3.10
multiport network ······ 3.2.19

N

navigation accuracy ······ 2.2.2.5
navigation radar ······ 2.1.2.12
noise figure ······ 3.4.20
noise radar ······ 2.1.3.44
noise ratio ······ 3.4.21
nonlinear FM pulse compression ······ 2.3.2.6
nonlinear frequency modulated signal ······ 2.3.2.2
north signal ······ 3.7.8

O

obstruction rate ······ 3.3.27
one channel monopulse radar ······ 2.1.3.30
open-center PPI ······ 3.6.23
optimum receiver ······ 3.4.12
optimum threshold ······ 3.5.3
output power flatness ······ 3.3.9
output voltage stability ······ 3.11.5
over duty cycle protection circuit ······ 3.3.34
over pulse protection circuit ······ 3.3.32
over pulse width protection circuit ······ 3.3.33
over-the-horizon radar ······ 2.1.3.33

P

P scope ······ 3.6.29
PAR ······ 2.1.2.5
parameter detector ······ 3.5.27
parameter estimation ······ 3.6.15
parameter measuring ······ 3.10.2
partial focused processing ······ 2.3.6.4
passive clutter suppressing ······ 3.5.31
passive location ······ 2.3.7.1
passive radar ······ 2.1.3.3
pattern of radar plane detection range ······ 3.6.46
PD ······ 2.3.5.1
peak detection ······ 3.4.47
phase comparison monopulse radar ······ 2.1.3.29
phase detection ······ 3.4.46

STANDARDS PRESS OF CHINA

phase discrimination ········ 3.5.13
phase equalization ········ 3.4.25
phase pattern ········ 3.1.55
phase shift keyed signal ········ 2.3.2.3
phase shift network ········ 3.2.27
phase-coded pulse compression ········ 2.3.2.7
phase-locked amplitude ········ 3.4.55
phase-locked bandwidth ········ 3.4.54
phase-locked receiver ········ 3.4.2
phased array radar ········ 2.1.3.9
photograph indicator ········ 3.6.34
plan-position indicator ········ 3.6.29
plane pattern of an antenna ········ 3.1.26
plot ········ 3.6.11
plot extraction ········ 3.6.14
plot extraction capability ········ 3.6.4
polar coordinate indicator ········ 3.6.39
polarization agility ········ 2.3.1.5
polarization recognition ········ 2.3.8.5
pole recognition ········ 2.3.8.6
portable radar ········ 2.1.4.1
power undulate ········ 3.11.4
power-handling capacity ········ 3.2.7
PPI ········ 3.6.29
precision-approach radar ········ 2.1.2.5
PRF jitter ········ 3.9.10
PRF stagger ········ 3.9.9
primary display ········ 3.6.16
primary pattern ········ 3.1.53
primary radar ········ 2.1.3.1
protection modes ········ 3.3.23
pulse compression radar ········ 2.1.3.14
pulse compression receiver ········ 3.4.3
pulse detection ········ 3.4.48
pulse Doppler ········ 2.3.5.1
pulse Doppler radar ········ 2.1.3.19
pulse Doppler signal ········ 3.5.39
pulse Doppler signal processing ········ 3.5.40
pulse duty cycle ········ 3.3.28
pulse modulator ········ 3.3.30
pulse radar ········ 2.1.3.13
pulse radar receiver ········ 3.4.6
pulse rise time ········ 3.3.16

pulse width detection ········ 3.5.15
pulse-Doppler receiver ········ 3.4.4

Q

quadrature channels ········ 3.4.49
quantization error ········ 3.1.43
quantization error in pointing ········ 3.1.44
quantization loss in gain ········ 3.1.42
quasi-CW radar ········ 2.1.3.21
quasi-optimal detection ········ 3.5.9
quick threshold constant false alarm ········ 3.5.8

R

R-scope ········ 3.6.31
radar ········ 2.1.1.1
radar altimeter ········ 2.1.2.19
radar antenna ········ 3.1.1
radar bandwidth ········ 2.2.1.12
radar cross section ········ 2.2.1.13
radar cross section measuring radar ········ 2.1.2.23
radar frequency band ········ 2.2.1.10
radar instrument range ········ 2.2.1.2
radar monitor and control ········ 2.2.1.44
radar operating frequency coverage ········ 2.2.1.11
radar operation modes ········ 2.2.1.16
radar power supply ········ 3.11.2
radar power supply station ········ 3.11.1
radar resolution ········ 2.2.2.6
radar response time ········ 2.2.1.15
radar shelter ········ 3.12.1
radar target recognition (TR) technique ········ 2.3.8.1
radiation efficiency ········ 3.1.29
radome ········ 3.1.49
random scanning display ········ 3.6.43
range ambiguity ········ 2.3.5.8
range foldover effect ········ 2.3.5.9
range glint error ········ 2.2.2.13
range marker ········ 3.6.51
range profile recognition ········ 2.3.8.12
range tracking ········ 3.8.2
range-amplitude indicator ········ 3.6.24
range-azimuth indicator ········ 3.6.25
range-elevation indicator ········ 3.6.27

range-gate ······ 2.3.5.2
range-height indicator ······ 3.6.28
rank quantity detector ······ 3.5.26
raster display ······ 3.6.42
raster scanning ······ 3.6.41
RCS ······ 2.2.1.13
RCS measuring radar ······ 2.1.2.23
receive multi-beam ······ 2.3.3.4
receiver bandwidth ······ 3.4.29
receiver burned power ······ 3.4.32
receiver dynamic range ······ 3.4.19
receiver gain ······ 3.4.22
receiver limit sensitivity ······ 3.4.16
receiver opration sensitivity ······ 3.4.17
receiver recovery time ······ 3.4.23
receiver saturation level ······ 3.4.18
receiver suppression ······ 3.4.24
rectangular coordinate indicator ······ 3.6.38
reference axis ······ 3.1.25
reference boresight ······ 3.1.23,3.1.25
reflected power coefficient of a radome ······ 3.1.50
reflection characteristics ······ 2.2.1.40
refreshing rate ······ 3.6.10
relative measurement accuracy ······ 2.2.2.3
relative side lobe level ······ 3.1.7
residual clutter map ······ 3.5.38
resonance frequency of antenna ······ 3.1.17
resonance radar ······ 2.1.3.43
resonance recognition ······ 2.3.8.7
response coverage ······ 2.2.4.6
response probability ······ 2.2.4.3
reverse loss ······ 3.2.17
RF leakage power ······ 3.3.13
RF pulse ······ 3.3.10
RF pulse envelope ······ 3.3.11
RF pulse spectrum ······ 3.3.12
RHI scope ······ 3.6.28
right-hand polarized ······ 3.1.39

S

SAR ······ 2.1.3.37
satellite surveillance radar ······ 2.1.2.22
satellite-borne radar ······ 2.1.4.6

scan angle ········ 3.1.31
scan coverage ········ 2.2.1.23
scan mode ········ 2.2.1.22
scanning ········ 2.2.1.17
scanning speed ········ 3.1.33
SCV ········ 2.2.1.38
sea surveillance radar ········ 2.1.2.13
search radar ········ 2.1.2.1
secondary display ········ 3.6.17
secondary pattern ········ 3.1.54
secondary radar ········ 2.1.3.2
sector display ········ 3.6.20
sector scanning ········ 2.2.1.20
sensitivity time control ········ 3.4.31
separated angle of difference beam ········ 3.1.20
serve noise ········ 2.2.2.10
ship-borne radar ········ 2.1.4.4
side lobe ········ 3.1.6
side lobe in wide-angle ········ 3.1.41
side lobe level ········ 3.1.12
side lobe level far from the main lobe ········ 3.1.14
side lobe of near electrical boresight ········ 3.1.40
side lobe suppression ········ 3.1.8
side looking radar ········ 2.1.3.41
side-lobe clutter ········ 2.3.5.7
signal detection ········ 3.5.4
signal integration ········ 3.5.28
signal parameter ········ 2.2.1.42
signal processing antenna system ········ 3.1.3
signal processing capability ········ 2.2.1.32
signal processing response ········ 2.2.1.39
signal processing response time ········ 3.5.1
signal spectral line width ········ 2.3.5.16
signal spectral purity ········ 2.3.5.17
simultaneous lobing ········ 2.3.4.4
sine-cosine arithmetic unit ········ 3.9.14
sine-cosine encording disk ········ 3.9.13
single stage oscillator transmitter ········ 3.3.1
sky wave over-the-horizon radar ········ 2.1.3.34
slide-window ········ 3.5.23
slide-window detector ········ 3.5.24
slow threshold constant false alarm ········ 3.5.7
small slide-window detector ········ 3.5.25

STANDARDS PRESS OF CHINA

smooth extrapolation ········ 3.6.9
solid-state transmitter ········ 3.3.5
sources of angular error ········ 2.2.2.9
sources of range error ········ 2.2.2.8
space rendezvous radar ········ 2.1.2.34
space-borne radar ········ 2.1.4.5
spectrum center frequency receiver ········ 3.4.13
spectrum estimates TR ········ 2.3.8.10
speed recognition ········ 2.3.8.4
spillover power ········ 3.1.58
split-gate tracker ········ 3.8.8
spurious lobe ········ 3.1.45
squint angle ········ 3.1.19
stabilized platform ········ 3.7.7
stacked beam radar ········ 2.1.3.11
standing wave protection circuit ········ 3.3.31
static error ········ 3.7.19
STC ········ 3.4.31
step-strobe marker ········ 3.6.48
stretch range indicator ········ 3.6.31
strobe marker ········ 3.6.47
sub-clutter visibility ········ 2.2.1.38
sum pattern ········ 2.3.4.2
sum-difference network ········ 3.2.25
superdirective ········ 3.1.38
surveillance radar ········ 2.1.2.2
synchronization signal ········ 3.9.1
synchronous sensitivity ········ 3.7.24
synchronous stability ········ 3.7.23
synthetic aperture ········ 2.3.6.1
synthetic aperture length ········ 2.3.6.3
synthetic aperture radar ········ 2.1.3.37
synthetic indicator ········ 3.6.37
system sensitivity ········ 2.2.1.14

T

target capacity ········ 2.2.1.26
target data rate ········ 2.2.1.24
target dimension's number ········ 2.2.2.1
target identification capability ········ 2.2.1.35
target model ········ 2.2.1.25
target motion analysis ········ 2.3.7.6
terrain avoidance radar ········ 2.1.2.18

terrain-following radar …… 2.1.2.16
thermal noise error …… 2.2.2.7
three-dimensional(3D) radar …… 2.1.3.5
threshold …… 3.5.2
time base line …… 3.6.53
time base resolving …… 3.9.11
time response character of angular tracking loop …… 3.8.5
time side lobe …… 3.5.30
time-of-arrival location …… 2.3.7.2
track …… 3.6.12
track capacity …… 3.6.7
track correlation …… 3.6.13
track-while-scan technology …… 2.3.9.1
tracking accuracy …… 2.2.2.4
tracking accuracy of AFC …… 3.4.41
tracking coverage …… 2.2.1.3
tracking radar …… 2.1.2.8
tracking range …… 2.2.1.6
tracking velocity and acceleration …… 2.2.1.7
transmission line switch …… 3.2.23
transmission loss …… 3.2.4
transmitted power loss of a radome …… 3.1.51
transmitted-pulse suppression …… 2.3.5.14
transmitter clutter suppression degree …… 3.3.15
transmitter efficiency …… 3.3.19
transmitter harmonic suppression degree …… 3.3.14
transmitter signal forms …… 2.2.1.41
transmitter spurious noise …… 3.3.24
transmitting bandwidth …… 3.3.18
two-dimensional radar …… 2.1.3.4

U

unfocused SAR …… 2.1.3.40
upper-air meteorological sounding radar …… 2.1.2.27

V

V-beam radar …… 2.1.3.12
vehicle-carrying radar …… 2.1.4.2
velocity ambiguity …… 2.3.5.10
velocity clutter map …… 3.5.37
velocity discrimination …… 3.5.14
velocity resolution …… 2.3.5.4
velocity tracking …… 3.8.3

velocity-finding radar ········ 2.1.3.25
video integration ········ 3.5.29
video mapping ········ 3.6.21
voltage adjustment ratio ········ 3.11.6
voltage reflection coefficient ········ 3.2.11
voltage standing wave ratio ········ 3.2.12

W

waveform recognition ········ 2.3.8.3
weather radar ········ 2.1.2.30
well-strobe marker ········ 3.6.49
wideband radar ········ 2.1.3.46
width detection ········ 3.5.20
wind profiling radar ········ 2.1.2.29
wind-finding radar ········ 2.1.2.26
window extraction ········ 3.6.1

X

***X-Y* scope** ········ 3.6.33

Z

zero Doppler frequency spill-over ········ 2.3.5.19
zone extraction ········ 3.6.3
3 dB beam width ········ 3.1.9

ICS 01.140.20
A 14

GB

中华人民共和国国家标准

GB/T 3792.1—2009
代替 GB/T 3792.1—1983

STANDARDS PRESS OF CHINA

文献著录 第1部分:总则

Bibliographical description—Part 1:General

(ISBD(G):2004,General international standard bibliographic description,NEQ)

2009-09-30 发布　　2010-02-01 实施

中华人民共和国国家质量监督检验检疫总局
中国国家标准化管理委员会　发布

前　言

GB/T 3792《文献著录》共分9部分：

第1部分：总则；

第2部分：普通图书；

第3部分：连续性资源；

第4部分：非书资料；

第5部分：档案；

第6部分：测绘制图资料；

第7部分：古籍；

第8部分：乐谱；

第9部分：电子资源。

本部分是GB/T 3792的第1部分。

本部分与ISBD(G)：2004《国际标准书目著录(总则)》的一致性程度为非等效，修订过程中同时参考了ISBD：2007《国际标准书目著录》统一版。

本部分代替GB/T 3792.1—1983，与GB/T 3792.1—1983相比，主要变化如下：

——在目次和内容中增加了“规范性引用文件”和“附录”；

——将原来的“著录根据”改为“著录信息源”；

——将原来的“名词、术语”改为“术语和定义”，并将原来的4个名词、术语增加至52个；

——将各项规则的说明示例由原来的37个增加至149个，便于目录用户借鉴使用；

——增加了“著录项目与著录用标识符一览表”；

——增加了“5.3　标识符使用说明”的内容；

——在“8　著录项目细则”中增加了“结构形式”的内容条款；

——各个具体的条款内容均有程度不等的增加和修改，并删除了一些不必要的文字；

——删除了原有的“著录格式”、“著录详简级次”、“文献类型标识符”三个条款，对其中有用的内容则以附录等形式代替。

本部分的附录A、附录B、附录C均为资料性附录。

本部分由全国信息与文献标准化技术委员会提出并归口。

本部分起草单位：中国社会科学院、国家图书馆、北京大学图书馆。

本部分主要起草人：胡广翔、刘小玲、顾犇、沈正华。

本部分所代替标准的历次版本发布情况为：

——GB/T 3792.1—1983。

引　言

文献著录总则是制定和修订专门文献类型的著录规则的基础。制定和修订文献著录总则的目的是让负责制定编目规则的相关机构在使用专门文献类型的著录规则或处理这些规则未包括的资料类型时,利用文献著录总则作为制定其他著录规则的基础。

各种文献类型的著录规则的基本目的,是在全国范围内提供一致的著录规则,以便国家书目机构和国内图书馆与情报界之间、国家书目机构和国际图书馆与情报界之间实现书目记录的交换。通过指定书目著录的组成单元,规定这些单元的表示顺序,以及区分这些著录单元的标识符,旨在于:

a) 使不同来源的记录具有互换性,以便一个图书馆生产的记录,容易被任何其他图书馆目录或其他书目机构所接受;我国生产的记录,容易被任何其他国家的图书馆目录或其他书目机构所接受。

b) 帮助克服阅读记录的语言障碍,使为一种语言用户所做的记录,能被另一种语言的用户所理解。

c) 有助于将手工卡片形式目录转换为电子形式目录。

文献著录 第1部分:总则

1 范围

本部分规定了文献著录项目、各个著录项目的所有著录单元及其排列顺序、著录用标识符、著录信息源、著录用文字和著录项目细则等。

本部分适用于编制各种文献类型的著录规则。

2 规范性引用文件

下列文件中的条款通过GB/T 3792的本部分的引用而成为本部分的条款。凡是注日期的引用文件,其随后所有的修改单(不包括勘误的内容)或修订版均不适用于本部分,然而,鼓励根据本部分达成协议的各方研究是否可使用这些文件的最新版本。凡是不注日期的引用文件,其最新版本适用于本部分。

GB/T 3469 文献类型和文献载体代码

GB/T 12406 表示货币和资金的代码(GB/T 12406—2008,ISO 4217:2001,IDT)

3 术语和定义

下列术语和定义适用于本部分。

3.1

版本 edition

采用直接接触、照相复制或其他方法,源于同一原始输入信息制作,并且由同一机构或同一组机构或一个个人发行的一种资源的全部复本。

3.2

版本说明 edition statement

表示一种资源属于某一版本的一个词、短语或一组字符。通常是以序数词与“版”字或表示和其他版本不同的词与“版”字相结合的形式出现的。

3.3

版权页 colophon

出现在题名页之后或出版物末尾处、封底、容器等位置有关其出版发行和制作或印刷情况的说明,有时还有其他书目信息,包括有关题名的信息。

3.4

编号 numbering

一种资源的连续各期或各部分的标识。其著录可以包括数字、字母、任何其他字符,或者是它们的组合,可以附带或不附带“卷”、“号”等词和/或年月标识。

3.5

并列题名 parallel title

资源规定信息源上出现的、对应于资源正题名(或无总题名资源中单独著作的题名)的另一种语言和/或文字的题名。

3.6

并列著录单元 parallel element

一个著录单元以不同于第一个说明的语言和/或文字的另一个说明,例如,并列题名、并列其他题名信息、并列责任说明、并列版本说明等。

3.7

尺寸 dimensions

一种资源的线性度量(高、宽、深)以及/或者(对于要求用设备使用的资源)与该资源使用相关的尺寸。

3.8

丛编 series

一组相互关联而又各自独立的资源，每种资源除有自身的正题名外，还有一个适用于整组的总题名，即丛编正题名。各独立资源可能有编号，也可能没有编号。丛编内的独立资源可以是普通图书，也可以是连续性资源。

3.9

丛编编号 series numbering

丛编连续出版的各卷、期之识别标识，可以是数字、字母、其他符号或者是它们的组合形式。

3.10

从属题名 dependent title

本身不足以识别一种资源，需要附加在共同题名或主要资源题名或主丛编题名之后才能识别该资源的题名。例如，分辑题名、某些补编题名(包括副刊、增刊的题名)和某些分丛编题名、地图系列的各张题名、多部分资源某些部分的题名。

3.11

从属题名标识 dependent title designation

独自或与从属题名一起区分具有一个共同题名的两种或更多相关资源的编号。

3.12

代题名页 title-page substitute

当出版物没有题名页时，将包含有题名页通常所含信息的页、页的一部分或其他组成部分作为替代的题名页。如版权页、封面、卷端、刊头、编者说明页、乐谱的第一页等。

3.13

第一责任说明 first statement of responsibility

具有几种不同责任说明时，按排版顺序或有时按著作责任的重要程度首先出现的著作责任说明。

3.14

多部分资源 multi-part resource

在物理上分有限若干部分，计划或已经作为一个单位出版的普通图书或连续性资源或其他类型的资源，各个部分可以有各自的题名和责任说明。

3.15

多层次著录 multi-level description

书目著录的一种方法。将所描述的信息分为两个或更多层次。第一层次著录整个资源或主要资源的共同书目信息，第二层次及其后续层次著录相应层次各个部分的书目信息。

3.16

分丛编 subseries

作为主丛编一个组成部分的丛编。分丛编可能有，也可能没有从属于主丛编的题名。分丛编可能有编号，也可能没有编号。(参见3.10,3.21)

3.17

分丛编说明 subseries statement

识别分丛编的主要著录单元，包括分丛编内独立的资源编号。当分丛编题名从属于主丛编题名时，分丛编说明既包括主丛编题名，也包括分丛编题名，可能还有分丛编标识。

3.18

分辑题名　section title

用于识别一组具有共同题名的相关资源中的一个组成部分的专有题名。无论分辑题名是否具有可识别性，均需从属于共同题名才能识别一种资源。

3.19

附件　accompanying material

与所著录资源的主体部分一起发行，并计划与其一起使用的任何资料。

3.20

附件说明　accompanying material statement

附件的简要描述。

3.21

共同题名　common title

一组相关资源，除各自有不同的分辑题名外，还有其共同的题名部分。共同题名表示这些资源之间的关系，并和分辑题名一起共同标识某种资源。如果补编和分丛编还有从属题名时，共同题名部分由其主要资源及其补编部分组成，或者由主丛编及其分丛编部分组成。

3.22

规定信息源　prescribed source of information

文献著录的每一个著录项目或著录单元所取信息的来源。

3.23

国际标准书号　International Standard Book Number；ISBN

为识别图书而设计的国际标准编号，它标识特定出版社发行的一种著作的一个发行批次，它对于该发行批次是唯一的。它基于国际标准 ISO 2108，由国家 ISBN 机构分配。国际标准书号原由 10 位数字 4 部分构成。2007 年 1 月 1 日，国际标准书号系统内所有用户同步实施 13 位数字结构的 ISBN 编码。新版国际标准书号由前缀号（ISBN）、组号、出版者号、书序号、校验码五部分组成。与原有的 ISBN 号相比，13 位数字结构的 ISBN 编码就是在 10 位数字结构的 ISBN 编码前冠前缀号"978"，该前缀号由国际物品编码协会分配。

3.24

国际标准连续出版物号　International Standard Serial Number；ISSN

为识别连续出版物或集成性资源而设计的国际标准编号，由字母 ISSN 和其后的 8 位数字（包括一位校验码）组成，前 4 位与后 4 位数字之间用短横"-"连接。ISSN 与识别题名一起唯一标识了一种特定的连续出版物或集成性资源。它基于国际标准 ISO 3297，由 ISSN 网络中心分配。ISSN 号由国际连续出版物数据系统（International Serial Data System，简称 ISDS）国际中心负责管理并向各国或地区分配号码，各国或地区中心负责本国或本地区连续出版物的登记及配号事宜。

3.25

集成性资源　integrating resource

通过更新方法进行增补或修改的资源，其更新部分不是离散的，而是集成到整体中的。集成性资源可以是有限完成的，也可以是持续进行的。例如，不断更新的散页和不断更新的网站。

3.26

交替题名　alternative title

当题名页的正题名由两个或两个以上部分（每一个部分都有独立题名的形式）组成时，交替题名是其中居于"又名"或其他等同词之后的题名。

3.27

款目 entry

著录文献的结果，是反映文献的内容特征和形式特征的著录项目的组合，有时也可能包括文献著录的其他部分。

3.28

连续性资源 continuing resource

无预定结束期连续发行的资源，包括连续性资源和正在更新中的集成性资源。

3.29

目录 catalogue

将一批款目按照一定的次序编排而成的一种文献报道和检索工具，目录包括卡片目录、书本式目录等印刷型目录，也包括机器可读目录(如 MARC 目录)。

3.30

期刊 periodical

一种定期或不定期的、出版频率在每年一次以上的连续出版物，通常包含独立的论文或文章。

3.31

其他题名信息 other title information

与资源的正题名一起出现并从属于正题名的一个词、短语或一组字符。其他题名信息也和其他题名(例如并列题名、无总题名文献中的各著作题名、丛编或分丛编题名等)一起出现并从属于这些题名。其他题名信息起到对这些题名的限定、解释或补充作用，其中包括副题名和题上信息，但不包括规定信息源以外的变异题名，例如书脊题名、容器题名、封套题名等。

3.32

其他责任说明 other statement of responsibility

具有几种不同责任说明时，除第一责任说明以外的责任说明。

3.33

特定文献类型标识 specific material designation;SMD

表示资源所属于的具体文献类型的术语。

3.34

题名 title

通常出现在资源上的、作为资源或资源所包含的著作(或一组著作中的任何一种)名称的一个单词、短语或一组字符。一种资源通常包含有若干题名(例如题名页上的题名、封面题名、书脊题名等)，这些题名可能相同，也可能不相同(参见 3.10，3.21)。

3.35

题名页 title page

通常出现在文献的开始，反映有关该文献和其所含作品最详尽的书目信息，通常具有最完整的题名信息、责任说明和出版物全部或部分的说明。出现在题名页上的著录单元，当不重复地分印在相对的两页上，或分布于文献中的许多页时，则这些页一起看作为题名页。

3.36

题上信息 avant-titre

引导正题名的其他题名信息，出现在正题名规定信息源的上方。

3.37

团体 corporate body

由一个特定的名称标识的任何组织或一组个人和/或组织。它也包括有名称的临时小组或事件，例如会议、讨论会、代表大会、探险、展览、节日、博览会等。团体的典型例子有协会、机构、公司、非赢利企业、政府、政府机构、宗教团体和会议。

3.38

文献　document

记录有知识的一切载体。

3.39

无总题名文献　items without a collective title

一文献由几种著作合订出版，在规定信息源上只出现这几种著作的题名而无适合整个文献的题名。

3.40

一般文献类型标识　general material designation;GMD

概括地表示文献所属类型的术语。

3.41

与本版有关的责任说明　statement of responsibility relating to the edition

参与新版文献的修订、编辑、插图等再创作的责任者及其责任方式。

3.42

责任方式　type of responsibility

责任者对文献内容进行创造、整理的方式。

3.43

责任说明　statement of responsibility

对著作的知识内容或艺术内容的创作或实现负责或有贡献的任何个人、团体或与其职能相关的名称、短语或字符组。责任说明可能和题名(例如正题名、并列题名、丛编和/或分丛编题名)一起出现，也可能与版本说明一起出现。

3.44

正题名　title proper

资源的主要题名，即在题名与责任说明项规定信息源上出现的题名。正题名包括任何交替题名，但是不包括并列题名和其他题名信息。对于分辑、补编、分丛编或部分的题名而言，正题名可以由共同题名(或主丛编题名)、从属题名和从属题名标识组成。对于包含若干独立著作的资源，正题名是总题名。包含若干独立题名且没有总题名的资源被认为没有正题名。丛编或分丛编也有自已的正题名。

3.45

主丛编　main series

包含一种或多种分丛编的丛编。

3.46

著录　description

在编制文献目录时，按照一定规则，对文献的形式特征和内容特征进行分析、选择和记录的过程。

3.47

著录单元　element

书目信息的一个特定单元并且形成书目著录的一个著录项目中的一部分。著录单元可以是一个词、短语或一组字符。

3.48

著录项目　area

用以揭示文献形式特征和内容特征的记录事项，包括题名与责任说明项、版本项、文献特殊细节项、出版发行项、载体形态项、丛编项、附注项、标准编号与获得方式项，各个项目又包括对其特定内容的说明。

3.49

著录信息源　source of information

文献著录所选用信息的来源。这些信息源被规定了选取顺序。

3.50

转录 transcribe

著录时严格按资源上出现的形式(除了标点符号和大小写以外)照录所著录项目的文字信息。

3.51

资源 resource

包含知识内容和/或艺术内容的有形或无形的实体,该实体可被构想、制作和/或发行,并可作为一个书目著录的基础。资源包括文字资料、乐谱、静画和动画、图形、地图、录音资料和录像资料、电子数据或程序,以及采用连续方式发行的上述资料。

3.52

总题名 collective title

包含两种或更多单独著作的一种适合整个资源的题名。

4 著录项目和著录单元

著录项目和著录单元包括如下内容:

题名与责任说明项
- 正题名
- 一般文献类型标识
- 并列题名
- 其他题名信息
- 责任说明
  - 第一责任说明
  - 其他责任说明

版本项
- 版本说明
- 并列版本说明
- 与本版有关的责任说明
- 附加版本说明
- 附加版本说明的责任说明

文献特殊细节项
- 数学数据(测绘制图资源)
- 乐谱格式说明(乐谱)
- 编号(连续性资源)

出版发行项
- 出版发行地
- 出版发行者
- 发行者职能说明
- 出版发行日期
- 印制地、印制者、印制日期

载体形态项
- 文献数量和特定文献类型标识
- 其他形态细节
- 尺寸
- 附件

丛编项

　从编或分丛编正题名

　丛编或分丛编并列题名

　丛编或分丛编其他题名信息

　丛编或分丛编责任说明

　国际标准连续出版物号(ISSN)

　丛编或分丛编编号

附注项

标准编号与获得方式项

　标准编号

　识别题名(连续性资源)

　装帧

　获得方式和/或价格

　限定说明

5　著录用标识符

5.1　标识符

5.1.1　各著录项目和著录单元的标识符见表1。

表1　著录项目与著录用标识符一览表

著录项目	规定著录单元的前置或外括标识符	著录单元	用法 (M=必备) (C=有条件) (O=可选)	可重复性
1. 题名与责任说明项		1.1 正题名	M	
	[ ]	1.2 一般文献类型标识	O	
	=	1.3 并列题名	C	R
	:	1.4 其他题名信息	C	R
		1.5 责任说明		
	/	第一责任说明	M	
	;	其他责任说明	C	R
2. 版本项	. --	2.1 版本说明	M	
	=	2.2 并列版本说明	O	R
		2.3 与本版有关的责任说明		
	/	第一责任说明	M	
	;	其他责任说明	C	R
	,	2.4 附加版本说明	M	R
		2.5 附加版本说明的责任说明		
	/	第一责任说明	M	
	;	其他责任说明	C	R

表 1（续）

著录项目	规定著录单元的前置或外括标识符	著录单元	用法（M=必备）（C=有条件）（O=可选）	可重复性
3. 文献特殊细节项	. --	3.1 数学数据(测绘制图资源)	M	R
		3.2 乐谱格式说明(乐谱)	M	
		3.3 编号(连续性资源)	M	
4. 出版发行项	. --	4.1 出版发行地		
		第一出版、发行地	M	
	;	其他出版、发行地	C	R
	:	4.2 出版发行者	M	R
	[ ]	4.3 发行者职能说明	O	
	,	4.4 出版发行日期	M	
	(	4.5 印制地	C	R
	:	4.6 印制者	C	R
	,)	4.7 印制日期	C	
5. 载体形态项	. --	5.1 文献数量和特定文献类型标识	M	
	:	5.2 其他形态细节	C	
	;	5.3 尺寸	C	
	+	5.4 附件	O	R
6. 丛编项	. --	6.1 丛编或分丛编正题名	M	
	=	6.2 丛编或分丛编并列题名	C	R
	:	6.3 丛编或分丛编其他题名信息	C	R
		6.4 丛编或分丛编的责任说明		
	/	第一责任说明	C	
	;	其他责任说明	C	R
	,	6.5 丛编或分丛编的 ISSN	M	
	;	6.6 丛编或分丛编的编号	C	
7. 附注项	. --		C	R
8. 标准编号与获得方式项	. --	8.1 标准编号	M	
	( )	8.2 装帧		
		8.3 识别题名(连续性资源)	C	
	:	8.4 获得方式和/或价格	O	R
	( )	8.5 限定说明	O	R

5.1.2　文献标准著录规则的著录单元被分为必备的、有条件的、可选的：

必备的：如果适用，该著录单元在所有情况下都是要求著录的。

有条件的：在有些条件下(例如“当有必要用于识别或被认为对目录使用者重要时”)，该著录单元是要求著录的。如果条件不满足，则该著录单元是可选的。

可选的：该著录单元可由编目机构决定是否包括或者省略。

5.2 标识符使用方法

为识别各著录项目及其单元，对本规则的各著录项目和著录单元著录一定的前置或外括标识符。

. -- 用于除“题名与责任说明项”以外的各著录项目之前，各著录项目另起段落著录时，省略此标识符。

[ ] 将一般文献类型标识、取自规定信息源以外的著录信息、自拟的著录内容置于方括号之中。

= 在同一个著录单元中出现两种或两种以上的语言文字时，用于第一种语言文字之后的每一语言文字之前；在同一个著录项中出现两种或两种以上的语言文字时，用于第一组著录单元以后的每一组著录单元之前；在同一个编号序列中，用于第一个编号标识以后出现的每一个编号标识之前；例如，并列题名、并列责任说明、并列版本说明、丛编并列题名、连续性资源卷期年月的第二种标识系统；也用于识别题名之前。

: 用于其他题名信息、出版(发行)者、其他形态细节、获得方式之前，以及多层次著录中的第二及其以后各层次的分辑标识与题名之间。

/ 用于第一责任说明、本版第一责任说明、丛编或分丛编第一责任说明之前。

; 用于其他责任说明、与本版有关的其他责任说明、其他出版(发行)地、尺寸、丛编或分丛编编号、连续性资源的后继标识系统之前，以及同一责任说明的无总题名文献的各部作品题名之间。

, 用于有分辑标识时的分辑题名、出版发行(印制)日期、附加版本说明、国际标准连续出版物号之前。

. 用于分辑标识、没有分辑标识时的分辑题名、分丛编题名之前，以及不同责任说明的无总题名文献的各部作品题名之间。

\+ 用于附件之前。

() 将丛编项、印制事项、标准编号与获得方式的限定说明置于圆括号之中。

… 用于表示省略的内容。

5.3 标识符使用说明

5.3.1 除第1项第一著录单元外，每著录单元均应前冠或外括规定的标识符。规定的标识符前后各置一空格(单字节)，但逗号(,)和下圆点(.)只在其后面置一空格。其他标识符号的使用，按国家书目机构或编目机构的规定著录。

5.3.2 著录用标识符遇到产生双重标点符号时也可保留。

示例1：3rd ed.. --

而不著录为 3rd ed. --

示例2：And then .... -- 4th ed.

而不著录为 And then ... -- 4th ed.

5.3.3 圆括号(( ))和方括号([ ])各自作为一个单独的标识符，其前后各空一格。当它们前面或后面有用一空格作为结尾或开头的标识符时，只保留一个空格。

示例1：. -- (家佳听书馆系列)

示例2：一千零一夜 [电子资源] / (美) Dan C. Harmon 改写

5.3.4 款目的每一著录项目(除第一项外)均冠以下圆点、空格、连字符、连字符、空格(. --)。如遇回行，不可省略该标识符。但各著录项目另起段落著录时可省略该标识符。

示例：麻辣女孩. -- 北京：北京中录同方音像出版社，2005. -- 1光盘；12 cm

5.3.5 当某一著录项目缺少第一著录单元而又有其规定的标识符时，用下圆点、空格、连字符、连字符、空格(. --)代替其规定的标识符置于该项目之前。

示例：. -- (中国电视剧精品欣赏). -- CNY13.75

5.3.6 凡重复著录一个项目或单元时，应重复添加其标识符。

示例：. -- 北京：中华书局：商务印书馆，1993

5.3.7 资源不适用的著录项目或著录单元不予著录，其前置或外括的规定标识符也予省略。

5.3.8 多卷(册)文献的卷(册)标识前用“.”，分辑题名前用“,”，无卷(册)标识的分辑题名前用“.”。

示例1：化学. 第一册，有机化学

示例2：化学. 分析化学

示例3：北京图书馆古籍珍本丛书. 14，史部. 传记类

5.3.9 著录用标识符应在英文状态下录入，其中的下圆点一律为英文状态下的下圆点，而非中文状态下的中圆点。

5.3.10 多种丛编说明分别置于圆括号“( )”内；第二和其余丛编说明前冠一空格。

示例：. --(建水古今丛书 ; 4)(建水文化丛书 ; 1)

5.3.11 当同一信息在一个著录项目或著录单元中出现两种或多种语言和/或文字时，应按以下规定著录：

a) 当一个著录单元以两种或多种语言和/或文字记录时，位于第一种语言和/或文字之后的每一种语言和/或文字的信息，都应冠以空格、等号、空格(=)。

b) 当一个著录项目内有两个或几个著录单元用两种或多种语言和/或文字记录时，每一种语言和/或文字的著录单元前冠相应标识符。第一种语言和/或文字的整组著录单元应冠以适用于第一著录单元的标识符；其后的每组著录单元都应前冠空格、等号、空格(=)。

示例：中国少年儿童百科全书. 2，人类社会卷＝Children's illustrated encyclopedia. 2，Human & society：彩色图文版 / 纪江红主编

5.3.12 从右至左书写的文字信息，按其文字体例用作规定标识符的逗号和分号应予反转。同样，项目标识符(. --)应从右至左阅读，圆括号和方括号的开闭意义也应反转。但是，斜线和阿拉伯数字则不予反转(见附录C)。

6 著录用文字

6.1 题名与责任说明项、版本项、出版发行项、丛编项应按信息源中的语言和/或文字著录。著录项目中被修改的部分应使用与著录内容相同的语言和/或文字，置于方括号“[ ]”内。现有设备无法照录的图形及符号等可由编目员改为其他形式的相应内容，置于方括号“[ ]”内。

6.2 一般文献类型标识、载体形态项、附注项、标准编号与获得方式项的著录，除附注项中关于文献原题名及引用部分一般应按文献本身的文字著录外，均采用编目机构所选用的文字著录。

6.3 版次、出版日期、数量、尺寸、价格等数字一般用阿拉伯数字著录。

6.4 规定信息源上的文字出现错误时，除如实著录外，将正确文字著录其后，置于方括号“[ ]”内，或在附注项说明。

6.5 采用非汉语著录相关内容时，按其文字书写规则著录。

7 著录信息源

7.1 著录信息源优先选取来自资源本身的信息。

7.2 各种文献类型的主要信息源和规定信息源，详见本标准其他部分的著录规则。

7.3 每一著录项目均具有指定的“规定信息源”，并按优先顺序排列。

7.4 凡取自规定信息源以外的信息，或由编目员自拟的著录内容，置于方括号“[ ]”内，同时在附注项注明来源。

8 著录项目细则

8.1 题名与责任说明项

8.1.1 结构形式

正题名[一般文献类型标识]

正题名[一般文献类型标识]:其他题名信息

正题名[一般文献类型标识]= 并列题名

正题名[一般文献类型标识]= 并列题名 :其他题名信息

正题名[一般文献类型标识]:其他题名信息 = 并列题名 :并列其他题名信息

正题名[一般文献类型标识]:其他题名信息 = 并列其他题名信息

正题名[一般文献类型标识]/ 责任说明

正题名[一般文献类型标识]= 并列题名 = 并列题名 / 责任说明

正题名[一般文献类型标识]:其他题名信息 :其他题名信息 / 责任说明

正题名[一般文献类型标识]/ 责任说明 = 并列责任说明

正题名[一般文献类型标识]/ 责任说明 = 并列题名 / 并列责任说明

正题名[一般文献类型标识]/ 责任说明 ;其他责任说明 ;其他责任说明

题名[一般文献类型标识]/ 责任说明. 题名 / 责任说明

题名[一般文献类型标识];题名 / 责任说明

正题名[一般文献类型标识]:其他题名信息 ;题名 :其他题名信息 / 责任说明

正题名[一般文献类型标识]= 并列题名 ;题名 = 并列题名 / 责任说明

正题名[一般文献类型标识]:其他题名信息 = 并列题名 :并列其他题名信息 / 责任说明

正题名[一般文献类型标识]/ 责任说明 = 并列题名 / 并列责任说明

题名,又名,交替题名[一般文献类型标识]/ 责任说明

共同题名. 从属题名[一般文献类型标识]

共同题名. 从属题名标识,从属题名[一般文献类型标识]

共同题名. 从属题名标识[一般文献类型标识]

共同题名. 从属题名[一般文献类型标识]= 并列共同题名. 并列从属题名

共同题名. 从属题名[一般文献类型标识]/ 责任说明

共同题名 :其他题名信息. 从属题名[一般文献类型标识]:其他题名信息

共同题名 / 责任说明. 从属题名[一般文献类型标识]:其他题名信息/ 责任说明 = 并列共同题名 / 并列责任说明. 并列从属题名 :并列其他题名信息/ 并列责任说明

8.1.2 正题名

8.1.2.1 正题名由规定信息源上出现的题名形式组成,包括交替题名以及连接交替题名和正题名第一部分的连词,但不包括并列题名或其他题名信息。

8.1.2.2 当资源的分辑、补编、部分等从属题名或标识不与共同题名或主资源题名一起使用就不足以识别时,则正题名由共同题名和从属题名构成。

8.1.2.3 无总题名的资源视为无正题名。

8.1.2.4 正题名是第一个著录单元。无论题名页的正题名前出现何种著录信息,正题名仍应著录于本项之首。

8.1.2.5 正题名是文献的主要题名,它具有多种形式。如文字、通用术语、责任者名称、缩写词、数字、字母、交替题名以及由共同题名与分辑标识和(或)分辑题名组成的题名等。

示例 1:1·2·3

示例 2:Photoshop 7.0

示例3:1+1容易学

示例4:比尔·克林顿

示例5:黑色金三角,又名,为了这一片净土

8.1.2.6 正题名原则上应按照规定信息源上的文字照录,但大写和标点符号不一定照录。某些图形及符号等可用其他相应的文字代替,置于方括号“[ ]”内,同时在附注项注明。有语法作用的空格一般亦应照录。

示例1:只要他不踩到我的花 ……

示例2:路德维希·凡·贝多芬降B大调第四交响曲

示例3:SQL Cookbook 中文版

示例4:电工学·电子技术(第六版)导教·导学·导考

示例5:英语求职面试成功=临摹口语+速成智慧

示例6:小故事 大智慧

示例7:一个小老头,名字叫巴金

示例8:《大学核心英语》(修订版)四级自学辅导

8.1.2.7 规定信息源中有两种或两种以上语言和/或文字的题名时,应选择与资源正文语言和/或文字相同的题名作为正题名。如这一规定不适用,应根据版式或顺序选择正题名。

8.1.2.8 无总题名文献

8.1.2.8.1 如果文献由两种或多种著作组成而无总题名,则该资源被视为无正题名。

8.1.2.8.2 对于无总题名的文献,著录正题名时需转录每个著作的题名、相关的并列题名和其他题名信息。

8.1.2.8.3 如果各著作的责任者是同一个人或团体,除第一个题名外的每个题名,都前置空格,分号,空格(;),责任说明置于所有题名之后。

示例:邪恶的躯体 ; 亲者 / (英)伊夫林·沃著 ; 胡南平译

8.1.2.8.4 如果各单独著作的责任者是不同的个人或团体,除第一个题名外的每个题名,都前置下圆点,空格(.),各单独著作的责任说明分别置于其所属题名之后。

示例:千家诗 / (南宋)刘克庄编. 花间集 / (后蜀)赵崇祚编. 绝妙好词 / (宋)周密编 ; 近人补编

8.1.2.8.5 题名在三个以下(含三个)时,可依次著录各个题名与责任者;题名在四个以上时(含四个),则只著录前三个,其余著录于附注项。

示例:白门新柳词; 白门新柳记 ; 白门新柳补记 / (清)许豫编

(附注:合订还有: 白门衰柳附记)

8.1.2.9 文献的卷数、章回数等视为其他题名信息,按规定信息源所题著录。

示例1:红楼梦续 : 后四十回新编

示例2:东塘日札 : 二卷

8.1.2.10 交替题名按规定信息源中的顺序依次著录,题名中的“又名”、“一名”或其他语言和/或文字相对应的词应予保留,其前后分别以逗号分隔。

示例:一念之间,又名,叩响心扉

8.1.2.11 正题名由共同题名与分辑标识和/或分辑题名构成时,首先著录共同题名,然后再著录分辑标识或分辑题名。只有分辑标识或分辑题名时,其前用下圆点“. ”标识。

示例1:代数. 第一卷

示例2:物理学. 电子物理学

示例3:物理学. 第一卷, 普通物理学

示例4:炊事班的故事. 第二部

示例5:基础商务汉语. 上, 会话与应用

示例6:全国各大艺术院校考试风格解析. 素描. 二

8.1.2.12 题名在文献各处有重要差异或另有别名，依规定信息源上的题名著录，将其他题名在附注项注明。例如，“版权页题名：××××××”或“目次页题名：××××××”。无题名页时依该文献类型规定信息源的先后顺序著录。

示例1：最新流行家具设计 / 唐开军编著

示例2：版权页题：当代家具设计技术

示例3：一学就会的鱼病诊治 / 梁瑞刚编著

示例4：本书无题名页，题名取自版权页

8.1.2.13 同一文献在新版时题名变更，应将原题名著录于附注项。

示例：双面娃娃 / 岑凯伦著

本书原名：白色天使

8.1.3 **一般文献类型标识**

8.1.3.1 一般文献类型标识通常用编目机构选用的文献类型的规范术语著录于正题名或无总题名文献的第一个题名之后，置于方括号“[ ]”内。

示例1：软件安全开发生命周期［电子资源］

示例2：亲近与赏读. 孟子［录音制品］

示例3：香港特别行政区地图［地图］；澳门特别行政区地图

8.1.3.2 一般文献类型标识根据各文献工作机构的实际需要和各类型目录的性质决定取舍。各类型文献分别建立目录时可以省略“一般文献类型标识”，但是在集成目录（包含多于一种类型的目录）中很有意义。必要时，可部分或全部引用 GB/T 3469。

8.1.3.3 文献包含一种主要组成部分和一种或多种附属组成部分，而又不属于同一种文献类型时，只著录主要组成部分的文献类型，附属部分的文献类型可在附注项中注明。

示例1：管弦乐序曲红旗颂［乐谱］

附注：附光盘：ISRC CN-R12-06-370-00

8.1.4 **并列题名**

8.1.4.1 资源可能有一个或多个并列题名。如果一个并列题名在语言上和著录的另一部分连接，则不将其作为并列题名。和正题名语言不同并出现在规定信息源上的原始题名，则处理为并列题名。

8.1.4.2 当规定信息源中有两种或两种以上语言和/或文字的题名时，应将未被选作正题名的题名作为并列题名著录于正题名之后（省略“一般文献类型标识”时）。与汉字题名对应的汉语拼音题名不视为并列题名。

8.1.4.3 并列题名依规定信息源所载顺序著录，并在第二语言和/或文字及其以后每个并列语言和/或文字题名前用“ = ”标识。

示例：邮政包裹协定 = Parcel post agreement, Cairo 1934 = Arrangement concernant les colis postaux, Le caire, 1934

8.1.4.4 与正题名相对应的其他语言和/或文字题名不载于规定信息源时，可著录于附注项。

8.1.5 **其他题名信息**

8.1.5.1 其他题名信息一般出现在正题名、并列题名或无总题名文献的个别著作题名前后，由从属于这些题名的词、短语或字符串组成。

8.1.5.2 其他题名信息从属于正题名、并列题名、无总题名文献中的个别作品的题名、丛编题名等，其前用“ ：”标识，著录在与其相关的题名之后。

示例：用音符铭刻的历史 ：抗日经典歌曲

8.1.5.3 正题名如果由简称或缩写词组成，同时全称形式也出现在规定信息源，其全称形式应按其他题名信息处理。

示例：数列词览 ：数列化唐宋词构型总览

STANDARDS PRESS OF CHINA

8.1.5.4 规定信息源中有一个或多个并列题名和并列其他题名信息时，应将每一个其他题名信息著录在与其语言和/或文字相同的题名之后。

示例：第二生命的养育 ：健康心理从 0 岁开始 = Nursing of second life ：start health psychology from 0 year old

8.1.5.5 规定信息源中有一个或多个并列题名，而其他题名信息只有一种语言和/或文字时，应将其他题名信息著录在最后一个并列题名之后。

示例：踏着长征的足迹 = Following the footsteps of the Long March ：革命老区经济社会调查

8.1.5.6 规定信息源中没有并列题名，而有并列其他题名信息时，应先著录与正题名语言和/或文字相同的其他题名信息，再著录其他语言和/或文字的其他题名信息。如这一规定不适用，可根据规定信息源中的版式或顺序著录。

8.1.5.7 其他题名信息具有两个或两个以上时，其前重复使用“ ：”标识。

示例：人体解剖图 ：内分泌系统 ：局部解剖

8.1.5.8 当其他题名信息是关于正题名之后所列附录、译自某种文字、写作材料来源及根据、说明文献出版发行特点的文字时，著录于附注项。

示例 1：附：著述年表

示例 2：内部发行

8.1.6 **责任说明**

8.1.6.1 责任说明由对著作的知识和艺术内容的创造或实现负有责任或作出贡献的任何个人或团体的身份和/或职能相关的名称、短语或字符串组成。第一责任说明和其他责任说明的不同，只是顺序不同，并不意味第一责任说明对著作负有主要责任。当责任说明是匿名的或隐藏的，没有明确的个人或团体名称，也应照录。

8.1.6.2 责任说明应按规定信息源中的文字照录，著录于题名之后。

8.1.6.3 责任说明包括责任者名称及责任方式，依规定信息源上的原题顺序著录。

8.1.6.4 个人或团体名称前后出现出身、籍贯、单位、资格、职务、学位、头衔等词，如不是识别个人或团体所必需者，均不予著录。

示例：针灸临床选要 / 陈全新著

（规定信息源题：陈全新教授著）

8.1.6.5 著录同一责任方式的责任者一般不超过三个；超过三个时，只著录第一个，其后加“ …［等］”，也可直接著录“［等］”（或其他语言和/或文字的等同字），其余责任者可在附注项说明。

示例 1：素描 速写 / 赵广和 …［等］绘

示例 2：Interstate produce sales / prepared by M. Mumblow ... ［et al.］

8.1.6.6 著录多个责任者时，应根据规定信息源中的版式或顺序著录，而不考虑每个不同责任说明对著作所负责任的大小。相同责任方式的责任者名称之间用逗号“，”分隔；不同责任方式的责任说明前用“ ；”标识。

示例 1：新编图书馆目录 / 黄俊贵，罗健雄编著

示例 2：天工开物 /（明）宋应星著 ；钟广言注释

8.1.6.7 规定信息源中既有并列题名又有并列责任说明时，应将责任说明著录于与其语言和/或文字相同的题名之后。

示例：神曲 /（意）但丁·阿利基埃里著 = La divina commedia / Dante Alighieri

8.1.6.8 规定信息源有一个或多个并列题名，而没有并列责任说明时，应将责任说明著录在最后一个并列题名之后。

示例：英汉技术词典 = An English-Chinese dictionary of technology / 清华大学《英汉技术词典》编写组编

8.1.6.9 责任者的责任方式应依原书所题著录。若原书未载明，必要时可根据著作类型等情况选定，并用方括号括起。

8.1.6.10　若责任者名称在语言上是其他著录单元的组成部分，且已被转录(如作为正题名的一部分、其他题名信息的一部分或作为出版发行项的一部分)，则不应作为责任说明。但若责任者名称在题名页上明确地以正式的责任说明形式重复出现时，则应作为责任说明予以著录。

示例1：宋庆龄书信集

（规定信息源未载有“宋庆龄著”，在题名与责任说明项省略著录）

示例2：爱因斯坦晚年文集 / 阿尔伯特・爱因斯坦著 ; 方在庆，韩文博，何维国译

（在题名页上明确地以正式的责任说明形式重复出现）

8.1.6.11　责任者名称在语言上既是责任说明，也是出版发行者时，在题名与责任说明项和出版发行项均应如实照录。

示例：家用和类似用途电器标准汇编. 清洁及整理器具卷 / 中国标准出版社编. -- 北京 : 中国标准出版社

8.2　版本项

8.2.1　结构形式

. -- 版本说明

. -- 版本说明 = 并列版本说明

. -- 版本说明 / 与本版有关的责任说明

. -- 版本说明 / 与本版有关的第一责任说明 ; 与本版有关的第二责任说明 ; 与本版有关的第三责任说明

. -- 版本说明 / 与本版有关的责任说明 = 并列版本说明 / 并列责任说明

. -- 版本说明, 附加版本说明

. -- 版本说明 / 与本版有关的责任说明, 附加版本说明 / 责任说明

8.2.2　版本说明

8.2.2.1　版本说明是涉及以下内容的一个术语、短语或一组字符：

a)　正式识别为构成一个命名的和/或编号的版本的一种资源的所有复本。

b)　以一种特定形式呈现、与同一形式呈现的其他复本有明显区别的一种资源的所有复本，不管该资源是否载有关于版本的任何正式说明；表示一种资源作为整体的一种命名的和/或编号的版本、重印、复制或修订的说明。

8.2.2.2　下列情况下应著录版本说明：

a)　一种资源的复本，正式标识为构成一个命名型版本和/或序数型版本。

b)　一种特殊形式表示的资源的复本，与同种形式表示的其他复本有重大差异。

8.2.2.3　版本说明以资源上出现的术语转录，用阿拉伯数字代替其他数字或拼写的数字。

8.2.2.4　版本说明的定义，在各专门文献类型的著录规则里详细描述。

8.2.2.5　一般情况下，初版或第1版不予著录，其他各个版次均应按文献中出现的形式如实著录，版次均使用阿拉伯数字著录，著录为“第×版”。也可省略“第”字，著录为“×版”。

示例：北京市专业技术人员计算机应用水平考试 / 北京市人事考试中心制作. -- 3.0版

8.2.2.6　版本说明属于题名的组成部分应在题名部分著录，本项不应重复著录。

示例：现代汉语(增订三版)教学说明与自学参考

（版本说明不著录“增订三版”）

8.2.2.7　与版本说明有关的文字，如“增订3版”、“活字本，泥活字”、“2版，修订本”、“新1版，增订本”等，均应著录于版本项。

8.2.2.8　文献制版类型除常见的铅印、胶印方式予以省略外，其余制版方式，如“油印本”、“刻本”、“影印本”、“晒印本”、“缩印本”等，均应著录于版本项。

8.2.2.9　文献包括两种及以上制版类型时，可同时著录。

示例：. -- 影印本与晒印本

8.2.2.10　文献版权页原题版次有误，应如实著录，并在附注项说明。

8.2.3 并列版本说明

并列版本说明是版本说明用另一种语言和/或文字的对等说明。如规定信息源载有多于一种语言和/或文字的版本说明,应著录用正题名语言和/或文字的版本说明。如这一规定不适用,版本说明应著录版式突出的版本说明;如果没有版式差别,应著录首先出现的版本说明,并列版本说明也可以著录。

8.2.4 与本版有关的责任说明

8.2.4.1 关于第一版的责任说明总是著录在第1项(如果在规定信息源出现)。

8.2.4.2 与本版有关的责任说明著录于版本说明之后,其前用斜线“ / ”标识。

8.2.4.3 与本版有关的责任说明最多著录三个。

8.2.4.4 用多种语言和/或文字记载的版本说明及与本版有关的责任说明,应著录与正题名语言和/或文字相同者。如这一规定不适用,可按版式或排列顺序著录。

8.2.4.5 翻译作品原版的版本说明不著录在本项,在附注项说明。

8.2.5 附加版本说明

附加版本说明是在规定信息源中出现的对版本说明的补充说明,其前用逗号“, ”标识。

示例1:. -- 2版, 修订版

示例2:. -- 刻本, 蓝印

8.2.6 附加版本说明的责任说明

附加版本说明的责任说明著录于附加版本说明之后,其前用斜线“ / ”标识。

8.3 文献特殊细节项

8.3.1 本项一般用于著录连续性资源的卷、期、年、月标识,地图资源的比例尺和投影法,乐谱资源的特殊乐谱格式的说明,以及其他类型文献的特殊记载事项等。

8.3.2 如果资源是一种资料类型和出版物类型的组合(例如地图连续出版物),则重复本项,首先著录与连续性资源的主题内容相关的文献特殊细节项(例如地图资料的比例尺信息),然后再著录针对连续出版物的文献特殊细节项(卷、期、年、月等编号信息)。

示例1:. -- 比例尺 1:300 000

示例2:. -- Vol. 1, no. 1 (1980, 3) -

示例3:. -- 钢琴缩编谱

8.4 出版发行项

8.4.1 结构形式

. -- 出版发行地 : 出版发行者, 出版发行日期

. -- 出版发行地 : 出版发行者 ; 出版发行地 : 出版发行者, 出版发行日期

. -- 出版发行地 ; 出版发行地 : 出版发行者, 出版发行日期 (印制地 : 印制者, 印制日期)

. -- 出版发行地 = 并列出版发行地 : 出版发行者, 出版发行日期

. -- 出版发行地 : 出版发行者 = 并列出版发行地 : 并列出版发行者, 出版发行日期

. -- 发行地 : 发行者名称 [职能], 发行日期 (印制地 : 印制者, 印制日期)

. -- 出版发行地 : 出版发行者, 出版发行日期 (印制地 : 印制者, 印制日期)

. -- 出版发行地 : 出版发行者 : 出版发行者, 出版发行日期

. -- 发行地 : 发行者名称 [职能], 发行日期

8.4.2 “出版发行”是指与资源相联系的各种出版、制作、发行、发布活动。如果一个个人或团体兼有出版、制作、发行等活动以及物理生产活动,或者如果无法确定个人或团体兼有出版、制作、发行等活动还是仅仅负责物理生产活动,则按出版、制作、发行的职能给予说明。

8.4.3 出版发行地

8.4.3.1 出版发行地是指在规定信息源中出版者或发行者所在的城镇名称,一般著录地名全称。

8.4.3.2 文献题有出版地，不著录发行地；未标明出版地，可著录发行地，并在其后面的方括号“[ ]”内注明“发行地”字样。

8.4.3.3 文献原题两个出版发行地时，第二个出版发行地前用分号“；”标识；原题三个及其以上出版发行地时，应按原题顺序著录第一个，在其后加“[等]”字，其余出版发行地可在附注项说明。

示例 1：. -- 北京 ；香港 ：三联书店

示例 2：. -- 广州[等] ：世界图书出版公司

（出版地还有：北京、上海）

8.4.3.4 原题出版发行地有误，除如实著录外，应将正确地名著录其后，并用方括号“[ ]”括起，或在附注项说明。

8.4.3.5 文献未标明出版城市的地名时，可著录其上级行政区名称，如省名、国家名称等。为识别某些不为人熟知的出版发行地或地名相同的不同出版发行地，应在出版地或发行地地名之后附加其上级行政区名称或国别。如附加的上级行政区或国别是取自规定信息源，则加圆括号“（ ）”；如果取自其他信息源，则加方括号“[ ]”。

8.4.3.6 推测著录的出版发行地要加问号，并用方括号“[ ]”括起。无法推测著录具体的出版发行地时，可著录其所在省名或国名，并加问号，然后用方括号“[ ]”括起。如果资源上没有出版发行地，或者出版发行地无法推测时，则著录“出版地不详”或其他文字的等同词，置于方括号内。

示例 1：. -- [广州?]

示例 2：. -- [广东?]

示例 3 . -- [日本?]

示例 4：. -- [出版地不详]

示例 5：. -- [出版地不详] ：[出版者不详]

8.4.3.7 如出版地或发行地有多种文字时，应著录与正文语言和/或文字相同的地名，如这一规定不适用，则选用编目语言和/或文字，或根据版式或顺序著录最显著的一个或第一个地名。

8.4.3.8 出版发行者名称中含有其所在地名称时，为避免混淆，仍应著录，不得省略。

示例：. -- 北京 ：北京出版社

8.4.4 出版发行者

8.4.4.1 出版发行者一般以出版发行机构为准，不著录出版发行机构代表人。文献题有出版者，不著录发行者；未标明出版者，可著录发行者，并在其后的方括号“[ ]”内注明“发行者”字样。

示例：. -- 北京 ：中国国际质量认证咨询促进会[发行者]

8.4.4.2 出版发行机构一律按照规定信息源如实著录全称或简称。

8.4.4.3 同时充当责任者的出版者，不可著录为“著者”、“编者”、“译者”等字样。

示例：/ 长江文艺出版社编. -- 武汉 ：长江文艺出版社

8.4.4.4 规定信息源中有两个或多个出版者时，应按照以下原则进行著录。

文献题有两个出版发行者时，在第二个出版发行者前用“：”标识；题有三个及以上出版发行者时，按顺序著录第一个，其后加“[等]”字，其余出版发行者可在附注项说明。

示例 1：. -- 北京 ：中国青年出版社 ：群众出版社

示例 2：. -- 上海 ：商务印书馆[等]

8.4.4.5 如果文献未载明出版发行者又无法查考，应著录“出版者不详”或其他文字的等同词，置于方括号内。

示例：. -- 青岛 ：[出版者不详]

8.4.4.6 出版者或发行者有多种文字时，应著录与正文语言和/或文字相同的出版者或发行者。如这一规定不适用，则选用编目机构所使用的语言和/或文字，或根据版式或顺序著录。

8.4.4.7 印制者一般不能作为出版者或发行者著录，但当出版者或发行者不详，而印制者又兼有出版者或发行者职能时，则可作为出版者著录。

8.4.4.8 如果资源出版发行和物理制作结合进行，其地点和时间相同，则对这些职能负有责任的个人或团体名称，作为出版者著录。

8.4.5 **出版发行日期**

8.4.5.1 出版发行日期著录于相关出版发行者之后。如果该日期适用于两个或所有出版发行者，则著录于最后的出版发行者之后。

8.4.5.2 公元纪年的出版发行日期一律采用阿拉伯数字著录。

8.4.5.3 出版发行日期按文献原题纪年著录。文献题有出版日期，不著录发行日期；未标明出版日期，可著录发行日期，并在其后面的方括号“[ ]”内注明“发行”字样。原题为非公元纪年时应按文献中出现的纪年形式著录，同时在其后著录对应的公元纪年，并用方括号“[ ]”括起。

示例1：，1998

示例2：，民国25年[1936]

示例3：，宣统三年[1911]

示例4：，昭和10年[1935]

8.4.5.4 集中著录跨年度出版的多卷(册)文献，应著录最初及最终出版年，并用“-”表示起讫。尚未出版齐全的多卷(册)文献，一般先著录第一卷出版年，后加“-”，待出版齐全后再著录最终出版年。

示例1：水路运输文摘 [期刊]. -- 北京 ：水路运输文摘编辑部，1980-2006

示例2：马克思主义理论与现实研究文库 / 王岗峰主编. -- 北京 ：社会科学文献出版社，2006 -

8.4.5.5 文献未标明出版日期，可著录版权日期或发行日期，但著录版权日期时需在年代前加上“版权”的缩写字母“c”或在版权日期后著录“版权年”字样，置于方括号内，以便与正式的出版日期相区别；若均未标明，可推测著录，用问号“?”或用连字符加问号“-?”标识，置于方括号内。

示例1：，c1981(或：，1981[版权年])

示例2：，[1981?]

示例3：，[196-?]

示例4：，[19--?]

8.4.5.6 印制地、印制者、印制日期

8.4.5.6.1 文献的出版发行事项均未标明，可著录印制地、印制者、印制日期。

8.4.5.6.2 文献的出版发行事项记载齐全，并兼有印制地、印制者、印制日期，必要时，可将后者著录于出版发行事项之后，置于圆括号“( )”内。

示例：. -- 北京 ：中国青年出版社，1991(南京 ：江苏人民出版社，1993重印)

8.4.5.7 如确知出版日期有误，应照录，并在其后面的方括号([ ])内著录正确的出版日期，或者在附注项说明。

8.5 **载体形态项**

8.5.1 **结构形式**

文献数量及特定文献类型标识 ；尺寸

文献数量及特定文献类型标识 ：其他形态细节 ；尺寸

文献数量及特定文献类型标识 ：其他形态细节 ；尺寸 ＋ 附件说明（附件数量 ：附件的其他物理细节 ；附件的尺寸）

8.5.2 所著录的物理资源是出版者发行的资源。如果资源在出版以后被修改(例如装订或裁切)，则本项所著录的信息针对出版时的资源，而关于修改的信息作为与手头复本相关的信息处理，著录在附注项。

8.5.3 **文献数量及特定文献类型标识**

8.5.3.1 各专门文献类型的著录规则包括特定文献类型标识的举例和构成资源的物理单位数量(例如页数、张数、帧数)。

8.5.3.2 特定文献类型标识表明文献所属具体的特定类型，用书目机构所选定的语言和/或文字著录。

8.5.3.3 阿拉伯数字著录于特定文献类型标识之前。数量单位应视不同文献类型而定，计量单位按国家有关标准执行。

示例 1：88 页

示例 2：6 册 (4654 页)

示例 3：1 唱片

示例 4：4 开盘录像带

8.5.3.4 以图为主的散页图片或挂图，以"张"或"幅"计算。

示例 1：16 幅

示例 2：1 幅分切 6 张

8.5.4 其他形态细节

8.5.4.1 其他形态细节应根据其在文献中的重要程度以及文献载体形态的实际情况著录，具体可见各种类型文献的著录规则。

8.5.4.2 图的著录根据不同情况，可具体著录为"肖像"、"照片"、"彩图"、"图版"、"纹章"、"摹真"、"地图"、"乐谱"、"折图"(指图幅大于题名页而折叠于文献内的图)等。也可视情况著录"图"或"图表"。

示例：350 页 ：地图，肖像

8.5.4.3 题名已明确为图的文献，例如，"图解"、"画册"、"图册"等，本单元不再重复著录，书中表格也不予著录。

8.5.5 尺寸

8.5.5.1 印刷型文献按尺寸著录，其他文献类型按各类型文献的实际情况著录。

8.5.5.2 文献的尺寸一般著录文献的高度，以 cm(厘米)为单位表示，不足 1 cm 的尾数按 1 cm 计算。

8.5.5.3 文献的宽度不及高度的一半或宽度超过高度时，应先著录高度，后著录宽度，中间用" × "表示；实物制品的尺寸用高度 × 宽度 × 厚度表示。

示例 1：；26 cm

示例 2：；20 × 6 cm

示例 3：；9 × 30 × 20 cm

8.5.5.4 尺寸不一的多部分资源，相差未及 2 cm 者，应著录较大尺寸；超过 2 cm 者，应著录最小至最大尺寸，中间以连字符"-"表示。

示例：26 - 30 cm

8.5.6 附件

8.5.6.1 附件有 4 种著录方式，除著录在载体形态项末尾之外，还可以选择以下三种方式：

a) 单独著录附件(即脱离文献主体部分，将附件作为一个独立的文献单独著录)；

b) 在附注里著录附件(见 8.7.9)；

c) 按多层次著录方法著录附件(见附录 B)。

8.5.6.2 附件是分离于所著录文献的主体部分，并与其结合使用的附加材料，其前用" ＋ "标识。

8.5.6.3 具有独立题名并可脱离文献主体部分单独使用的附件，可另行单独著录，并在各自附注项分别注明；亦可作为子目内容著录于附注项。

8.5.6.4 对附件的补充说明，应著录在附件后面的圆括号"( )"内。

示例：364 页 ：折图 ；26 cm ＋ 机械图册(46 页 ：插图 ；19 cm)

8.6 丛编项

8.6.1 结构形式

. --(丛编正题名)

. --(丛编正题名 ；丛编编号)

. --(第一丛编正题名)(第二丛编正题名)

. --(第一分丛编正题名)(第二分丛编正题名)

. --(第一个多部分资源正题名)(丛编正题名)

. --(丛编正题名 = 丛编并列题名)

. --(丛编正题名 / 丛编责任说明 ; 丛编编号)

. --(丛编正题名 : 丛编其他题名信息 / 丛编责任说明 ; 丛编编号)

. --(丛编正题名, ISSN ; 丛编编号)

. --(丛编共同题名. 分辑、分丛编或多部分资源标识, 从属题名)

. --(丛编共同题名. 从属题名)

. --(丛编共同题名. 从属题名 = 并列共同题名. 并列从属题名)

. --(丛编正题名, ISSN ; 丛编编号 = 丛编并列编号)

. --(分丛编正题名 = 分丛编并列题名, ISSN ; 分丛编编号)

. --(丛编正题名, ISSN ; 丛编编号 = 丛编并列题名, ISSN ; 丛编并列编号)

. --(主丛编题名; 主丛编编号. 分丛编题名 ; 分丛编编号)

. --(主丛编题名 ; 主丛编编号. 分丛编题名 / 分丛编责任说明, 分丛编 ISSN ; 分丛编编号)

8.6.2　丛编正题名

8.6.2.1　丛编正题名参照 8.1.2 有关条款著录。

示例 1:. --(马克思主义理论与现实研究文库)

示例 2:. --(美术基础系列片)

8.6.2.2　一种资源属于两种或两种以上丛编时,应依次著录,并分别用圆括号“( )”括起。

示例:. --(华夏英才基金学术文库)(贵州省国家级自然保护区昆虫区系 ; 3)

8.6.2.3　资源的某部分分属于不同丛编时,不予著录,可在附注项说明。

8.6.3　分丛编题名

8.6.3.1　分丛编题名参照 8.1.2 有关条款著录。

8.6.3.2　若分丛编题名前无分丛编标识,则将分丛编题名著录于主丛编题名之后,其前用下圆点“.”标识。

示例:. --(万有文库. 百科小丛书)

8.6.3.3　若分丛编题名前有分丛编标识,则先著录分丛编标识,其前用下圆点“.”标识;再著录分丛编题名,其前用逗号“,”标识。

示例:. --(世界各国知识丛书. 第一辑, 美洲、大洋洲卷)

8.6.3.4　若分丛编题名是可独立识别的题名时,也可将分丛编题名著录于丛编项,将主丛编题名著录于附注项。

示例:. --(现代设计造型丛书)

(附注: 主丛编题名: 一品堂设计系列丛书)

8.6.4　丛编或分丛编并列题名

当丛编或分丛编的正题名在规定信息源中有多种文字时,其丛编或分丛编并列题名参照 8.1.4 有关条款著录。

8.6.5　丛编或分丛编其他题名信息

丛编或分丛编其他题名信息只有在认为对识别该丛编必要时才予以著录。丛编或分丛编其他题名信息参照 8.1.5 有关条款著录外,一般可不予著录。

8.6.6　丛编或分丛编责任说明

若丛编或分丛编题名为通用术语时,其第一责任说明必须著录。在其他情况下,如认为第一责任说明和其他责任说明对识别该丛编必需且出现在规定信息源中,应予以著录。并列责任说明亦可以著录。必要时可参照 8.1.6 有关条款著录。

示例:. --(图书馆学情报学知识丛书 / 黄俊贵, 倪波主编)

8.6.7 **丛编或分丛编国际标准连续出版物号(ISSN)**

8.6.7.1 文献所载国际标准连续出版物号(ISSN)应如实著录,其前用“,”标识。

8.6.7.2 若丛编正题名是由共同题名和从属题名构成时,可将共同题名的国际标准连续出版物号著录在附注项。

8.6.8 **丛编或分丛编编号**

8.6.8.1 非数字形式的丛编或分丛编编号按规定信息资源上出现的形式著录,数字形式的编号用阿拉伯数字著录,编号前用“ ; ”标识。

示例:. --(故事会图书馆文库. 学者讲坛系列 ; 2)

(原题:学者讲坛系列之二)

8.6.8.2 若丛编是由主丛编和分丛编构成时,将主丛编的编号著录于附注项。

示例:. --(新经典文库. 张爱玲作品 ; 2)

附注:主丛编编号 133

8.7 **附注项**

8.7.1 **结构形式**

a) 每一条附注可另起行分段著录或连续著录。如每一条附注都另起行分段著录时,可省略项目分隔符号;如每一条附注都连续著录时,则各条附注之间均以“. --”分隔。

b) 附注中使用的标识符原则上与相应的著录项目和著录单元一致。

c) 引用文字用引号“ ”。

8.7.2 凡未在其他著录项目中描述,但被书目使用者认为重要的信息,都可著录在附注项。

8.7.3 有多个附注时,附注的著录顺序应与各著录项目的顺序一致。

8.7.4 各专门文献标准著录规则具体说明适合特定资料类型的附注种类。

8.7.5 题名与责任说明项附注

8.7.5.1 正题名附注

8.7.5.1.1 所著录的文献为译作、转译本、抽印本、转印本、影印本、改编本等时,应注明其依据的原作题名及有关情况。

示例:译自:Butterfly and Moths

8.7.5.1.2 取自规定信息源之外的题名应注明。

示例:题名取自封面。

8.7.5.1.3 同一文献各信息源的题名不同时应注明。

示例:版权页题:当代水墨画家丁密金作品集。

8.7.5.1.4 题名与文献正文语言和/或文字不同或正文有一种以上语言和/或文字时应注明。

示例 1:汉英法知识产权词典 = Chinese-English-French intellectual property dictionary = Dictionnaire Chinois-Anglais-Français de la propriété intellectuelle

附注:本书正文为中、英、法三种语言。

示例 2:远大前程 / (英)Charles Dickens 原著 ; (美)Mitsu Yamamoto 改写

附注:本书正文为英文,正题名是中文。

8.7.5.2 其他语言和/或文字题名和其他题名信息附注

不适合著录于题名与责任说明项的与正题名等同的其他语言和/或文字题名及其他题名信息可在此作附注。

示例:封面英文题名:Military performance and training physiology

8.7.5.3 责任说明附注

取自规定信息源之外的责任说明应注明。

示例:版权页题:国家图书馆《中国图书馆分类法》编辑委员会编。

8.7.6 **版本项和书目沿革的附注**

注明所著录的文献与其他文献或其他版本的关系。

示例1：据原书第七版译出。

示例2：据明万历刻本影印。

8.7.7 **文献特殊细节项附注**

用于补充说明某些类型文献的特定内容。

示例：创刊日期原题：清光绪三十一年。

8.7.8 **出版发行项附注**

注明未在该项著录的其他有关出版发行事项。

示例：与美国麦格劳－希尔(亚洲)出版公司合作出版。

8.7.9 **载体形态项附注**

注明对载体形态的补充说明等。如，尺寸的变更、附件说明等。

示例：附：《建筑装饰制图习题集》1册。

8.7.10 **丛编项附注**

注明未在该项著录的内容。如，主丛编的国际标准连续出版物号等。

8.7.11 **内容附注**

注明文献中重要的目次、索引、参考书目等。

示例：附参考书目：第230-240页。

8.7.12 **标准编号与获得方式项附注**

注明有关文献限定出版发行等情况。

示例：礼品，不对外销售。

8.7.13 **提要或文摘附注**

注明文献的提要、简介、文摘等情况。

示例：静乐县志 / 周满堂主编

附注：本书记述山西省静乐县的历史和现状，上溯不限，下限至1995年。内容分为建置、自然环境、农业、工业、教育、人物等24卷。

8.7.14 **其他附注**

除上述附注内容外，凡编目机构认为有必要补充说明的内容均可附注。

8.8 **标准编号与获得方式项**

8.8.1 **结构形式**

. -- ISBN

. -- ISBN (限定说明) . -- ISBN (限定说明) : 价格

. -- ISBN (限定说明) : 价格. -- ISBN (限定说明) : 价格

. -- ISBN : 价格 (限定说明)

. -- ISBN : 获得方式 : 价格

. -- 获得方式

. -- ISSN = 识别题名

. -- ISSN = 识别题名 : 价格

. -- ISSN (限定说明) = 识别题名 : 获得方式 : 价格 (限定说明)

. -- ISMN

. -- ISMN (限定说明) . -- ISMN : 获得方式 : 价格

. -- ISRC

. -- 版号 (限定说明) : 价格

. -- 出版者号 (限定说明) : 价格

. -- 标签名 发行号 (限定说明) : 价格

8.8.2 标准编号是根据国际标准分配的与资源相关的数字或字母数字组合的标识，例如，国际标准书号或国际标准连续出版物号，或者是出版社分配的一个标识号。

8.8.3 资源可以有多个标准编号：

a) 资源有多种格式或媒介，或者由多个出版者、制作者、发行者等发行；

b) 资源的每一个部分有标准编号，而且各个部分组成的整体也有一个整套著作的标准编号。

在以上两种情况下，应首先著录特别标识所著录资源的标准编号，其次著录其他标准编号(例如对于其他格式、对于各个部分、对于其他出版社)，重复该著录项；记载整套和部分著作的国际标准编号的文献，先著录整套著作号码，后著录部分著作号码。

示例1：ISBN 7-5366-8007-4. -- ISBN 7-88905-094-1

示例2：ISBN 0-415-92088-4 (4-vol. Set). -- ISBN -- 0-415-92090-6(vol. 2)

8.8.4 标准编号与获得方式和/或价格后都可著录限定说明，多于一个的标准编号应有限定说明。

8.8.5 出现在资源上与其书目沿革相关的标准编号(例如，先前版本的ISBN、录音资料先前发行时的标签名称和发行号)不著录在本项。如果认为对于目录的使用者重要，可以将它们著录在附注项。

8.8.6 标准编号

8.8.6.1 国际标准编号包括：图书(国际标准书号，ISBN)、连续出版物(国际标准连续出版物号，ISSN)、录音(国际标准录制代码，ISRC)、乐谱(国际标准音乐号，ISMN)、音乐作品(国际标准音乐作品代码，ISWC)和视听资料(国际标准视听号，ISAN)等。

示例1：ISRC CN-A26-05-0070-0

示例2： ISSN 1007-0273

8.8.6.2 如果没有国际标准号或国际标准标识符，可著录来自商业系统的自行编码。

示例1：ISRC CN-A26-05-0070-0

示例2： ISSN 1007-0273

8.8.6.3 国际标准编号(ISBN、ISSN等)依文献规定信息源原题照录，不应省略号码之间的连字符。

8.8.6.4 国际标准编号之后的附加号码，不予著录。但是，可著录用以识别该文献的限定说明，如装帧等，并将其置于圆括号“( )”内；无国际标准编号的文献，其限定说明直接著录于项目之首，并置于圆括号内。

示例1：ISBN 7-80501-336-5 (散页)

示例2：(精装) ：CNY60.00

8.8.6.5 错误的国际标准编号如实著录，并在附注项说明；若同时标有正确编号和错误编号，应先著录正确编号，后著录错误编号，并在其后面的圆括号“( )”内注明“错误”。

示例：ISBN 7-5343-2006-2. -- ISBN 7-5343-2008-2 (错误)

8.8.6.6 两个国际标准编号之间用项目分隔符“. -- ”隔开。

8.8.7 获得方式和/或价格

8.8.7.1 获得方式和/或价格用一个词、短语或数字表示，提供资源上出现的资源价格和/或术语。

8.8.7.2 价格

价格之前冠以空格、冒号、空格“ ：”。

价格使用阿拉伯数字著录，货币代码按照GB/T 12406的规定著录。

示例1：：CNY26.00

示例2：：USD80.00

示例3：：CNY56.00，HKD51.00

8.8.7.3 非卖品

凡非卖品均如实著录，之前冠以空格、冒号、空格“ ：”。

示例1：：非卖品

示例2：：赠送

8.8.8 限定说明

限定说明著录于编号和价格等之后，以限制、解释、修改或更正该著录单元信息。

8.8.8.1 国际标准编号的限定说明

著录于其所限定的标准编号之后，置于圆括号“( )”内。

示例：ISBN 7-200-016550-1 (精装)

8.8.8.2 获得方式和/或价格的限定说明

著录于其所限定的获得方式和/或价格之后，置于圆括号“( )”内。

示例 1：：CNY75.00(全套)

示例 2：：CNY650.00(上、中、下)

附 录 A
（资料性附录）
著录格式

著录格式是构成款目的各个项目的排列顺序及其标识符号的表现形式，分为书本式和卡片式两种著录格式。

书本式著录格式：

正题名［一般文献类型标识］= 并列题名 ：其他题名信息 / 第一责任说明 ；其他责任说明. -- 版本说明 / 与本版有关的责任说明. -- 文献特殊细节. -- 出版发行地 ：出版发行者，出版发行日期（印制地 ：印制者，印制日期）. -- 文献数量及特定文献类型标识 ：图及其他形态细节 ；尺寸 + 附件. --（丛编正题名 / 责任说明，国际标准连续出版物号 ；丛编编号. 分丛编题名）. -- 附注. -- 标准编号（限定词）：获得方式和/或价格

卡片式著录格式：

正题名［一般文献类型标识］= 并列题名 ：其他题名信息 / 第一责任说明 ；其他责任说明. -- 版本说明 / 与本版有关的责任说明. -- 文献特殊细节. -- 出版发行地 ：出版发行者，出版发行日期（印制地 ：印制者，印制日期）

文献数量及特定文献类型标识 ：图及其他形态细节 ；尺寸 + 附件. --（丛编正题名 / 责任说明，国际标准连续出版物号 ；丛编编号. 分丛编题名）

附注

标准编号（限定词）：获得方式和/或价格

STANDARDS PRESS OF CHINA

附　录　B
（资料性附录）
多层次著录

多层次著录是指著录由不同层级的多部分组成的文献时所选用的著录方法之一。其目的是对由多部分组成的文献的整体及其各个部分的情况进行系统的描述。

多层次著录是将文献著录信息分成两个或多个层次，并逐级予以著录。第一层次著录文献整体的共同书目信息，第二及其余各层次分别著录有关的各部分书目信息。

每一层次中，各著录单元与单一出版物的著录顺序和标识符均相同。各层次相互重复的某些著录内容可以省略。当一个组成部分的题名前冠有分辑标识时，二者之间用冒号（ ：）分隔。

多层次著录格式：

整套文献正题名[一般文献类型标识] ＝ 并列正题名 ：其他题名信息 / 第一责任说明 ；其他责任说明. -- 版本说明 / 与本版有关的责任说明. -- 出版地 ：出版者，出版日期（印制地 ：印制者，印制日期）. -- 文献数量及特定文献类型标识 ：图及其他形态细节 ；尺寸. -- 附注. -- 标准编号（限定词） ：获得方式和/或价格

第二层次分辑标识 ：第二层次正题名 ＝ 并列正题名 ：其他题名信息 / 第一责任说明 ；其他责任说明. -- 出版日期. -- 文献数量. -- 获得方式和/或价格

第三层次分辑标识 ：第三层次正题名 ＝ 并列正题名 ：其他题名信息 / 第一责任说明 ；其他责任说明. -- 出版日期. -- 文献数量. -- 获得方式和/或价格

...

...

农村文库 / 农村读物出版社编辑. -- 北京 ：农村读物出版社，1980-1982. -- 60 册 ；23cm

第 1 辑 ：农村科学种田丛书 / 中国农业科学院编辑. -- 1980-1981. -- 10 册

　第 1 册 ：育种 / 温贤才编著. -- 1980. -- 56 页. -- CNY 0.56

　第 2 册 ：土壤 / 朱红编著. -- 1981. -- 60 页. -- CNY 0.60

　...

第 2 辑 ：农村医疗卫生丛书 / 南方农村医疗卫生研究所编. -- 1982. -- 6 册

　第 1 册 ：农村环境卫生 / 林山农编著. -- 70 页. -- CNY 0.68

　第 2 册 ：田间劳动卫生 / 罗梅英编著. -- 65 页. -- CNY 0.65

...

附　录　C
（资料性附录）
双向行文的记录

双向行文记录，是用从左至右书写的文字和从右至左书写的文字构成的多文字记录。

除了在一个著录单元内文字方向有变化外，每次文字方向的变化，均应在适当的边界开始另起一行著录。按该文字书写要求（参见《ISBD (G)》中的 0.4），若前一著录单元末尾处著录了规定的句号、逗号或分号，则应按该文字书写要求，在新单元开始处著录规定的标识符。这样，在下圆点、空格、连字符、连字符、空格（. -- ）中的“下圆点”应接在前一著录单元末尾处，而“连字符、连字符”应在另起新行的下一著录单元的开始处。

القاموس الحديث، فرنسي- عربي / تأليف متري الياس.

ISBD(M) 例：

= Dictionnaire moderne, français-arabe / par Mitri Elias.

- طبعة 4، منقحة ومزيدة.

= 4e éd. , rev. et augm.

- القاهرة: المطبعة العصرية.

= Le Caire : Elias' Modern Press, 1974.

（首先转录阿拉伯数据）

= القاموس الحديث، فرنسي- عربي / تأليف متري الياس.

- 4e éd. , rev. et augm.

= طبعة 4، منقحة ومزيدة.

- Le Caire : Elias' Modern Press

= القاهرة : المطبعة العصرية. 1974.

（首先转录法文数据）

The יום טוב walk : a story

（左-右正题名中的右-左数据）

מהד' 2, newly rev. and illustrated

（左-右正题名中的左-右数据）

参 考 文 献

[1] 国际图书馆协会和机构联合会.国际标准书目著录:统一版[M].顾犇,译.北京:北京图书馆出版社,2008.

ICS 01.140.20
A 14

中华人民共和国国家标准

GB/T 3792.3—2009
代替 GB/T 3792.3—1985

STANDARDS PRESS OF CHINA

文献著录 第3部分:连续性资源

Bibliographic description—Part 3:Continuing resources

(ISBD(CR):2002,NEQ)

2009-09-30 发布 2010-02-01 实施

中华人民共和国国家质量监督检验检疫总局
中国国家标准化管理委员会 发布

前　言

GB/T 3792《文献著录》共分 9 部分：

——第 1 部分：总则；

——第 2 部分：普通图书；

——第 3 部分：连续性资源；

——第 4 部分：非书资料；

——第 5 部分：档案；

——第 6 部分：测绘制图资料；

——第 7 部分：古籍；

——第 8 部分：乐谱；

——第 9 部分：电子资源。

本部分是 GB/T 3792 的第 3 部分。

本部分与 ISBD(CR)：2002《国际标准书目著录(连续性资源)》的一致性程度为非等效，本部分修订过程中同时参考了 ISBD：2007《国际标准书目著录》统一版。

本部分代替 GB/T 3792.3—1985。

本部分与 GB/T 3792.3—1985 相比主要变化如下：

——将 GB/T 3792.3—1985《连续出版物著录规则》的题名改为《文献著录　第 3 部分：连续性资源》，以尽量与国际标准书目著录(连续出版物及其他连续性资源)(ISBD(CR))所涉及的著录范围保持一致；

——在章标题中增加了"范围"、"规范性引用文件"、"连续出版物需要另行著录的原则"、"集成性资源需要另行著录的原则"等章；删除了"著录格式"、"著录详简级次""文献类型标识"等章；

——为了方便本部分规则使用者的阅读和理解，同时尽量与国际标准书目著录(连续出版物及其他连续性资源)(ISBD(CR))的定义保持一致，增加了在 ISBD(CR)"定义"章节中出现的部分术语，但《文献著录总则》中已经包括的部分术语在本部分不再重复，删除了 GB/T 3792.3—1985 中的部分术语，对被保留下来的部分术语和定义的表述内容也做了修订；

——为了和 ISBD(CR)的著录项和著录单元名称基本保持一致，对原来的名称做了部分修订，例如"卷、期、年、月或其他标识项"在本次修订中改为"资源特殊细节项"，"丛刊项"改为"丛编项"，"国际标准连续出版物号(ISSN)与获得方式项"改为"标准编号与获得方式项"等；

——各个具体的条款内容均有程度不等的增加和修改。

本部分的附录 A 和附录 B 均为资料性附录。

本部分由全国信息与文献标准化技术委员会(SAC/TC 4)提出并归口。

本部分起草单位：北京大学图书馆、国家图书馆、北京师范大学图书馆。

本部分主要起草人：谢琴芳、申晓娟、刘春玥、侯旭红。

本部分所代替标准的历次版本发布情况为：

——GB/T 3792.3—1985。

文献著录　第3部分:连续性资源

1　范围

GB/T 3792的本部分规定了连续性资源著录项目及其排列顺序、著录用标识符、著录信息源、著录用文字、连续性资源需要另行著录的原则和著录项目细则等。

本部分适用于国家书目和图书馆目录以及各类型藏书目录。

本部分的著录对象是在发行时间上没有明确终止日期的各种载体的连续性资源。依据发行方式,有连续出版物和集成性资源两种。本部分的规则同样适用于以下连续性资源的编目:按期或带有各部分编号连续发行、具有连续出版物的其他特性(例如题名中有出版频率)但是持续出版时间却是有限的资源(例如某事件的通讯报导)、连续出版物的复制品、有限性集成资源(例如第29届奥林匹克运动会的网址)等。

2　规范性引用文件

下列文件中的条款通过GB/T 3792的本部分的引用而成为本部分的条款。凡是注日期的引用文件,其随后所有的修改单(不包括勘误的内容)或修订版均不适用于本部分,然而,鼓励根据本部分达成协议的各方研究是否可使用这些文件的最新版本。凡是不注日期的引用文件,其最新版本适用于本部分。

GB/T 3792.1　文献著录　第1部分:总则(GB/T 3792.1—2009,ISBD(G):2004,NEQ)

GB/T 3792.4　文献著录　第4部分:非书资料

GB/T 3792.6　测绘制图资料著录规则

GB/T 3792.9　文献著录　第9部分:电子资源(GB/T 3792.9—2009,ISBD(ER):2004,NEQ)

GB/T 9999　中国标准连续出版物号(GB/T 9999—2001,eqv ISO 3297:1998)

GB/T 12406—2008　表示货币和资金的代码(ISO 4217:2001,IDT)

3　术语和定义

下列术语和定义适用于本部分。

3.1

版本　edition

采用直接接触、照相复制或其他方法,源于同一原始输入信息制作,并且由同一机构或同一组机构或一个个人发行的一种资源的全部复本。

3.2

编号　numbering

用于一种连续性资源连续各期或各部分的标识。其著录可以包括数字、字母、任何其他字符,或者是它们的组合,可以附带或不附带“卷”、“期”等词和/或日期年月标识。

3.3

标头　masthead

刊头

报头

对报纸或期刊的题名、所有权、编者等的说明,通常出现在报纸的编辑说明页或首页顶端,而对于期刊则经常出现在目次页。

3.4

补编 supplement

副刊

增刊

从属于主要连续性资源、通常独立出版的一种资源，对其所属主要资源起到更新、延续或专题补充的作用，可能会有一个从属于主要资源的题名，也可能没有。

3.5

从属题名 dependent title

本身不足以识别一种资源，需要附加在共同题名、主要资源的题名或主丛编题名之后才能够被识别。例如分辑题名、某些补编题名和某些分丛编题名、地图系列的各张的题名、多部分资源的某些部分的题名(参见共同题名)。

3.6

从属题名标识 dependent title designation

独自或与从属题名一起区分具有同一个共同题名的两种或更多相关资源的编号(参见分辑标识)。

3.7

丛编 series

(1) 一组相互关联而又各自独立的资源，每种资源除了有自身的正题名外，还有一个适用于整组的总题名，即丛编正题名。各独立资源可能有编号，也可能没有编号。丛编内的独立资源可以是专著，也可以是连续性资源。

(2) 一种连续出版物内各期或各部分的编号序列(仅对连续性资源)。

3.8

分成 split

分出

一种连续性资源分为两种或更多种独立的新连续性资源。

3.9

分辑 section

具有同一个共同题名的一组相关资源中的一部分。分辑通常有特定的主题，并以共同题名及分辑题名和/或分辑标识识别。

3.10

分辑标识 section designation

共同题名后的编号，它独自或与分辑题名一起用于区分一组有共同题名的相关资源的一个部分。

3.11

分辑题名 section title

用于识别一组具有共同题名的相关资源中的一个组成部分的专有题名。无论分辑题名是否具有可识别性，均需从属于共同题名才能识别一种资源。

3.12

更新后的整体 iteration

集成性资源的一个事例，或者是该资源首次出版时的情况，或者是已经更新后的情况。

3.13

更新活页 updating looseleaf

基于一个或多个卷的一种集成性资源，通过插入、剔除或替代分散在卷中个别的页进行更新。

3.14

共同题名 common title

一组相关资源，除各自有不同的分辑题名外，还有共同的题名部分。共同题名表示这些资源之间的关系，并和分辑题名一起共同标识某种特定资源。如果补编和分丛编还有从属题名时，共同题名部分由其主要资源及其补编部分组成，或者由主丛编及其分丛编部分组成（参见从属题名）。

3.15

国际标准连续出版物号　ISSN（international standard serial number）

由字母“ISSN”和其后的8位数字（包括一位校验码）组成。ISSN与识别题名一起唯一标识了一种特定的连续出版物或集成性资源。ISSN遵循ISO 3297，由ISSN网络中心分配。

3.16

合并　merger

两种或两种以上连续性资源一起形成一种新的连续性资源，被合并的连续性资源即失去其先前各自的特征。

3.17

集成性资源　integrating resource

通过更新进行增补或修改的一种书目资源，其更新部分并不离散于原资源，而是与原资源整合为一体。集成性资源既可以是有限性资源，也可以是连续性资源。集成性资源的例子包括更新的活页/散页、更新的网页和更新的数据库等。

3.18

连续出版物　serial

一种具有接续关系的、以独立的卷期或部分以定期或不定期的方式发行的连续性资源，通常带有编号，但无明确的终止日期。

3.19

连续性资源　continuing resource

一种在发行时间上没有明确终止日期的资源。连续性资源包括连续出版物和不断更新的集成性资源。

3.20

频率　frequency

(1) 连续出版物发行的间隔时间，例如每天、每周、每月、每年；

(2) 集成性资源更新内容发布的间隔时间。

3.21

期　issue

组成连续出版物的各个接续部分中的一个部分。本术语用于说明一种连续出版物各个接续部分的最低层次。

3.22

期刊　periodical

一种定期的、出版频率在每年一次以上的连续出版物。通常期刊的内容为各自独立的论文。

3.23

识别题名　key title

由ISSN网络中心分配给连续性资源的唯一性标识题名，必须与其ISSN连接使用。识别题名可能和资源的正题名相同，或者通过附加的或限制的元素（例如出版发行机构、出版地或版本说明）以实现其唯一性。

3.24

双向倒转　tête-bêche

一种装订形式，其中一个文本从前面开始向后印刷，另一个文本从后面开始向前印刷，两个文本互为颠倒。

STANDARDS PRESS OF CHINA

3.25

通用术语　generic term

表示资源的种类、形式、体裁和/或周期性的一般性术语。诸如论文、年鉴、年度报告、简讯、杂志、通知、通讯、会议录、报告、学报等术语均为通用术语。乐谱资源中表示音乐形式或体裁的术语也视为通用术语。

3.26

吸收　absorption

一种或多种连续性资源被合并到另一种连续性资源中，被吸收的连续性资源即失去了其本身的特征。

3.27

先前题名　former title

连续性资源早先的题名，后来以另一个题名(完全或部分)继续下去，或者与另一种连续性资源合并在另一个或多个题名之下，或者被另一种连续性资源(完全或部分)吸收。

3.28

资源　resource

包含知识内容和/或艺术内容的有形的或无形的实体，该实体可被构想、制作和/或发行，并可作为一个书目著录对象的基础。资源包括文字资料、乐谱、静画和动画、图形、地图、录音资料和录像资料、电子数据或程序，以及采用连续方式发行的上述资料。

4　著录项目和著录单元

著录项目和著录单元包括如下内容：

题名与责任说明项
- 正题名
- 一般文献类型标识(选用)
- 并列题名
- 其他题名信息
- 责任说明
  - 第一责任说明
  - 其他责任说明

版本项
- 版本说明
- 并列版本说明(选用)
- 与本版有关的责任说明
  - 第一责任说明
  - 其他责任说明
- 附加版本说明
- 附加版本说明的责任说明
  - 第一责任说明
  - 其他责任说明

资源特殊细节项
- 编号
- 其他特殊资源类型专门数据

出版发行项

出版发行地

第一出版发行地

其他出版发行地

出版发行者

出版发行日期

印制地

印制者

印制日期

载体形态项

数量和特定文献类型标识

其他载体形态细节

尺寸

附件(选用)

丛编项

丛编或分丛编正题名

丛编或分丛编并列题名

丛编或分丛编其他题名信息

丛编或分丛编责任说明

第一责任说明

其他责任说明

丛编或分丛编国际标准连续出版物号(ISSN)

丛编或分丛编编号

附注项

标准编号与获得方式项

ISSN 或其他标准编号

识别题名

获得方式和/或价格(选用)

限定说明(选用)

5 著录用标识符

5.1 标识符

各著录项目和著录用标识符见表1。

表1 著录项目与著录用标识符一览表

著录项目	规定著录单元的前置或外括标识符	著录单元
1. 题名与责任说明项		1.1 正题名
	[ ]	1.2 一般文献类型标识(选用)
	=	*1.3 并列题名
	:	*1.4 其他题名信息
		1.5 责任说明
	/	第一责任说明
	;	*其他责任说明

表 1（续）

著录项目	规定著录单元的前置或外括标识符	著录单元
2. 版本项	. --	2.1 版本说明
	=	*2.2 并列版本说明(选用)
		2.3 与本版有关的责任说明
	/	第一责任说明
	;	*其他责任说明
	,	*2.4 附加版本说明
		2.5 附加版本说明的责任说明
	/	第一责任说明
	;	*其他责任说明
3. 资源特殊细节项	. --	3.1 编号
		*3.2 其他特殊资源类型专门数据
4. 出版发行项	. --	4.1 出版发行地
		第一出版发行地
	;	*其他出版发行地
	:	*4.2 出版发行者
	,	4.3 出版发行日期
	(	*4.4 印制地
	:	*4.5 印制者
	,)	4.6 印制日期
5. 载体形态项	. --	5.1 数量和特定文献类型标识
	:	5.2 其他载体形态细节
	;	5.3 尺寸
	+	*5.4 附件(选用)
6. 丛编项	. --	6.1 丛编或分丛编正题名
	=	*6.2 丛编或分丛编并列题名
	:	*6.3 丛编或分丛编其他题名信息
		6.4 丛编或分丛编责任说明
	/	第一责任说明
	;	*其他责任说明
	,	6.5 丛编或分丛编的 ISSN
	;	6.6 丛编或分丛编编号
7. 附注项		
8. 标准编号与获得方式项	. --	*8.1 ISSN 或其他标准编号
	=	8.2 识别题名
	:	8.3 获得方式和/或价格(选用)
	( )	8.4 限定说明(选用)

注 1：除第一项外，每一项均前冠下圆点、空格、连字符、连字符、空格(. --)。各项目另起段著录时，可省略“. --”。

注 2：丛编说明置于圆括号内，若有两个或多个丛编说明，分别置于两个或多个圆括号内。

注 3：前冠星号(*)的著录单元，必要时可重复。

5.2 标识符使用方法

根据 GB/T 3792.1 的规定，本部分的各著录项目和著录单元应前置或外括规定的标识符。

. --	用于除“题名与责任说明项”以外的各著录项目之前，各项目另起段落著录时应省略。
[ ]	用于一般文献类型标识、取自规定信息源以外的著录信息或著录中插入的信息。
=	在同一个著录单元中出现两种或两种以上的语言文字时，用于第一种语言文字之后的每一语言文字之前；在同一个著录项中出现两种或两种以上的语言文字时，用于第一组著录单元以后的每一组著录单元之前；在同一个编号序列中，用于第一个编号标识以后出现的每一个编号标识之前；识别题名前。
:	用于题名与责任说明项和丛编项的其他题名信息，出版发行者、印制者、其他载体形态细节、获得方式和/或价格等著录单元之前。
/	用于题名与责任说明项、版本项、丛编项的第一责任说明之前。
;	用于其他责任说明、其他出版发行地、尺寸、丛编或分丛编编号等著录单元之前；第一个编号序列之后出现的每一个后继编号序列之前；同一责任说明的无总题名文献的各部作品题名之间。
,	用于有分辑标识时的分辑题名、出版发行日期、印制日期、附加版本说明、丛编或分丛编 ISSN 等著录单元和具有相同责任方式的第二个及其后面的责任说明之前；载体形态项分段页码、每一个编号标识包含的卷标识（或以年代卷）和期标识之间。
.	用于共同题名之后的每一个从属题名标识、没有从属题名标识时的从属题名、分丛编标识和没有分丛编标识的分丛编题名之前，不同责任说明的无总题名文献的各部作品题名之间。
+	用于附件著录单元前的左圆括号之前。
( )	用于下列著录内容的前后和有关情况之中： 丛编项、印制事项、载体形态项中有关著录单元的限定说明、附件等著录单元的补充说明、标准编号与获得方式的限定说明、编号标识中期号包含的日期信息。
...	用于省略的内容。

5.3 标识符使用说明

5.3.1 本部分规定的各著录项和著录单元，一律使用规定的著录用标识符。著录用标识符应在西文状态下录入，但中文文字中起语法作用的标点符号，应采用中文标点符号，例如顿号（、）、中圆点（·）、中文句号（。）、中文书名号（《 》）、冒号（：）和双引号（“ ”）等（题名中出现的标点符号处理方法见 5.3.5）；同时在拉丁字符集与汉字字符集中出现的数字（如阿拉伯数字、罗马数字），采用拉丁字符集（西文状态）录入。

5.3.2 各著录项目及单元所使用的标识符，除逗号（,）和下圆点（.）只在后面空一格（一个字符的位置，下同）外，其他标识符均需在其前后各空一格。

5.3.3 除“题名与责任说明项”外，各项目连续著录时均需冠以项目标识符“. -- ”。如遇回行，不可省略该标识符。如果某项由于使用分段、印刷形式或行首缩进等方式明显地与前项分开，则省略前置的项目标识符，或在前项末尾用一下圆点（.）代替。当某一著录项缺少第一著录单元时，将应予著录的第一个著录单元前的规定标识符改用项目标识符“. -- ”。

5.3.4 凡重复著录一个项目或单元，应重复添加其规定的标识符。

示例 1：　. -- 北平 ：天明出版社 ；遼陽 ：第一綫出版社，1947

示例 2：　. -- 上海 ；香港 ：人民美术出版社，1963-

5.3.5 题名中有语法关系的标点和起标点作用的空格一般应照录，但个别标点符号与标识符重叠时，可在不改变原意的前提下予以删除。原题名中的方括号（[ ]）应著录为圆括号（( )），以区别于编目员自拟的内容或取自规定信息源以外的信息。

示例 1：　《资本论》与当代经济

示例 2：　中国科学. A 辑，数学　物理学　天文学　技术科学

5.3.6 分辑、分丛编标识前用"."，分辑题名、分丛编题名前用"，"；无分辑、分丛编标识的分辑题名、分丛编题名前用". "。

示例 1：　中国科学. E 辑，技术科学

示例 2：　大学物理. 物理教育专刊

5.3.7 每一丛编说明分别置于圆括号"( )"内；第二和其他丛编说明前均冠一空格。

6 著录用文字

6.1 题名与责任说明项、版本项、出版发行项和丛编项，一般按资源本身的文字著录，现有设备无法照录的图形及符号等可改用相应内容的其他形式著录。表外汉字按汉语拼音方案罗马化，并置于方括号"[ ]"内。

6.2 版次、出版发行日期、载体形态项的卷(册)数、页数及其他形态细节说明的数量、尺寸、价格等数字，一律用阿拉伯数字著录。出现在版本项、资源特殊细节项、出版发行项、载体形态项、版次、卷期数和日期编号等数字，以及丛编、分丛编编号，一律用阿拉伯数字著录。卷标识为"vol."，期标识为"no."，尺寸为"cm"。

6.3 一般文献类型标识、附注项用编目机构所选用的文字著录(引用文字除外)。

6.4 需转录的题名信息在规定信息源出现谬误，应修正过来，如果不能确定是否是印刷错误，则按题名页上出现的形式照录。

6.5 汉字简繁体的选择原则上依据资源正文的文字特征，连续性资源若在出版的过程中发生变化，以著录正题名的卷期正文为依据。

6.6 选用汉语以外的其他语言文字著录相关内容时，应按其文字书写规则著录。

7 著录信息源

7.1 著录信息源是资源本身。若资源本身信息不足，可参考其他信息源。取自资源以外的信息应在附注中说明。

7.2 著录依据

7.2.1 连续出版物

依据本题名下的第一期，若无法获取，依据所见最早的一期。各项的著录依据如表 2 所示。

表 2　连续出版物各著录项目依据

著录项	著录依据
1. 题名与责任说明项	第一期或所见最早的一期
2. 版本项	第一期或所见最早的一期
3. 编号	每种标识系统的起始和/或终止期
4. 出版发行项 出版发行或印制地 出版发行或印制者 出版发行或印制日期	 第一期或所见最早的一期 第一期或所见最早的一期 起始和/或终止期
5. 载体形态项	全部期
6. 丛编项	全部期
7. 附注项	全部期或资源以外的信息
8. 标准编号与获得方式项	全部期或资源以外的信息

7.2.2 集成性资源

依据当前更新后的集成性资源的整体，但出版物起始日期除外。各项的著录依据如表 3 所示。

表 3 集成性资源各著录项目依据

著录项	著录依据
1. 题名与责任说明项	当前更新后的整体
2. 版本项	当前更新后的整体
3. 资源特殊细节项	不适用
4. 出版发行项	
出版发行或制作地	当前更新后的整体
出版发行或制作者	当前更新后的整体
出版发行或制作日期	起始和/或最后更新后的整体
5. 载体形态项	当前更新后的整体
6. 丛编项	当前更新后的整体
7. 附注项	不同时期更新后的信息或资源以外的信息
8. 标准编号与获得方式项	不同时期更新后的信息或资源以外的信息

7.3 主要信息源

7.3.1 印刷型连续性资源

主要信息源是题名页[1] 或代题名页，当连续性资源缺少题名页时，代题名页按以下顺序优先选择：

a) 分析题名页、封面、卷端、标头、编辑说明页、书末出版说明；

b) 其他正文前书页、封套以及逐页题名处的相关信息；

c) 前言、序言、目次、正文、附录等；

d) 连续性资源以外的任何参考源(例如书目、出版者目录等)。

当书末出版说明有最完整的书目信息时，东方出版物符合以下任何一种情况，题名页位置有正题名的那一页不作为题名页，首选书末出版说明为代题名页：

a) 只有半题名页[2] 形式的正题名；

b) 只有书法形式的正题名，有或无其他书目信息，而书末出版说明中有东方文形式的完整书目信息；

c) 只有西方语言的题名和/或出版信息。

7.3.2 非印刷型连续性资源

参照 GB/T 3792 其他各部分的相关规定，例如，连续性的录音资料参照 GB/T 3792.4 非书资料著录规则。

7.4 规定信息源

连续性资源各著录项目的规定信息源见表 4。对于不同资料类型的连续性资源，应参照 GB/T 3792 其他各部分的规定信息源。例如，连续性的录音资料参照 GB/T 3792.4 非书资料著录规则。

如果题名与责任说明项和版本项的数据单元出现在不同的信息源，则依据表 4 顺序选择信息源，并按所见形式转录。

编号、出版发行项和丛编项的规定信息源是多个信息源的组合，按表 4 顺序选择，并按信息源所见形式转录。

---

1 当缺少题名页时，本部分中的术语“题名页”即代题名页。以下同。

2 只印有题名或简要题名、无其他内容的页。

取自非规定信息源的信息，如果需要作为著录项中的一部分予以转录时，应置于方括号“[ ]”中。缺少题名页时，代题名页视同题名页。相关信息可以在附注项给出。

表 4 连续性资源的规定信息源

著录项	规定信息源
1. 题名与责任说明项	题名页
2. 版本项	题名页，其他序页，书末出版说明
3. 编号	连续性资源整体，国家书目
4. 出版发行项	连续性资源整体
5. 载体形态项	连续性资源整体
6. 丛编项	丛编题名页、分析题名页、封面、卷端、标头、编辑说明页、书末出版说明、连续性资源的其余部分
7. 附注项	任何来源
8. 标准编号与获得方式项	任何来源

8 连续出版物需要另行著录的原则

8.1 基本原则

8.1.1 当连续出版物发生主要变化时，视发生主要变化的资源为新资源，需要另行著录新资源，并以发生主要变化的卷期作为起始卷期。当连续出版物发生的变化为次要变化时，不需要另行著录，只在必要时将次要变化信息记录在附注中。

8.1.2 主要变化一般指题名、版本说明的变化导致题名、版本说明的含义或主题内容发生改变。具体说明详见8.2。

8.1.3 次要变化一般是指题名、版本说明在文字上的细微变动不足以造成题名、版本说明的含义或主题内容的改变，以及编辑或主办者、出版或发行者、编号、出版频率、物理尺寸等在连续出版发行过程中发生的变化。具体说明详见8.3。

8.2 连续出版物的主要变化细则

8.2.1 题名的主要变化

8.2.1.1 正题名的文字完全改变，无论ISSN或主题内容是否更改，为主要变化。

示例： 原题名：网际商务 (ISSN：1009-8046)
新题名：新营销 (ISSN：1009-8046)

8.2.1.2 正题名的文字发生增、删、改或词序变化后，题名的含义或主题内容发生了变化，无论ISSN是否更改，为主要变化。

示例1： 原题名：吉林工业大学自然科学学报 (ISSN：1002-378X)
新题名：吉林工业大学学报 (ISSN：1002-378X)

示例2： 原题名：北京文艺 (ISSN：0257-0262)
新题名：北京文学 (ISSN：0257-0262)

8.2.1.3 题名中任何地方的团体名称更名，无论ISSN是否更改，为主要变化。

注：团体名称更名是指团体在一个持续时期内，由于历史变迁或职能范围、并入分离、隶属关系等发生变化，发生更名情况而使用了不同名称，后来的团体名称应视为一个新的团体。

示例1： 原题名：北京中医学院学报 (ISSN：0258-8811)
新题名：北京中医药大学学报 (ISSN：1006-2157)

示例2： 原题名：地球科学 ：武汉地质学院学报 (ISSN：1000-2383)
新题名：地球科学 ：中国地质大学学报 (ISSN：1000-2383)

8.2.1.4 正题名由共同题名和分辑题名组成时，无论哪部分发生的变化同 8.2.1.1～8.2.1.3 时，为主要变化。

示例 1： 原题名：中国科学. G 辑，物理学　天文学（ISSN：1672-1780）

新题名：中国科学. G 辑，物理学　力学　天文学（ISSN：1672-1780）

示例 2： 原题名：杭州大学学报. 自然科学版（ISSN：0253-3618）

新题名：浙江大学学报. 理学版（ISSN：1008-9497）

8.2.1.5 题名的结构发生了变化，无论 ISSN 是否更改，为主要变化。例如由独立题名改变为从属题名，反之亦然。

示例 1： 原题名：玻璃纤维

新题名：建材技术. 玻璃纤维

示例 2： 原题名：国外医学. 肿瘤学分册（ISSN：1000-8225）

新题名：国际肿瘤学杂志（ISSN：1673-422X）

8.2.1.6 一种连续出版物由两种或两种以上的连续出版物合并而成，无论 ISSN 是否更改，为主要变化。

示例： 原题名 1：福建党史通讯

原题名 2：革命人物

新题名：福建党史月刊（ISSN：1006-2254）

8.2.1.7 一种连续出版物分成两种或两种以上的连续出版物时，无论 ISSN 是否更改，为主要变化。

示例： 原题名：中国科学. A 辑，数学　物理学　天文学　技术科学（ISSN：1000-3126）

新题名 1：中国科学. A 辑，数学　物理学　天文学（ISSN：1006-9232）

新题名 2：中国科学. E 辑，技术科学（ISSN：1006-9275）

8.2.2 **其他主要变化**

8.2.2.1 版本说明发生变化后导致连续出版物的内容或范围发生了变化，无论 ISSN 是否更改，为主要变化。

示例： 原版本：英语画刊. -- 高中版（ISSN：1008-8962）

新版本 1：英语画刊. -- 高中版，高一版（ISSN：1008-8962）

新版本 2：英语画刊. -- 高中版，高二版（ISSN：1008-8962）

新版本 3：英语画刊. -- 高中版，高三版（ISSN：1008-8962）

8.2.2.2 正题名为通用术语时（例如“通讯”、“简报”、“年度报告”等），与连续出版物有关的主要责任团体更改时，为主要变化。

示例： 原责任说明：年度报告 / 北京商业银行

新责任说明：年度报告 / 北京银行

8.2.2.3 题名和/或版本说明的变化为次要变化，但是 ISSN 改变了，应作为主要变化。

示例 1： 原题名：财务与会计（ISSN：1001-3172）

新题名：财务与会计导刊（ISSN：1009-7546）

示例 2： 原题名：淮北煤师院学报（ISSN：1000-2227）

新题名：淮北煤炭师范学院学报（ISSN：1672-7177）

8.2.2.4 物理载体发生了变化为主要变化。

示例： 印刷型载体：高校数字图书馆（只出版纸本刊）

电子资源：高校数字图书馆　（改为只出电子版）

8.3 **连续出版物的次要变化细则**

8.3.1 ISSN 没有更改，以下题名的变化视为次要变化。后出现的题名若对资源的识别和检索重要，应著录于附注项。

8.3.1.1 题名中的字、词、标点符号的增、删或者词序的变化，不造成资源题名的含义或主题内容的变化，视为次要变化。

示例 1： 题名：外国政治与国际关系（ISSN：1001-2877）
题名变化：外国政治、国际关系（ISSN：1001-2877）

示例 2： 题名：公民与法. 监察版（ISSN：1006-7590）
题名变化：公民与法. 监察（ISSN：1006-7590）

示例 3： 题名：戏剧、戏曲研究（ISSN：1005-4197）
题名变化：戏曲、戏剧研究（ISSN：1005-4197）

8.3.1.2 题名中增加或者减少了表示连续出版物类型的术语，或者从一种类型的术语改为另一种类型的术语，视为次要变化。"学报"、"学刊"、"学志"、"画报"、"画刊"、"通报"、"通讯"、"杂志"、"丛刊"、"论丛"、"汇刊"、"导报"、"导刊"等均为表示连续出版物类型的术语。

示例 1： 题名：大学图书馆通讯（ISSN：1002-1027）
题名变化：大学图书馆学报（ISSN：1002-1027）

示例 2： 题名：中国临床药理学与治疗学杂志（ISSN：1009-2501）
题名变化：中国临床药理学与治疗学（ISSN：1009-2501）

8.3.1.3 题名中包含的团体名称是同一个团体的变异名称时，为次要变化。

注：团体变异名称是指团体在一个持续时期内名称的变化系形式上的变化，应视为是同一个团体的变异形式。例如全称和简称、正式名称与惯用名称、本机构名称与本机构名称前冠上级机构之间的变化，团体中所包含的数字的书写形式的变化以及采用不同语言对同一个团体的表述形式等。

示例 1： 题名：山东师大学报. 自然科学版（ISSN：1001-4748）
题名变化：山东师范大学学报. 自然科学版（ISSN：1001-4748）

示例 2： 题名：中共长春市委党校学报（ISSN：1008-8466）
题名变化：长春市委党校学报（ISSN：1008-8466）

8.3.1.4 包含在题名中的出版频率发生变化视为次要变化。

示例： 题名：大中國半月刊
题名变化：大中國月刊

8.3.1.5 其他题名信息在出版过程中频繁变更，为次要变化（包含在其他题名信息中的团体名称的变化参见 8.2.1.3）。

示例： 题名：江城 ：文艺月刊
题名变化 1：江城 ：文学月刊
题名变化 2：江城 ：短篇小说月刊

8.3.1.6 由共同题名、分辑题名等组成的正题名中，增加或取消了分辑标识，为次要变化。

示例： 题名：理化检验通讯. 物理分册（ISSN：1001-4012）
题名变化：理化检验通讯. A，物理分册（ISSN：1001-4012）

8.3.1.7 从属题名变动频繁，为次要变化。

示例： 题名：报刊资料索引. 2，政治、军事
题名变化 1：报刊资料索引. 2，政治、法律、军事
题名变化 2：报刊资料索引. 2，政治、法律

8.3.2 连续出版物的以下其他变化，也视为次要变化。

8.3.2.1 ISSN 没有更改，版本说明发生了细微变化，但没有改变资源的内容和范围，为次要变化。

示例 1： 版本：新疆石油教育学院学报. -- 中文综合版（ISSN：1008-9071）
版本变化：新疆石油教育学院学报. -- 汉文综合版（ISSN：1008-9071）

示例 2： 版本：中小学数学. -- 初中版（教师）
版本变化：中小学数学. -- 中学版（初中教师）

8.3.2.2 资源的编辑或主办者、出版或发行者的变更为次要变化，但是正题名为通用术语时例外（见 8.2.2.2）。

示例 1： 主办者：江西社会科学 / 江西省哲学社会科学研究所主办
主办者变化：江西社会科学 / 江西省社会科学院主办

示例 2： 出版者：时事资料手册. -- 北京 ：新华出版社

出版者变化：时事资料手册. -- 北京 ：半月谈杂志社

8.3.2.3 资源的卷期编号、出版频率、物理尺寸等方面的变化，为次要变化。

示例： 题名：新疆石油教育学院学报

附注：季刊（1999-）；半年刊（1987-1998）

8.3.2.4 ISSN 改变，但是题名和版本说明没有发生任何变化，为次要变化。

示例： 原 ISSN：1000-1042 题名：文博

新 ISSN：1000-7954 题名：文博

8.3.2.5 题名在资源连续发行过程中曾有短期改变，后又改回原题名，期间 ISSN 没有更改，为次要变化。

示例： 题名：犯罪心理研究

附注：1986，no. 1-2 正题名改题：法制心理研究

8.3.2.6 若无法确定资源的题名或版本的改变是主要变化还是次要变化，按次要变化处理。

9 集成性资源需要另行著录的原则

9.1 基本原则

当集成性资源发生主要变化时，视发生主要变化的资源为新资源，需要对新资源另行著录。

9.2 集成性资源的主要变化细则

9.2.1 当版本说明发生变化后导致资源的内容或范围发生了变化，为主要变化。

示例： 森林管理实用手册. -- 加拿大版

森林管理实用手册. -- 北美版

9.2.2 当物理载体发生了变化，为主要变化。

9.2.3 当两种或多种资源合并为一种资源，为主要变化。

示例： 资源 1：USMARC 书目数据格式

资源 2：加拿大 MARC 书目数据通讯格式

合并后的新资源：MARC 21 书目数据格式

9.2.4 当一种资源分成两种或多种资源，为主要变化。

9.3 集成性资源的次要变化细则

对于同一种集成性资源，除上述 9.2.1 和 9.2.2 外，其他任何描述信息的变化均为次要变化，不需要作为新资源另行著录。但是需要修改原先的著录以反映新的变化，例如，题名发生了变化，更新题名信息以反映最新题名。

10 著录项目细则

10.1 题名与责任说明项

10.1.1 结构形式

正题名 [一般文献类型标识]

正题名 [一般文献类型标识] ：其他题名信息

正题名 [一般文献类型标识] = 并列题名

正题名 [一般文献类型标识] / 责任说明

正题名 [一般文献类型标识] = 并列题名 / 责任说明

正题名 [一般文献类型标识] = 并列题名 = 并列题名 / 责任说明

正题名 [一般文献类型标识] = 并列题名 ：其他题名信息

正题名 [一般文献类型标识] ：其他题名信息 ：其他题名信息 / 责任说明

正题名 [一般文献类型标识] ：其他题名信息 = 并列题名 ：并列其他题名信息 / 责任说明

正题名［一般文献类型标识］：其他题名信息 ＝ 并列其他题名信息

正题名［一般文献类型标识］／责任说明 ＝ 并列题名／并列责任说明

正题名［一般文献类型标识］／第一责任说明；第二责任说明；第三责任说明

共同题名．从属题名［一般文献类型标识］

共同题名．从属题名标识［一般文献类型标识］

共同题名．从属题名标识，从属题名［一般文献类型标识］

共同题名．从属题名［一般文献类型标识］＝ 并列共同题名．并列从属题名

共同题名．从属题名［一般文献类型标识］／责任说明

共同题名：其他题名信息．从属题名［一般文献类型标识］：其他题名信息

共同题名／责任说明．从属题名［一般文献类型标识］：其他题名信息／责任说明 ＝ 并列共同题名／并列责任说明．并列从属题名：并列其他题名信息／并列责任说明

10.1.2 正题名

10.1.2.1 正题名是本项的第一个著录单元。无论题名页上的正题名前出现何种著录信息，正题名仍应著录于本项之首。

示例： 计算机技术

（副题名"电子工业科技情报网"载于正题名上方）

10.1.2.2 正题名是连续性资源的主要题名。

示例1：	人民日报	（报纸）
示例2：	新财经	（期刊）
示例3：	图书馆工作与研究	（杂志）
示例4：	中国经济年鉴	（年鉴）
示例5：	中央研究院民族學研究所專刊	（丛编）
示例6：	Joyo 卓越	（集成性资源）
示例7：	MARC 21 format for authority data	（集成性资源）
示例8：	中国新闻网	（集成性资源）

10.1.2.3 正题名的形式

10.1.2.3.1 正题名可以由通用术语组成。

示例1： 年度报告／北京商业银行

示例2： 通讯／中国作家协会上海分会

10.1.2.3.2 如果题名页上除了个人或团体名称以外没有题名信息，正题名可以由个人或团体名称组成。

示例1： 北京大学

示例2： 中国惠普

10.1.2.3.3 正题名可以包含显著出现在题名页上的简称、首字母缩写或标识语，或由显著出现在题名页上的简称、首字母缩写或标识语组成。

示例1： CG杂志

示例2： 中国WTO报告

10.1.2.3.4 正题名可以包含数字或字母。若有必要[3]，其展开形式可在附注项说明。

示例1： 863航天技术通讯

示例2： 1933／一九三三社

示例3： 大众DV

附注：题名中"DV"是"Digital Video"的首字母缩写

10.1.2.3.5 当责任者、出版者或其他著录单元的描述性文字（例如版本）在语法上是正题名的组成部

3 "若有必要"是指对识别有意义或对目录的使用者重要，下同。

分时，应照录。

示例1： 武汉大学学报

示例2： 四川农学会会刊

10.1.2.3.6 正题名可以由共同题名、从属题名标识和/或从属题名组成。

示例1： CEI中国行业发展报告.建筑业

示例2： 中国科学. E辑

示例3： 农业文摘. 第四分册，植物病理学

10.1.2.4 正题名的选择

10.1.2.4.1 连续性资源只有一个题名页

10.1.2.4.1.1 当题名页上有同一种语言和/或文字的两个或多个不同题名时，按照题名页的排版格式或次序选择正题名。

10.1.2.4.1.2 当题名页上有多种语言和/或文字的题名时，选择与连续性资源正文语种相同的题名作为正题名。如果不好判断正文语种，则按照题名页的排版格式或次序选择正题名。

10.1.2.4.1.3 当题名页上有全称形式和简称形式的题名时，选择全称形式的题名作为正题名，简称形式作为其他题名信息。出现在其他信息源上的题名的全称或展开形式，可著录在附注项。

示例： 计算机集成制造系统 ：CIMS

附注：CIMS是“Computer integrated manufactuging systems”的首字母缩写。

10.1.2.4.2 连续性资源有一个以上题名页

10.1.2.4.2.1 当连续性资源有一个以上不同语种或文字的题名页时，选择与正文语种相同的题名页上的题名作为正题名。如果不好判断正文语种，选择右边题名页（双面都是题名页时）或第一个题名页上的题名作为正题名。对于双向倒转印刷的连续性资源，正文与题名页有两种语言和/或文字，其重要性相等，可按编目机构的规定，选择正题名，未选用的题名作为并列题名，在附注项注明双向倒转印刷的情况。

10.1.2.4.2.2 当被著录的连续性资源包含多个连续性资源，每个都有各自的题名页和编号，要分别著录每个连续性资源，并在附注项注明它们之间的关系。此规则也适用于正文和题名页都是同一语种和/或文字的双向倒转印刷的连续性资源。

10.1.2.5 正题名的转录

10.1.2.5.1 当印刷型资源的正题名取自代题名页，或非印刷型资源的正题名取自其他信息源时，都要在附注项注明。而对于电子资源，任何情况下正题名的来源都要在附注项注明。

10.1.2.5.2 正题名原则上应按照题名页上的文字照录，包括有语法关系的标点和起标点作用的空格。

示例1： 经济·社会

示例2： 青年　诗人

示例3： 美术 & 设计

示例4： 黄达——蒙代尔讲座

示例5： 美國新聞與世界報導

示例6： I/O news 译丛　（斜线“/”作为有语法关系的标点符号，应照录。）

10.1.2.5.3 题名页上明显的印刷错误，在转录时应修正过来，并在附注项注明连续性资源上出现的题名形式，如果不能确定是否是印刷错误，则按题名页上出现的形式照录。

示例： Housing starts

附注：首卷首期上的题名为：Housing sarts

10.1.2.5.4 如果题名中含有逐期改变的日期或编号，应予省略，相应位置用省略号“...”表示，如果日期或编号在正题名之首，则将其省略即可，但不必加省略号“...”。

示例1： 中国经济展望　（省略了题名之首的年份）

示例2： 国家科技计划 ... 年度报告　（省略了“2001”）

10.1.2.5.5 如果正题名中含有任何说明先前题名、被吸收题名等的文字，在著录时都应省略，不需要加省略号“...”，而应在附注项说明与其他连续性资源的关系。

示例： 中外问题

附注：继承：社会新闻

（题名页题：中外问题 即社会新闻）

10.1.2.5.6 连续性资源的正题名由共同题名和从属题名组成时，应先著录共同题名，然后著录从属题名标识和/或从属题名。如果共同题名有其他题名信息或责任说明时，应著录在共同题名之后，从属题名标识和/或从属题名之前。不是取自规定信息源上的从属题名应著录在方括号中。

示例1： 自动学和无线电电子学文摘.第二分册，电子学及其应用

示例2： 复印报刊资料. B6，外国哲学

示例3： 中国农业文摘. 园艺

示例4： 云南师范大学学报. 哲学社会科学版[4]

示例5： 吉林教育科学. [高教研究] （从属题名取自封面）

10.1.2.5.7 任何用数字或文字描述的带有年期的标识都应著录在编号项。

示例： 中国外科年鉴 （题名页上题：中国外科年鉴. 2006）

10.1.2.6 变异题名

连续性资源上出现的正题名的变异题名，例如封面题名、书脊题名、逐页题名、附加题名页题名等，只著录在附注项。

10.1.2.7 正题名的变化可能会导致对新资源另行著录（见第8章和第9章）。

10.1.2.7.1 对于连续出版物，如果正题名中发生了主要变化，应对新资源另行著录（见8.2.1）。如果正题名中发生的是次要变化，视其重要程度决定是否在附注项注明（见8.3.1）。

10.1.2.7.2 对于集成性资源，任何正题名的变化都不需要另行著录，只在现有的著录中用最新题名替代原来的题名，并将其著录在附注项（见9.3）。

10.1.2.7.3 对于分辑，当连续性资源在出版过程中，由于题名页版式的改变，原分辑题名变成了独立题名，应作为新资源另行著录，将原分辑题名作为正题名著录，原共同题名作为丛编题名著录在丛编项，原分辑标识作为丛编编号。同样，对于分丛编也作类似处理（见8.2.1.5）。

示例： 世界经济导刊

. --（复印报刊资料 ；V8）

10.1.2.7.4 对于补编（副刊、增刊）和插页，如果迄今为止一直是补编（副刊、增刊）或插页的从属题名改变成了独立题名，应作为正题名著录，并在附注项注明主要连续性资源的题名（见8.2.1.5）。

10.1.3 一般文献类型标识（选用）

一般文献类型标识是用通用的术语在著录开始时表示连续性资源所属于的较为宽泛的文献类别。如果使用一般文献类型标识，应紧接正题名之后著录（参见GB/T 3469中的相关规则）。

示例1： 扬子晚报［电子资源］

示例2： 法制进行时［录像制品］

10.1.4 并列题名

10.1.4.1 当连续性资源的题名页上出现了一种以上语言或文字的题名时，若有必要，没有被选为正题名的题名可以作为并列题名著录。对于双向倒转印刷的连续性资源，正文与题名页有两种语言和/或文字，其重要性相等，没有被选为正题名的题名作为并列题名著录。

10.1.4.2 并列题名可以和正题名一样有各种形式。

10.1.4.3 并列题名的转录

10.1.4.3.1 与正题名的转录规则相同，如果在题名页上出现并列题名，应如实照录，但是大小写和标

---

4 专业版本说明作为从属题名著录，见10.2.2.5.4。

点符号不一定照录。如果题名页上出现一个以上的并列题名，著录顺序与题名页上的印刷排版顺序一致。没有著录在题名与责任说明项的并列题名可以在附注项注明。

示例 1： 资源科学 = Resources science

示例 2： 时尚家居 = Trends home （题名页上的并列题名全部是大写字母：TRENDS HOME）

示例 3： 实验生物学报 = Acta experimentali biologica sinica = Succeeding the Chinese journal of experimental biology

10.1.4.3.2 当连续性资源的正题名由共同题名和从属题名组成时，则并列共同题名和并列从属题名应著录在共同题名和从属题名之后。

示例 1： 国外医学．移植与血液净化分册 = Foreign medical scinces. Section of transplansplantationg and hemopurification

示例 2： 中国科学．G 辑，物理学 = Science in China. Series G，Physics

10.1.4.4 并列题名的变化

10.1.4.4.1 连续出版物后续卷期的并列题名增加、省略或改变时，若有必要，应该在附注项说明。

10.1.4.4.2 集成性资源在更新中并列题名增加、省略或改变时，应修改著录信息以反映最新的更新情况，若有必要，先前的并列题名在附注项说明。

10.1.5 其他题名信息

10.1.5.1 其他题名信息原则上应予著录，若过于冗长可在附注项说明，若认为有必要在本项著录，在不失其信息含义的前提下，可以省略中间或结尾部分，省略部分以省略号"..."表示。

10.1.5.2 当责任说明、与出版发行有关的说明或与其他著录单元(例如版本说明)相关的信息在语法上是其他题名信息的组成部分时，其他题名信息应包含这些内容。

示例 1： 北京律师 ：北京律师协会会刊

示例 2： 地球科学 ：中国地质大学学报

10.1.5.3 其他题名信息的转录

10.1.5.3.1 取自题名页的其他题名信息应著录在相应的正题名或并列题名之后。

10.1.5.3.2 其他题名信息应严格按照原题照录，其中包含的大小写、标点符号、日期、数字等的处理方法参照 10.1.2.5 的规定。

10.1.5.3.3 其他题名信息出现在题名页的正题名之前(例如题上信息)，如果合乎语法或有其他必要性，可以著录在正题名之后。如果不能著录在正题名之后，可以将题上信息著录在附注项。

10.1.5.3.4 当题名页上出现由多个说明语句组成的其他题名信息，如果都需要著录，则依据题名页上的排版印刷顺序著录。

示例： 中国旅游发展 ：分析与预测 ：中国社会科学院旅游研究中心研究报告

10.1.5.3.5 并列题名和并列其他题名信息的转录

10.1.5.3.5.1 如果题名页出现不同语言和/或文字的多个并列题名和其他题名信息，其他题名信息应著录在各自的相关语言题名之后，不对应于正题名或并列题名的其他题名信息可以在附注项注明。

示例： 外交评论 ：外交学院学报 = Foreign affairs review ：Journal of China Foreign Affairs University

10.1.5.3.5.2 题名页上出现一个或多个并列题名，但是只有一种语言和/或文字的其他题名信息，应著录在最后一个并列题名之后。

示例： 系统科学学报 = Chinese journal of systems science ：中国系统科学研究会会刊

10.1.5.3.5.3 题名页上出现一种以上语言和/或文字的其他题名信息而没有出现并列题名时，转录与正题名语言和/或文字相同的其他题名信息。当没有与正题名语言和/或文字相同的其他题名信息时，转录题名页上出现的第一个其他题名信息，其余的若有必要也可以按顺序著录，并前置标识符空格、等号、空格(=)。

示例： 黄钟 ：武汉音乐学院学报 = Journal of Wuhan Music Conservatory

10.1.5.4 其他题名信息出现在连续性资源上，但不在题名页上，若有必要，可著录在正题名或其对应的并列题名之后，并置于方括号内，但通常情况下著录在附注项。

示例：　　东方论坛：[青岛大学学报]　（副题名取自封面）

10.1.5.5　连续性资源的正题名由共同题名和从属题名组成时，其他题名信息应著录在与其对应的共同题名或从属题名之后。

示例1：　艺苑：南京艺术学院学报．美术版

示例2：　国外医学．卫生学分册：劳动卫生、环境卫生、食品卫生和营养等

10.1.5.6　其他题名信息的变化

10.1.5.6.1　对于连续出版物，如果已经著录在题名与责任说明项中的其他题名信息，在后续的卷期中发生了重要变化，应在附注项说明变化的情况。

10.1.5.6.2　对于集成性资源，如果已经著录在题名与责任说明项的其他题名信息，在之后的更新中发生了变化，应在题名与责任说明项中著录更新后的其他题名信息，如果重要，还应在附注项说明该变化。

10.1.6　责任说明

10.1.6.1　责任说明可以是对连续性资源的知识内容或艺术内容的创作或实现负有责任或作出贡献的任何实体（个人或团体）。一般只需要著录负有主要责任的个人和/或团体的名称说明。若有必要，其他责任说明也可著录。

10.1.6.2　责任说明可以与如下实体有关：

——文字资料的作者、编写者、编辑者、翻译者、插图者；

——作品的改编者；

——各种数据的收集者；

——主办上述任何作品的机构（团体）或个人。

编目机构可以选择不著录连续出版物的个人编者的责任说明。若有必要，应将个人名称著录在附注项。对于不断更新的活页/散页资料而言，若有必要应著录个人编者说明。

示例：　　东北民族研究／南文渊主编

10.1.6.3　责任说明的形式

10.1.6.3.1　责任说明可以由个人名称或团体名称以及表示其职能的责任方式组成，或者只有名称，没有责任方式。

示例1：　管理学家／主办航空工业信息中心

示例2：　人物月刊／楊開道主編

示例3：　稀有金属／中国金属学会

10.1.6.3.2　责任说明可以是一个没有明确名称的短语，但该短语应包含有知识贡献的含义或是有其他重要意义。

示例1：　安东（县立）元宝山小学校学期会刊／本校各级级任教员

示例2：　创作通讯／创作研究室

10.1.6.3.3　责任说明可以由一个名词或名词短语以及名称组成，如果这样的短语表示个人或团体的作用。

示例：　　国际免疫学杂志／主办中华医学会，哈尔滨医科大学

10.1.6.3.4　责任说明可以由与其他著录单元（例如原版题名）相关的细节组成，如果这样的细节在语法上是责任说明的组成部分。

10.1.6.3.5　责任说明可以由出现在题名页上的与附录和其他补充资料或附件相关的说明组成。

10.1.6.3.6　与连续性资源的知识内容或艺术内容责任无关的说明不作为责任说明。诸如格言、题献、资助或获奖的说明等，可以忽略或在附注项注明。

10.1.6.3.7　在语法意义上已经作为其他著录单元（例如正题名、其他题名信息、出版发行说明等）组成部分的责任实体名称不再作为责任说明著录。

示例：　　华东冶金学院学报

10.1.6.3.8 团体的名称出现在题名页上，但是该团体的职能不明确，而且无法根据连续性资源或其他地方的信息确定，该团体名称不作为责任说明著录，若有必要，可在附注项注明。

10.1.6.3.9 责任说明包含在其他题名信息中，则著录为其他题名信息(见10.1.5.2)。

示例： 天文研究与技术 ：国家天文台台刊

10.1.6.4 一个或多个责任说明

10.1.6.4.1 规定信息源上有多个个人或团体名称，但是在措辞上仅表示一个说明，行使同样的职能，只能按单一责任方式著录。

示例： 中国发明与专利 / 知识产权出版社，中国发明协会主办

10.1.6.4.2 规定信息源上有多个个人或团体名称，在措辞上表示有多个说明或行使不同的职能，按多个责任方式著录。

示例1： 中国心脏起搏与心电生理杂志 / 中国生物医学工程学会，武汉大学人民医院主办 ；中国科学技术协会主管

示例2： 环境与职业医学 / 上海市疾病预防控制中心，中华预防医学会主办 ；上海预防医学研究院，华东区域劳动卫生与职业病防治中心协办

示例3： 民商法学 / 中国人民大学主办 ；中国人民大学书报资料中心编辑

10.1.6.4.3 出现在连续性资源上但不是出现在题名页上的与附录和其他补充资料或附件相关的责任说明，若有必要，可以著录在附注项。

10.1.6.5 责任说明的转录

10.1.6.5.1 按照责任说明出现在连续性资源上的形式转录。

10.1.6.5.2 出现在连续性资源其他地方的责任说明，如果需要著录在题名与责任说明项，应置于方括号内，或者在附注项注明。取自连续性资源以外的责任说明只能著录在附注项。

示例： 戏剧丛刊 / [山东省文化厅主办]
(责任说明取自书末出版说明)

10.1.6.5.3 如果在同一个责任说明中有多个个人或团体名称，可由编目机构确定需要著录名称的数量。一般规定为不超过三个，多个名称之间可以用逗号分隔，四个及以上时，只著录第一个，使用“...[等]”表示省略的部分，并在附注项说明。

示例： 标准计量与质量 / 陕西省质量技术监督局 ... [等] 主办
附注：主办者还有 ：西北国家计量测试中心，陕西省计量测试学会，陕西省标准化协会，陕西省质量管理协会

10.1.6.5.4 个人名称后面的学会会员、学位、职位、资格等词汇或说明，如果在语法上有必要或者对于识别该个人或说明其活动的背景有必要，应该转录。在其他情况下，这些词汇或说明不作为责任说明的一部分，应予省略。

10.1.6.5.5 题名页上出现在正题名之前与正题名无语法关系的责任说明应著录在责任说明项。责任说明的原始位置可以在附注项说明。

10.1.6.5.6 如果责任说明和题名之间的责任关系不清楚，可以附加一个短语，用于说明责任关系。附加的短语置于方括号内。

10.1.6.5.7 多个责任说明的转录顺序应依据题名页上责任说明的排版顺序，而不是各种说明所隐含的责任范围或程度。如果责任说明不是取自题名页，原则上按其逻辑顺序著录，并置于方括号内。

10.1.6.5.8 并列题名和并列责任说明的转录

10.1.6.5.8.1 题名页上出现一个或多个并列题名和/或并列其他题名信息说明，并且也有多于一种语言和/或文字的责任说明时，每个责任说明应著录在与其在语言学上相关的题名或其他题名信息后。不对应于正题名或并列题名的责任说明可以著录在附注项。

示例： 哈尔滨学院学报 / 主办哈尔滨学院 = Journal of Harbin University / Sponsor Harbin University

10.1.6.5.8.2 题名页上出现一个或多个并列题名和/或并列其他题名信息说明，但是仅出现一种语言

和/或文字的责任说明，应将其著录在最后一个并列题名或并列其他题名信息之后。

示例： 国际免疫学杂志 = International journal of immunology / 主办中华医学会，哈尔滨医科大学

10.1.6.5.8.3 题名页上出现多种语言和/或文字的责任说明，但是没有并列题名，只著录与正题名语言和/或文字相同的责任说明。如果该规定不适用，应根据题名页上责任说明的排版顺序著录。不同语言和/或文字的责任说明之间使用空格、等号、空格（ = ）分隔。

示例： Bibliographica belgica / Commission belge de bibliographie = Belgische commissie voor bibliografie
（正题名是德语，题名页上有法语和荷兰语的责任说明）

10.1.6.5.9 责任说明的简称

10.1.6.5.9.1 出现在题名页上的团体名称是正题名、并列题名或其他题名信息的一部分，并且是简称形式或首字母缩写形式，该名称的全称或展开形式可以作为责任说明著录。如果全称或展开形式取自连续性资源除题名页以外的其他地方，应置于方括号中，取自连续性资源以外，可以著录在附注项。

示例 1： CCER 学刊 / 中国经济研究中心学刊编辑部主办
（CCER 是"中国经济研究中心"的英文名称"Center of China Economic Research"首字母缩写）

示例 2： 北京社联通讯 / 北京市社会科学联合会筹备处

示例 3： 邵阳师专学报 / [邵阳师范专科学校主办]

10.1.6.5.9.2 正题名由出现在题名页上的团体名称的简称形式或首字母缩写形式组成，则可将其全称或展开形式作为责任说明著录。如果全称或展开形式取自连续性资源，应置于方括号中，如果取自连续性资源以外，可以著录在附注项。

示例： 鞍钢 / [鞍山钢铁公司]

10.1.6.5.10 连续性资源的正题名由共同题名和从属题名组成时，适用于整个正题名的责任说明应著录在整个正题名之后，否则，责任说明应著录在与其相关的共同题名或从属题名之后。

示例 1： 理化检验通讯. 无损检测分册 / 上海材料研究所

示例 2： 中国医学文摘. 耳鼻咽喉科学 / 北京市耳鼻咽喉科研究所

示例 3： 中华人民共和国地质部地质科技情报 / 中华人民共和国地质部地质科学研究院主办. 矿物原料部分 / 矿物原料研究所情报室编辑

10.1.6.6 责任说明的变化

10.1.6.6.1 对于连续出版物，如果责任说明中的个人或团体名称在后续的卷期中增加或删除，并且这种变化不需作为新资源另行著录，应在附注项说明增加或删除的个人或团体名称（见 8.3.2.2）。由通用术语组成的题名，当与其相关的责任说明中的团体名称发生了主要变化，需要作为新资源另行著录（见 8.2.2.2）。

10.1.6.6.2 对于集成性资源，如果责任说明中的个人或团体名称在后续的更新中发生了变化，应著录最新变化的个人或团体名称，先前的个人或团体名称在附注项说明。

10.2 版本项

10.2.1 结构形式

. -- 版本说明

. -- 版本说明 = 并列版本说明

. -- 版本说明 / 责任说明

. -- 版本说明 / 第一责任说明 ; 第二责任说明 ; 第三责任说明

. -- 版本说明 / 责任说明 = 并列版本说明 / 并列责任说明

. -- 版本说明，附加版本说明

. -- 版本说明 / 责任说明，附加版本说明 / 责任说明

10.2.2 版本说明

10.2.2.1 版本说明由如下相关的术语、短语或字符组成：

a） 整个连续性资源均标明版本的名称和/或编号。

b） 整个连续性资源以一种特定形式出现，而且在知识或艺术内容方面与同样形式的其他连续性资源明显不同。

版本说明通常包括文字“版”或“本”等字样或带序数词的相关术语（“第 2 版”等），或者用与其他版本不同的术语表示（“新版”、“标准版”等）。有时出版物的形式说明也可以考虑作为版本说明（如“大字印刷本”）。

10.2.2.2 版本说明应按照其出现在连续性资源上的形式照录，但是文字或其他形式的数字应使用阿拉伯数字替代。取自规定信息源以外的版本说明，著录时应置于方括号中。

10.2.2.3 如果连续性资源上没有出现版本说明，但是可在资源中获取有关的版本说明，可以著录并置于方括号中。在规则上与 10.2.2.2 保持一致。

示例： . --［影印版］

10.2.2.4 以下类型的说明应作为版本说明转录：

10.2.2.4.1 表示版本名称和/或版次的说明，一种连续性资源全部重印或修订的说明。

示例 1： . -- 联合版

示例 2： . -- 第 2 版

示例 3： . -- 重印版

示例 4： . -- 全年累积版

10.2.2.4.2 地区版本说明

示例 1： . -- 港澳台版

示例 2： . -- 国际版

示例 3： . -- 海外版

示例 4： . -- 农村版

10.2.2.4.3 读者对象版本说明

示例 1： . -- 普及版

示例 2： . -- 学生版

示例 3： . -- 高中版

示例 4： . -- 企业家版

10.2.2.4.4 特殊版式或外形说明

示例 1： . -- 盲文版

示例 2： . -- 大字印刷版

示例 3： . -- 缩微版

示例 4： . -- 图画版

10.2.2.4.5 语种版本说明

示例 1： . -- 汉文版

示例 2： . -- 蒙文版

示例 3： . -- 英文版

10.2.2.4.6 时间版本说明

示例 1： . -- 星期日版

示例 2： . -- 上午版 （有独立的卷期编号）

10.2.2.5 以下类型的说明不作为版本说明转录

10.2.2.5.1 表示卷期编号或以年代卷的说明，应著录在编号项。

10.2.2.5.2 没有出现在题名页上的一般资料类型或特殊资料类型说明。资料类型说明应作为题名与责任说明项的一般文献类型标识著录，或者作为特定文献类型标识著录在载体形态项。

10.2.2.5.3 有规律的修订或频繁更新的说明（例如：修订版，每半年修订一次），应著录在附注项。

10.2.2.5.4 专业版本说明应作为从属题名著录。

10.2.2.6 版本的变化

10.2.2.6.1　对于连续出版物，后续卷期的版本说明发生了增、删、改等变化，原则上应在附注项注明，如果发生的变化符合新资源另行著录的原则，则需要另做新的版本著录(见 8.2.2.1)。

10.2.2.6.2　对于集成性资源，如果版本发生了主要变化，需要作为新资源另行著录(见 9.2.1)。如果发生了次要变化，应将原版本说明更新为最新的版本说明，若有必要，可在附注项说明变化的情况(见 9.3)。

10.2.3　并列版本说明(选用)

如果连续性资源上出现了一种以上语言和/或文字的版本说明，应著录与正题名的语言和/或文字相同的版本说明。如果这个标准不适用，选择版式突出的或最先出现的版本说明著录。并列版本说明也可以著录。

示例：　. -- 英文版 = English ed.

10.2.4　与版本有关的责任说明

10.2.4.1　与版本有关的责任说明可以指个人或团体、新版本的修订者、新版本中补充资料和附录等的提供者。

10.2.4.2　与版本有关的责任说明的著录规则同 10.1.6 责任说明，取自连续性资源题名页的著录在本项；取自连续性资源其他地方的可以著录在本项，外加方括号，也可以著录在附注项；取自连续性资源以外的可以著录在附注项。

10.2.4.3　与版本有关的并列责任说明可以著录，之前标识空格、等号、空格(=)。

10.2.5　附加版本说明

10.2.5.1　附加版本说明是对连续性资源版本说明的补充说明。

示例 1：　. -- 第 2 版，修订版

示例 2：　. -- 重印版，[有附录及索引]

10.2.5.2　附加版本说明的转录同版本说明(见 10.2.2.2 和 10.2.2.3)。

10.2.5.3　无变化的印次可以作为附加版本说明著录。

示例：　. -- 第 2 版，第 3 次印刷

10.2.5.4　并列附加版本说明可以著录，之前标识空格、等号、空格(=)。

10.2.6　附加版本说明的责任说明

10.2.6.1　附加版本说明后面的责任说明按照与版本有关的责任说明的条款转录。

示例：　. -- 第 2 版，修订版 / 上海造船工程学会

10.2.6.2　附加版本说明后面的并列责任说明也可以转录，之前标识空格、等号、空格(=)。

10.3　资源特殊细节项

10.3.1　本项包含特定资料类型或出版物类型所特有的数据，常用于记录连续性资源的年代和/或编号，以及地图资料的数学数据、音乐资源的乐谱格式说明。

10.3.2　如果连续性资源是一种资料类型和出版物类型的组合(例如地图连续出版物)，而且使用了本项，则重复本项，首先著录与连续性资源的主题内容相关的资源特殊细节项(例如地图资料的比例尺信息)，然后再著录针对连续出版物的资源特殊细节项(编号信息)。

示例 1：　. -- 比例尺 1∶650,000 (W 94°3′-W 88°49′/N 33°1′-N 28°55′). -- 1981-

示例 2：　. -- 总谱和分谱 . -- No. 1-

10.3.3　结构形式

. -- 资源特殊细节项

10.3.4　编号

10.3.4.1　结构形式

. -- 第一期的日期-最后一期的日期

. -- 第一期的日期-

. -- -最后一期的日期
. -- 第一期的编号-最后一期的编号
. -- 第一期的编号-
. -- -最后一期的编号
. -- 第一期的编号（第一期的日期）-最后一期的编号（最后一期的日期）
. -- 第一期的编号（第一期的日期）-
. -- -最后一期的编号（最后一期的日期）
. -- 第一期的编号-最后一期的编号 = 第一期的其他编号-最后一期的其他编号
. -- 第一期的编号-最后一期的编号 ；新编号序列的第一期的编号-最后一期的编号
. -- 第一期的编号-最后一期的编号 ；新编号序列的说明，第一期的编号-最后一期的编号

10.3.4.2 编号项的著录依据

10.3.4.2.1 编号项依据题名与责任说明项所著录的正题名的第一期和/或最后一期所载的数字和/或日期著录。编号项对于集成性资源不适用。

10.3.4.2.2 在本项著录的日期可能与出版发行项著录的日期一致，也可能不相同。

10.3.4.2.3 如果著录是依据中间的期，但是能在其他的信息源获取第一期和/或最后一期的编号信息，可将其著录于本项，并置于方括号内。

10.3.4.2.4 如果无法获取任何有关第一期和最后一期的编号信息，则省略本项。与本项有关、但是无法著录或没有著录在本项的编号信息，若有必要，可著录于附注项。

10.3.4.3 编号说明的转录

10.3.4.3.1 转录形式与次序

编号数据按其出现在期上的形式和顺序著录，但是要用阿拉伯数字代替其他非阿拉伯数字、拼写数字和文字形式的数字。编号数据应与同其一起出现的期的标识或替代词的标准缩写形式一起著录。“卷”或相当于“卷”（例如“集”、“辑”）的标识采用标准缩写形式“vol. ”，“期”或相当于“期”的标识（例如“册”、“月”）采用标准缩写形式“no. ”。当卷、期标识置于首位时，第一个英文字母应大写。

示例 1： . -- Vol. 1-
示例 2： . -- No. 1-
示例 3： . -- Vol. 1, no. 1-
示例 4： . -- Vol. 1, no. 1/2-
示例 5： . -- 1969-
示例 6： . -- 1980/1981-
示例 7： . -- 1968, no. 1(1968, 1)-
示例 8： . -- 1931, 8, 1-

不完整、不准确或拼写错误的编号数据，可通过补充、完善或更正的方式提供正确的著录形式，并置于方括号内。

示例 1： . -- [19]76-
示例 2： . -- Vol. 1 ([19]83)-
示例 3： . -- [2001], no. 1-
示例 4： . -- 1986 [即 1968]-
示例 5： . -- Vol. 20 [即 21] (1846)-

10.3.4.3.2 非公历日期的转录

非公历日期按规定信息源上出现的形式转录，但其中的非阿拉伯数字应转换为阿拉伯数字，如果相应的公历日期没有出现在连续性资源上，应予附加并置于方括号内。

示例： . -- 同治 11 年 3 月 [1872, 4]-

10.3.4.4 编号或日期

当期以编号或日期标识时,出现在第一期上的编号或日期应予以著录。

示例 1: . -- Vol. 1-

示例 2: . -- No. 1-

示例 3: . -- 1925-

示例 4: . -- 1936-

10.3.4.5 编号和日期

当期以编号和日期标识,出现在第一期上的这两个元素都应予以著录。编号著录在日期之前,日期著录于编号后的圆括号内。

示例 1: . -- Vol. 1, no. 1 (1984, 1)-

示例 2: . -- No. 1 (1985, 2)-

如果是以年代卷,则编号著录在日期之后。

示例 1: . -- 1971, no. 1-

示例 2: . -- 2001, no. 1 (2001, 6)-2003, no. 6 (2003, 12)

10.3.4.6 新题名下的编号和日期

著录的连续出版物是一种或多种其他连续出版物的延续,则应著录新的正题名下第一期的编号和/或日期。

示例 1: . -- Vol. 9, no. 1 (1997, 3)-

示例 2: . -- No. 4 (1985, 2)-

10.3.4.7 一种编号系统包括多个编号和/或日期标识

一种编号系统包括多个编号和/或日期标识,则将所有的编号和/或日期标识都著录于本项。不同的编号和/或日期之间用空格、等号、空格(=)相隔。

示例 1: . -- 1995, no. 1- = 总 1-
(以年代卷,有期和总期两种标识)

示例 2: . -- Vol. 13, no. 1 (1995, 6, 20)- = 1995, no. 1- = 总 20-
(同时有卷期、日期、年期和总期标识)

10.3.4.8 停刊

所著录的连续出版物已经停止出版,应将最后一期的编号和/或日期著录于第一期的编号和/或日期后,两者之间用连字符(-)相隔。如果第一期的编号和/或日期未知,只著录最后一期的编号和/或日期。

示例 1: . -- Vol. 1, no. 1 (1971, 1)-vol. 5, no. 12 (1975, 12)

示例 2: . -- No. 1 (1978, 1)-no. 12 (1978, 12)

示例 3: . -- 1936-1965

示例 4: . -- 1971, no. 1-1975, no. 12

示例 5: . -- [19]85, 1-[19]93, 3

示例 6: . -- Vol. 1, no. 1 (1989, 12) (只出版了一期)

示例 7: . -- -Vol. 4, no. 3 (1892, 3) (已停刊,第一期的编号和日期未知)

10.3.4.9 后继编号序列

如果连续出版物采用了一个新的编号序列,但正题名没有改变,新序列的编号著录于第一个序列的编号之后,两者之间以空格、分号、空格(;)相隔。如果新序列前带有诸如"新"、"新辑"等标识的说明性文字,则将其著录于编号之前,并用逗号(,)与之相隔。

示例 1: . -- No. 1 (1978, 1)-no. 12 (1978, 12) ; vol. 2, no. 1 (1979)-

示例 2: . -- Vol. 1 (1962)-vol. 6 (1967) ; 新辑, vol. 1 (1968)-

示例 3: . -- 1980, no. 1 (1980, 10)-1996, no. 6 (1996, 11, 25) = [总 1]-84 ; vol. 17, no. 1 (1997, 1, 25)- = 1997, no. 1- = 总 85-

示例 4: . -- No. 1 (1948, 2)-no. 20 (1949, 12, 25) = 总 37-53 ; 新, no. 1 (1950, 2, 1)-no. 6 (1950, 7) = 总

54-59

示例5：　. -- Vol. 1, no. 1 (1955, 10)-vol. 5, no. 1 (1959, 6) ; 1980, no. 1 (1980, 4)-1981, no. 1 (1981, 2)

10.3.4.10　主从编和分丛编的编号

当分丛编或补编（副刊、增刊）/插页作为从属题名著录时，分丛编或补编（副刊、增刊）/插页的编号应著录于本项，主丛编的编号著录于丛编项。如果不适用，则将与主丛编或主要连续性资源有关的编号信息著录于附注项。

10.3.4.11　摹真复制品

著录摹真复制品或其他照相复制品时，本项应著录原版连续出版物的编号和/或日期。

10.3.4.12　第一期上无标识

第一期没有任何编号标识，但在后续期上出现了期和/或日期标识，可基于这种模式给出相应的第一期的编号，并置于方括号内。如果后续期上也无法获得编号信息，则著录为“[No. 1]-”或一个年代标识。

示例1：　. -- [Vol. 1, no. 1]-

（后续期编号为第1卷第2期、第1卷第3期等）

示例2：　. -- [No. 1]-

（第一期无标识）

示例3：　. -- [1968]-

（一个年度报告）

10.3.4.13　创刊号/试刊

10.3.4.13.1　出现在规定信息源的“创刊号”应视为一种编号系统，如实著录。同时出现在规定信息源上的日期标识，应著录在“创刊号”之后的圆括号内；创刊号以后的编号按新的编号序列处理；除了“创刊号”标识外，同时还另有一个或多个其他的编号和/或日期标识的，应将不同的标识都著录于本项。

示例1：　. -- 创刊号 (1981, 3) ; 1982, no. 1-

示例2：　. -- 创刊号 (1993, 6) ; no. 2 (1993, 8)-no. 4 (1993, 12) ; 1994, no. 1- = 总5-

示例3：　. -- 创刊号 (1984, 1) = vol. 1, no. 1 (1984, 1) = 总1 ; vol. 1, no. 2 (1984, 2)- = 总2-

10.3.4.13.2　试刊若与总期号相连，则视试刊为一种编号系统著录于本项。如果试刊同时有卷期标识，应将“试刊”字样著录于卷期标识之前，并用逗号“,”与其相隔，试刊以后的编号按新的编号序列处理；如果试刊只有日期标识，则著录“试刊”字样，并在其后的圆括号内注明日期标识，试刊以后的编号按新的编号序列处理。

示例1：　. -- 试刊, no. 1 (1965, 2)-试刊, no. 2 (1965, 4) ; 1966, no. 1- = 总3-

示例2：　. -- 试刊 (1965, 2) ; 1966, no. 1- = 总2-

总期号未计算在内的试刊，或该连续出版物无总期标识，其试刊的编号不著录在本项，可在附注项说明试刊情况。

示例1：　. -- Vol. 1, no. 1 (1980, 3)- = 总1-

附注：1980年1-2月有两期试刊。

示例2：　. -- Vol. 1, no. 1 (1989, 2)-vol. 3, no. 6 (1991, 12)

附注：试刊, vol. 1, no. 1 (1988, 10)-vol. 1, no. 2 (1988, 12)

10.3.4.14　休刊/复刊

10.3.4.14.1　休刊后复刊，如果编号连续，则在本项连续著录，有关休刊信息著录于附注项。

示例：　. -- 创刊号 (1956, 12) = 1956, no. 1 (1956, 12) ; 1957, no. 1- = [总2]-

附注：本刊1960, no. 6后休刊，于1962, no. 1 (1962, 4)复刊；又于1966, no. 2 (1966, 4)后再度休刊，于1980, no. 1 (1980, 2)复刊。

10.3.4.14.2　休刊后复刊，如果编号另起，按新的编号序列著录于本项。

示例：　. -- Vol. 1, no. 1 (1964, 9)-vol. 3, no. 3 (1966, 9) ; 1979, no. 1 (1979, 3)-1981, no. 6 (1981, 11) ; vol. 7, no. 1 (1982, 1)- = 1982, no. 1-

10.3.4.15 无法获取第一期和/或最后一期编号信息

若无法获得一种连续出版物的第一期和/或最后一期的编号信息，可将推算的大致编号著录于方括号“[ ]”中。无法推算的第一期(或最后一期)可不予著录，任何关于第一期(或最后一期)编号的信息都可著录于附注项；如果第一期和最后一期的编号信息均无法推断，则省略本项。

示例1： . -- No. 1 (1925)-

附注：已停刊，但停刊编号信息不詳

示例2： . -- [1969?]-

示例3： . -- [197-]-

示例4： . -- Vol. 1，no. 1 [1959?]-

示例5： . -- [约 1960]-

示例6： . -- -vol. 28，no. 6 (1978，12)

10.3.5 乐谱格式说明

10.3.5.1 乐谱格式说明表示一部作品的特殊乐谱格式，以区分其他不同的乐谱格式。

10.3.5.2 连续性乐谱资源在使用本项时，重复本项，首先著录特殊乐谱格式，然后再著录连续出版物的编号信息。

示例： . -- 总谱和分谱. -- No. 1-

10.3.6 数学数据(测绘资料)

10.3.6.1 数学数据项提供测绘制图资源的比例尺、投影、坐标和二分点信息。

10.3.6.2 连续性测绘制图资源在使用本项时，重复本项，首先按照 GB/T 3792.6 测绘制图资料著录规则的要求著录数学数据项，然后再著录连续出版物的编号信息。

示例： . -- 比例尺 1：650,000 (W 94°3′-W 88°49′/N 33°1′-N 28°55′). -- 1981-

10.4 出版发行项

10.4.1 本项著录连续性资源的出版说明事项。如著录摹真复制品或其他照相、缩微或数字复制品，则关于复制品的出版说明著录于本项，其原件的出版说明在附注项说明。对于集成性资源，第一次和/或最后一次更新的日期著录于本项，其他日期可在附注项说明。

10.4.2 结构形式

. -- 出版发行地 ：出版发行者，出版发行日期

. -- 出版发行地 ；出版发行地 ：出版发行者，出版发行日期

. -- 出版发行地 ：出版发行者 ：出版发行者，出版发行日期

. -- 出版发行地 ：出版发行者 ；出版发行地 ：出版发行者，出版、发行日期

. -- 出版发行地 ：出版发行者，出版发行日期 (印制地 ：印制者)

. -- 出版发行地 = 出版发行地并列说明 ：出版发行者，出版发行日期

. -- 出版发行地 ：出版发行者 = 出版发行地并列说明 ：出版发行者并列说明，出版发行日期

. -- 发行地 ：发行者名称，发行日期 (印制地 ：印制者，印制日期)

10.4.3 出版发行地

10.4.3.1 出版发行地是与连续性资源的出版者(若有多个出版者指主要出版者)或发行者所在地的城市名或其他相关的地理位置。题有地名而无出版者或发行者名称，可将其著录为出版地或发行地。

10.4.3.2 出版发行地的著录

10.4.3.2.1 出版发行地以其出现在连续性资源上的正确拼写形式和语法形式著录。出现在连续性资源上有谬误的出版发行地信息应照录，并将正确的信息著录于其后，置于方括号中或在附注项说明。

10.4.3.2.2 如果出现的是地名简称，应予照录，并将其全称补充并后置于方括号内。

示例： . -- 穗 [广州]

10.4.3.2.3 难以识别或者容易混淆的出版发行地，应附加其上级地名，取自规定信息源的附加词置于圆括号中，其他来源的应置于方括号内。

示例 1: . -- 遼陽 (遼寧省)

示例 2: . -- 衡阳 (湖南)

为便于识别,在必要时可以提供地名的替代或修订形式,置于方括号中。

示例: . -- 雪梨 [即悉尼]

10.4.3.3 多语种地名

连续性资源上出现一种以上的语言和/或文字,应著录与正题名的语言或文字相同的出版发行地的形式。如果这个标准不适用,按规定信息源所载版式或顺序著录最显著的或第一个出版发行地的形式。

10.4.3.4 若著录并列出版地,前置空格、等号、空格(=)。如果不予著录,则不需对该省略进行说明。

10.4.3.5 多个出版发行地与一个出版发行者

如果有一个以上的出版发行地与一个出版发行者对应,依据在版式上最显著的地名、题在首位的地名、以及目录使用者认为最重要的地名的优先顺序著录。

第二个或后续的地名也可以著录。

示例: . -- 北京 ; 香港 : 人民美术出版社

若省略第二个或后续地名,省略部分以"等"表示,并置于方括号中。

示例: . -- 北京 [等] : 知识出版社

10.4.3.6 多个出版地与多个出版者

分别题有一个以上的出版地和出版者名称时,每一个出版者所对应的出版地都应著录于相应的出版者名称之前,后著录的出版地与首先著录的出版地相同时,可以省略。

示例 1: . -- 贵阳 : 贵州人民出版社 ; 成都 : 四川人民出版社

示例 2: . -- 北京 : 中国医学科学院心血管病研究所 : 中国医学科学院阜外医院

编目机构也可以按 10.4.3.5 的优先原则,只著录一个出版地和出版者,省略的部分以"等"表示,并置于方括号中。

示例: . -- 昆明 [等] : 云南人民出版社 [等]

10.4.3.7 既有出版地,又有发行地,著录时可省略发行地。只有发行地而没有出版地,应著录发行地以代替出版地,或者著录经考查所得的出版地名。

10.4.3.8 出版发行地不详

连续性资源上没有出现出版发行地,应在方括号中著录经考查所得出的地名;不能确定的地名,可在方括号内著录推测的地名并附加问号。

示例 1: . -- [北京]

示例 2: . -- [香港?]

出版发行地无确切地名,可著录出现在规定信息源上的或推算所得的省、自治区或国家的名称,推测的名称应置于方括号内。

示例 1: . -- 加拿大 (出现在规定信息源上的出版地)

示例 2: . -- [新疆] (规定信息源以外的出版地)

示例 3: . -- [上海?] (可能但不确定的出版地)

经推测查考后仍然无法著录出版发行地,应在方括号中著录"出版地不详"字样。

示例: . -- [出版地不详]

10.4.3.9 出版发行地的变化

10.4.3.9.1 对于连续出版物,后续期的出版发行地若有重要变化,可将变化的地名著录于附注项。

10.4.3.9.2 对于集成性资源,在更新时若出版发行地发生了变化,应将变化的地名著录于本项,若有必要,原出版发行地可在附注项说明。

10.4.4 出版发行者

10.4.4.1 连续性资源上有一个以上的出版者,依据在版式上最显著的出版者、题在首位的出版者、以及目录使用者认为最重要的出版者的优先顺序著录。

10.4.4.2 第二个或后续的出版者也可以著录。

10.4.4.3 如果省略第二个或后续出版者，省略部分以“等”表示，并置于方括号中。

示例： . -- 昆明 ：云南人民出版社 [等]

10.4.4.4 既有出版者，又有发行者，著录时可省略发行者，若无出版者信息，但是有发行者信息，应著录发行者信息。

10.4.4.5 出版发行者在不产生歧义的前提下，按原题转录。原题为“本刊编辑部”时应将刊名展开，若有上级机构，前冠上级机构名称。

10.4.4.6 出版发行者出现在题名与责任说明项时，应在本项重复著录。

10.4.4.7 出版发行者以一种以上的语言和/或文字出现在连续性资源上，应著录与正题名的语言或文字相同的出版发行者。如果这个标准不适用，按规定信息源所载版式或顺序著录最显著的或第一个出版发行者的名称。

10.4.4.8 若著录并列出版者，前置空格、等号、空格(=)。如果不予著录，也不必对该省略进行说明。

示例： . -- 伦敦 ：牛津大学出版社

10.4.4.9 无法著录出版发行者的名称，应在方括号中著录“出版者不详”字样。

示例 1： . --[出版地不详 ：出版者不详]

示例 2： . -- 上海 ：[出版者不详]

10.4.4.10 出版发行者的变化

10.4.4.10.1 对于连续出版物，后续期的出版发行者若有重要变化，可将变化的出版者名称著录于附注项。

10.4.4.10.2 对于集成性资源，在更新时若出版发行者发生了变化，应将变化的名称著录于本项，若有必要，原出版发行者可在附注项说明。

10.4.5 出版发行日期

10.4.5.1 本项著录与连续性资源的出版历史有关的日期。

10.4.5.2 对于连续出版物，出版日期著录第一期和最后一期的出版年。本项著录的年份与资源特殊细节项著录的日期范围的年份可能相同，也可能不同。

10.4.5.2.1 尚在出版中的连续出版物，应著录第一期的出版日期后置一个连字符；已经停止出版的连续出版物，应著录第一期和最后一期的出版年，并以连字符相连；若无法获得起始年信息但已知终止年信息，应著录终止年，并前置连字符。

示例 1： , 1965-

编号项：Vol. 5, no. 7 (1965, 7)-

示例 2： , 1936-1960

编号项：Vol. 1, no. 1 (1936)-vol. 24, no. 4 (1960)

示例 3： , 1955-1995

编号项：Vol. 1, no. 1 (1955, 10)-vol. 5, no. 1 (1959, 6) ; 1980, no. 1 (1980, 4)-1981, no. 1 ; vol. 7, no. 2 (1981)-vol. 21, no. 4 (1995, 12)

示例 4： , -1896

编号项：-vol. 47, no. 121 (1896, 8)

示例 5： , 1962

编号项：No. 1 (1962, 5)-no. 21 (1962, 10)

10.4.5.2.2 著录依据的是中间的期，但是能在国家书目或其他信息源获取第一期和/或最后一期的出版日期，可著录于本项，并置于方括号内。

10.4.5.2.3 如果无法获取任何有关第一期和/或最后一期的出版日期，则省略本项。有关出版日期方面的信息可以著录于附注项。

10.4.5.3 对于集成性资源，应将已知的该资源最早可获得的年份著录为起始出版年，已知的该资源终结的年份著录为终止出版年。

10.4.5.4　对于更新活页/散页文献,应将该版本、修订本等第一次出版的年份著录为起始出版年,对于已经停止更新的散页文献,应著录出现在主要信息源上的终止日期。如果能够获知最后一次更新的日期,则也应当予以著录。

示例：　，1990-1995 [1999 最近一次更新]

10.4.5.5　纪年的著录

10.4.5.5.1　公元纪年以阿拉伯数字著录。非公元纪年按规定信息源所题的形式著录,并将相应的公元纪年著录于方括号内。

示例：　，民國三十一-三十四年 [1942-1945]

10.4.5.5.2　连续性资源上出现不同历法的纪年,应全部著录,并以空格、等号、空格分隔。

示例：　，an Ⅲ-an Ⅳ = 1795-1796

10.4.5.6　规定信息源所题出版发行日期有误,应按所题形式转录,并将正确的出版发行日期著录于其后的方括号内。

示例：　，1905 [即 1950]-1970

10.4.5.7　出版发行日期无法获得,可著录在出版发行日期所在位置出现的版权日期或印制日期,以下述形式表示：

示例 1：　，1960 (印刷)-

示例 2：　，1970 (版权)-

示例 3：　，1985 (录音)-

10.4.5.8　若有必要,可在出版发行日期后附加版权日期。

示例：　1988，1963 (版权)

10.4.5.9　出版发行日期、版权日期或印制日期均无法确定时,将能够确认的出版日期或大致出版日期著录于方括号中。

示例 1：　，[1969?]-　　(表示可能的日期)

示例 2：　，[196-]-　　(误差日期在十年内)

示例 3：　，[约 1835]-　　(大约的日期)

示例 4：　，[19--?]　　(误差日期可能在百年内)

10.4.5.10　连续性资源不规则的出版日期在附注项说明。

10.4.6　印制地和印制者

10.4.6.1　当连续性资源的出版发行地和出版发行者无从查考,而资源上出现印制地和印制者时,应将印制地和印制者著录于本项的出版发行日期之后的圆括号内。如果信息取自资源以外,置于圆括号内的方括号中。

示例 1：　，1974- (北京 ：光明印刷厂)

示例 2：　. -- [出版地不详 ：出版者不详]，1963- ([东京] ：鹿岛研究所出版会)

10.4.6.2　著录多个印制地和多个印制者时,著录用标识符与多个出版发行地和多个出版发行者相同。

10.4.6.3　印制地和印制者的变化应遵循 10.4.3.9 中关于出版发行地变化的规定,以及 10.4.4.10 中关于出版发行者变化的规定。

10.4.7　印制日期

10.4.7.1　代替出版发行日期著录的印制日期,此处不再重复著录。

10.4.7.2　印制日期与已经著录的出版发行日期或版权日期不同时,印制日期也可以著录。印制日期既可以著录于印制者后,也可以单独著录。单独著录时应在日期后附加"印刷"字样。

示例：　. -- 兰州 ：甘肃人民出版社，1972 (1973 印刷) -

10.5　载体形态项

10.5.1　结构形式

. -- 数量和特定文献类型标识

. -- 数量和特定文献类型标识 : 其他形态说明 ; 尺寸

. -- 数量和特定文献类型标识 : 其他形态细节说明 ; 尺寸 + 附件 (附件数量 : 附件的其他形态细节 ; 附件尺寸)

10.5.2 **数量和特定文献类型标识**

10.5.2.1 特定文献类型标识表示连续性资源所属的特定资料类型,以书目机构所选择的语言著录。

10.5.2.2 已经停止出版的连续性资源,应在特定文献类型标识前著录书目单位的数量,用阿拉伯数字表示。

10.5.2.2.1 对于印刷型连续出版物,可视情况使用"vol."(卷)、"no."(期)作为特定文献类型标识。还在出版发行中的、或虽然已经停止出版但不能确定其数量的,只著录特定文献类型标识。

示例 1: . -- 90vol.

示例 2: . -- 120no.

示例 3: . -- vol.

示例 4: . -- no.

10.5.2.2.2 对于仍在不断更新的活页/散页文献,应著录为"vol.(散页)"。已经不再更新的散页文献视情况著录为 1vol.(散页)、2vol.(散页)。

示例 1: . -- 3vol. (散页)

示例 2: . -- 2vol. (盲文散页)

10.5.2.3 非印刷型连续性资源参照 GB/T 3792 相关部分的规定,例如,连续性录音资料参照 GB/T 3792.4 非书资料著录规则的相关规定。

示例 1: . -- 33 盘缩微卷片

示例 2: . -- 5 幻灯卷片

示例 3: . -- 录音带

示例 4: . -- 缩微平片

10.5.3 **其他载体形态细节**

其他载体形态细节的著录,应遵循 GB/T 3469 文献类型与文献载体代码中有关文献类型的相关规定。

示例 1: . -- 缩微卷片 : 图

示例 2: . -- vol. : 图, 地图

示例 3: . -- 15vol. : 图

示例 4: . -- 盒式录音带 (60 min) : 金属, 立体声, 杜比

10.5.4 **尺寸**

10.5.4.1 尺寸的著录应参照 GB/T 3792 相关部分的规定,例如,连续性录音资料参照 GB/T 3792.4 非书资料著录规则的相关规定。

示例 1: . -- no. ; 29 cm

示例 2: . -- vol. : 图, 地图 ; 18 cm

10.5.4.2 连续性资源的尺寸有变化,可在本项著录较小或最小的尺寸和较大或最大的尺寸,二者之间用连字符分隔,或者在附注项说明相关期或更新部分的尺寸变化。

示例: . -- vol. ; 26-29 cm

10.5.4.3 如果连续性资源的尺寸或形状非常规,例如高度与宽度相等或宽度大于高度,可以在高度后同时著录其他尺寸。

示例 1: ; 21×30 cm (宽度大于高度,著录为高度×宽度)

示例 2: ; 38 cm, 折叠为 10 cm

10.5.5 **附件(选用)**

10.5.5.1 附件的著录应参照 GB/T 3792 相关部分的规定,例如,连续性录音资料参照 GB/T 3792.4 非书资料著录规则的相关规定。

示例1：　. -- vol. ：图 ；31 cm ＋ 每周价格列表

示例2：　. -- vol. ：图 ；28 cm ＋ 光盘

示例3：　. -- 47vol. ：图，地图 ；27 cm ＋ 114 张缩微平片（11 × 15 cm）

10.5.5.2　关于附件资料的题名和责任说明(例如一个插页)或其他特性可以著录在附注项。

10.5.5.3　附件资料可以独立著录，可以在附注项说明，也可以通过多层次著录的方法来描述(见附录A)。

10.6　**丛编项**

10.6.1　一种连续性资源所有的期都在(或计划在)同一种丛编或分丛编中出版时，本项著录该丛编或分丛编的信息。一种连续性资源所有的期都同时在(或计划同时在)两种或多种丛编或分丛编中出版时，本项应重复著录两种或多种丛编或分丛编的信息。著录顺序依据本项规定信息源的优先顺序。上述情况以外的其他与丛编或分丛编有关的信息可在附注项说明。

10.6.2　结构形式

. --（第一丛编）（第二丛编）

. --（丛编正题名 ：丛编其他题名信息 / 丛编责任说明 ；丛编编号）

. --（丛编正题名，ISSN ；丛编编号）

. --（分丛编正题名 ＝ 分丛编并列题名，分丛编 ISSN ；分丛编编号）

. --（丛编题名. 分丛编题名 ；分丛编编号）

. --（丛编题名. 分丛编标识，分丛编题名）

. --（丛编题名. 分丛编标识，分丛编题名，分丛编 ISSN ；分丛编编号）

. --（丛编题名. 分丛编题名 / 分丛编责任说明，分丛编 ISSN ；分丛编编号）

10.6.3　丛编或分丛编正题名

10.6.3.1　丛编或分丛编正题名依据规定信息源著录。

如果一种连续性资源既有主丛编，又有分丛编，应采用如下方法著录：

a)　分丛编具有可独立识别的题名时，将其单独著录于丛编项，主丛编题名在附注项说明。

示例：　. --（中国报刊经济信息总汇）

附注：主丛编题名 ：复印报刊资料

b)　分丛编题名不具有独立识别意义时，应与其从属的主丛编一起著录在本项。主丛编题名不在附注项中重复。

示例1：　. --（从过去走向未来丛刊. 16，史学论丛 ；2）

示例2：　. --（中央研究院民族學研究所專刊. 乙種 ；16）

10.6.3.2　丛编和分丛编正题名的选取与转录，按题名与责任说明项相关条款的规定处理。

10.6.3.3　丛编或分丛编的识别题名与正题名不同时，著录在附注项。

10.6.4　丛编或分丛编并列题名

当丛编或分丛编的正题名以一种以上的语言和/或文字出现时，若有必要，将丛编并列题名或分丛编并列题名著录于本项。

示例：　. --（Материалы к познанию фауны и флоры СССР ＝ Contributiones pro fauna et flora URPSS ＝ Contributions à la connaissance de la faune et la flore de l'URSS ＝ Proceedings on the study of the fauna and flora of the USSR）

10.6.5　丛编或分丛编其他题名信息

10.6.5.1　若有必要，丛编或分丛编其他题名信息和并列其他题名信息也可著录于本项。

示例：　. --（Collection I. P. N. ：les industries，leurs productions，leurs nuisances）

10.6.5.2　与丛编或分丛编有关的版本说明作为丛编其他题名信息处理，按照版本项的有关规定著录。

示例：　. --（Sammlung Göschen ；2. Ausg.）

10.6.6　丛编或分丛编责任说明

当丛编或分丛编正题名为一通用术语时，应著录第一责任说明。在其他情况下，若出现在规定信息源的第一和其余责任说明对识别或对目录使用者重要，也要著录。

示例： . -- (Mededeling / Instituut voor Toegepast Biologisch Onderzoek in de Natuur)

10.6.7 丛编或分丛编国际标准连续出版物号(ISSN)

10.6.7.1 已知的丛编或分丛编的国际标准连续出版物号(ISSN)应著录于与其对应的丛编或分丛编题名之后，前置逗号、空格(，)。不合适著录在本项的ISSN，可在附注项说明。

示例： . -- (Actualités scientifiques et industrielles, ISSN 0365-6861)

10.6.7.2 分丛编具有可独立识别题名时，主丛编的ISSN与其题名一起著录于附注项。

10.6.7.3 当主丛编与不具有独立识别意义的分丛编一并著录在本项时，主丛编的ISSN不应著录在本项，但是可以在附注项说明。

10.6.8 丛编或分丛编编号

10.6.8.1 丛编或分丛编编号采用阿拉伯数字形式著录于相应的丛编或分丛编著录项之后，前置空格、分号、空格(；)。若连续性资源各期均有丛编或分丛编的同一个编号，该编号应与卷期标识(vol.，no.等)一起著录于本项。若既有主丛编编号，又有分丛编编号时，主丛编编号应予省略。

示例： . -- (复印报刊资料 ; G53)

10.6.8.2 丛编或分丛编编号在出版过程中如有变化，可在附注项说明。

10.7 附注项

10.7.1 附注使用说明

10.7.1.1 附注限定并补充著录信息，可以处理连续性资源的各个方面，凡是没有在著录项中描述但是又被认为是重要的信息，都可以在此说明；除了关于本部分的著录项目的附注外，还有关于连续性资源的性质、范围等不对应于任何著录项目的附注。

10.7.1.2 附注及其所呈现的方式是可选的，除非说明是必备(如果提供的信息是可用的)；如果编目机构认为合适，两个或更多的附注可以组合成为一个附注；如果适当，在附注中推荐使用GB/T 3792的本部分规定的标识符。

10.7.1.3 可以使用附注将一个连续性资源与其他连续性资源的著录或者一种专著丛编的著录联系起来，在用附注表示这种关系时，相关的其他连续性资源题名的形式宜优先选用识别题名(如果无识别题名但是有统一题名时，可用统一题名)与ISSN；如果它们无法获知，则选用正题名，在例外的情况下，采用与GB/T 3792的本部分记录制作时所对应的适合的形式(例如，图书馆目录中所出现的连续性资源的标目与题名)；如果连接的是专著丛编，则应著录专著丛编的正题名，如果有责任说明也要同时著录。

10.7.1.4 与其他连续性资源的关系和与其他版本(包括复制品或再次发行)的关系的细节按照10.7.5.4的规定著录。

10.7.1.5 有关某一特定类型的资料(如电子期刊)的附注信息，参照GB/T 3792相关部分的规定(如GB/T 3792.8 电子资源著录规则)。

10.7.2 结构形式

附注. -- 附注. -- 附注

或

附注

附注

10.7.3 频率说明

10.7.3.1 如果题名与责任说明项中没有出现资源的出版频率或更新频率，应在附注项说明(必备)。

示例1： 双月刊

示例2： 不定期

示例3： 月刊 (7-8月合刊)

示例 4： 连续更新

10.7.3.2 频率已经出现在题名与责任说明项中，在需要表达某些附加信息时，可以在附注项中重复。

示例 1： 月刊（1965，7-2001 为双月刊）
（正题名：史学月刊）

示例 2： 月刊（2002 年起为半月刊）
（正题名：文化月刊）

10.7.3.3 频率的变化应著录在附注中。

示例 1： 月刊（2005-）；双月刊（2001-2004）；季刊（1991-2000）

示例 2： 半月刊（2004-）；出版频率多次变化（1950-2003）

10.7.4 题名与责任说明项附注

10.7.4.1 关于正题名的附注

10.7.4.1.1 印刷型连续性资源的正题名取自代题名页时应在附注中说明（必备）；对于非印刷型连续性资源，正题名信息源的说明参照 GB/T 3792 相关部分的规定。

示例 1： . -- 题名取自封面

示例 2： . -- 题名取自卷端

10.7.4.1.2 与正题名形式不同的变异题名，如：封面题名、书脊题名、逐页题名、附加题名页题名等，若有必要，应予说明。

示例 1： . -- 封面题名：东疆学刊
（正题名：延边大学东疆学刊）

示例 2： . -- 书脊题名 ：煙中校刊
（正题名：山東省立煙台中學校刊）

示例 3： . -- 1986，no. 1-2 正题名改题：法制心理研究
（正题名：犯罪心理研究）

示例 4： . -- 逐页题名：國立中央大學周刊
（正题名：中大周刊）

10.7.4.1.3 题名页的题名有误，应予说明。

10.7.4.1.4 正题名由一组首字母、缩略词或数字组成，或正题名包含一组首字母、缩略词或数字时，取自题名页以外的变异形式或展开形式可以在附注中说明。

示例： . -- 展开题名为：中国高等教育文献保障系统简报
（正题名：CALIS 简报）

10.7.4.1.5 正题名的变化

10.7.4.1.5.1 对于连续出版物，当正题名发生主要变化需要对新资源另行著录时，其书目沿革变化附注见 10.7.5。如果正题名在第一期或所见最早一期之后发生了次要变化，若有必要，可在附注中说明；如果正题名的变化较为频繁，也可以采用“题名多次变化”等一般性附注说明。

示例 1： . -- Vol. 4，no. 4(1999)起正题名为：中国临床药理学与治疗学
（正题名：中国临床药理学与治疗学杂志）

示例 2： . -- 2000 年正题名为：戏曲、戏剧研究
（正题名：戏剧、戏曲研究）

示例 3： . -- 分辑题名多次变化

10.7.4.1.5.2 对于集成性资源，当资源的题名被更新，较早的题名应在附注中一一注明。

示例 1： 题名沿革：Australian industrial safety，health & welfare，1979-Mar. 1996

示例 2： 先前题名：Euroinfo international (viewed on May 10，1998)；Telephone directories international (viewed on Sept 9，1999)

10.7.4.1.5.3 对于电子连续出版物，没有沿用较早题名的电子连续出版物，可视为集成性资源，较早的题名应在附注中说明。

示例：　. -- All issues previously published under the title BMMR have been reformatted with the current title

10.7.4.2　出现在题名页上，但是没有被著录在题名与责任说明项的并列题名以及其他题名信息，可以在附注中说明。

示例1：　. -- 还有藏文并列题名。

(题名与责任说明项中没有著录并列题名)

示例2：　. -- 还有德、法、俄、日文并列题名。

(题名与责任说明项中只著录了英文并列题名)

10.7.4.3　出现在连续性资源上，但是没有出现在题名页上的并列题名与其他题名信息可以著录在附注项。

示例1：　. -- 英文目次页题英文并列题名：History of CPC organizations in Beijing

示例2：　. -- 封面题其他题名信息：青岛大学学报

10.7.4.4　连续出版物的并列题名与其他题名信息在出版过程中发生变化，若有必要，可在附注中说明。对于集成性资源，其先前的并列题名与其他题名信息(包括更新前没有并列题名)若有必要，可在附注项说明。

示例1：　. -- Vol. 10 (1995)起并列题名改题：Science & technology progress and policy

(原题英文并列题名：Scientific technological progress countermeasure)

示例2：　. -- No. 9 (1984)起其他题名信息改为：少年文学丛刊

(正题名：未来 ：儿童文学专辑)

10.7.4.5　关于责任说明的附注

10.7.4.5.1　责任说明附注可以包括以下内容：

a)　连续性资源以外的责任说明；

b)　个人或团体名称的变异形式、展开形式和笔名等；

c)　与作品相联系的、但没有在其他著录项目中著录的个人和团体名称；

d)　既不对应于任何正题名，也不对应于任何并列题名的责任说明。

示例1：　. -- 本刊由北京师范大学主办

示例2：　. -- 原主办者为：辽宁商业专科学校

示例3：　. -- 该机构的完整名称为：上海社会科学院世界经济研究所

(正题名：世界经济研究所通报)

10.7.4.5.2　没有出现在题名页，但是出现在连续性资源上的与附录和其他补充资料有关的责任说明，可作为责任说明附注。

10.7.4.5.3　题名页之外的其他信息源上的责任说明，可以在责任说明附注中说明信息的来源。

示例：　. -- 主办机构取自书末出版说明

10.7.4.5.4　出现在题名页上，但是在题名与责任说明项的著录中被省略的责任说明，可在附注中说明。

示例：　. -- 主办机构还有：广东省高校图工委、广东省中心图书馆委员会等3家

10.7.4.5.5　责任说明的变化

10.7.4.5.5.1　对于连续出版物，若有必要，可在附注中说明第一期或所见最早一期以后的责任说明发生的变化(见10.1.6.6.1)。

示例：　. -- Vol. 7, no. 3 (1992)起主编机构增加：江西省环境监测中心站，vol. 9, no. 4 (1994)起江西省环境保护科学研究所不再履行主编责任。

(题名与责任说明项著录为：环境与开发 / 江西省环境学会，江西省环境保护科学研究所主编)

10.7.4.5.5.2　对于集成性资源，若有必要，可以在附注项说明先前曾出现过的责任说明或与当前更新后形式不同的责任说明。如果变化较多，可以用一般性附注作概括性说明。

示例：　. -- 编辑者多次变化

10.7.5　版本项与连续性资源书目沿革附注

10.7.5.1　附注内容

此项附注包括版本说明来源或性质的说明、连续性资源定期修订的说明(必备)、取自连续性资源以

外的与版本项有关的责任说明等。

示例：　. -- 修订版每 6 个月发布一次

10.7.5.2　**版本项的变化**

10.7.5.2.1　对于连续出版物，第一期或所见最早一期以后的版本说明的次要变化，若有必要，可以在附注中说明。

示例：　. -- 2005 年起版本说明改题：原创版

（原版本说明为：原创作品版）

10.7.5.2.2　对于集成性资源，若有必要，可以在附注项说明先前曾出现过的版本说明或与当前更新后形式不同的版本说明。

10.7.5.3　**书目沿革**

资源的书目沿革细节，可随同与其关联的其他资源的编号一起著录。

示例：　. -- 是如下资源的修订版：Mental capacity : medical and legal aspects of the aging. 1977

10.7.5.4　**与其他连续性资源的关系**

10.7.5.4.1　**翻译**

已知所著录的连续性资源译自先前出版的一种连续性资源，应使用附注（必备）说明原版题名。同时以不同语言出版的连续性资源的不同版本见 10.7.5.4.3。

示例 1：　. -- 译自：International social science journal = ISSN 0020-8701

示例 2：　. -- 译自：Prospects (Paris) = ISSN 0033-1538

示例 3：　. -- 译自：World health forum = ISSN 0251-2432

10.7.5.4.2　**复制品**

当一种连续性资源完全是另外一种连续性资源的复制品，例如，印刷资源的摹真复制品或其他照相（或缩微）复制品、唱片的盒式录音带复制品、电影的录像带复制品和数字化版本。应使用附注（必备）说明该资源为复制品，并注明原版的出版地和出版者名称，也可说明原资源的频率，如果复制品的题名与原题名不同，还应注明原资源的题名。

示例 1：

中國邊疆民族學雜誌 / 邊政公論社主辦. -- [影印版]. -- 創刊號 (民國 30 年 8 月 10 日 [1941, 8, 10]) = vol. 1, no. 1 (民國 30 年 8 月 10 日 [1941, 8, 10]) ; vol. 1, no. 2 (民國 30 年 9 月 10 日 [1941, 9, 10])-vol. 7, no. 4 (民國 37 年 12 月 [1948, 12]). -- 臺北 : 大通書局, 民國 73 年 [1984]

影印自：邊政公論. -- 巴縣 [四川] : 邊政公論社 [發行者], 民國三十-三十七年 [1941-1948]. -- 季刊 (1947-1948) ; 半年刊 (1946) ; 月刊 (1941-1945)

示例 2：

新流月報. -- 影印本. -- No. 1 (1929, 3)-no. 4 (1929, 12) . -- 上海 : 上海文藝出版社, 1959

4 册 ; 19cm

影印自：上海 : 現代書局 [發行者]. -- 月刊

10.7.5.4.3　**不同版本**

当所著录的连续性资源同时存在与其部分内容和/或语言不同的版本时，应著录其他版本的名称，如果其他版本的名称难以获取，或者有多种不同的版本，难以一一列出，可采用一般性附注。

示例 1：　. -- 1997 年起同时出版网络版

示例 2：　. -- 有多种语言版本

示例 3：　. -- 本刊为以下刊物的中文版：Reader's digest (U. S. edition) = ISSN 0034-0375

示例 4：　. -- 还有早期版、二星版和三星版

（所著录的题名是最新版）

10.7.5.4.4　**继承**

10.7.5.4.4.1　当所著录的连续性资源继承了一种先前出版的连续性资源，应使用附注（必备）说明先前资源的题名。导语为："继承："。

示例： 现代免疫学

附注：继承：上海免疫学杂志 = ISSN 1001-2478

10.7.5.4.4.2 当所著录的连续性资源被后续出版的另外一种连续性资源继承，应使用附注(必备)说明后续资源的题名。导语为：“改为：”。

示例1： 女子文学

附注：改为：女子文摘 = ISSN 1672-5875

示例2： 中等职业技术教育

附注：改为：职业技术教育(北京)

10.7.5.4.5 **合并**

10.7.5.4.5.1 **由……与……合并而成**

当所著录的连续性资源是由两种或两种以上先前出版的连续性资源合并而成，应使用附注(必备)来说明先前资源的题名，导语为：“由：……；与：…… 合并而成”。

示例1： 中国农业大学学报

附注：由：北京农业大学学报 = ISSN 0479-8007；与：北京农业工程大学学报 = ISSN 1000-1514 合并而成

示例2： 福建党史月刊

附注：由：福建党史通讯；与：革命人物 合并而成

10.7.5.4.5.2 **与……合并而成……**

当所著录的连续性资源与一种或多种先前出版的连续性资源合并成为一种新的连续性资源，应使用附注(必备)说明与之合并的连续性资源和合并后形成的新的连续性资源的题名，导语为：“与：……合并；成为：”。

示例1： 北京农业大学学报

附注：1996年起与：北京农业工程大学学报 = ISSN 1000-1514 合并；成为：中国农业大学学报 = ISSN 1007-4333

示例2： 革命人物

附注：1988年起与：福建党史通讯 合并；成为：福建党史月刊

10.7.5.4.6 **分成与分出**

10.7.5.4.6.1 **部分继承**

当所著录的连续性资源是由一种连续性资源分为两种或多种连续性资源后形成的新资源，应使用附注(必备)说明被分解的先前连续性资源的题名。导语为：“部分继承：”。

示例： 中国科学. A辑，数学 物理学 天文学

附注：部分继承：中国科学. A辑，数学物理学天文学技术科学 = ISSN 1000-3126

10.7.5.4.6.2 **分成……和……**

当所著录的连续性资源分成两种或多种连续性资源时，应使用附注(必备)说明后续的连续性资源的题名。导语为：“分成：……；和：……”。

示例： 中国科学. A辑，数学 物理学 天文学 技术科学

附注：1996年起分成：中国科学. A辑，数学物理学天文学 = ISSN 1006-9232；和：中国科学. E辑，技术科学 = ISSN 1006-9275

10.7.5.4.6.3 **分自**

当所著录的连续性资源是从另外一种连续性资源中分出时，应使用附注(必备)说明分出前的连续性资源的题名。导语为：“分自：”。

示例： 民国档案

附注：分自：历史档案 = ISSN 1001-7755

10.7.5.4.7 **吸收与并入**

10.7.5.4.7.1 **吸收**

当所著录的连续性资源吸收了其他连续性资源，并且没有改变题名，应使用附注(必备)说明被吸收

的连续性资源的题名。若有必要,吸收的日期也可以在附注中说明,导语为:“吸收:”。

示例 1: 山东大学学报. 社会科学版

附注:吸收:山东医科大学学报. 社会科学版 = ISSN 1000-5595

示例 2: 水利学报

附注:1960 年起吸收:泥沙研究

10.7.5.4.7.2 并入

当所著录的连续性资源并入到另外一种连续性资源,应使用附注(必备)说明并入它的连续性资源的题名。若有必要,并入的日期也可以在附注中说明,导语为:“并入:”。

示例 1: 山东医科大学学报. 社会科学版

附注:并入:山东大学学报. 社会科学版, ISSN 1001-9839

示例 2: 泥沙研究

附注:1960 年起并入:水利学报 = ISSN 0559-9350

10.7.5.4.8 有补编(副刊、增刊)、插页的连续性资源

当所著录的连续性资源有补编(副刊、增刊)和/或插页时,可以使用附注说明补编(副刊、增刊)和/或插页的题名。在补编(副刊、增刊)很多的情况下,可以用一般性附注说明。

示例 1: 编译参考

附注:副刊:国外思潮

附注:副刊:国外作品选译

示例 2: 附注:增刊较多

10.7.5.4.9 补编(副刊、增刊)或插页

当所著录的连续性资源是另一连续性资源的补编(副刊、增刊)或插页时,应使用附注(必备)说明主要连续性资源的题名。

示例: 国外思潮

附注:正刊:编译参考 = ISSN 1008-0325

10.7.5.4.10 有分丛编的丛编

如果所著录的连续出版物是丛编,并且该丛编包含可独立识别题名的分丛编,可以用附注说明丛编内各分丛编的题名;在分丛编很多的情况下,可以用一般性附注说明。

示例: 复印报刊资料

附注:分丛编:中国报刊经济信息总汇

10.7.5.4.11 分丛编

如果所著录的连续出版物是分丛编,主丛编说明应著录在丛编项(见 10.6)。

10.7.5.5 其他关系

如果所著录的连续性资源与其他连续性资源有关系,并且这种关系的性质可以确定,可以用附注说明与之相关联的连续性资源的题名。例如,有两种或多种连续性资源合在一起出版,在采用分别著录的方式时,在每一个著录中可以用附注说明与该资源一起出版的其他资源。

示例 1: 对联

附注:本刊与:民间对联故事 合订

示例 2: 民间对联故事

附注:本刊与:对联 合订

10.7.6 编号项附注

10.7.6.1 用于说明未被著录于编号项的编号细节或被省略的原因,该附注也包括那些未被著录在编号项的复杂的、无规律的编号或对目录使用者重要的编号。

示例 1: . -- 1960 年 8-9 月休刊;Vol. 17, no. 12 (1966, 6)后再度休刊;于 vol. 18, no. 1 (1973, 7)复刊

编号项:Vol. 1, no. 1 (1950, 5)-vol. 3, no. 10 (1952, 10) ; 1953, no. 1-1965, no. 12 ; vol. 17, no. 1 (1966, 1)-

示例 2: . -- 1980 年 1-2 月有试刊 2 期

编号项:Vol. 1, no. 1 (1980, 3)- = 总 1-

示例 3: . -- 1992, no. 1(总 7)起有总期标识

编号项:1991, no. 1- = [总 1]-

示例 4: . -- 1959, no. 1(总 9)-1961, no. 1(总 54)有总期标识

编号项:1958, no. 1-1966, no. 9

示例 5: . -- 每年从第 1 期开始编号

示例 6: . -- 1995-1997 年以春、夏、秋、冬四季作为期号标识,第 1 期为春季号

示例 7: . -- 第 1-3 卷每卷 12 期,各卷期号连续编排,期号实际为总期号

编号项:No. 1 (1924, 9, 1) ; vol. 1, no. 1 (民國 14 年 9 月 16 日 [1925, 9, 16])-vol. 3, no. 36 (民國 16 年 12 月 15 日 [1927, 12, 15])

10.7.6.2 如果著录所依据的是连续出版物中间的期时,可在编号项著录推算的大致编号,关于最早一期的编号信息可在附注中说明,如果连续出版物已经停止出版,但是著录时无法获得最后一期的信息,可在附注中说明已经停刊的情况(见 10.3.1.15)。

示例 1: . -- 创刊与停刊编号信息不详,见存最早一期为 vol. 4, no. 1 (1932, 5); 最后一期为 vol. 4, no. 7 (1932, 12)

示例 2: . -- 已经停刊,停刊编号信息不详,见存最后一期为 1985, no. 2 (总 7)

10.7.6.3 所著录的是一种从属于主要连续出版物的补编(副刊、增刊)或插页,可以用附注说明主要连续出版物的编号信息。

示例: 正题名:癌症. 化学治疗专辑

附注:副刊 no. 1 (1989, 4, 15)为正刊的 vol. 8, no. 2 (1989, 4, 15), 副刊 no. 20 (1998, 12, 15)为正刊的 vol. 18, no. 6 (1998, 12, 15)

编号项:No. 1 (1989, 4, 15)-no. 20 (1998, 12, 15)

10.7.7 出版发行项附注

10.7.7.1 附注内容

本项附注包括连续性资源的其他出版发行者的细节、关于不同的出版发行等信息、不规律出版和附加日期等内容。

示例 1: . -- 出版地还有: 贵阳、成都和重庆; 出版者还有: 贵州人民出版社、四川人民出版社和重庆出版社

示例 2: . -- 第 4 卷出版于 1939 年, 第 5 卷出版于 1946 年

10.7.7.2 出版发行项的变化

10.7.7.2.1 对于连续出版物,第一期或所见最早一期之后出现的出版地、出版者名称的变化,若有必要,可随同相应的卷期编号在附注中说明;如果变化很多,可用一般性附注说明。

示例 1: . -- Vol. 4, no. 1 (1984)起出版者改为: 科学出版社, 出版地改为: 北京

(原出版者为: 甘肃人民出版社, 出版地为: 兰州)

示例 2: . -- 出版者多次变化

示例 3: . -- 出版发行者多次变化, 2007 年起出版者为《科学》杂志编辑部

10.7.7.2.2 对于集成性资源,若有必要,可以在附注项说明先前曾出现过的出版地、出版者名称或与当前更新后形式不同的出版地、出版者名称。

示例: . -- Published: New York : McGraw-Hill, 1974-1975; South Hackensack (N. J.) : F. B. Rothman, 1976-1978

10.7.8 载体形态项附注

本项附注用于对载体形态项著录内容的补充和对特定载体特征的说明,例如无规律出版的附件、印刷型连续性资源尺寸的变化等;对于集成性资源,若有必要,其较早的载体形态细节应使用附注说明。

示例 1: . -- 尺寸在 20-30 cm 之间变化

示例 2: . -- 1998 年起不定期出版光盘

示例 3: . -- 每卷中各期页码连续编号

示例 4: . -- 1999 年起为双向倒转印刷形式

10.7.9 丛编项附注

10.7.9.1 所著录的连续性资源的所有期同时在两种或多种丛编或分丛编中出版，可在丛编项著录这些丛编或分丛编的题名，否则用一般性附注说明有多种丛编或分丛编的情况。

10.7.9.2 如果主丛编题名或 ISSN 未包含在丛编项中，则可在附注项说明（见 10.6.3.1）。

示例：　. --（中国报刊经济信息总汇）

附注：主丛编题名：复印报刊资料

10.7.9.3 可用附注说明主丛编编号和/或主丛编编号和分丛编编号之间的关系，也可以用附注说明丛编或分丛编编号变化的情况。

示例：　附注：丛编中每一期编号为 10，20，30 等

10.7.9.4 如果主丛编与分丛编的识别题名与其正题名不同，应使用附注（必备）著录识别题名（见 10.6.3.3）。

10.7.10 内容附注

内容附注包括内容的罗列及其他内容，如索引、插页、书目和组成连续出版物各期的各个物理单位。组成连续性资源各期或更新的各个物理单位的多层次著录见附录 A。

示例 1：　. -- 每年最后一期附该卷分类索引

示例 2：　. -- 每期包含有经济学参考书目

示例 3：　. -- 每期为一个专题

示例 4：　. -- 哲学；经济学；文学；语言学；历史学；社会学；法学；民族学；国际问题

10.7.11 标准编号与获得方式附注

本附注包括有限的印数或有限的发行；如果错误的标准编号出现在连续性资源上，应将其记录在附注项（必备）。

10.7.12 文献性质、范围附注

关于连续性资源的性质、范围、文学艺术或物理形式，可以用附注说明。

10.7.13 著录依据附注

10.7.13.1 对于连续出版物，当著录所依据的不是第一期时，该附注必备。

10.7.13.1.1 附注要说明著录所依据的卷期的编号和日期，著录的形式要与编号项中著录的形式相同。

示例 1：　. -- 据 vol. 3，no. 3（1975，5/6）著录

示例 2：　. -- 据 1992，no. 1（1992，2）著录

示例 3：　. -- 据 no. 8（1980，4）著录

10.7.13.1.2 在有以下情况时可以对所参考的最后一期作附注：

a) 已知连续出版物已经停止出版，著录时最后一期不在手头，并且关于最后一期的信息也不能从其他信息源获得；

b) 在著录时无法确定比手头这一期更晚的期是否已经出版；

c) 著录信息做了相应的修正，以反映参考的最后一期的信息；

d) 希望表明著录信息现在还适用。

示例 1：　. -- 参考的最后一期为：no. 43（2000，3）

示例 2：　. -- 据 vol. 4，no. 1（1988，3）著录，参考的最后一期为：vol. 15，no. 5（1999，10）

10.7.13.2 对于无编号的专著丛编，如果是对丛编本身进行著录，则应使用附注说明所参考的最早的分析单元的出版发行等日期，如果也参考了其他的分析单元，并且能够识别最后的分析单元，还应给出最后的分析单元及其出版日期。

示例 1：　. -- 著录依据：探险与世界 / 于有彬编著. -- 成都：四川人民出版社，1983

示例 2：　. -- 参考的最后一卷：科学家在社会中的角色 /（以色列）本-戴维（Ben-David，J.）著；赵佳苓译. -- 成都：四川人民出版社，1988

10.7.13.3 对于集成性资源，如果著录所依据的不是第一次的更新，应使用附注说明著录时所参考的最后一次更新。

示例：　. -- 著录依据 1994 年版第 10 次更新

10.7.13.4　对于远程访问的电子资源，使用附注说明著录时该资源被浏览的日期。

示例：　. -- 著录依据 2005 年 4 月 22 日的浏览，最后一次更新的浏览日期为 2008 年 8 月 15 日

10.7.14　其他附注

没有著录在其他著录项的任何信息，若有必要，都可以采用其他附注。

10.8　标准编号与获得方式项

10.8.1　结构形式

. -- ISSN ＝ 识别题名

. -- 价格

. -- ISSN ＝ 识别题名 ：价格

. -- ISSN（限定）＝ 识别题名 ：获得方式 ：价格（限定）

. -- ISSN ＝ 识别题名 ：价格（限定）

. -- ISBN（限定）

. -- ISBN ：获得方式 ：价格

. -- ISBN（限定）：价格

10.8.2　ISSN 或其他标准编号

10.8.2.1　已知连续性资源被分配有国际标准连续出版物号(ISSN)或国际标准书号(ISBN)，应予以著录；如果连续出版物每期都有不同的 ISBN 号，则不予著录。

10.8.2.2　标准编号的转录按照有关标准(见 GB/T 9999 中国标准连续出版物号)。

示例 1：　. -- ISSN 0075-2363

示例 2：　. -- ISBN 978-7-86325-016-5

10.8.2.3　连续性资源上的标准编号出现印刷错误时，应将可以获取的正确的标准编号著录在本项，其后的圆括号中加注术语"纠正的"或等同的其他语种的术语，错误的标准编号应在附注项中说明。

示例：　. -- ISSN 0257-0173　（纠正的）

附注：ISSN 0275-0173　（错误的）

10.8.2.4　资源的期或更新中发现的标准编号以外的其他编号也可著录在本项。

示例：　. -- 统一刊号：CN 21-1075

10.8.3　识别题名

由 ISSN 网络中心分配的识别题名，即使与资源的正题名相同也必须与相应的 ISSN 一并著录在本项。

示例 1：　. -- ISSN 1008-9063 ＝ 中国烟草（北京）

示例 2：　. -- ISSN 1000-7881 ＝ 中国人口科学

10.8.4　获得方式和/或价格(选用)

10.8.4.1　获得方式可以用一个术语说明。如果一种资源的各期或更新的价格是固定不变的，可以著录价格；价格以阿拉伯数字著录，前置官方标准货币符号(见 GB/T 12406 表示货币和资金的代码)。

示例 1：　：非卖品

示例 2：　：出租

示例 3：　：每期价格：CNY10.00；每年价格：CNY60.00

10.8.4.2　特殊价格可以在正常价格后的括号内说明。

10.8.5　限定说明(选用)

必要时，可在标准编号或价格后的圆括号内附加补充信息；对于不断更新的资源，要附加限定词(活页)或等同的其他语种的术语。

示例：　. -- ISBN 0-86325-016-5（活页）

附 录 A
（资料性附录）
多层次著录

多层次著录是针对资源各部分的书目著录所选用的一种方法。单层次记录仅仅作为著录的多种选择之一，可以在记录中通过如下方式表现整体和部分之间的关系：

a) 在编记录以各部分的共同题名作为正题名，各部分的题名著录在内容附注中；

b) 在编记录以各部分的题名作为正题名，各部分的共同题名著录于丛编项；

c) 在编记录的正题名由各部分的共同题名和每一个部分的题名组合而成；

d) 在编记录含有对组成部分的分析(见国际图联 ISBD 在组成部分著录中的应用指南(the IFLA Guidelines for the Application of the ISBDs to the Description of Component Parts)。

多层次著录是将著录信息分成两个或更多的层次。第一层次著录整个资源或主要资源的共同信息，第二层次及其余各层次分别著录与单一的可独立的卷或其他单元有关的信息。为完全著录资源及其组成部分，需要多少层次，就可以著录多少层次。

每一层次中，各著录单元的著录顺序和标识符均与资源作为整体著录时相同。有些单元可能会被多个层次著录。当作为资源一部分的一卷、一个分部或一个分丛编的题名前冠有单元标识或分部/分丛编标识时，二者之间用冒号、空格(:)分隔。

在连续性资源中，多层次著录的应用有：

a) 多卷集(多部分)连续性资源物理上独立的单元的著录；

b) 作为另一种资源补编(副刊、增刊)或附件的物理上独立的单元的著录；

c) 由共同题名和从属题名组成正题名的连续出版物的著录；

d) 具有年代顺序序列的连续出版物的著录。

示例：

编译参考 / 外文出版局研究室编辑组编辑. -- 1978, no. 1-2003, no. 12 = 总 1-312. -- 北京 :［《编译参考》编辑部］, 1978-2003 . -- 312no. ; 26 cm. -- 有副刊：国外思潮和国外作品选译

副刊一：国外思潮 / 外文出版局研究室. -- No. 1 (1978, 12)-no. 4 (1980, 6). -- 北京 : 外文出版局, 1978-1980. -- 4no. ; 19 cm

副刊二：国外作品选译 / 外文出版局研究室. -- 1978, no. 1 (1978, 10)-1978, no. 2 (1978, 12) ; no. 3 (1979, 3)-no. 12 (1979, 12). -- 北京 : 外文出版局, 1978-1979. -- 12no. ; 19 cm

附　录　B
（资料性附录）
实　例

B.1　印刷型

示例 1：

心理月刊 = Psychologies. -- 2006，no. 1 (2006，8)- = 总 1- . -- 北京 ：北京桦榭广告有限公司，2006-

- vol. ；28cm

标头题：中国体育报业总社主办. -- 2007 年起出版者改为：中国体育报业总社

ISSN 1673-6796. -- CN 11-5488

示例 2：

中国农业大学学报 / 中国农业大学主办 = Journal of China Agricultural University / China Agricultural University. -- Vol. 1，no. 1 (1996，1)- . -- 北京 ：《中国农业大学学报》编辑部，1996-

- vol. ；26cm

双月刊. -- 题名取自书末出版说明. -- 有英文目次与文摘. -- 每卷最后一期附该卷索引

本刊由：北京农业大学学报 = ISSN 0479-8007；与：北京农业工程大学学报 = ISSN 1000-1514 合并而成

据 vol. 2，no. 1 (1997，1)著录

ISSN 1007-4333 = 中国农业大学学报. -- CN 11-3837

示例 3：

北京农业大学学报. -- Vol. 1，no. 1 (1955，10)-vol. 21，no. 4 (1995，10). -- 北京 ：北京农业大学，1955-1995

21vol. ；26cm

季刊 (1980-1995) ；半年刊 (1955-1959). -- 题名取自封面

Vol. 2，no. 2 (1956)起目次页题英文并列题名：Science reports of Peking Agricultural University；vol. 16 (1990)起封面题拉丁文并列题名：Acta Agriculturae Universitatis Pekinensis

Vol. 16 (1990)起题：北京农业大学主办

本刊 1959，7-1979，12 休刊

Vol. 2，no. 2 (1956)起有英文目次页和主要文章英文文摘；还曾有过俄文目次和俄文文摘. -- Vol. 16(1990)起每卷最后一期附该卷中英文总目录

1996 年起与：北京农业工程大学学报 = ISSN 1000-1514 合并；成为：中国农业大学学报 = ISSN 1007-4333

ISSN 0479-8007 = 北京农业大学学报. -- CN11-2443. -- CODEN BNDXEM

示例 4：

北京农业工程大学学报 = Journal of Beijing Agricultural Engineering University / 主办北京农业工程大学. -- 1986，no. 1 (1986，2)-1986，no. 4 (1986，12) ；vol. 7，no. 1 (1987，3)-vol. 15，no. 4 (1995，12). -- 北京 ：北京农业工程大学学报编辑部，1985-1995

10vol. ；26cm

季刊

继承：北京农业机械化学院学报. -- 1996 年起与：北京农业大学学报 = ISSN 0479-8007 合并；成为：中国农业大学学报 = ISSN 1007-4333

据 vol. 14，no. 1 (1994)著录

ISSN 1000-1514 = 北京农业工程大学学报. -- CN 11-1891

示例 5：

中国科学 = Scientia Sinica. A 辑，数学 物理学 天文学 技术科学 / 中国科学院. -- 1982，no. 1-1992，no. 12 ；vol. 23，no. 1 (1993，1)-vol. 25，no. 12 (1995，12). -- 北京 ：科学出版社，1982-1995

14vol. ；26cm

月刊. -- 1993 起改题英文并列题名：Science in China. -- 每年最后一期附当年总目录

部分继承：中国科学(1950-1981). -- 1996 年起分成：中国科学. A 辑，数学物理学天文学 = ISSN 1006-9232；和：中国科学. E 辑，技术科学 = ISSN 1006-9275

ISSN 1000-3126. -- CN 11-1786

示例 6：

中国科学. A 辑 = Science in China. Series A，数学 物理学 天文学 / 中国科学院主办. -- Vol. 26，no. 1 (1996，1)-vol. 32，no. 12 (2002). -- 北京 ：中国科学杂志社，1996-2002

7vol. ；26cm

月刊. -- 题名取自书末出版说明. -- 有年度总目录

部分继承：中国科学. A 辑，数学物理学天文学技术科学 = ISSN 1000-3126. -- 2003 年起分成：中国科学. A 辑，数学，ISSN 1006-9232，和：中国科学. G 辑，物理学 天文学，ISSN 1672-1780

ISSN 1006-9232 = 中国科学. A 辑，数学物理学天文学. -- CN 11-1786

示例 7：

中国科学. E 辑 = Science in China. Series E，技术科学 / 中国科学院. -- Vol. 26，no. 1 (1996，2)-vol. 34，no. 3 (2004，3). -- 北京 ：中国科学杂志社，1996-2004

9vol. ；26cm

月刊(2003-2004)；双月刊(1996-2002). -- 题名取自封面. -- Vol. 34(2004)起有英文并列分辑题名：Technological sciences. -- 每卷最后一期附该卷总目录

部分继承：中国科学. A 辑，数学物理学天文学技术科学 = ISSN 1000-3126. -- 改为：中国科学. E 辑，ISSN 1006-9275

ISSN 1006-9275 = 中国科学. E 辑，技术科学. -- CN 11-3757

示例 8：

实验生物学报 = Acta experimentali biologica sinica = Succeeding the Chinese journal of experimental biology. -- Vol. 4，no. 1 (1954，12)-vol. 38，no. 6 (2005，12). -- 北京 ：科学出版社，1954-2005

35vol. ；26-29cm

双月刊 (2003-2005)；出版频率多次变化 (1954-2002). -- 题名取自封面. -- Vol. 5，no. 4 (1957)起拉丁文并列题名改为：Acta biologiae experimentalis sinica. -- 1978 年起取消英文并列题名

本刊原由中国细胞生物学会编辑，vol. 21，no. 2 (1988)起编辑者增加：中国科学院上海细胞生物学研究所. -- Vol. 21，no. 2 (1988)起封面题：中国细胞生物学学会主办

本刊出至 vol. 10，no. 4 (1965，12)后休刊；于 vol. 11，no. 1 (1978，8)复刊

Vol. 11 (1978)起出版者改为：上海科学技术出版社；出版地改为：上海

第 4-8 卷每 4 期为一卷，跨年出版；第 9 卷起改为每年 1 卷，每卷 4 期；第 11 卷只出版了 2 期

Vol. 34 (2001)起尺寸为 29cm

有英文目次页及英文文摘. -- Vol. 4-6、8-10 每卷附有活页中英文目录及著者索引；vol. 13，no. 4 (1980)附 vol. 11-13 中英文总目录；vol. 14 (1981)起每卷最后一期附当年总目录

继承：中國實驗生物學雜誌(外文版). -- 改为：分子细胞生物学报，ISSN 1673-520X

ISSN 0001-5334 = 实验生物学报. -- CN 31-1269

示例 9：

外交评论 ：外交学院学报 / 主办外交学院 ；协办中国国际关系学会 ；编辑外交学院学报编辑部 = Foreign affairs review ; Journal of China Foreign Affairs University / Sponsored by China Foreign Affairs University ; Cooperated by China National Association of Interational Studies ; Editer by Journal of CFAAU Editorial Board. -- 2005, no. 3 (2005, 6, 25)- = 总 82- . -- 北京 : 外交学院学报编辑部, 2005-

-vol. ; 29cm

双月刊. -- 2005, no. 4 起其他题名信息增加: 中国国际关系学会会刊,同时增加并列题名信息:Journal of China National Association of Interational Studies. -- 2005, no. 4 起中国国际关系学会的责任方式改为主办。

每年最后一期附当年总目录

继承:外交学院学报 = ISSN 1003-3386

据书末出版说明著录

ISSN 1003-3386. -- CN 11-5370

示例 10:

短篇小说. -- 原创作品版. -- 2000, no. 9- . -- 吉林 :《短篇小说》杂志社, 2000-

- vol. ; 26cm

月刊. -- 标头题: 吉林市文联主办. -- 2005 起版本说明改题: 原创版. -- 本刊还有与短篇小说(选刊版)交替的总期

部分继承: 短篇小说 = ISSN 1003-1561

ISSN 1003-1561. -- CN 22-1031

示例 11:

世界卫生论坛 / 世界卫生组织编. -- Vol. 1, no. 1 (1980)-vol. 19, no. 4 (1998). -- 北京 : 人民卫生出版社, 1984-1998

19vol. ; 26cm

季刊 (平均每年出 4 期). -- 译自:World health forum = ISSN 0251-2432. -- 本刊为国际卫生发展杂志

示例 12:

邊政公論 = Frontier affairs / 中國邊政學會編印. -- 創刊號 (民國 30 年 8 月 10 日 [1941, 8, 10]) = vol. 1, no. 1 (民國 30 年 8 月 10 日 [1941, 8, 10]) ; vol. 1, no. 2 (民國 30 年 9 月 10 日 [1941, 9, 10])-vol. 7, no. 4 (民國 37 年 12 月 [1948, 12]). -- 巴縣 [四川] : 邊政公論社 [發行者], 民國三十-三十七年 [1941-1948]

7vol. ; 26cm

季刊 (1947-1948) ; 半年刊 (1946) ; 月刊 (1941-1945). -- 1946 年 1-6 月休刊. -- 第 5 卷起出版地改為南京

民國 73 年[1984]由臺北大通書局出版影印本,題名為: 中國邊疆民族學雜誌. -- 本刊还有缩微品. -- 據 vol. 1, no. 11/12(1942, 7, 10)封面著錄

示例 13:

中國邊疆民族學雜誌 / 邊政公論社主辦. -- [影印版]. -- 創刊號 (民國 30 年 8 月 10 日 [1941, 8, 10]) = vol. 1, no. 1 (民國 30 年 8 月 10 日 [1941, 8, 10]) ; vol. 1, no. 2 (民國 30 年 9 月 10 日 [1941, 9, 10])-vol. 7, no. 4 (民國 37 年 12 月 [1948, 12]). -- 臺北 : 大通書局, 民國 73 年 [1984]

7 册 ; 21cm. --(影印中國期刊五十種 ; 第 23 種)

出版頻率不確定

影印自:邊政公論 .-- 巴縣 [四川] : 邊政公論社 [發行者], 民國三十-三十七年 [1941-1948] .-- 季刊 (1947-1948) ; 半年刊 (1946) ; 月刊 (1941-1945)

示例 14:

邊政公論 [缩微品] 见 B.3 示例 1

示例 15:

山东师大学报. 哲学社会科学版. -- 1981, no. 5-2000, no. 6 = 总 58-173 ; vol. 46, no. 1 (2001, 1)- = 2001, no. 1- = 总 174- . -- 济南 :《山东师大学报》编委会，1981-

- vol. ; 26-29cm

双月刊. -- 1986-2000 分辑题名改题:社会科学版;2001 年起又改题:人文社会科学版;2002 年起共同题名中团体名称改为全称,正题名为:山东师范大学学报. 人文社会科学版

1996-1997 封面题英文并列题名: Journal of social science of Shandong Teachers' University;书末出版说明题为: Journal of Shandong Teachers' University;2001 年起题英文并列分辑题名:Social science edition;2002 年起英文并列题名改题: Humanities and social sciences

1988 年起题:山东师范大学主办. -- 1986 年出版者改题《山东师大学报》编辑部. -- 2000, no. 2 起尺寸改为 29cm . -- 1986 年起有英文目次页;2000 年有英文文摘. -- 1986 年起每卷最后一期附该卷总目录

继承:山东师院学报. 社会科学版

ISSN 1001-5973. -- CN 37-1066

示例 16:

敦煌研究 = Dunhuang research / 敦煌文物研究所编辑. --试刊, no. 1 (1982, 6)-试刊, no. 2 (1983, 2) ; 创刊号 (1983, 12) = 总 3 ; no. 4 (1985, 2)-no. 5 (1985, 12) = 总 4-5 ; 1986, no. 1- = 总 6- . -- 兰州 : 甘肃人民出版社, 1982-

- vol. ; 26-28cm

双月刊 (2003-) ; 季刊 (1986-2002) ; 不定期 (1982-1985)

1999 年目次页题其他题名信息:敦煌学专业学报

No. 4-5 (1985)改为敦煌研究院编辑;1986 年起改由敦煌研究编辑部编辑. -- 1986 年起题:敦煌研究院主办. -- 1990 起出版者改为:敦煌研究编辑部

2000 年起尺寸改为 28cm. -- 1990 年起有主要文章英文文摘. -- 1986 年起每年最后一期附当年总目录

2001 年起还提供电子版, 检索方式: World Wide Web. URL:http://wanfang. calis. edu. cn/~kjqk/dhyj/index,html

ISSN 1000-4106 = 敦煌研究. -- CN 62-1007 (1999, no. 2 前, 2000 起). -- CN 62-1006 (1999, no. 2-6)

示例 17:

搏 : 体育杂志 = L'evenement sportif. -- 1994, no. 1- = [总 1]- . --北京 : 中国新体育杂志社 ; 法国 : 阿歇特出版社, 1994-

- vol. : 图 ; 29cm

月刊 (1999-) ; 双月刊 (1997-1998) ; 季刊 (1994-1996). -- 题名取自封面. -- 1996,no. 2 起法国的出版者改为:桦榭菲力柏契出版社. -- 据 1996, no. 1 (总 7) (1996,1)著录

ISSN 1005-9024 = 搏. -- CN 11-3531

示例 18:

國學圖書館 ... 年刊. -- 民國 18 年 7 月 [1929, 7]-民國 25 年 7 月 [1936, 7]. -- 南京 : [國學圖書館], 民國 18-25 年 [1929-1936]

8vol. ; 26cm

1931 年書末出版說明題名為:江蘇省立國學圖書館... 年刊. -- 書末出版說明題編輯者為:國學圖書館

继承:中央大學國學圖書館 ... 年刊

示例 19:

古泉學 : 中國古泉學會會刊 / 編輯中國古泉學會. -- No. 1 (民國 25 年 6 月 1 日 [1936, 6])- no. 3 (民國 25 年 12 月 1 日 [1936, 12, 1]) ; vol. 1, no. 4 (民國 26 年 3 月 [1937, 3])-vol. 1, no. 5 (民國 26 年 6 月 [1937, 6]). -- 上海 : 中國古泉學會 [發行者], 民國二十五-二十六年 [1936-1937]

5no. ; 23cm

季刊. -- 影印本:上海: 上海書店, 1988. -- 还有缩微品

示例20：

古泉學. -- [影印版]. -- No. 1 (民國25年6月1日 [1936，6，1])-no. 3 (民國25年12月1日 [1936，12，1])；vol. 1，no. 4 (民國26年3月 [1937，3])-vol. 1，no. 5 [民國26年6月 (1937，6)]. -- 上海 ：上海書店，1988

5册 ；20cm

出版频率不确定. -- 影印自:上海 ：中國古泉學會 [發行者]，民國二十五-二十六年[1936-1937]. -- 季刊

示例21：

古泉學 [缩微品]见 B.3 示例2

示例22：

数学科学文化理念传播丛书. -- 01(2008)- . -- 大连 (辽宁) ：大连理工大学出版社，2008-

- no. ；图 ；21cm

题名取自封面

主要内容：01 数学的本性 = Memorabilia mathematica / (美) 莫里兹编著 ；朱剑英编译 ；02 无穷的玩艺 ：数学的探索与旅行 = Playing with infinity ：mathematical explorations and excursions / (匈) 路沙·彼得著 ；朱梧槚，袁相碗，郑毓信译 ；03 康托的无穷的数学和哲学 = Georg Cantor ：his mathematics and philosophy of the infinite / (美) 周·道本著 ；郑毓信，刘晓力编译……

示例23：

中国教育报 = China education dail. -- No. 1 (1983，7，7)- . -- 北京 ：中国教育报社，1983-

- no. ；56cm

日报 (1993-) ；每周三期 (1987-1992) ；每周二期 (1983-1986). -- 1983,3,3-1983,6,2 出版了14期试刊

示例24：

江蘇文獻. -- 創刊號 = vol. 1，no. 1/2 ；vol. 1，no. 3/4-vol. 2. no. 3/4 ；續編，vol. 1，no. 1/2-續編，vol. 1，no. 9/10. -- 蘇州 [江蘇] ：江蘇省國學社，民國三十一-三十四年 [1942-1945]

3vol. ；19cm

月刊. -- 第2卷起出版者改為:江蘇省文獻史料館；續編，vol. 1 (1944)起又改為:江蘇文獻館. -- 本刊均為兩期合刊出版

示例25：

中国控制会议论文集 / 秦化淑主编. -- 1994-[1999] ；no. [20]- . -- 北京 ：中国科学技术出版社，1994-

- vol. ；26cm

年刊. -- 英文并列题名为:Chinese control conference. -- 由中国自动化学会控制理论专业委员会主办. -- 1997年起出版者多次变化. -- 有书目和索引. -- 会议名称原为:全国控制理论及其应用学术会议

B.2 通讯

示例1：

29th 奥林匹克运动会官方会刊 = Beijing 2008 Olympic Games official newspaper / 主编李健. -- No. 1 (2008，7，15)-no. 32 (2008，8，25) . -- 北京 ：北京日报报业集团，2008

32no. ；55cm

日报. -- 展开题名为：第二十九届奥林匹克运动会官方会刊. -- 本报由第29届奥林匹克运动会组织委员会授权

示例2：

中國國民黨第二次全國代表大會日刊 / 編輯中國國民黨第二次全國代表大會秘書處. -- No. 1 (民國14年12月30日 [1925，12，30])-no. 19 (1926，1，20). -- 廣州 ：[中國國民黨第二次全國代表大會秘書處]，民國十四-十五年

[1925-1926]

19no. ; 26cm

日刊. -- 逐頁題名:大會日刊. -- 復印本:廣州 : 廣州古籍書店, 1960

B.3 缩微

示例 1:

邊政公論[缩微品] / 中國邊政學會邊政公論社. -- 2代. -- 創刊號(民國30年8月10日[1941, 8, 10]) = vol. 1, no. 1(民國30年8月10日[1941, 8, 10]) ; vol. 1, no. 2(民國30年9月10日[1941, 9, 10])-vol. 7, no. 4(民國37年12月[1948, 12]). -- 北京 : 全国图书馆文献缩微中心, 1991(南京 : 南京图书馆, 1991)

2盘缩微卷片 : 负像, 1:19, 1B ; 16mm

原出版物信息:邊政公論 = Frontier affairs / 中國邊政學會編. -- 巴縣[四川]:邊政公論社,民國三十-三十七年[1941-1948]. -- 7vol. ; 26cm. -- 1946年1-6月休刊. -- Vol. 5(1946, 7)起出版發行地改為南京。

示例 2:

古泉學[缩微品] : 中國古泉學會會刊 / 中國古泉學會. -- 2代. -- No. 1(民國25年6月1日[1936, 6])-no. 3(民國25年12月1日[1936, 12, 1]) ; vol. 1, no. 4(民國26年3月[1937, 3])-vol. 1, no. 5(民國26年6月[1937, 6]). -- 北京 : 全国图书馆文献缩微中心, 1994(太原 : 山西省图书馆, 1994)

1盘缩微卷片 : 负像, 1:19, 1B ; 16mm

原出版物信息:古泉學 : 中國古泉學會會刊 / 編輯中國古泉學會. -- 上海 : 中國古泉學會,民國二十五-二十六年[1936-1937]. -- 5no. ; 23cm

B.4 集成性资源

搜狐 sohu. com [电子资源]. -- [北京 : 搜狐公司], 1998-

连续更新. -- 题名取自主页. -- 检索方式:World Wide Web. URL:http:// www. sohu. com. -- 据2008,9,3更新著录

B.5 电子资源

示例 1:

浪漫年華[电子资源] = The Colorful years. -- 计算机数据. -- 旧金山(美國) : The Colorful years editorial board, 1995-

月刊. -- 正题名取自题名屏. -- 责任者汉译形式为:浪漫年华编辑部. -- 有繁体字版和简化字版,分别用大五码和国标码

据介绍该杂志于1995年10月首次以电子讨论组形式出版,后改为万维网形式出版. -- 访问方式: World Wide Web. URL:http:// www. sfusd. edu/programs/chinese/clflyr. htm. -- 文本. -- 据该杂志网站网页 vol. 2, no. 1(1996)著录

示例 2:

中国优秀博硕士学位论文全文数据库. 理工A辑[电子资源] = Chinese doctoral dissertations & master's theses full-text database. Series A Science & Engineering / 清华大学主办 ; 中国学术期刊(光盘版)电子杂志社编辑. -- 计算机数据. -- 北京 : 中国学术期刊(光盘版)电子杂志社, 2003-(北京 : 光盘国家工程研究中心)

- 光盘(CD-ROM) ; 12cm. -- (CNKI知识信息资源系列产品之一)

季刊. -- 题名取自题名屏. -- 支撑软件的硬件标准配置为486DX66,四倍速光驱. -- 文本

ISSN 1671-6779

B.6 有限的集成性资源

MARC 21 format for bibliographic data : including guidelines for content designation / prepared

STANDARDS PRESS OF CHINA

by Network Development and MARC Standards Office, Library of Congress, in cooperation with Standards and Support, National Library of Canada. -- 1999 ed.. -- Washington [D. C.] : Library of Congress, Cataloging Distribution Service, 1999-

2 vols. (loose-leaf) ; 28 cm.

Updated annually. -- Rev. ed. of: USMARC format for bibliographic data. 1994 ed. 1994; and, Canadian MARC communication format for bibliographic data. 1994.

ISBN 0-8444-0989-8 (v. 1). -- ISBN 0-660-17771-4 (v. 2)

B.7 地图

Canada plotting chart [Cartographic material] : AIR 1615 / produced by Surveys and Mapping Branch, Department of Energy, Mines and Resources. -- Scale 1:3 000 000 at 45°N ; polar stereographic proj. (W 140°-W 46°/N 78°-N 41°). -- 1st ed. (1976)- . -- Ottawa : Surveys and Mapping Branch, 1976- . -- maps : col. ; 101 × 149 cm.

Annual. -- Continues: Winnipeg navigation plotting chart. -- Absorbed in 1979: Canada plotting chart : AIR 1614.

B.8 手稿

示例 1:

The Historical Society bugle. -- Vol. 1, no. 1 (Oct. 17, 1922)-vol. 2, no. 7 (May 7, 1925)

2vol. ; 28 cm.

Frequency varies. -- Typescript (in part carbon copies). -- Prepared by staff members of the Minnesota Historical Society. -- Continued by: The bugle.

示例 2:

The bugle. -- Vol. 2, no. 8 (June 1925) ; new ser., vol. 3, no. 1 (Apr. 1932) ; [new ser., no. 1 (Jan.? 1944)]-new ser., no. 2 (Feb. 25, 1944)

3 vol. ; 28 cm.

Typescript (in part carbon copies). -- Prepared by staff members of the Minnesota Historical Society. -- Continues: The Historical Society bugle.

B.9 音乐

The Penguin scores. -- Miniature score. -- 1- . -- Harmondsworth (Middlesex) : Penguin Books, 1949- . -- miniature scores ; 13 × 20 cm.

Contents: 1. Symphony no. 40 in G minor / Mozart ; 2. Brandenburg concerto no. 3 in G / J. S. Bach ; 3. Symphony no. 101 in D / Joseph Haydn ; 4. Overtures, A midsummer night's dream & Fingal cave / Mendelssohn ; 5. Symphony no. 8 in B minor ("Unfinished") / Schubert

B.10 录音带

The American Arts Project [Sound recording]. -- Vol. 1, no. 1- . -- New York (NY) : American Arts Project, 1983- . -- sound tape cassettes : mono.

"The monthly magasette"-Container.

ISSN 0748-2604

B.11 录像带

American art today [Videorecording] : a view from the Whitney ... Biennial Exhibition, Whitney Museum of American Art. -- 1985- . -- [New York] : Whitney Museum of American Art ; [Chicago (Ill.)] : Home Vision [distributor], cop. 1985- . -- videocassettes ; sd. , col. ; 1/2 in.

Biennial. -- VHS format. -- Summary: Presents an overview of the most important current work in American art. Includes commentary by artists, critics, and curators.

参 考 文 献

[1] 国际图书馆协会和机构联合会.国际标准书目著录:统一版.顾犇,译.北京:北京图书馆出版社.2008.

[2] 国家图书馆《中国文献编目规则》修订小组.中国文献编目规则.2版.北京:北京图书馆出版社,2005.

ICS 01.140.20
A 14

中华人民共和国国家标准

GB/T 3792.4—2009
代替 GB/T 3792.4—1985

文献著录 第4部分:非书资料

Bibliographical description—Part 4:Non-book materials

2009-09-30 发布 2010-02-01 实施

中华人民共和国国家质量监督检验检疫总局
中国国家标准化管理委员会 发布

前　言

GB/T 3792《文献著录》共分 9 部分：

——第 1 部分：总则；

——第 2 部分：普通图书；

——第 3 部分：连续性资源；

——第 4 部分：非书资料；

——第 5 部分：档案；

——第 6 部分：测绘制图资料；

——第 7 部分：古籍；

——第 8 部分：乐谱；

——第 9 部分：电子资源。

本部分是 GB/T 3792 的第 4 部分。

本部分参考了 ISBD：2007《国际标准书目著录》统一版。

本部分代替 GB/T 3792.4—1985。

本部分与 GB/T 3792.4—1985 相比主要变化如下：

——修订了原标准的适用范围。

——规定了本部分的规范性引用文件。

——修订了非书资料专用术语的定义。

——在著录项目的设置方面，将原标准中的 10 个著录项目改为 8 个。即，删除了“排检项”，并将“提要项”归入附注项。在著录单元的设置方面，版本项增设了“并列版本说明”和“附加版本说明”、“附加版本说明的责任说明”；载体形态项将原标准中“规格”著录单元分解并更名为“其他形态细节”和“尺寸”；标准编号与获得方式项增设了“识别题名（连续出版物）”和“限定说明”。

——修订了著录项目和著录单元的名称。在著录项目的名称方面，“题名责任者项”更名为“题名与责任说明项”、“数量、规格项”更名为“载体形态项”、“文献标准编号及价格项”更名为“标准编号与获得方式项”、“系列项”更名为“丛编项”。此外，取消了“出版、发行项”名称中的顿号。在著录单元的名称方面，将题名与责任说明项中的“载体代码，语种”更名为“一般文献类型标识”、“第一责任者”更名为“第一责任说明”、“其他责任者”更名为“其他责任说明”；将版本项中的“版次及版本形式”更名为“版本说明”、“与本版有关的责任者”更名为“与本版有关的责任说明”；将系列项中的“系列正题名”、“系列并列题名”、“系列副题名及说明题名文字”、“系列责任者”、“国际标准系列编号”、“系列编号”分别更名为“丛编或分丛编的正题名”、“丛编或分丛编的并列题名”、“丛编或分丛编的其他题名信息”、“丛编或分丛编有关的责任说明”、“丛编或分丛编的 ISSN 号”、“丛编或分丛编的编号”；将标准编号及价格项中的“价格”更名为“获得方式和/或价格”。

——详细规定了各种类型非书资料载体形态细节的著录方法、标识符以及著录顺序。

——修订并补充了一些示例。

——将“附录 A 载体名称和代码”变更为“附录 A 一般文献类型标识和特定文献类型标识”；删除了原有的“附录 B 载体名称解释”；增加了“附录 B 非书资料著录格式”和“附录 C 非书资料著录示例”。

本部分由全国信息与文献标准化技术委员会（SAC/TC 4）提出并归口。

本部分起草单位：北京大学信息管理系、国家图书馆、中国科学技术信息研究所、北京大学图书馆、中央电化教育馆。

本部分主要起草人：段明莲、刘小玲、杨洪波、白光武、唐勇、祁涛。

本部分所代替标准的历次版本发布情况为：

——GB/T 3792.4—1985。

文献著录　第4部分：非书资料

1　范围

GB/T 3792的本部分规定了非书资料的著录项目、著录项目的顺序、著录用标识符的使用、著录信息源以及各个项目的著录细则等。

本部分适用于以声音、图像、文字等方式记录在磁性或感观材料上的信息资源，如录音制品、电影制品、录像制品、缩微品、投影制品、图形制品、模型等。

非书资料的分析著录以及记录在其他载体上的电子图书、电子期刊、电子学位论文、电子地图、DVD、VCD、CD等电子资源另立标准。

2　规范性引用文件

下列文件中的条款通过GB/T 3792的本部分的引用而成为本部分的条款。凡是注日期的引用文件，其随后所有的修改单(不包括勘误的内容)或修订版均不适用于本部分，然而，鼓励根据本部分达成协议的各方研究是否可使用这些文件的最新版本。凡是不注日期的引用文件，其最新版本适用于本部分。

GB 3100　国际单位制及其应用(GB 3100—1993,eqv ISO 1000:1992)

GB/T 3792.1　文献著录　第1部分：总则(GB/T 3792.1—2009,ISBD(G):2004,NEQ)

3　术语和定义

下列术语和定义适用于本部分。

3.1

电影制品　motion picture

拍摄有一系列连续画面，配有(或无)磁性声道，并利用高速放映产生动态效果的胶片。

3.2

版本　edition

由同一母本生产并由同一机构出版的一种资料的所有拷贝或复本，或指在逐级制品(拷贝)过程中在编非书资料所处的辈次，如缩微品的辈次。

3.3

非书资料　non-book materials

以声音、图像、文字等方式记录在磁性材料或感观材料上的一种信息资源。

3.4

国际标准音像制品编码　international standard recording code;ISRC

由国家代码、出版者代码、录制年代码、记录代码以及记录项代码组成一组代码，它们这五个元素之间用连字符“-”分隔，共12位数字字符，是一种无校验位的定长编码结构。ISRC用于识别由特定出版者发行的某一版本的音像作品，是该作品的唯一识别码。ISRC是以国际标准化组织的ISO 3901:1986为依据，由国家ISRC中心指定。

3.5

录像制品　videorecording

记录有视频信号的各种制品的统称，一般同时录有音频信号，须通过录像机、视盘机以及与之相配套的显示设备放映。

STANDARDS PRESS OF CHINA

3.6

录音制品 sound recording

记录有音频信号(无图像)须用录音机、电唱机、激光唱机等专用设备播放的各种制品的统称。

3.7

实物制品 object

人工三维制品的统称。可指一件物品,也可指多件物品的组装件。

3.8

模型 model

实物或想象物体的立体制品,其尺寸可与原物相同,也可按比例缩放。

3.9

缩微品 microform

含有缩微影像的各种制品(通常是感光胶片)的统称。

3.10

特定文献类型标识 specific material designation

表示非书资料所属于的具体文献类型的术语,如,唱片、录音带、缩微卷片、缩微平片等。

3.11

投影制品 visual projection

利用透射光技术将拍摄(或绘制)后的形象重现出来的一个(或一套)二维图像的制品的统称,须用投影仪、幻灯机、阅读器、显微镜等放大设备放映。多张投影片可叠加放映。

3.12

图形制品 graphic

记录有二维图像的各种制品的统称。除立体图需用专门设备观看外,一般都可用眼直接观看。

3.13

一般文献类型标识 general material designation;GMD

概括地表示文献所属文献类型的术语。如,录音制品、录像制品、缩微品等。

4 著录项目和著录单元

非书资料的著录项目和著录单元包括如下内容:

题名与责任说明项

 正题名

 一般文献类型标识

 并列题名

 其他题名信息

 责任说明

版本项

 版本说明

 并列版本说明

 与本版有关的责任说明

 附加版本说明

 附加版本说明的责任说明

文献特殊细节项

出版发行项

 出版发行地

出版发行者
出版发行日期
印制地
印制者
印制日期
载体形态项
文献数量及特定文献类型标识
其他形态细节
尺寸
附件
丛编项
丛编或分丛编的正题名
丛编或分丛编的并列题名
丛编或分丛编的其他题名信息
与丛编或分丛编有关的责任说明
丛编或分丛编的 ISSN 号
丛编或分丛编号
附注项
标准编号与获得方式项
标准编号
识别题名(连续出版物)
获得方式和/或价格
限定说明

5 著录用标识符

5.1 标识符

各个著录项目和著录单元前置或外括的标识符如表 1 所示。

表 1 著录项目与著录用标识符一览表

著录项目	标识符	著录单元
1. 题名与责任说明项		1.1 正题名
	[ ]	1.2 一般文献类型标识
	=	1.3 并列题名
	:	1.4 其他题名信息
		1.5 责任说明
	/	第一责任说明
	;	其他责任说明
2. 版本项	. --	2.1 版本说明
	=	2.2 并列版本说明
		2.3 与本版有关的责任说明
	/	第一责任说明
	;	其他责任说明
	,	2.4 附加版本说明
		2.5 附加版本说明的责任说明
	/	第一责任说明
	;	其他责任说明

表 1（续）

著录项目	标识符	著录单元
3. 文献特殊细节项	. --	3.1 文献特殊细节
4. 出版发行项	. -- ; : , (: ,)	4.1 出版发行地 第一出版发行地 其他出版发行地 4.2 出版发行者 4.3 出版发行日期 4.4 印制地 4.5 印制者 4.6 印制日期
5. 载体形态项	. -- : ; +	5.1 文献数量及特定文献类型标识 5.2 其他形态细节 5.3 尺寸 5.4 附件
6. 丛编项	. --(= : / ; , ;)	6.1 丛编或分丛编的正题名 6.2 丛编或分丛编的并列题名 6.3 丛编或分丛编的其他题名信息 6.4 丛编或分丛编有关的责任说明 第一责任说明 其他责任说明 6.5 丛编或分丛编的 ISSN 号 6.6 丛编或分丛编的编号
7. 附注项	. --	7.1 附注
8. 标准编号与获得方式项	. -- = : ( )	8.1 标准编号 8.2 识别题名(连续出版物) 8.3 获得方式和/或价格 8.4 限定说明

5.2 标识符使用方法

本部分采用了 GB/T 3792.1 所规定的标识符，其使用方法如下：

. -- 用于各著录项目前，“题名与责任说明项”除外。但各著录项目另起段落著录时，省略此标识符。

[ ] 将一般文献类型标识、取自规定信息源以外的著录信息以及编目员自拟的著录文字置于方括号中。在同一著录项目中有两个著录单元同时未取自规定信息源，须各自用一个方括号。

= 用于并列题名、并列版本说明、丛编并列题名、分丛编并列题名、识别题名以及连续出版物卷期年月的第二标识系统前。

: 用于其他题名信息、出版发行者、印制者、其他形态细节、丛编其他题名信息、获得方式和/或价格前。

/ 用于责任说明、与本版有关的责任说明、丛编责任说明前。

; 用于其他责任说明、同一责任说明的无总题名文献的各部作品题名前（第一部作品题名除外）、与本版有关的其他责任说明、其他出版发行地、其他出版发行者、尺寸、丛编其他责任说明、丛编编号、分丛编号。

, 用于交替题名、相同责任方式的责任者（第一个责任者除外）、附加版本说明、出版发行年、印制年、丛编的国际标准连续出版物号前。

. 用于分辑题名标识、无分辑题名标识的分辑题名、分丛编以及不同责任说明的无总题名文献的各部作品题名前(第一部作品题名除外)。

＋ 用于附件前。

( ) 将丛编项、限定说明、印制地、印制者、制作年、附件的补充说明、文献标准编号与获得方式的限定说明置于圆括号内。

… 用于省略的内容。

5.3 标识符使用说明

5.3.1 除“题名与责任说明项”外,各个著录项目连续著录时均需冠著录项目标识符“. --”,其著录格式为“.”和“--”之后各空一格。使用逗号“,”和句号“.”(下圆点)时,需在其后空一格。除此而外,需在所使用的标识符前后各空一格。

5.3.2 重复著录同一单元时,须重复使用其相应的标识符。

5.3.3 丛编项置于圆括号“( )”中。若有多个丛编项,应重复使用圆括号“( )”。

6 著录用文字

6.1 题名与责任说明项、版本项、文献特殊细节项、出版发行项和丛编项应按非书资料自身的文字著录。无法照录的符号、图形或其他内容,可由编目员将相应内容改用文字或其他形式著录并置于方括号“[ ]”内。

6.2 版次、出版发行日期、载体形态项中的文献数量、尺寸以及文献标准编号与获得方式项中的价格等数字一律用阿拉伯数字著录。

6.3 附注项用编目机构所选用的文字著录,引文除外。

6.4 计量单位依据 GB 3100 中的有关规定著录。

6.5 著录其他文字的非书资料应遵照该文字的书写规则。

STANDARDS PRESS OF CHINA

7 著录信息源

7.1 主要信息源

7.1.1 非书资料的主要信息源为在编文献本身。

7.1.2 当非书资料的标签、容器或者附件上的信息最完整时,可选其作为主要信息源。

7.1.3 多个信息源上的信息不同时,应依据非书资料的永久性信息源著录,如录像带的题名帧或唱片的标签。

7.1.4 系列非书资料集中著录时,一般选第一辑作信息源。第一辑的信息不完全可按提供信息最全者著录;信息源过于分散,可综合多个单辑信息源的信息著录。

7.2 规定信息源

各个著录项目均有规定信息源。如果著录信息取自规定信息源之外,应置于方括号内。各类非书资料著录项目的规定信息源如表 2 所示。

表 2 各著录项目规定信息源

著录项目	规定信息源
题名与责任说明项	主要信息源
版本项	主要信息源、附件、容器
出版发行项	主要信息源、附件、容器
载体形态项	任何来源

表 2（续）

著录项目	规定信息源
丛编项	主要信息源、附件、容器
附注项	任何来源
标准编号与获得方式项	任何来源

8 著录项目细则

8.1 题名与责任说明项

8.1.1 结构形式

正题名［一般文献类型标识］/ 责任说明

正题名［一般文献类型标识］/ 第一责任说明 ；其他责任说明

正题名［一般文献类型标识］＝ 并列题名 / 责任说明

正题名［一般文献类型标识］：其他题名信息 / 责任说明

正题名［一般文献类型标识］＝ 并列题名 ＝ 并列题名 / 责任说明

正题名［一般文献类型标识］：其他题名信息 ：其他题名信息 / 责任说明

正题名［一般文献类型标识］＝ 并列题名 ：其他题名信息 / 责任说明

正题名［一般文献类型标识］/ 责任说明 ＝ 并列题名 / 并列责任说明

正题名［一般文献类型标识］：其他题名信息 ＝ 并列题名 ：并列其他题名信息 / 责任说明

题名［一般文献类型标识］；题名 / 责任说明

题名［一般文献类型标识］/ 责任说明. 题名 / 责任说明

共同题名. 分丛编题名［一般文献类型标识］/ 责任说明

共同题名. 分丛编编号［一般文献类型标识］/ 责任说明

共同题名. 分丛编编号，分丛编题名［一般文献类型标识］/ 责任说明

8.1.2 正题名

8.1.2.1 正题名是题名与责任说明项的第一个著录单元，即使在规定信息源上的正题名前载有责任说明、版本说明、丛编说明、出版发行说明等其他信息，正题名依旧为第一个著录单元，其前无标识符。

8.1.2.2 正题名是非书资料的主要题名，通常是按规定信息源所载的文字照录，但标点符号和外文大写字母除外。著录外文信息，应遵循其文字书写规则。

示例 1：相声集［录音制品］

示例 2：莫扎特小提琴协奏曲［录音制品］

示例 3：新标准日本语会话［录音制品］

示例 4：天仙配［录像制品］

示例 5：走遍美国［录像制品］

示例 6：纪念中国抗日战争和世界反法西斯战争胜利 50 周年！［录像制品］

示例 7：梁山伯与祝英台［电影制品］

示例 8：于氏宗谱［缩微品］

8.1.2.3 正题名中无法照录的图形、符号或其他内容，可以由编目员改用相应的文字著录在方括号中，并在附注项加以说明。

示例：世［界］您好［录像制品］

附注：题名中“界”字原为地球图形

8.1.2.4 对于既有总题名又有分辑题名的非书资料，可选总题名为正题名，其分辑号和分辑题名著录在附注项内。

示例：红楼梦［录像制品］

目次 ：第 1 集，林黛玉别父进京都 ；第 2 集，宝黛钗初会荣庆堂 ；第 3 集，刘姥姥一进荣国府 ；第 4 集，探宝钗黛玉半含酸 ；第 5 集，王熙凤毒设相思局

8.1.2.5 无总题名的多部作品

当一载体上同时记录有多部作品的题名而无总题名时，应按题名在规定信息源上的排列次序著录。若作品过多可著录前三个，省略部分著录在附注项。

8.1.2.5.1 相同责任说明的多部作品的题名前用“ ；”标识，第一部作品题名除外。责任说明著录于所有题名之后。

示例：平湖秋月［录像制品］；听松 / 王明清奏

8.1.2.5.2 不同责任说明的多部作品的题名前用“. ”，责任说明著录于相关题名之后。

示例：蓝色的多瑙河［录音制品］/ 施特劳斯. 圣母颂 / 舒伯特

8.1.2.6 非书资料规定信息源上无题名时，可由编目员自拟正题名，但需置于方括号“［ ］”内。亦可将醒目的文字作为正题名。

示例：［交通安全广而告之片］［录像制品］

附注：正题名为自拟题名

8.1.2.7 正题名的选择

8.1.2.7.1 对于只有一个规定信息源的非书资料，在规定信息源上出现两个或多个同一语种的题名，应按题名在信息源上的排版格式或序列选择显著的或在前的作为正题名，否则取最全面的题名作为正题名；在规定信息源上出现两个或多个不同语种的题名应选择与正文语种相同的题名作正题名，其他语种题名作并列题名。

8.1.2.7.2 有多个规定信息源的非书资料，正题名应选择信息源上与正文语种相同的题名作正题名。

8.1.2.8 交替题名著录在题名之后，并依主要信息源所载著录连接词。如，“或”、“又名”、“一名”、或其他相应词标识。

示例：北非谍影，又名，卡萨布兰卡［录像制品］

8.1.3 一般文献类型标识

8.1.3.1 用编目机构所选的语言文字将一般文献类型标识（见附录 A）著录在正题名之后，并置于方括号内。

示例 1：二泉映月［录音制品］

示例 2：暗算［录像制品］

示例 3：南征北战的英雄司汉民同志［缩微品］

示例 4：电子点读语音地球仪［实物制品］

示例 5：七巧板［图形制品］

8.1.3.2 当非书资料由主要组成部分和附件构成时，只著录主要组成部分的一般文献类型标识。

8.1.3.3 由两种或两种以上载体组成、各种载体之间不分主次、旨在配套使用且共同反映一个主题内容的非书资料，其一般文献类型标识用“多载体非书资料”或用其他语种与之相应的词著录。

8.1.3.4 信息源上出现多部作品的题名而无总题名，一般文献类型标识著录于第一个题名之后。

示例：英雄交响曲［录音制品］/ 贝多芬. C 大调交响曲 / 比才. 钢琴协奏曲 / 莫扎特

8.1.4 并列题名

8.1.4.1 并列题名是出现在规定信息源用另一种语言文字表现的题名，通常著录在正题名之后，其前用等号“ ＝ ”标识。

示例 1：高山流水［录音制品］＝ High mountain and flowing water

示例 2：走遍美国［录像制品］＝ Family album U. S. A. ：电视英语教学节目

8.1.4.2 信息源上有多个并列题名时，按其在信息源上的版式或顺序著录。若信息源上出现多部作品的题名而无总题名，每一作品又具有并列题名时，其并列题名应著录于与其相关的正题名之后。

示例：蓝色的多瑙河［录音制品］＝ Blue Danube Waltz. 圣母颂 ＝ Ave Maria

8.1.5 其他题名信息

8.1.5.1 其他题名信息是指从属于正题名、并列题名并对它们进行限定、解释、补充或说明的信息。其他题名信息按其在信息源上所载照录，并冠冒号“ ：”。

示例 1：东方红［电影制品］：大型革命历史史诗

示例 2：苗圃之歌［录音制品］：童声合唱十首

示例 3：小二黑结婚［录音制品］：豫剧

8.1.5.2 当正题名由简称或首字母缩略词构成时，出现于主要信息源上的全称应作为其他题名信息处理。

8.1.5.3 对于有多部作品的题名而无总题名的非书资料，其中一部作品或多部作品有其他题名信息，应将其他题名信息著录在相应的题名之后。

示例 1：没有共产党就没有新中国［录音制品］：轮唱. 社会主义好 ：齐唱

示例 2：平湖秋月［录像制品］；听松 ：二胡独奏 / 王明清奏

8.1.5.4 规定信息源上有一个或多个并列题名时，并列题名的其他题名信息著录在同一语种的并列题名之后。

示例：第二协奏曲降 E 大调［录音制品］：单簧管与钢琴 = Konzert Nr. 2 E^b dur ：Klarinette und Klavier

8.1.5.5 在规定的信息源上有多个语种的并列题名，而只有一个语种其他题名信息时，则将其他题名信息著录于全部并列题名之后。

示例：春节［录音制品］= Праздник весны = Spring festival ：第一组曲

8.1.5.6 对未出现在规定信息源上的其他题名信息，识别文献有必要时可著录在正题名之后或与其对应的正题名后，并置于方括号“［ ］”中。

示例：红楼梦［电影制品］：［越剧］

8.1.6 责任说明

8.1.6.1 责任说明著录责任者和责任方式。责任者是指对非书资料作品的知识内容和艺术内容的创造或实现负有责任或作出贡献的个人或团体(如，作者、作曲者、表演者、编舞者、改编者、编撰者、译者、影片的制作者或导演等)。责任说明著录在题名之后，并冠斜线“ / ”。

示例 1：新标准日本语会话［录音制品］/ 林工，进士薰朗读

示例 2：化学［录像制品］/ 李植，王绍宗［讲解］

8.1.6.2 当规定信息源上出现多个责任说明时，在第一责任说明冠斜线“ / ”；其余的是其他责任说明，著录时冠分号“ ；”。责任说明的著录数量由编目机构自定，被省略的责任说明在附注项内说明。

示例 1：中华人民共和国国歌［录音制品］/ 田汉词；聂耳曲

示例 2：“梁祝”小提琴协奏曲［录音制品］/ 俞丽拿演奏 ；中国东方交响乐团协奏 ；陈燮杨指挥

示例 3：黄河大合唱［录像制品］/ 冼星海曲 ；光未然词 ；中央乐团合唱队合唱 ；严良坤指挥

8.1.6.3 同一责任方式的责任者一般不宜超过三个。超过三个时，只著录第一个，被省略的责任者用“…［等］”或其他语种的相应词语表示。

示例 1：天仙配［录像制品］：黄梅戏 / 严凤英，王少舫主演

示例 2：西部歌王王洛宾作品专辑［录音制品］/ 李福山…［等］演唱

8.1.6.4 对于无总题名的多部作品，同一责任方式多部作品的责任说明著录在全部作品的题名之后。

示例：为人民服务［录音制品］；愚公移山 ；纪念白求恩 / 毛泽东

8.1.6.5 对于无总题名的多部作品，不同责任方式多部作品的不同责任说明分别著录于与其相关连的题名之后。

示例：中华人民共和国国歌［录音制品］/ 田汉词 ；聂耳曲. 国际歌 / 欧仁·鲍迪埃词 ；比尔·狄盖特曲

8.1.6.6 规定信息源上有多个并列题名(或并列其他题名信息)和并列责任说明时，并列责任说明应著录在其相应语种的题名、并列题名和其他题名信息说明之后。

示例：黄鹤的故事［录音制品］/ 施永康 = Легенда о желтом аисте / Ши Юн-Кан = Legend about a yellow crane/ Shi Yong-Kang

8.1.6.7 规定信息源上无并列题名但出现多语种的责任说明，应选择与正题名语种相同的责任说明著录。若此规定不适用，也可按其在信息源上的排序著录。并列的责任说明用等号“ = ”标识。

示例：钢琴练习曲 [录音制品] / 布格缪拉 = Burgmuller

8.2 版本项

8.2.1 结构形式

. -- 版本说明

. -- 版本说明 = 并列版本说明

. -- 版本说明 / 责任说明

. -- 版本说明 / 第一责任说明 ; 其他责任说明

. -- 版本说明 / 责任说明 = 并列版本说明 / 并列责任说明

. -- 版本说明, 附加版本说明

. -- 版本说明 / 责任说明, 附加版本说明 / 责任说明

8.2.2 版本说明

8.2.2.1 版本说明用规定信息源上出现的术语著录，版次用阿拉伯数字著录，初版的版次可不著录；用公元纪年表示的版本说明可省略“年”字；其他形式的版本说明一律照录。缩微品的版本说明以序数词加上量词“代”表示，著录为“×代”，可省略“第”字。由摄影机或COM记录器产生的缩微平片为第一代缩微品，一般不予著录。凡是不能确定具体辈次，且只用以制作复制片的复制片可以著录为“中间片”。凡是不能确定具体辈次，且不用作母片，而只提供阅读使用的复制片可以著录为“发行拷贝片”。

示例1：. -- 2版

示例2：. -- 2代

示例3：. -- 中间片

示例4：. -- 发行拷贝片

8.2.2.2 若规定信息源上无版本说明，但确知该资料含有区别于其他版本的重要变化时，可提供适当的版本说明并置于方括号“[ ]”中。

示例：. -- [学生版]

8.2.3 并列版本说明

并列版本说明是用另外一种语言文字表达的版本说明。并列版本说明著录在版本说明之后，并冠等号“ = ”。

8.2.4 与本版有关的责任说明

8.2.4.1 与本版有关的责任说明用于表示新版本的修订者、改编者等职能，或者提供与补充材料和附录等有关的责任说明。

示例：. -- 日语版/蓝如萍解说

8.2.4.2 在规定信息源上载有与版本有关的并列责任说明可以著录。

8.2.5 附加版本说明及与之有关的责任说明

附加版本说明及与之有关的责任说明在必要时也可著录。附加版本说明著录于版本说明之后，其前冠逗号“，”标识。

示例：. -- 2版，修订版 / 王志佑补充材料

8.3 文献特殊细节项

连续性资源或测绘制图资料的非书资料、实物制品可依据该文献的著录规则著录此项。

示例1：耳的构造 [实物制品]. -- 比例尺 1∶20

示例2：中国地形图 [缩微品]. -- 比例尺 1∶000 000

8.4 出版发行项

出版发行项依次著录出版发行地、出版发行者、出版发行日期、印制地、印制者以及印制日期。

8.4.1 **结构形式**

. -- 出版发行地 ：出版发行者，出版发行日期

. -- 出版发行地 ：出版发行者 ：出版发行者，出版发行日期

. -- 出版发行地 ；出版发行地 ：出版发行者，出版发行日期

. -- 出版发行地 ：出版发行者 ；出版发行地 ：出版发行者，出版发行日期

. -- 出版发行地 ：出版发行者，出版发行日期(印制地 ：印制者，印制日期)

8.4.2 **出版发行地**

8.4.2.1 出版发行地著录规定信息源上出版发行者所在的城市名称。为识别不为人们熟知的或异地同名的地名应在出版发行地后注明所属的国名、省名、州名等限定词，若限定词取自规定信息源，将其著录在圆括号“( )”内；若取自其他信息源，则置于方括号“[ ]”内。

示例 1：. -- 北京

示例 2：. -- 西安(陕西省)

示例 3：. -- 西安 [吉林省]

8.4.2.2 当信息源上出现多个出版发行地时，应选择著录版式最突出的或者首先出现的地名，其余的省略。后续的出版地也可著录，后续出版地前用分号“ ；”标识。

示例 1：. -- 上海

示例 2：. -- 北京 ；上海

8.4.2.3 若信息源上未出现出版发行地，则著录“[出版地不详]”或其他语言文字与之相应的词标识。推测地名置于方括号“[ ]”中并加“ ？”。

示例 1：. --[出版地不详]

示例 2：. --[汉堡?]

8.4.3 **出版发行者**

8.4.3.1 出版发行者为从事在编非书资料的出版、制作或发行活动的个人或团体，著录时冠冒号“ ：”。

示例：. -- 北京 ：北京北影录音录像公司

8.4.3.2 规定信息源上出现多个出版者时，后续的出版者著录在第一个出版者之后，并冠冒号“ ：”，或者省略后续出版者。既有后续出版地又有后续出版者时，将后续出版者著录在相应的后续出版地之后，并在后续出版地前冠分号“ ；”。

示例 1：. -- 北京 ：艺能影像有限公司 ：南阳影视中心

示例 2：. -- 北京 ：中央电大出版社 ；太原 ：山西电化教育馆

8.4.3.3 无出版者时著录发行者，并在其后注明“[发行者]”。若无出版发行者时，则著录“[出版者不详]”，其他文字的非书资料著录与之对应的词。

示例 1：. -- 伦敦 ：电影制作者协会 [发行者]

示例 2：. --[出版地不详]：[出版者不详]

8.4.4 **出版发行日期**

8.4.4.1 出版发行日期著录于相关的出版发行者之后，并冠逗号“，”；起止日期用“-”连接；尚未收全的资料可在年代后面加“-”。非公元纪年的日期应在其后的“[ ]”中用阿拉伯数字注明对应的公元纪年。

示例 1：. -- 北京 ：全国图书馆文献缩微中心，2007

示例 2：. -- 大连 ：大连理工大学电子音像出版社，2005

示例 3：. -- 北京 ：北京外语音像出版社 ：外语教学与研究出版社，2008

示例 4：. -- 北京 ：中央电大出版社 ；太原 ：山西电化教育馆，1980-1983

示例 5：. -- 南京 ：大华电影公司，民国 31 年 [1942]

8.4.4.2 确知出版日期有误，可在其后的方括号“[ ]”中注明正确日期，并标注“即”字。推测日期置于方括号“[ ]”中并标注问号“ ？”。

示例 1：，1988 [即 1983]

示例 2：，[2001?]

8.4.5 印制地、印制者、印制日期

规定信息源上无出版发行地、出版发行者、出版发行日期,应在其后的圆括号内著录印制地、印制者、印制日期。若有必要即使有出版发行地、出版发行者、出版发行日期,也可著录印制地、印制者和印制日期。印制地、印制者和印制日期的著录方法参照 8.4.3 的有关规定。

示例 1:. -- 北京 :中央音像教材出版社,1990(沈阳 :辽宁省电化教育馆,1989)

示例 2:. -- 北京 :北京北影录音录像公司,1998(北京 :北京电影制片厂,1974)

8.5 载体形态项

8.5.1 结构形式

. -- 文献数量及特定文献类型标识:其他形态细节 ;尺寸+附件

录音制品的载体形态项为:

. -- 文献数量及特定文献类型标识(其他技术标识)(播放时间):材料,转速,音轨数,声道数,降噪或补偿说明 ;尺寸+附件

录像制品的载体形态项为:

. -- 文献数量及特定文献类型标识(其他技术标识)(播放时间):材料,色彩,声音,播放速度,声道数 ;尺寸+附件

影片的载体形态项为:

. -- 文献数量及特定文献类型标识(播放时间):材料,色彩,声音,播放速度,声道数 ;尺寸+附件

缩微品的载体形态项为:

. -- 文献数量及特定文献类型标识(数量说明):极性,缩率,色彩,感光乳剂,片基,影像布局 ;尺寸+附件

投影制品的载体形态项为:

. -- 文献数量及特定文献类型标识(数量说明):材料,幅式,色彩,声音 ;尺寸+附件

图形制品的载体形态项为:

. -- 文献数量及特定文献类型标识(数量说明):材料,色彩 ;尺寸+附件

多载体非书资料的载体形态项为:

. -- 文献数量及特定文献类型标识(其他技术标识):材料,色彩,声音 ;尺寸+附件

8.5.2 文献数量及特定文献类型标识

8.5.2.1 根据在编非书资料的文献数量用阿拉伯数字,并选用附录 A 中适当的术语著录特定文献类型标识。但是,缩微品的数量及特定文献类型标识之间应用缩微品的计量单位。卷式缩微品的计量单位为“盘”,片式缩微品的计量单位为“张”,条式缩微品的计量单位为“条”。其他类型的非书资料一般不著录计量单位,必要时也可以加计量单位。

示例 1:. -- 2 盒式录音带

示例 2:. -- 1 唱片

示例 3:. -- 1 盒式录像带

示例 4:. -- 2 盘缩微卷片

示例 5:. -- 12 张缩微平片

示例 6:. -- 1 视盘

示例 7:. -- 25 幻灯插片

示例 8:. -- 1 挂图

8.5.2.2 对于录音制品、录像制品以及多载体非书资料、静态图像及动态图像,如果这类文献的使用需要商标名称、其他特定技术系统或格式信息等其他技术标识时,可在文献数量及特定文献类型标识后著录,并置于圆括号“( )”内。

示例 1:. -- 2 盒式录音带(DAT)

示例 2:. -- 3 盒式录像带(U-matic, PAL)

示例 3：. -- 1 视盘(VHD, NTSC)

8.5.2.3　对于投影制品和图形制品，可在数量及特定文献类型标识后详细著录其帧数、张数、页数、件数等数量说明，并置于圆括号“（　）”内。如有必要还可以对投影制品的“复合片”、“双格片”等加以说明。

示例 1：. -- 1 套投影片(4 张分开的复合片)

示例 2：. -- 1 拼巧板(1 000 块)

示例 3：. -- 1 幻灯卷片(96 帧)

8.5.2.4　对于录音制品、影片以及录像制品，须在数量及特定文献类型标识后，分别著录播放时间，并置于圆括号“（　）”内。播放时间用“min”(分)和“s”(秒)标识。

示例 1：. -- 3 盒式录音带 (DAT)(176 min, 30 s)

示例 2：. -- 1 视盘(LD, NTSC)(约 5 min)

示例 3：. -- 1 唱片(53 min)

示例 4：. -- 1 盒式录像带(120 min)

8.5.3　其他形态细节

载体形态项的其他形态细节是表示文献其他物理特征的说明。

8.5.3.1　材料

对非书资料的设备选用和保管技术有重要意义的材料可著录在其他形态细节内。

示例 1：. -- 1 开盘电影片(1 min) : 硝酸纤维片基

示例 2：. -- 1 盒式录音带(DAT)(60 min) : 金属

示例 3：. -- 1 唱片 : 胶木

8.5.3.2　极性

缩微影像中线条和字符相对于背景的明暗关系。在暗背景下显示亮的线条和字符的影像为负像，在亮背景下显示暗的线条和字符的影像为正像。本著录单元用于著录缩微影像为负像的缩微品，发行拷贝片或正像影像的缩微品，不著录此内容。

示例：. -- 2 盘缩微卷片 : 负像

8.5.3.3　缩率

缩率是缩微品的缩微影像尺寸同原件尺寸或 COM 记录器书写栅格尺寸的比例关系。缩率变化的缩微品，依据数量多的画幅著录缩率，其他缩率变化著录在附注项。

示例：. -- 2 盘缩微卷片 : 负像, 1∶15

8.5.3.4　色彩

用“彩色”、“黑白”著录色彩，或者罗列三种特定的颜色。对于染色的显微标本片，应予以说明。

示例 1：. -- 2 盒式录像带(VHS, PAL)(176 min, 30 s) : 彩色

示例 2：. -- 1 开盘电影片(10 min) : 硝酸纤维片基, 黑白

8.5.3.5　感光乳剂

本著录单元用于著录缩微品感光成像材料的乳剂名称，银盐胶片不予著录。

示例 1：. -- 2 盘缩微卷片 : 负像, 1∶15, 微泡胶片

示例 2：. -- 3 张缩微平片 : 负像, 1∶24, 重氮胶片

8.5.3.6　声音

用“无声”和“有声”或与之相应的词著录电影片与录像制品的声音。可在“有声”之后著录简短的解释性说明，并置于圆括号“（　）”中。

示例 1：. -- 5 盒式录像带(VHS, PAL)(300 min) : 彩色

示例 2：. -- 1 循环电影片(4 min) : 黑白, 无声

8.5.3.7　转速

唱片以“rpm”(rpm = revolutions per minute, 即转 / 分)为单位著录转速。录音带以“cm / s”(cm / s = centimetre per second, 即厘米 / 秒)为单位著录转速。

示例：. -- 2 开盘录音带(78 min) ：19 cm / s

8.5.3.8 音轨数

录音带用“磁迹”一词著录音轨数。

示例：. -- 1 开盘录音带(50 min) ：38 cm / s，2 磁迹

8.5.3.9 声道数

选用单声道(mono)，立体声(stereo)，四声道(quad)这些术语著录录音制品和录像制品的声道数。

示例 1：. -- 2 盒式录音带(100 min) ：单声道

示例 2：. -- 5 盒式录像带(VHS，PAL)(300 min) ：彩色，立体声

8.5.3.10 降噪或补偿说明

规定信息源载有录音制品的降噪系统(如，杜比)和补偿说明(如，NAB)等标识，可予以著录。

示例：. -- 1 盒式录音带(60 min) ：金属，立体声，杜比

8.5.3.11 片基

本单元著录缩微品底基的材质名称，聚酯纤维素片基不予著录。

示例：. -- 2 盘缩微卷片 ：负像，1∶15，硝酸片基

8.5.4 尺寸

8.5.4.1 非书资料的尺寸著录其载体本身的尺寸，逢小数进一。

8.5.4.2 对于缩微卷片、录音带、录像带以及影片的尺寸，以“mm”(毫米)为单位著录胶卷或磁带的宽度。8 mm 的标准带可不著录尺寸，但是少于 8 mm 或者超过 8 mm，则应著录其尺寸。

示例 1：. -- 2 盘缩微卷片 ：负像，1∶15，硝酸片基 ；16 mm

示例 2：. -- 10 开盘电影片(75 min) ：彩色，有声 ；16 mm

8.5.4.3 对于幻灯片、图片、挂图等二维的非书资料的尺寸，通常是以“cm”(厘米)为单位著录其“高×宽”。若有折叠页尺寸可在其后著录，并冠逗号。

示例 1：. -- 20 幻灯插片 ：横片，彩色 ；5×5 cm

示例 2：. -- 1 挂图 ：彩色 ；80×50 cm，折叠后 20×13 cm

8.5.4.4 对于唱片和视盘这类圆形的二维非书资料的尺寸，以“cm”(厘米)为单位著录其直径，并在其后的圆括号内注明“直径”，或与之相应的术语(diam.)。

示例 1：. -- 1 唱片(53 min) ：331 / 3 rpm，立体声，密纹 ；30 cm(直径)

示例 2：. -- 1 视盘(LD，NTSC，薄型)(14 min) ：彩色，立体声 ；20 cm(直径)

8.5.4.5 对于模型和盒装的配套资料尺寸，以“cm”为单位著录其“高×宽×深”。若此规定不适用，可只著录其高度或直径。

示例 1：. -- 1 盒配套教材 ；35×25×20 cm

示例 2：. -- 1 模型 ：石膏，白色 ；16 cm

8.5.5 附件

附件是独立于非书资料主体之外并辅助主件使用的资料，其前用加号“+”标识。

示例 1：. -- 1 盒式录音带(60 min) ：立体声，杜比+1 说明书

示例 2：. -- 1 盒式录像带(60 min) ：彩色，有声+1 说明书

示例 3：. -- 1 盒配套教材 ；35×25×20 cm+1 教学指导书

示例 4：. -- 2 盘缩微卷片 ：负像，1∶24，硝酸片基 ；16 mm+1 说明书(8 页 ：图 ；17 cm)

8.6 丛编项

8.6.1 结构形式

. --(丛编正题名 ＝ 丛编并列题名)

. --(丛编正题名 ：丛编其他题名信息 / 丛编责任说明 ；丛编编号)

. --(丛编正题名 ＝ 丛编并列题名 ：丛编其他题名信息 / 丛编责任说明)

. --(丛编题名. 分丛编编号，分丛编题名)

. --(丛编题名. 分丛编题名 / 分丛编责任说明，分丛编的 ISSN ；丛编编号)

STANDARDS PRESS OF CHINA

. --(第一丛编的正题名)(第二丛编的正题名)

8.6.2 丛编或分丛编题名

8.6.2.1 丛编或分丛编题名的著录参见“8.1.2 正题名”的有关规定著录。

示例 1：. --(京剧现代戏曲集)

示例 2：. --(新中国舞台影视艺术精品选)

8.6.2.2 由共同题名和分辑题名(包括分辑标识)构成丛编正题名时，在丛编项中首先著录共同题名，尔后著录分辑号和分辑题名。

8.6.3 丛编或分丛编并列题名

8.6.3.1 规定信息源上有多个语种的丛编或分丛编正题名，可将丛编并列题名或分丛编题名著录在丛编项内，并冠等号“ = ”。

示例：. --(走进非洲 = A passage Africa ; 第 2 集)

8.6.3.2 当丛编题名由共同题名和分丛编题名组成时，应将并列共同题名和分丛编并列题名著录在丛编正题名和丛编并列题名之后，并用等号“ = ”标识。

示例 1：. --(二十世纪中国音乐家. 小提琴与钢琴 = 20th century Chinese composers. Violin and piano)

示例 2：. --(Sounds of the theatre. Music = Voci del teatro. La musica ; 4)

8.6.4 丛编或分丛编的其他题名信息

8.6.4.1 出现于规定信息源上的与丛编或分丛编有关的其他题名信息，如对识别该丛编有意义时，可予以著录。

示例：. --(小学数学 : 鹏博士多媒体教学软件)

8.6.4.2 对于与丛编有关的版本说明，应作为该丛编的其他题名信息处理。

示例：. --(早期的科学家系列 : 第 2 版)

8.6.5 丛编或分丛编责任说明

丛编或分丛编正题名是由通用术语构成，必须著录第一责任说明。若丛编或分丛编责任说明对识别丛编或分丛编有必要或者用户查询目录很重要，应著录丛编第一责任说明和后续责任说明。

示例 1：. --(中科院创新案例系列讲座 / 中国科学院)

示例 2：. --(交响乐欣赏系列讲座 / 郑小瑛主讲)

示例 3：. --(小学校算数科系列 / 奈良县教育委员会企画)

8.6.6 国际标准连续出版物号(ISSN)

与本丛编或分丛编有关的国际标准连续出版物号(ISSN)应予以著录，其前用逗号“,”标识。

8.6.7 丛编或分丛编编号

用阿拉伯数字著录丛编或分丛编编号，其前用分号“ ; ”标识。

示例 1：. --(北韩文化遗产系列 ; 5)

示例 2：. --(走进非洲 = A passage Africa ; 第 2 集)

8.7 附注项

8.7.1 附注项的使用

附注项用于著录不适合在以上各项著录而又必须进一步说明的信息。此外，还可以用附注项记录文献的书目沿革，表示与其他文献之间的关系。附注项中各个附注可单独起行著录，也可以连续著录，连续著录时，各项附注前冠“. -- ”(第一个附注除外)。

8.7.2 题名与责任说明附注

题名与责任说明附注包括翻译作品的题名附注、正题名信息源附注、变异题名附注、正题名的变化附注、文献的性质(范围、形式、目的)附注、语言附注、责任说明的变化附注等。

示例 1：. -- 译自 : Gone with the wind

示例 2：. -- 题名取自盒面标签

示例 3：. -- 变异题名 : 乱世佳人

示例 4：. -- 容器上标签的题名为 ：知青不堪回首的年代

示例 5：. -- 郭镇铤摄影 ；张棣昌作曲 ；童景文美工 ；阙敬修录音 ；祖述克剪辑

示例 6：. -- 中国中央电视台全国青年歌手电视大奖赛获奖演员演唱

示例 7：. -- 法语对白，中文字幕

8.7.3 版本附注

版本附注包括版本说明的信息源附注、版本项的变化附注、连续出版物书目沿革附注、在编文献与其他文献之间的关系(翻译关系、复制关系、连续出版物的补编、连续出版物间继承、合并、吸收等关系)等。

示例 1：. -- 原作品为 1978 年修订版

示例 2：. -- 复制自 ：文艺画报. -- 上海 ：文艺画报社，民国 23 年 [1934] -民国 24 年 [1935]

8.7.4 文献特殊细节附注

文献特殊细节附注包括测绘制图资料的数学数据附注、连续出版物的编号附注。

示例：. -- 多种比例尺

8.7.5 出版发行附注

出版发行附注包括文献的其他出版者、发行者、印制者、印制日期等细节。

示例 1：. -- 原作品于 1948 年出版

示例 2：. -- 首次录制年 1999

8.7.6 载体形态附注

载体形态附注用于著录文献附加载体形态信息，包括特定物理特点的说明、有关非书资料的设备要求、容器、支架等。

示例 1：. -- 还有 U-matic 录像带

示例 2：. -- 原版 624 页

示例 3：. -- 易燃片基

示例 4：. -- 附 12 盒录像带

8.7.7 丛编附注

丛编附注包括丛编发行时的信息、丛编编者的信息等。正题名由共同题名、丛编题名或分丛编题名构成，省略的共同题名或丛编题名编号，可在附注项说明。

示例：. -- 主系列 ：世界音乐大全，第 8 集

8.7.8 内容附注

内容附注包括罗列各作品的题名、录像制品各个作品的播放时间、参考书目、索引等。

示例 1：. -- 本片介绍越剧范派、徐派、戚派、王派和吕派的唱腔艺术

示例 2：. -- 子目 ：1. 天体运动 ；2. 地球自转与公转 ；3. 太阳月亮地球 ；4. 行星与太阳系 ；5. 恒星的性质 ；6. 银河系与宇宙 ；7. 大气中的水 ；8. 气压和压强 ；9. 天象变化与预报 ；10. 日本的天气 ；11. 气象观测 ；12. 包着地球的大气

8.7.9 标准编号与获得方式附注

本附注用于著录在文献标准编号与获得方式项未能详述的信息，包括有限印数、期次或有限发行、装订等。

8.7.10 其他附注

其他附注包括提要附注、文献的使用方法、阅读对象等。

示例 1：. -- 适用于初中化学一年级上学期

示例 2：. -- 馆藏缺第 7 辑

示例 3：. -- 九五国家重点音像出版工程. -- 中国青少年发展基金会监制

示例 4：. -- 1997 年《泰坦尼克号》获第 70 届奥斯卡最佳影片奖，詹姆斯 · 卡梅隆(James Cameron)获最佳导演奖，Russell Carpenter 获最佳摄影奖，彼得拉蒙特(Peter Lamont)等人获最佳艺术指导奖，汤姆 · 约翰逊等人获最佳音响奖，哈里斯等人获最佳剪辑奖，詹姆斯 · 霍纳获最佳音乐配乐奖，《我心依旧》(My heart will go on)获最佳原创歌曲奖。

8.8 标准编号与获得方式项

标准编号与获得方式项著录文献标准编号(如,ISRC、ISSN、ISBN 号)、获得方式和/或价格以及对它们的限定说明。

8.8.1 结构形式

. -- 标准编号(限定说明) : 价格

. -- 标准编号 : 获得方式 : 价格

. -- 标准编号(限定说明) : 价格. -- 标准编号(限定说明) : 价格

. -- 标准编号(限定说明) = 识别题名 : 获得方式 : 价格

. -- 标准编号 : 获得方式. -- 标准编号 : 获得方式

8.8.2 标准编号

8.8.2.1 音像资料著录其国际标准音像制品编码(ISRC 号)的主体部分,其前用". -- "标识。当信息源上出现其他文献标准编号时(如 ISBN 号),亦应照录。

示例:. -- ISRC CN-C14-99-0041-0

8.8.2.2 当信息源上出现多个文献标准编号时,应首先著录在编资料的编号,然后著录其他编号。同时记载整套和部分著作的国际标准编号的文献,先著录整套著作的号码,尔后著录部分著作的号码。重复著录的标准编号,前冠". -- "。

示例:. -- ISRC CN-A05-87-317-00(整部). -- ISRC CN-A05-87-317-01

8.8.2.3 若信息源上 ISRC 号有误,应首先著录正确号,然后著录错号,中间用". -- "隔开。错号后注明"(错误)"字样。

示例:. -- ISRC CN-E08-94-0002-6. -- ISRC CN-E08-94-0002-9(错误)

8.8.2.4 若信息源上无标准编号,可用出版号代替,但需注明出版机构。

示例:. -- CUHA 12576 : JPN 7800(JVC 公司)

8.8.3 获得方式和/或价格

获得方式著录出版机构规定的非书资料采集方式,其前用":"标识。非书资料若以购买方式获得则著录其价格。价格用官方货币代码和阿拉伯数字表示。当非书资料无 ISRC 号时,可单独著录获得方式。

示例 1:. -- ISRC CN-A20-02-0134-0 : CNY16. 00

示例 2:. -- CNY 122. 00

示例 3:. -- 赠品

8.8.4 限定说明

对标准编号或获得方式的限定说明著录于圆括号"( )"内。

示例 1:. -- CNY 48. 00(VHS) : CNY150. 00(U-matic)

示例 2:. -- ISRC CN-A05-87-317-00(整部). -- ISRC CN-A05-87-317-01(第 1 首). -- ISRC CN-A05-87-317-02(第 2 首). -- ISRC CN-A05-87-317-03 (第 3 首)… . -- ISRC CN-A05-87-317-13(第 13 首)

注释:该例著录了同一盒录音带上的 13 首歌曲的 ISRC 号

附　录　A
（资料性附录）
一般文献类型标识和特定文献类型标识

一般文献类型标识和特定文献类型标识见表 A.1。

表 A.1　一般文献类型标识和特定文献类型标识列表

一般文献类型标识	特定文献类型标识
录音制品(sound recording)	唱片(sound disc) 录音带(sound tape) 　循环录音带(sound cartridge) 　盒式录音带(sound cassette) 　开盘录音带(sound reel) 声道胶片(sound track film) 　开盘声道胶片(sound track film reel)
电影制品(motion pictures)	循环电影片(film cartridge) 盒式电影片(film cassette) 循环式电影片(film loop) 开盘电影片(film reel)
录像制品(videorecording)	循环录像带(videocartridge) 盒式录像带(videocassette) 视盘(videodisc) 开盘录像带(videoreel)
缩微品(microform)	开窗卡(aperture card) 缩微平片(microfiche) 缩微卷片(microfilm) 单轴盒装卷片(microfilm cartridge) 双轴盒装卷片(microfilm cassette) 缩微条片(microfilm slip) 缩微卡片(microopaque)
投影制品(visual projection)	幻灯条片(film slip) 幻灯卷片(film strip) 幻灯插片(film slide) 投影片(transparency) 立体开盘片(stereograph reel) 显微标本片(microscope slide)
全息制品(hologram)	全息影片(hologram film)

STANDARDS PRESS OF CHINA

表 A.1（续）

一般文献类型标识	特定文献类型标识
图形制品(graphic)	美术复制品(art reproduction) 闪卡(flashcard) 翻页式图表(flipchart) 拼巧板(jigsaw puzzle) 照片(photograph) 图片(picture) 游戏纸牌(playing cards) 明信片(postcard) 招贴画(poster) 立体图片(stereograph card) 学习卡片(study print) 工程图(technical drawing) 挂图(wallchart) 版画(print) 　木刻画(woodcut) 　石刻画(lithograph) 蚀刻画(etching)
实物制品(object)	立体布景模型(diorama) 模型(model) 天象仪(planetarium)
多载体非书资料(multi-media 或 kit)	构筑教具(construction set) 实验室教具(laboratory kit) 游戏器具(game)

附　录　B
（资料性附录）
非书资料著录格式

B.1　书本著录格式

正题名［一般文献类型标识］＝并列正题名 ：其他题名信息／第一责任说明 ；其他责任说明. -- 版本说明 ＝ 并列版本说明／与本版有关的责任说明，附加版本说明／附加版本说明的责任说明. -- 文献特殊细节. -- 出版发行地 ：出版发行者，出版发行日期(印制地 ：印制者，制作日期). -- 文献数量及特定文献类型标识 ：其他形态细节 ；尺寸＋附件. --(从编正题名 ＝ 从编并列题名 ：从编其他题名信息／从编责任说明，国际标准连续出版物编号 ；从编编号). -- 附注. -- 标准编号 ＝ 识别题名 ：获得方式和／或价格(限定说明)

B.2　卡片著录格式

正题名［一般文献类型标识］＝ 并列正题名 ：其他题名信息／第一责任说明 ；其他责任说明. -- 版本说明 ＝ 并列版本说明／与本版有关的责任说明，附加版本说明／附加版本说明的责任说明. -- 文献特殊细节. -- 出版发行地 ：出版发行者，出版发行日期(印制地 ：印制者，制作日期)

文献数量及特定文献类型标识 ：其他形态细节 ；尺寸＋附件. --(从编正题名 ＝ 从编并列题名 ：从编其他题名信息／从编责任说明，国际标准连续出版物编号 ；从编编号)

附注.

标准编号 ＝ 识别题名 ：获得方式和／或价格(限定说明)

B.3　多层次著录及其著录格式

多层次著录是指著录由多部分组成的文献时所选用的著录方法之一，以便系统地著录由多部分组成的文献的整体及其各个部分的情况。

多层次著录是将文献著录信息分成两个或多个层次。第一层次著录文献整体的共同书目信息，第二层次及其余各层次分别著录有关的各部分书目信息。

每一层次中，各著录单元与单一出版物的著录顺序和标识符均相同。各层次相互重复的某些著录内容可以省略。当一个组成部分的题名前冠有分辑标识时，二者之间用冒号“:”分隔。

多层次的著录格式为：

正题名［一般文献类型标识］＝ 并列正题名 ：其他题名信息／第一责任说明 ；其他责任说明. -- 版本说明／与本版有关的责任说明. -- 文献特殊细节. -- 出版发行地 ：出版发行者，出版发行日期(印制地 ：印制者，印制日期)

文献数量及特定文献类型标识 ：其他形态细节 ；尺寸＋附件. --(从编正题名 ＝ 从编并列题名 ：从编其他题名信息／从编责任说明，国际标准连续出版物编号 ；从编编号)

附注

第二层次分辑标识 ：第二层次正题名 ＝ 并列正题名 ：其他题名信息／第一责任说明 ；其他责任说明. -- 出版日期. -- 文献数量. -- 获得方式和／或价格

第三层次分辑标识 ：第三层次正题名 ＝ 并列正题名 ：其他题名信息／第一责任说明 ；其他责任说明. -- 出版日期. -- 文献数量. -- 获得方式和／或价格

...

标准编号 ＝ 识别题名 ：获得方式和／或价格(限定说明)

附　录　C
（资料性附录）
非书资料著录示例

C.1　录音制品

示例 1：

高考英语听力模拟试题集［录音制品］：2007 年最新题型 / Laurenze Fen，Alex，Tammy 朗读. -- 上海 ：上海译文出版社 ；上海译文音像出版社，2007

3 盒式录音带(180 min)

题名取自盒面标签

ISBN 978-7-88841-138-8：CNY21.00

ISRC CN-R02-07-0002-0

示例 2：

想你［录音制品］＝ Wong missing you / 范文芳［演唱］. --［北京］：中国唱片总公司，1999

1 盒式录音带(60 min)

子目：

A 面 ：A1 LUV ；A2 想你 ；A3 我还好 ；A4 紧急煞车 ；A5 刚好 ；A6 Honey beer

B 面 ：B1 一圈一圈 ；B2 虚实境 ；B3 谢谢再联络 ；B4 快乐解药 ；B5 或许我们可以 ；B6 一圈一圈

示例 3：

西部歌王王洛宾作品专辑［录音制品］/ 李福山，沈瑾，利安娜［等］演唱 ；上海首席乐队演奏. -- 上海 ：中国唱片上海公司，1994

1 盒式录音带(60 min)：立体声

子目 ：1. 在那遥远的地方 ；2. 阿拉木汗 ；3. 我愿变成一杯香茶 ；4. 达板城马车夫之恋 ；5. 半个月亮爬上来 ；6. 沙里洪巴 ；7. 我俩永隔一条河 ；8. 阿娜尔汗 ；9. 唱完月亮唱太阳 ；10. 掀起你的盖头来 ；11. 卖苹果 ；12. 棕色头发不要再卷起 ；13. 柯尔克孜大娘坐火车

ISRC CN-E01-94-321-00：CNY15.00

示例 4：

NHK 效果音集. 第 1 集，自然 ；生物［录音制品］/（日本）NHK 效果部指导. -- 东京 ：NHKサ—ビスセンタ—，昭和 61 年［1986］，c1984

10 唱片(160 min 29 s) ：胶木，33 1/3 rpm，立体声 ；18 cm＋1 说明书

本集收录了大自然中的 141 种效果音。

子目 ：1. 风声 、暴风雨声 、风雪声 、落叶声 ；2. 雨声 、雷声 ；3. 地震声 、山火声 、雪崩声 、山崩声 、落石声 、洪水声 、流冰声 ；4. 浪涛声 、潮汐声 、海啸声 、涡流声 ；5. 溪流声 、山川声 、激流声 、瀑布声 、泉水声 、水车声 ；6-7. 鸟鸣声 ；8. 虫鸣声 ；9-10. 动物声

C.2　录像制品

示例 1：

素描［录像制品］/ 颜铁良，黄珂主讲. -- 北京 ：清华大学出版社，1996

5 盒式录像带(VHS，PAL)(500 min) ：彩色. --（彩色美术基础系列片）

内容 ：素描的基本知识 ；素描的工具和表现方法 ；几何石膏写生 ；石膏头像素描写生 ；人物头像写生

ISRC CN-A18-96-321-1 ：CNY750.00

示例 2：

关于统筹城乡发展的几点思考［录像制品］/ 叶兴庆主讲. -- 北京 ：中共中央党校求索音像出版社，2004

1 盒式录像带(VHS，PAL)(120 min) ：彩色 ；13 mm. --（三农热点问题专题讲座）

题名取自题名屏

示例 3：

南征北战［录像制品］/ 张瑞芳主演 ；成荫，汤晓丹导演. -- 北京 ：北京北影录音录像公司，1999

2 盒式录像带(124 min) ：黑白. --（新中国舞台影视艺术精品选）

ISRC CN-A08-99-0118-0 ；赠送

示例 4：

天仙配［录像制品］：黄梅戏 / 严凤英，王少舫主演 ；桑弧编剧 ；石挥导演. -- 北京 ：中国青少年音像出版社，1998

1 盒式录像带(VHS,PAL)(90 min) ：彩色

九五国家重点音像出版工程. -- 中国青少年发展基金会监制. -- 根据同名黄梅戏改编. -- 内容 ：玉皇大帝的小女儿七仙女不耐天宫的寂寞，下凡与忠厚老实卖身葬父的董永结为夫妻，在众姐妹的帮助下从财主的刁难中赎出丈夫欢喜返家。不料玉皇大帝降旨逼七仙女回宫。为保护丈夫，七仙女只得悲哀地离开董永. -- 本片转录自同名电影片

ISRC CN-A97-0034-0 ；CNY125.00

示例 5：

政治经济学［录像制品］/ 孙福万编. -- 北京 ：高等教育出版社，1991(北京 ：中央电视大学)

90 盒式录像带(U-matic)(4 513 min,45 s)：彩色＋1 教材

子目：

第 1 辑 ：资本主义部分/秦玲主讲. -- 45 盒式带(2 256 min, 30 s)

第 1 章 ：政治经济学的研究方法和对象. -- 2 盒式带(100 min, 46 s)

第 2 章 ：生产力的发展与社会形态的更替. -- 2 盒式带(100 min, 41 s)

第 3 章 ：商品经济的一般规律及其规律. -- 7 盒式带(348 min, 56 s)

…

第 2 辑 ：社会主义部分/张永桃主讲. -- 45 盒式带(2 257 min, 15 s)

第 1 章 ：社会主义经济制度的建立. -- 5 盒式带(291 min, 41 s)

第 2 章 ：社会主义有计划的商品经济. -- 4 盒式带(200 min, 46 s)

第 3 章 ：社会主义经济运行. -- 2 盒式带(100 min, 44 s)

…

示例 6：

地学［录像制品］/ 芦叶浪久监修 ；孙际韩，王树声讲解监修. -- 中国语版. -- 东京 ：JVC 公司，1986

1 视盘(VHD,PAL)(59 min,9 s) ：彩色(部分黑白)，立体声＋1 目录. --（中学理科教材全集；1）

子目：

A 面内容 ：天体运动 、地球自转与公转 、太阳月亮地球 、行星与太阳系 、恒星的性质 、银河系与宇宙

B 面内容 ：大气中的水 、气压和压强 、天象变化与预报 、日本的天气 、气象观测 、包着地球的大气

C.3 电影制品

示例 1：

立春 = And the Spring Comes［电影制品］/ 顾长卫导演，蒋雯丽主演. -- 北京 ：北京保利华亿传媒文化有限公司，2007

1 开盘电影片(101 min) ：彩色 ；宽银幕

《立春》讲述了上世纪 90 年代小城中 6 个人的生活故事，以小人物生活来反映时代变迁。2007 在罗马国际电影节获得最佳女主角奖。主要演员：蒋雯丽、吴国华、李光洁、董璇、张瑶、焦刚。

示例 2：

画皮 = Painted skin［电影制品］：动作片 / 甄子丹，周迅，赵薇［等］主演 ；陈嘉上导演. -- 银川 ：宁夏电影制片厂 ；上海 ：上海电影集团公司，2008

9 开盘电影片(90 min) ：彩色 ；35 mm

示例 3：

我们村里的年轻人. 续［电影制品］：故事片 / 李亚林，金迪主演 ；马烽编剧 ；苏里导演. -- 长春 ：长春电影制片厂，1963

10 开盘电影片(95 min) ：彩色 ；35 mm

郭镇铤摄影 ；张棣昌作曲 ；童景文美工 ；阙敬修录音 ；祖述克剪辑

该影片讲述了1958年孔家庄生产大队以高占武为代表的年轻人建设家乡水电站和他们的爱情故事。

C.4 缩微品

示例1：

南征北战的英雄司汉民同志［缩微品］／伍延秀作．-- 2代．-- 北京 ：全国图书馆文献缩微中心，2003(太原 ：山西省图书馆，2003)

1盘缩微卷片 ：负像 ；16 mm

示例2：

科技文献学概况［缩微品］／丹·格罗根 ；彭桂源，徐克敏译．--［出版地不详］：［出版者不详］，1998

8张缩微平片 ：负像，1∶24 ；105×148 mm

译自英国 Science and Technology：an introduction to the literature，1982 第4版，译著由化学工业出版社1990年出版

CNY15.40

C.5 投影制品

示例：

中国历史［投影制品］／杨云编辑 ；王宏志，臧嵘审．-- 北京 ：人民教育出版社，1992(北京 ：宏庙幻灯制片厂)

1套幻灯插片(100幅) ：彩色 ；35 mm+1说明书

根据人教社教材制作．-- 讲授中国远古时代至三国两晋南北朝的历史．-- 适用于九年义务教育三 、四年制初中一年级．-- 附投影片(8×12 cm)

CNY61.98

C.6 图形制品

示例：

纪念中国抗日战争和世界反法西斯战争胜利50周年！［图形制品］：爱国主义教育大型展览图片．-- 北京 ：中国图片社，1994

1套图片(64张) ：彩色间黑白 ；20×26 cm

本套图片汇集了120幅珍贵历史照片。内容为日本帝国主义侵略中国、国共合作、中国人民抗击侵略的英雄业绩、中国共产党是领导抗日战争的中流砥柱、全国人民欢庆抗日战争胜利、德国法西斯进攻波兰、巴黎的陷落、德国进攻苏联、日本偷袭珍珠港、列宁格勒保卫战、斯大林格勒大血战、诺曼底登陆、易北河会师、攻克柏林。

CNY98.00

C.7 实物制品

示例1：

电子点读语音地球仪［实物制品］／深圳市普天文科技有限公司［制作］．-- 深圳 ：深圳市普天文科技有限公司，2008

1模型 ：彩色 ；62 cm(直径)

一部利用无线电及先进隐形码光学识别高科技技术的世界地球仪。主要功能有两个：一是内有200多个国家河地区及大洋、大洲、海、礁、磁极等详尽资料。用智能笔在相应的位置上轻轻一点，可知国家、城市、海洋的知识，包括首都、城市的人口、面积、地理、历史、气候、资源等。二是具有教育游戏功能。

CNY2712

示例2：

人体针灸模型［实物制品］．-- 比例尺1∶4．-- 上海 ：上海中胜利科设备有限公司，2008

1模型 ：浅黄色 ；45×13×7 cm

本人体模型标注了14经脉行经、经穴及经外腧穴。

CNY1860

参 考 文 献

[1] 国际图书馆协会和机构联合会. 国际标准书目著录:统一版[M]. 顾犇,译. 北京:北京图书馆出版社,2008

[2] 国家图书馆《中国文献编目规则》修订组. 中国文献编目规则[M]. 2版. 北京:北京图书馆出版社,2005

ICS 01.140.20
A 14

中华人民共和国国家标准

GB/T 3792.9—2009

文献著录　第9部分：电子资源

Bibliographic description—Part 9: Electronic resources

(ISBD(ER):2004,NEQ)

2009-09-30 发布　　2010-02-01 实施

中华人民共和国国家质量监督检验检疫总局
中国国家标准化管理委员会　发布

前　言

GB/T 3792《文献著录》共分 9 部分：

——第 1 部分：总则；

——第 2 部分：普通图书；

——第 3 部分：连续性资源；

——第 4 部分：非书资料；

——第 5 部分：档案；

——第 6 部分：测绘制图资料；

——第 7 部分：古籍；

——第 8 部分：乐谱；

——第 9 部分：电子资源。

本部分是 GB/T 3792 的第 9 部分。

本部分与 ISBD(ER)：2004《国际标准书目著录(电子资源)》一致性程度为非等效，本部分制定过程中同时参考了 ISBD：2007《国际标准书目著录》统一版。

本部分的附录 A、附录 B 均为资料性附录。

本部分由全国信息与文献标准化技术委员会(SAC/TC 4)提出并归口。

本部分起草单位：清华大学图书馆、中国国家图书馆、中国科学院文献情报中心、北京石油化工学院图书馆、中国科技信息研究所。

本部分主要起草人：杨慧、刘峥、宋文、陈丽萍、李燕。

STANDARDS PRESS OF CHINA

引　言

电子资源的类型包括电子数据(由数字、字符、图形、图像、声音或其组合构成的信息)、程序(指令或用于执行某种任务的程序)以及电子数据和程序的组合体(联机服务、交互式多媒体)。

根据存取特点及访问方式的不同,电子资源可分为本地访问和远程访问两种方式。本地访问是对插入计算机或计算机外部设备的物理载体(如磁盘、磁带、光盘)进行操作,远程访问是通过与计算机系统连接的输入输出设备(如计算机终端)对存储于硬盘或其他存储装置中的资源(如网络资源)进行的操作。对电子资源的访问操作可以是交互式的,也可以是非交互式的。

文献著录　第9部分：电子资源

1　范围

本部分规定了电子资源的著录项目、排列顺序、著录用标识符、著录用文字、规定信息源和著录项目细则等，供国家书目机构和其他编目机构编制标准书目记录使用，以保证不同来源的电子资源书目记录可以相互交换。

本部分适用于计算机控制（包括在计算机外部设备上使用）的电子资源，如通过网络或电信访问的资源、交互式多媒体资源，以及限制发行生产的资源、按需付费的资源或预定生产的资源。计算器、编程玩具等不包括在本标准范围之内。

2　规范性引用文件

下列文件中的条款通过本部分的引用而成为本部分的条款。凡是注日期的引用文件，其随后所有的修改单（不包括勘误的内容）或修订版均不适用于本部分，然而，鼓励根据本部分达成协议的各方研究是否可使用这些文件的最新版本。凡是不注日期的引用文件，其最新版本适用于本部分。

GB/T 3792.1　文献著录　第1部分：总则（GB/T 3792.1—2009，ISBD(G)：2004，NEQ）

GB/T 12406—2008　表示货币和资金的代码（ISO 4217：2001，IDT）

3　术语与定义

下列术语与定义适用于本部分。

3.1

版本　edition

基本上根据同样的输入信息制作并且由同一个机构或一组机构或一个个人发行的一种电子资源的所有复本。

3.2

版次　version

与版本（edition）有关的一个术语。用来反映电子资源的各种变化，它不是表明新版本的可靠依据。

3.3

标签　label

贴在或系在电子资源容器上，含有与其出版者或制作者的所有产品或一些产品相关联的品牌或商标名称的纸质等的说明。

3.4

电子资源　electronic resource

由计算机控制（包括需要使用计算机外部设备，如CD-ROM播放器）的资料。这种资料的使用可以是交互式或非交互式。资料类型包括：数据（数字、字母、图形、声音或其组合构成的信息）和程序（指令或用于执行某种任务的程序）以及电子数据和程序的组合体（如联机服务、交互式多媒体）。

3.5

访问　access

获得电子数据资源和程序的一种方法。

3.6

记录 record

在内容及用途上可作为一个识别单元的一组词、数字、符号或它们的组合。如:图书馆目录中的书目款目、一个调查案例、学生的一次测试分数。

3.7

目录 directory

可通过字顺、日期、文件大小或用户界面的图标等多种方式浏览和排序的文件名列表。

3.8

容器 container

放置电子资源,在物理形态上与所装电子资源分开的包装物。如:磁盘/光盘的盒子或文件夹、但不包括磁带的外壳。

3.9

使用文档 documentation

附属文档 accompanying documentation

随同电子资源一起发行的,用以描述如何启动、操作、维护电子资源和计算机系统的说明信息,通常以手册或指南形式出现,可以是电子型或印刷型。

3.10

题名屏 title screen

出现在显示器或屏幕上的题名信息,通常显示在资源的第一帧或打开的帧面。

3.11

文件名 file name

由规定长度的字母、数字组成,用于识别电子数据或计算机程序的名称。也可用作数据集名称。

3.12

物理载体 physical carrier

可存储数据、声音、图像、程序等的物理介质。部分电子资源的物理载体由存储介质(如磁带、胶卷)和塑料或金属盒组成,磁带盒等外壳是资源的组成部分。

3.13

一般文献类型标识 general material designation

概括地表示电子资源所属类型的术语。

3.14

远程访问 remote access

通过计算机网络访问服务器上存储的电子资源的方法。

3.15

制作者 producer

对电子资源的生产负有经济或管理责任的个人或团体。具体责任依其对电子资源的创造和技术方面所作贡献区分,包括收集数据和将数据转换成机读形式。

3.16

直接访问 direct access

本地访问 local access

通过接入计算机设备或外围设备的物理载体(如,磁盘/光盘、磁带或盒式磁带等)获取电子资源的一种方法。

4 著录项目和著录单元

电子资源的著录项目和著录单元包括如下内容:

- 题名与责任说明项
  - 正题名
  - 一般文献类型标识(可选)
  - 并列题名
  - 其他题名信息
  - 责任说明
    - 第一责任说明
    - 其他责任说明
- 版本项
  - 版本说明
  - 并列版本说明(可选)
  - 与本版有关的责任说明
  - 附加版本说明
  - 附加版本说明的责任说明
- 文献特殊细节项
- 出版发行项
  - 出版发行地
  - 出版发行者
  - 发行者职能说明
  - 出版发行日期
  - 生产地、生产者、生产日期
- 载体形态项
  - 数量和特定文献类型标识
  - 其他形态细节
  - 尺寸
  - 附件(可选)
- 丛编项
  - 丛编或分丛编正题名
  - 丛编或分丛编并列题名
  - 丛编或分丛编其他题名信息
  - 与丛编或分丛编有关的责任说明
  - 丛编或分丛编的 ISSN 号
  - 丛编或分丛编号
- 附注项
- 标准编号与获得方式项
  - 标准编号或其他编号
  - 识别题名
  - 获得方式和/或价格(可选)
  - 限定说明

5 著录用标识符

5.1 标识符

各著录项目与著录用标识符见表 1。

STANDARDS PRESS OF CHINA

表 1　著录项目与著录用标识符一览表

著录项目	标识符	著录单元
1. 题名与责任说明项		1.1 正题名
	[ ]	1.2 一般文献类型标识
	=	*1.3 并列题名
	:	*1.4 其他题名信息
		1.5 责任说明
	/	第一责任说明
	;	*其他责任说明
2. 版本项	. --	2.1 版本说明
	=	*2.2 并列版本说明
		2.3 与本版有关的责任说明
	/	第一责任说明
	;	*其他责任说明
	,	*2.4 附加版本说明
		2.5 附加版本说明的责任说明
	/	第一责任说明
	;	*其他责任说明
3. 文献特殊细节项[a]		
4. 出版发行项		4.1 出版发行地
	. --	第一出版、发行地
	;	*其他出版、发行地
	:	*4.2 出版发行者
	[ ]	*4.3 发行者职能说明
	,	4.4 出版发行日期
	(	*4.5 生产地
	:	*4.6 生产者
	,)	4.7 生产日期
5. 载体形态项	. --	5.1 数量和特定文献类型标识
	:	5.2 其他形态细节
	;	5.3 尺寸
	+	*5.4 附件
6. 丛编项		6.1 丛编或分丛编正题名
	=	*6.2 丛编或分丛编并列题名
	:	*6.3 丛编或分丛编其他题名信息
		6.4 丛编或分丛编的责任说明
	/	第一责任说明
	;	*其他责任说明
	,	6.5 丛编或分丛编的 ISSN
	;	6.6 丛编或分丛编号

表 1（续）

著录项目	标识符	著录单元
7. 附注项	. --	
8. 标准编号与获得方式项	. -- = : ( )	*8.1 标准编号或其他编号 8.2 识别题名(对于连续性资源) *8.3 获得方式和/或价格 8.4 限定说明

a 此项不适用于电子资源。

注 1：除第一项外，每一项均冠以下圆点、空格、短横、短横、空格(. --)

注 2：丛编说明置于圆括号内，有两个或多个丛编说明时，每个丛编说明分别置于一圆括号内。

注 3：冠有星号(*)的著录单元，必要时可重复。

5.2 标识符使用方法

根据 GB/T 3792.1 的规定，为识别各著录项目及其单元，对本部分的各著录项目和著录单元应前置或外括规定的标识符。

. -- 用于除“题名与责任说明项”以外的各著录项目之前，但另起段落著录的项目应省略。

[ ] 用于一般文献类型标识、发行者职能说明、取自规定信息源以外的著录信息或著录中插入的信息。

= 在同一个著录单元中出现两种或两种以上的语言文字时，用于第一种语言文字之后的每一语言文字之前；在同一个著录项中出现两种或两种以上的语言文字时，用于第一组著录单元以后的每一组著录单元之前。

: 用于题名与责任说明项和丛编项的其他题名信息，出版发行者、生产者、其他载体形态细节、获得方式和/或价格等著录单元之前。

/ 用于题名与责任说明项、版本项、丛编项的第一责任说明之前。

; 用于其他责任说明、其他出版发行地、尺寸、丛编或分丛编内部编号等著录单元之前；同一责任说明的无总题名文献的各部作品题名之间。

, 用于有分辑标识时的分辑题名、出版发行日期、生产日期、附加版本说明、丛编或分丛编 ISSN 等著录单元和具有相同责任方式的第二个及其后面的责任说明之前；载体形态项分段页码。

. 用于共同题名之后的每一个从属题名标识、没有从属题名标识时的从属题名、分丛编标识和没有分丛编标识的分丛编题名之前，不同责任说明的无总题名文献的各部作品题名之间。

\+ 用于附件著录单元前的左圆括号之前。

( ) 用于下列著录内容的前后和有关情况之中：

从编项、生产地、生产者、生产日期、载体形态和附件的补充说明、标准编号与获得方式的限定说明。

... 用于省略的内容。

5.3 标识符使用说明

5.3.1 各著录项目和单元一律使用规定的著录标识符。著录用标识符应在西文状态下录入。中文文字中起语法作用的标点符号，如顿号“、”、中圆点“·”、句号“。”、书名号“《 》”等应采用中文标点符号。

5.3.2 各著录项目及单元所使用的标识符，除逗号“,”和下圆点“.”只在后面空一格外，其他标识符均需在其前后各空一格。

5.3.3 除“题名与责任说明项”外，各项目连续著录时均冠以项目标识符下圆点、空格、短横、短横、空格“. -- ”作为项目间隔符号，各项目另起段落著录时，可省略标识符“. -- ”。

5.3.4 当某著录项目缺少第一个著录单元时，应将排于首位的标识符改为“. -- ”。

5.3.5 凡重复著录一个项目或单元时，应重复添加其规定的标识符。

示例 1：. -- 上海 ：上海三联书店 ：上海人民出版社，2005

示例 2：. -- 南宁 ：广西人民出版社 ；香港 ：银河出版社(香港)公司，2000

5.3.6 分辑、分丛编标识冠以下圆点、空格“. ”，分辑题名、分丛编题名冠以逗号、空格“，”；无分辑、分丛编标识的分辑题名、分丛编题名冠以下圆点、空格“. ”。

5.3.7 每一丛编说明分别置于圆括号“( )”内，第二和其他丛编说明前均冠以一空格。

5.3.8 若著录单元或著录项目以标识符“.”结尾，而后续单元的标识符又以“.”开始时，两个下圆点都要著录。

示例 1：3rd ed.. -- 不能用 3rd ed . --

示例 2：And then . . . . -- 4th ed. 不能用 And then . . . -- 4th ed.

5.3.9 若同一个著录项目的前后著录单元都取自规定信息源以外，则分别置于方括号“[ ]”内。

示例：[北京]：[中国金融电脑杂志社]，2000-

6 著录用文字

6.1 题名与责任说明项、版本项、出版发行项、丛编项应按所著录电子资源信息源中的语言和/或文字著录。著录项目中被修改的部分应使用与著录内容相同的语言和/或文字，并置于方括号“[ ]”内。现有设备无法照录的图形及符号等可由编目员改为其他形式的相应内容，并加方括号“[ ]”。

6.2 一般文献类型标识、载体形态项、附注项、标准编号与获得方式项的著录，除附注项中关于文献原题名及引用部分一般应按所著录文献本身的文字照录外，均采用编目机构所选用的文字著录。

6.3 版次、出版日期、数量、尺寸、价格等数字一律用阿拉伯数字著录。

6.4 规定信息源上的文字出现错误时，应著录其正确形式，并在附注项中说明。

6.5 无题名的电子资源可自拟题名，并置于“[ ]”中。

6.6 采用非汉语著录相关内容时，应按其文字书写规则著录。

7 著录信息源

7.1 信息源的优先顺序

7.1.1 电子资源的主要信息源是电子资源本身。电子资源的主要信息源取自电子资源内正式出现的信息(如：电子资源题名屏、主菜单、程序说明、首先显示的信息、包括“主题”行在内的文件头标、主页、编码的元数据(如：文本编码初始标识))以及物理载体或其标签。

7.1.2 未经处理就不可读(如压缩文件或打印格式的文件)的电子资源，其信息应取自经处理可读的文件形式(如：通过解压缩的文件、打印输出的文件或其他方式处理后的文件)。

7.1.3 各信息源中的信息差异较大时，应优先选择能提供最充足或最完整信息的信息源。

7.1.4 若所需的信息不能从电子资源本身获取(因缺乏信息源，或因缺乏用于安装电子资源的设备)时，应按下述优先顺序选择其他信息源：

印刷型或联机使用文档、其他附属文档(如：出版者的信)。在使用这些说明文档时应注意区分这些信息仅适用于文档本身还是涉及电子资源。当容器中包含多个电子资源且容器只有一个集合题名时，应优先使用容器标签的信息而不是容器中单个电子资源的标签信息。

由出版者、发行者等发布的印刷于容器上的信息。

7.1.5 在物理形式上分为两个或两个以上独立的部分组成(如一种交互式的多媒体电子资源由一个光盘和视盘组成)，且每个独立部分都有自己的信息源时，其主要信息源应优先选用适合资源整体并包含一个总题名的信息来源。

7.1.6 上述信息源均不能提供所需的信息时，应按下述优先顺序选择其他信息源：其他已出版电子资源的著录信息(如书目数据库、评论);其他信息源。

7.2 规定信息源

规定信息源是每一著录项目内书目信息的指定来源,具有按上述优先顺序选择的信息源的特征。取自规定信息源之外的信息置于方括号“[ ]”内。

著录项目规定信息源见表2。

表2 著录项目规定信息源

著录项目	规定信息源
1. 题名与责任说明项	主要信息源,使用文档,容器或其他附件
2. 版本项	主要信息源,使用文档,容器或其他附件
3. 文献特殊细节项	不适用于电子资源
4. 出版、发行(等)项	主要信息源,使用文档,容器或其他附件
5. 载体形态项	任何信息源
6. 丛编项	主要信息源,使用文档,容器或其他附件
7. 附注项	任何信息源
8. 标准编号与获得方式项	任何信息源

任何情况下均应在附注项著录正题名的信息源。版本说明与题名的信息源不同时,也需著录版本说明的信息源。

8 著录项目细则

8.1 题名与责任说明项

8.1.1 结构形式:

正题名 [一般文献类型标识] / 第一责任说明

正题名 [一般文献类型标识] / 第一责任说明 ; 其他责任说明

正题名 [一般文献类型标识] = 并列题名 = 并列题名 / 责任说明

正题名 [一般文献类型标识] : 其他题名信息 : 其他题名信息 / 责任说明

正题名 [一般文献类型标识] : 其他题名信息 = 并列题名 : 并列其他题名信息 / 责任说明

正题名 [一般文献类型标识] / 责任说明 = 并列题名 / 并列责任说明

题名 [一般文献类型标识] : 其他题名信息 ; 题名 : 其他题名信息 / 责任说明

题名 [一般文献类型标识] / 责任说明. 题名 / 责任说明

题名 [一般文献类型标识] = 并列题名 ; 题名 : 其他题名信息 / 责任说明

题名 [一般文献类型标识] = 并列题名 ; 题名 = 并列题名 / 责任说明

共同题名. 从属题名标识, 从属题名 [一般文献类型标识] / 责任说明

共同题名. 从属题名标识, 从属题名 [一般文献类型标识] : 其他题名信息 / 责任说明

共同题名. 从属题名 [一般文献类型标识] / 责任说明

共同题名. 从属题名 [一般文献类型标识] = 并列共同题名. 并列从属题名 / 责任说明

共同题名: 其他题名信息. 从属题名标识, 从属题名 [一般文献类型标识] / 责任说明

8.1.2 正题名

8.1.2.1 正题名是第一个著录单元。无论题名页的正题名前出现何种著录信息(如责任说明、版本说明、丛编说明、出版发行说明、日期、价格等其他非题名信息),正题名均应著录于本项之首。

8.1.2.2 正题名的形式

8.1.2.2.1 正题名可以由名词、短语、词组、通用术语、个人名称、团体名称、缩写、数字等组成。

STANDARDS PRESS OF CHINA

示例 1： 打印机软件［电子资源］

示例 2： 调查数据［电子资源］

示例 3： 北京新桥外国语学校［电子资源］

示例 4： 张国基［电子资源］

示例 5： 中国资讯行［电子资源］

示例 6： BASIC［电子资源］

示例 7： a. m. /p. m.［电子资源］

示例 8： ICENES'2007［Electronic resource］：13th International Conference on Emerging Nuclear Energy Systems，June 3-8，2007，Istanbul，Turkiye

8.1.2.2.2 正题名可由两部分组成，每一部分都有独立题名的形式，之间用"又名，"分隔，第二部分称为交替题名。

8.1.2.2.3 正题名可以包含语言上与题名构成一个整体的责任说明、出版者或其他著录单元细节（如版本说明）。

示例 1： 乔·里布的工资管理系统［电子资源］

示例 2： 德里克的冒险游戏［电子资源］

示例 3： 华南理工大学出版社十年出版总书目［电子资源］

示例 4： 杰弗里·乔叟的坎特伯雷故事集［电子资源］

8.1.2.2.4 分辑、补编等的题名独立于共同题名或主电子资源题名时，正题名可由分辑、补编等的题名构成，共同题名著录于丛编项。

示例 1： 美国谷物销售和发货［电子资源］

丛编项：（GSR 农业调查）

示例 2： 重庆谈判［电子资源］

丛编项：（中国共产党党史 ；民主革命部分）

示例 3： 怎样欣赏交响乐［电子资源］/ 李德伦主讲

丛编项：（交响音乐欣赏系列讲座 ；第 1 讲）

示例 4： 国务院副总理李岚清同志在《教育法》实施工作全国电话会议上的讲话［电子资源］

丛编项：（中华人民共和国教育法电视讲座）

8.1.2.2.5 分辑、补编等虽有题名或标识，但没有共同题名或主电子资源题名就不足以识别它时，正题名可由共同题名、从属题名、从属题名标识构成。

示例 1： 中国玉器全集. 1，原始社会，战国［电子资源］

示例 2： 大英博物馆. 1，美索不达米亚［电子资源］

示例 3： 未来的遗产. 第 1 集［电子资源］

示例 4： 初中生物. 植物部分［电子资源］

示例 5： 大话电脑，WPS 篇，初级入门［电子资源］

8.1.2.2.6 共同题名或主电子资源题名在语法上是分辑、补编等题名的一部分时，正题名由这两部分题名构成。

示例： 眼镜蛇特警队之追击风暴［电子资源］

More graphics for Imagine that!［Electronic resource］

8.1.2.3 正题名的选择

8.1.2.3.1 电子资源只有一个规定信息源时，正题名按下述规定选取：

a) 规定信息源上出现同一语言/文字的多个不同题名时，按题名在规定信息源上的版式或排列顺序选择正题名。其余题名按其他题名信息处理。出现在电子资源规定信息源以外的题名著录于附注项。

b) 规定信息源上出现多个不同语言/文字的题名时，选择与电子资源正文语种相同的题名作正题名，其他语种题名作并列题名。

c) 规定信息源上出现多个不同语种的题名，又不能按上述规定选择正题名时，按题名在规定信息源上的版式或排列顺序选择正题名。

8.1.2.3.2 电子资源有多个规定信息源时，正题名按下述规定选取：

a) 电子资源有多个不同语言/文字的信息源，每个规定信息源上分别有相应语言/文字的题名时，选择规定信息源上与电子资源正文语种相同的题名作正题名。

b) 上述规定不适用(如电子资源没有语言和/或文字或使用多种语言和/或文字)时，选择第一个信息源上的题名作正题名。

8.1.2.3.3 规定信息源上有不同的题名，但不是并列题名，也未被选作正题名时，该题名作其他题名信息处理。出现在电子资源其他部位的不同题名，著录于附注项。在规定信息源上出现但未被选作正题名的文件名，可著录于附注项。

8.1.2.3.4 当一个电子资源包含两个或两个以上的独立作品，规定信息源上有一个总题名，同时每个作品又有各自的题名时，以总题名作为正题名，各独立作品的题名著录于附注项。

示例 1：二十世纪世界百位风云人物 [电子资源]

附注项：内容含：宋庆龄；美洲圣女贝隆夫人；从影后到王妃的传奇女子格蕾丝·凯丽；英格兰最后的玫瑰戴安娜

示例 2：冬季游戏 [电子资源]

附注项：溜冰；滑雪

示例 3：礼仪曲集 [电子资源] / 何平编辑；晓东监制；郑路顾问

附注项：曲目含：1.国歌；2.国际歌；3.迎宾进行曲；4.运动员进行曲；5.团结友谊进行曲；6.检阅进行曲；7.歌唱祖国

8.1.2.3.5 当电子资源无总题名，但其中有一部作品是主要部分，则以该作品的题名作为正题名，其他作品的题名著录在附注项。不能区分主次时，题名的著录见 8.1.2.4.4。

8.1.2.4 正题名的著录

8.1.2.4.1 正题名应按规定信息源上的文字转录，但标点符号和外文大小写除外，无法照录的某些图形或符号可用相应的文字代替。用文字代替时应置于方括号“[ ]”内，并在附注项说明。原题名中的方括号“[ ]”应著录为“( )”，以区别于编目员自拟的内容或取自规定信息源以外的信息。

示例 1：《三国演义》与传统文化 [电子资源]

示例 2：杰克·韦尔奇与通用之路 [电子资源]

示例 3：农民 战士 作家——陈登科 [电子资源]

示例 4：李阳疯狂[口]语 [电子资源]

(注：规定信息源的“口”为一个嘴唇图案)

示例 5：我 [爱] 北京

(注：题名中“爱”一词代表电子资源中所用的一个“♥”号)

示例 6：南拳妈妈(...的夏天) [电子资源]

(注：规定信息源题名为：南拳妈妈[...的夏天])

8.1.2.4.2 正题名文字如有明显的排版错误应著录其正确形式，并在附注项中说明。自拟题名需置于方括号“[ ]”内。过于冗长的题名在保持题名原义的前提下可做删节，但节略部分必须是正题名的中间或末尾，被节略的内容用删节号“...”表示。

8.1.2.4.3 交替题名按规定信息源中的顺序依次著录，题名中间用“，又名，”、“，一名，”或其他语种相对应的词表示。

示例 1：西行漫记，又名，红星照耀下的中国 [电子资源]

示例 2：法哲学原理，又名，自然法和国家学纲要 [电子资源]

示例 3：Space zone，or，The quest for Cleopatra [Electronic resource]

8.1.2.4.4 电子资源无总题名时，正题名按下述规定著录：

a) 当电子资源包含两个或两个以上独立作品，但没有总题名且不能区分主次时，按规定信息源上的印刷或排版次序依次转录各部作品的题名。属于同一责任说明的多部作品，题名之间用空格、分号、空格“ ; ”标识。属于不同责任说明的多部作品，题名之间用下圆点、空格“. ”分隔，责任说明著录于相应的题名之后。

示例 1：雪国 [电子资源] ; 古都 / 川端康成著

示例 2：教育主题词表 [电子资源] / 教育主题词表编委会编. 教育专业分类表 / 中图法编委会教育专业分类表编委会编

示例 3：茶山集 [电子资源]/ 曾几撰. 林泉结契 / 王质著

b) 若电子资源中的独立作品很多，可只著录前三个作品的题名。省略的题名可著录于附注项。

c) 电子资源无总题名而又与上述情况不同时，可著录一个使用与电子资源内容相同的语言和/或文字编写的说明，并置于方括号“[ ]”内。电子资源无语言和/或文字等时，可由书目机构选择题名，并在附注项说明。

示例：[Computer and information science technical reports, University of Florida] [Electronic resource]

d) 当电子资源只显示一段文字而无总题名时，应以完整或删节的形式抄录这段文字。删除的整个短语或句子不用删节号表示，缩略的短语或词则要用删节号“...”表示。抄录语句的顺序取决于语句的内容特征、版式和打印格式。这段文字的重要内容，如产品或机构名称，事项的名称、地点和日期，应予保留。上述内容的附加信息或其他方面的内容可著录于附注项。标点符号由书目机构根据需要著录，但应避免使用 GB/T 3792 中具有特殊功能的符号和空格的组合。

示例：国家宪法良，则国强；宪法不良，则国弱。强弱之点，尽在宪法 [电子资源]

（注：这是孙中山先生在 1918 年 2 月 7 日的一次演说中的讲话）

e) 正题名由共同题名和从属题名组成时，应先著录共同题名，再著录从属题名标识和/或从属题名。

8.1.3 一般文献类型标识(可选)

8.1.3.1 一般文献类型标识是以规定的著录方法概括说明在编电子资源所属文献类别的术语。一般文献类型标识应按书目机构选择的语言和/或文字著录于第一个正题名之后。著录为“电子资源”或其他语种相应词汇(如英文用：Electronic resource)，并置于方括号“[ ]”内，方括号前后各空一格。

示例 1：康普顿多媒体百科全书 [电子资源]

示例 2：Compton's multimedia encyclopedia [Electronic resource]

示例 3：建造工程完成量按季统计调查报告 [电子资源] = Report on the quarterly survey of construction output

示例 4：法律科学 [电子资源] : 西北政法学院学报

8.1.3.2 电子资源由多部作品构成但无总题名时，一般文献类型标识著录于第一个题名之后。

示例：建筑经济学 [电子资源] ; 调整技术 / 斯洛克姆. 建筑标准 / 麦金太尔

8.1.3.3 电子资源由一种主要组成部分和一种或多种附属组成部分构成，它们又不属于同一个文献类型时(如一个电子资源带一本手册或挂图)，只著录主要组成部分的一般文献类型标识。

示例 1：E-Z math [Electronic resource]

注：一个软件带有教师指南、学生手册和闪视卡。

示例 2：信息技术教学系统 [电子资源]

注：8 张多媒体光盘和一册使用手册

8.1.4 并列题名

8.1.4.1 规定信息源上对应于正题名的其他语种题名作为并列题名著录于正题名之后，并冠以空格、等号、空格“ = ”标识。

示例 1：康熙字典 [电子资源] = E-KangXi dictionary

示例 2：中国科学文献数据库 [电子资源] = Chinese science document database

8.1.4.2 规定信息源以外出现的与正题名语种不同的题名著录于附注项，也可著录于题名与责任说明项，但需置于方括号“[ ]”内。

8.1.4.3　规定信息源上有多个并列题名时，按并列题名在信息源上的版式或排列顺序著录。

示例：　白雪和红玫瑰［电子资源］＝Snow White and Red Rose ＝ Blancanieves y Rosaroja

8.1.4.4　电子资源由多部作品构成而无总题名，每部或任意一部作品有一个或多个并列题名时，并列题名应著录于对应作品的题名之后。

示例1：　Du er ikke alene［Electronic resource］＝ You are not alone. Opname ＝ In for treatment

示例2：　怒族［电子资源］＝ Nu nationality. 独龙族 ＝ Dulong nationality

8.1.5　其他题名信息

8.1.5.1　其他题名信息可与正题名、并列题名或电子资源的独立作品题名一起出现或在其后出现，并对它们进行限定、解释和补充。著录其他题名信息应冠以空格、冒号、空格“ ：”标识。

8.1.5.2　若责任说明、出版发行说明或其他著录单元细节说明（如版本说明）在语法上是其他题名信息的一部分时，其他题名信息应包含这些说明。

示例：　往事成烟［电子资源］：毛阿敏特辑 / 邵廷和，郝丽娜编辑 ；毛阿敏监制

8.1.5.3　正题名由缩略语构成，其全称形式出现在规定信息源上时，全称形式的题名作为其他题名信息著录。

示例1：　GBK［电子资源］：汉字内码扩展规范

示例2：　SARS［电子资源］：非典型肺炎

8.1.5.4　其他题名信息著录于与其相关联的正题名或并列题名之后。

示例1：　认识飞行［电子资源］＝ Understanding ：flight

示例2：　机械振动［电子资源］＝ Mechanical vibration：电子课件

示例3：　开放远程学习［电子资源］：趋势、政策与战略思考＝Open and distance learning ：trends，policy and strategy consideration

8.1.5.5　规定信息源上有多个其他题名信息时，按其他题名信息在规定信息源上的版式或排列顺序著录。每个其他题名信息均冠以空格、冒号、空格“ ：”标识。

示例1：　团结报［电子资源］：全文检索数据光盘 ：2000-2005年

示例2：　机械制图［电子资源］：多媒体课件 ：非机械专业

示例3：　网络狂人大全集［电子资源］：网站完全制作 ：专业技术版

8.1.5.6　电子资源无总题名时，其他题名信息按下述规定著录：

a）　电子资源有多部独立作品而无总题名，其他题名信息与一部或多部作品的题名相关联时，其他题名信息分别著录于对应的独立作品题名之后。

示例：　敖包相会［电子资源］：《草原晨曲》插曲．花儿为什么这样红 ：《冰山上的来客》插曲．九九艳阳天 ：《柳堡的故事》插曲

b）　规定信息源上的其他题名信息与同一责任者的多部作品相关联时，其他题名信息著录于所有作品题名之后；同一责任者的多部作品不连贯时，其他题名信息也可著录于附注项。

示例：　战俘［电子资源］；打败它 ：两个冒险游戏 / 科尔曼

c）　规定信息源上的其他题名信息与不同责任者的所有作品相关联时，其他题名信息著录于附注项。

d）　其他题名信息与电子资源独立作品题名的关系不清楚时，可加简要的解释性词语，置于方括号“［ ］”内，也可将其他题名信息著录于附注项。

8.1.5.7　电子资源有并列题名和并列其他题名信息时，其他题名按下述规定著录：

a）　规定信息源上有一个或多个语种的并列题名和其他题名信息时，每个其他题名信息著录于相同语种并列题名之后。

示例1：　维也纳［电子资源］：旅馆和旅游指南 ＝ Vienna ：hotel and tourist guide

示例2：　田野与文献［电子资源］：华南研究资料中心通讯 ＝ Fieldwork and documents ：South China Research Resource Station newsletter

b）　规定信息源上有一个或多个语种的并列题名，其他题名信息只用一个语种表示时，其他题名

信息著录于最后的并列题名之后。

示例 1： 五百小时识汉字［电子资源］= Apprendre chinois en 500 heures = Learning Chinese in 500 hours：对外汉语教程

示例 2： 中国企业知识仓库［电子资源］= China enterprise knowledge database：演示盘

示例 3： 金牌室内快速设计［电子资源］= Gold medal interior fast design：异咤 3D 模型库

c) 并列题名已将电子资源的正题名和其他题名信息融于一体时，其他题名信息著录于正题名之后，并列题名之前。

d) 规定信息源上无并列题名，而有多语种其他题名信息时，首先著录与正题名语种相同的其他题名信息。本规定不适用时，著录规定信息源上的第一个其他题名信息，也可著录其余的其他题名信息，每个其他题名信息之前用“ = ”标识。

8.1.5.8 正题名由共同题名和从属题名构成时，与正题名相关的其他题名信息著录于正题名整体之后。其他题名信息的个别说明可著录在其对应的题名后。

示例： 二十世纪世界百位风云人物. 中国近代名人篇［电子资源］：大型真实记录片

8.1.5.9 规定信息源以外出现的其他题名信息，一般可著录于附注项内，对识别电子资源有重要意义时，可著录于相对应的正题名或并列题名之后，并置于方括号“［ ］”内。

示例： 氧气的制取和性质［电子资源］：［试用教材］

8.1.6 **责任说明**

8.1.6.1 责任说明通常包括责任者名称和责任方式。电子资源责任者是指对电子资源知识或艺术内容的创造或实现负有责任或做出贡献的个人或团体。责任方式是指这种创造、实现与贡献的具体形式。

8.1.6.1.1 电子资源的责任者包括作者、程序员、主要研究者、绘画艺术家、作曲家、动画片制作者等。责任者可以是直接创作者（如文本的作者、编者、编译者、翻译者、插图作者、作曲者等），也可以是间接创作者（如软件创作所依据的原著作者），还包括改编者、开发者和设计者等，他们的工作包括电子资源内容的创作和实现（如游戏设计者）；也包括对特定资源内容和特定资源类型的特殊责任者（如测绘数据的项目总监、录像片导演）。

8.1.6.1.2 责任者不仅包括对作品的创作、生产或实现负有重要责任的个人或团体，也包括规定信息源上出现的对作品负有次要责任的个人或团体（如历史顾问）。对作品起次要作用的个人或团体的相关说明可著录于附注项。

8.1.6.2 **责任说明的形式**

8.1.6.2.1 责任说明可由个人或团体名称构成。

示例 1： 中文版 3ds max 8 三维动画特效制作精粹［电子资源］/ 李绍勇，王玉，李乐乐开发

示例 2： 中国工商银行年鉴. 2005［电子资源］/ 中国工商银行年鉴编辑委员会编

示例 3： 四部丛刊［电子资源］/ 北京书同文数字化技术有限公司制作

示例 4： 中文版 Flash 8 轻松课堂实录［电子资源］/ 苑丽芳开发；茶水博士电脑工作室制作

示例 5： 云南风情［电子资源］/ 张羽平导演；中外文化交流中心摄制

8.1.6.2.2 责任说明可由描述作品的知识贡献或其他重要事项而无具体责任者名称的短语组成。

示例： 教育软件［电子资源］/ 一组程序设计人员和老师

8.1.6.2.3 责任说明可由表明个人或团体任务的名词或短语以及名称构成。

示例 1： 冒险游戏［电子资源］/ 菲利普开发和调试

示例 2： Minnesota agriculture［Electronic resource］/ author，Ken Brumbargh Xwaisq

8.1.6.2.4 与其他著录单元相关联的内容（如原题名、译作版本信息）在语言学上是责任说明的一部分时，责任说明应包含这些内容。

示例： Alice's wonders［Electronic resource］/ adapted from Alice in Wonderland，by Wilford Hagers

8.1.6.2.5 责任说明可由规定信息源上的附件和其他补充材料的说明构成。

示例： Career choices of teenage girls［Electronic resource］/ principal investigator，Harriett D. Lipetz；with appended data on entry level job openings compiled by a joint educational task force

8.1.6.2.6 责任说明可由规定信息源上能确切说明与电子资源关系的、作为主办者的团体名称构成。若主办者名称是出版发行说明的一部分，主办者著录于出版发行项。

示例：Unchurched Americans, April 1978 [Electronic resource] / [sponsored by] Coalition of Religious Groups in America ; conducted by Gallup Organization

8.1.6.2.7 与电子资源知识或艺术内容责任无关的说明(如题词、献词、赞助或获奖等)不作为责任说明著录，可以省略或著录于附注项。"附参考手册"等信息，著录于载体形态项。

8.1.6.2.8 若责任者名称在语言学上是其他著录单元的组成部分，应著录为该著录单元的一部分，不再重复著录为责任说明。若责任者名称在规定信息源上明显以正式责任说明重复，则需将该名称著录为责任说明。

示例：许国璋英语 [电子资源] / 许国璋著

8.1.6.2.9 出现在规定信息源上的团体的职能不明确，且不能从所著录的电子资源或其他地方获取时，该名称不著录为责任说明，可著录于附注项。

8.1.6.2.10 责任说明不明确时，在必要时可附加说明词，并置于方括号"[ ]"内。

8.1.6.3 信息源上有一个或多个责任说明时：

a) 出现在规定信息源上，由连词或短语相连的多个个人或团体，无论这些个人或团体对作品是否负有不同责任均著录为一个责任说明。

示例：BASIC games and recreation [Electronic resource] / developed by Dale Kahn with Laurie Fenster

b) 出现在规定信息源上，未以连词或短语相连的多个个人或团体，且这些个人或团体对作品负有不同责任时，著录为多个责任说明。

示例：Xmag [Electronic resource] : screen magnification program / written by Danny Shapiro ; ported to Motif by Philip Schneider

c) 规定信息源上出现的附录和其他补充材料的责任说明可作其他责任说明处理，著录于整个电子资源或电子资源主要部分的责任说明之后。

8.1.6.4 **责任说明的著录**

8.1.6.4.1 责任说明应按电子资源上的描述方式转录。第一责任说明著录于题名之后，并冠以空格、斜线、空格" / "标识，不同责任说明冠以空格、分号、空格" ; "标识，同一责任方式的多个责任者除第一个外，其余冠以逗号、空格", "标识。

示例 1：云南风光 [电子资源] / 吕舟洋出品 ; 张跃监制 ; 李正芬责编 ; 谢湘忠制作 ; 纬奇广告设计

示例 2：德克萨斯的芬兰家庭 [电子资源] / 萨宾 ... [等]调查

示例 3：Games [Electronic resource] / developed by TNF software Arts ; graphics by Larry Blum

8.1.6.4.2 若责任说明和与其相连的题名并无语法上的关联，个人或团体责任者冠以空格、斜线、空格" / "标识。

示例：元代名家名画 [电子资源] / 上海开元古文化传播有限公司开发制作

8.1.6.4.3 规定信息源上有多个责任说明时，按规定信息源上的版式或排列顺序转录，著录数量由编目机构确定，被省略的责任说明可著录于附注项。同一责任方式的责任者一般不宜超过三个，超过三个时，只著录第一个，其后加"... [等]"或其他语种的相应词语表示。

示例 1：开天辟地 [电子资源] / 李歇浦导演 ; 邵宏来 ... [等] 主演

示例 2：Interstate produce sales [Electronic resource] / prepared by M. Mumblow ... [et al.]

示例 3：中国古代建筑艺术 [电子资源] / 北京鸿达电子新技术研究所，北京航达技术咨询公司联合制作 ; 萧默主编

8.1.6.4.4 责任说明中个人或团体责任者是以简称或缩称著录时，可将全称著录于附注项。

8.1.6.4.5 个人名称所附的学会会员、学位、职称、职务、资格等说明一般应省略，但当语言学上或识别需要时，可著录于个人名称之后。

8.1.6.4.6 规定信息源上出现在正题名之前的责任说明，除非语言上与正题名、其他题名信息有联系，否则应著录于正题名和其他题名信息之后。责任说明出现在规定信息源上的位置，可在附注项加以说明。

8.1.6.4.7 若责任说明和与其相连题名之间的关系不明确，可加连词或短语说明，并置于方括号“[ ]”内。

示例：突出重围以及其他模拟游戏[电子资源] / 李雯[收集]

8.1.6.4.8 责任说明包含团体名称并以隶属关系形式出现时，按电子资源上的形式和隶属关系照录。

示例：颐和园[电子资源] / 清华大学工程力学系制作

8.1.6.4.9 若规定信息源上有记载，可在中国古代（清代及其以前）责任者姓名前著录朝代，并置于圆括号“( )”中；也可在外国责任者姓名前著录国别，并置于圆括号“( )”中。如无必要，也可省略不录。

8.1.6.4.10 规定信息源属多特征综合型（如电子资源由多个部分组成而无统一的信息源）时，责任说明按逻辑顺序转录，也可将电子资源的各独立部分按多层次著录方法著录（见附录A）。

8.1.6.4.11 电子资源有并列题名和并列责任说明时，责任说明按下述规定著录：

a) 规定信息源上出现与一个或多个并列题名或并列其他题名信息相对应的多语种责任说明时，每个责任说明分别著录于相同语种的题名或其他题名信息之后。

示例1：加拿大城市资源[电子资源]：调查 / 加拿大城市和区域研究委员会 = Canadian urban sources : a survey / Canadian Council on Urban and Regional Research

示例2：人民日报索引[电子资源] / 北京大学图书馆编；毅士达有限公司，泽恩出版有限公司制作 = People's Daily index / edited by Peking University Library ; produced by Acetech Co., Ltd., Zane Publications Ltd.

b) 若不能在每个并列题名或并列其他题名信息之后著录一个相应的并列责任说明，则所有的责任说明都著录于最后一个并列题名或并列其他题名信息之后。每个并列责任说明冠以空格、等号、空格“ = ”标识。

c) 规定信息源上有一个或多个并列题名或并列其他题名信息，而只有一个语种的责任说明时，责任说明著录于最后一个并列题名或并列其他题名信息之后。

示例：颐和园[电子资源] = The Summer Palace / 清华大学工程力学系制作

d) 若规定信息源上无并列题名，而有多语种的责任说明时，著录与正题名相同语种的责任说明。本规定不适用时，按版式或排列顺序著录责任说明。如需要，其他语种的责任说明也可著录。并列的责任说明冠以空格、等号、空格“ = ”标识。

示例：Directions in tin trade of selected North American countries [Electronic resource] : statistical survey / International Tin Council = Conseil international de l'etain

8.1.6.4.12 电子资源无总题名时，责任说明按下述规定著录：

a) 若电子资源无总题名，所有独立作品具有相同的责任说明时，责任说明著录于所有作品题名、并列题名和其他题名信息之后。

示例1：外语教学花费调查[电子资源]；外语教学资金 / 韦民 ... [等]调查

示例2：中华人民共和国国歌[电子资源]；国际歌；没有共产党就没有新中国 / 中国人民解放军军乐团演奏

b) 若独立作品各有不同的责任说明，每个责任说明著录于对应的题名、并列题名和其他题名信息之后。

示例：解放区的天[电子资源] / 佚名词曲. 团结就是力量 / 牧虹词；卢肃曲. 咱们工人有力量 / 马可词曲；[三部作品]中国人民解放军军乐团演奏

c) 若部分而非所有独立作品具有相同的责任说明，责任说明著录于相应的题名之后。

示例：核裁减[电子资源]；和平政治学 / 托马斯 ... [等]调查. 国防战略 / 德菲尔 ... [等]调查

d) 独立作品既有各自的责任说明，规定信息源上又有整个电子资源的责任说明时，整个电子资源的责任说明著录于所有独立作品的责任说明之后，并用空格、分号、空格“ ; ”标识。前后责任说明之间的关系，可使用连词或短语加以明确，并置于方括号“[ ]”内。若附加语在语义上不能实现，或可能引起歧义，责任说明的有关部分或解释可著录于附注项。

示例： 演说家［电子资源］/ 张群. 音乐指挥家 / 刘洋. 歌唱家 / 田英 ；［三部作品］李晖编辑

8.1.6.4.13 若正题名由共同题名和从属题名构成，责任说明著录于正题名之后。

示例： 城市和区域研究. 附录［电子资源］/ 加拿大城市和区域研究协会汇编

8.2 版本项

8.2.1 结构形式：

. -- 版本说明

. -- 版本说明 ＝ 并列版本说明

. -- 版本说明 / 责任说明

. -- 版本说明 / 第一责任说明 ；其他责任说明

. -- 版本说明 / 责任说明 ＝ 并列版本说明 / 并列责任说明

. -- 版本说明，附加版本说明

. -- 版本说明 / 责任说明，附加版本说明 / 责任说明

8.2.2 版本说明

8.2.2.1 版本说明是表示电子资源属于某一版本的术语、短语或一组字符，通常用“版本”(edition)说明。其他相关术语还包括“版次”(version)、“级”(level)、“发布”(release)、“更新”(update)等，但这些术语不能作为一个新版本的可靠依据。

8.2.2.2 电子资源中知识或艺术内容出现明显变化(包括增补和删节)、编程语言/文字上具有明显差异、电子资源的效能发生升级或改良等变化、为使电子资源与其他机器和操作系统兼容而对编程语言/文字或操作系统做出修改时，就构成一个新版本。

示例 1： . -- 3 版

示例 2： . -- Version 5.2

示例 3： . -- Level 2.0

示例 4： . -- 2007 release

示例 5： . -- 3rd. update

8.2.2.3 物理载体类型的不同(如从磁盘到盒式磁带)、物理载体尺寸的不同(如从 14cm 磁盘改为 9cm 磁盘)、文件打印格式的不同(如 ASCII 与 PostScript)、系统相关格式的不同(如 IBM 与 Macintosh)、字符代码、块密度或记录密度的不同、输出介质或显示格式的不同(如远程访问电子资源被复制到软盘和光盘上)，都不构成新版本。

8.2.2.4 电子资源具有与资源各部分有关的多个版本说明时(如交互式多媒体作品)，应著录与整个资源有关的版本说明，其他版本说明可著录于附注项。

8.2.2.5 更新频繁的远程访问电子资源，其版本说明可以省略，但应在附注项做适当说明。

8.2.2.6 出现在附件上的版本说明，只有当该信息标明适用于电子资源时才能视为电子资源的版本说明。

8.2.2.7 版本说明应按出现在电子资源中的术语照录。出现在规定信息源以外的版本说明置于方括号“［ ］”内。其他类型的数字或以拼写形式出现的数字用阿拉伯数字代替。说明性短语对识别版本有必要时，可作为附加版本说明著录于版本说明之后。

示例 1： 汉语大词典［电子资源］. -- 光盘 1.0 版，单机版

示例 2： 康熙字典［电子资源］. -- 网络版

8.2.2.8 若电子资源无版本说明，但与前版本相比确有明显变化时，可使用与规定信息源相同的语种著录一个合适的版本说明，并置于方括号“［ ］”内。

示例 1： . -- ［1.0 版］

示例 2： . -- ［2000 版］

示例 3： . -- ［新版］

STANDARDS PRESS OF CHINA

示例 4： . --［网络版］

示例 5： . --［School ed.］

8.2.2.9 下述版本说明不在版本项著录：

a) 版本说明是其他著录项目(如正题名)的组成部分，并已按有关规定著录时，不再在版本项重复著录。

示例： The compact version of Symphony［Electronic resource］ 不著录为 Symphony［Electronic resource］. -- Compact version

b) 包含多部作品且无总题名的电子资源，若版本说明与其中一部或几部作品有关，此版本说明不著录在版本项，而著录在题名与责任说明项的相关题名后，冠以逗号、空格"，"标识。

示例： 瑞典地形图［电子资源］；丹麦地形图，修订版 ；芬兰地形图

8.2.3 **并列版本说明(可选)**

当规定信息源上有多语种的版本说明时，著录与正题名语种相同的版本说明。若此规定不适用，则著录版式中最显著的一个或第一个版本说明。如需要，也可著录并列版本说明，每个并列版本说明冠以空格、等号、空格" = "标识。

示例： 学生版 = Students' ed.

8.2.4 **与本版有关的责任说明**

8.2.4.1 与本版有关的责任说明包括个人或团体名称及其责任方式，如新版的修订者、对新版中增补部分或附录等负有责任的个人或团体。与本版有关的第一责任说明冠以空格、斜线、空格" / "标识，与本版有关的其他责任说明冠以空格、分号、空格" ; "标识。

示例： 汉语大词典［电子资源］/ 汉语大词典出版社，商务印书馆(香港)有限公司. -- 网络版 / 北京书同文数字化技术有限公司研发

8.2.4.2 规定信息源上有与本版或本版部分内容而非作品所有版本有关的责任说明时，应参照 8.1.6 的规定著录于版本项。

示例： LodeStar［Electronic resource］. -- Student version / with new graphics by Gerry Herin

8.2.4.2.1 明确说明与作品的初版或所有版本有关的责任说明，著录于题名与责任说明项。

8.2.4.2.2 未明确说明仅与作品的一个版本或某些版本有关的责任说明，著录于题名与责任说明项。

8.2.5 **附加版本说明**

8.2.5.1 电子资源上正式说明它属于某版本中的一版或相当于初次定名版本的一版时，著录附加版本说明，附加版本说明冠以逗号、空格"，"。

示例 1： 日文版，单机版

示例 2： 测试版，第 2 版

8.2.5.2 标有重新发行而电子资源内容没作任何变化时可著录附加版本说明。

示例： 学生版，重新发行

8.2.5.3 可以著录并列附加版本说明，其前用等号" = "标识。

8.2.6 **附加版本说明的责任说明**

8.2.6.1 附加版本说明的责任说明应依据 8.2.4 的规定照录。与附加版本有关的第一责任说明冠以空格、斜线、空格" / "标识。

示例： Version 2.4，corr. / with diagrams by Harry Weeks

8.2.6.2 可以著录附加版本的并列责任说明，其前用等号" = "标识。

8.3 **文献特殊细节项**

本项不适用于电子资源。但当本部分所描述的资源在范围上与 GB/T 3792 其他部分有重合时(如电子连续出版物、数字化地图)，可使用相关部分的文献特殊细节项的条款著录。

8.4 出版发行项

8.4.1 结构形式：

. -- 出版、制作地 ：出版、制作者，日期

. -- 出版、制作地 ；出版、制作地 ：出版、制作者，日期

. -- 出版、制作地 ：出版、制作者 ；出版、制作者，日期

. -- 出版、制作地 ：出版、制作者 ；出版、制作地 ：出版、制作者，日期

. -- 出版、制作地 ：出版、制作者，日期（生产地 ：生产者，生产日期）

. -- 出版、制作地 ：出版、制作者，日期 ；发行地 ：发行者[职能说明]，发行日期

. -- 发行地 ：发行者[职能说明]，日期

说明：

“出版发行”这个术语是要覆盖与资源相联系的所有类型的出版、制作、发行、发布活动。本项还用于记录与电子资源的物理生产相联系的数据，但这些活动不同于出版、制作、发行等活动，尽管它们可能是由同一个个人或团体完成的。如果一个个人或团体兼有出版、制作、发行等活动以及物理生产活动，或者如果无法确定个人或团体兼有出版、制作、发行等活动还是仅仅负责物理生产活动，则按被认为是关于出版、制作、发行等给予说明。

在应用国家文献著录标准的背景下，所有远程存取的电子资源被认为是出版了的。

若所著录的电子资源是数字化复制品，复制品的出版和制作说明著录在出版发行项，原件的出版和制作说明应著录于附注项。

8.4.2 出版发行地

8.4.2.1 出版发行地按规定信息源上出现的出版发行者所在城镇名称转录。若没有出版发行者，则著录电子资源发布地。

示例： . -- 南宁 ：广西金海湾电子音像出版社

8.4.2.2 规定信息源上的出版发行地有误，除如实著录外，应将正确地名著录其后，并置于方括号“[ ]”内，或在附注项说明。

示例： . -- 北京 [广州] ：世图电子音像出版社

8.4.2.3 规定信息源有两个出版发行地时，第二个出版发行地冠以空格、分号、空格“ ；”标识；有三个及三个以上出版发行地，应按规定信息源顺序著录第一个，在其后加“等”字或其他语种的相应词语表示，并置于方括号“[ ]”内，其余出版发行地可在附注项说明。

示例： . -- 南京 [等]

8.4.2.4 如果既著录出版者又著录发行者，若发行地与出版地不同，发行地也应著录。

示例： . -- Washington(D. C.) ：U. S. Bureau of the Census ；Rosslyn(Va.) ：Distributed by DUALabs

8.4.2.5 因识别需要，可著录地名的别名或正名，并置于方括号“[ ]”内。

示例： . -- 列宁格勒 [即圣・彼得堡]

8.4.2.6 规定信息源上无出版发行地时，可著录已知的城镇名称，并置于方括号“[ ]”内；若城镇名称不明确或属未知，可著录推测的出版发行地，推测的出版发行地需加问号，并置于方括号“[ ]”内；无法推测具体的出版发行地时，可著录其所在省名或国名，并加问号，然后置于方括号“[ ]”内；出版发行地完全无法推测著录时，可著录“出版地不详”字样，或其他语种的相应词语表示，并置于方括号“[ ]”内。

示例 1： [合肥]

（注：已知是出版地；在规定信息源外出现。）

示例 2： [上海?]

（注：出版地不明确。）

示例 3： [江苏?]

示例 4： [出版地不详]

8.4.2.7 规定信息源上的出版发行地有一种以上语言和/或文字时，应著录与正题名的语言和/或文字

相同的出版发行地的名称形式。如果这个标准不适用，则按规定信息源所载的版式或顺序著录最显著的一个或第一个地名。

8.4.3 **出版发行者**

8.4.3.1 出版发行者应著录在规定信息源上与其关联的出版发行地之后，冠以空格、冒号、空格“ : ”标识。有多个出版发行者时，应按规定信息源所载在版式上是显著的出版者、位于首位的出版者的优先顺序著录。有两个出版发行者时，每个出版发行者应著录于相应的出版发行地之后；若第二个出版发行者的出版发行地与前一个相同时，可以省略。

示例 1： . -- 南京 : 江苏省出版总社 ; 杭州 : 浙江奥贝克通讯设备有限公司

示例 2： . -- 北京 : 人民教育出版社 : 中央音像教材出版社

有三个及三个以上出版发行者时，应按规定信息源顺序著录第一个，在其后加“等”字，并置于方括号“[ ]”内，其余出版发行者可在附注项说明。

示例： . -- 芝加哥 : 美国个人投资者联合会[等]

8.4.3.2 规定信息源上既有出版者，又有发行者，著录时可省略发行者，若无出版者信息，应著录发行者信息。

示例 1： . -- 东京 : 胜利株式会社[发行者]

示例 2： . -- 北京 : 中国唱片社 ; 新华书店 [发行者]

8.4.3.3 规定信息源上无出版发行者名称时，且无法考证，可著录为“出版者不详”或其他语种的相应词语表示，并置于方括号“[ ]”内。

示例： . -- 北京 : [出版者不详]

8.4.3.4 规定信息源上的出版发行者有一种以上语言和/或文字时，应著录与正题名的语言和/或文字相同的出版发行者名称。如果这个标准不适用，则按规定信息源所载的版式或顺序著录最显著的一个或第一个出版发行者名称。

8.4.3.5 不能以生产者代替未知的出版发行者，若个人或团体身兼出版、制作、发行或生产各种职能，或职能不明确时，生产者可作为出版者著录。

8.4.4 **发行者职能说明**

8.4.4.1 规定信息源上发行者的职能说明应照录。

示例： . -- Arlington(Va.) : Trans Video ; New London(CT) : distributed by Triangle Digital Inc.

8.4.4.2 规定信息源上发行者没有明确职能说明时，应著录一个表示此职能的词语，并置于方括号“[ ]”内。

示例： . -- 北京 : 新华书店[发行者]

8.4.5 **出版发行日期**

8.4.5.1 出版发行日期著录于相关的出版发行者之后，并冠以逗号、空格“, ”。

示例： . -- 北京 : 希望电子出版社, 2000

联机服务和其他动态电子资源(如 WWW 网站)可在附注项内著录资源中出现的日期(参见 8.7.12)。

8.4.5.2 出版发行日期按规定信息源上出现的形式转录，公元纪年以阿拉伯数字形式著录，非公元纪年按规定信息源所载形式著录，并将相应的公元纪年著录其后，且置于方括号“[ ]”内。

示例 1： ,2006

示例 2： ,民国 91 年[2002]

8.4.5.3 若规定信息源上的日期不正确，仍可照录，但应在错误日期后著录正确日期，并置于方括号“[ ]”内。

示例： , 1897 [1987]

8.4.5.4 规定信息源上无出版发行日期时，可著录版权日期或生产日期。

示例： , c1995

8.4.5.5 若书目机构认为版权日期也很重要，可在出版发行日期后补充著录相应的版权日期。

示例 1： ，1995，c1993

示例 2： ，c1995

（编者注：这是编程日期，更早的版权日期是声像的版权日期和文献的版权日期。）

8.4.5.6 规定信息源上无出版发行日期且版权日期、生产日期均无法确定时，可著录一个推测日期，并置于方括号“[ ]”内。

示例 1： ，[1992?]

示例 2： ，[199-?]

8.4.5.7 电子资源的出版延续一年以上时，应著录最初和最终出版年，并用“-”表示起迄；尚在出版中的电子资源，则著录最早出版部分的日期，后面加连字符“-”。

示例 1： ，1995-2000

示例 2： ，1995-

8.4.6 生产地、生产者、生产日期

8.4.6.1 规定信息源上无出版发行地及出版发行者时，可著录生产地、生产者及生产日期。

示例： . -- [出版地不详] : [出版者不详]，1996(西雅图 : 陆标数据系统)

8.4.6.2 规定信息源上有出版发行地、出版发行者以及出版发行日期，必要时，也可著录生产地、生产者和生产日期。并置于圆括号“( )”中。

示例： . -- 北京 : 北京文化艺术音像出版社，1985 (中央广播电视部录音录像公司制作，1985)

8.5 载体形态项

8.5.1 结构形式：

. -- 数量和特定文献类型标识

. -- 数量和特定文献类型标识 ; 尺寸

. -- 数量和特定文献类型标识 : 其他形态细节

. -- 数量和特定文献类型标识 : 其他形态细节 ; 尺寸

. -- 数量和特定文献类型标识 : 其他形态细节 ; 尺寸 + 附件说明(附件数量 : 附件的其他形态细节 ; 附件尺寸)

8.5.2 本项目适用于描述本地存取的电子资源物理载体的形态特征，包括盒式磁带、磁盘、光盘等。计算机技术不断变化，应要求有关条款适应技术的变化。

8.5.3 编目机构可以选择将这些条款应用于远程访问的电子资源。

8.5.4 当电子资源包含不同的载体类型(如盒式磁带和光盘)或不同的尺寸大小(如 12cm 光盘和 9cm 软盘)或不同的输出介质或显示格式时，应重复著录每种不同的物理载体形态特征。

8.5.5 数量和特定文献类型标识

8.5.5.1 数量和特定文献类型标识著录电子资源的构成数量和物理单位，必要时，可附加适当的限定说明。著录特定文献类型标识时，若已在题名与责任说明项著录了一般文献类型标识，即：“电子资源”，可省略“电子”字样。

8.5.5.2 物理载体数量一律用阿拉伯数字著录，并置于特定资料类型标识之前，一般不用单位量词。

示例 1： . -- 1 磁盘

示例 2： . -- 2 光盘

示例 3： . -- 4 磁带

8.5.5.3 特殊光盘格式的标识，可著录于特定资料类型标识之后，并置于圆括号内。如：CD-ROM、CD-I、CD、VCD、DVD、MP3 等。

示例 1： . -- 1 光盘(CD-ROM)

示例 2： . -- 2 光盘(CD)

示例 3： . -- 1 光盘(DVD)

8.5.5.4 一种电子资源包含多种载体类型时，其内容应连续排列。

示例：. -- 1 光盘，3 磁盘，5 磁带

8.5.5.5　远程访问的电子资源，若资源数量信息已知或认为对目录用户重要，可以著录。如果方便获得，可以著录适当级别的总文件大小（字节、千字节、兆字节等），并置于圆括号内。

示例 1：. -- 1 光盘(CD-ROM)(5.2MB)

示例 2：. -- 3 地图(600 千字节)

8.5.6　其他形态细节

8.5.6.1　其他形态细节依次著录电子资源的插图、颜色、声音等技术特征。

8.5.6.2　电子资源显示或产生两种或两种以上的颜色时，使用"彩色"或其他语种的相应词语著录颜色特征，也可罗列三种特定颜色。对于设计为以一种颜色（如白色、绿色或暗背景的琥珀色磷光）显示的电子资源，不著录"黑白"。显示或产生颜色所需的硬件要求（如色卡、彩色显示器），应著录于附注项。

示例 1：. -- 1 光盘(CD-I) ：彩色

示例 2：. -- 2 electronic tape cassettes ：col.

8.5.6.3　有声音或能产生声音的电子资源，应著录"有声"或其他语种的相应词语。产生声音所必需的条件（如合成器、声音输入组件）则著录于附注项。

示例 1：. -- 3 磁盘 ：有声

示例 2：. -- 1 electronic disk ：sd.

8.5.7　尺寸

8.5.7.1　电子资源的尺寸以"cm"（厘米）为单位著录，不足 1 cm 时按 1 cm 计算。

8.5.7.2　所著录的尺寸是物理载体本身的尺寸，软盘袋或软盘盒等容器的外部尺寸不需著录。

8.5.7.2.1　磁盘、光盘或磁带卷应著录其直径。磁带卷的尺寸有必要时可著录其高度和宽度。

示例 1：. -- 1 光盘 ：彩色，有声 ；12 cm

示例 2：. -- 1 磁带卷 ：彩色 ；14 cm

8.5.7.2.2　芯片条著录其外表高度。

示例：. -- 1 芯片条 ：彩色 ；9 cm

8.5.7.2.3　卡式磁带的尺寸不同于标准尺寸 10 cm×7 cm 时，应著录其高度和宽度，磁带宽度不同于标准宽度 4 mm 的磁带，应著录其宽度。

示例：. -- 1 盒式磁带 ：彩色 ；19 cm×9 cm，7 mm 宽

8.5.7.3　使用容器发布的电子资源，不管是否有附件，可著录容器的尺寸，前置"容器"或其他语种的相应词语说明，也可省略该说明。

示例：. -- 4 盘盒式磁带 ：彩色，有声 ；容器，12 cm×36 cm×20 cm

8.5.7.4　电子资源由多个不同尺寸的物理载体组成时，可著录其最小尺寸和最大尺寸，并用连字符"-"连接。

示例：. -- 2 磁盘 ：彩色 ；9 - 14 cm

8.5.8　附件（可选）

8.5.8.1　附件说明可以按电子资源上出现的词语或适当的特定资料标识著录。远程访问的电子资源如果不著录载体形态，有关附件的说明可著录于附注项。

示例 1：. -- 2 磁盘 ；14 cm + 1 说明

示例 2：. -- 1 光盘(CD-ROM) ：彩色，有声 ；12 cm + 1 盒录音带

8.5.8.2　附件说明之后可著录附件的简短物理描述，并置于圆括号"( )"内。

示例 1：. -- 2 磁盘 ；9 cm + 1 用户手册(110 页 ；23 cm)

示例 2：. -- 1 光盘 ：彩色，有声 ；12 cm + 1 入门手册(14 页 ；23 cm) + 1 许可协议书(1 册 ；23 cm) + 1 启动盘(1 软盘 ；9 cm)

8.5.8.3　附件也可单独著录，或采用多层次著录方法著录（见附录 A）。

8.6　丛编项

8.6.1　结构形式：

. --(丛编正题名)

. --(丛编正题名 ；丛编编号)

. --(第一丛编正题名)(第二丛编正题名)

. --(丛编正题名 = 丛编并列题名)

. --(丛编正题名 / 丛编责任说明 ；丛编编号)

. --(丛编正题名 ：丛编其他题名信息 / 丛编责任说明 ；丛编编号)

. --(丛编正题名，丛编 ISSN ；丛编编号)

. --(丛编共同题名. 分丛编标识，分丛编题名)

. --(丛编共同题名. 分丛编题名)

. --(丛编共同题名. 分丛编题名 = 并列共同题名. 并列分丛编题名)

. --(丛编共同题名. 分丛编题名，分丛编 ISSN)

说明：

电子资源的各个部分均属于同一丛编或分丛编时使用丛编项。当一种电子资源属于多种丛编或分丛编时，本项可重复著录，著录按规定信息源上的顺序。每个丛编说明置于圆括号"( )"中。

8.6.2 丛编或分丛编正题名

从编或分丛编正题名的著录参照"8.1.2 正题名"的有关规定著录。

示例 1： . --(mp3 情境剧场系列)

示例 2： . --(国画名家教国画系列. 现代工笔花鸟画)

8.6.3 丛编或分丛编并列题名

规定信息源上的丛编或分丛编题名具有多种语言或文字时，其丛编并列题名参照"8.1.4 并列题名"的有关规定著录，每个并列题名冠以空格、等号、空格" = "标识。

示例： . --(美国地理. 野生动物 = National geography. Really Wild Animals)

8.6.4 丛编或分丛编其他题名信息

规定信息源上出现的丛编或分丛编其他题名信息如认为对识别该丛编有必要时，可予以著录，每个其他题名信息冠以空格、冒号、空格" ："标识。

示例： . --(语言技巧 ：写作和报道)

8.6.5 丛编或分丛编责任说明

丛编或分丛编题名为通用术语时，必须著录第一责任说明。若丛编或分丛编的第一责任说明对识别该丛编有必要且出现在规定信息源中，应予以著录。

8.6.6 丛编或分丛编的国际标准连续出版物号(ISSN)

若丛编或分丛编的国际标准连续出版物号已知，应予以著录。

示例： . --(现代图书馆论坛，ISSN 0357-1253)

8.6.7 丛编或分丛编编号

使用阿拉伯数字著录丛编或分丛编的编号，并冠以空格、分号、空格" ；"。

示例 1： . --(商务软件系列 ；10)

示例 2： . --(世界桥牌队式大赛决赛整场评述系列 ；第 2 辑)

8.7 **附注项**

8.7.1 本项著录其他各项不宜著录但需要说明的信息。各著录项目的附注说明的著录顺序和各项附注中使用的标识符号原则上应与 8.1～8.6 相一致。各个附注可单独起行著录，也可连续著录，连续著录时，除第一个附注外，各项附注冠以下圆点、空格、短横、短横、空格". --"标识。引文附注置于引号""""内。

8.7.2 结构形式：

. --附注

. -- 附注. -- 附注

8.7.3 系统要求的附注

8.7.3.1 本地访问的电子资源必须在附注项中记录作为电子资源使用条件的系统要求。

8.7.3.2 系统要求附注应作第一附注著录，包括一个或多个技术说明，以“系统要求：”或其他语种相应词汇（如英文用：System requirements：）为固定导语，通常按以下顺序给出，除第一个系统要求外，每个系统均要冠以分号“;”。

机器名称、型号和/或数量

内存量

操作系统名称

软件要求（包括程序语言）

外部设备

硬件（内部）附件

字符集

示例： . -- 系统要求：IBM PC或兼容机；256K内存；Windows XP；彩色/图形显示器适配卡

8.7.3.3 电子资源由多个不同物理载体组成（如由一张光盘和一张视盘组成的交互式多媒体电子资源）时，可分别说明其系统要求，也可由编目机构概括说明每一物理载体的系统要求。

示例1： . -- 系统要求：奔腾3或以上；操作系统版本 Windows 2000 或以上；MS Word 97 或以上；硬盘驱动器；视盘播放器（先锋2200,4200,6000A,6010A,8000）；RS485 电缆连接器（从联想到视盘播放器）

（注：对不同物理载体（磁盘和视盘）做一个系统要求的附注。）

示例2： . -- 视盘的系统要求：激光影碟机（先锋2200,4200,6000A,6010A,8000）

（注：对每一种物理载体分别做一个系统要求的附注。）

示例3： . -- 电子磁盘的系统要求：联想；至少1 GB；操作系统版本 Windows 98 或以上；HyperCard 版本 3.0 或以上；硬盘驱动器；RS485 电缆连接器（从联想到视盘播放器）

（注：对每一种物理载体分别一个系统要求的附注）

8.7.4 访问方式的附注

所有远程访问电子资源均应将访问方式记录在附注项中。访问方式附注作为第二附注著录，列在系统要求附注之后（参见8.7.3），以“访问方式：”或其他语种相应词汇（如英文用：Mode of access：）为固定导语。无系统要求附注时，访问方式附注可作为第一附注。

示例1： . -- 访问方式：Internet via FTP

示例2： . -- Mode of access：World Wide Web

示例3： . -- 访问方式：http://www.un.org

示例4： . -- 访问方式：计算机大学网络

8.7.5 题名与责任说明项附注

8.7.5.1 正题名的附注

8.7.5.1.1 正题名来源附注

对于电子资源，任何情况下均需著录正题名的来源。

示例1： . -- 题名取自题名屏

示例2： . -- 题名取自编码本

示例3： . -- 题名取自容器

示例4： . -- 题名取自视盘标签

示例5： . -- 题名由编目员自拟

示例6： . -- 题名取自 IFLANET 主页

示例7： . -- 题名取自信息首次显示的信息

示例8： . -- 题名取自 TEI 头标

示例9： . -- 题名取自题名屏打印件

示例 10： . -- 题名取自电子邮件主题行

示例 11： . -- 题名取自主页

8.7.5.1.2 所编资源中包含译著或是改编作品时，应在附注项中著录题名原文，并可说明资源中所用语言与其他资料的关系。

示例 1： . -- 由 1994 年版的 Draculus 改编而成

示例 2： . -- 显示屏显示为法文和英文

8.7.5.1.3 信息源出现的其他题名以及翻译题名可在附注项说明。

示例 1： . -- 封套题名：多媒体互动教学专家

示例 2： . -- 翻译题名：美国总统竞选辩论实录

8.7.5.2 电子资源特性、范围、艺术形式、用途或语言的附注

其他著录项目未说明的电子资源特性、范围、艺术形式、用途或语言等应在附注项说明。

示例 1： . -- 交互式惊险游戏

示例 2： . -- 在华尔顿经济模型之后构建的美国经济仿真模型

示例 3： . -- 电子表格，具有字处理和绘图功能

8.7.5.3 并列题名和其他题名信息的附注

未在题名与责任说明项著录的并列题名或其他题名信息，如有必要可在附注项著录。

示例 1： . -- 其他题名信息(取自容器)：赢得财政独立

示例 2： . -- 并列题名(取自显示屏)：Gone with the wind

8.7.5.4 责任说明的附注

未在题名与责任说明项著录的个人或团体，如有必要可在附注项著录，包括取自资源以外的责任说明(如取自容器或随附文字资料)、个人或团体名称的变异形式或扩展形式、假名、对著作负有技术生产、管理和咨询职能的个人或团体等。

示例 1： . -- 制作者全名：约翰・史蒂夫

示例 2： . -- 容器上的标签：亚利桑那州艺术和科学委员会

示例 3： . -- 系统设计者，亨利・保罗

8.7.6 版本项和书目历史沿革的附注

8.7.6.1 版本说明信息源的附注

版本说明的来源与题名的来源不同时，应在附注项说明。

示例 1： . -- 版本说明取自磁盘标签

示例 2： . -- 版本说明取自附件

示例 3： . -- 版本说明取自资源末的信息

8.7.6.2 书目历史沿革的附注

有关远程访问电子资源频繁的内容更新的说明，应在附注项说明。

示例 1： . -- 每周更新

示例 2： . -- 连续更新：第 9 版更新日期：2001-05-05

示例 3： . -- 频繁更新：最新更新日期：2001-02-18

与电子资源的内容、使用和条件有关的数据内容覆盖日期、数据收集日期、不单独著录的补编文件和附件的日期应做附注说明。

示例 1： . -- 数据在 2001 年 5 月和 6 月收集

示例 2： . -- 新英格兰布道，1802-1918

示例 3： . -- 数据代表 1995 年人口普查数据

8.7.6.3 与其他资源关系的附注

所编电子资源与其他电子资源的关系以及其他版本(重新发行)的细节说明，应在附注项说明。若电子资源是另一种资源的复制件(如，一种印刷资料的数字化版本)，则必须在附注项中说明该资源是一种复制件，并著录原资源的题名(若不同于复制件的题名)、原出版地和出版者等。

STANDARDS PRESS OF CHINA

示例 1： . -- 基于:1999 年健康采访调查

示例 2： . -- 1999 和 2000 年出版的正文部分已经数字化并可在线获取

示例 3： . -- Program first issued by Educational Software in 2001

示例 4： . -- Reproduction of the monthly publication, Paris ; Librarie Rouquette

8.7.7 出版发行项的附注

包括电子资源的其他出版者、制作者或发行者的细节说明,不同的出版、生产或发行情况和其他日期的说明。

示例 1： . -- 由新华书店随书发行

示例 2： . -- 用户手册由沈阳声像出版发行公司发行

8.7.8 载体形态项的附注

未在载体形态项著录的电子资源的附加形态描述,如有必要可在附注项著录。有关远程访问电子资源的声音和颜色可著录在附注项。

电子资源类型和数量及其他资源特征可著录于附注项。其他附注说明还包括:有关物理载体不同的附注、资源以其他媒介或不同机器或系统版本或不同格式可获得性的附注、数据物理显示的附注、电子资源的记录特点附注、容器的附注、资源内不同资料类别之间关系的附注等。

示例 1： . -- 记录在磁带的 9 个磁道上

示例 2： . -- 图像用 JPEG 格式压缩

示例 3： . -- 容器: 32 × 36 × 16 cm

示例 4： . -- 可在 Internet 上获得

示例 5： . -- 附立体声盒式磁带

示例 6： . -- 也发行了 IBM PC 和 PC 兼容机版

(注:远程访问电子资源的附件。)

8.7.9 丛编项的附注

未在丛编项著录的丛编信息可在附注项中著录,如:该电子资源过去曾编入或某些分卷曾编入的丛编名称。

示例 1： . -- 原收入《今日科学》丛编出版

示例 2： . -- 主丛编题名:青少年必读家庭图书馆

8.7.10 内容的附注

包括电子资源的内容列表(其中包括责任说明、范围说明等)以及索引、插页等其他方面的附注。对于视听资源,可著录各部分的播放时间。

示例 1： . -- 子目:文件 1. 成年男人(45-59 岁); 文件 2. 成年女人(45-59 岁); 文件 3. 男青年(14-24 岁); 文件 4. 女青年(14-24 岁)

示例 2： . -- 1. 健康故事: 盐与健康(15 min); 2. 党史故事: 集中营的诗歌(8 min)

示例 3： . -- 答复者数目: 国务院部、委机构中 300 个公务员

示例 4： . -- 包括美国人口统计数据概要的参照

8.7.11 标准编号与获得方式的附注

未在标准编号与获得方式项著录的相关信息可在附注项说明。可包括限量出版和限量发行的附注。

示例 1： . -- 发行了 250 册

示例 2： . -- 公众域软件

8.7.12 远程访问资源的附注

远程访问的电子资源应对著录数据时电子资源被浏览的日期进行附注说明。

示例 1： . -- 著录所依据的版本日期: 1999 年 10 月 4 日 13 时 22 分 11 秒

示例 2： . -- 著录所依据的主页日期: 2000-06-09

示例 3： . -- Description based on No. 3(2004) viewed on Feb. 2, 2005

8.7.13 提要的附注

包括简要叙述资源主要内容的提要。可依据电子资源上、容器上以及所附文字材料上的有关说明著录。

示例 1： . -- 本光盘内容包含黑客扫描利器、密码解除工具、远程控制工具和金锁文件夹加密特警。

示例 2： . -- 本光盘内容包括华师傅注册表设置大师、6 款最新系统维护实用工具集锦、注册表多媒体视听教程、5 套注册表进阶实战电子书。

8.7.14 有关使用对象的附注

包括电子资源使用和适用对象的有关信息的附注，也可包括使用限制说明。

示例 1： . -- 仅供图书馆人员使用

示例 2： . -- 供高中生学习代数学知识

8.7.15 标识号的附注

包括除国际标准编号（ISSN、ISBN、ISRC）以外的，与电子资源相关的号码。

示例 1： . -- 盘面标签的附加号：A-096

示例 2： . -- 文像进字(2007)578 号

8.7.16 其他附注

包括本地指定的文件名、资源内容从其他信息源拷贝日期的附注。

示例 1： . -- 本地数据集名：RBBIT. 1

示例 2： . -- 本地文件名：MENSAT

示例 3： . -- 资源是 1996 年 10 月从局域网上复制

8.8 标准编号与获得方式项

8.8.1 结构形式：

. -- 标准编号

. -- 标准编号（限定说明）

. -- 标准编号（限定说明） : 获得方式

. -- 标准编号（限定说明） : 获得方式（限定说明）

. -- 标准编号（限定说明） : 获得方式. -- 标准编号（限定说明） : 获得方式

8.8.2 标准编号

8.8.2.1 电子资源有国际标准书号（ISBN）、国际标准连续出版物号（ISSN）或国际标准音像制品号（ISRC）时应予以著录，标准编号前应加“ISBN”，“ISSN”或“ISRC”等字样。

示例 1： . -- ISBN 978-7-89992-142-5

示例 2： . -- ISRC CN-F28-00-356-00

8.8.2.2 国际标准编号（或代用号）经查证属于错误时应照录。若同时标有正确号码和错误号码，则应先著录正确号码，后著录错误号码，并在其后面的圆括号“( )”内注明“错误”。

示例： . -- ISBN 0-340-16427-1. -- ISBN 0-340-16437-2(错误)

8.8.2.3 由多种物理载体构成或有多个出版、生产者或发行者而使电子资源有多个标准编号时，应予著录。每个标准编号后著录相关的限定说明和获得方式说明。

8.8.2.4 当规定信息源上出现多个标准编号时，应首先著录在编电子资源的编号，然后著录其他编号，冠以下圆点、空格、短横、短横、空格“. --”标识。

示例 1： . -- ISBN 978-7-900222-65-7 : CNY29. 90(含书). -- ISBN 978-7-121-05072-5(配书)

示例 2： . -- ISBN 978-7-900456-75-8 : CNY30. 00. -- ISRC CN-F22-07-0000-0(磁带)

8.8.2.5 电子资源同时记载整套和部分著作的国际标准编号时，先著录整套著作号码，后著录部分著作号码。

示例： .--ISRC CN-A05-00-005-00(整套). --ISRC CN-A05-00-005-01(第 1 部). -- ISRC CN-A05-00-005-02...

8.8.3 获得方式和/或价格（可选）

电子资源获得方式的说明及价格应予著录。以购买方式获得电子资源时，货币代码一律使用GB/T 12406规定的各种货币的标准代码。以租用方式获得电子资源时，也用同样形式著录。非卖品应如实著录。获得方式和/或价格冠以空格、冒号、空格“ : ”标识。有关获得方式和/或价格的一般性附注也可在附注项说明。

示例 1： : 租借

示例 2： : 对教育机构免费

示例 3： : CNY325.00

示例 4： : 非卖品

8.8.4 限定说明

对文献标准编号、获得方式的限定说明著录于圆括号“( )”内。

示例： : CNY10.00 (限国内发行)

附 录 A
（资料性附录）
多层次著录

多层次著录是指著录由多部分组成的文献时所选用的著录方法之一，即所谓综合著录。其目的是对由多部分组成的文献的整体及其各个部分的情况进行系统的描述。

多层次著录是将文献著录信息分成两个或多个层次。第一层次著录文献整体的共同书目信息，第二层次及其余各层次分别著录有关的各部分书目信息。

每一层次中，各著录单元与单一出版物的著录顺序和标识符均相同。各层次相互重复的某些著录内容可以省略。当一个组成部分的题名前冠有分辑标识时，二者之间用冒号" ："分隔。

多层次著录格式：

整套电子资源正题名[一般文献类型标识] = 并列正题名 ：其他题名信息 / 第一责任说明 ；其他责任说明. -- 版本说明 / 与本版有关的责任说明. -- 出版发行地 ：出版发行者，出版发行日期（生产地 ：生产者，生产日期）. -- 数量和特定文献类型标识 ：其他形态细节 ；尺寸. -- 附注. -- 标准编号（限定词）：获得方式和（或）价格

第二层次分辑标识 ：第二层次正题名 = 并列正题名 ：其他题名信息 / 第一责任说明 ；其他责任说明. -- 出版日期. -- 文献数量. -- 获得方式和（或）价格

第三层次分辑标识 ：第三层次正题名 = 并列正题名 ：其他题名信息 / 第一责任说明 ；其他责任说明. -- 出版日期. -- 文献数量. -- 获得方式和（或）价格

...

...

示例 1：

探索·发现 [电子资源]. -- 北京 ：国际文化交流音像出版社，2007- . -- 光盘（DVD，NTSC3.58）：彩色，有声 ；12 cm

寻访古埃及系列 [电子资源]. -- 2007- . -- 5 光盘（DVD，NTSC3.58）：彩色，有声 ；12 cm

埃及王--拉姆西斯大帝 [电子资源]. -- 1 光盘（DVD，NTSC3.58）（52 min）：彩色，有声 ；12 cm. -- CNY15.00

神秘的木乃伊世界 [电子资源]. -- 3 光盘（DVD，NTSC3.58）（150 min）：彩色，有声 ；12 cm. -- CNY45.00

...

示例 2：

历史人文系列 [电子资源]. -- 北京 ：国际文化交流音像出版社，2007- . -- 7 光盘（DVD，NTSC3.58）：彩色，有声 ；12 cm

暗杀希特勒 [电子资源]. -- 2 光盘（DVD，NTSC3.58）（88 min）：彩色，有声 ；12 cm. -- CNY15.00

拿破仑 [电子资源]. -- 2 光盘（DVD，NTSC3.58）（102 min）：彩色，有声 ；12 cm. -- CNY15.00

STANDARDS PRESS OF CHINA

附 录 B
（资料性附录）
电子资源著录示例

B.1 本地访问的电子图书

示例 1：

园林植物保护［电子资源］/ 张随榜主编 ；李寿冰 ... ［等］制作. -- 2 版. -- 北京 ：中国农业出版社 ：电子出版物数据中心，2008

1 光盘(CD-ROM) ：彩色 ；12 cm

系统要求：Win98/2000/XP 系统

题名取自题名屏幕

普通高等教育“十一五”国家规划教材，21 世纪农业部高职高专规划教材

ISBN 978-7-89992-307-8

示例 2：

2008 年全国二级建造师执业资格考试考前强化训练. 建设工程施工管理模拟试题［电子资源］/ 全国二级建造师执业资格考试命题研究小组编写 ；大连博益软件科技有限公司制作. -- 北京 ： 人民交通音像电子出版社，2008

1 光盘(CD-ROM) ：彩色 ；12cm. --(博益考试记忆管理专家系列)

系统要求：操作系统为简体中文 Windows98/2000/ME/XP；奔腾 1000Mhz 以上 CPU；内存 256MB；显示卡为标准 VGA 256 色显示模式以上；硬盘安装 50MB；驱动器为 8 倍速 CD-ROM 以上；声卡

题名取自题名屏幕

ISBN 978-7-900246-04-2 ：CNY150.00

B.2 本地访问的电子图书(会议录)

示例：

国际交通基础设施建设与养护技术大会英文论文集［电子资源］＝ E-proceedings of first International Conference on Transport Infrastructure. -- 北京 ：人民交通音像电子出版社，2008

1 光盘(CD-ROM) ；12 cm

系统要求：CPU 不小于 Pentium 4；中文 Windows 2000/XP；内存不小于 32M；显卡支持 800×600×16 位色以上显示；Sound blaster 兼容声卡；光驱；音箱

题名取自盘面标签

并列题名：E-proceedings of first International Conference on Transport Infrastructure

ISBN 978-7-900246-09-7

B.3 本地访问的录音资料

示例：

梦幻天堂［电子资源］：卓玛央宗演唱专辑 / 卓玛央宗演唱. -- 昆明 ：云南民族文化音像出版社，2007

1 光盘(CD)(56 min) ：有声 ；12 cm

系统要求：Window98 以上及相应播放软件

题名取自盘面标签

子目：1. 故乡；2. 帕玛布松；3. 梦幻天堂；4. 天上的仙女；5. 心中的恋人；6. 天路；7. 迎宾曲；8. 香巴拉女神；9. 卓玛；10. 卓玛的故乡；11. 月夜；12. 欢乐的锅庄；13. 梦幻天堂(伴奏)

其他题名：卓玛央宗演唱专辑

ISRC CN-G15-07-336-00 ：CNY20.00. -- ISBN 978-7-88587-420-9

B.4 本地访问的录像资料

示例：

泰坦尼克号［电子资源］/（美）詹姆斯·卡梅隆导演 ；（美）莱昂纳多·迪卡普里奥，（美）凯特·温斯莱特主演. -- 乌鲁木齐 ：新疆音像出版社，2006

3 光盘（VCD，Ver2.0）（194 min） ：彩色，有声 ；12 cm

系统要求：Window98 以上及相应播放软件

题名取自题名屏幕

并列题名：Titanic

ISBN 7-88620-473-5

B.5 本地访问的录像资料（光盘型）

示例：

汉武大帝［电子资源］：四十集大型电视连续剧 / 胡玫导演 ；陈宝国等主演. -- 深圳 ：汕头海洋音像出版社，2004

20 光盘（DVD，NTSC3.58）（2700 min） ：彩色，有声 ；12 cm

系统要求：Window98 以上及相应播放软件

题名取自题名屏幕

主演：归亚蕾、焦晃、陶虹、宋晓英、杨童舒

ISRC CN-F17-04-0290-0 ：CNY300.00

B.6 本地访问的录音资料（光盘型）

示例：

中国帝王史话［电子资源］/ 孙一演播. -- 北京 ：北京科海电子出版社，2006

5 光盘（MP3）（2580 min） ：有声 ；12 cm. --（家佳听书馆系列）

系统要求：Window98 以上及相应播放软件

题名取自盘面标签

ISBN 7-89487-032-3 ：CNY58.00

B.7 本地访问的数据库（光盘型）

示例：

中国企业知识仓库［电子资源］= China enterprise knowledge database ：演示盘 / 清华同方光盘股份有限公司企业信息化事业部编辑制作. -- 北京 ：清华同方光盘电子出版社，2003

1 光盘（CD-ROM） ：彩色，有声 ；8 cm

系统要求：操作系统为简体中文 Windows98/2000/ME/XP；奔腾 1000Mhz 以上 CPU；内存 256MB；显示卡为标准 VGA 256 色显示模式以上；硬盘安装 50MB；驱动器为 8 倍速 CD-ROM 以上

题名取自盘面标签

并列题名：China enterprise knowledge database

ISBN 7-900664-09-2

B.8 远程访问的数据库

示例：

中国期刊网全文数据库［电子资源］/ 清华同方光盘股份有限公司，光盘国家工程研究中心. -- 北京 ：中国学术期刊（光盘版）电子杂志社，1994-

系统要求：建议采用 800×600 IE4.0 以上版本浏览；浏览全文时需要安装“CAJ 全文浏览器”专用软件

访问方式：World Wide Web. URL：http://www.cd.cnki.net/index.htm

题名取自题名屏

著录所依据的主页日期：2006-10-20

收录国内8200多种重要期刊，以学术、技术、政策指导、高等科普及教育类为主，同时收录部分基础教育、大众科普、大众文化和文艺作品类刊物，内容覆盖自然科学、工程技术、农业、哲学、医学、人文社会科学等各个领域，全文文献总量2200多万篇。

B.9 远程访问的电子图书

示例：

Micromechanics of contact and interphase layers [Electronic resource] / by Stanislaw Stupkiewicz. -- Berlin : Springer-Verlag, 2007

(Lecture notes in applied and computational mechanics, ISSN 1613-7736 ; 30)

Mode of access: World Wide Web (viewed Oct. 30, 2007)

Title from title page

ISBN 978-3-540-49717-2 (electronic bk.)

B.10 远程访问的电子图书数据库

示例：

Ebrary [Electronic resource]. -- Palo Alto, CA : Ebrary Inc. , 1999-

Mode of access: World Wide Web. URL: http://site. ebrary. com/lib/

System requirements: Internet connectivity, ebrary reader (see guide page)

Title from ebrary home page (viewed June. 16, 2004)

Founded in 1999, ebrary is privately held and is funded by Random House Ventures LLC, Pearson plc and The McGraw-Hill Companies. This database contains about 20,000 titles of e-books of 150 publishing companies.

B.11 远程访问的电子期刊

示例：

信息与电脑 [电子资源] / 北京电子控股有限责任公司. -- 计算机数据. -- 1992, no. 1(1992)- . -- 北京 : 信息与电脑杂志社, 1992-

月刊

访问方式：World Wide Web. http://dlib. edu. cnki. net/kns50/

题名取自题名屏

著录所依据的主页日期：2003-05-17

参 考 文 献

[1] 国际图书馆协会和机构联合会. 国际标准书目著录:统一版. 顾犇,译. 北京:北京图书馆出版社,2008.

ICS 01.140.20
A 14

中华人民共和国国家标准

GB/T 3860—2009
代替 GB/T 3860—1995

文献主题标引规则

Guidelines for determining the subjects and selecting the descriptors

(ISO 5963:1985,Documentation—Methods for examining documents, determining their subjects, and selecting indexing terms, NEQ)

2009-09-30 发布　　　　2010-02-01 实施

中华人民共和国国家质量监督检验检疫总局
中国国家标准化管理委员会　发布

前 言

本标准与 ISO 5963:1985《文献工作——文献审读、主题分析与选定标引词的方法》的一致性程度为非等效(Documentation—Methods for examining documents, determining their subjects, and selecting indexing terms)。

本标准与 ISO 5963:1985 相比,主要差异如下:

——本标准涉及文献主题标引工作的各个环节,ISO 5963 则只涉及主要环节。

——ISO 5963 提出的规则与方法适合以手工方式由标引人员进行文献分析、选定标引词的文献处理部门;本标准增加了适应机检系统的若干规则,也可供计算机辅助主题标引参考。

——根据实际需要,本标准比 ISO 5963 增加了 7 个术语及其定义。

——本标准增加了标引方式的选择有关条款,增加了组配标引、上位词标引和相关词标引、标引深度的控制等在实际标引文献中适用的条款。

本标准代替 GB/T 3860—1995《文献叙词标引规则》。

本标准与 GB/T 3860—1995 相比,主要修改如下:

——名称由《文献叙词标引规则》改为《文献主题标引规则》。这是因为“主题标引”更准确地说明了本标准的内容范围和方法、原则,也与 ISO 5963 的阐述角度相一致;“主题词”在我国使用的更为广泛。

——增加了标准正文中涉及的若干新术语。

——重点对机读目录的主题词标引、自由词标引规则进行了补充;简化了编制手工检索工具的主题标引规则。

——完善了附录 A、附录 B,增加了附录 C。

本标准的附录 A、附录 B 为规范性附录,附录 C 为资料性附录。

本标准由全国信息与文献标准化技术委员会(SAC/TC 4)提出并归口。

本标准主要起草单位:华东理工大学科技信息研究所、国家图书馆。

本标准主要起草人:陈树年、汪东波。

本标准所代替标准的历次版本发布情况为:

——GB 3860—1983;

——GB/T 3860—1995。

文献主题标引规则

1 范围

本标准规定了文献审读、主题分析以及依据各种主题词表进行文献主题受控标引的原则、方法，可作为标引人员分析文献主题和确定主题概念以及选择主题词的指导。

本标准适用于建立文献的手工式检索工具、计算机检索系统，以及文献、信息报道工具所进行的人工标引，即由标引人员进行文献审读和主题分析并选定标引词。本标准适用于以规范化主题语言、进行受控标引的文献检索系统，也可供计算机辅助主题标引、网络信息检索系统的主题标引参考使用。

2 规范性引用文件

下列文件中的条款通过本标准中的引用而构成为本标准的条款。凡是注日期的引用文件，其随后的修改部分（不包括勘误的内容）或修订版均不适用本标准，然而，鼓励根据本标准达成协议的各方研究是否可使用这些文件的最新版本。凡是不注日期的引用文件，其最新版本适用于本标准。

GB 13190—1991　汉语叙词表编制规则

3 术语和定义

下列术语和定义适用于本标准。

3.1

文献主题　subject

文献所具体论述与研究的对象或问题。

3.2

主题词　descriptor

从自然语言中优选出来并经过规范化的、表达各种概念的语词。主题词通常通过主题词表进行管理，在标引与检索文献时，用于表达各种主题概念。

注：严格意义上说，主题词包括正式主题词和非正式主题词，但正式主题词通常简称主题词。

3.3

非正式主题词　non-descriptor

主题词的同义词或准同义词。非正式主题词通过主题词表进行管理，但不作为文献标引用词，只起引导作用。非正式主题词又称入口词。

3.4

主题词表　thesaurus

自然语言中优选出的规范化、动态性、语义相关的术语所组成的词典。主题词表是将文献作者、标引人员以及检索用户使用的自然语言转换为统一的主题检索语言的术语控制工具。

3.5

自由词　free term

未收录在主题词表中的、未经规范化处理的自然语言词。

3.6

标引词　indexing term

赋予一篇文献作为主题检索标识的语词。

注：标引词一般包括主题词和自由词。

STANDARDS PRESS OF CHINA

3.7

主题标引　subject indexing

分析文献主题,依据特定主题词表和标引规则,赋予文献主题检索标识的过程。

3.8

主题词组配　coordination of descriptor

在主题标引中,按照一定的规则,用两个或两个以上的主题词的组合来表达一个专指概念的方法。

3.9

标引深度　depth of indexing

文献主题内容被揭示的详尽程度。也称标引网罗度、引得深度、索引深度。

注：对一篇文献而言,标引深度一般是指赋予该文献标引词数量；对一个检索系统而言,标引深度一般是指文献平均拥有的标引词数量。

3.10

标引专指度　specificity of indexing

对文献内容揭示所达到的精确程度。

注：标引专指度通常表现为所用标引词表达的概念与分析出的文献主题概念的相符程度。

3.11

上位词　broader term

两个具有关联概念的主题词中,表示属概念或整体概念的主题词。也称上位主题词、广义词或泛指词。

注：上位词在主题词表中表现为属项。例如:"计算机"为"智能计算机"的上位词,"上海市"为"黄浦区"的上位词。

3.12

下位词　narrower term

两个具有关联概念主题词中,表示种概念或部分概念的主题词。也称下位主题词、狭义词或专指词。

注：下位词在主题词表中表现为分项。例如:"智能计算机"为"计算机"的下位词,"黄浦区"为"上海市"的下位词。

3.13

相关词　related term

不具有上位词与下位词关系的其他两个关联概念的主题词。

注：相关词在主题词表中表现为参项。例如:"自动控制"与"机器人技术","环境电学"与"环境电磁学"等。

4　主题标引的目的与步骤

4.1　主题标引的目的

主题标引的目的是通过对文献进行主题分析,从文献中客观、全面、准确地提炼出主题概念,然后借助主题词表和标引规则,把主题概念转换成标引词,从而建立主题检索系统。

4.2　主题标引的步骤

主题标引的步骤主要有选择标引方式、文献主题分析、主题概念转换成主题词、标引工作记录、标引结果审核等。

a)　选择标引方式。标引方式通常是在检索系统设计时确定的,在标引具体文献时根据文献的类型和内容特点加以选择。

b)　文献主题分析。通过文献审读进行主题分析,确定文献的主题内容;分析主题的类型、主题结构及构成要素。

c)　主题概念转换成主题词。把文献主题阶段选定的表达主题内容的概念转换成主题词表中的主题词或主题词的组配形式。

d) 标引工作的记录。对标引中遇到的重要问题及处理结果加以记录以备查，如主题词的增、删、改的记录，上位词标引、靠词标引、自由词标引的记录等。

e) 标引结果审核。为保证文献标引的质量、减少标引误差，必须对主题标引的各个环节及最后结果进行审核。审核的内容主要包括：

1) 标引方式的选择是否符合检索系统及文献类型的要求；

2) 主题概念的提炼是否准确、全面，特别注意文献潜在的用途和隐含概念是否被遗漏；

3) 选用的主题词是否确切地表达了文献的主题内容；

4) 主题概念的转换与主题标识的确定是否符合所使用的词表规定及标引规则；

5) 是否存在标引不足、过度标引、标引不一致等问题；

6) 标引结果的记录是否准确、有无遗漏等。

5 标引方式的选择

5.1 文献标引方式是指根据检索系统的类型与功能要求、文献信息用户的需求，针对特定文献的类型和情报价值，以及从成本—效益等方面考虑，为控制文献标引深度而采取的揭示文献内容的方式。不同的标引方式体现着不同的标引深度和文献的组织方式，影响着标引质量和检索效率。

5.2 整体标引

整体标引也称浅标引或概括标引。是以一册图书或一篇文献作为一个标引单元，只概括揭示文献基本主题内容或整体主题的标引方式，对于文献的从属主题、局部主题一般不予揭示。整体标引通常用1～5个主题词标引，提供文献主题的主要检索途径。整体标引的标引深度最浅、标引词数量最少，主要适用于对普通图书的标引。

5.3 全面标引

全面标引也称深标引。是把文献中全部有价值、符合检索系统要求的主题内容都予以揭示的标引方式。如有必要，还应对整体主题作概括标引。

全面标引的标引深度最深、标引词数量最多，主要适用于统一编目机构、大型图书馆、专业图书馆、各类信息机构处理情报价值大的文献，如论文、科技报告、专利文献等。计算机检索系统宜采用全面标引，使文献中的信息内容得到最充分的揭示。

5.4 重点标引

重点标引也称对口标引或专业标引。是只对文献中适合本单位、本专业服务对象需要的信息内容进行揭示的标引方式。重点标引的针对性强，但标引深度有限，不利于文献资源共享，适用于专业文献信息机构处理相邻专业的文献。

5.5 补充标引

补充标引是一种辅助标引方式。即在整体标引的同时，根据某种特定需要，再对文献中部分重要的局部主题进行标引。这种标引方式可以提高整体标引或重点标引的深度。

5.6 综合标引与分析标引

综合标引是指以整套文献（如丛书、多卷书、论文集、会议录）为标引单元的标引方式。综合标引便于把某种整套文献或某专题文献集中排列（对于藏书组织）、集中揭示，提供从文献整体特征进行检索的途径。

分析标引是指以整套文献中的某一册、某一卷为标引单元进行的标引，这时也称为分散标引；也指以整本文献的某一篇章、某一段落、某一附录等为标引单元进行的标引。

一个检索系统是采取综合标引还是采取分析标引，抑或两者同时采用，应与采用的文献著录方式一致。

6 文献审读和主题分析

6.1 文献审读

文献审读是主题分析的前提,目的是了解与判别文献所具体论述与研究的对象或问题,从而确定文献的主题。

审读文献时,通常应从文献题名、前言、导语、结语、序、跋、目次、图表及所附的文摘、简介、参考文献,以及以特殊字型字体突出的或加重点号的语词等主题信息富集区位进行审读,必要时应浏览重点章节或全文。要做到不遗漏有用的信息。切忌仅依据文献题名进行主题分析。

6.2 主题概念的确定

6.2.1 文献审读后,标引人员应遵循一定的方式确定出能描述文献主题基本要素的概念。通常事先应拟定出主题分析提纲,指明有关的分析重点。主题分析提纲的一般性重点问题如下:

a) 文献研究的具体对象是什么,如问题、产品、材料、设备、事件、现象等;
b) 研究对象的结构、成分、材料、性质等;
c) 主题里是否包含有动态的概念,如行为、过程、操作等;
d) 文献中是否提到某种活动的主体、事件的主体等;
e) 文献中是否说明了完成某行为、解决某问题的具体方式或方法;
f) 文献中是否具有检索价值的空间因素、时间因素和文献类型;
g) 文献中是否有新理论、新观点、新产品、新技术、新材料、重要数据等信息;
h) 讨论研究对象时是否从某种特定的观点出发,而并非从该研究领域的正常观点出发;
i) 文献中是否还有其他隐含概念。如一种现象、过程,是否隐含着某种性质或原理;一种工艺、技术,是否隐含着某种设备;一种新材料,是否隐含着某种特殊的用途;一种药物疗效,是否隐含着该种药物的副作用;一种化学反应,是否隐含着某种"催化剂"的概念;一个人物的研究,是否隐含着对某种思想的研究;一篇作品的评论,是否隐含着"文学创作"的概念;一个政治事件,是否隐含着"国家之间的关系"或"民族矛盾"的概念等;
j) 文献是否具有其他潜在的用途。

6.2.2 标引人员对分析出来的主题概念应加以精选并决定取舍。需要考虑以下因素:

a) 被标引文献的类型,如图书、期刊论文、标准、专利、公文、档案、多媒体文献等;
b) 检索工具的类型,如手工检索工具、计算机检索系统、网络检索系统等;
c) 检索工具的性质,如综合性检索工具、专科或专题检索工具、专门文献类型的检索工具,以及检索工具使用的主要对象等;
d) 一篇文献是否对其他专业的用户也有参考作用。建议处理科技文献时不要忽略主题内容的其他方面,如社会或经济方面;
e) 用户将会向检索系统提出的各种问题。

6.3 主题类型及分析

按文献所包含的主题数量,可分为单主题与多主题。

按主题所包含的主题因素(主题概念)的多少,可分为单元主题与复合主题。

按主题所反映的专业属性,可分为专业主题与相关主题。

按主题在文献中的重要程度,可分为中心主题与边缘主题、主要主题与次要主题。

按主题概括文献内容的范围,可分为整体主题与局部主题。

按主题在文献中的清晰程度,可分为显性主题与隐性主题。

按主题之间的关系,可分为从属主题、并列主题、因果关系主题、影响关系主题、比较关系主题、应用关系主题等。

了解与掌握这些主题类型以及主题与主题之间的关系,有助于正确地、恰当地进行主题分析。

6.4 主题结构及分析

6.4.1 主题都是由一定的主题因素(主题概念)构成的。构成主题的主题因素一般可归纳为:主体因素(研究对象等中心主题概念)、方面因素或限定因素(成分、材料、方法、过程、条件、状态、尺度、性质等对主体因素研究方面(角度)的说明或限定因素)、空间因素、时间因素、文献类型等。在分析主题结构时,需明确其中的中心主题因素与修饰限定主题因素,以便根据需要进行精选与取舍。

6.4.2 主题结构分析就是分析一个主题构成的主题因素及主题因素之间的关系。主题结构分析主要是抓住"对象(主体因素)和方面(限定因素)"这两种基本主题因素及分析的次序。"对象"包括理论、事物、事件、现象、问题、产品及其组成部分等,"方面"包括体系、结构、材料、状态、属性、活动、过程、方法、作用、关系等。前者是主题的主要成分,一般都具有独立的检索意义;后者是主题的限定(修饰)成分,有时具有独立的检索意义,有时具有辅助检索意义,有时没有检索意义,应根据其对主要成分的价值决定取舍。"对象"与"方面"是相对的,例如在"机床—材料"这个主题中,材料是方面因素;而在"金属材料—金相分析"这个主题中,材料则是对象因素。空间、时间、文献类型当作为研究对象时,它们就是主体因素。了解与掌握文献主题结构,有助于在进行主题分析时,准确地提炼和取舍主题概念。

6.4.3 主题分析的基本要求:

a) 客观性。客观地分析出文献所实际具有的主题,不掺杂标引人员的主观意向;
b) 一致性。分析出的文献主题的全面性与专指性应与文献所实际具有的主题的全面性与专指性基本一致;
c) 实用性。充分考虑检索系统目标与用户的需求,选定文献中有检索意义的主题。

7 标引词选定

7.1 使用正式主题词标引

标引文献用词必须是词表中的正式主题词(非控主题词字段除外),书写形式要与词表中的书写形式一致。非正式主题词(即入口词)不能用来标引文献。

7.2 使用专指词标引

标引文献用词应优先考虑选用与文献主题概念直接相对应的专指主题词。如果仅选用较为专指的词标引将会影响检索系统的性能时,可用较为泛指的主题词作补充标引,例如,使用设备具体型号标引时,应选用表达设备类型的词作补充标引。

7.3 组配标引

当词表中没有与文献主题概念直接相对应的专指主题词时,应优先选用两个或两个以上相关的主题词进行组配标引。

a) 主题词组配原则上应是概念组配。概念组配包括以下两种类型:
   1) 交叉组配:指用两个或两个以上具有概念交叉关系的主题词所进行的组配,其结果是表达一个专指概念。例如:使用"食品保鲜"和"速冻保鲜"组配,表达"食品速冻保鲜"。
   2) 方面组配:即限定组配,指由一个表示事物的主题词和另一个表示事物某个属性或某个方面的主题词所进行的组配,其结果表达一个专指概念。例如:使用"燃气轮机"和"冷却系统"组配,表达"燃气轮机冷却系统";使用"汽车离合器"和 "汽车改造"组配,表达"汽车离合器改造";使用"国际证券市场"和"问卷调查"组配,表达"国际证券市场问卷调查"。
b) 组配标引时,应优先选择交叉组配,其次选择方面组配。当交叉组配和方面组配都不能准确表达文献主题概念时,宜使用自由词做补充标引。
c) 参与组配的主题词必须是与文献主题概念关系最密切、最接近的主题词,避免越级组配。
d) 组配结果要求所表达概念清楚、确切,避免组配结果的模糊性和多义性。
e) 当某一主题概念在词表中规定有组代主题词时,应选用规定的组代主题词标引。如果仅采用组代主题词标引不能准确表达文献主题时,也可以另选其他主题词进行补充标引。

7.4 上位词标引和相关词标引

如果不宜使用组配或无法组配时，可选用最直接的上位主题词或相关主题词标引。

7.5 自由词标引

7.5.1 自由词标引是对主题词标引的重要补充。用于编制手工式检索工具的主题词标引，使用自由词标引应进行控制；用于编制机读式检索工具的主题词标引，应充分利用自由词标引文献中不能用主题词标引或主题词组配准确表达的概念。

7.5.2 下述情况可采用自由词标引：

a) 某些概念虽可采用上位词标引或相关词标引，但当这些概念在文献中出现的频率较高时；

b) 某些概念如采用组配，其组配结果出现多义时；

c) 词表中明显漏选的概念；

d) 表达新学科、新理论、新技术、新材料、新事物、新设备、新产品等概念；

e) 词表中未收录的空间(地区)、时间(时代)、人物、文献、事件、机构等的名称；

f) 词表中未收录的现象、过程、性质、状态、形状、数量等通用概念及重要数据名称；

g) 某主题词的同义词(包括英文缩写形式)、准同义词未编入词表，且在文献中使用率较高时；

h) 用户使用频率较高的检索词。

7.5.3 使用自由词标引的要求：

a) 选用的自由词应做到概念明确、语义专指、词形简练、实用性强；

b) 自由词的来源包括：文献的题名、目次、摘要或正文；用户检索词积累数据库；其他词表、参考书、工具书；必要时也可以由标引员拟定；

c) 使用自由词标引后，应予以记录，并反映到相应的主题词表管理部门。

7.6 标引深度的控制

标引一篇文献所用主题词数量，与文献所实际具有的主题数量、主题类型、检索系统的类型、文献的类型以及所用主题词表中词的先组程度等有关。标引深度过低，可能会遗漏重要的检索点，降低检全率；标引深度过大，可能会增加无意义的检索点，减低检准率。

用于手工检索系统时：标引普通图书标引用词约1～5个；标引论文等资料标引用词约2～10个。

用于计算机检索系统时：标引普通图书标引用词约1～10个；标引论文等资料标引用词约3～20个。

不同的文献信息机构应根据各自的需要拟定标引深度。

7.7 主题词分组

标引一篇多主题文献需要用连个或两个以上主题词组配时，手工检索系统应对不同主题的主题词分组；计算机检索系统可加关联符号区分不同主题的主题词，也可以使用多个字段分别标引不同主题的主题词。

7.8 主题词加权

为了区分一个主题词在在检索中的重要程度，可以根据检索系统的性质事先自行设计主题词的权值，标引文献时，分别对相关的主题词进行加权。

7.9 主题标目

编制手工式检索工具需要构成先组式主题标目时，主题词的次序一般为：主体因素—方面因素—空间因素—时间因素—文献类型。

8 主题标引质量管理

8.1 主题标引工作质量主要取决于以下三方面的因素：

a) 标引工作的组织管理；

b) 标引人员的业务素质；

c） 主题词表本身的质量。

为了保证主题标引工作的质量，应充分综合考虑这些因素。

8.2 审核应作为主题标引工作的不可缺少的步骤，有必要选派专职人员担任；如限于人力与条件，也可采取相互审校的办法。

8.3 文献标引人员尽可能实行专业分工和语种分工，使所处理的文献范围保持相对稳定。

8.4 提高标引人员的业务素质和文化素质是保证标引质量的重要前提，对标引人员一般性要求是：

a） 具有一定的文献主题标引理论基础和标引技能；

b） 熟悉所用词表及其标引规则，熟悉本单位的标引工作细则；

c） 熟悉检索系统的性质和主要服务对象；

d） 具有所标引文献的学科专业知识；

e） 具有标引工作所需的一定程度的语文水平（中文、外文）；

f） 应多了解用户检索思路和检索用词习惯；定期或不定期分析标引对检索效率的影响，并通过分析检索结果来检验标引的质量。

8.5 加强主题词表使用的日常管理，随时记录使用单位对主题词的增、删、改和自由词使用情况，并进行归纳整理和统计分析，定期向主题词表管理机构报告。

附 录 A
（规范性附录）
文献主题标引工作流程图

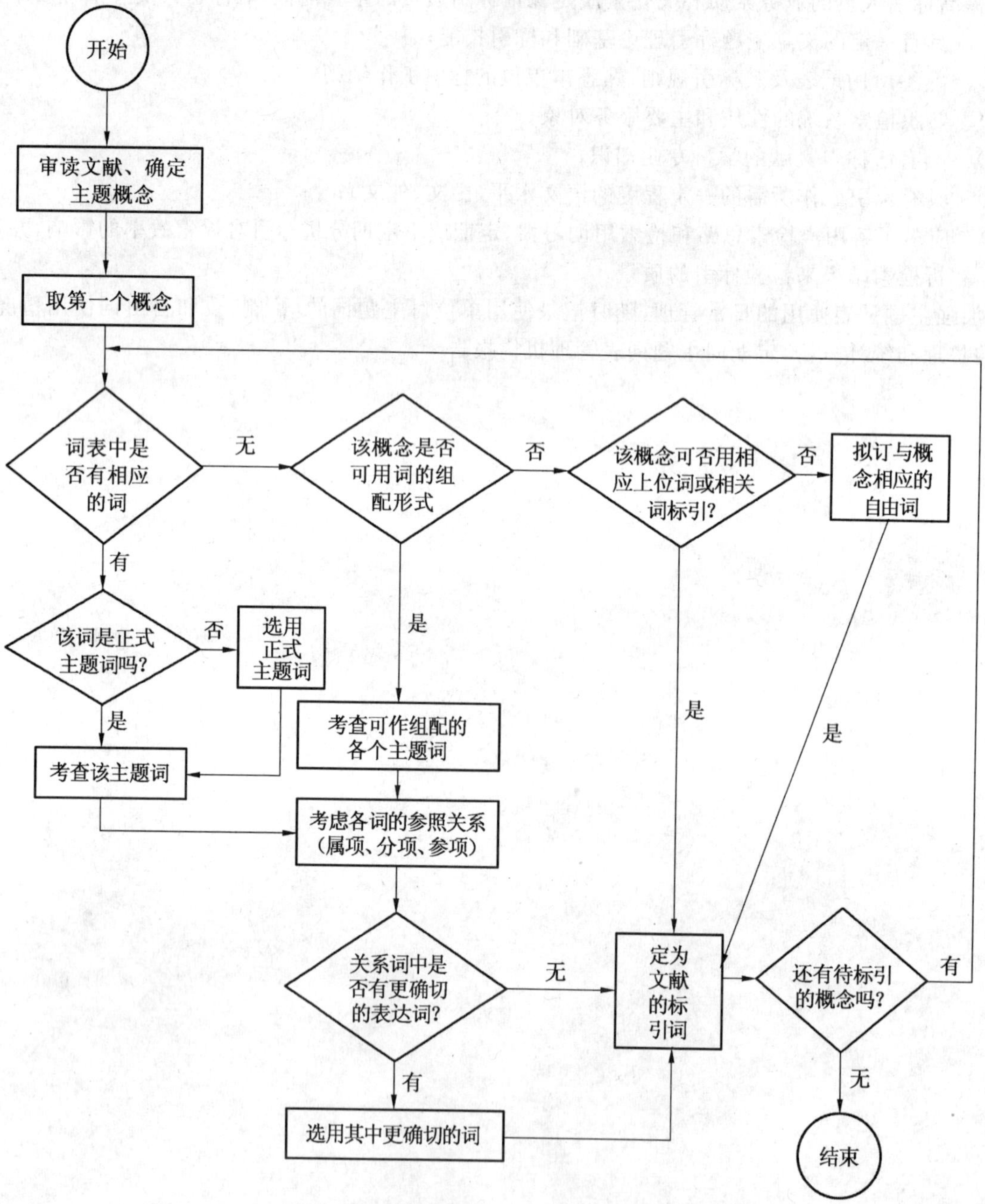

图 A.1 文献主题标引工作流程图

附 录 B
（规范性附录）
主题词修订建议卡

表 B.1 主题词修订建议卡

修订类型	增主题词		改主题词		删主题词	
汉语拼音						
中文名称						
英文译名						
范畴号						
分类号						
主题词定义						
主题词注释项						
参照关系	用项					
	代项					
	属项					
	分项					
	参项					
	族项					
修改理由						
提出单位			提出日期			
联系人			联系方式	电话：		
				信箱：		
审定意见						
审定人			审定日期			

注 1：修订类型栏，在相应的项目内画"√"。
注 2：多个代项、属项、分项、参项、族项之间使用"；"分隔。
注 3：只填写直接属项。
注 4："删主题词"，只填写中文名称和修改理由。
注 5："改主题词"，在有关修订项目后的括号内注明"（修订）"二字。

STANDARDS PRESS OF CHINA

附　录　C
（资料性附录）
建立机读目录的主题标引

C.1　在机读目录中各主题字段和子字段都可以作为检索点、著录在相应字段和子字段的主题词都可以进行组配检索，因此机读目录标引应充分利用这个特点，宜采用全面标引、深标引的方式，提供尽量多的、有检索意义的检索点。

C.2　建立机读目录的主题标引基本要求

C.2.1　主标目的选定

应以作为论述对象的主题词为主标目，标引于＄a子字段（或其他相关子字段）。

C.2.2　主题的复分

属于主题的时间（年代）因素、空间（地区）因素、文献类型因素，如果机读目录格式设有相应的子字段，应标引于对应的子字段，例如在CNMARC中分别标引于＄z、＄x、＄j子字段；其他主题复分，如事物的性质、状态、过程、工艺、材料等，标引于＄x子字段，不区分先后次序。

C.2.3　多主题的标引

多主题文献的标引，宜重复使用多个字段分别标引不同的主题。

例：《鸡鸭的规模饲养》

606 ＄a鸡＄x规模饲养

606 ＄a鸭＄x规模饲养

注：举例均使用中国机读目录格式（CNMARC），主题词选自《中国分类主题词表》（第2版），下同）。

C.2.4　复合主题的标引

在一个复合主题的多个主题因素中，除了论述对象标引于＄a外，其他主题因素（包括从属主题、并列主题、因果关系主题、影响关系主题、比较关系主题、应用关系主题中未标引于＄a的其他关联对象）均可重复使用＄x等子字段标引；也可以使用多个字段分别标引同一论述对象的不同主题复分。

例1：《中印文化比较》

606 ＄a文化＄x对比研究＄y中国＄y印度

例2：《数控磨床的检验与维修》

606 ＄a数控磨床＄x检验＄x机械维修

或标引为：

606 ＄a数控磨床＄x检验

606 ＄a数控磨床＄x机械维修

C.2.5　名称主题标引

当个人名称、团体名称、家族名称、文献题名、地理名称等作为研究对象时，应分别标引于“600 个人名称主题”、“601 团体名称主题”、“602 家族名称主题”、“605 题名主题”、“607 地理名称主题”等字段。各名称主题的学科主题复分，分别标引于该字段的＄x子字段，凡是在名称主题字段的学科主题复分子字段中没有标引的学科主题，应在606字段加以标引。

C.2.6　自由词标引

在机读目录标引中，宜充分利用自由词标引来弥补使用主题词标引因为主题词表修订不及时、标引专指度低、组配标引产生歧义等方面的不足。

凡是属于“7.6　自由词标引”列举的范围，以及有助于对主题的理解与检索的语词都可以作为自由词标引。

例1：《环长江三角洲经济圈三大市场发展》

606 ＄a农产品 ＄x期货市场＄x发展模式＄y华东地区

606 ＄a 工业产品 ＄x 期货市场 ＄x 发展模式 ＄y 华东地区

606 ＄a 金融期货市场 ＄x 发展模式 ＄y 华东地区

610 ＄a 长江三角洲 ＄a 长三角 ＄a 环长江三角洲 ＄a 经济区域 ＄a 经济圈

例 2:《美国海军两栖攻击舰(LHD8)命名为“马金岛号”》

606 ＄a 两栖攻击舰 ＄x 命名 ＄y 美国

610 ＄a 马金岛号 ＄a LHD8 ＄a 黄蜂级 ＄a 塔拉瓦级

参 考 文 献

ISO 5963:1985,Documentation—Methods for examining documents,determining their subjects, and selecting indexing terms

ICS 25.140.20
K 64

中华人民共和国国家标准

GB 3883.18—2009
代替 GB 3883.18—1995

手持式电动工具的安全
第二部分：石材切割机的专用要求

Safety of hand held motor-operated electric tools—
Part 2：Particular requirements for tile saws

STANDARDS PRESS OF CHINA

2009-04-21 发布　　　　2010-03-01 实施

中华人民共和国国家质量监督检验检疫总局
中国国家标准化管理委员会　发布

前 言

本部分的全部技术内容为强制性的。

本部分属 GB 3883《手持式电动工具的安全》系列标准中的第二部分。该系列标准的结构及名称如下：

GB 3883.1《手持式电动工具的安全 第一部分:通用要求》

GB 3883.2《手持式电动工具的安全 第二部分:螺丝刀和冲击扳手的专用要求》

GB 3883.3《手持式电动工具的安全 第二部分:砂轮机、抛光机和盘式砂光机的专用要求》

GB 3883.4《手持式电动工具的安全 第二部分:非盘式砂光机和抛光机的专用要求》

GB 3883.5《手持式电动工具的安全 第二部分:圆锯的专用要求》

GB 3883.6《手持式电动工具的安全 第二部分:电钻和冲击电钻的专用要求》

GB 3883.7《手持式电动工具的安全 第二部分:锤类工具的专用要求》

GB 3883.8《手持式电动工具的安全 第二部分:电剪刀和电冲剪的专用要求》

GB 3883.9《手持式电动工具的安全 第二部分:攻丝机的专用要求》

GB 3883.10《手持式电动工具的安全 第二部分:电刨的专用要求》

GB 3883.11《手持式电动工具的安全 第二部分:往复锯(曲线锯、刀锯)的专用要求》

GB 3883.12《手持式电动工具的安全 第二部分:混凝土振动器的专用要求》

GB 3883.13《手持式电动工具的安全 第二部分:不易燃液体电喷枪的专用要求》

GB 3883.14《手持式电动工具的安全 第二部分:链锯的专用要求》

GB 3883.15《手持式电动工具的安全 第二部分:修枝剪的专用要求》

GB 3883.16《手持式电动工具的安全 第二部分:钉钉机的专用要求》

GB 3883.17《手持式电动工具的安全 第二部分:木铣和修边机的专用要求》

GB 3883.18《手持式电动工具的安全 第二部分:石材切割机的专用要求》

GB 3883.19《手持式电动工具的安全 第二部分:管道疏通机的专用要求》

GB 3883.20《手持式电动工具的安全 第二部分:捆扎机的专用要求》

GB 3883.21《手持式电动工具的安全 第二部分:带锯的专用要求》

GB 3883.22《手持式电动工具的安全 第二部分:开槽机的专用要求》

本部分自实施之日起代替 GB 3883.18—1995,并与 GB 3883.1—2005 版一起使用。

本部分对 GB 3883.18—1995 的主要技术修改有：

1) 本部分由于第一部分修订而引起的章条结构变化。

2) 删除"正常负载"定义,增加"额定能力"、"剩余电流动作保护器"的定义。将"石材切割机"的定义修改为"以旋转的金刚石锯片切割大理石等石材、瓷砖、混凝土和类似材料的工具。操作时,通过水管连接到水源,打开水源连接器阀门,对金刚石锯片进行冷却和降尘。"

3) 原第 7 章"标志"改为第 8 章"标志和说明书"：

——修改原标准 7.1 和 7.11 条的"增加"部分,并将 7.11 条并入本部分 8.1 的"增加"部分。技术内容上增加了:额定空载转速 n_0,/min 或 r/min;额定能力,金刚石锯片的最大标称直径,mm;金刚石锯片的旋转方向;对提供带螺纹的主轴的工具应表明轴螺纹尺寸;"警告⚠! 始终戴好护目镜"或 ISO 7010 的 M004 符号。

——修改原标准的 7.13、7.101 为本部分 8.12.1;将 7.101 修改为"切割机必须经由隔离变压器供电或采用剩余电流动作保护器作电击保护,并列出其型号或技术参数。"

——对第一部分增加8.12.2b)的增加和新增8.12.101石材切割机安全的说明。

4） 增加9.101。带剩余电流动作保护器的切割机还应满足a)和b)要求。

5） 删除原标准在第10章中对第一部分10.1的不做该项试验的修改。改为“GB 3883.1—2005第11章适用。”

6） 11.4中将“按正常负载”改为“按12.2”。

7） 修改19.1的护罩要求，19.102法兰盘的要求。

8） 增加20.101护罩的机械强度要求。

9） 增加对第一部分的21.16的修改：

“切割机应或者是：

——Ⅲ类结构，或是

——Ⅰ类或Ⅱ类结构，装有剩余电流动作保护器并符合9.101和21.102要求的，或是

——Ⅰ类或Ⅱ类结构，设计成与隔离变压器一起使用，该隔离变压器符合GB 19212.5的要求，且额定输出电压不大于115 V。”

10） 原标准20.19改为对第一部分21.18.1的修改。

11） 原标准20.101删除，增加21.101“切割机应设计成不可能翻转过来作固定式工具使用。如果工具翻转过来没有合适的稳定位置，即认为已满足要求。”

12） 增加了21.102，关于“切割机应保护用户免于在正常使用条件和水管或水源连接器故障情况下”的要求和试验方法。

13） 第24章增加对第一部分的修改：

24.4第一段改换为：

切割机可使用的最轻型电缆为：

普通氯丁橡胶护层或具有同等性能的合成橡胶护层的软电缆(GB 5013.4的245 IEC 57)。

14） 增加图1石材切割机、图2法兰盘参数。

15） 附录，增加对第一部分附录K、附录L的修改内容。

本部分中写明“适用”的，表示GB 3883.1—2005中的相应条文适用；本部分中写明“改换”的，则应以本部分中的条文为准；本部分写明“修改”的，表示GB 3883.1—2005相应条文中的相关内容应以本部分修改后的内容为准，而该条文中其他内容仍适用；本部分写明“增加”的，表示除了符合GB 13960.1—2005的相应条文外，还应符合本部分中所增加的条文。

本部分由中国电器工业协会提出。

本部分由全国电动工具标准化技术委员会(SAC/TC 68)归口并负责解释。

本部分负责起草单位：上海电动工具研究所。

本部分主要起草人：刘江、朱埔达、李邦协。

本部分所代替标准的历次版本发布情况为：

——GB 3883.18—1995。

手持式电动工具的安全
第二部分：石材切割机的专用要求

1 范围

除下述条文外，GB 3883.1—2005 的这一章适用。

1.1 改换为：

本部分适用于带水源的、用 200 mm 及以下金刚石锯片进行手持操作的石材切割机（以下简称切割机，见图 1）。

2 规范性引用文件

除下述条文外，GB 3883.1—2005 的这一章适用。

增加：

GB 6829—1995 剩余电流动作保护器的一般要求（eqv IEC 60755：1992）

GB 19212.5—2006 电力变压器、电源装置和类似产品的安全 第 5 部分：一般用途隔离变压器的特殊要求（IEC 61558-2-4：1997，MOD）

GB 20044—2005 电气附件 家用和类似用途的不带过电流保护的移动式剩余电流装置（PRCD）（IEC 61540—1997，MOD）

ISO 7010：2007 图形符号．安全颜色和安全标志．用于工作地点及公共场所的安全标志

3 定义

除下述定义外，GB 3883.1—2005 的这一章适用。

增加：

3.101

石材切割机 tile saws

以旋转的金刚石锯片切割石材、瓷砖、混凝土和类似材料的工具。操作时，通过水管连接到水源，打开水源连接器阀门，进行降尘和对金刚石锯片进行冷却。

3.102

额定能力 rated capacity

装在切割机上的金刚石锯片的最大直径。

3.103

剩余电流动作保护器 residual current operated preventive devices (RCD)

在规定条件下，当剩余电流达到或超过给定值时能自动断开电路的机械开关电器或组合电器。

[见 GB 6829—1995 中 3.1.4]

4 一般要求

GB 3883.1—2005 的这一章适用。

5 试验一般要求

GB 3883.1—2005 的这一章适用。

STANDARDS PRESS OF CHINA

6 空章

7 分类

GB 3883.1—2005 的这一章适用。

8 标志和说明书

除下述条文外,GB 3883.1—2005 的这一章适用。

8.1 增加:

——额定空载转速 n_0,/min 或 r/min;

——额定能力,金刚石锯片的最大标称直径,mm;

——金刚石锯片的旋转方向应用凸起或凹陷的箭头,或者以其他清晰而耐久的方法标记在工具上;

——对提供带螺纹主轴的切割机应标明轴螺纹尺寸;

——"警告! 始终戴好护目镜"或 ISO 7010:2007 的 M004 符号。

8.12.1 增加:

说明书应至少含有下列含义的警句:

——**不得使用砂轮;**

——**不得使用不符合制造商规定的金刚石锯片;**

——**不得使用破损、变形或有裂痕的切割片;**

——**不得在拆除固定护罩的状态下运行;**

——**不得在切割片与工件接触的情况下起动切割机;**

——**切割机断电后,在切割片完全停转之前,不要放下切割机,且不得用任何外力迫使金刚石锯片停转;**

——**更换切割片、调节切割深度或水管、或维修切割机前,应将插头从电源上拔脱,金刚石锯片处于静止状态;**

——对带剩余电流动作保护器的切割机,**操作前应检查剩余电流动作保护器的动作可靠性;**

——**当在金刚石锯片有可能切割到暗线或自身电线的场所进行操作时,只能通过绝缘握持面来握住电动工具**。金刚石锯片碰到带电导线可能会使电动工具的外露金属零件带电并使操作者受到电击危险;

——**当进行"盲切割"进入墙体或其他盲区时要格外小心**。金刚石锯片可能会割到煤气管或水管,电线或由此引起反弹的物体。

通过观察来检验。

8.12.2 b) 增加:

101) 金刚石锯片更换程序的说明。

增加条款:

8.12.101 石材切割机的安全说明

必须给出以下附加安全说明,应按规定顺序逐字写出,如用其他语言书写,应与中文的含义相同。

危险:

a) **让手始终远离锯割区域和金刚石锯片。你的另一只手始终握住辅助手柄**。如果双手都握住切割机,就不会被锯片伤害。

注:对直径小于等于 130 mm 的切割机,"你的另一只手始终握住辅助手柄"可以省略。

b) **不得接触工件的下面**。护罩无法防护工件下方的锯片。

c) **始终使用尺寸和轴心形状(菱形或圆形)配合得当的金刚石锯片**。如果金刚石锯片与切割机夹装部件不符将引起偏心运转而导致失控。

d) **不得使用损坏的和尺寸不符的垫圈和螺栓**。使用损坏的或尺寸不符的垫圈和螺栓会导致操作失控。

通过观察来检验。

9 防止触及带电零件的保护

除下述条文外,GB 3883.1—2005 的这一章适用。

增加:

9.101 带剩余电流动作保护器的切割机

剩余电流动作保护器或者是:

——装在工具内的,应符合 GB 6829—1995 的要求,或者

——符合 GB 20044—2005 中 4.1.3.2 或 4.1.4.2 分类的,应符合 GB 20044—2005 的要求。

剩余电流动作保护器装置在电源线上,供电源线和互联导线连接用时,该工具的构造应采用 Y 型联接或 Z 型联接。

带剩余电流动作保护器的切割机还应满足 a)和 b)要求:

a) 当泄漏电流超过 10 mA,且 RCD 最大反应时间为 300 ms 时,RCD 应能切断除接地导线(如有)外的两根电源导体线。

通过观察和 GB 20044—2005 的 9.9.2 试验来检验。另外,试验期间,接地导体不应变为断开。

b) RCD 应安装得不易在使用和正常的例行维护中被拆除。

如剩余电流动作保护器被固定在工具上或装置在 Y 型联接或 Z 型联接的工具电源线上,即认为满足要求。

通过观察来检验。

10 起动

GB 3883.1—2005 的这一章适用。

11 输入功率和电流

GB 3883.1—2005 的这一章适用。

12 发热

除下述条文外,GB 3883.1—2005 的这一章适用。

12.4 改换为:

温升在切割机按 12.2 条件,连续运行 30 min 后测量。

13 泄漏电流

GB 3883.1—2005 的这一章适用。

14 防潮性

GB 3883.1—2005 的这一章适用。

15 电气强度

GB 3883.1—2005 的这一章适用。

16 变压器及其相关电路的过载保护

GB 3883.1—2005 的这一章适用。

17 耐久性

GB 3883.1—2005 的这一章适用。

18 不正常操作

GB 3883.1—2005 的这一章适用。

19 机械危险

除下述条文外，GB 3883.1—2005 的这一章适用。

19.1 增加：

切割机底板上方应有不用工具就不能拆卸的固定护罩，以保护操作者在正常使用时，把从切割机后方(操作者一侧)意外触及切割片周边的危险降到最低程度。

护罩还应设计成运行时切屑的排放不会对操作者构成危险。

通过观察来检验。

19.4 增加：

对于大于额定能力大于 130 mm 的切割机，切割机应提供有辅助手柄。

增加条文：

19.101 法兰盘

接触面的外径应不小于 0.15 倍的锯片直径，且至少其中一个法兰盘应被锁紧在输出轴上或用键固定在输出轴上，两个法兰盘夹紧面的单面重叠部分应至少为 1.5 mm 宽，如图 2 规定。

通过测量和观察来检验。

20 机械强度

除以下内容，GB 3883.1—2005 的这一章适用。

20.101 护罩应有足够的机械强度，应满足表 101 规定。

表 101 金刚石锯片的护罩厚度

护罩材料	抗拉强度/N/mm²	最小厚度
钢材	350	1.50
钢材	380	1.25
轻型合金	160	2.50
轻型合金	200	2.00

通过观察和测量来检验。

21 结构

除下述条文外，GB 3883.1—2005 的这一章适用。

21.16 改换为：

切割机应或者是：

——Ⅲ类结构，或是

——Ⅰ类或Ⅱ类结构，装有剩余电流动作保护器并符合 9.101 和 21.102 要求的，或是

——Ⅰ类或Ⅱ类结构，设计成与隔离变压器一起使用，该隔离变压器符合 GB 19212.5—2006 的要求，且额定输出电压不大于 115 V。

通过观察来检验。

21.18.1 改换为：

切割机应装有这样的电源开关，其操动件一经松开，开关就应立即自动断开电源，在“接通”位置无锁定装置。但是，如果能通过对开关操动件的单一揿压动作而解除锁定，自动使开关回复到“断开”位置，则允许有此锁定装置。

通过观察和手试来检验。

21.32 增加

切割机易于切割到暗线，因此，其手柄和握持面应当用绝缘材料构成，如果是金属，应用绝缘材料充分地覆盖，或者它们的易触及零件用绝缘隔层与因输出轴带电而可能会带电的易触及金属零件隔开。

增加条文：

21.101 切割机应设计成不可能翻转过来作固定式工具使用。如果工具翻转过来没有合适的稳定位置，即认为已满足要求。

通过观察和手试来检验。

21.102 切割机应保护用户免于在正常使用条件和水管或水源连接器故障情况下，因水而增加的电击危险。

通过以下试验来检验：

工具的水管接到外接水源上，出水量如果可以调节，应调节到最大值。然后在额定电压下空载运行 10 min，试验期间并监控泄漏电流。剩余电流动作保护器，如有的话，使其在试验期间不能动作。

试验后，工具内不得有水迹，泄漏的电流应满足下述规定：

——对Ⅱ类工具不超过 2 mA；

——对Ⅰ类工具不超过 5 mA。

22 内部布线

GB 3883.1—2005 的这一章适用。

23 组件

GB 3883.1—2005 的这一章适用。

24 电源联接与外接软线

除下述条文外，GB 3883.1—2005 的这一章适用。

24.4 第一段改换为：

切割机可使用的最轻型电缆为：

普通氯丁橡胶护层或具有同等性能的合成橡胶护层的软电缆(GB 5013.4 的 245 IEC 57)。

25 外接导线的接线端子

GB 3883.1—2005 的这一章适用。

26 接地装置

GB 3883.1—2005 的这一章适用。

27 螺钉与联接件

GB 3883.1—2005 的这一章适用。

STANDARDS PRESS OF CHINA

28 爬电距离、电气间隙和绝缘穿通距离

GB 3883.1—2005 的这一章适用。

29 耐热性、耐燃性和耐漏电痕迹性

GB 3883.1—2005 的这一章适用。

30 防锈

GB 3883.1—2005 的这一章适用。

31 辐射、毒性和类似危险

GB 3883.1—2005 的这一章适用。

图 1　石材切割机

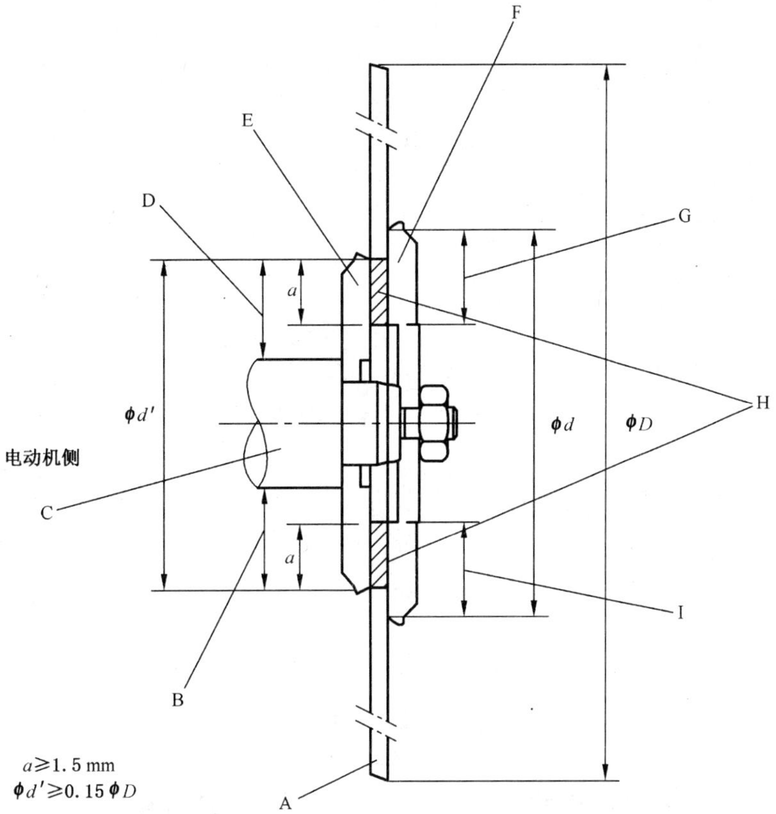

A——金刚石锯片；
B——夹紧面；
C——输出轴；
D——夹紧面；
E——内法兰盘；
F——外法兰盘；
G——接触面；
H——重叠面；
I——接触面。

图 2 法兰盘参数

附　录

除以下内容外，GB 3883.1—2005 的附录适用。

附　录　K
（规范性附录）
电池式工具和电池盒

K.1　增加：

除非 GB 3883.1—2005 的本附录另有规定，本部分的所有章条适用。

附　录　L
（规范性附录）
提供电源联接或非隔离源的电池式工具和电池盒

L.1　增加：

除非本附录另有规定，本部分的所有章均适用。

参　考　文　献

GB 3883.1—2005 的参考文献适用。

GB 3883.18—2009《手持式电动工具的安全　第二部分：石材切割机的专用要求》国家标准第1号修改单

本修改单经国家标准化管理委员会于2010年2月5日批准，自2010年3月1日起实施。

一、第Ⅲ页的倒数两行修改为：

——修改原标准的7.13为本部分的8.12.1。

二、1.1修改为：

本部分适用于以金刚石锯片进行手持操作的石材切割机(以下简称切割机，见图1)。

三、21.16中第二行的“切割机应或者是：”修改为“带水源的切割机应或者是：”。

四、21.102中第四行的“工具的水管接到外接水源上”前增加“供水软管及软管与工具出水阀间的联接处，在室温下经受2倍最大进口压力的静压，历时5 min。紧接着，”。

STANDARDS PRESS OF CHINA

ICS 59.080.30
W 04

中华人民共和国国家标准

GB/T 3917.1—2009/ISO 13937-1:2000
代替 GB/T 3917.1—1997

纺织品　织物撕破性能
第1部分:冲击摆锤法撕破强力的测定

Textiles—Tear properties of fabrics—Part 1: Determination of tear force using ballistic pendulum method (Elmendorf)

(ISO 13937-1:2000, IDT)

2009-03-19 发布　　2010-01-01 实施

中华人民共和国国家质量监督检验检疫总局
中国国家标准化管理委员会　发布

前　言

GB/T 3917《纺织品　织物撕破性能》分为以下5个部分:

——第1部分:冲击摆锤法撕破强力的测定;

——第2部分:裤形试样(单缝)撕破强力的测定;

——第3部分:梯形试样撕破强力的测定;

——第4部分:舌形试样(双缝)撕破强力的测定;

——第5部分:翼形试样(单缝)撕破强力的测定。

本部分为GB/T 3917的第1部分。

本部分使用翻译法等同采用ISO 13937-1:2000《纺织品　织物撕破性能　第1部分:冲击摆锤法撕破强力的测定》(英文版)。

本部分与ISO 13937-1:2000相比有如下差异:

——删除了国际标准的前言、目录和引言;

——删除了第1章中的注;

——在规范性引用文件中引用了相应国际标准的国家标准,删除了一项引用标准;

——调整了原国际标准中附录的顺序。

本部分代替GB/T 3917.1—1997《纺织品　织物撕破性能　第1部分:撕破强力的测定　冲击摆锤法》。本部分与GB/T 3917.1—1997的主要差异为:

——对6.1进行了修改;

——对6.2进行了编辑性修改;

——删除了第7章的二级标准大气;

——调整8.1注的部分内容为正文;

——增加了9.3第1段中的试验结果的转化单位的说明,细化了有效试验的条件;

——增加了第10章的试验结果转化说明以及变异系数和置信区间的计算;

——增加了11.1一般资料中的"描述观察到的异常的撕破状态";

——增加了附录C中C.5的内容。

本部分的附录A、附录B和附录C为资料性附录。

本部分由中国纺织工业协会提出。

本部分由全国纺织品标准化技术委员会基础标准分会(SAC/TC 209/SC 1)归口。

本部分主要起草单位:苏州市纤维检验所、中纺标(北京)检验认证中心有限公司。

本部分主要起草人:薛正元、陈明芳、孙成国、王园、王欢。

本部分所代替标准的历次版本发布情况为:

——GB/T 3919—1983、GB/T 3917.1—1997。

纺织品 织物撕破性能
第1部分:冲击摆锤法撕破强力的测定

1 范围

GB/T 3917 的本部分规定了采用冲击摆锤法测定织物撕破强力的方法。通过突然施加一定大小的力测量从织物上切口单缝隙撕裂到规定长度所需要的力。

本部分主要适用于机织物,也可适用于其他技术生产的织物,如非织造布。

本部分不适用于针织物、机织弹性织物以及有可能产生撕裂转移的稀疏织物和具有较高各向异性的织物。

2 规范性引用文件

下列文件中的条款通过 GB/T 3917 的本部分的引用而成为本部分的条款。凡是注日期的引用文件,其随后所有的修改单(不包括勘误的内容)或修订版均不适用于本部分,然而鼓励根据本部分达成协议的各方使用这些文件的最新版本。凡是不注日期的引用文件,其最新版本适用于本部分。

GB/T 6529 纺织品 调湿和试验用标准大气(GB/T 6529—2008,ISO 139:2005,MOD)

GB/T 19022 测量管理体系 测量过程和测量设备的要求(GB/T 19022—2003,ISO 10012:2003,IDT)

3 术语和定义

下列术语和定义适用于 GB/T 3917 的本部分。

3.1

撕破强力 tear force

在规定条件下,使试样上初始切口扩展所需的力。

注:经纱被撕断的称为"经向撕破强力",纬纱被撕断的称为"纬向撕破强力"。

3.2

撕破长度 length of tear

从开始施力至终止,切口扩展的距离。

4 原理

试样固定在夹具上,将试样切开一个切口,释放处于最大势能位置的摆锤,可动夹具离开固定夹具时,试样沿切口方向被撕裂,把撕破织物一定长度所做的功换算成撕破力。

5 取样

根据产品标准的规定或有关协议取样。

如无上述要求,推荐采用附录 A 的取样规定。

附录 B 给出从实验室样品中裁取试样的例子。避开折皱、布边及织物的非代表性区域。

6 仪器

6.1 总则

STANDARDS PRESS OF CHINA

摆锤试验仪的计量应根据 GB/T 19022 进行，简要说明参见附录 C。

6.2 摆锤试验仪，试样被夹持在两个夹具之间，一只夹具可动，另一只固定在机架上，摆锤受重力作用落下，移动夹具附在摆锤上，试验时摆锤撕破试样但又不与试样接触。

设备由以下部分组成：

6.2.1 刚性机架：装有摆锤、固定夹具、用于割缝的小刀和测量装置，试验前调节仪器水平和固定位置，防止任何移动。

6.2.2 摆锤：抬起摆锤至试验开始位置，并立即释放它，此时摆锤可绕装有轴承的水平轴自由摆动。

摆锤的质量可通过附加另外的质量或调换摆锤而改变。

6.2.3 机械或电子设备：测量第一次摆动的最大振幅，其能量用于撕裂试样。撕破力的读数可直接得到，仪器提供设零装置。

6.2.4 夹具：移动夹具装在摆锤上，固定夹具装在机架上，为了允许小刀通过，两夹具间必须分开(3±0.5)mm，校准两只夹具的夹持面，使被夹持的试样位于平行摆锤轴的平面内，作与垂直线成(27.5±0.5)°的平面，使它连结轴与两只夹具顶边构成的水平线，轴与夹具顶边之间距离为(104±1)mm。

夹持面尺寸不作规定，宽度在 30 mm～40 mm，高度最好选 20 mm，但不少于 15 mm。

当摆锤自由悬挂时，两只夹具面必须在同一平面内，而且垂直摆锤的摆动面，夹持面的状态和加于夹具的力要使试样被夹持而不打滑。

6.2.5 刀片：锋利的小刀开始将两夹具中间的试样切开(20±0.5)mm 的切口。

6.3 裁剪试样的设备

裁剪试样最好用中空的冲模或样板，如图 1 所示。

单位为毫米

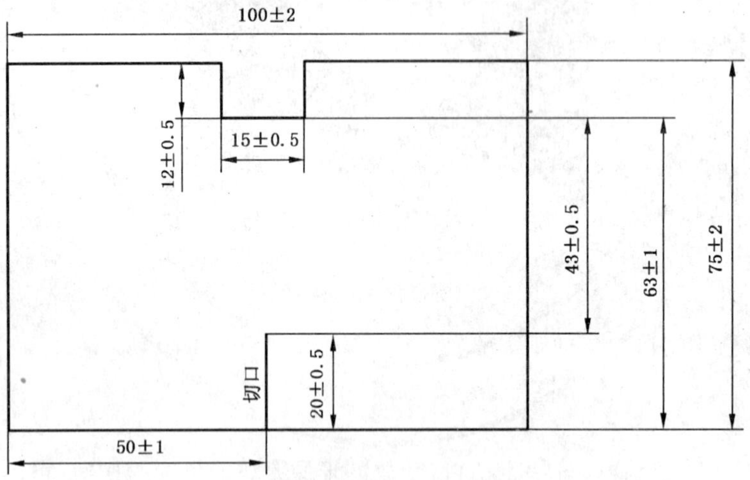

图 1 试样尺寸图

7 调湿和试验用标准大气

按照 GB/T 6529 规定的标准大气预调湿、调湿和试验。

8 试样准备

8.1 总则

每个实验室样品应裁取两组试验试样，一组为经向，另一组为纬向，试样的短边应与经向或纬向平行以保证撕裂沿切口进行。

注：机织物外的样品采用相应的名称来表示方向，例如纵向和横向。

每组至少包含五块试样或合同规定的更多试样，按第5章和附录B，每两块试样不能包含同一长度或宽度方向的纱线，距布边150 mm内不得取样。

8.2 形状与尺寸

试样按图1裁取，试样形状可略有不同，但撕裂长度保持(43±0.5)mm。

8.3 试样裁取

对机织物每块试样裁取时应使短边平行于织物的经纱或纬纱。试样短边平行于经向的试样为"纬向"撕裂试样，试样短边平行于纬向的试样为"经向"撕裂试样(参见附录B)。

9 试验步骤

9.1 总则

选择摆锤的质量，使试样的测试结果落在相应标尺满量程的15%～85%范围内。

校正仪器的零位，将摆锤升到起始位置。

9.2 安装试样

试样夹在夹具中，使试样长边与夹具的顶边平行。将试样夹在中心位置。轻轻将其底边放至夹具的底部，在凹槽对边用小刀切一个(20±0.5)mm的切口，余下的撕裂长度为(43±0.5)mm。

9.3 操作

按下摆锤停止键，放开摆锤。当摆锤回摆时握住它，以免破坏指针的位置，从测量装置标尺分度值或数字显示器读出撕破强力，单位为牛顿。根据使用仪器的种类，读到的数据也许需要乘上由生产商指定的相应系数以转化为以牛顿为单位的表示结果(见第10章和第C.5章)。检查结果应落在所用标尺的15%～85%范围内。每个方向至少重复试验5次。

观察撕裂是否沿力的方向进行以及纱线是否从织物上滑移而不是被撕裂。满足以下条件的试验为有效试验：

a) 纱线未从织物中滑移；

b) 试样未从夹具中滑移；

c) 撕裂完全且撕裂一直在15 mm宽的凹槽内。

不满足以上条件的试验结果应剔除。

如果五块试样中有三块或三块以上被剔除，则此方法不适用。

如果协议要求另外增加试样，最好加倍试样数量，同时亦应协议试验结果的报告方式。

10 结果计算

冲击摆锤法直接测量试验结果，通常以力值来表示织物的抗撕裂性能，单位为牛顿。其他单位的表示结果应转化为牛顿(参见第C.5章)。

以牛顿为单位计算每个试验方向的撕破强力的算术平均值，保留两位有效数字。

如有需要，计算变异系数(精确至0.1%)和95%的置信区间，保留两位有效数字，单位为牛顿。

如有需要，记录样品每个方向的最大及最小的撕破强力。

11 试验报告

试验报告应包括以下内容。

11.1 一般资料

a) GB/T 3917的本部分的编号及试验日期；

b) 试验样品规格,如有需要,说明取样方法;

c) 使用的测量范围;

d) 试样数目、剔除试验数及其原因;

e) 任何偏离本部分的细节;

f) 观察到的异常撕破状态。

11.2 试验结果

a) 经向及纬向撕破强力的平均值,单位为牛顿(N)。如果只有三块或四块试样是正常撕破的,另外写出试样的每个测试结果。

b) 如果需要,用百分率(%)表示撕破强力的变异系数。

c) 如果需要,给出撕破强力的95%置信区间,单位为牛顿(N)。

d) 如果需要,给出每个方向的最小和最大撕破强力,单位为牛顿(N)。

附 录 A
（资料性附录）
推荐的取样程序

A.1 批量样品(从一次装运货物或一批货物中取的匹数)

从一次装运货物或一批货物中按表 A.1 随机抽取批量样品，确保样品在运输过程中没有损伤或受潮。

表 A.1 批量样品

一次装运货物或一批货物的匹数	批量样品的最少匹数
≤3	1
4～10	2
11～30	3
31～75	4
≥76	5

A.2 实验室样品数量

从批量样品的每匹中，距匹端至少 3 m 处随机剪取不少于 1 m 长的整幅实验室样品一块，确保样品上无折皱、无可见疵点。

STANDARDS PRESS OF CHINA

附 录 B
（资料性附录）
从实验室样品上剪取试样实例

单位为毫米

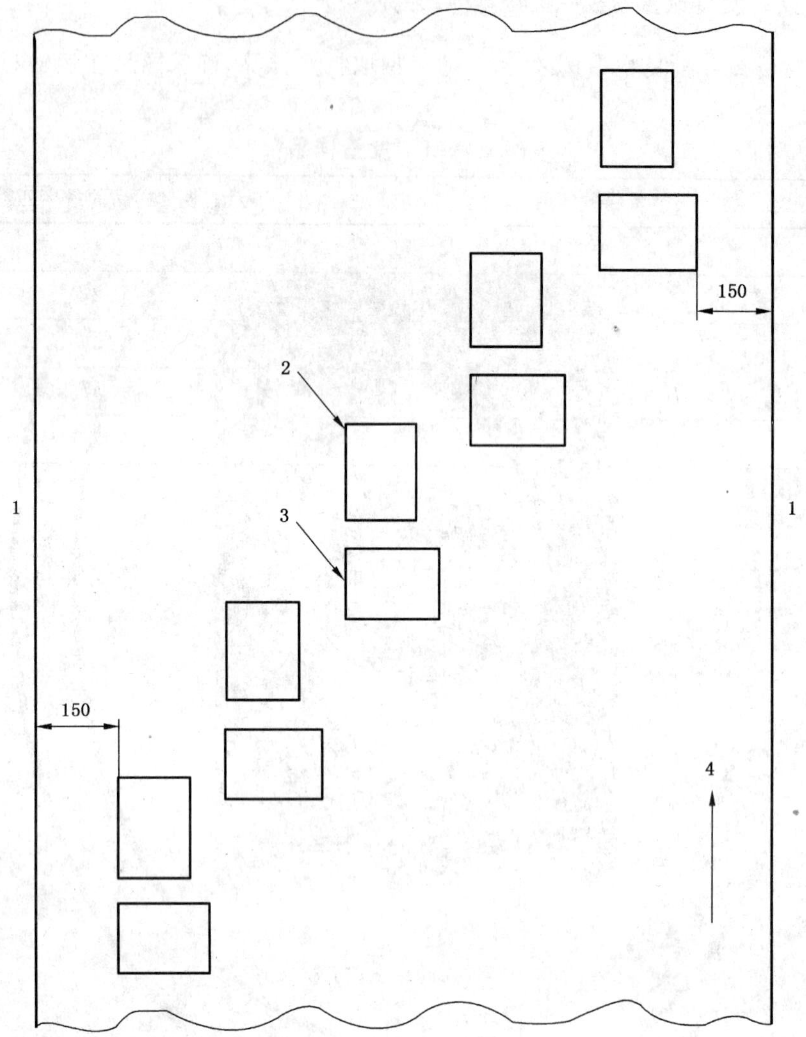

1——布边；
2——“经向”撕裂试样；
3——“纬向”撕裂试样；
4——经向。

图 B.1 从实验室样品上剪取试样实例

附　录　C
（资料性附录）
仪器的调节与校验

C.1　如果需要按第6章和仪器制造商的说明书调节仪器的功能部分，试验前建议作以下检验：

摆锤自由悬挂时检查两只夹具的平行度，检验小刀在两只夹具的中心位置和夹具之间距离为(3±0.5)mm，检查刀的锋利程度，钝刀对试验结果有不利的影响。

C.2　试样的撕裂长度可用纸样进行校验，试样夹好后用小刀割一个(20±0.5)mm的切口，刀的安装高度正好使凹槽的试样具有(43±0.5)mm的撕裂长度。

C.3　仪器的水平相当重要，当摆锤动时，仪器的移动是误差的主要来源，仔细固定仪器，使摆锤摆动过程中仪器没有明显的移动，用内装的水平泡调节仪器水平。

C.4　不放试样校正仪器数次，可动夹具关上，检查轴承的摩擦力；零位指针定位值：仪表显示为零，在连接三次试验时，零位在刻度的±1%公差范围内，此时仪器就算调整好了。

C.5　仪器刻度单位不是牛顿而是其他单位时，需用仪器生产商提供的转化系数将试验结果转化为牛顿。

ICS 59.080.30
W 04

中华人民共和国国家标准

GB/T 3917.2—2009/ISO 13937-2:2000
代替 GB/T 3917.2—1997

纺织品 织物撕破性能 第2部分:裤形试样(单缝)撕破强力的测定

Textiles—Tear properties of fabrics—Part 2:Determination of tear force of trouser-shaped test specimens (Single tear method)

(ISO 13937-2:2000,IDT)

STANDARDS PRESS OF CHINA

2009-03-19 发布 2010-01-01 实施

中华人民共和国国家质量监督检验检疫总局
中国国家标准化管理委员会 发布

前　言

GB/T 3917《纺织品　织物撕破性能》包括以下5个部分：

——第1部分:冲击摆锤法撕破强力的测定；

——第2部分:裤形试样(单缝)撕破强力的测定；

——第3部分:梯形试样撕破强力的测定；

——第4部分:舌形试样(双缝)撕破强力的测定；

——第5部分:翼形试样(单缝)撕破强力的测定。

本部分为GB/T 3917的第2部分。

本部分使用翻译法等同采用ISO 13937-2:2000《纺织品　织物撕破性能　第2部分:裤形试样(单缝)撕破强力的测定》(英文版)。

本部分等同采用ISO 13937-2:2004,与ISO 13937-2:2004相比有如下差异：

——删除了国际标准的前言；

——删除了第1章中的注；

——规范性引用文件中由我国标准替代了相应的国际标准；

——增加了图B.1和图C.1的图题。

本部分代替GB/T 3917.2—1997《纺织品　织物撕破性能　第2部分:舌形试样撕破强力的测定》的单舌法。本部分与GB/T 3917.2—1997单舌法的主要差异为：

——增加了不适用范围；

——规范性引用文件增加了仪器调试的标准；

——增加了3.2的注,补充说明有效夹持线的测试；

——增加了3.3的注；

——增加了3.4的注,说明有效峰值的选取方法；

——增加了6.1总则的仪器调试的具体标准；

——夹钳的宽度由至少50 mm修改为更适宜采用75 mm；

——增加了宽度为200 mm的宽幅试样及其操作方法；

——增加了9.4中记录纸的走纸速率与仪器拉伸速率的比值为2∶1；

——对10.1.1进行了编辑性修改,并删除了注2；

——增加了10.1.5每个试样6个最大峰值平均值的计算；

——附录C增加了峰值选取的近似计算方法。

本部分的附录D为规范性附录。附录A、附录B、附录C为资料性附录。

本部分由中国纺织工业协会提出。

本部分由全国纺织品标准化技术委员会基础标准分会(SAC/TC 209/SC 1)归口。

本部分主要起草单位:苏州市纤维检验所、中纺标(北京)检验认证中心有限公司。

本部分主要起草人:杭志伟、王宁、王欢、王海娟、褚静。

本部分所代替标准的历次版本发布情况为：

——GB/T 3917—1983、GB/T 3917.2—1997。

纺织品　织物撕破性能
第2部分：裤形试样(单缝)撕破强力的测定

1　范围

GB/T 3917的本部分规定了用单缝隙裤形试样法测定织物撕破强力的方法。在撕破强力的方向上测量织物从初始的单缝隙切口撕裂到规定长度所需要的力。

本部分主要适用于机织物，也可适用于其他技术方法制造的织物，如非织造布等。

本部分不适用于针织物、机织弹性织物以及有可能产生撕裂转移的稀疏织物和具有较高各向异性的织物。

本部分规定使用等速伸长(CRE)试验仪。

2　规范性引用文件

下列文件中的条款通过GB/T 3917的本部分的引用而成为本部分的条款。凡是注日期的引用文件，其随后所有的修改单(不包括勘误的内容)或修订版均不适用于本部分，然而鼓励根据本部分达成协议的各方使用这些文件的最新版本。凡是不注日期的引用文件，其最新版本适用于本部分。

GB/T 6529　纺织品　调湿和试验用标准大气(GB/T 6529—2008,ISO 139:2005,MOD)

GB/T 16825.1　静力单轴试验机的检验　第1部分：拉力和(或)压力试验机测力系统的检验与校准(GB/T 16825.1—2008,ISO 7500-1:2004,IDT)

GB/T 19022　测量管理体系　测量过程和测量设备的要求(GB/T 19022—2003,ISO 10012:2003,IDT)

3　术语和定义

下列术语与定义适用于GB/T 3917的本部分。

3.1

等速伸长试验仪　constant-rate-of-extension (CRE) testing machine

在整个试验过程中，一只夹具是固定的，另一只夹具作等速运动的一种拉伸试验仪。

3.2

隔距长度　gauge length

试验装置上两个有效夹持线之间的距离。

注：可通过同时夹持施加预加张力的试样标本和复写纸测出夹头的有效夹持线。

3.3

撕破强力　tear force

在规定条件下，使试样上初始切口扩展所需的力。

注：经纱被撕断的称为“经向撕破强力”，纬纱被撕断的称为“纬向撕破强力”。

3.4

峰值　peak

在强力-伸长曲线上，斜率由正变负点处对应的强力值。

注：用于计算的峰值两端的上升力值和下降力值至少为前一个峰下降值或后一个峰上升值的10%。

3.5

撕破长度　length of tear

从开始施力至终止，切口扩展的距离。

3.6

裤形试样 trouser shaped test specimen

按规定长度从矩形试样短边中心剪开，形成可供夹持的两个裤腿状的织物撕裂试验试样。（见图1和图2）

4 原理

夹持裤形试样的两条腿，使试样切口线在上下夹具之间成直线。开动仪器将拉力施加于切口方向，记录直至撕裂到规定长度内的撕破强力，并根据自动绘图装置绘出的曲线上的峰值或通过电子装置计算出撕破强力。

5 取样

按产品标准的规定或按有关方面的协议取样。

在没有上述要求的情况下，附录A给出一个适宜的取样示例。

附录B是从样品上裁取试样的一个示例。注意应避开折皱处、布边及织物上无代表性的区域。

6 仪器

6.1 试验仪的计量

应根据GB/T 19022进行。

6.2 等速伸长(CRE)试验仪

等速伸长试验仪应满足下列技术要求：

a) 拉伸速度可控制在(100±10)mm/min范围内；

b) 隔距长度可设定为(100±1)mm；

c) 能够记录撕破过程中的撕破强力；

d) 在使用条件下，仪器应为GB/T 16825.1精度要求，在仪器使用范围内的任何一点显示或记录最大撕破强力的误差不得超过±1%，显示或记录的夹具间距误差不得超过±1 mm；

e) 若强力和伸长记录是通过数据采集芯片和软件获得的，则数据采集的频率至少应为8次/s。

若使用二级拉伸试验仪，需在报告中注明。

6.3 夹持装置

仪器两只夹具的中心点应在拉伸直线内，夹具端线应与拉伸直线成直角，夹持面应在同一平面内。夹具应保证既能夹持住试样而不使其滑移，又不会割破或损坏试样。

夹具有效宽度更适宜采用75 mm，但不应小于测试试样的宽度。

6.4 裁样装置

所用装置最好是裁样器或样板，能裁取如图1所示的试样。

7 调湿和试验用大气

预调湿、调湿和试验用大气按GB/T 6529执行。

8 试样的制备

8.1 总则

每块样品裁取两组试样，一组为经向，另一组为纬向。

注：机织物外的样品采用相应的名称来表示方向，例如纵向和横向。

每组试样应至少有5块试样或按协议更多一些。按第5章及附录B的规定，每两块试样不能含有同一根长度方向或宽度方向的纱线。不能在距布边 150 mm 内取样。

8.2 试样尺寸

8.2.1 50 mm 宽试样

试样(见图 1)为矩形长条,长(200±2)mm,宽(50±1)mm,每个试样应从宽度方向的正中切开一长为(100±1)mm 的平行于长度方向的裂口。在条样中间距末切割端(25±1)mm 处标出撕裂终点。

单位为毫米

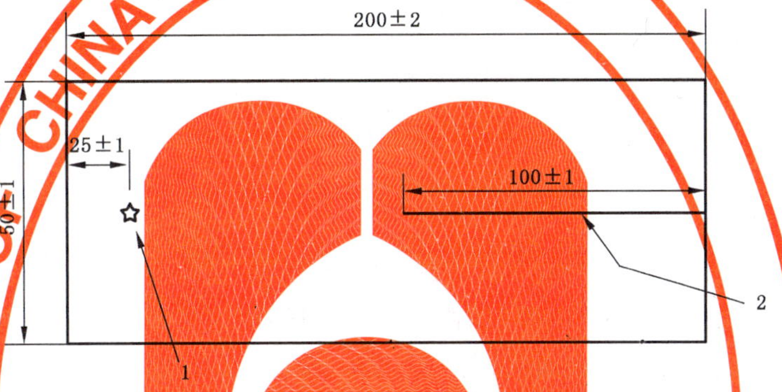

1——撕裂终点;
2——切口。

图 1 裤形试样尺寸

8.2.2 200 mm 宽的宽幅试样

按有关方商议协定可以采用 200 mm 宽的宽幅试样进行测试。当窄幅试样不适合(见 9.4)或测定特殊抗撕裂织物的撕破强力时推荐使用宽幅试样,附录 D 中描述了使用宽幅试样测定撕破强力的方法。

8.3 试样裁取

对机织物,每个试样平行于织物的经向或纬向作为长边裁取。试样长边平行于经向的试样为“纬向”撕裂试样,试样长边平行于纬向的试样为“经向”撕裂试样(见 3.3 和附录 B)。

STANDARDS PRESS OF CHINA

9 步骤

9.1 隔距长度设置

将拉伸试验仪的隔距长度设定为 100 mm。

9.2 拉伸速率设置

将拉伸试验仪的拉伸速率设定为 100 mm/min。

9.3 安装试样

将试样的每条裤腿各夹入一只夹具中,切割线与夹具的中心线对齐,试样的未切割端处于自由状态,整个试样的夹持状态如图 2 所示。注意保证每条裤腿固定于夹具中使撕裂开始时是平行于切口且在撕力所施的方向上。试验不用预加张力。

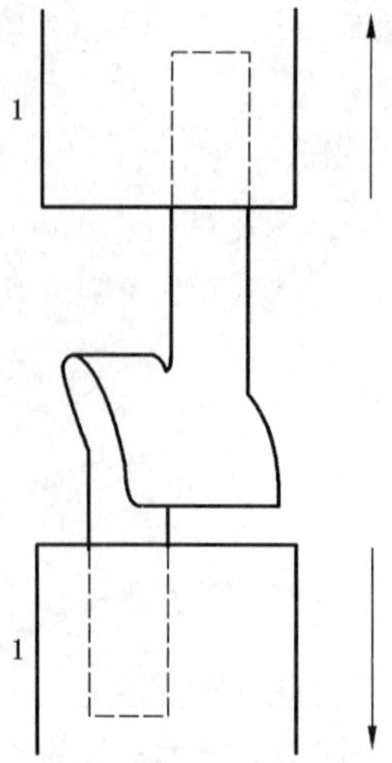

1——夹具。

图 2 试样的夹持

9.4 操作

开动仪器，以 100 mm/min 的拉伸速率，将试样持续撕破至试样的终点标记处。

记录撕破强力(N)，如果想要得到试样的撕裂轨迹，可用记录仪或电子记录装置(6.2)记录每个试样在每一织物方向的撕破长度和撕破曲线。

如果是出自高密织物的峰值，应该由人工取数。记录纸的走纸速率与拉伸速率的比值应设定为 2：1。

观察撕破是否是沿所施加力的方向进行以及是否有纱线从织物中滑移而不是被撕裂。满足以下条件的试验为有效试验：

a) 纱线未从织物中滑移；

b) 试样未从夹具中滑移；

c) 撕裂完全且撕裂是沿着施力方向进行的。

不满足以上条件的试验结果应剔除。

如果 5 个试样中有 3 个或更多个试样的试验结果被剔除，则可认为此方法不适用于该样品。

如果协议增加试样，则最好加倍试样数量，同时亦应协议试验结果的报告方式。

当窄幅试样不适用或测定特殊抗撕裂织物的抗撕破强力时，附录 D 中描述了使用宽幅试样测定撕破强力的方法。

注：如果窄幅试样和宽幅试样都不能满足测试需求时，可以考虑应用其他的方法，如双缝隙舌形试样法或翼形试样法。

10 结果的计算和表示

指定两种计算方法：人工计算和电子方式计算。两种方法也许不会得到相同的计算结果，不同方法得到的试验结果不具有可比性。

10.1 从记录纸记录的强力-伸长曲线上人工计算撕破强力

附录 C 给出了计算实例。

10.1.1 分割峰值曲线，从第一峰开始至最后峰结束等分成四个区域(参见附录 C)。第一区域舍去不用，其余三个区域每个区域选择并标出两个最高峰和两个最低峰。用于计算的峰值两端的上升力值和下降力值至少为前一个峰下降值或后一个峰上升值的 10%。

10.1.2 根据 10.1.1 标记的峰值计算每个试样 12 个峰值的算术平均值，单位为牛顿(N)。

注：人工计算只能取有限数目的峰值进行计算以节约时间，建议使用电子方式对所有峰值进行计算。

10.1.3 根据每个试样峰值的算术平均值(见10.1.2)计算同方向试样撕破强力的总的算术平均值,以牛顿(N)表示,保留两位有效数字。

10.1.4 如果需要,计算变异系数,精确至0.1%;并用试样平均值计算95%置信区间(N),保留两位有效数字,平均值的计算依照10.1.2。

10.1.5 如果需要,记算每块试样6个最大峰值的平均值,单位为牛顿(N)。

10.1.6 如果需要,记录每块试样的最大和最小峰值(极差)。

10.2 用电子装置计算

附录C给出了计算实例。

10.2.1 将第一个峰和最后一个峰之间等分成四个区域(参见附录C),舍去第一个区域,记录余下三个区域内的所有峰值。用于计算的峰值两端的上升力值和下降力值至少为前一个峰下降值或后一个峰上升值的10%。

10.2.2 用按10.2.1记录的所有峰值计算试样撕破强力的算术平均值,单位为牛顿(N)。

10.2.3 以每个试样的平均值(见10.2.2)计算出所有同方向的试样撕破强力的总的算术平均值,以牛顿(N)表示,保留两位有效数字。

10.2.4 如果需要,计算变异系数,精确至0.1%;并用试样平均值计算95%置信区间(N),保留两位有效数字,平均值的计算依照10.2.2。

11 试验报告

试验报告应包括以下内容。

11.1 一般资料

a) GB/T 3917的本部分的编号及试验日期;
b) 样品规格,如果需要可说明取样程序;
c) 试样数量,剔除试验结果数及剔除原因;
d) 异常撕裂情况;
e) 人工(见10.1)或电子装置(见10.2)计算的平均值;
f) 任何偏离本部分的细节,特别是使用宽幅试样时。

11.2 试验结果

a) 经向和纬向撕破强力的总的平均值,单位为牛顿(N)。如果只有三个或四个试样是正常撕破的,应另外分别注明每个试样的试验结果;
b) 如需要,给出变异系数(%);
c) 如需要,给出95%置信区间,单位为牛顿(N);
d) 手工计算(见10.1)时,可根据需要,给出每块试样最大峰值的平均值(见10.1.5),单位为牛顿(N);
e) 手工计算(见10.1)时,可根据需要,给出每块试样的最小和最大峰值(见10.1.6),单位为牛顿(N)。

附 录 A
（资料性附录）
推荐的取样程序

A.1 批量样品（从一次装运的或一批货物中取的匹数）

如表 A.1 所示从一次装运的或一批货物中随机取适量的匹样。应保证样品中没有损伤印痕或运输过程中的破坏性损伤。

表 A.1 批量样品

一次装运的或一批货物的匹数	批量样品的最少匹数
≤3	1
4～10	2
11～30	3
31～75	4
≥76	5

A.2 实验室样品数量

从批量样品的每匹中，在离匹端至少 3 m 以上处随机剪取长度至少为 1 m 的全幅织物作为实验室样品，应保证样品无折皱或可见的疵点。

附　录　B
（资料性附录）
从实验室样品上剪取试样实例

单位为毫米

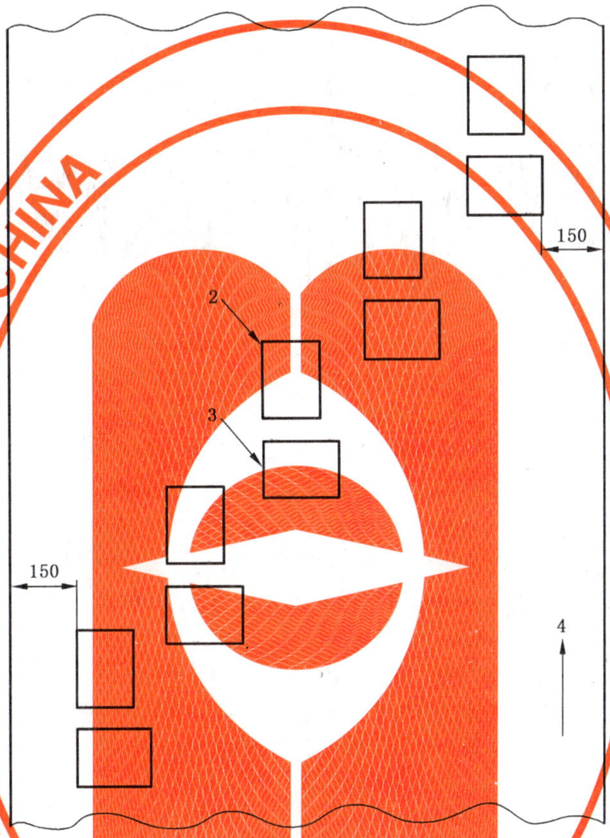

1——布边；

2——“纬向”撕裂试样；

3——“经向”撕裂试样；

4——经向。

图 B.1　从实验室样品上剪取试样实例

STANDARDS PRESS OF CHINA

附 录 C
（资料性附录）
撕破强力计算实例

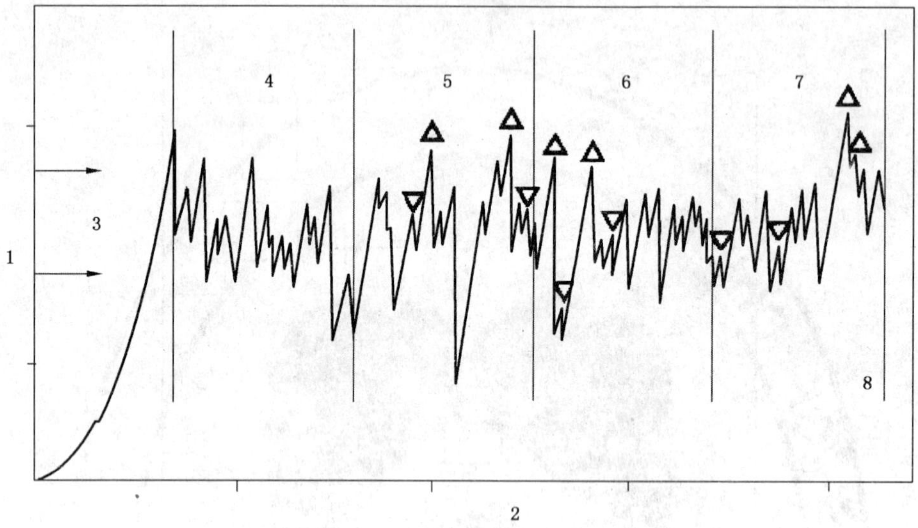

1——撕破强力；
2——撕裂方向(记录长度)；
3——中间峰值大概范围；
4——舍去区域；
5——第 1 区域；
6——第 2 区域；
7——第 3 区域；
8——撕裂终点。

图 C.1 撕破强力计算实例

峰值的近似计算(见 3.4)

为了简化人工计算，建议根据试样撕裂曲线的中间高度的峰值来近似计算峰值的强力变化值。用中间高度峰值的 1/10，也就是大约±10％来确定一个峰值是否适合计算，这个峰值的上升和下降阶段的强力值需要达到中间高度峰值的 1/10，也就是大约±10％。

例如：

中间高度峰值	85 N～90 N(近似值)
此值的 10％	8.5 N～9 N
可用于计算的峰值其上升和下降所需的强力值	＞8 N

附　录　D
（规范性附录）
宽幅裤形试样

D.1　总则

a）根据9.4的要求，撕破时纱线是从织物中滑移而不是被撕破，撕破不完全或撕裂不是沿着施力的方向进行的，则试样应剔除。如果五个试样中有三个或更多个试样的试验结果被剔除，则可认为此方法不适用于该样品。在这种情况下推荐使用宽幅裤形试样（见图D.1）进行测试。

b）对于某些特殊的抗撕裂织物撕破强力的测定，如松散织物、抗裂缝织物和用于技术应用方面的人造纤维抗撕裂织物（涂层或气袋），以上提到的标准是不适用的。在这种情况下推荐使用宽幅裤形试样（见图D.1）进行测试。根据有关方的协议也可以选择其他宽度范围。

单位为毫米

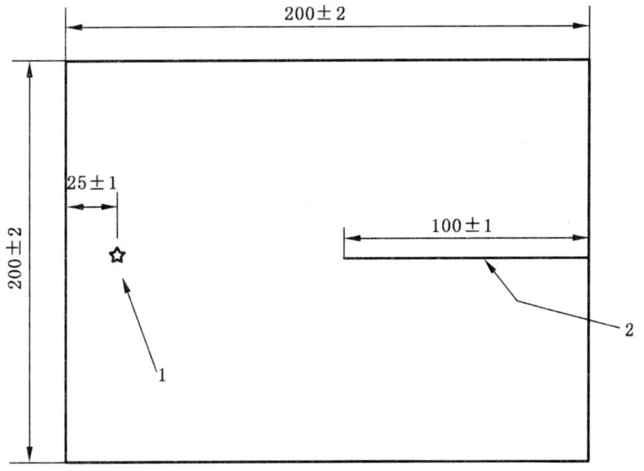

1——撕裂终点；
2——切口。

图D.1　宽幅裤形试样

D.2　程序

用于夹持的每条裤腿从外面向内折叠平行并指向切口，使每条裤腿的夹持宽度是切口宽度的一半（见图D.2）。

所有其他的试验条件均与本部分的规定一致，但夹钳宽度至少为试样宽度的一半。

对特殊抗撕裂织物的所有峰值的计算应与10.2一致。特殊设计的抗撕裂织物也许会形成一条“异常”的撕裂轨迹，这通常是这些织物的特性，建议按相关协定进行记录，记录中包含试样的撕裂轨迹。

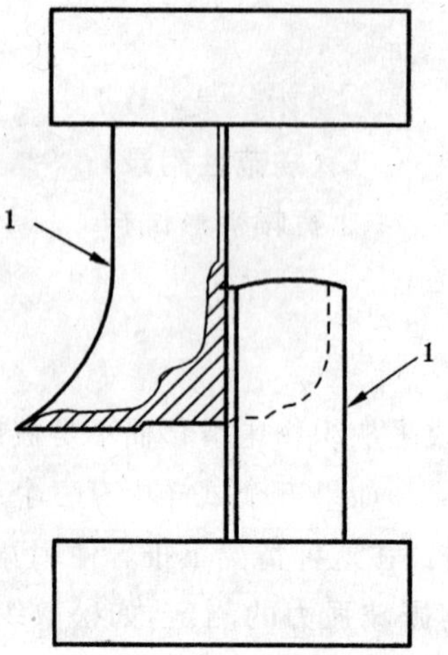

1——折叠边。

图 D.2　试样夹持图

ICS 59.080.30
W 04

GB

中华人民共和国国家标准

GB/T 3917.3—2009
代替 GB/T 3917.3—1997

纺织品　织物撕破性能
第3部分：梯形试样撕破强力的测定

Textiles—Tear properties of fabrics—
Part 3: Determination of tear force of trapezoid-shaped test specimens

(ISO 9073-4:1997, Textiles—Test methods for nonwovens—
Part 4: Determination of tear resistance, MOD)

STANDARDS PRESS OF CHINA

2009-03-19 发布　　　　2010-01-01 实施

中华人民共和国国家质量监督检验检疫总局
中国国家标准化管理委员会　发布

前　言

GB/T 3917《纺织品　织物撕破性能》分为以下5个部分：

——第1部分：冲击摆锤法撕破强力的测定；

——第2部分：裤形试样(单缝)撕破强力的测定；

——第3部分：梯形试样撕破强力的测定；

——第4部分：舌形试样(双缝)撕破强力的测定；

——第5部分：翼形试样(单缝)撕破强力的测定。

本部分为GB/T 3917的第3部分。

本部分使用重新起草法修改采用ISO 9073-4:1997《纺织品　非织造布试验方法　第4部分：抗撕裂的测定》(英文版)。

本部分与ISO 9073-4:1997相比有如下差异：

——删除了国际标准的前言、引言；

——修改了标准名称和范围；

——规范性引用文件中由我国标准替代了相应的国际标准，删除了一项引用标准；

——增加了第3章术语和定义，后面的章条编号顺延；

——修改了原国际标准中第5章取样方法的规定。

本部分代替GB/T 3917.3—1997《纺织品　织物撕破性能　第3部分：梯形试样撕破强力的测定》。本部分与GB/T 3917.3—1997的主要差异为：

——增加了第3章术语和定义，后面的章条编号顺延；

——增加了7.2的注；

——删除了7.3中的二级标准大气；

——增加了第9章的注1，关于峰值计算范围的补充说明；

——补充了第9章中试验结果的计算精度。

本部分由中国纺织工业协会提出。

本部分由全国纺织品标准化技术委员会基础标准分会(SAC/TC 209/SC 1)归口。

本部分主要起草单位：北京市纺织纤维检验所、中纺标(北京)检验认证中心有限公司。

本部分主要起草人：袁媛、王欢、杜希岩。

本部分所代替标准的历次版本发布情况为：

——GB/T 3918—1983、GB/T 3917.3—1997。

纺织品　织物撕破性能
第3部分:梯形试样撕破强力的测定

1　范围

GB/T 3917的本部分规定了用梯形试样法测定织物撕破强力的方法。

本部分适用于各种机织物和非织造布。

2　规范性引用文件

下列文件中的条款通过GB/T 3917的本部分的引用而成为本部分的条款。凡是注日期的引用文件,其随后所有的修改单(不包括勘误的内容)或修订版均不适用于本部分,然而鼓励根据本部分达成协议的各方研究是否可使用这些文件的最新版本。凡是不注日期的引用文件,其最新版本适用于本部分。

GB/T 6529　纺织品　调湿和试验用标准大气(GB/T 6529—2008,ISO 139:2005,MOD)

3　术语和定义

下列术语和定义适用于GB/T 3917的本部分。

3.1

等速伸长试验仪　constant-rate-of-extension (CRE) testing machine

在整个试验过程中,一只夹钳是固定的,另一只夹钳作等速运动的一种拉伸试验仪。

3.2

隔距长度　gauge length

试验装置上两个有效夹持线之间的距离。

注:可通过同时夹持施加预加张力的试样标本和复写纸测出夹头的有效夹持线。

3.3

撕破强力　tear force

在规定条件下,使试样上从初始切口扩展所需的力。

注:经纱被撕断的称为"经向撕破强力",纬纱被撕断的称为"纬向撕破强力"。

3.4

峰值　peak

在强力-伸长曲线上,斜率由正变负点处对应的强力值。

注:用于计算的峰值两端的上升力值和下降力值至少为前一个峰下降值或后一个峰上升值的10%。

3.5

撕破长度　length of tear

从开始施力至终止,切口扩展的距离。

3.6

梯形试样　trapezoid-shaped test specimen

一矩形织物撕裂试验试样。试样上标有规定尺寸的、形成等腰梯型的两条夹持试样的标记线。梯型的短边中心剪有一规定尺寸的切口。

4　原理

在试样上画一个梯形,用强力试验仪的夹钳夹住梯形上两条不平行的边。对试样施加连续增加的力，使撕破沿试样宽度方向传播，测定平均最大撕破力，单位为牛顿。

5 仪器

5.1 拉伸试验仪，等速伸长(CRE)试验仪或等速牵引(CRT)试验仪，附有自动记录力的装置。

5.2 夹钳，其宽度应足够夹持整个试样的宽度。

5.3 样板，其尺寸见图1。

单位为毫米

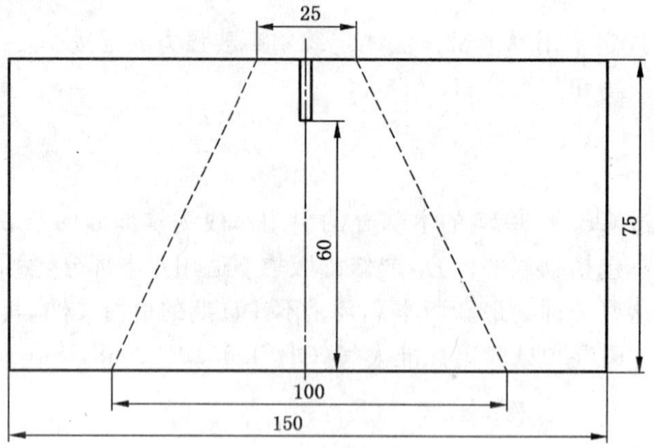

图1 梯形样板

6 取样

根据产品标准或有关各方协议进行取样，确保试样没有明显疵点和折皱。

7 试样准备和调湿

7.1 除非另有规定，经向(纵向)和纬向(横向)各剪五块试样。

注：试样不宜取自样品边。

7.2 试样尺寸(75±1)mm×(150±2)mm，用样板在每个试样上画等腰梯形，按图1所示剪一个切口。

注：如有关各方同意可以根据原始样品比例选择其他尺寸，尤其是样品是非织造布制成的产品时，但尺寸数值应被记录在试验报告中。不同尺寸试样测定出的抗撕破强力不具有可比性。

7.3 按GB/T 6529规定调湿试样。

8 步骤

8.1 在标准大气环境下(见GB/T 6529)进行试验。

8.2 试验开始，设定两夹钳间距离为(25±1)mm，拉伸速度为100 mm/min，选择适宜的负荷范围，使撕破强力落在满量程的10%～90%之间。

8.3 安装试样，沿梯形的不平行两边夹住试样，使切口位于两夹钳中间，梯形短边保持拉紧，长边处于折皱状态。

8.4 启动仪器，如有条件用自动记录仪记录撕破强力，单位为牛顿(N)，如果撕裂不是沿切口线进行，不作记录。

注：撕破强力通常不是一个单值，而是一系列峰值。

9 结果表达

自动计算记录仪上经向(纵向)和纬向(横向)每块试样一系列有效峰值(见注)的平均值。当记录仪上只有一个有效峰值时，这个值应当被认定为样品的测试结果。

计算经向(纵向)与纬向(横向)五块试样结果的平均值,保留两位有效数字,并计算变异系数,精确至0.1%。

注1:从夹钳起始距离25 mm处开始测量直至试样完全撕裂,但测试结果的有效值只是夹钳位移达到64 mm前的值。当夹钳位移超过该值时,随着撕裂接近试样边缘撕破强力会减小。因此,有效峰值是指出现在夹钳位移低于64 mm时的峰值。

注2:使用电子记录器可获得每块试样的平均撕破强力,接着再平均给出最终结果。如注1描述,平均值应在以下两个点限定的区间内计算:

——夹钳的位移对应的首个强力峰值;

——夹钳的位移等于64 mm。

10 试验报告

试验报告应包括以下内容:

a) GB/T 3917的本部分的编号;

b) 用于辨认样品的必要信息;

c) 经向(纵向)和纬向(横向)的试验结果(见第9章);

d) 使用的调湿大气;

e) 试验过程中的异常现象;

f) 任何偏离本部分的细节。

STANDARDS PRESS OF CHINA

ICS 59.080.30
W 04

中华人民共和国国家标准

GB/T 3917.4—2009/ISO 13937-4:2000
部分代替 GB/T 3917.2—1997

纺织品　织物撕破性能　第4部分:舌形试样(双缝)撕破强力的测定

Textiles—Tear properties of fabrics—Part 4: Determination of tear force of tongue-shaped test specimens (Double tear test)

(ISO 13937-4:2000, IDT)

2009-03-19 发布　　2010-01-01 实施

中华人民共和国国家质量监督检验检疫总局
中国国家标准化管理委员会　发布

前　言

GB/T 3917《纺织品　织物撕破性能》分为以下5个部分：

——第1部分：冲击摆锤法撕破强力的测定；

——第2部分：裤形试样(单缝)撕破强力的测定；

——第3部分：梯形试样撕破强力的测定；

——第4部分：舌形试样(双缝)撕破强力的测定；

——第5部分：翼形试样(单缝)撕破强力的测定。

本部分为GB/T 3917的第4部分。

本部分等同采用ISO 13937-4:2000《纺织品　织物撕破性能　第4部分：舌形试样(双缝)撕破强力的测定》(英文版)。

本部分与ISO 13937-4:2000相比有如下差异：

——删除了国际标准的前言、目录和引言；

——删除了第1章中的注；

——在规范性引用文件中由我国标准替代了相应的国际标准；

——增加了图B.1和图C.1的图题。

本部分代替GB/T 3917.2—1997《纺织品　织物撕破性能　第2部分：舌形试样撕破强力的测定》的双舌法。本部分与GB/T 3917.2—1997双舌法的主要差异为：

——规范性引用文件增加了仪器调试的标准；

——增加了3.2的注，补充说明有效夹持线的测试；

——增加了3.3的注；

——增加了3.4的注，说明有效峰值的选取方法；

——增加了6.1总则的仪器调试的具体标准；

——增加了8.1的注，补充说明试样方向的表示方法；

——增加了9.4中的记录纸的走纸速率与仪器拉伸速率的比值为2∶1以及非正常试验现象的描述；

——对10.1.1进行了编辑性修改，并删除了注2；

——增加了10.1.5每个试样6个最大峰值平均值的计算；

——附录C增加了峰值选取的近似计算方法；

——删除了原附录D。

本部分的附录A、附录B、附录C为资料性附录。

本部分由中国纺织工业协会提出。

本部分由全国纺织品标准化技术委员会基础标准分会(SAC/TC 209/SC 1)归口。

本部分起草单位：北京市纺织纤维检验所、中纺标(北京)检验认证中心有限公司。

本部分主要起草人：田玲玲、王欢、韩静、张琦。

本部分所代替标准的历次版本发布情况为：

——GB/T 3917—1983、GB/T 3917.2—1997。

纺织品　织物撕破性能 第4部分:舌形试样(双缝)撕破强力的测定

1　范围

GB/T 3917 的本部分规定了用双缝隙舌形试样法测定织物撕破强力的方法。在撕破强力的方向上测量织物从初始的双缝隙切口撕裂到规定长度所需要的力。

本部分主要适用于机织物,也可适用于其他技术方法制造的织物,如非织造布等。

本部分不适用于针织物、机织弹性织物。

本部分规定使用等速伸长(CRE)试验仪。

2　规范性引用文件

下列文件中的条款通过 GB/T 3917 的本部分的引用而成为本部分的条款。凡是注日期的引用文件,其随后所有的修改单(不包括勘误的内容)或修订版均不适用于本部分,然而鼓励根据本部分达成协议的各方研究是否可使用这些文件的最新版本。凡是不注日期的引用文件,其最新版本适用于本部分。

GB/T 6529　纺织品　调湿和试验用标准大气(GB/T 6529—2008,ISO 139:2005,MOD)

GB/T 16825.1　静力单轴试验机的检验　第1部分:拉力和(或)压力试验机测力系统的检验与校准(GB/T 16825.1—2008,ISO 7500-1:2004,IDT)

GB/T 19022　测量管理体系　测量过程和测量设备的要求(GB/T 19022—2003,ISO 10012:2003,IDT)

3　术语和定义

下列术语和定义适用于 GB/T 3917 的本部分。

3.1

等速伸长试验仪　constant-rate-of-extension(CRE)testing machine

在整个试验过程中,一只夹钳是固定不动的,另一只夹钳作等速运动的一种拉伸试验仪。

3.2

隔距长度　gauge length

试验装置上两个有效夹持线之间的距离。

注:可通过同时夹持施加预加张力的试样标本和复写纸测出夹头的有效夹持线。

3.3

撕破强力　tear force

在规定条件下,使试样上从初始切口扩展所需的力。

注:经纱被撕断的称为"经向撕破强力",纬纱被撕断的称为"纬向撕破强力"。

3.4

峰值　peak

在强力-伸长曲线上,斜率由正变负点处对应的强力值。

注:用于计算的峰值两端的上升力值和下降力值至少为前一个峰下降值或后一个峰上升值的10%。

STANDARDS PRESS OF CHINA

3.5

撕破长度　length of tear

从开始施力至终止，切口扩展的距离。

3.6

舌形试样　tongue-shaped test specimen

按规定的宽度及长度在条形试样规定的位置上切割出一便于夹持的舌状的织物撕裂试验试样。(见图1，图2，图3)

4　原理

在矩形试样中，切开两条平行切口，形成舌形试样。将舌形试样夹入拉伸试验仪的一个夹钳中，试样的其余部分对称地夹入另一个夹钳，保持两个切口线的顺直平行(见图3)。在切口方向施加拉力模拟两个平行撕破强力。记录直至撕裂到规定长度的撕破强力，并根据自动绘图装置绘出的曲线上的峰值或通过自动电子装置计算出撕破强力。

5　取样

按产品标准的规定，或按有关方面的协议取样。

在没有上述要求的情况下，参见附录A给出的一个适宜的取样示例。

从样品上裁取试样的一个示例参见附录B。注意应避开折皱处、布边及织物上无代表性的区域。

6　仪器

6.1　试验仪的计量

应根据GB/T 19022进行。

6.2　等速伸长(CRE)试验仪

等速伸长(CRE)试验仪应满足下列技术要求：

a)　拉伸速度可控制在(100±10)mm/min范围内；

b)　隔距长度可设定为(100±1)mm；

c)　能够记录撕破过程中的撕破强力；

d)　在使用条件下，仪器应为GB/T 16825.1精度要求，在仪器使用范围内的任何一点显示或记录最大撕破强力的误差不得超过±1%，显示或记录的夹钳间距误差不得超过±1 mm。

e)　若强力和伸长记录是通过数据采集芯片和软件获得的，则数据采集的频率至少应为8次/s。

若使用二级拉伸试验仪，需在报告中注明。

6.3　夹持装置

仪器两只夹钳的中心点应在拉伸直线内，夹钳端线应与拉伸直线成直角，夹持面应在同一平面内。

夹钳应保证既能夹持住试样而不使其滑移，又不会割破或损坏试样。

夹钳有效宽度更适宜采用200 mm，但不应小于测试试样的宽度。

6.4　裁样装置

所用装置最好是裁样器或样板，能裁取如图1所示的试样。

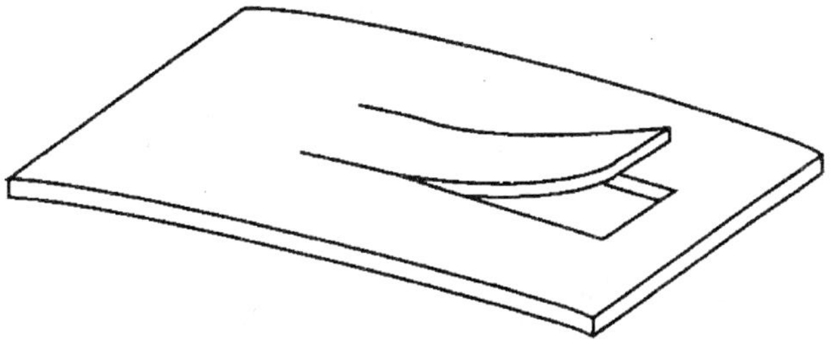

图 1　舌形试样示例

7　调湿和试验用大气

预调湿、调湿和试验用大气按 GB/T 6529 执行。

8　试样的制备

8.1　总则

每块实验室样品裁取两组试样，一组为经向，另一组为纬向。

注：机织物外的样品采用相应的名称来表示方向，例如纵向和横向。

每组试样应至少有五块试样或按协议更多一些。按第 5 章及附录 B 的规定，每两块试样不能含有相同长度方向或宽度方向的纱线。不能在距布边 150 mm 内取样。

8.2　试样尺寸

根据图 2 标明的尺寸和形状裁取试样，在每块试样的两边标记直线 abcd。在条样中间距未切割端 (25±1)mm 处标出撕裂终点。

单位为毫米

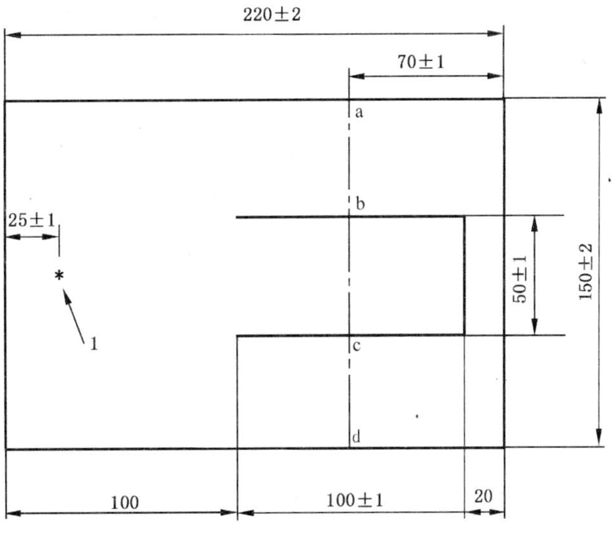

1——撕裂长度终点标记。

图 2　舌形试样尺寸

8.3　试样裁取

对机织物，每个试样平行于织物的经向或纬向作为长边裁取。试样长边平行于经向的试样称为“纬向”撕裂试样，试样长边平行于纬向的试样称为“经向”撕裂试样(见 3.3 和附录 B)。

9 步骤

9.1 隔距长度设置

将拉伸试验仪的隔距长度设定为100 mm。

9.2 拉伸速率设置

将拉伸试验仪的拉伸速率设定为100 mm/min。

9.3 安装试样

将试样的舌形部分夹在固定夹钳的中心且对称,使直线bc刚好可见,如图3所示。将试样的两条腿对称地夹入仪器的移动夹钳中,使直线ab和cd刚好可见,并使试样的两条腿平行于撕力方向。注意保证每条舌形被固定于夹钳中能使撕裂开始时是平行于撕力所施的方向。试验不用预加张力。

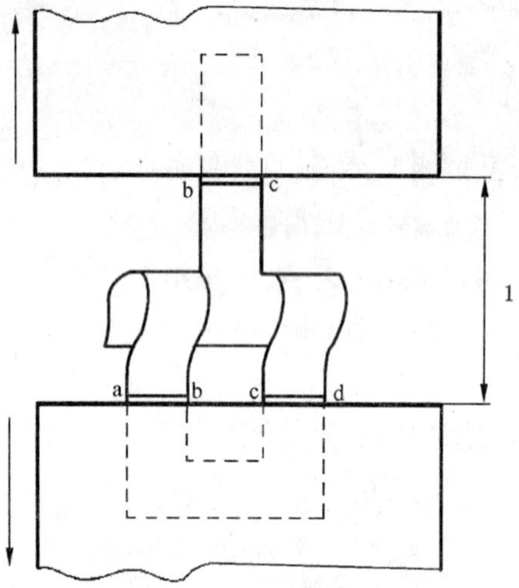

1——隔距长度(安装试样过程中注意适当降低)。

图3 试样夹持方法

9.4 操作

开动仪器,使试样持续撕破至试样的终点标记处。

记录撕破强力(N),如果想要得到试样的撕裂轨迹,可用记录仪或电子记录装置(6.2)记录每个试样在每一织物方向的撕破长度和撕破曲线。

如果峰值是出自高密织物,那么这些峰值应该由人工取数,记录纸的走纸速率与拉伸速率的比值应设定为2∶1。

观察撕破是否是沿所施加力的方向进行以及是否有纱线从织物中滑移而不是被撕裂。满足以下条件的试验为有效试验:

a) 纱线未从织物中滑移;

b) 试样未从夹钳中滑移;

c) 撕裂完全且撕裂是沿着施力方向进行的。

不满足以上条件的试验结果应剔除。

如果五个试样中有三个或三个以上试样的试验结果被剔除,则可认为此方法不适用于该样品。

如果协议增加试样,则最好加倍试样数量,同时亦应协议试验结果的报告方式。

如果撕裂不是沿着切口方向进行的或纱线从试样中被拉出而不是被撕裂,则描述织物并未在施力方向上被撕裂。

10 结果的计算和表示

指定两种计算方法：人工计算和电子方式计算。两种方法也许不会得到相同的计算结果，不同方法得到的试验结果不具有可比性。

10.1 从记录纸记录的强力-伸长曲线上人工计算撕破强力

附录C给出了计算实例。

10.1.1 分割峰值曲线，从第一峰开始至最后峰结束等分成四个区域(参见附录C)。第一区域舍去不用，其余三个区域每个区域选择并标出两个最高峰和两个最低峰。用于计算的峰值两端的上升力值和下降力值至少为前一个峰下降值或后一个峰上升值的10%。(见3.4)

10.1.2 根据10.1.1标记的峰值计算每个试样12个峰值的算术平均值，单位为牛顿(N)。

注：人工计算只能取有限数目的峰值进行计算以节约时间，建议使用电子方式对所有峰值进行计算。

10.1.3 根据每个试样峰值的算术平均值(见10.1.2)计算同方向试样撕破强力的总的算术平均值，单位为牛顿(N)，保留两位有效数字。

10.1.4 如果需要，计算变异系数，精确至0.1%；并用试样平均值计算95%置信区间(N)，保留两位有效数字，平均值的计算依照10.1.2。

10.1.5 如果需要，计算每块试样6个最大峰值的平均值，单位为牛顿(N)。

10.1.6 如果需要，记录每块试样的最大和最小峰值(极差)。

10.2 用电子装置计算

附录C给出了计算实例。

10.2.1 将第一个峰和最后一个峰之间等分成四个区域(参见附录C)，舍去第一个区域，记录余下三个区域内的所有峰值。用于计算的峰值两端的上升力值和下降力值至少为前一个峰下降值或后一个峰上升值的10%。(见3.4)

10.2.2 用按10.2.1记录的所有峰值计算试样撕破强力的算术平均值。

10.2.3 以每个试样的平均值(见10.2.2)计算出所有同方向的试样撕破强力的总的算术平均值，单位为牛顿(N)，保留两位有效数字。

10.2.4 如果需要，计算变异系数，精确至0.1%；并用试样平均值计算95%置信区间(N)，保留两位有效数字，平均值的计算依照10.2.2。

11 试验报告

试验报告应包括以下内容。

11.1 一般资料

a) GB/T 3917的本部分的编号及试验日期；

b) 样品规格，如果需要可说明取样程序；

c) 试样数量，剔除试验结果数及剔除原因；

d) 异常撕裂情况；

e) 人工(见10.1)或电子装置(见10.2)计算的平均值；

f) 任何偏离本部分的细节。

11.2 试验结果

a) 经向和纬向撕破强力的总的平均值，单位为牛顿(N)。如果只有三个或四个试样是正常撕破的，应另外分别注明每个试样的试验结果；

b) 如需要，给出变异系数(%)；

c) 如需要，给出 95%置信区间，单位为牛顿(N)；

d) 手工计算(见 10.1)时，可根据需要，给出每块试样最大峰值的平均值(见 10.1.5)，单位为牛顿(N)；

e) 手工计算(见 10.1)时，可根据需要，给出每块试样的最小和最大峰值(见 10.1.6)，单位为牛顿(N)。

附　录　A
（资料性附录）
推荐的取样程序

A.1　批量样品(从一次装运的或一批货物中取的匹数)

如表 A.1 所示从一次装运的或一批货物中随机取适量的匹样。应保证样品中没有损伤印痕或运输过程中的破坏性损伤。

表 A.1　批量样品

一次装运的或一批货物的匹数	批量样品的最少匹数
≤3	1
4～10	2
11～30	3
31～75	4
≥76	5

A.2　实验室样品数量

从批量样品的每匹中，在离匹端至少 3 m 以上处随机剪取长度至少为 1 m 的全幅织物作为实验室样品，应保证样品无折皱或可见的疵点。

附 录 B
(资料性附录)
从实验室样品上剪取试样实例

单位为毫米

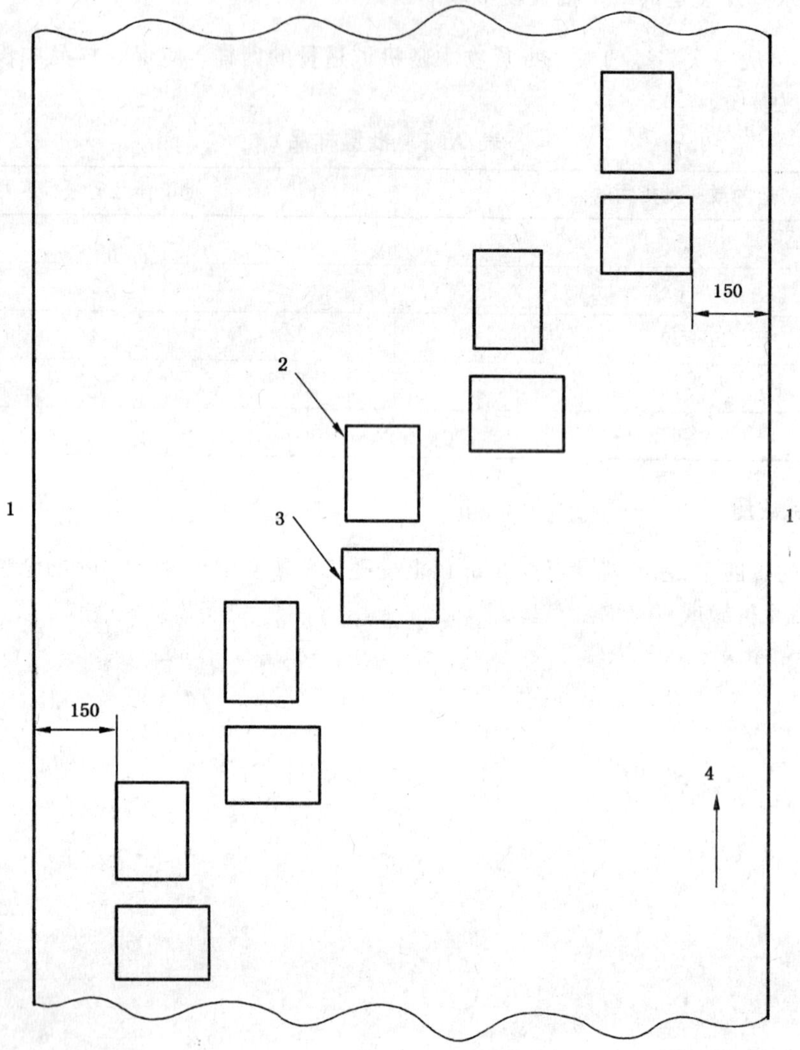

1——布边；
2——“纬向”撕裂试样；
3——“经向”撕裂试样；
4——经向。

图 B.1 从实验室样品上剪取试样实例

附 录 C
（资料性附录）
撕破强力计算实例

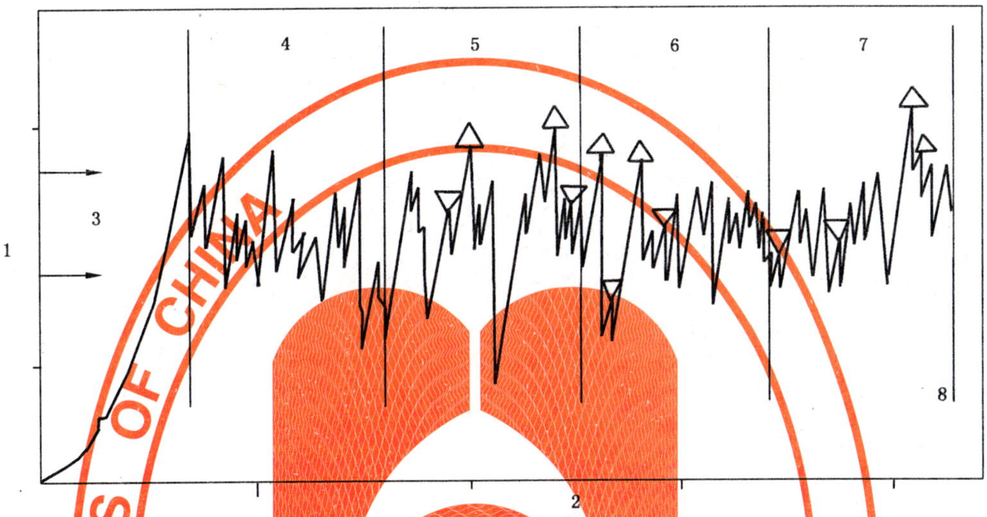

1——撕破强力；
2——撕裂方向(记录长度)；
3——中间峰值大概范围；
4——舍去区域；
5——第 1 区域；
6——第 2 区域；
7——第 3 区域；
8——撕裂终点。

图 C.1 撕破强力计算实例

峰值的近似计算(见 3.4)

为了简化人工计算，建议根据试样撕裂曲线的中间高度的峰值来近似计算峰值的强力变化值。用中间高度峰值的 1/10，也就是大约±10%来确定一个峰值是否适合计算，这个峰值的上升和下降阶段的强力值需要达到中间高度峰值的 1/10，也就是大约±10%。

例如：

中间高度峰值	85 N～90 N(近似值)
此值的 10%	8.5 N～9 N
可用于计算的峰值其上升和下降所需的强力值	＞8 N

ICS 59.080.30
W 04

中华人民共和国国家标准

GB/T 3917.5—2009/ISO 13937-3:2000

纺织品　织物撕破性能
第5部分:翼形试样(单缝)撕破强力的测定

Textiles—Tear properties of fabrics—Part 5: Determination of tear force of wing-shaped test specimens (Single tear method)

[ISO 13937-3:2000, Textiles—Tear properties of fabrics—Part 3: Determination of tear force of wing-shaped test specimens (Single tear method), IDT]

2009-03-19 发布　　　　2010-01-01 实施

中华人民共和国国家质量监督检验检疫总局
中国国家标准化管理委员会　发布

前　言

GB/T 3917《纺织品　织物撕破性能》分为以下5个部分：

——第1部分：冲击摆锤法撕破强力的测定；

——第2部分：裤形试样（单缝）撕破强力的测定；

——第3部分：梯形试样撕破强力的测定；

——第4部分：舌形试样（双缝）撕破强力的测定；

——第5部分：翼形试样（单缝）撕破强力的测定。

本部分为GB/T 3917的第5部分。

本部分等同采用ISO 13937-3:2000《纺织品　织物撕破性能　第3部分：翼形试样（单缝）撕破强力的测定》（英文版）。

本部分与ISO 13937-3:2000相比有如下差异：

——删除了国际标准的前言、目录和引言；

——删除了第1章中的注；

——规范性引用文件中由我国标准替代了相应的国际标准；

——增加了图B.1和图C.1的图题。

本部分的附录A、附录B、附录C为资料性附录。

本部分由中国纺织工业协会提出。

本部分由全国纺织品标准化技术委员会基础标准分会（SAC/TC 209/SC 1）归口。

本部分起草单位：北京市纺织纤维检验所、中纺标（北京）检验认证中心有限公司。

本部分主要起草人：朱洪亮、王欢、张翕然、张琦。

纺织品　织物撕破性能
第5部分:翼形试样(单缝)撕破强力的测定

1　范围

GB/T 3917的本部分规定了用单缝隙翼形试样法测定织物撕破强力的方法。将具有两翼的试样,按与纱线成规定的角度夹持,测量由初始切口扩展而产生的撕破强力。

本部分主要适用于机织物,也可适用于一些其他技术生产的织物。试验时由于夹持试样的两翼倾斜于被撕裂纱线的方向,所以试验过程中多数织物不会产生力的转移,而且与其他撕破方法相比,本方法更不容易发生纱线滑脱。

本部分不适用于针织物、机织弹性织物及非织类产品,这类织物一般用梯形法进行测试。

本部分规定使用等速伸长(CRE)试验仪。

2　规范性引用文件

下列文件中的条款通过GB/T 3917的本部分的引用而成为本部分的条款。凡是注日期的引用文件,其随后所有的修改单(不包括勘误的内容)或修订版均不适用于本部分,然而鼓励根据本部分达成协议的各方研究是否可使用这些文件的最新版本。凡是不注日期的引用文件,其最新版本适用于本部分。

GB/T 6529　纺织品　调湿和试验用标准大气(GB/T 6529—2008,ISO 139:2005,MOD)

GB/T 16825.1　静力单轴试验机的检验　第1部分:拉力和(或)压力试验机测力系统的检验与校准(GB/T 16825.1—2008,ISO 7500-1:2004,IDT)

GB/T 19022　测量管理体系　测量过程和测量设备的要求(GB/T 19022—2003,ISO 10012:2003,IDT)

3　术语和定义

下列术语和定义适用于GB/T 3917的本部分。

3.1

等速伸长试验仪　constant-rate-of-extension (CRE) testing machine

在整个试验过程中,一只夹钳是固定的,另一只夹钳作等速运动的一种拉伸试验仪。

3.2

隔距长度　gauge length

试验装置上两个有效夹持线之间的距离。

注:可通过同时夹持施加预加张力的试样标本和复写纸测出夹头的有效夹持线。

3.3

撕破强力　tear force

在规定条件下,使试样上从初始切口扩展所需的力。

注:经纱被撕断的称为"经向撕破强力",纬纱被撕断的称为"纬向撕破强力"。

3.4

峰值　peak

在强力-伸长曲线上,斜率由正变负点处对应的强力值。

注:用于计算的峰值两端的上升力值和下降力值至少为前一个峰下降值或后一个峰上升值的10%。

3.5

撕破长度　length of tear

从开始施力至终止，切口扩展的距离。

3.6

翼形试样　wing-shaped test specimen

一端按规定角度呈三角形的条形试样，按规定长度沿三角形顶角等分线剪开形成翼状的织物撕裂试验试样。(见图1和图2)

4 原理

一端剪成两翼特定形状的试样按两翼倾斜于被撕裂纱线的方向进行夹持，施加机械拉力使拉力集中在切口处以使撕裂沿着预想的方向进行。记录直至撕裂到规定长度的撕破强力，并根据自动绘图装置绘出的曲线上的峰值或通过电子装置计算出撕破强力。

5 取样

按产品标准的规定或按有关方面的协议取样。

在没有上述要求的情况下，参见附录A给出的一个适宜的取样示例。

从样品上裁取试样的一个示例参见附录B。注意应避开折皱处、布边及织物上无代表性的区域。

6 仪器

6.1 试验仪的计量

应根据GB/T 19022进行。

6.2 等速伸长(CRE)试验仪

等速伸长试验仪应满足下列技术要求：

a) 拉伸速度可控制在(100±10)mm/min范围内；

b) 隔距长度可设定为(100±1)mm；

c) 能够记录撕破过程中的撕破强力；

d) 在使用条件下，仪器应为GB/T 16825.1精度要求，在仪器使用范围内的任何一点显示或记录最大撕破强力的误差不得超过±1%，显示或记录的夹钳间距误差不得超过±1 mm；

e) 若强力和伸长记录是通过数据采集芯片和软件获得的，则数据采集的频率至少应为8次/s。

若使用二级拉伸试验仪，需在报告中注明。

6.3 夹持装置

仪器两只夹钳的中心点应在拉伸直线内，夹钳端线应与拉伸直线成直角，夹持面应在同一平面内。

夹钳应固定在仪器上以避免试验过程中发生偏移，夹钳应保证既能夹持住试样而不使其滑移，又不会割破或损坏试样。

夹钳有效宽度宜为100 mm，但不应少于75 mm。

6.4 裁样装置

所用装置最好是裁样器或样板，能裁取如图1所示的试样。

7 调湿和试验用大气

预调湿、调湿和试验用大气按GB/T 6529执行。

8 试样的制备

8.1 总则

每块实验室样品裁取两组试验试样，一组为经向，另一组为纬向。

注：机织物外的样品采用相应的名称来表示方向，例如纵向和横向。

每组试样应至少有五块试样或按协议更多一些。按第 5 章及附录 B 的规定,每两块试样不能含有相同长度方向或宽度方向的纱线,不能在距布边 150 mm 内取样。

8.2 试样尺寸

根据图 1 标明的尺寸和形状裁取试样,在每块试样上标记直线 ab 和 cd,并在条样中间距未切割端(25±1)mm 处标出撕裂终点。

单位为毫米

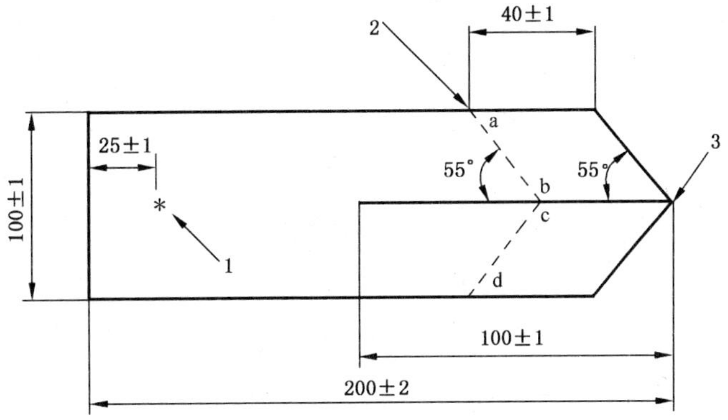

1——撕裂长度终点标记;

2——夹持标记;

3——切口。

图 1 翼形试样

8.3 试样裁取

对机织物,每个试样平行于织物的经向或纬向作为长边裁取。试样长边平行于经向的试样为"纬向"撕裂试样,试样长边平行于纬向的试样为"经向"撕裂试样(见 3.3 和附录 B)。

9 步骤

9.1 隔距长度设置

将拉伸试验仪的隔距长度设定为 100 mm。

9.2 拉伸速率设置

将拉伸试验仪的拉伸速率设定为 100 mm/min。

9.3 安装试样

将试样夹在夹钳中心,沿着夹钳端线使标记 55°的直线 ab 和 cd 刚好可见,并使试样两翼相同表面面向同一方向(见图 2)。试验不用预加张力。

单位为毫米

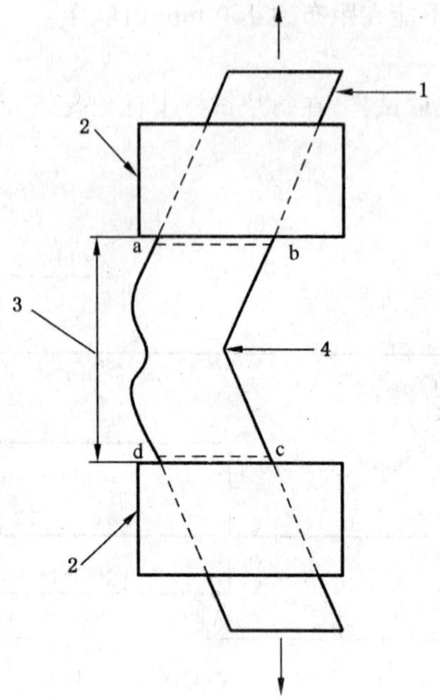

1——测试试样；

2——夹钳；

3——隔距长度 100 mm；

4——撕裂点。

注：沿着夹钳端线调整直线 ab 和 cd。

图 2 试样夹持方法

9.4 操作

开动仪器，以 100 mm/min 的拉伸速率，将试样持续撕破至试样的终点标记处。

记录撕破强力(N)，如果想要得到试样的撕裂轨迹，可用记录仪或电子记录装置(6.2)记录每个试样在每一织物方向的撕破长度和撕破曲线。

如果峰值是出自高密织物，那么这些峰值应该由人工取数(见 10.1)，记录纸的走纸速率与拉伸速率的比值应设定为 2∶1。

观察撕破是否是沿着所施加力的方向进行以及是否有纱线从织物中滑移而不是被撕裂的现象。满足以下条件的试验为有效试验：

a) 纱线未从织物中滑移；

b) 试样未从夹钳中滑移；

c) 撕裂完全且撕裂是沿着施力方向进行的。

不满足以上条件的试验结果应剔除。

如果五个试样中有三个或更多个试样的试验结果被剔除，则可认为此方法不适用于该样品。

如果协议增加试样，则最好加倍试样数量，同时亦应协议试验结果的报告方式。

10 结果的计算和表示

指定两种计算方法：人工计算和电子方式计算。两种方法也许不会得出相同的计算结果，不同方法得到的试验结果不具有可比性。

10.1 从记录纸记录的强力-伸长曲线上人工计算撕破强力

附录C给出了计算实例。

10.1.1 分割峰值曲线,从第一峰开始至最后峰结束等分成四个区域(参见附录C)。第一区域峰值舍去不用,其余三个区域每个区域选择并标出两个最高峰和两个最低峰。用于计算的峰值两端的上升力值和下降力值至少为前一个峰下降值或后一个峰上升值的10%。(见3.4)

10.1.2 根据10.1.1标记的峰值计算每个试样12个峰值的算术平均值,单位为牛顿(N)。

注:人工计算只能取有限数目的峰值进行计算以节约时间,建议使用电子方式对所有峰值进行计算。

10.1.3 根据每个试样峰值的算术平均值(见10.1.2)计算同方向试样撕破强力的总的算术平均值,单位为牛顿(N),保留两位有效数字。

10.1.4 如果需要,计算变异系数,精确至0.1%;并用试样平均值计算95%时的置信区间(N),保留两位有效数字,平均值的计算依照10.1.2。

10.1.5 如果需要,记算每块试样6个最大峰值的平均值,单位为牛顿(N)。

10.1.6 如果需要,记录每块试样的最大和最小峰值(极差)。

10.2 用电子装置计算

附录C给出了计算实例。

10.2.1 将第一个峰和最后一个峰之间等分成四个区域(参见附录C),舍去第一个区域,记录余下三个区域内的所有峰值。用于计算的峰值两端的上升力值和下降力值至少为前一个峰下降值或后一个峰上升值的10%。(见3.4)

10.2.2 用按10.2.1记录的所有峰值计算试样撕破强力的算术平均值。

10.2.3 以每个试样的平均值(见10.2.2)计算出所有同方向的试样撕破强力的总的算术平均值,单位为牛顿(N),保留两位有效数字。

10.2.4 如果需要,计算变异系数精确至0.1%;并用试样平均值计算95%时的置信区间(N),保留两位有效数字,平均值的计算依照10.2.2。

11 试验报告

试验报告应包括以下内容。

11.1 一般资料

a) GB/T 3917的本部分的编号及试验日期;
b) 样品规格,如果需要可说明取样程序;
c) 试样数量,剔除试验结果数及剔除原因;
d) 异常撕裂情况;
e) 人工(见10.1)或电子装置(见10.2)计算的平均值;
f) 任何偏离本部分的细节。

11.2 试验结果

a) 经向和纬向撕破强力的总的平均值,单位为牛顿(N)。如果只有3个或4个试样是正常撕破的,应另外分别注明每个试样的试验结果;
b) 如需要,给出变异系数(%);
c) 如需要,给出95%置信区间,单位为牛顿(N);
d) 人工计算(见10.1)时,可根据需要,给出每块试样最大峰值的平均值(见10.1.5),单位为牛顿(N);
e) 人工计算(见10.1)时,可根据需要,列出每块试样的最小和最大峰值(见10.1.6),单位为牛顿(N)。

STANDARDS PRESS OF CHINA

附 录 A
（资料性附录）
推荐的取样程序

A.1 批量样品（从一次装运的或一批货物中取的匹数）

如表A.1所示从一次装运的或一批货物中随机取适量的匹样。应保证样品中没有损伤印痕或运输过程中的破坏性损伤。

表A.1 批量样品

一次装运的或一批货物的匹数	批量样品的最少匹数
⩽3	1
4～10	2
11～30	3
31～75	4
⩾76	5

A.2 实验室样品数量

从批量样品的每匹中，在离匹端至少3 m以上处随机剪取长度至少为1 m的全幅织物作为实验室样品，应保证样品无折皱或可见的疵点。

附 录 B
（资料性附录）
从实验室样品上剪取试样实例

单位为毫米

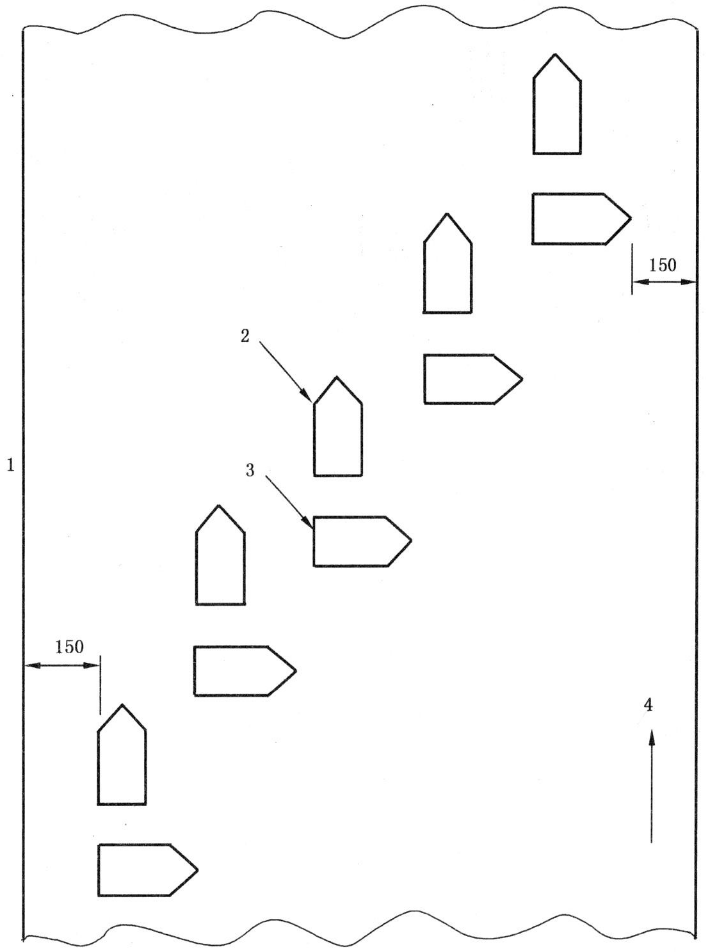

1——布边；
2——“纬向”撕裂试样；
3——“经向”撕裂试样；
4——经向。

图 B.1 从实验室样品上剪取试样实例

附　录　C
（资料性附录）
撕破强力计算实例

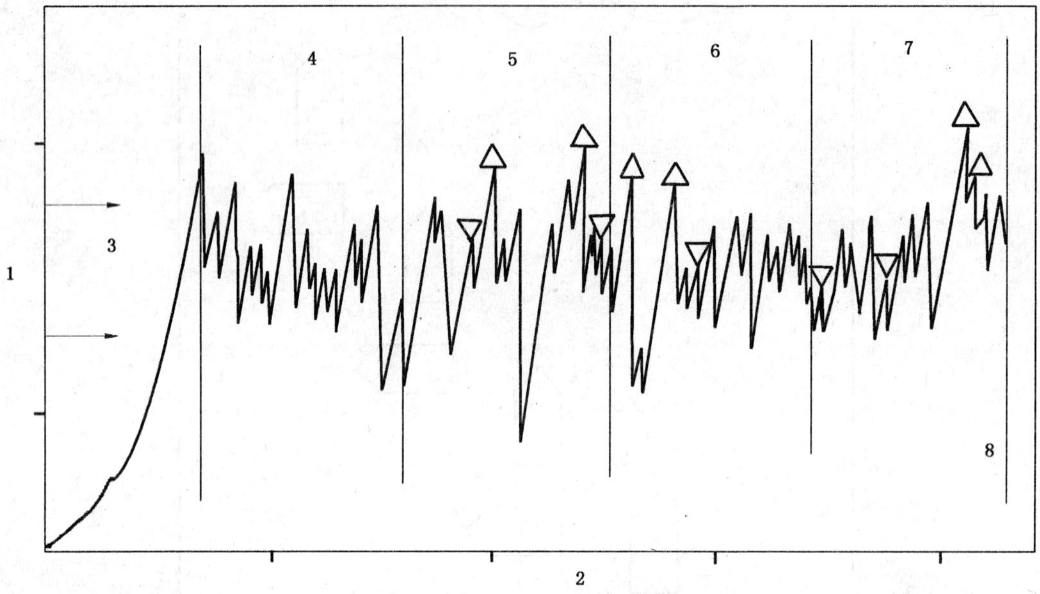

1——撕破强力；
2——撕裂方向(记录长度)；
3——中间峰值大概范围；
4——舍去区域；
5——第 1 区域；
6——第 2 区域；
7——第 3 区域；
8——撕裂终点。

图 C.1　撕破强力计算实例

峰值的近似计算(见 3.4)

为了简化人工计算，建议根据试样撕裂曲线的中间高度的峰值来近似计算峰值的强力变化值。用中间高度峰值的 1/10，也就是大约±10%来确定一个峰值是否适合计算，这个峰值的上升和下降阶段的强力值需要达到中间高度峰值的 1/10，也就是大约±10%。

例如：

中间高度峰值	85 N～90 N(近似值)
此值的 10%	8.5 N～9 N
可用于计算的峰值其上升和下降所需的强力值	>8 N

STANDARDS PRESS OF CHINA

10